高·等·学·校·教·材

浙江工业大学名教材建设工程项目资助

化工过程原理

Principles of Chemical Processes

刘化章　韩文锋　李瑛　等编著

化学工业出版社

·北京·

内容简介

《化工过程原理》是物理化学、化工原理等专业基础理论课与专业课之间的桥梁，是应用化学原理和化工单元操作原理解决化工过程实际工程技术问题的一门专业基础教材。

本教材在热力学与动力学基本概念及化工过程特点基础上，着重讨论热力学基本函数的计算及应用，压缩和冷冻过程原理及其物系与环境之间热功交换关系和计算，气液相平衡和化学平衡基本关系和平衡组成的计算，多组分系统热力学以及水溶液相图的基本特征与应用，化学反应、气固相催化反应和多相过程的基本特点及动力学基本关系，化工过程能量有效利用基本理论及方法和化工工艺设计基本方法。

本书可作为化学工程与工艺及相关专业本科生和研究生教材，也可供从事化学、化工、石油、轻工、材料、能源、制药工作的工程技术人员参考。

图书在版编目（CIP）数据

化工过程原理 / 刘化章等编著. —北京：化学工业出版社，2024.4
高等学校教材
ISBN 978-7-122-45170-5

I. ①化… II. ①刘… III. ①化工过程-高等学校-教材 IV. ①TQ02

中国国家版本馆 CIP 数据核字（2024）第 048685 号

责任编辑：成荣霞　　文字编辑：师明远
责任校对：宋　玮　　装帧设计：王晓宇

出版发行：化学工业出版社
（北京市东城区青年湖南街 13 号　邮政编码 100011）
印　　装：北京科印技术咨询服务有限公司数码印刷分部
787mm×1092mm　1/16　印张 26½　字数 674 千字
2025 年 3 月北京第 1 版第 1 次印刷

购书咨询：010-64518888　　售后服务：010-64518899
网　　址：http://www.cip.com.cn
凡购买本书，如有缺损质量问题，本社销售中心负责调换。

定　　价：79.80 元

前言
PREFACE

工科高等教育的历史使命是在实施专业教育的同时，需要学生有宽阔的视野，对社会人文科学、自然科学、艺术等之间的相互关联具有浓厚兴趣；需要培养学生形成整体性思维，并具有触类旁通，交融互补，在学科边缘开拓新领域的创新能力，在广博基础上不断自觉地积累和自我养成。

目前我们面临的问题是，虽然工程科技人员数量位居世界第一，但创新性不够。从现有的课程设置来看，学生完成“四大化学”，尤其是物理化学等课程后，直接进入专业课程，中间缺失了一门从基础理论到工程学之间的过渡课程。为此，必须改变目前人才培养中存在的重专业、轻基础，重书本、轻实践，重共性、轻个性，重科技、轻人文，重演绎、轻举证等弊端，改造工程专业的高等教育模式，增强工科学生的工程化能力，健全卓越工程师培训体系。

“化工过程原理”课程是物理化学、化工原理等基础理论课、基础技术课与专业工艺课之间的桥梁。其目的是让本专业常用的一些基本理论能够更直接、更方便地与本专业的工艺计算、工艺设计、工艺研究和工业生产等中有关问题联系起来，能更好地理论联系实际，并进行分析和实际应用。

《化工过程原理》将热力学与动力学，亦即平衡与速度方面的一些基本概念，针对性地应用到实际工程问题中，做一些基本的说明、讨论与计算。书中根据化学工程与工艺的生产实际及其当前的理论发展水平，将着重讨论物质的一些基本性质及其热力学函数的变化关系、物理意义和应用；物系与环境之间热功交换关系及其计算；气液相平衡和化学平衡的热力学基本关系及平衡组成的计算；多组分系统热力学以及水溶液相图的基本特征与应用；化学反应、气固相催化反应和多相过程的基本特点及其动力学的基本关系；化工过程能量利用基本理论及化工工艺设计基本原理和方法。

虽然本教材内容比较抽象，推理性、逻辑性和概括性比较强，但是它们是从实际生产中，经过归纳、总结而得。因此在学习时，在对定义、基本概念、基本运算公式和图线的物理意义的理解和运用基础上，还应结合实际例子、实际问题进行理论联系实际的分析与讨论，对计算所得结果进行说明与比较，只有反复思考与运用，才能达到巩固与活学活用的目的。

通过学习，要求能正确运用热力学第一定律和第二定律，以及物质的 p-V-T、焓和热容等基本实验数据，计算并说明在一般物理变化（例如压缩与膨胀、冷却与加热、稀释与浓缩、汽化与冷凝、分离与精制、溶解与结晶等）与化学变化过程中，系统变化的方向与极限，以及系统与环境的能量（热与机械功）交换和不可逆损耗。能正确运用简单的三元和四元水盐系统相图来表示溶解与结晶、冷却与蒸发过程，以及计算在这些过程中的物料量和能量的变化。能正确理解在多相催化反应中，化学反应与传质及吸附速度之间的相互关系及其影响因素，以说明这些过程的本征动力学和宏观动力学的基本关系。能正确理解平衡与速度的辩证关系，物质的性质是所有过程变化的基本原因。能正确理解化工过程的实质是物质、能量和信息的传递、转化和利用的过程，能量在数量上的守恒和在“质量”上的不守恒是一切实际过程中能量具有的两重性，只有同时研究这个两重性，才有可能对能量的转化、传递和利用情况作出全面、完整和准确的描述。学会如何运用知识来解决工程上的技术问题，其前提是搞清楚生产过程中的“5WH”：When、Where、What、Why、How。

本教材共九章。第一章热力学函数计算及其性质图表的应用由唐浩东执笔；第二章能量有效利用科学基础、第三章压缩和冷冻热力学基础和第九章化工过程工艺设计基础由刘化章执笔；第四章多组分系统热力学基础和第五章气液相平衡由吕德义执笔；第六章多相过程和第七章化学反应平衡由韩文锋执笔；第八章多相催化反应动力学由李瑛执笔。全书由刘化章校核、审阅。

由于编著者水平有限，书中难免存在不足之处，敬请读者批评指正。

编著者

目录
CONTENTS

第一章　热力学函数计算及其性质图表的应用　001

1.1　热力学函数关系　001

1.1.1　热力学函数的基本关系　001

1.1.2　热力学第一定律在稳定流动过程中的应用　002

1.2　热力学函数的基本计算　004

1.2.1　熵变的计算　004

1.2.2　吉布斯函数的计算　005

1.2.3　焓变的计算　007

1.2.4　热量的计算　008

1.3　偏离函数及计算　010

1.3.1　以 T、p 为独立变量的偏离函数　011

1.3.2　以 V、T 为独立变量的偏离函数　012

1.4　热力学性质图表及其应用　014

1.4.1　温熵（T-S）图和压焓（$\ln p$-H）图的一般形式　015

1.4.2　热力学性质图、表制作原理　016

1.4.3　温熵（T-S）图及其应用　017

1.4.4　焓温（H-T）图及其应用　020

1.4.5　蒸汽的焓熵（H-S）图　021

1.5　普遍化热力学性质图及其应用　021

1.5.1　热力学数据的估算　022

1.5.2　对应态原理　022

1.5.3　偏离函数和逸度系数的估算　023

1.5.4　普遍化压缩因子图及其应用　025

1.5.5　普遍化逸度系数图及其应用　027

1.5.6　普遍化焓差图及其应用　029

1.5.7　普遍化热容差图及其应用　031

参考文献　034

习题　034

第二章　能量有效利用科学基础　035

2.1　绪论　035

2.2　现代用能理论　039

2.2.1　能量的基本属性　039

2.2.2　“㶲”与“炾”的基本概念　040

2.2.3　理想功（ideal work）和损耗功（lose work）　042

2.2.4　能量利用、转化和传递过程的基本规律　044

2.3　㶲的计算　044

2.3.1　环境模型　044

2.3.2　能流㶲的计算　045

2.3.3　物流㶲的计算　046

2.3.4　能级和能效　057

2.4　能量系统的热力学分析　058

2.4.1　基于热力学第一定律的能量平衡法　058

2.4.2　基于热力学第二定律的㶲分析法　061

2.4.3　通用物系有效能分析的通用表达式　063

2.5　科学用能的基本原则　072

2.5.1　最小外部㶲损失原则　072

2.5.2　最佳推动力原则　072

2.5.3　能级匹配原则　073

2.5.4　优化利用原则　073

2.5.5　含碳资源合理有效利用原则　075

2.6　综合能耗的计算　076

2.6.1　术语和定义　076

2.6.2　综合能耗计算的能源种类和计算范围　077

2.6.3　综合能耗的分类与计算方法　077

2.6.4　各种能源折算标准煤的原则　078

参考文献　081

习题　081

第三章　压缩和冷冻热力学基础　083

3.1　气体的压缩　083

3.1.1　气体压缩的基本原理　083

3.1.2 可逆轴功的定义式 084
3.1.3 理想气体的等温、绝热、多变压缩过程 085
3.1.4 真实气体压缩功的计算 089
3.1.5 中间冷却的分段压缩 091
3.1.6 压缩机的实际功耗 092

3.2 气体的膨胀 094

3.2.1 气体对外不做轴功的绝热膨胀——等焓膨胀 094
3.2.2 气体对外做功的绝热膨胀——等熵膨胀 098
3.2.3 等熵（做外功）、等焓（节流）两种绝热膨胀过程的比较与应用 100

3.3 气体的冷冻 101

3.3.1 逆卡诺循环 102
3.3.2 制冷循环 103

3.4 气体的液化 111

3.4.1 气体液化的理论最小功 111
3.4.2 深度制冷工作循环 114
3.4.3 各种制冷循环比较 121

参考文献 122

习题 122

第四章 多组分系统热力学基础 123

4.1 多组分系统热力学性质的基本关系及化学势 123

4.1.1 偏摩尔量的定义及其集合公式 123
4.1.2 吉布斯-杜亥姆方程 125
4.1.3 化学势 128

4.2 逸度和逸度系数 130

4.2.1 纯物质逸度和逸度系数的定义 130
4.2.2 气体的逸度及逸度系数的计算 131
4.2.3 液体的逸度及其计算 133
4.2.4 多组分系统中各组分的逸度和逸度系数 135
4.2.5 混合物的逸度与各组分逸度之间的关系 137

4.3 活度与活度系数 139

4.4 混合过程热力学函数的变化 143

4.5 混合过程的焓变 145
4.5.1 混合过程热效应与焓变 145
4.5.2 溶解和稀释过程热效应（焓变）及其计算 146
4.5.3 焓浓图及其应用 154
参考文献 158
习题 158

第五章 气液相平衡 160

5.1 相平衡及其热力学基本关系 160
5.1.1 相平衡判据 161
5.1.2 相律 161
5.2 气液平衡组成的计算 162
5.2.1 气液平衡计算的基本方程 162
5.2.2 完全理想系统气液平衡组成的计算 163
5.2.3 理想系统气液平衡组成的计算 164
5.2.4 非理想系统的平衡组成关系 167
5.3 二组分平衡系统的焓浓图及其应用 172
5.3.1 二组分平衡系统的焓浓图 172
5.3.2 焓浓图的应用 174
参考文献 176
习题 177

第六章 多相过程 178

6.1 蒸发与结晶 178
6.1.1 结晶与溶液的溶解度 178
6.1.2 结晶过程中物系自由能的变化 179
6.1.3 晶核的生成与生成速度 181
6.1.4 晶核的长大与长大速度 182
6.2 多相多组分系统相平衡 184
6.2.1 多相多组分系统相平衡的基本概念和一般规律 184
6.2.2 二组分系统的相图及其应用 187
6.2.3 三组分系统的相图及其应用 189

6.2.4 具有共同离子的四组分系统的相图及其应用 197
6.2.5 具有一对盐的交互四组分系统的相图及其应用 201
6.3 气液吸收 206
6.3.1 气体在吸收剂中的溶解度及气液平衡 207
6.3.2 化学吸收的气液平衡 209
6.3.3 化学吸收过程的传质系数 212
6.3.4 工业生产对气液吸收设备的要求 217
6.4 液固过程——浸取 217
6.4.1 搅拌过程中流体力学相似系数、阻力系数和功率系数 217
6.4.2 浸取过程中固体在液体中的溶解过程 221
6.4.3 浸取过程的能量消耗 222
参考文献 223
习题 224

第七章 化学反应平衡 226

7.1 化学反应等温方程和平衡常数 226
7.1.1 化学反应等温方程 226
7.1.2 平衡常数的各种表示方式 228
7.2 平衡常数计算 230
7.2.1 反应热 230
7.2.2 平衡常数计算 235
7.3 平衡组成的计算 240
7.3.1 单一气相反应的平衡组成计算 241
7.3.2 气相复合反应的平衡组成计算 245
参考文献 263
习题 263

第八章 多相催化反应动力学 265

8.1 几个基本概念 265
8.1.1 基元反应、反应历程和反应机理 265
8.1.2 质量作用定律 266
8.2 催化剂性能表述 267

8.3 流动体系化学反应速率表达方式 269
8.3.1 化学反应速率的定义 269
8.3.2 间歇反应系统反应速率表达式 270
8.3.3 连续系统反应速率表达式 271
8.3.4 复杂反应体系的反应速率模型表达式 272
8.3.5 空间速度与接触时间 273
8.4 流动体系动力学方程的表达式 274
8.4.1 动力学方程的表达式 274
8.4.2 反应速率常数 275
8.4.3 反应速率常数和平衡常数的关系 275
8.4.4 温度对反应速率的影响 276
8.4.5 最适宜反应温度 277
8.4.6 反应速率常数的计算 279
8.4.7 实用动力学方程的转换 280
8.5 固体催化剂 282
8.5.1 固体催化剂的宏观物理结构 283
8.5.2 固体催化剂的比表面积和孔结构 285
8.6 气-固相催化反应宏观动力学 289
8.6.1 气-固催化反应宏观过程中反应组分的浓度分布 289
8.6.2 外扩散 290
8.6.3 内扩散 291
8.6.4 催化剂的内扩散效率因子 293
8.6.5 宏观反应动力学方程 296
8.6.6 催化反应控制阶段的判别 297
8.7 气-固相催化反应动力学 298
8.7.1 物理吸附和化学吸附 298
8.7.2 吸附等温式 299
8.7.3 理想表面吸附等温式 300
8.7.4 真实表面吸附等温式 301
8.8 建立多相催化反应动力学方程的基本理论和方法 303
8.8.1 反应动力学方程的近似处理方法 303
8.8.2 表达多相催化反应动力学的两种方法 305
8.8.3 双分子反应的两种反应机理 305
8.8.4 建立或推导多相催化反应动力学方程的基本步骤 306

8.9 理想表面催化反应动力学 307
8.9.1 表面化学反应为速控步骤的动力学方程 307
8.9.2 反应物吸附为速控步骤的动力学方程 309
8.9.3 产物脱附为速控步骤的动力学方程 311
8.10 真实表面的催化反应动力学方程 312
8.10.1 反应物的吸附为速控步骤的动力学方程 312
8.10.2 表面化学反应为速控步骤的动力学方程 313
8.10.3 产物脱附为速控步骤的动力学方程 314
8.11 氧化还原反应动力学方程 315
8.12 经验反应速率方程的确定 319
参考文献 319
习题 320

第九章 化工过程工艺设计基础 321

9.1 化工工艺设计内容 321
9.2 工艺流程设计 322
9.3 物料衡算 331
9.3.1 物料衡算的基本方法 331
9.3.2 物料计算基本物理量 332
9.3.3 简单的物料衡算 344
9.3.4 不带化学反应的化工流程的物料衡算 350
9.3.5 带化学反应的化工流程的物料衡算 354
9.3.6 带有物料循环过程的物料衡算 357
9.4 热量衡算 358
9.4.1 热量衡算在化工设计中的意义 358
9.4.2 热量衡算的基本方法 359
9.4.3 热量衡算中使用的基本热力学数据 361
9.4.4 溶液的焓浓图 369
9.4.5 基本热量衡算 369
9.4.6 热量与物料衡算 371
9.4.7 化工过程流程中的物料衡算与热量衡算 373
9.4.8 带有循环流的物料衡算与热量衡算 378
9.4.9 计算机辅助化工过程的物料衡算与热量衡算 386

参考文献 391
习题 391

附录 393

一、单位换算表 393
二、某些气体的临界参数 399
三、Temkin 动力学方程推导 399
四、主要符号表 409

第一章
热力学函数计算及其性质图表的应用

工业生产中经常遇到各种形式的能量交换，如气体的压缩与膨胀、加热与冷却、溶液的浓缩与稀释、蒸发与结晶，以及化学反应系统的温度变化等，均牵涉到系统与环境的能量交换问题。封闭系统中理想状态下能量交换在物理化学课程中已经有较为详细的论述，本章将着重讨论热力学函数在解决实际问题中的应用以及热力学性质图表及其应用。

1.1 热力学函数关系

1.1.1 热力学函数的基本关系

为了便于后面讨论，首先回顾一下热力学函数的基本关系。这里所说的热力学函数指除 Q 和 W 以外的所有状态函数，如 U、H、G、S、p、V、T 和 C_p 等。根据其定义，这些热力学函数的相互关系为：

$$H = U + pV \tag{1-1a}$$

$$A = U - TS \tag{1-1b}$$

$$G = H - TS = U - TS + pV = A + pV \tag{1-1c}$$

根据热力学第一定律和第二定律，经过适当的推导，当系统只做体积功时，又可以得到一些有用的关系式，称之为热力学四个基本公式：

$$\mathrm{d}U = T\mathrm{d}S - p\mathrm{d}V \tag{1-2a}$$

$$\mathrm{d}H = T\mathrm{d}S - V\mathrm{d}p \tag{1-2b}$$

$$\mathrm{d}A = -S\mathrm{d}T - p\mathrm{d}V \tag{1-2c}$$

$$\mathrm{d}G = -S\mathrm{d}T + V\mathrm{d}p \tag{1-2d}$$

由这四个基本公式又可推导出其他一些热力学公式：

$$\left(\frac{\partial U}{\partial S}\right)_V = T\text{，}\left(\frac{\partial U}{\partial V}\right)_S = -p \tag{1-3a}$$

$$\left(\frac{\partial H}{\partial S}\right)_p = T\text{，}\left(\frac{\partial H}{\partial p}\right)_S = -V \tag{1-3b}$$

$$\left(\frac{\partial A}{\partial T}\right)_V = -S\text{，}\left(\frac{\partial A}{\partial V}\right)_T = -p \tag{1-3c}$$

$$\left(\frac{\partial G}{\partial T}\right)_p=-S\text{，}\left(\frac{\partial G}{\partial p}\right)_T=V \tag{1-3d}$$

这些关系在验证和推导其他热力学关系时很有用处。

在化工生产中如果系统只做体积功，对单组分单相系统来说，影响过程变化的因素就可用温度和压力两个变量来表示。当这两个变量一定时，其他所有热力学函数就随之确定下来了。

状态函数在数学上具有全微分性质，例如状态函数 G 可由 T 和 p 来确定，$G=f(p, T)$，则它们之间有如下关系

$$\mathrm{d}G=\left(\frac{\partial G}{\partial p}\right)_T\mathrm{d}p+\left(\frac{\partial G}{\partial T}\right)_p\mathrm{d}T \tag{1-4}$$

当 $\mathrm{d}G=0$ 时，还可得到

$$\left(\frac{\partial G}{\partial p}\right)_T\mathrm{d}p+\left(\frac{\partial G}{\partial T}\right)_p\mathrm{d}T=0 \tag{1-5}$$

或

$$\left(\frac{\partial G}{\partial p}\right)_T\Bigg/\left(\frac{\partial G}{\partial T}\right)_p=-\left(\frac{\partial T}{\partial p}\right)_G \tag{1-6}$$

常用的麦克斯韦（Maxwell）关系式有：

$$\left(\frac{\partial V}{\partial T}\right)_p=-\left(\frac{\partial S}{\partial p}\right)_T\text{，}\left(\frac{\partial p}{\partial T}\right)_V=\left(\frac{\partial S}{\partial V}\right)_T \tag{1-7a}$$

$$\left(\frac{\partial V}{\partial T}\right)_S=-\left(\frac{\partial S}{\partial p}\right)_V\text{，}\left(\frac{\partial p}{\partial T}\right)_S=\left(\frac{\partial S}{\partial V}\right)_p \tag{1-7b}$$

上述热力学函数的基本数学关系，虽说是从单组分单相系统出发来讨论的，但是实际上对多组分单相系统也同样适用，这时只需将该多组分系统作为一个整体来看。当其中各组分的含量一定，即系统组成一定时，该系统还能自由变动的独立变量，也就只有两个了，一般可取温度和压力。因此和上面所说的基本前提是完全一致的。式（1-7a）的两个表达式是非常有用的，而式（1-7b）应用并不多，因为包含了等熵的条件，不仅实现困难，而且计算也不方便。其他有用的关系式还有：

$$\left(\frac{\partial H}{\partial p}\right)_T=V-T\left(\frac{\partial V}{\partial T}\right)_T \tag{1-8}$$

1.1.2 热力学第一定律在稳定流动过程中的应用

热力学第一定律是自然界能量转化和守恒原理在热力过程中的应用。对于封闭系统，众所周知，它的表达式为

$$\Delta U=Q+W \tag{1-9}$$

即系统热力学能的变化等于环境加给系统的热量和环境向系统做出的功。式（1-9）只适用于封闭系统。封闭系统的特点是系统与环境间可以有能量交换（包括热和功）但没有物质交换。在讨论封闭系统时，如果谈及系统的能量变化都指热力学能的变化，并不考虑系统宏观的动能和位能变化，并且还常常假设只做体积功。

然而，工业上经常遇到的大多数是敞开系统，且流经敞开系统做稳定流动。敞开系统的特点是系统与环境间除了可以有能量的交换（包括热和功）外，还伴有物质交换。当敞开系统做稳定流动时，按热力学的说法：系统中各点的热力学状态不随时间而变，系统中绝不会出现物质和能量的积累。工程上的连续生产装置均具有敞开系统稳定流动的特点。这些装置除了配有

反应器、换热器外，还配有泵、压缩机等动力设备。流体通过动力设备后，常常有宏观的动能变化。如将流体送至高处，还有相应的位能变化。尤其重要的是动力设备对系统做机械功或电功，它们是生产中主要的耗功所在，不能假设只做体积功。以上这些都是敞开系统稳流过程与封闭系统不同的地方。敞开系统稳定流动过程示意图见图 1-1。

现取图 1-1 中截面 1 到截面 2 之间所围成的装置（包括换热器、透平压缩机、管道及充满其中的流体）为系统。流体源源不断由截面 1 流入系统，又从截面 2 流向环境，可见该系统与环境间有物质交换，故属于敞开系统。下面对敞开系统稳定流动过程进行能量分析。

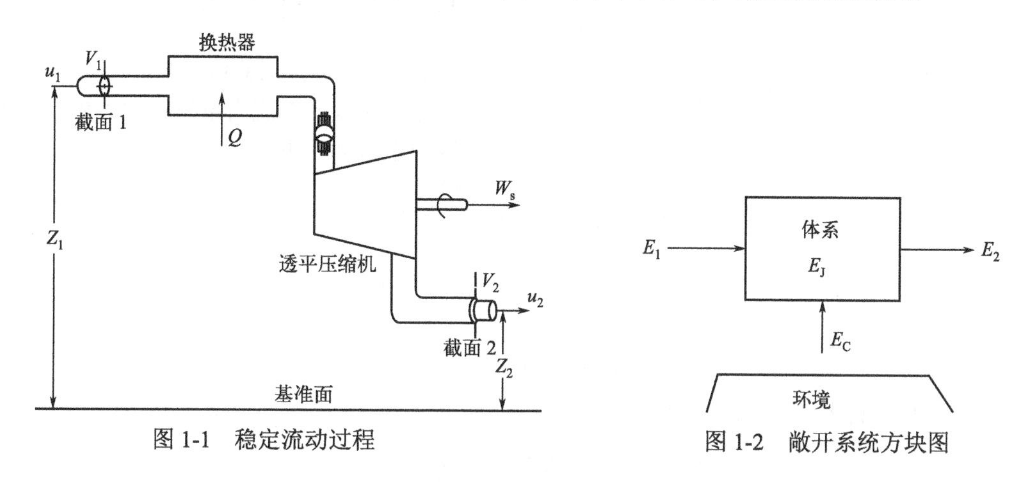

图 1-1　稳定流动过程　　图 1-2　敞开系统方块图

对任一敞开系统（图 1-2），系统内不断有流体流入和流出。根据能量守恒原理，流体流入系统带入的能量为 E_1，减去因流体流出系统而带走的能量 E_2，加上环境通过热和功的方式传递给系统的能量 E_C，必定等于系统中能量的积累 E_J，即

$$E_1 - E_2 + E_C = E_J \tag{1-10}$$

为方便起见，取单位质量流体作为计算基准。把式（1-10）各项与图 1-1 对照可知：

$$E_1 = U_1 + \frac{u_1^2}{2} + gZ_1 \tag{1-11}$$

$$E_2 = U_2 + \frac{u_2^2}{2} + gZ_2 \tag{1-12}$$

系统和环境间传递的能量为

$$E_C = Q + W \tag{1-13}$$

又由于稳定流动，系统中不可能有能量积累，即

$$E_J = 0 \tag{1-14}$$

将上述四式代入式（1-10）并整理，可得

$$(U_2 - U_1) + \frac{1}{2}(u_2^2 - u_1^2) + g(Z_2 - Z_1) = Q + W$$

即

$$\Delta U + \frac{1}{2}\Delta u^2 + g\Delta Z = Q + W \tag{1-15}$$

必须注意，式（1-15）中的 W 不要与图 1-1 中的 W_s 混同。W 是由轴功 W_s 和流动功 W_F 两部分组成，即

$$W = W_s + W_F \tag{1-16}$$

上式中，轴功 W_s 是流体在稳定流动过程中，由于压力的变化而使流体受到压缩或膨胀时，通过动力设备的运动轴与环境交换的功。

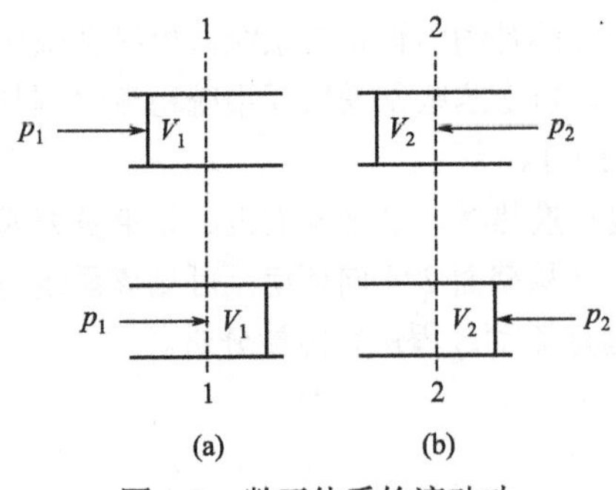

图 1-3　敞开体系的流动功

流动功 W_F 包括流体进出系统时，在进出口界面上所交换的功，即 $W_F = W_1 + W_2$。

先来考虑单位质量流体从截面 1 流入系统的情况，参见图 1-3（a）。该处流体的压力为 p_1，比容为 V_1。当它受后面流体的推进而挤进截面 1，设推进距离为 S_1，则系统就得到流动功 W_1：

$$W_1 = F_1 S_1 = p_1 S_1 \left(\frac{V_1}{S_1}\right) = p_1 V_1 \tag{1-17}$$

式（1-17）的正号表示环境对系统做功。

单位质量流体从截面 2 流出系统时，如图 1-3(b）所示，系统则做出流动功 W_2：

$$W_2 = -F_2 S_2 = -p_2 S_2 \left(\frac{V_2}{S_2}\right) = -p_2 V_2 \tag{1-18}$$

则

$$\begin{aligned} W &= W_s + W_F = W_s + (W_1 + W_2) \\ &= W_s - p_2 V_2 + p_1 V_1 \\ &= W_s - \Delta(pV) \end{aligned} \tag{1-19}$$

现将式（1-19）代入式（1-15），得

$$\Delta U + \frac{1}{2}\Delta u^2 + g\Delta Z = Q + W_s - \Delta(pV) \tag{1-20}$$

因 $\Delta H = \Delta U + \Delta(pV)$

故得

$$\Delta H + \frac{1}{2}\Delta u^2 + g\Delta Z = Q + W_s \tag{1-21}$$

式（1-21）称为敞开系统稳流过程热力学第一定律数学表达式，或称稳流过程总能量方程式。该式对可逆或不可逆过程均适用。式中各项只表示单位质量（如 1kg）流体的能量。具体计算时要注意处理量的多少并取统一的能量单位。

对于敞开系统流体的压缩（或膨胀）过程、热交换过程、节流过程等，流体在过程前后的动能变化、位能变化通常可以忽略不计而不影响工程计算结果。故式（1-21）可简化为

$$\Delta H = Q + W_s \tag{1-22}$$

式（1-22）表明，焓变是敞开系统与环境进行热、功交换的净结果。工程上进行能量衡算，焓比热力学能更重要。根据系统的焓变可以方便地计算出稳流过程中敞开系统与环境交换的热量和轴功，且不必考虑是否是理想气体或过程是否可逆，式（1-22）均适用。但是，在式（1-22）中，还需要求出 Q 和 W_s 中的一个，才能通过焓变算出稳流过程中敞开系统与环境交换的热量或轴功。

1.2　热力学函数的基本计算

1.2.1　熵变的计算

由式（1-7a）在等温过程中系统的熵变随压力变化的关系为：

$$\left(\frac{\partial S}{\partial p}\right)_T = -\left(\frac{\partial V}{\partial T}\right)_p \tag{1-23}$$

当压力一定时，气体的体积总是随温度的升高而增大，即$\left(\frac{\partial V}{\partial T}\right)_p$总是正值，故$\left(\frac{\partial S}{\partial p}\right)_T$为负值。该式说明当温度一定时，系统的熵值随压力的升高而下降。由式（1-23）可得

$$\Delta S_T = \int_{p_1}^{p_2} -\left(\frac{\partial V}{\partial T}\right)_p \mathrm{d}p$$

当已知系统的p-V-T关系时，由上式可直接积分求出在等温下的熵变ΔS_T值。例如，对 1mol 理想气体，当以$pV=RT$关系代入，得

$$\Delta S_T = -RT\ln\frac{p_2}{p_1} \tag{1-24}$$

在等压过程中系统的熵变与温度的关系为：

$$\frac{\delta Q_p}{T} = \mathrm{d}S\text{，}\quad \delta Q_p = C_p\mathrm{d}T$$

由此得

$$\Delta S_p = \int_{T_1}^{T_2} \frac{C_p}{T}\mathrm{d}T \tag{1-25}$$

上式说明当压力一定时，系统的熵值随温度上升而增大。如有系统的C_p随T变化的关系，代入上式后，可直接积分得出等压过程中的熵变ΔS_p值。

在非等温、等压过程中系统的熵变、焓变及其计算，往往通过设计一个新途径的方法进行计算，因为熵是状态函数，其熵变只由初终状态所决定，与变化的途径无关。因此，如当系统从状态 1(T_1，p_1)绝热可逆膨胀至状态 2(T_2，p_2)时，常可设计如图 1-4 所示的过程，分两步来计算熵变。系统可先从状态 1(T_1，p_1)作等温可逆膨胀至状态 2′(T_1，p_2)，再从状态 2′(T_1，p_2)作等压可逆降温至状态 2(T_2，p_2)。显然，系统在第一步中熵变ΔS_T与第二步熵变ΔS_p之和必然等于系统从状态 1 直接变至状态 2 时的熵变ΔS，即$\Delta S=\Delta S_T+\Delta S_p$。由于系统从状态 1 变化到状态 2 为可逆过程，其$\Delta S=0$，即$\Delta S_T+\Delta S_p=0$，其中ΔS_T和ΔS_p计算方法如上。如果终态温度T_2为未知，则可以通过$\Delta S=0$的关系来求得。

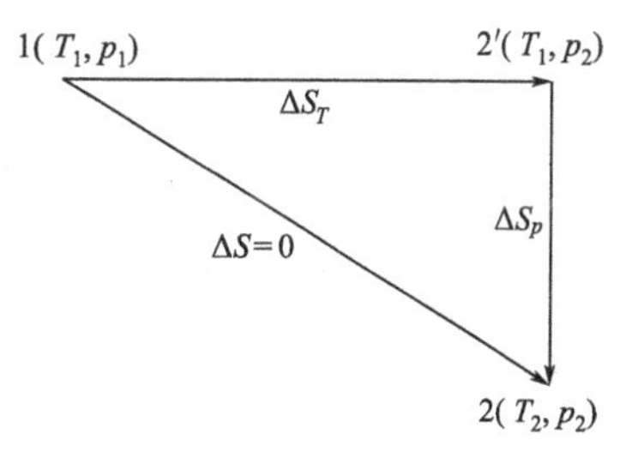

图 1-4　状态变化过程图

1.2.2　吉布斯函数的计算

吉布斯函数G是极为重要、应用最广泛的热力学函数，也是状态函数。与ΔS计算一样，ΔG也可以通过设计始终态相同的过程来计算。

（1）简单状态变化定温过程的ΔG

对于双变量系统的任意过程可由式（1-2）表示：

$$\mathrm{d}G = -S\mathrm{d}T + V\mathrm{d}p \tag{1-26}$$

在等温下

$$\mathrm{d}G = V\mathrm{d}p \tag{1-27}$$

对理想气体，用p-V-T关系代入上式，可直接积分，得：

$$\Delta G_T^\ominus = \int_{p_1}^{p_2} V\mathrm{d}p = RT\ln\frac{p_2}{p_1} \tag{1-28}$$

这里的$\Delta G_T^\ominus$表示理想气体在等温下的吉布斯函数的变化，p_1、p_2为物质状态变化前后的压力。

对真实气体，特别是在压力比较高时，就不能用式（1-28）表示其吉布斯函数。根据真实气体化学势表达式$G = G^{\ominus} + RT\ln\frac{f}{p^{\ominus}}$，则

$$\Delta G_T = RT\ln\frac{f_2}{f_1} \tag{1-29}$$

式中，f_1、f_2为物质状态变化前后压力为$p^{\ominus}$、p时的逸度。因为当压力比较低，真实气体的性质趋近于理想气体时，其逸度趋近于压力。逸度不是压力，也不能用逸度代替p-V-T关系中的压力。逸度的概念及其计算见第4章。

（2）化学反应的ΔG

化学反应的标准吉布斯函数变化，记为$\Delta_r G_m^{\ominus}$，是指示反应方向和限度的物理量，不仅可以求算反应的标准平衡常数，在一定条件下还能估计反应的方向。因此，$\Delta_r G_m^{\ominus}$的计算对化学反应来说就显得十分重要。

对于任意一个化学反应：

$$\Delta_r G_m^{\ominus} = \sum \nu_i \Delta_f G_{m,i}^{\ominus}(\text{产物}) - \sum \nu_j \Delta_f G_{m,j}^{\ominus}(\text{反应物}) \tag{1-30}$$

式中，$\sum \nu_i$、$\sum \nu_j$分别表示化学反应计量方程式中产物和反应物的计量系数之和，$\Delta_f G_m^{\ominus}$表示物质的标准生成吉布斯函数。常见物质的$\Delta_f G_m^{\ominus}$数据可从物理化学教材附录或有关手册中查到。

对定温定压过程中的任意一个化学反应，

$$\Delta_r G_m^{\ominus} = \Delta_r H_m^{\ominus} - T\Delta_r S_m^{\ominus} \tag{1-31}$$

其中，反应的定压反应热等于产物生成热之和减去反应物生成热之和：

$$\Delta_r H_m^{\ominus} = \sum \nu_i \Delta_f H_{m,i}^{\ominus}(\text{产物}) - \sum \nu_j \Delta_f H_{m,j}^{\ominus}(\text{反应物}) \tag{1-32}$$

而反应的定压反应热与温度的关系，遵从基尔霍夫（Kiychhoff）公式

$$\left(\frac{d\Delta H_R^{\ominus}}{dT}\right)_p = \sum \nu_i C_{p,i}^{\ominus}(\text{产物}) - \sum \nu_j C_{p,j}^{\ominus}(\text{反应物}) = \Delta C^{\ominus} \tag{1-33}$$

同理，根据产物和反应物的标准熵，可得

$$\Delta_r S_m^{\ominus} = \sum \nu_i \Delta_f S_{m,i}^{\ominus}(\text{产物}) - \sum \nu_j \Delta_f S_{m,j}^{\ominus}(\text{反应物}) \tag{1-34}$$

式中，其他符号与式（1-31）相同。常见物质的标准生成热、燃烧热和标准熵的数据可从物理化学教材附录或有关手册中查到。

对于电化学反应，可通过电池的电动势来计算：

$$(\Delta_r G_m^{\ominus})_{T,p} = -nFE^{\ominus} \tag{1-35}$$

式中，n为电极反应得失电子的物质的量，F为法拉第常数，$E^{\ominus}$为标准电动势。

（3）ΔG随温度T的变化

吉布斯-亥姆霍兹（Gibbs-Helmholtz）公式给出了ΔG、ΔS、ΔH及其随温度变化之相互关系：

$$\left(\frac{d(\Delta G)}{dT}\right)_p = -\Delta S \tag{1-36}$$

$$T\left(\frac{d(\Delta G)}{dT}\right)_p = \Delta G - \Delta H \tag{1-37}$$

$$\left[\mathrm{d}\left(\frac{\Delta G}{T}\right)/\mathrm{d}T\right]_p=\frac{-\Delta H}{T^2} \tag{1-38}$$

上述ΔS、ΔH、ΔG以及下面要讨论的Q及其相关的C_p的计算是实际应用中常遇到的，其相关的计算详见第七章。

1.2.3　焓变的计算

根据式（1-3b），任何物质在定压过程中，系统焓的变化可写为

$$(\mathrm{d}H)_p=C_p\mathrm{d}T$$

当温度从T_1变到T_2时，其焓变为

$$\Delta H_p=\int_{T_1}^{T_2}C_p\mathrm{d}T \tag{1-39}$$

如果热容C_p不随温度而变化，则直接积分上式即可。但热容C_p一般是随温度而变化的，而且这种变化的关系比较复杂，通常采用下列两个经验公式来计算

$$C_p=a+bT+cT^2 \tag{1-40a}$$

$$C_p=a+bT+\frac{c'}{T^2} \tag{1-40b}$$

式中，a、b、c、c'为与气体性质有关的特性常数，可从有关手册中查到。将式（1-40）代入式（1-39）积分即可得到定压过程系统焓变。

为避免烦琐的积分，也可用在此温度范围内的平均热容$\overline{C}_{p_{1-2}}$来计算。因为

$$\overline{C}_{p_{1-2}}=\frac{H_2-H_1}{T_2-T_1}=\frac{\int_{T_1}^{T_2}C_p\mathrm{d}T}{T_2-T_1} \tag{1-41}$$

以此代入式（1-39），得

$$\Delta H=\overline{C}_{p_{1-2}}\left(T_2-T_1\right) \tag{1-42}$$

但在一般数据表中很难查到在任意T_1和T_2之间的$\overline{C}_{p_{1-2}}$值。如T_1、T_2相差不大，则$\overline{C}_{p_{1-2}}$可近似地取平均温度$\frac{1}{2}$（T_1+T_2）那一点下的C_p值。如T_1、T_2相差很大，那就不行了。

为了克服这一困难，常取某一温度，例如0℃（以T_0表示），作为计算平均热容的基准温度，并令基准温度T_0的焓值为H_0。这样，当从T_0至任一温度T之间的平均热容计算出来以后，则结合图1-5，式（1-42）可写为

$$\Delta H=\left(H_0-H_1\right)+\left(H_2-H_0\right) \tag{1-43}$$

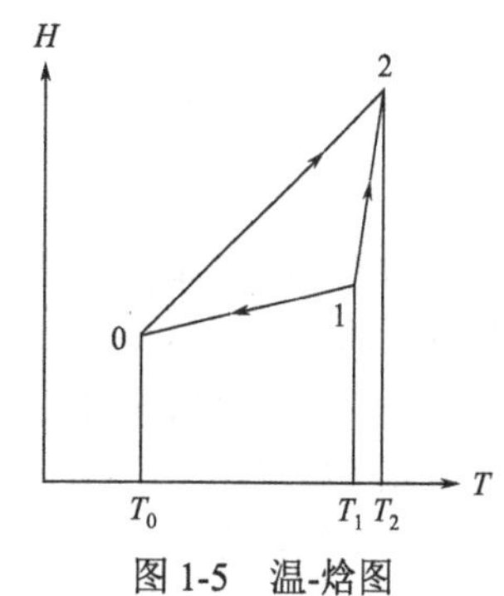

图1-5　温-焓图

即系统从状态1变至状态2时的焓变等于系统从状态1变至状态0，再从状态0变至状态2时的焓变的代数和。再以平均热容值$\overline{C}_{p_{0-2}}$及$\overline{C}_{p_{0-1}}$代入，则

$$\Delta H=\overline{C}_{p_{0-2}}\left(T_2-T_0\right)-\overline{C}_{p_{0-1}}\left(T_1-T_0\right) \tag{1-44}$$

加压下气体的恒压热容C_p与标准恒压热容$C_p^{\ominus}$之差$C_p-C_p^{\ominus}=f\left(p_{\mathrm{r}},\ T_{\mathrm{r}}\right)$，可根据物质的临界参数$p_{\mathrm{r}}$、$T_{\mathrm{r}}$从普遍化热容差图（附录二）中查得，计算方法见本章1.5.7节。

定温过程中压力对焓变的影响，可根据热力学函数的基本关系$\mathrm{d}H=T\mathrm{d}S+V\mathrm{d}p$微分求得

$$\left(\frac{\partial H}{\partial p}\right)_T=T\left(\frac{\partial S}{\partial T}\right)_T+V \tag{1-45a}$$

或

$$\Delta H_T = \int_{p_1}^{p_2} \left[T\left(\frac{\partial S}{\partial T}\right)_T + V \right] dp = \int_{p_1}^{p_2} \left[V - \left(\frac{\partial V}{\partial T}\right)_p \right] dp \tag{1-45b}$$

式中，V 为气体摩尔体积。因此，只要知道气体的 p-V-T 关系，式（1-45b）就不难求解。例如，对于理想气体，$V-\left(\frac{\partial V}{\partial T}\right)_p=0$，故$\Delta H_T=0$。

但真实气体的焓不仅取决于温度，还与压力有关。因此，加压下真实气体的ΔH 也与温度和压力有关，因而不能直接利用式（1-45b）计算。为此，工程上将一些常见物质的焓与温度、压力的关系，绘制成焓差图，使用更为简便。具体计算方法见本章 1.5.6 节。

1.2.4 热量的计算

当对流动系统进行加热或冷却，或系统在绝热情况下进行混合或反应时，则系统与环境所交换的热，或系统温度的变化都可以根据热量衡算关系$\Delta H=Q$ 来求得，热量衡算在确定生产的工艺条件和设备尺寸时是经常用到的。

这里 H 表示任意量系统的焓。对流动系统来说，只要系统与环境无轴功交换，则在进行热量衡算时，$\Delta H=Q$ 是普遍适用的，无任何其他限制。因此，应用时极为方便。对非流动系统来说，亦可以用系统的焓变来求得系统与环境所交换的热，但只限于等压过程，而且系统与环境的压力是相等的，亦即

$$\Delta H = Q_p \tag{1-46}$$

这里 Q_p为在等压下系统与环境所交换的热。这种情况在生产和实验室中也是经常遇到的。例如，当用水稀释硫酸时，这一过程就是在等压下进行的，系统与环境的压力都是一个大气压。因此式（1-46）的应用也是很广泛、很方便的。求等压下系统与环境的热量交换时，首先需要求得系统变化前后的焓变，它由系统变化前后的状态所决定。

对于理想气体，由于压力对其焓值无影响，因此，当物质的量为 n 的理想气体，从温度 T_1 加热到温度 T_2时，其与环境所交换的热为：

$$Q_p = \Delta H = n(H_2 - H_1) = n\int_{T_1}^{T_2} C_p \mathrm{d}T \tag{1-47}$$

对于真实气体和液体，其焓值和热容都是温度和压力的函数。但在一般流动系统中，流体流动时的压力降不大，同时压力本身对系统焓值的影响也不大，因此压力本身的变化常可忽略不计，而可直接用式（1-47）计算系统的焓变与热交换。当然，如压力变化很大，其对焓值的影响就不能忽略，这将在后面讨论。

如系统在加热或冷却过程中还有相的变化（汽化、液化、结晶等）及化学变化，则系统与环境所交换的热，除包括系统温度变化所引起的焓变外，还包括由于相的变化及化学反应而引起的焓变。

如系统在绝热情况下进行反应，则根据热量平衡就可求出焓变和反应后的温度。例如，SO_2 和 O_2 混合气体，在通过有钒催化剂的反应器后，由于 SO_2 被氧化为 SO_3 为一放热反应，反应后气体温度将升高。由于反应是在绝热情况下进行的，并假设反应器亦无热损失，即系统与环境无热量交换，则$\Delta H=Q=0$。

如图 1-6 所示，反应前系统的流量为 G_1，在状态 1（p_1，T_1，H_1）下进入反应器，如有 $n$mol SO_2 转化为 SO_3，则可根据物料衡算求得反应后系统的流量为 G_2，在状态 2（p_1，T_2，H_2）流出反应器。由于在一般数据表中查得的反应热常是在某一温度 T_0 下的，因此，可以设计一个

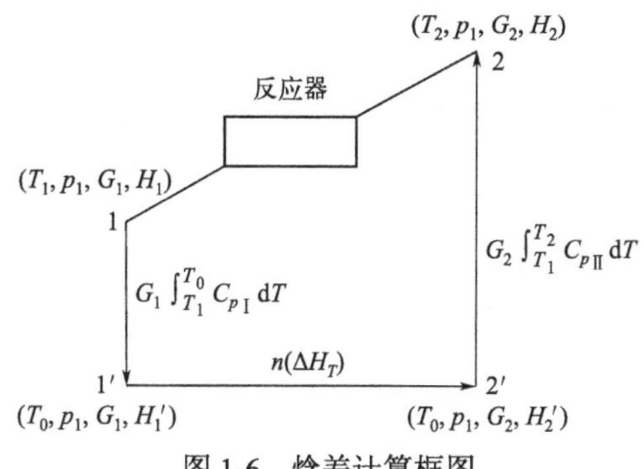

图 1-6 焓差计算框图

如图 1-6 所示的过程，分三步来计算：

① 系统（状态 1）在等压（p_1）下变温至 T_0（状态 1′），其焓变为

$$\Delta H_{\text{I}} = H_1' - H_1 = G_1\int_{T_1}^{T_0} C_{p_1}\mathrm{d}T$$

式中，C_{p_1} 按反应前系统组成的热容计。

② n mol SO_2 在 p_1 和 T_0 下（状态 1′）转化为 SO_3（状态 2′），其焓变为

$$\Delta H_{\text{II}} = H_2' - H_1' = n(\Delta H_{\text{r}})$$

式中，ΔH_{r} 为在基准温度 T_0 下的反应热。

③ 系统在状态 2′和等压下变温到 T_2（状态 2），其焓变为

$$\Delta H_{\text{III}} = H_2 - H_2' = G_2\int_{T_0}^{T_2} C_{p_{\text{II}}}\mathrm{d}T$$

式中，$C_{p_{\text{II}}}$ 按反应完成后系统组成的热容计。

上述三步焓变的代数和即为状态 1、2 两点之间的焓变，由此，得

$$H_2 - H_1 = \Delta H_{\text{I}} + \Delta H_{\text{II}} + \Delta H_{\text{III}} = G_1\int_{T_1}^{T_0} C_{p_1}\mathrm{d}T + n(\Delta H_{\text{r}}) + G_2\int_{T_0}^{T_2} C_{p_{\text{II}}}\mathrm{d}T = 0 \quad (1\text{-}48)$$

应用试差法可求得反应后系统的温度。如已预知反应后温度，利用上式亦可求反应物的转化量。如有反应系统的平均热容或已知系统进入反应器的温度下的反应热，则上式还可作不同程度的简化。

从上面的讨论可见，在进行热量衡算时，常需根据手册或数据表中已有的数据，选用一个合适的基准温度，以利于计算。一般来说，对加热或冷却过程，常取 0℃为基准温度；对化学反应或混合等过程，则常取已有热效应数据的温度为基准温度，例如 25℃，应用时需要注意。

【例 1-1】 在硫酸生产中，需将 SO_2 氧化为 SO_3。如组成为 7%SO_2、11%O_2 和 82%N_2 的 100mol 混合气，在 0.1MPa、440℃下进入反应器，并在绝热情况下进行反应。当 50%SO_2 转化为 SO_3 时，试计算上述混合气通过反应器后的温度。已知 25℃下 1mol SO_2 的反应热为–96.186kJ。

解： 计算过程如图 1-6 所示，其中 p_1=p_2=0.1MPa，T_0=298K，G_1=100mol。根据式（1-48），系统在状态 1、2 两点之间的焓变为

$$\Delta H = H_2 - H_1 = \Delta H_{\text{I}} + \Delta H_{\text{II}} + \Delta H_{\text{III}} = 0$$

取进入反应器的物料 100mol 为计算基准，即 $G_1 = n_{SO_2} + n_{O_2} + n_{N_2} = 100(\text{mol})$。

$$\Delta H_{\text{I}} = H_1' - H_1 = \int_{T_1}^{T_0} G_1 C_{p_1}\mathrm{d}T = \int_{T_1}^{T_0}\sum nC_p\mathrm{d}T = \int_{T_1}^{T_0} n_{so_2}C_{p_{so_2}}\mathrm{d}T + \int_{T_1}^{T_0} n_{o_2}C_{p_{o_2}}\mathrm{d}T + \int_{T_1}^{T_0} n_{N_2}C_{p_{N_2}}\mathrm{d}T$$

这里的 T_1=713K，T_0= 298K，n_{SO_2} = 7mol，n_{O_2} = 11mol，n_{N_2} = 82mol，$C_{p_{so_2}}$、$C_{p_{o_2}}$、$C_{p_{N_2}}$ 均为温度的函数。为了简化计算，可取在此温度范围内的平均热容。在一般文献中只有从 0℃至某一温度 T 之间的平均热容，而无从 25℃开始计算的平均热容。不过一般来说，它们之间的差别不大，因此，这里就取以 0℃开始计算的平均热容。

$$\Delta H_{\text{I}} = (T_0 - T_1)\left(n_{so_2}\times\overline{C}_{p_{so_2}} + n_{o_2}\times\overline{C}_{p_{o_2}} + n_{N_2}\times\overline{C}_{p_{N_2}}\right)$$

$$= (298-713)\times(7\times45.97 + 11\times31.11 + 82\times29.77) = -415\times3105 = -1.29\times10^3(\text{kJ})$$

$\Delta H_{\text{II}} = H_2' - H_1' = n(\Delta H_{\text{r}})$，其中，$\Delta_{\text{r}}H_{\text{m},SO_2}$ =–96.186kJ，n=7×0.5=3.5mol，则

ΔH_{II} =3.5×(–96.186) = –337(kJ)

$$\Delta H_{\text{Ⅲ}} = H_2 - H_2' = \int_{T_0}^{T_2} G_2 C_{p_{\text{Ⅱ}}} \mathrm{d}T = \int_{T_0}^{T_2} \sum n' C_p \mathrm{d}T$$

其中，$G_2 = n'_{so_2} + n'_{o_2} + n'_{N_2} + n'_{so_3}$，而 n'_{so_2}=3.5mol，n'_{o_2}=11−0.5×3.5=9.25mol，n'_{N_2}=82mol，n'_{so_3}=3.5mol。如热容亦取从 0℃开始计算的平均值，则

$$\begin{aligned}\Delta H_{\text{Ⅲ}} &= (T_2 - 298)\left(3.5\times\overline{C}_{p_{so_2}} + 9.25\times\overline{C}_{p_{o_2}} + 82\times\overline{C}_{p_{N_2}} + 3.5\times\overline{C}_{p_{SO_3}}\right)\\ &= (T_2 - 298)\times(3.5\times45.97 + 9.25\times31.11 + 82\times29.77 + 3.5\times68.88) = (T_2 - 298)\times3130\\ &= (-\Delta H_{\text{Ⅰ}}) + (-\Delta H_{\text{Ⅱ}})\\ &= 1.29\times10^3 + 337 = 1.627\times10^3\ (\mathrm{kJ})\end{aligned}$$

解得：T_2=818K，即气体离开反应器时的温度为 545℃，温度升高 105℃。

讨论：①实际上反应器是有热损失的，因此 $Q \neq 0$，这样，气体出反应器时的温度将会低些。②气体通过反应器时总是有压力降的，不过一般不大，而且压力稍许有变化对焓值的影响不大，故可以忽略。③平均热容的选用是有些误差的，但一般不大，可以忽略。

综上所述，实际应用中最常遇到的是ΔH、Q 和 W_s 及其相关的 C_p 计算。

虽然根据系统的 p-V-T 关系和 C_p 等数据，通过系统的熵变与焓变可求出系统与环境所交换的能量和系统温度、压力的变化，但由于真实气体的 p-V-T 关系和 C_p 的变化相当复杂，利用上述关系式计算时会非常烦琐。因此，科技工作者已经将不同温度、压力下的熵值和焓值等热力学性质计算出来，并整理成图线，例如温熵图等各种热力学图表和各种热力学普遍化性质图，应用就方便很多。下面分别介绍热力学性质图表和热力学普遍化性质图及其应用。

1.3 偏离函数及计算

我们不清楚 U、H、A、G 函数的绝对值是多少，实际中也不必关心它们的绝对值是多少，因为得到它们随状态的变化值就足够了。计算热力学函数变化时，常用到一个重要的概念——偏离函数。它是指研究态相对于某一参考态的热力学函数的差值，并规定参考态是与研究态同温，且压力为 p_0 的理想气体状态。对于摩尔性质 M（=V、U、H、S、A、G、C_p、C_V等），其偏离摩尔函数定义为

$$M - M_0^{\mathrm{ig}} = M(T,p) - M^{\mathrm{ig}}(T,p_0) \tag{1-49}$$

偏离函数的记号 $M - M_0^{\mathrm{ig}}$，表示摩尔性质 M 在研究态与其在参考态的差，M 代表在研究态（T、p）下的性质，M_0^{ig} 代表在参考态（温度为 T，压力为 p_0 的理想气体）下的性质，其中，上标“ig”指参考态是理想气体状态，下标“0”指参考态的压力是 p_0。可见参考态与研究态的温度相同，且处于理想气体状态。

引入偏离函数的概念后，使物性计算更加方便和统一。若要计算摩尔性质 M 随着状态（T_1, p_1）→（T_2,p_2）的变化，通过数学上的恒等式，将两个研究态之间的性质变化与偏离函数和理想气体性质联系起来：

$$\begin{aligned}&M(T_2,p_2) - M(T_1,p_1)\\ &= \left[M(T_2,p_2) - M^{\mathrm{ig}}(T_2,p_0)\right] - \left[M(T_1,p_1) - M^{\mathrm{ig}}(T_1,p_0)\right] + \left[M^{\mathrm{ig}}(T_2,p_0) - M^{\mathrm{ig}}(T_1,p_0)\right]\end{aligned} \tag{1-50}$$

等压条件下理想气体性质随着温度的变化可以通过理想气体摩尔定压热容 C_p^{ig} 来计算；偏离函数将表示为 p-V-T 关系+C_p^{ig}，是非常有实际意义的。

从定义知，偏离函数的数值与参考压力 p_0 有关，但从式（1-50）知，参考压力 p_0 并不影响

所要计算的性质变化，所以，原则上参考压力 p_0 的选择是没有限制的。但是，有些性质的偏离函数与 p_0 无关，如当 $M=U$、H、C_p、C_V 时，偏离函数与 p_0 无关，因为气体的 U、H、C_p、C_V 都仅仅是温度的函数，这时偏离函数只要写成 $M-M^{ig}$，即减项中的代表 p_0 的下标“0”可以略去。而当 $M=V$、S、A、G 时，偏离函数显然与 p_0 有关，这时就不能省略代表参考态压力的下标“0”。

尽管 p_0 的取值没有限制，但是习惯上以两种方式居多：一种是取单位压力，即 $p_0=p^{\ominus}$（其单位与 p 相同）；另一种是取研究态的压力，即 $p_0=p$。当 $p_0=p$ 时，偏离函数与另一热力学概念——残余性质的负值相等。因为残余性质的定义是 $M^{ig}(T,p)-M(T,p)$，但在本教材中很少采用残余性质的概念。

1.3.1　以 T、p 为独立变量的偏离函数

以 T、p 为独立变量时，首先得到吉氏函数 G 偏离函数，再得到 S，最后得到其他的偏离函数。如图 1-7 所示为由参考态至研究态的 G 的变化过程。

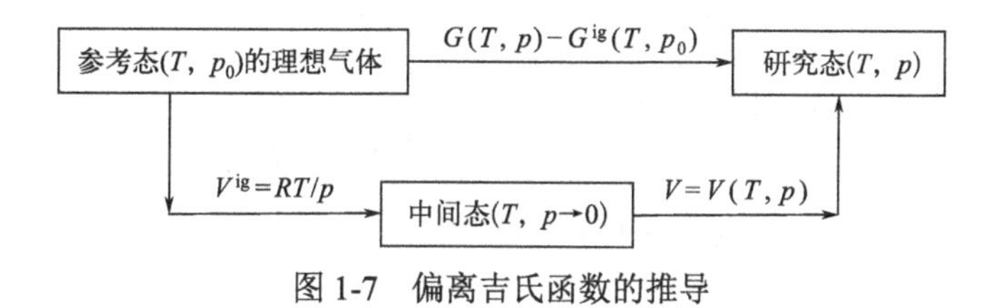

图 1-7　偏离吉氏函数的推导

由热力学基本方程可知：

$$[\mathrm{d}G=V\mathrm{d}p]_T$$

根据图 1-7 的状态变化路径，从参考态→中间态→研究态积分上式，得

$$\begin{aligned}\int_{G^{ig}(T,p_0)}^{G(T,p)}\mathrm{d}G&=\int_{p_0}^{0}V^{ig}\mathrm{d}p+\int_0^p V\mathrm{d}p=\left[\int_{p_0}^{0}V^{ig}\mathrm{d}p+\int_0^p V^{ig}\mathrm{d}p\right]\\&+\left[\int_0^p V\mathrm{d}p-\int_0^p V^{ig}\mathrm{d}p\right]=\int_{p_0}^{p}V^{ig}\mathrm{d}p+\int_0^p(V-V^{ig})\mathrm{d}p\\&=\int_{p_0}^{p}\frac{RT}{p}\mathrm{d}p+\int_0^p\left(V-\frac{RT}{p}\right)\mathrm{d}p=RT\ln\frac{p}{p_0}+\int_0^p\left(V-\frac{RT}{p}\right)\mathrm{d}p\end{aligned}$$

即

$$G(T,p)-G^{ig}(T,p_0)=RT\ln\frac{p}{p_0}+\int_0^p\left(V-\frac{RT}{p}\right)\mathrm{d}p \tag{1-51}$$

式（1-51）的左边就是偏离吉氏函数，进行标准化处理（先将参考态压力 p_0 的影响项移到等式左边，再除以 RT 转化为无量纲形式）

$$\frac{G-G_0^{ig}}{RT}-\ln\frac{p}{p_0}=\frac{1}{RT}\int_0^p\left(V-\frac{RT}{p}\right)\mathrm{d}p \tag{1-52}$$

这样式（1-52）的右边与参考态压力 p_0 无关。

将式（1-51）代入式（1-36）的偏离熵

$$S-S_0^{ig}=-\left[\frac{\partial\left(G-G_0^{ig}\right)}{\partial T}\right]_p=-R\ln\frac{p}{p_0}+\int_0^p\left[\frac{R}{p}-\left(\frac{\partial V}{\partial T}\right)_p\right]\mathrm{d}p$$

标准化处理（即无量纲化）后得

$$\frac{S-S_0^{\mathrm{ig}}}{R}+\ln\frac{p}{p_0}=\frac{1}{R}\int_0^p\left[\frac{R}{p}-\left(\frac{\partial V}{\partial T}\right)_p\right]\mathrm{d}p \tag{1-53}$$

由定义及公式得

$$\frac{U-U^{\mathrm{ig}}}{RT}=\frac{G-G_0^{\mathrm{ig}}}{RT}+\frac{S-S_0^{\mathrm{ig}}}{RT}-(Z-1) \tag{1-54}$$

$$\frac{H-H^{\mathrm{ig}}}{RT}=\frac{G-G_0^{\mathrm{ig}}}{RT}+\frac{S-S_0^{\mathrm{ig}}}{RT} \tag{1-55}$$

$$\frac{A-A^{\mathrm{ig}}}{RT}=\frac{G-G_0^{\mathrm{ig}}}{RT}-(Z-1) \tag{1-56}$$

结合式（1-52）和式（1-53），得到其他偏离函数

$$\frac{U-U_0^{\mathrm{ig}}}{RT}=1-Z+\frac{1}{RT}\int_0^p\left[V-T\left(\frac{\partial V}{\partial T}\right)_p\right]\mathrm{d}p \tag{1-57}$$

$$\frac{H-H_0^{\mathrm{ig}}}{RT}=\frac{1}{RT}\int_0^p\left[V-T\left(\frac{\partial V}{\partial T}\right)_p\right]\mathrm{d}p \tag{1-58}$$

$$\frac{A-A_0^{\mathrm{ig}}}{RT}-\ln\frac{p}{p_0}=1-Z+\frac{1}{RT}\int_0^p\left(V-\frac{RT}{p}\right)\mathrm{d}p \tag{1-59}$$

由 C_p 的定义式 $C_p=\left(\frac{\partial H}{\partial T}\right)_p$ 可得偏离定压热容

$$C_p-C_p^{\mathrm{ig}}=\left[\frac{\partial\left(H-H^{\mathrm{ig}}\right)}{\partial T}\right]_p=\frac{\partial}{\partial T}\left\{\int_0^p\left[V-T\left(\frac{\partial V}{\partial T}\right)_p\right]\right\}_p\mathrm{d}p=-\int_0^p T\left(\frac{\partial^2 V}{\partial T^2}\right)_p\mathrm{d}p$$

及其标准化形式

$$\frac{C_p-C_p^{\mathrm{ig}}}{R}=-\frac{T}{R}\int_0^p\left(\frac{\partial^2 V}{\partial T^2}\right)_p\mathrm{d}p \tag{1-60}$$

同样可以得到 $C_V-C_V^{\mathrm{ig}}$，但因不如定压热容常用，故忽略。在应用这些偏离函数计算物性时，还应结合一定的状态方程 $V=V(T,\ p)$，积分后才能得到具体的计算式。具体应用时，只要积分得到部分偏离函数后，其余由定义式导出。

1.3.2 以 V、T 为独立变量的偏离函数

以 T、p 为独立变量的偏离函数，适用于采用 $V=V(T,\ p)$ 的 p-V-T 关系，这种 p-V-T 关系较多地以图和表格的形式给出，并且一般只能用于单相系统。在工程上用得更多的 p-V-T 关系是以 p 为显函数，即 $p=p(T,\ V)$，这时，以 T、V 为独立变量使用起来更方便，有必要推导出以 T、V 为独立变量的偏离函数。首先推导出亥氏函数 A 的偏离函数，如图 1-8 所示，再得到 S 的偏离函数，最后得到其他偏离函数。

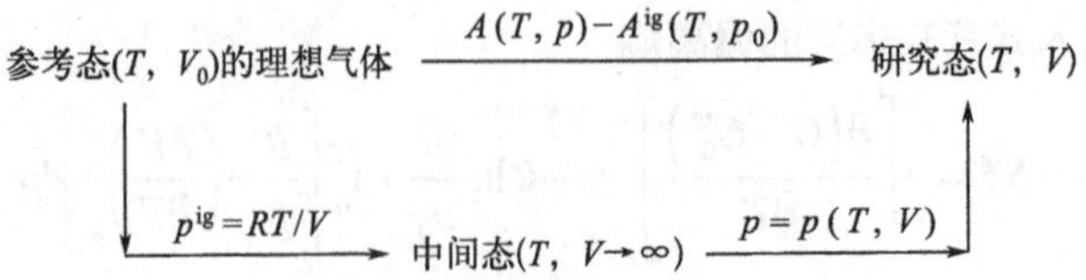

参考态$(T,\ V_0)$的理想气体 —— $A(T,p)-A^{\mathrm{ig}}(T,p_0)$ ——→ 研究态$(T,\ V)$

↓ $p^{\mathrm{ig}}=RT/V$ → 中间态$(T,\ V\to\infty)$ → $p=p(T,\ V)$ ↑

图 1-8 偏离亥氏函数的推导

对如图 1-8 所示的 A 在等温条件下，有

$$[\mathrm{d}A=-p\mathrm{d}V]_T$$

按照图 1-8 的路径积分，得到

$$\int_{A^{\mathrm{ig}}(T,V_0)}^{A(T,V)}\mathrm{d}A=\int_{V_0}^{\infty}-p^{\mathrm{ig}}\mathrm{d}V+\int_{\infty}^{V}-p\mathrm{d}V$$

$$=-\int_{V_0}^{\infty}\frac{RT}{V}\mathrm{d}V-\int_{\infty}^{V}p\mathrm{d}V=\left[\int_{V_0}^{\infty}-\frac{RT}{V}\mathrm{d}V-\int_{\infty}^{V}\frac{RT}{V}\mathrm{d}V\right]+\left[\int_{\infty}^{V}-p\mathrm{d}V+\int_{\infty}^{V}\frac{RT}{V}\mathrm{d}V\right]$$

$$=\int_{V_0}^{V}-\frac{RT}{V}\mathrm{d}V-\int_{\infty}^{V}(p-\frac{RT}{V})\mathrm{d}V=-RT\ln\frac{V}{V_0}+\int_{\infty}^{V}(\frac{RT}{V}-p)\mathrm{d}V$$

故偏离亥氏函数为

$$A(T,V)-A^{\mathrm{ig}}(T,V_0)=-RT\ln\frac{V}{V_0}+\int_{\infty}^{V}\left(\frac{RT}{V}-p\right)\mathrm{d}V \tag{1-61}$$

由式 $S=-\left(\frac{\partial A}{\partial T}\right)_V$ 得偏离熵

$$S-S_0^{\mathrm{ig}}=-\left[\frac{\partial\left(A-A_0^{\mathrm{ig}}\right)}{\partial T}\right]_V=R\ln\frac{V}{V_0}+\int_{\infty}^{V}\left[\left(\frac{\partial p}{\partial T}\right)_V-\frac{R}{V}\right]\mathrm{d}V \tag{1-62}$$

人们习惯于将式（1-61）和式（1-62）中的 $\frac{V}{V_0}$ 用 $\frac{p}{p_0}$ 来表示，由于 $\frac{V}{V_0}=\frac{ZRT/p}{RT/p_0}=Z\left(\frac{p}{p_0}\right)$，式（1-61）和式（1-62）转化为

$$A-A_0^{\mathrm{ig}}=RT\ln\frac{p}{p_0}-RT\ln Z+\left[\int_{\infty}^{V}\left(\frac{RT}{V}-p\right)\mathrm{d}V\right] \tag{1-63}$$

$$S-S_0^{\mathrm{ig}}=R\ln Z-R\ln\frac{p}{p_0}+\int_{\infty}^{V}\left[\left(\frac{\partial p}{\partial T}\right)_V-\frac{R}{V}\right]\mathrm{d}V \tag{1-64}$$

进行标准化处理后得

$$\frac{A-A_0^{\mathrm{ig}}}{RT}=\ln\frac{p}{p_0}-\ln Z+\frac{1}{RT}\left[\int_{\infty}^{V}\left(\frac{RT}{V}-p\right)\mathrm{d}V\right] \tag{1-65}$$

$$\frac{S-S_0^{\mathrm{ig}}}{R}+\ln\frac{p}{p_0}=\ln Z+\frac{1}{R}\int_{\infty}^{V}\left[\left(\frac{\partial p}{\partial T}\right)_V-\frac{R}{V}\right]\mathrm{d}V \tag{1-66}$$

再由定义

$$\frac{U-U^{\mathrm{ig}}}{RT}=\frac{A-A_0^{\mathrm{ig}}}{RT}+\frac{S-S_0^{\mathrm{ig}}}{RT} \tag{1-67}$$

$$\frac{H-H^{\mathrm{ig}}}{RT}=\frac{A-A_0^{\mathrm{ig}}}{RT}+\frac{S-S_0^{\mathrm{ig}}}{RT} \tag{1-68}$$

$$\frac{G-G^{\mathrm{ig}}}{RT}=\frac{A-A_0^{\mathrm{ig}}}{RT}-(Z-1) \tag{1-69}$$

代入式（1-65）和式（1-66）后，得到其他偏离函数与 p-V-T 的关系式

$$\frac{U-U_0^{\mathrm{ig}}}{RT}=\frac{1}{RT}\int_{\infty}^{V}\left[T\left(\frac{\partial p}{\partial T}\right)_V-p\right]\mathrm{d}V \tag{1-70}$$

$$\frac{H-H_0^{\mathrm{ig}}}{RT}=Z-1+\frac{1}{RT}\int_{\infty}^{V}\left[T\left(\frac{\partial p}{\partial T}\right)_V-p\right]\mathrm{d}V \tag{1-71}$$

$$\frac{G-G_0^{\rm ig}}{RT}-\ln\frac{p}{p_0}=Z-1-\ln Z+\frac{1}{RT}\left[\int_{\infty}^{V}\left(\frac{RT}{V}-p\right)\mathrm{d}V\right] \tag{1-72}$$

在等温条件下，$U-U^{\rm ig}$对 T 求偏导得到偏离摩尔定容热容

$$\frac{C_V-C_V^{\rm ig}}{R}=-\frac{T}{R}\int_{\infty}^{V}\left(\frac{\partial^2 p}{\partial T^2}\right)_V\mathrm{d}V \tag{1-73}$$

C_p和 C_V都是重要的热力学性质。但 C_p 的实验测定较 C_V 更容易。人们对 C_p 更有兴趣，为了得到以 T、V 为独立变量的偏离摩尔定压热容，需要用到式 $C_p-C_V=T\left(\frac{\partial V}{\partial T}\right)_p\left(\frac{\partial p}{\partial T}\right)_V$，因为

$$\frac{C_p-C_V^{\rm ig}}{R}=\frac{C_p-C_V}{R}+\frac{C_V-C_V^{\rm ig}}{R}-\frac{C_p^{\rm ig}-C_V^{\rm ig}}{R} \tag{1-74}$$

从 $p=p(T,V)$求全微分

$$\mathrm{d}p=\left(\frac{\partial p}{\partial T}\right)_V\mathrm{d}T+\left(\frac{\partial p}{\partial V}\right)_T\mathrm{d}V$$

并且等式两边同时除以 dT，并取定压条件，注意到$\left(\frac{\partial p}{\partial T}\right)_p=0$，则有

$$\left(\frac{\partial p}{\partial V}\right)_T=-\frac{\left(\frac{\partial p}{\partial T}\right)_V}{\left(\frac{\partial V}{\partial T}\right)_p}$$

再代入式 $C_p-C_V=T\left(\frac{\partial V}{\partial T}\right)_p\left(\frac{\partial p}{\partial T}\right)_V$，可得到

$$C_p-C_V=-T\frac{\left(\frac{\partial p}{\partial T}\right)_V^2}{\left(\frac{\partial V}{\partial T}\right)_p} \tag{1-75}$$

将理想气体状态方程代入式（1-75），得到

$$C_p^{\rm ig}-C_V^{\rm ig}=R \tag{1-76}$$

将式（1-73）、式（1-75）、式（1-76）代入式（1-74）得

$$C_p-C_p^{\rm ig}=T\int_{\infty}^{V}\left(\frac{\partial^2 p}{\partial T^2}\right)_V\mathrm{d}V-T\frac{(\partial p/\partial T)_V^2}{(\partial p/\partial V)_T}-R \tag{1-77}$$

并标准化为

$$\frac{C_p-C_p^{\rm ig}}{R}=\frac{T}{R}\int_{\infty}^{V}\left(\frac{\partial^2 p}{\partial T^2}\right)_V\mathrm{d}V-T\frac{(\partial p/\partial T)_V^2}{(\partial p/\partial V)_T}-1 \tag{1-78}$$

式（1-60）是以 T、p 为独立变量的 C_p（T，p）的偏离函数，但以 T、V 为独立变量的 C_p（T，V）的偏离函数式（1-78）在工程上更有用。

1.4 热力学性质图表及其应用

将热力学性质绘制成一定的图和表，在应用中也很常见，如附录中一些重要的热力学性质图和表，它们除了用于热力学性质的粗略估计外，还能形象地表示热力学性质的规律和过程进行的路径等。我们在物理化学教材中经常用到的 p-V-T 相图就是重要的热力学性质图之一，在

工程计算中，为了简便和迅速，经常使用热力学图表。常用的热力学图有以下几种：①温熵图即 *T-S* 图，②焓温图即 *H-T* 图或写作 *i-T* 图，③蒸汽的焓熵图即 *H-S* 图或写作 *i-S* 图，④压焓图即 ln*p-H* 图及⑤溶液的焓浓图等。这些图可从有关文献中查到。

例如，在分析压缩制冷循环时，循环中的压缩过程常被近似为绝热可逆过程，是等熵途径。有些膨胀过程也被视为等焓过程。这些过程能较直接地表示在 *T-S* 图或 ln*p-H* 图上。

1.4.1 温熵（*T*–*S*）图和压焓（ln*p*–*H*）图的一般形式

T-S 图和 ln*p-H* 图的一般形式如图 1-9 所示。图 1-9 所示的热力学性质图包括了气、液、固三个相区，我们主要介绍流体（气+液）区。

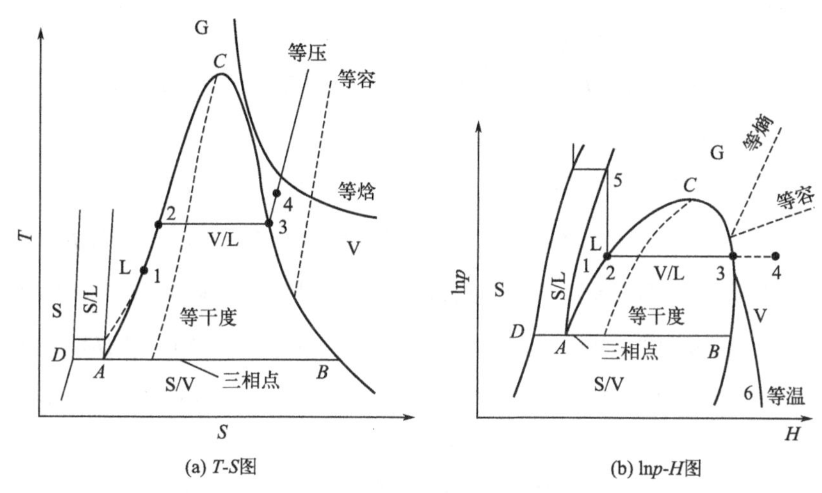

图 1-9 热力学性质图

在 *T-S* 图和 ln*p-H* 图中，标出了单相区（标以 G、V、L、S）和两相共存区（S/L、V/L、S/V，但两相区的形状有所不同）。*C* 是临界点，由饱和液体线 *AC*、饱和蒸汽线 *BC* 围成的区域是气液共存区。由于成平衡的液体和蒸汽（即饱和气、液相）是等温等压的，故两相区内水平线和饱和气、液相线的交点互成气-液平衡（如 2 点和 3 点）。线段 *B-A-D* 是气-液-固三相平衡线。

气、液共存区内的任一点可以视为该点所对应的饱和蒸汽与饱和液体的混合物（也称为湿蒸气），其摩尔性质 *M*（*M*=*V*、*H*、*S*、*A*、*G*、C_V、C_p…）可以从相应的饱和蒸汽性质 M^{SV} 与饱和液体的性质 M^{SL} 计算得到

$$M = M^{\mathrm{SL}}(1-x)+M^{\mathrm{SV}}x \tag{1-79}$$

式中，*x* 是饱和蒸汽在湿蒸汽中所占的百分数，称为干度（或品质）。若 *M* 分别是摩尔性质或质量容量性质，则 *x* 分别就是摩尔干度或质量干度。

另外，*T-S* 图和 ln*p-H* 图中的等变量线也很重要。在 *T-S* 图中，如标有 1-2-3-4 的等压线，还有等焓线、等容线和等干度线，特别是等压线和等焓线是很重要的。*T-S* 图中进行任一可逆过程，其可逆热 *Q* 等于该过程下方与 *S* 轴所围成的面积，因为 $Q_{\mathrm{rev}} = \int \partial Q_{\mathrm{rev}} = \int T\mathrm{d}S$。例如，等压过程 1-2-3-4 的热效应 Q_p 就是 4 点与 1 点的焓差（H_4–H_1），又因为 $[\mathrm{d}H = T\mathrm{d}S]_p$，所以，其数值也等于 *T-S* 图中的 1-2-3-4 曲线下方的面积。在 ln*p-H* 图中，也有重要的等变量线，如标有 5-2-3-6 的等温线，还有等熵线、等容线和等干度线，其中的等熵线和等温线也很重要。

1.4.2 热力学性质图、表制作原理

从热力学图、表中所包含的内容看，制作图、表需要两类数据：

① 气（汽）、液单相区和气液两相共存区的p-V-T数据；

② 气（汽）、液单相区和气液两相共存区的H和S数据。

单相区的p-V-T数据和H、S数据可以选择合适的状态方程和C_p^{ig}模型来计算，但气液两相区的性质的计算，需要由状态方程和气液平衡准则结合才能完成。

由于不知道焓、熵的绝对值，必须指定某一参考态（令该点的焓、熵值为零）后，才能计算相对于参考态的焓、熵值，如果指定（T_0, p_0）状态为参考态，则H（T_0, p_0）=0，S（T_0, p_0）=0

任意状态的焓和熵可以这样来计算，如

$$\begin{aligned}H(T,p)&=H(T,p)-H(T_0,p_0)\\&=\left[H(T,p)-H^{ig}(T)\right]-\left[H(T_0,p_0)-H^{ig}(T_0)\right]+\left[H^{ig}(T)-H^{ig}(T_0)\right]\end{aligned}\tag{1-80}$$

$$\begin{aligned}S(T,p)&=S(T,p)-S(T_0,p_0)\\&=\left[S(T,p)-S^{ig}(T,P)\right]-\left[S(T_0,p_0)-S^{ig}(T_0,p_0)\right]+\left[S^{ig}(T,p)-S^{ig}(T_0,p_0)\right]\end{aligned}\tag{1-81}$$

在式（1-80）和式（1-81）中，$\left[H(T,p)-H^{ig}(T)\right]$、$\left[H(T_0,p_0)-H^{ig}(T_0)\right]$和$\left[S(T,p)-S^{ig}(T,p)\right]$、$\left[S(T_0,p_0)-S^{ig}(T_0,p_0)\right]$分别是偏离焓和偏离熵，我们已经掌握它们的计算方法；而$\left[H^{ig}(T)-H^{ig}(T_0)\right]$和$\left[S^{ig}(T,p)-S^{ig}(T_0,p_0)\right]$是理想气体状态的焓、熵的变化，由理想气体性质和热容C_p^{ig}就能计算。这样可以用式（1-80）和式（1-81）得到任意状态的焓、熵的数据。

一定T和x下的两相共存区的性质，可以根据式（1-79）来计算。

用以上的方法，原则上我们能制作热力学性质图（也能制作表格）。但是实际上在热力学性质图表的制作中还涉及一些技巧，如方程的选择，各种热力学性质一致性的检验等，这些实际问题就不在此详细讨论了。最重要的是掌握计算原理和能应用现有的图表。

【例 1-2】已知50℃时测得某湿水蒸气的质量体积为1000cm³/g，问其压力多大？单位质量的热力学能、焓、熵、吉氏函数和亥氏函数各是多少？

解：从附录二中查得50℃时水的饱和蒸汽性质如表1-1所列。

由于是湿蒸汽，其压力就是系统温度下的饱和蒸气压。将式（1-79）用于摩尔体积

$$V=V^{SL}(1-x)+V^{SV}x$$

可得干度

$$x=\frac{V-V^{SL}}{V^{SV}-V^{SL}}=\frac{1000-1.0121}{12032-1.0121}=0.08303$$

表 1-1 50℃时水的饱和气、液相性质

性质M	饱和液相M^{SL}	饱和气相M^{SV}
p^s/MPa	0.01235	
V/(cm³/g)	1.0121	12032
U/(J/g)	209.32	2443.5
H/(J/g)	209.33	2382.7
S/[J·(g/K)]	0.7038	8.0763

进而得

$$U=U^{\mathrm{SL}}(1-x)+U^{\mathrm{SV}}x=209.32\times0.91697+2443.5\times0.08303=394.82(\mathrm{J/g})$$

$$H=H^{\mathrm{SL}}(1-x)+H^{\mathrm{SV}}x=209.33\times0.91697+2382.7\times0.08303=389.78(\mathrm{J/g})$$

$$S=S^{\mathrm{SL}}(1-x)+S^{\mathrm{SV}}x=0.7038\times0.91697+8.0763\times0.08303=1.3159[\mathrm{J/(g\cdot K)}]$$

再由热力学定义，得

$$A=U-TS=394.82-323.15\times1.3159=-30.413(\mathrm{J/g})$$

$$G=H-TS=389.78-323.15\times1.3159=-35.453(\mathrm{J/g})$$

1.4.3　温熵（T-S）图及其应用

在等压（式 1-25）和等温（式 1-24）条件下，将各种常用物质的熵变与温度的关系绘制成图线，这种图线称为温熵（T-S）图。

T-S 图是以熵为横坐标、温度为纵坐标的热力学函数图，一般形状如图 1-10 所示，图中每一点代表物系的一个状态，每条线代表某一个参数保持恒定的过程，首先看看图中各曲线的意义。

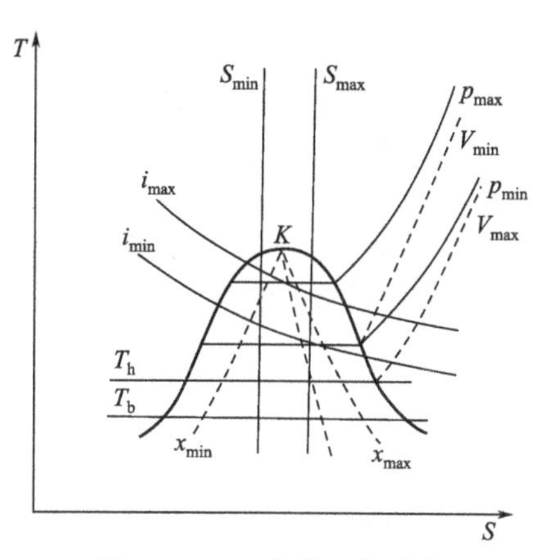

图 1-10　T-S 图的一般形状

① 山头形曲线称为饱和曲线。曲线的最高点是临界点，该点温度为临界温度。临界点将曲线分为两部分，左边的一条线为饱和液体曲线，右边的一条线为饱和蒸汽曲线，通过临界点和饱和曲线将图分为三个区域：临界温度以下饱和液体曲线以左为液相区；临界温度以上饱和蒸汽曲线以右为气相区；饱和曲线内为气液两相共存区。

② 等压线在图中是由右上方向左下方倾斜的曲线，以 P 表示，线上每一点的压力都相同。压力高的等压线在上，压力低的在下。在两相共存区内，等压线是水平线，这是因为气液相变过程是等压的。

③ 等焓线在图中是由左上方向右下方倾斜的曲线，以 i 表示，由于在同一压力下温度越高，焓值越大，所以焓大的等焓线在上，焓小的在下。

④ 等比容线为从右上方向左下方倾斜的虚线，以 V 表示。

⑤ 等干度线以干度 x 表示，其定义为

$$x=\frac{\text{每单位体积某物质干气质量}}{\text{每单位体积某物质气液总质量}}$$

等干度线在气-液共存区内，是由临界点向下放射的一些点划线，显然在饱和液体曲线上，$x=0$，在饱和蒸汽曲线上 $x=1$。

工业中常用的 T-S 图有空气、NH_3、CO_2、N_2、O_2、H_2 等。特别是在冷冻系统的设计中使用，手册中可以查到的，是可能用作冷冻剂的物质的 T-S 图，例如甲烷、乙烷、乙烯、丙烯、氨、二氧化碳、氟利昂等。只要确定了物系的状态点，不同压力下物质的沸点、饱和蒸汽焓、饱和液体焓、过热蒸汽焓等数据都可在图中读到。所以，如果有 T-S 图，在热衡算上也是方便的。

由于 T-S 图为物质的热力学函数图，因此，只要已知系统变化的过程和初终状态，就可很方便地在 T-S 图中表示出来。例如，用 T-S 图求汽化热是很方便的。当已知蒸发压力时，从图

1-10 中找到压力等于蒸发压力的那条等压线，此等压线与饱和液体线相交于 1 点，与饱和蒸汽线相交于 2 点，过 1 点的等焓线对应焓值 H_1，过 2 点的等焓线对应焓值 H_2，则（H_2-H_1）便是该蒸发压力下该物质的汽化热。同理，如果已知蒸发温度，可在 T-S 图中作该温度的等温线（平行于横坐标轴），此等温线与饱和蒸汽线的交点对应的焓值为 H_2，与饱和液体线的交点对应的焓值为 H_1，则（H_2-H_1）就是该蒸发温度下该物质的汽化热。物质的汽化压力和汽化温度的关系也可从 T-S 图上读出。因此，设计时，当根据工艺要求已规定汽化器的汽化温度时，可从 T-S 图中读出汽化器的操作压力；同样，如果汽化压力已被工艺要求所决定，则汽化器的汽化温度也可从 T-S 图中读出。

例如，等温压缩过程，当系统在温度 T_1 下，压力从 p_1 压缩至 p_2 时，就可用如图 1-11 所示的 1～2 水平线来表示。如为逆过程，则系统与环境所交换的热可根据 $Q=T_1(S_2-S_1)$的关系直接求出，再从 1、2 两点的焓值求出其焓差，代入式$\Delta H=Q+W_s$即可得到 W_s。

等熵膨胀过程，例如，系统从温度 T_1、压力 p_1 绝热可逆膨胀到压力 p_2，就可用如图 1-12 所示的 1～2 垂直线来表示。从 2 点的位置可直接读出膨胀以后的温度 T_2。而 1、2 两点之间的焓值差就可以直接求得，即系统与环境所交换的轴功。如对外做功的绝热不可逆膨胀，只要已知系统膨胀前后的初终状态，如 1～2′线所表示的，则利用 T-S 图可直接读出系统焓值的变化，从而得 W_s 值。或已知其膨胀效率 η_E，利用 $W_s=-\eta_E(\Delta H)_S$，亦可求得 W_s，并可以从 T-S 图中直接读出膨胀后系统的温度。

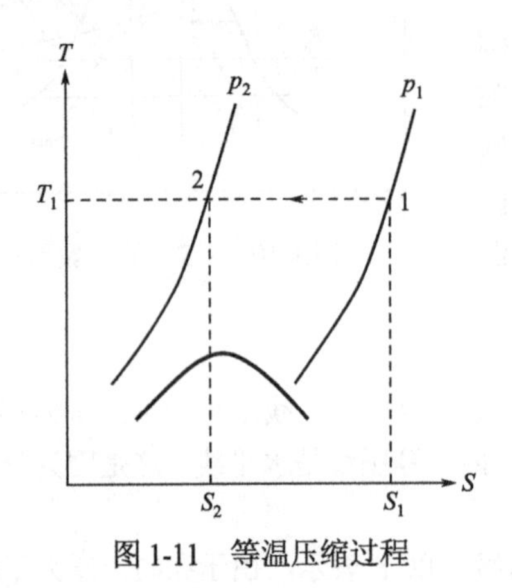

图 1-11　等温压缩过程

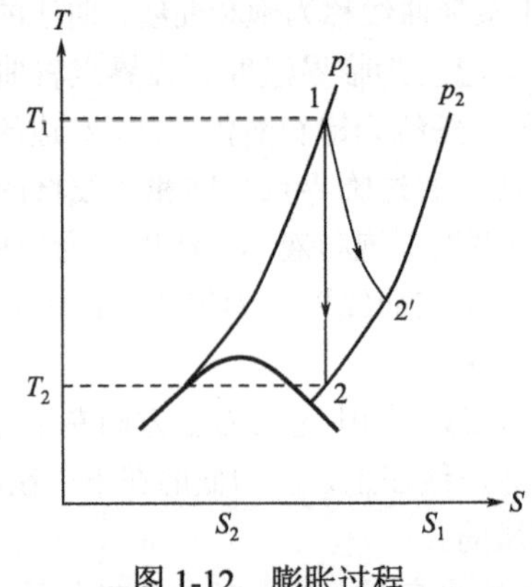

图 1-12　膨胀过程

等焓膨胀过程，例如，系统从温度 T_1、压力 p_1 作对外不做轴功的绝热膨胀到压力 p_2，就可用如图 1-13 所示的 1～2 等焓线来表示，由此可直接读出膨胀后的温度 T_2。若膨胀前系统的温

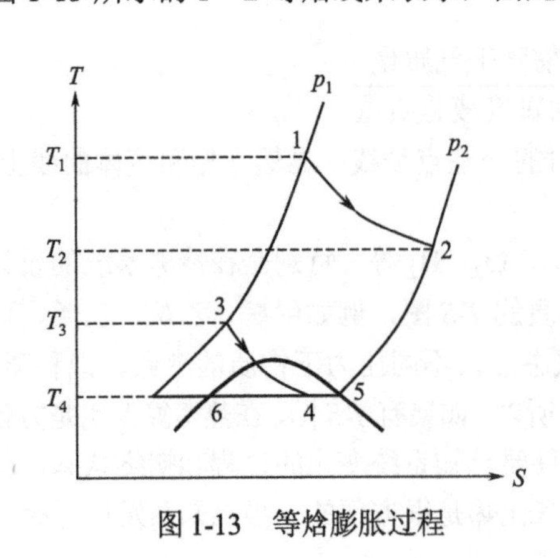

图 1-13　等焓膨胀过程

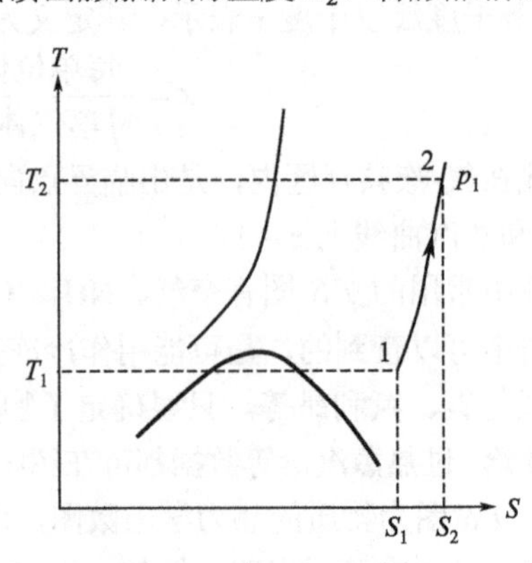

图 1-14　等压加热过程

度较低，如状态 3，则等焓膨胀至 p_2 时，系统处于状态 4，位于气液共存区，由此可使一部分气体液化成为液体。这是工业上常用的气体液化方法之一。

等压加热过程，例如，系统在压力 p_1 下，从温度 T_1 加热至 T_2，就可用图 1-14 所示的 1～2 等压线来表示。如为可逆过程，则系统与环境所交换的热 $Q_p=\Delta H$，可直接从 1、2 两点之间的焓差求出。

【例 1-3】利用 *T-S* 图，计算：（1）把空气看作真实气体重复例（1-1）；（2）为得低温冷冻，当将高压空气在绝热情况下对外做功膨胀到 0.1MPa，如膨胀效率 $\eta_E=0.70$，则将回收功多少？温度下降多少？（3）如该高压空气作等焓膨胀到 0.1MPa，则温度将下降多少？

解：（1）空气从状态 1（T_1=300K，p_1=0.1MPa）等温可逆压缩至状态 2（T_2=300K，p_2=20MPa）。按流动系统能量交换式 $W_s=Q-\Delta H$，在可逆情况下，$Q=T\Delta S$。

从 *T-S* 图上查得：S_1=3.81kJ/(kg·K)，S_2=2.22kJ/(kg·K)；H_1=510kJ/kg，H_2=477kJ/kg。

由此 $W_s=Q-\Delta H=T_1(S_2-S_1)-(H_2-H_1)=300\times(2.22-3.81)-(477-510)=-477+33=-444$(kJ/kg)

（2）按照膨胀效率 η_E 的定义（1-15）式为：

$$\eta_E=-\frac{W_s}{\Delta H_S}=\frac{\Delta H}{\Delta H_S}$$

这里 ΔH_S 为沿等熵过程从状态 2 膨胀至 0.1MPa 时的焓差，令其膨胀后的状态为 3′，如图 1-15 所示。从 *T-S* 图中查得 H_2=477kJ/kg，H_3'=268kJ/kg，$\Delta H_S=H_3'-H_2=-209$kJ/kg。

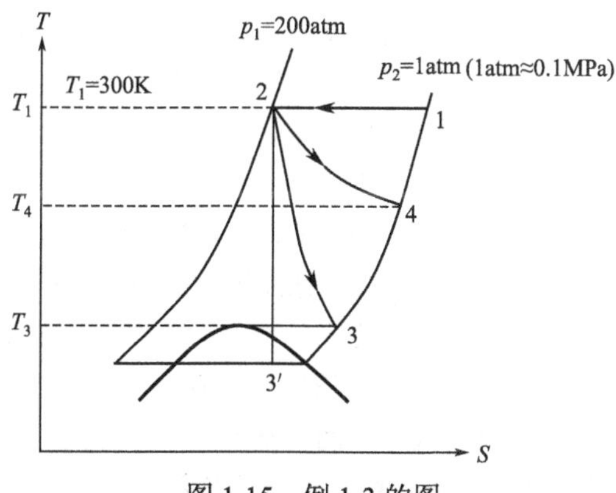

图 1-15 例 1-3 的图

已知 $\eta_E=0.70$，则所回收的功 $W_s=209\times0.7=146.3$kJ/kg，这里 ΔH 为实际从状态 2 膨胀至状态 3 时的焓差 $\Delta H=H_3-H_2$。由此

$$H_3=\Delta H+H_2=\Delta H_S\times\eta_E+H_2=-209\times0.7+477=330.7\text{(kJ/kg)}$$

查 *T-S* 图，对应于焓为 330.7kJ/kg，压力为 0.1MPa 时的温度为−150℃，亦即温度下降 177℃。

（3）当沿等焓线，从状态 2 膨胀到 0.1MPa 时（状态 4），从 *T-S* 图中查得其温度为−7℃，亦即温度下降 34℃。

讨论：①按空气的 *T-S* 图所算得的等温可逆压缩功较按理想气体公式算得者为小，这是因为在此温度压力范围内，空气较理想气体易于压缩。②为了得到低温冷冻效果，利用对环境做功的绝热膨胀，较等焓膨胀为好，一方面可以回收功，另一方面可得大的温度降。

某些气体在 0℃到 *t*℃之间的近似的平均热容值（取自马林：硫酸工学，其余取自别斯可夫：化工计算）：

H_2、O_2、CO、NO、HCl、空气：$\bar{C}_p=27.97+0.00188T$，J/(mol·K)

H_2O、H_2S：$\bar{C}_p = 33.68 + 0.0021T$，J/(mol·K)

CO_2、SO_2：$\bar{C}_p = 36.76 + 0.0138T$，J/(mol·K)

CH_4：$\bar{C}_p = 35.65 + 0.0192T$，J/(mol·K)

NH_3：$\bar{C}_p = 35.23 + 0.0132T$，J/(mol·K)

SO_3(1)：$\bar{C}_p = 15.07 + 151.9\times10^{-3}T - 120.6\times10^{-6}T^2 + 36.19\times10^{-9}T^3$，J/(mol·K)

利用 *T-S* 图除可表示上述各种过程和进一步计算能量交换及系统状态的变化外，亦可表示循环过程，例如冷冻循环，这将在第三章中讨论。

1.4.4 焓温（*H–T*）图及其应用

焓温图的一般形状如图 1-16 所示。图中曲线称为饱和曲线，曲线的顶点是临界点，该点温度为临界温度。临界点将曲线分为两部分，右下一条线为饱和液体曲线，左上一条线为饱和蒸汽曲线。通过临界点和饱和曲线将图分为三个区域：临界温度和饱和液体曲线右下部分为过冷液体区，也就是液体区；临界温度和饱和蒸汽曲线以上部分为过热蒸汽区；饱和曲线内为气液两相共存区，也就是气液混合物区。

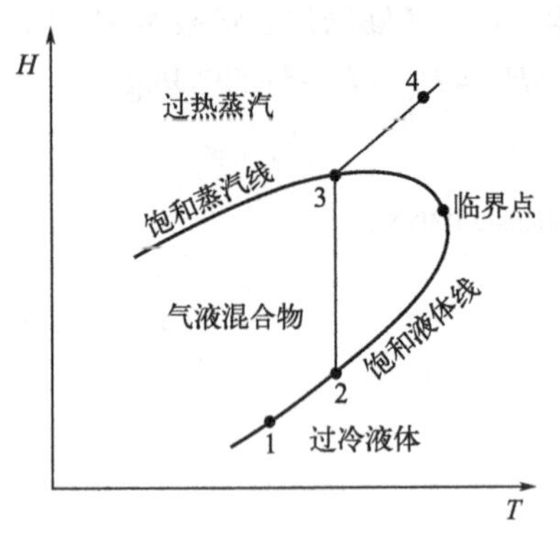

图 1-16　*H-T* 图的一般形状

H-T 图上的等压线，其形状如图 1-16 中的 1-2-3-4 线。曲线 1-2 表示等压下温度对液体焓的影响，由于压力对液体焓的影响很小，故曲线 1-2 在图上看起来与饱和液体线重合；线段 2-3 表示等压下汽化，线段高度所对应的焓差就是在该压力下的汽化热；曲线 3-4 表示等压下温度对气体焓的影响。

前面已讲过，任何物质的焓的绝对值是不知道的，在 *H-T* 图（其他热力学图也是这样）中规定一任意基准态的焓为零，别的点上的焓值都是与这点的焓值的差值。因此，两点之间的焓差不受基准态选取的影响。一般常用−129℃的饱和液体作为基准态，也有用 0℃或其他基准态的。附录二中介绍的几张 *H-T* 图就有−129℃及 0℃两种基准态。如对同一物质从两张图中取了焓值，则必须注意基准态是否一致，如不一致要换算。一般来说，同一物质最好也不要从两张图中取焓值。

焓温图中任一点都代表物系的一个状态，只要有确定物系的两个参数，就可以在图中找出其状态点，确定了状态点后，物系的其他热力学参数便可在图中读出。在热量衡算中需要的不同压力下物质的沸点、饱和液体焓、饱和蒸气焓、过热蒸气焓等数据都可方便地在 *H-T* 图中得到，所以，如有 *H-T* 图，在热量衡算中是很方便的。可惜的是只有二十几种物质有 *H-T* 图。它们是甲烷、乙烷、丙烷、正丁烷、异丁烷、乙烯、丙烯、1-丁烯、苯、甲苯、甲醇、空气、氨等。另外，在氮肥设计的数据手册中，有 300kgf/cm^2（1kgf/cm^2=98.0665kPa）下氮、氢、氨混合气的 *H-T* 图，含 8%惰性气的 N_2、H_2、NH_3 混合气在 300kgf/cm^2 下的 *H-T* 图，合成甲醇混合气在 30atm 下的 *H-T* 图，临界点附近石脑油的 *H-T* 图以及 N_2O_4-NO_2 系统的 *H-T* 图等。

【例 1-4】 利用苯的 *H-T* 图求 250kg/h 的气体苯从 600K，4.053MPa（40atm）降压冷却至 300K，0.1013MPa 所放出（或吸收）的热量。

解：从苯的 H-T 图中读出

600K，4.053MPa（40atm）时气体苯的焓值 $H_1 = 887$kJ/kg

300K，0.1013MPa 时气体苯的焓值 $H_2 = 481.2$kJ/kg

对 250kg/h 苯，$\Delta H = 250 \times (481.2 - 887) = -101450$(kJ/h)

ΔH 为负值，说明过程放出热量。

1.4.5　蒸汽的焓熵（H-S）图

蒸汽是化工生产中常用的加热介质，有时它还是原料气中的一个组分。在提浓过程中的二次蒸汽就是蒸汽。所以，在热量衡算中，蒸汽的焓值是一个经常用到的数据。利用蒸汽的 H-S 图可确定不同压力、温度的蒸汽的状态（是过热蒸汽、饱和蒸汽还是湿蒸汽）和对应的焓值，所以在热量衡算中，使用蒸汽的焓熵图是比较方便的。当然，也可以使用饱和蒸汽物理参数表和过热蒸汽焓图。

附录二给出了蒸汽的 H-S 图，其示意图如图 1-17 所示。图中 K 点为临界点，a-K 线为饱和液体线，K-b 线为饱和蒸汽线，a-K-b 线以下为气液共存区（湿蒸汽区），K-b 线以上为过热蒸汽区。在 H-S 图中等压线、等温线、等干度线的分布如图 1-17 所示。

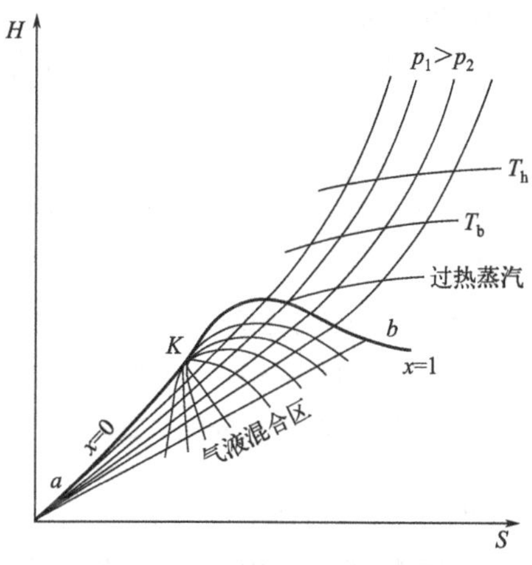

图 1-17　蒸汽焓熵的示意图

当已知蒸汽的温度和压力时，在图 1-17 中找到该温度、压力的等温线和等压线，这两条线的交点即为状态点，可在纵坐标上读出该状态点的焓值，在横坐标上读出该状态点的熵值。例如，求压力 0.392MPa（4kgf/cm^2）(绝压)、温度 200℃的蒸汽焓值时，先在图中找到 4kgf/cm^2（绝压）的等压线和温度为 200℃的等温线，这两条线的交点落在过热蒸汽区，说明 0.392MPa、200℃的蒸汽是过热蒸汽，从图中可以读出该过热蒸汽的焓值是 680kcal/kg，即 2845kJ/kg。从图中也可以读出 0.392MPa 的饱和蒸汽温度为 142.6℃。

需要注意的一点是，图 1-17 采用的基准态（零点）是 0℃的液态水。

【例 1-5】从蒸汽的 H-S 图中读出下列蒸汽的焓值：

（1）1.01MPa（10atm）的干饱和蒸汽；

（2）1.01MPa，含水 10%的湿蒸汽；

（3）1.01MPa，300℃的过热蒸汽。

解：(1) 1.01MPa 的等压线与饱和蒸汽线交点处的焓即为干饱和蒸汽焓，其值为 663kcal/kg，即 2774kJ/kg。

（2）含水 10%的湿蒸汽，其干度为 $x = 1-0.1 = 0.9$。1.01MPa 的等压线和 $x = 0.9$ 的等干度线的交点处的焓为 614kcal/kg，即 2569kJ/kg。

(3) 1.01MPa 的等压线与 300℃的等温线的交点位于过热蒸汽区，交点处的焓为 728kcal/kg，即 3046kJ/kg，此值为 1.01MPa，300℃的过热蒸汽焓。

1.5　普遍化热力学性质图及其应用

上述的 T-S 图等热力学函数图在解决实际问题时是很方便的。但每一种物质就需要一张专用的图，而现有的专用图还很少。为了满足一般性的需求，最好有普遍适用的热力学函数图。当然，比起专用图来，它的准确度要差些。常用的普遍化图有压缩因子图、焓差图、热容差图、汽化潜热图、熵差图及逸度系数图等。其中，普遍化压缩因子图是最基本的，它提供了真实气体的 *p-V-T* 关系。

1.5.1 热力学数据的估算

热力学数据主要来源于实验，即使在编撰数据手册、建立数据库过程中对实验数据进行了评价、筛选，采用了外推、内插、数据回归和建立关联式等计算方法，但参照物仍是实验数据。可是，在使用者面对数万种的各种热力学数据需求时，实验方法显然难以满足要求，因为实验测定需要耗费大量的人力、物力和时间，苛刻条件下的数据测定由于困难，实验数据仅是物性数据的局部信息，有时不能满足使用要求。所以，有必要在理论指导下结合实验数据对所需的热力学数据进行估算。

一般来说，热力学数据的估算方法可分为两种。一是经验法，就是将实验所得的数据整理成方程式。经验法要求方程式的使用范围不能超出用于拟合该方程式的实验数据范围，并要求原始数据有足够的数量和可靠性。二是半经验半理论法，这种方法是在理论基础上推导出方程式，再通过实验数据求解出方程式中的常数。相对而言，半经验半理论法的可靠性更好。

本节中介绍了利用对应态原理和基团贡献法估算纯物质的沸点、凝固点、临近参数、蒸气压、饱和液体摩尔体积、焓和熵的方法；以及估算混合物相关热力学数据 Henry 常数、无限稀释活度系数、辛醇/水分配系数和大气/水分配系数的方法。

1.5.2 对应态原理

根据物理化学相关知识，若以对比参数 $T_r=T/T_c$、$p_r=p/p_c$、$V_r=V/V_c$ 来表示，*VdW* 方程就可以得到其对比态形式：

$$p_r=\frac{8T_r}{3\left(V_r-1/3\right)}-\frac{3}{V_r^2} \tag{1-82}$$

由于式（1-82）只含有纯数值和对比参数，即 $V_r=V_r$（T_r，p_r）或 $Z=Z$（T_r，p_r），表明了在相同对比温度、对比压力下，任何气体或液体的对比体积（或压缩因子）是相同的。其他对比热力学性质之间也存在着较简单的对应态关系。两参数对应态原理虽然不够准确，只适用于简单的球形流体，但对应态原理的概念，使流体性质在对比状态下便于比较，并统一到较好的程度，也给状态方程的研究以重要启示。

对应态原理是一种特别的状态方程，也是预测流体性质最有效的方法之一。目前最实用的就是三参数对应态原理。

Lydersen 等[3]引入 Z_c 作为第三参数，将压缩因子表示为

$$Z=Z\left(T_r, p_r, Z_c\right) \tag{1-83}$$

Pitzer[4]研究了蒸气压数据，提出了偏心因子 ω 的概念

$$\omega=\left[\lg p_r^s\left(\text{简单流体}\right)-\lg p_r^s\left(\text{该流体}\right)\right]_{T_r=0.7}=-1-\lg p_r^s\Big|_{T_r=0.7} \tag{1-84}$$

显然，简单流体的偏心因子应为零，而其他流体的偏心因子则大于零（H_2 和 He 除外）。偏心因子表达了一般流体与简单流体分子间相互作用的差异。

Pitzer用偏心因子作为对应态原理的第三参数。在 T_r、p_r 不变的条件下，将任一研究流体（其偏心因子是ω）的压缩因子关于简单流体（其偏心因子ω=0）展开成幂级数，在通常的ω值的范围内，只考虑一阶偏导数项，即

$$Z = Z^{(0)} + \omega\left(\frac{\partial Z}{\partial \omega}\right)_{T_r,p_r} + \cdots \approx Z^{(0)} + \omega Z^{(1)} \tag{1-85}$$

在式（1-85）中，$Z^{(0)}$是简单流体的压缩因子，第二项的偏导数项$\left(\frac{\partial Z}{\partial \omega}\right)_{T_r,p_r}$代表了研究流体相对于简单流体的偏差，用$Z^{(1)}$表示。$Z^{(0)}$和$Z^{(1)}$都视为两个对比状态参数 T_r 和 p_r 的函数，而偏心因子ω是第三参数。在Pitzer的三参数对应态原理中，$Z^{(0)}$和$Z^{(1)}$均是以图或表的形式给出的，并且在后续的研究中又给出了其他对比热力学性质（如焓、熵和逸度系数）的图表，附录二中给了它们的数据表格。

Pitzer的三参数对应态原理以图表形式给出，使用上不太方便。1975年，Lee和Kesler提出了三参数对应态原理的解析形式。除简单流体外，又选择正辛烷作为参考流体（r），其偏心因子$\omega^{(r)}$=0.3978。用参考流体（r）相对于简单流体（0）的差分$\frac{Z^{(r)}-Z^{(0)}}{\omega^{(r)}-\omega^{(0)}}=\frac{Z^{(r)}-Z^{(0)}}{\omega^{(r)}}$代替式（1-85）中的偏导数$\left(\frac{\partial Z}{\partial \omega}\right)$，故式（1-85）可以转化为Lee-Kesler方程

$$Z = Z^{(0)} + \frac{\omega}{\omega^{(r)}}\left[Z^{(r)} - Z^{(0)}\right] \tag{1-86}$$

式（1-86）称为L-K方程。其中$Z^{(0)}$和$Z^{(r)}$分别代表简单流体和参考流体的压缩因子。

在L-K方程中，简单流体（0）和参考流体（r）的状态方程均采用了修正的BWR方程。简单流体的方程常数由一类$\omega^{(0)} \approx 0$的简单流体的压缩因子和焓的数据拟合得到，参考流体的方程常数由正辛烷的数据得到。

值得指出的是，以上对应态原理的表达式都是针对压缩因子Z来讨论的，因为它就状态方程式最基本的p-V-T关系。经过第三章、第四章的热力学原理研究，完全能获得其他热力学性质的对应态关系，如virial系数、蒸气压、热容、焓、熵、逸度系数等。

1.5.3 偏离函数和逸度系数的估算

偏离函数对于热力学性质的计算十分有用，状态方程是计算偏离函数的重要模型之一，另一种计算偏离函数的模型是对应态原理。

首先应得到偏离函数的对应态关系，由$V=ZRT/p$得

$$V - T\left(\frac{\partial V}{\partial T}\right)_p = -\frac{RT^2}{p}\left(\frac{\partial Z}{\partial T}\right)_p = -\left(\frac{T_c}{p_c}\right)\frac{RT_r^2}{p_r}\left(\frac{\partial Z}{\partial (T_r)}\right)_{p_r} \tag{1-87}$$

将式（1-87）代入式（1-58），可以将偏离焓表示为下列的对应态形式

$$-\frac{H-H^{ig}}{RT_c} = T_r^2\int_0^{p_r}\left(\frac{\partial Z}{\partial T_r}\right)_{p_r} d(\ln p_r) \tag{1-88}$$

在一定的 T_r、p_r 条件下，由Pitzer关于Z的三参数对应态关系 $Z = Z^{(0)} + \omega Z^{(1)}$ [见式（1-86）]可以得到

$$T_r^2\int_0^{p_r}\left(\frac{\partial Z}{\partial T_r}\right)_{p_r} d(\ln p_r) = T_r^2\int_0^{p_r}\left(\frac{\partial Z^{(0)}}{\partial T_r}\right)_{p_r} d(\ln p_r) + \omega T_r^2\int_0^{p_r}\left(\frac{\partial Z^{(1)}}{\partial T_r}\right)_{p_r} d(\ln p_r)$$

结合式（1-88）就能得到偏离焓的 Pitzer 对应态关系式

$$-\left(\frac{H-H^{\mathrm{ig}}}{RT_{\mathrm{c}}}\right)=-\left(\frac{H-H^{\mathrm{ig}}}{RT_{\mathrm{c}}}\right)^{(0)}-\omega\left(\frac{H-H^{\mathrm{ig}}}{RT_{\mathrm{c}}}\right)^{(1)} \tag{1-89}$$

类似地，也能从式（1-89）得到偏离熵的 Pitzer 对应态关系式

$$-\left(\frac{S-S_{p_0=p}^{\mathrm{ig}}}{R}\right)=-\left(\frac{S-S_{p_0=p}^{\mathrm{ig}}}{R}\right)^{(0)}-\omega\left(\frac{S-S_{p_0=p}^{\mathrm{ig}}}{R}\right)^{(1)} \tag{1-90}$$

从式（1-60）和式（1-78）也能分别得到逸度系数和偏离等压热容的 Pitzer 对应态关系式

$$\ln\left(\frac{f}{p}\right)=\ln\left(\frac{f}{p}\right)^{(0)}+\omega\ln\left(\frac{f}{p}\right)^{(1)}\ \text{或传统上用}\ \lg\left(\frac{f}{p}\right)=\lg\left(\frac{f}{p}\right)^{(0)}+\omega\lg\left(\frac{f}{p}\right)^{(1)} \tag{1-91}$$

和

$$-\left(\frac{C_p-C_p^{\mathrm{ig}}}{R}\right)=-\left(\frac{C_p-C_p^{\mathrm{ig}}}{R}\right)^{(0)}-\omega\left(\frac{C_p-C_p^{\mathrm{ig}}}{R}\right)^{(1)} \tag{1-92}$$

若用Ω分别表示$\left(\frac{H-H^{\mathrm{ig}}}{RT}\right)$、$\left(\frac{S-S_{p_0=p}^{\mathrm{ig}}}{R}\right)$、$\ln\left(\frac{f}{p}\right)$、$\left(\frac{C_p-C_p^{\mathrm{ig}}}{R}\right)$，则这些性质的 Pitzer 对应态原理统一地表示成

$$\Omega=\Omega^{(0)}+\omega\Omega^{(1)} \tag{1-93}$$

表 1-2 汇总了上述各种普遍化因子计算式。按这些计算式，现已制作了普遍化压缩因子表、普遍化的焓表、普遍化的熵表、普遍化的逸度系数表和普遍化的等压热容表。从有关手册的附录中可以查出一定 T_{r}和 p_{r}下的$\Omega^{(0)}$、$\Omega^{(1)}$数据，再由式（1-93）计算出Ω，进而计算出有关热力学性质。

【例 1-6】 估计正丁烷在 425.40K 和 4.4586MPa 时的压缩因子（实验数值为 0.2095）。

解： 已知 T_{c}=425.40K，p_{c}=3.797MPa，ω=0.193

计算得 $T_{\mathrm{r}}=1$，$p_{\mathrm{r}}=1.175$。用三参数的普遍化压缩因子图来计算，查表得

$$Z^{(0)}=0.23 \qquad Z^{(1)}=-0.06$$

并计算出 $Z=Z^{(0)}+\omega Z^{(1)}=0.23-0.193\times0.06=0.2184$

与实验数据偏差为 4.2%。

由于所计算的状态点是在临界点附近，故在查表时应仔细。用三参数普遍化性质表计算其他热力学性质也是类似的。

表 1-2　各种普遍化因子计算式

性质	计算式
B-1 压缩因子	$Z=Z^{(0)}+\omega Z^{(1)}$
B-2 焓	$-\left(\frac{H-H^{\mathrm{ig}}}{RT_{\mathrm{c}}}\right)=-\left(\frac{H-H^{\mathrm{ig}}}{RT_{\mathrm{c}}}\right)^{(0)}-\omega\left(\frac{H-H^{\mathrm{ig}}}{RT_{\mathrm{c}}}\right)^{(1)}$
B-3 熵	$-\left(\frac{S-S_{p_0=p}^{\mathrm{ig}}}{R}\right)=-\left(\frac{S-S_{p_0=p}^{\mathrm{ig}}}{R}\right)^{(0)}-\omega\left(\frac{S-S_{p_0=p}^{\mathrm{ig}}}{R}\right)^{(1)}$
B-4 逸度	$\lg\left(\frac{f}{p}\right)=\lg\left(\frac{f}{p}\right)^{(0)}+\omega\lg\left(\frac{f}{p}\right)^{(1)}$
B-5 比定压热容	$\left(\frac{C_p-C_p^{\mathrm{ig}}}{R}\right)=\left(\frac{C_p-C_p^{\mathrm{ig}}}{R}\right)^{(0)}+\omega\left(\frac{C_p-C_p^{\mathrm{ig}}}{R}\right)^{(1)}$

1.5.4 普遍化压缩因子图及其应用

压缩因子 Z 的定义为：

$$Z=\frac{pV}{RT}=\frac{V}{V^*} \tag{1-94}$$

式中，p、V、T 均为实际观测所得的真实气体的压力、体积和温度。V^*为与真实气体在相同温度、压力下按理想气体计算的体积，$V^*=\dfrac{RT}{p}$。因此，压缩因子实际是在同温同压下，真实气体与理想气体体积之比。当真实气体处在以吸引力为主的情况下，分子间相互吸引，真实气体较理想气体易于压缩，$Z<1$，$V<V^*$。相反，如处在以排斥力和分子占有体积为主的情况下，分子间相互排斥，真实气体较理想气体难于压缩，$Z>1$，$V>V^*$。

图 1-18 为普遍化压缩因子图。其横坐标为对比压力 p_r，纵坐标为压缩因子 Z，图中一系列曲线为等对比温度 T_r 线。p_r、T_r 为实测的压力 p、温度 T 与临界压力 p_c、临界温度 T_c 之比，即 $p_r=p/p_c$，$T_r=T/T_c$。此比值的大小表示真实气体所处的状态距离临界点的远近，亦表示在该状态下的真实气体的性质与理想气体偏差的大小。最明显的偏差就是真实气体是可以液化的，而理想气体是不可液化的。因此，当物质的状态以对比参数表示时，如不同气体具有相同的 p_r 和 T_r，则表示它们具有大致相同的非理想性，因此其压缩性应大致相同。例如，在临界点 $T_r=1$、$p_r=1$ 时，真实气体均开始液化，Z 值均趋于最小。当 p_r 较小、T_r 较大时，分子占有体积和分子间作用力的影响都可忽略，Z 值趋于 1，这时真实气体趋近于理想气体的性质。

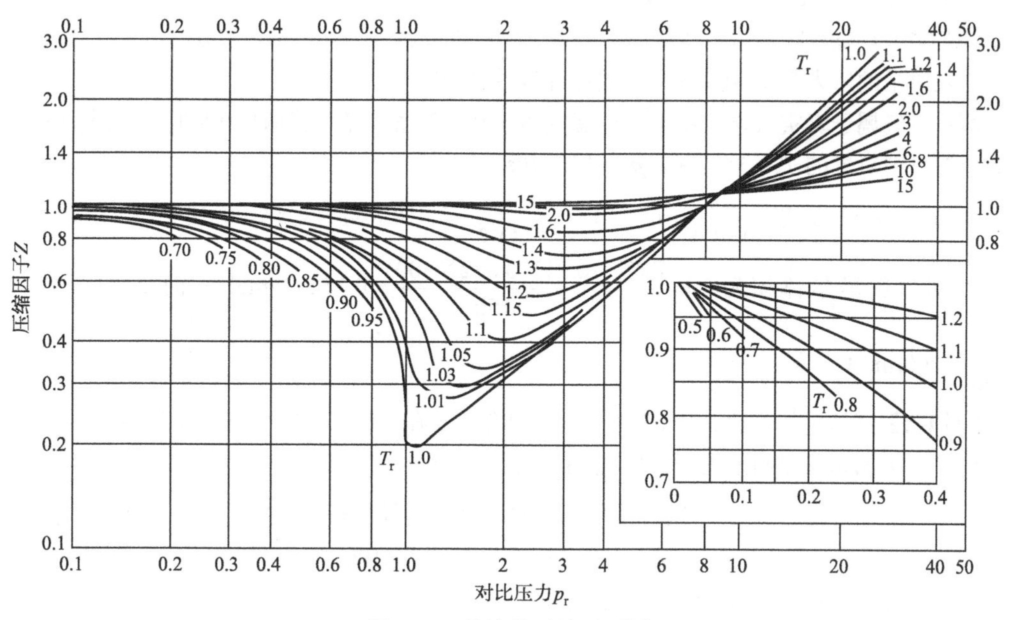

图 1-18 普遍化压缩因子图

从图线的变化情况可看到，Z 值的大小由温度、压力所决定。在所有的压力范围内，Z 值随温度的升高而趋近于 1。这是因为当压力一定时，提高温度，分子间距离拉大，分子占有体积和分子间作用力的影响减弱。但在很高的温度下，由于分子动能很大，分子间经常相互碰撞，气体又变得难于压缩，$Z>1$。压力的影响比较复杂，大约在 $p_r<8$ 时，随着压力的提高，Z 值

先是下降，达一最小值后，又逐渐回升。这是因为在低压下，分子间距离大，易于压缩，但是缩小到一定距离后，又开始变得难于压缩，因此，当 $p_r > 8$ 后，Z 值总是大于 1。

对于一般气体，查得该气体的临界压力 p_c、临界温度 T_c，其对比压力 p_r、对比温度 T_r 按下式计算

$$p_r = \frac{p}{p_c}, \quad T_r = \frac{T}{T_c} \tag{1-95a}$$

对于 H_2、N_2、He 三种气体，其 p_r 与 T_r 按下式计算

$$p_r = \frac{p}{p_c + 8}, \quad T_r = \frac{T}{T_c + 8} \tag{1-95b}$$

加 8 是从经验得来的。

对于混合气体，其临界压力 $(p_c)_M$ 和临界温度 $(T_c)_M$ 按各组分的加和性原则，由下式计算：

$$(p_c)_M = (p_c)_A y_A + (p_c)_B y_B + \cdots \tag{1-96}$$

$$(T_c)_M = (T_c)_A y_A + (T_c)_B y_B + \cdots \tag{1-97}$$

这里 $(p_c)_A$、$(p_c)_B\cdots$，$(T_c)_A$、$(T_c)_B\cdots$ 分别为组分 A 及 B…的临界压力与临界温度，y_A、$y_B\cdots$ 为组分 A 及 B…在气体混合物中的摩尔分数。利用上述虚拟的临界参数求出 p_r 和 T_r 后，再从普遍化压缩因子图来求 Z 值。当然这一方法完全是经验的，但当缺乏混合气体的 p-V-T 数据时，作为近似计算还是可以采用的。

根据对比压力 p_r 和对比温度 T_r，从普遍化压缩因子图查得压缩因子 Z 值，代入式（1-94），即得到真实气体的 p-V-T 关系，可以计算某一真实气体的 p、V、T 值。如已知 V、T 或 V、p 欲求 p 或 T，则可以用试差法或图解法来求。

【例 1-7】 在烧焊时常需应用氧气。如氧气钢瓶的体积为 40L，试计算在 27℃时：当钢瓶上的氧气表所示的压力为 15MPa 时，其中存有氧量为多少。

解： 氧气属于真实气体，不符合理想气体 p-V-T 关系，需用普遍化压缩因子图来计算。查有关手册可得氧气的 $T_c = 154.4\text{K}$，$p_c = 4.97\text{MPa}$。

已知 T、p 求 V。$T_r = \frac{300}{154.4} = 1.943$，$p_r = \frac{15}{4.97} = 3.018$，查普遍化压缩因子图，得 Z=0.94。由此得氧气的摩尔体积为 $V = \frac{ZRT}{p} = \frac{0.94 \times 0.082 \times 300}{150} = 0.154\ (\text{L/mol})$。钢瓶中氧量为 $n = \frac{40}{0.154} = 260(\text{mol})$。

【例 1-8】 试计算体积比为 1∶3 的 N_2-H_2 混合气体在 0℃、60MPa 下的摩尔体积。

解： 可按加和性原则来处理。N_2 与 H_2 的临界参数为：

N_2　　T_c=126.1K，p_c=3.35MPa

H_2　　T_c=33.3K，p_c=1.28MPa

1∶3 的 N_2-H_2 混合气的虚拟临界参数为：

$$(T_c)_M = \frac{1}{4} \times 126.1 + \frac{3}{4}(33.3 + 8) = 62.5(\text{K})$$

$$(p_c)_M = \frac{1}{4} \times 33.5 + \frac{3}{4}(12.8 + 8) = 2.4(\text{MPa})$$

因此，$T_r = \frac{273.2}{62.5} = 4.36$，$p_r = \frac{60}{2.4} = 25$

查看普遍化压缩因子图，得 $Z=1.5$，则 $V=\dfrac{ZRT}{p}=\dfrac{1.5\times0.082\times273.2}{600}=0.056(\text{L/mol})$

讨论：由实验测得的 V 值为 0.0546L/mol，二者还很接近。但如按理想气体来算，其偏差将很大。另外，亦可从 N_2 和 H_2 分别求出其压缩因子 Z 值，再按体积或压力加和方法来求出 V 值，其误差亦很小。表 1-3 为某些气体的物理常数。

表 1-3 某些气体的物理常数

气体类型	H_2	N_2	CO	Ar	O_2	CH_4
临界温度，T_c/K	−240	−147.1	−138.7	−122.4	−118.8	−82
临界压力，p_c/MPa	1.28	3.35	3.46	4.8	4.97	4.58
0.1MPa 下沸点，T_c/K	−252.8	−195.8	−191.5	−186	−183	−116.7

气体类型	CO_2	NH_3	SO_2	SO_3	H_2O	空气
临界温度，T_c/K	31	132.4	157.2	218.3	374.2	−140.7
临界压力，p_c/MPa	7.29	11.15	7.77	8.38	21.85	3.72
0.1MPa 下沸点，T_c/K	−78.5①	−33.4	−10	45	100	−192

① 为 760 毫米汞柱时的升华温度。

1.5.5 普遍化逸度系数图及其应用

如同上述用压缩因子 Z 来校正真实气体的体积一样，也可以引进一个新的校正因子来校正真实气体的压力。这个新的校正因子称为逸度系数，以 $\varPhi$ 表示，其定义为

$$\varPhi=\frac{f}{p^{\ominus}} \tag{1-98}$$

由于理想气体分子间无作用力，其逸度等于其压力。真实气体的逸度必须按式（1-29）来求。当将式（1-29）从压力趋于零积分到高压时，由于 $p_1\to0$ 时，$V_1\to\infty$，上述积分就很难进行。为了避免这种情况，可用在一定温度下和同样的压力范围内，真实气体与理想气体的吉布斯函数变化之差来求，即用式（1-29）减去式（1-28），得：

$$RT\ln\frac{f_2}{f_1}-RT\ln\frac{p_2}{p_1}=\int_{p_1}^{p_2}\left(V_{真}-V_{理}\right)\mathrm{d}p \tag{1-99}$$

当 $p_1\to p_0=0$ 时，$V_{真}\to V_{理}$，$f_1\to p_1$，因此上式可从压力趋于零开始积分至任何压力 p，即

$$RT\ln\frac{f}{p}=\int_{p_0=0}^{p}\left(V_{真}-V_{理}\right)\mathrm{d}p \tag{1-100}$$

比值 f/p，即为逸度系数 $\varPhi$。当气体的温度、压力一定时，其逸度及逸度系数即为一定值。因此它们也都是状态函数。逸度系数的物理意义是真实气体的压力 p 的校正因子，即 $p\varPhi=f$。由于逸度系数是在相同温度、压力下，真实气体压力 $p\varPhi$ 与理想气体压力 p 的比，因此 $\varPhi$ 值的大小也可用来表示真实气体非理想性的大小。

因此，真实气体的 f 的计算，主要是 $\varPhi$ 值的计算。将压缩因子 Z 的关系代入式（1-100），得：

$$\ln\varPhi=\frac{1}{RT}\int_{p_0}^{p}\left(\frac{ZRT}{p}-\frac{RT}{p}\right)\mathrm{d}p=\int_{p_0}^{p}(Z-1)\,\mathrm{d}\ln p \tag{1-101}$$

将对比状态参数代入上式，得：

$$\ln\Phi=\int_{p_{\mathrm{r}_0}}^{p_{\mathrm{r}}}(Z-1)\,\mathrm{d}\ln p \tag{1-102}$$

将不同温度、压力下的 Z 值代入上式，进行积分，可得一系列$\boldsymbol{\Phi}$值曲线，称为普遍化逸度系数图线，如图 1-19 所示。

由图 1-19 可知，当压力比较低时，分子处在以吸引力为主的范围内，分子互相吸引，分子间的位能较分子间不互相吸引时为小，因此真实气体的逸度小于理想气体的逸度，$\boldsymbol{\Phi}$值小于 1。当压力比较高时，分子处在以排斥力为主的范围内，位能增大，$\boldsymbol{\Phi}$值大于 1。当温度比较高时，气体的非理想性下降，$\boldsymbol{\Phi}$值趋近于 1。

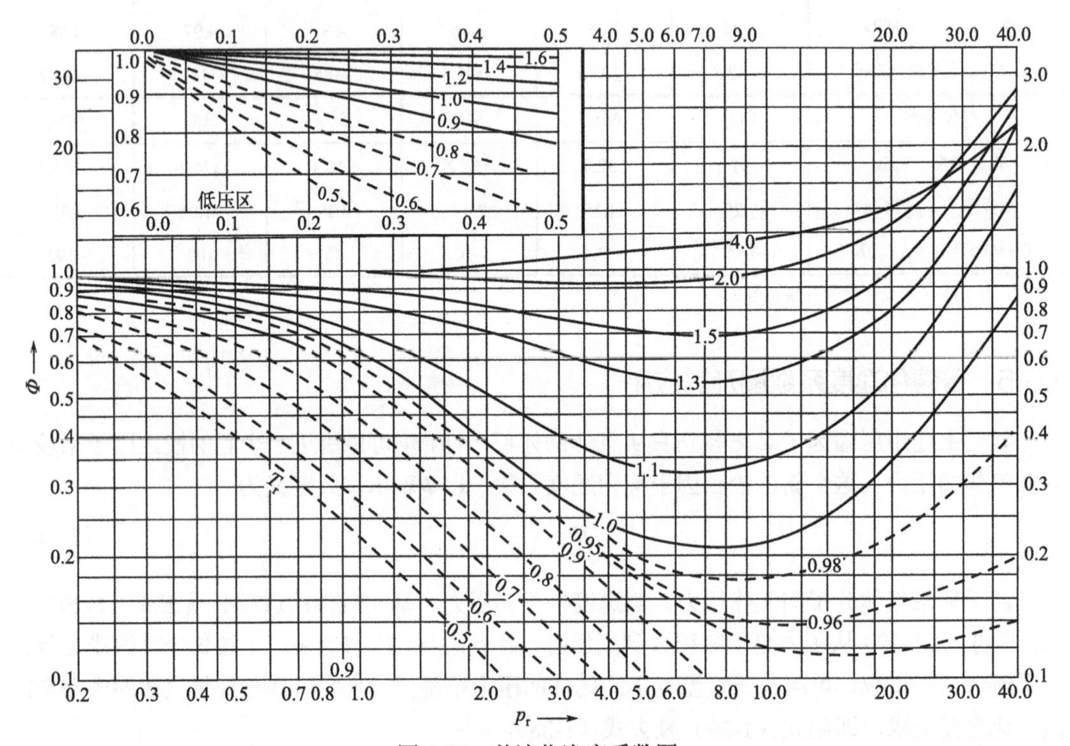

图 1-19　普遍化逸度系数图

在应用普遍化逸度系数图计算在某一温度、压力下某一气体的逸度时，首先根据其临界状态求出其对比状态 T_{r}、p_{r}，然后从图中查出$\boldsymbol{\Phi}$，再乘以压力 p（这也就是在相同温度、压力下理想气体的逸度）即得 f。

【例 1-9】 试求 200℃，10MPa 与 40MPa 时 NH_3 的逸度各为多少？

解： 用普遍化逸度系数图求解。查得 NH_3 的临界参数分别为 $p_{\mathrm{c}}=11.15\mathrm{MPa}$，$T_{\mathrm{c}}=405.6\mathrm{K}$，其对比状态分别为

$T_{\mathrm{r}}=\dfrac{473.2}{405.6}=1.17$；

10MPa 时：$p_{\mathrm{r}_1}=\dfrac{10}{11.15}=0.897$；

40MPa 时：$p_{\mathrm{r}_2}=\dfrac{40}{11.15}=3.59$；

查图 1-19 得$\boldsymbol{\Phi}_1=0.80$，故 $f_1=0.80\times10=8\mathrm{MPa}$，此值与用 p-V-T 数据计算得的结果相比

误差为2.7%。

同法$\Phi_2=0.45$，$p_2=40\text{MPa}$，$f_2=18\text{MPa}$，误差为3.7%。

由计算结果可知，普遍化逸度系数图还是有一定的误差的。真实气体的逸度与压力是有区别的，当真实气体所处的压力越高，温度越低时，其与理想气体的偏差也就越大，因此其逸度与压力间的差别就变得更大。计算结果表明：$f_1<p_1$，$f_2<p_2$，这表示在本题条件下，气体处在以吸引力为主的范围，所以其逸度小于其压力（即理想气体的逸度）。

【例1-10】 试求50℃时饱和液体氨的逸度。

解： 呈饱和状态的液体氨必与其液面上气相中的气体氨成平衡。这时气液二相之间的逸度必相等。因此，利用气体的逸度系数图求出气体氨的逸度f^{V}，即液体氨的逸度f^{L}。

互成平衡的气液二相所承受的压力即为其饱和蒸气压。50℃时饱和液体氨的蒸气压为2.01MPa。

氨T_c=405.6K，p_c=11.15MPa。由此，

$$T_r=\frac{323}{406}=0.796\,,\quad p_r=\frac{2.01}{11.15}=0.18$$

查逸度系数图得Φ=0.87，由此$f^{\text{V}}=\Phi p=0.87\times2.01=1.75(\text{MPa})$。平衡时,$f^{\text{L}}=f^{\text{V}}=1.75\text{MPa}$。

1.5.6　普遍化焓差图及其应用

普遍化焓差图提供了在一定温度下，真实气体的焓值与压力变化的关系。根据式（1-29），在定温下，如已知气体的p-V-T关系，ΔH_T可直接积分求得。对于理想气体，ΔH_T=0。对于真实气体，不符合理想气体的p-V-T关系，应该采用式（1-94）来表达，或将p、V、T分别以$p=p_c\times p_r$、$T=T_c\times T_r$以及$V=\dfrac{ZRT}{p}$代入式（1-18），可得

$$\begin{aligned}\Delta H_T&=\int_{p_1}^{p_2}\left\{\frac{ZRT}{p}-T\left[\frac{ZR}{p}+\frac{RT}{p}\left(\frac{\partial Z}{\partial T}\right)_p\right]\right\}\mathrm{d}p\\&=-\int_{p_1}^{p_2}\frac{RT^2}{p}\left(\frac{\partial Z}{\partial T}\right)_p\mathrm{d}p=-RT_c\int_{p_{r_1}}^{p_{r_2}}\frac{T_r^2}{p_r}\left(\frac{\partial Z}{\partial T_r}\right)_{p_r}\mathrm{d}\ln p_r\end{aligned}\tag{1-103}$$

当$p\to0$，$Z\to1$，真实气体的焓就趋于理想气体的焓，其值可用H^*表示。由此，上式可从压力为零开始积分至任何压力p，并将T_c移至等式左边，得

$$\begin{aligned}\frac{-\Delta H}{T_c}&=\frac{H^*-H}{T_c}=R\int_0^{p_r}T_r^2\left(\frac{\partial Z}{\partial T_r}\right)_{p_r}\mathrm{d}\ln p_r\\\frac{H_{p,T}-H_{p_0,T}^*}{T_c}&=-R\int_{p_{r_1}}^{p_{r_2}}\frac{T_r^2}{p_r}\left(\frac{\partial Z}{\partial T_r}\right)_{p_r}\mathrm{d}\ln p_r\end{aligned}\tag{1-104}$$

上式右边各项不含有任何气体的特定参数。因此，当将不同温度、压力下的Z值代入，经图解微分与积分，得一系列数值，绘成图线，即为普遍适用的普遍化焓差图，如图1-20所示。图1-20（a）为中低压范围者，图1-20（b）为高压范围者。图中的纵坐标为$\dfrac{H^*-H}{T_c}$，横坐标为p_r，一系列曲线为对比温度线。

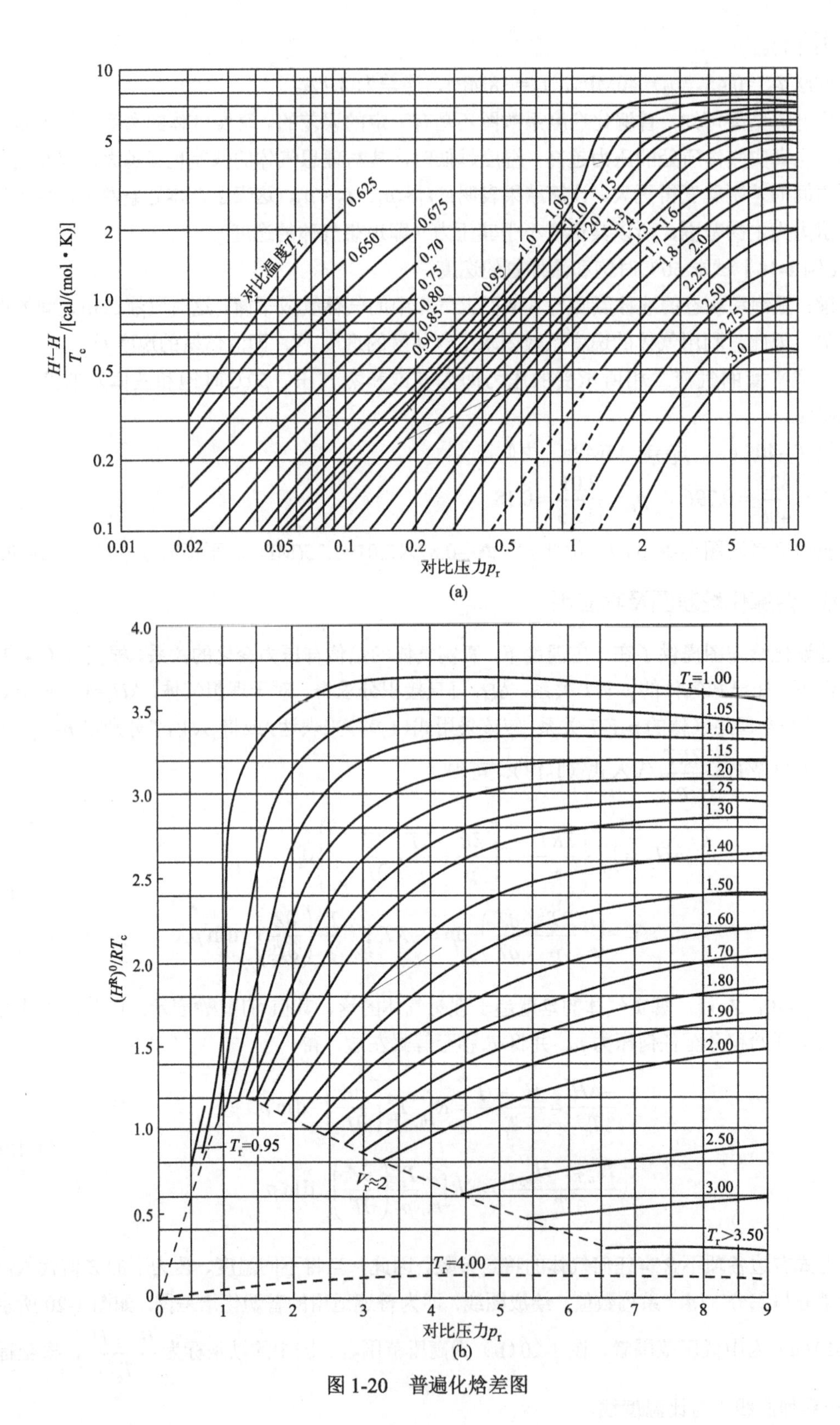

图 1-20　普遍化焓差图

当欲求系统从状态 1（T_1，p_1，H_1）变至状态 2（T_2，p_2，H_2）时的焓变（H_2–H_1），则需按

如图 1-21 所示的分三步计算。（1）从状态 1（T_1，p_1）等温降压至零压 p_0，即状态 1′（T_1，p_0），其焓差为 $H^*_1-H_1=\psi_1 T_c$；（2）从状态 1′等压变温至 T_2，即状态 2′（T_2，p_0），其焓差为 $H_2^*-H_1^*=\int_{T_1}^{T_2}C_p^*\mathrm{d}T$；（3）从状态 2′等温加压至 p_2，即状态 2（T_2，p_2），其焓差为 $H_2-H_2^*=-\psi_2 T_c$。这里 ψ_1、ψ_2 可从普遍化焓差图中直接查得，C_p 为气体在零压（一般可取常压）下的热容。由此得

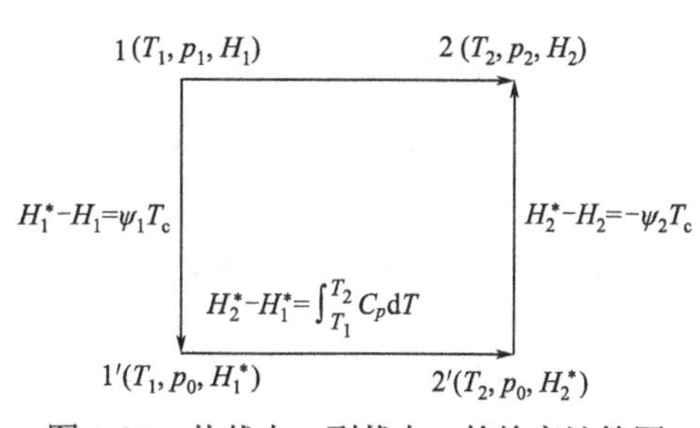

图 1-21　从状态 1 到状态 2 的焓变计算图

$$H_2-H_1=-(\psi_2-\psi_1)T_c+\int_{T_1}^{T_2}C_p^*\mathrm{d}T \tag{1-105}$$

如果状态 1 和状态 2 的温度相等 $T_1=T_2$，上式右边第二项即为零，则可直接从普遍化焓差图中查得的 ψ_2 和 ψ_1 求得其焓变。如状态 1 和 2 的压力相等 $p_1=p_2$，在一般情况下，尤以在高压下，则仍需按（1-103）式计算其焓变。虽然也可直接用 $\Delta H=\int_{T_1}^{T_2}C_p\mathrm{d}T$ 利用其 C_p 值来求焓变，但这里的 C_p 为高压下的热容，往往不易查得。如欲得高压下的 C_p 值，还需另外计算，如可用普遍化的热容差图来求。

1.5.7　普遍化热容差图及其应用

图 1-22 为普遍化热容差图，其纵坐标为热容差（$\Delta C_p=C_p-C_p^*$），横坐标为对比压力 p_r，一

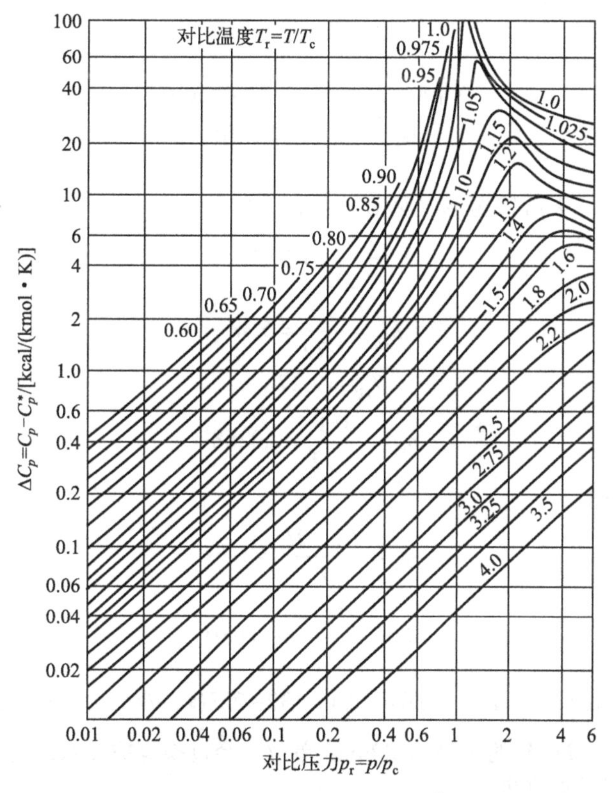

图 1-22　普遍化热容差（$C_p-C_p^0$）图

（1kcal = 4.1868kJ）

系列曲线为等对比温度 T_r 线。具体应用时，可根据气体的温度、压力先求出其相应的 T_r、p_r，利用图 1-22 查得热容差值，若已知标准状态下的 C_p^*，即可得给定温度、压力下的 $C_p=\Delta C_p+C_p^*$。为求得从 T_1 变至 T_2 时的焓变，则需求出一系列温度下的 C_p 值，再用 $\Delta H=\int_{T_1}^{T_2}C_p\mathrm{d}T$ 图解积分得 ΔH。使用时应注意普遍化图的单位。例如图 1-19 的单位是 kcal/(kmol・K)。

【例 1-11】为了液化空气，可先将空气加压到高压，然后进行冷却得到。如欲将 1kg、20MPa、27℃的高压空气在等压下冷却到–133℃，试用不同方法计算所需取走的热。（1）利用 *T-S* 图；（2）利用普遍化焓差图，已知 0.1MPa 下的空气热容数据；（3）利用普遍化热容差图。

解：冷却过程即为一单纯的换热过程，$Q=\Delta H$。可利用系统状态变化前后的焓差来求得换热量 Q。

（1）用 *T-S* 图，可直接读出当 T_1=300K，T_2=140K，$p_1=p_2$=20MPa 时，H_1=477kJ/kg，H_2=215.5kJ/kg，则

$$Q=H_2-H_1=215.5-477=-261.5(\text{kJ/kg})$$

（2）用普遍化焓差图必须按图 1-23 所示的分三步计算。

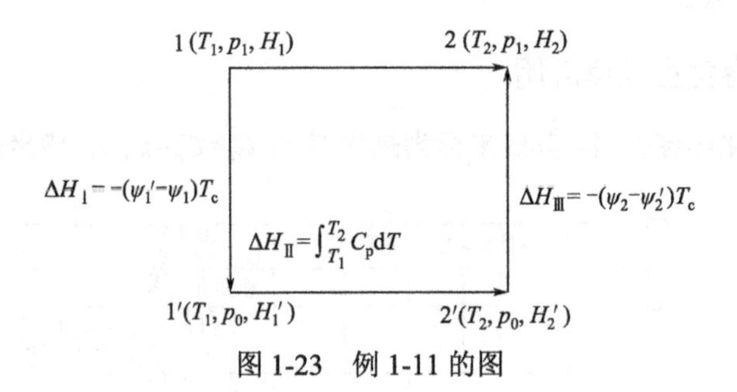

图 1-23　例 1-11 的图

（i）在温度 T_1 下，从 p_1 降至 p_0（为 0.1MPa）。T_c=132K，p_c=3.72MPa。

$$T_{r1}=\frac{300}{132}=2.27\text{，}$$

$$p_{r1}=\frac{20}{3.72}=5.38$$

$$T_{r1'}=2.27\text{，}$$

$$p_{r1'}=\frac{0.1}{3.72}=0.0268$$

从普遍化焓差图中查得

$$\psi_1=\frac{H_1^*-H_1}{T_c}=1.7$$

$$\psi_1'=\frac{H_1^*-H_1'}{T_c}=0.01$$

$$\Delta H_{\text{I}}=-(\psi_1'-\psi_1)T_c=-(0.01-1.7)\times 132=223(\text{kcal/kmol})=32.2(\text{kJ/kg})$$

（查表得到数据计算得到的都是 kcal/kmol 单位，经过换算成 kJ/kg 就是书上答案）

ΔH_{I} 为正值，表示吸收热。

（ii）在压力 p_0 下温度从 T_1 变温至 T_2。由于在 1 大气压下在此温度范围内的空气热容变化

不大，故可取在平均温度$T=\dfrac{300+140}{2}=220\text{K}$下的热容$\overline{C}_p$=1kJ/(kmol・K)。

$$\Delta H_{\text{II}}=\overline{C}_p(T_2-T_1)=1\times(140-300)=-160(\text{kJ/kg})$$

ΔH_{II}为负值，表示放出热。

（iii）在温度T_2下压力从p_0升至p_1。

$$T'_{r2}=\frac{140}{132}=1.06\text{，}\quad p'_{r2}=\frac{0.1}{3.72}=0.0268\text{，}\quad T_r=1.06\text{，}\quad p_{r2}=\frac{20}{3.72}=5.38$$

从焓差图查得$\psi'_2=\dfrac{H_2'^{*}-H'_2}{T_c}=0.04$，$\psi_2=\dfrac{H_2^{*}-H_2}{T_c}=8.5$

$$\Delta H_{\text{III}}=-\left(\psi_2-\psi'_2\right)T_c=-(8.5-0.04)\times132=-1118(\text{kcal/kmol})=-161.3(\text{kJ/kg})$$

ΔH_{III}为负值，表示放出热。

由此得到

$$Q=\Delta H=H_2-H_1=\Delta H_{\text{I}}+\Delta H_{\text{II}}+\Delta H_{\text{III}}=32.2-160-161.3=-289.1(\text{kJ/kg})$$

（3）用普遍化热容差图时，必须先求得在p_1=p_2=200大气压下温度从T_1=300K变至T_2=140K时的热容变化，然后再按$Q=\Delta H=\int_{T_1}^{T_2}c_1\text{d}T$进行图解积分。为得高压下的热容变化，还需求得在0.1MPa下在此温度范围内的热容变化。高压下的对比状态为：$T_{r1}=2.27$，$p_{r1}=5.38$；$T_{r2}=1.06$，$p_{r2}=5.38$。

0.1MPa下的对比状态为：$T'_{r1}=2.27$，p'_{r1}=0.0268；$T'_{r2}=1.06$，$p'_{r2}=0.0268$。

将高压下与低压下，在此温度范围内从普遍化热容差图中查得的ξ值及0.1MPa的热容值列于表1-4中。

表1-4　一定温度范围内查得的ξ值

T_r	T/K	ξ(高压)	ξ'(0.1MPa)	$\xi-\xi'$	C'_p (0.1MPa)	$C_p=C'_p+\xi-\xi'$
1	132	14.0	0.2	13.80	7.02	20.82
1.05	178.5	11.5	0.16	11.34	7.02	18.36
1.1	145	10.8	0.13	10.67	7.02	17.69
1.2	158.5	9.5	0.09	9.41	6.99	16.40
1.4	185	8.0	0.07	7.93	6.99	14.92
1.5	198	6.2	0.06	6.14	6.96	13.10
1.6	221	4.6	0.05	4.55	6.96	11.51
1.8	238	3.2	0.04	3.16	6.96	10.12
2.0	264	2.0	0.03	1.97	6.96	8.93
2.2	290	1.8	0.02	1.78	6.96	8.74
2.27	300	1.7	0.02	1.68	6.96	8.64

因为$\xi=C_p-C_p^{*}$，$\xi'=C'_p-C_p^{*}$，因此，二者相减，得$C_p=C'_p+\xi-\xi'$。将C_p对T进行图解积分，得Q=ΔH=−284.6kJ/kg = −8251kJ/kmol。

讨论：所得结果为负值表示放出热。用专用的热力学函数图如T-S图计算时最为简便，亦最为准确。如无专用图，则可用普遍化焓差图，计算时亦不甚复杂，但准确度差些。另外亦可用普遍化热容差图，虽然准确度可以高些，但计算时较为复杂，必须图解积分，则其误差将会更大些。

参考文献

[1] 吕德义. 物理化学[M]. 北京: 化学工业出版社, 2012.
[2] 张鎏. 无机物工艺过程原理[M]. 北京: 中国工业出版社, 1965.
[3] 张鎏. 无机物工艺过程原理[M]. 天津: 天津大学无机物工学教研室, 1964.
[4] 陈新志，蔡振云，钱超. 化工热力学[M]. 第 4 版. 北京: 化学工业出版社, 2015.

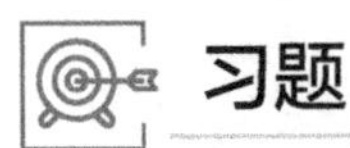

习题

1-1 今有 1mol 甲醇气体，温度为 300℃，压力为 20MPa，试求其体积应为多少？实验测得的体积是 114mL，计算值的误差是多少。

1-2 今有 100kg 水蒸气，占有体积为 $1m^3$，温度为 500℃，试求其压力为多少？

1-3 试用普遍化压缩因子图，计算在 14MPa 下，温度应等于多少方可使甲烷的密度为ρ= 0.00602mol/mL。实验测得该温度应为 50℃，计算值的误差是多少？

1-4 将 30MPa 的 1mol H_2 自 35℃加热到 350℃，试求所需要的热量为多少？已知 0.1013MPa 下 35℃时的热容$(C_p)_{35}$= 28.33kJ/mol; 350℃时的热容$(C_p)_{35}$= 29.54kJ/mol; 35～350℃时的平均热容为$\left(\overline{C}_p\right)_{35\sim350}=29.16\text{kJ/mol}$。

第二章

能量有效利用科学基础

2.1 绪论

宇宙间一切物质形式的运动都需要能量，人类社会的一切活动都需要能量，承担物质转化和生产的化工过程更是如此。而能量传递与转化是以物质为载体的。因此，物质的传递与转化、能量的传递与转化的规律是自然界一切物质形式运动的基本规律，并遵从质量守恒定律和能量守恒定律。

能源资源是指自然界为人类提供能量的天然物质，包括植物、柴草、秸秆与农林加工废弃物；煤、石油、天然气、油页岩；水能、太阳能、风能、地热能、海洋能等。其中煤、石油、天然气和核燃料是不可再生资源，水能、太阳能、风能、海洋能、地热能和生物质能是可再生资源。两者统称为一次能源。

一次能源通常要经过加工或转化成二次能源，如煤气、液化石油气、电力、蒸汽、热水（工业与民用燃料）、汽油、煤油、柴油（运输燃料）、焦炭、甲醇、酒精、甲烷和氢能（化工原料）等。其中煤、石油、天然气、生物质能都可以通过燃烧等过程直接转化为工业与民用燃料，石油还可以通过炼油等过程直接转化为运输燃料和化工原料，它是目前液体燃料和化工原料的主要来源。但是煤、天然气和生物质能要转换成运输燃料和化工原料，必须通过化学的方法。在一次能源转化成二次能源的过程中，催化转化起着重要的作用，它是解决能源问题的关键技术之一。

我国能源资源的特点是煤炭相对丰富、缺油、少气，能源消费以煤为主，且长期难以改变。我国能源资源面临能源供给短缺，特别是液体燃料严重短缺，涉及国家能源安全，环境污染严重，能源转化效率低。为了应对能源供给日益紧张的局面，我国已经与周边国家建立了能源进口的四大战略通道，即东南海上油气通道，西南中缅油气通道，西北中哈油气通道，东北中俄油气通道。这四大战略通道在确保我国能源安全中无疑将发挥重要作用。而新型煤化工被称为第五条油气通道。

应对能源问题的途径主要有两条：一是节能、提效，优化产业结构；二是一次能源构成向低碳转变，大力采用可再生能源代替化石能源；即一是节流，二是开源。目前，人们更多关注新能源的开发，对节能、提效，特别是传统工业的节能、提效相对关注不足。2019 年，我国生产一次能源 39.7 亿吨标准煤，能源消费总量达到 48.6 亿吨标准煤，排放 CO_2 近 100 亿吨，均列世界第一位，而万元 GDP 能耗则是日本的 5 倍，美国的 3 倍。到 2030 年若要 GDP 翻三番，按常规发展需要能源 112.5 亿吨标准煤。中国的资源、能源和环境状态是绝对不允许这样发展的，是绝对不可持续的。但如果万元 GDP 能耗降低$\frac{1}{3}$，则 GDP 再翻三番也不需新增能源！因此，节流重于开源，节能、提效和大力采用可再生能源代替化石能源是解决中国能源问题的根本出路！

化工过程工业泛指以化学化工为基础形成的炼油工业、石油化工、化学工业、冶金工业、建材工业、制药工业、能源工业、生物化工以及环保、纳米、材料等产业，以物质传递与转化、能量传递与转化、信息传递与转化为范畴的制造业，它既是涉及人们衣、食、住、行而时刻所离不开的产业，又是发展高新技术产业的基石。化工过程工业是资源耗用量和能源耗用量最大的基础产业，是创造财富，维持社会经济高速发展所必需，但同时也可能是环境污染的主要来源，它既为人类物质文明创造了辉煌的业绩，又可能对人类生存安全构成威胁。

实现经济增长、环境保护和能源安全（Economic growth，environmental protection and energy security，3E）相互交织的 3E 目标是我们这个时代的全球挑战，例如，减缓温室气体排放的挑战超越了国界。碳达峰、碳中和的伟大战略目标，意味着必须彻底颠覆以化石能源为主导的能源体系，构建以非化石能源为主体的新结构。以煤为主的化石能源清洁低碳化是实现碳中和的路径之一。现阶段，我国煤炭有两种主流利用方式——大量作为能源，直接燃烧发电；少量作为原料，制备化学品。电力、钢铁、建材、化工行业用煤，占比分别约为 57%、16%、10%和 8%。在技术成熟、成本降低的前提下，利用风、光和核等可再生能源替代煤电，逐步降低煤在发电中的比例是必然趋势。氢能利用效率高、无污染，还可与多种能源耦合，可以说是实现碳中和目标的关键。当今能源体系是由化石能源产生电力、液体燃料，再到达最终用户。在未来能源结构中，氢能将与电力一起居于核心位置，为终端用户供能。而最大的问题在于，氢不是一次能源，需要通过转化实现。在制备、储存、供给、应用等体系中，制氢是重中之重。

如果未来哪天世界不再有煤、石油和天然气，我们是否有应对之策？“液态阳光”源于丰富的阳光、二氧化碳和水，属于可再生绿色液态燃料。在化石燃料枯竭的未来，“液态阳光”可能是解决问题的关键。图 2-1 显示了能量通路和 CO_2 及 H_2O 的再循环途径，在整个周期中只消耗太阳的能量。人们对能源的渴求程度与以往相比，已攀升到了一个空前的高度。展望 21 世纪，人类只能将主要的能量来源寄希望于太阳。

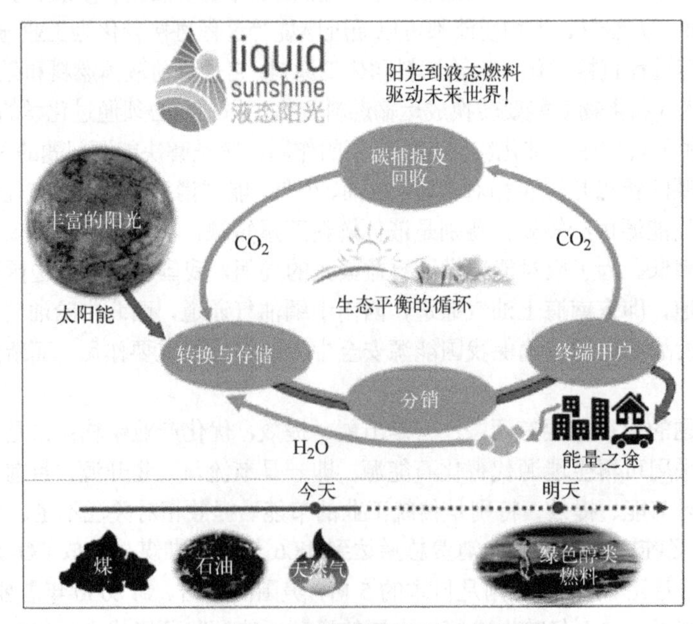

图 2-1　从阳光到液态燃料驱动未来世界

阳光是地球上最丰富的能量来源，可谓无处不在。在一年内大约有 8.85 亿太瓦·时（TW·h）的能量以太阳辐射形式到达地球表面，其中 2.56 亿 TW·h 到达地面，后者是人类在 2040 年消耗能量的 1000 倍以上。一个小时的太阳能可以满足全世界一年的能量需求。然而，若希望对太阳能的使用像“拨动开关”般自如轻松，我们需要开发出一套系统，将来自太阳的能量转化为稳定可用的能量形态，以便于储存、运输并配送至终端使用者。太阳能转化为液态燃料，可以融入现有供应链基础设施的庞大网络，是太阳能在全球能源结构中渗透市场的关键。从植物和自然中汲取灵感，液态阳光是可持续生态平衡能源系统的愿景，利用太阳能产生绿色液态燃料，可满足现代社会无数应用的多重能量需求。绿色燃料可以从不同的地区生产，从而提高能源供应的可及性和安全性。在其生产和利用中，二氧化碳被捕获并通过环境再循环。

生态平衡循环或生态工业工程的实现必须具备坚实的科学基础[1]。热力学第一定律说明循环经济所倡导的通过物流、能流的重复利用和优化利用是可能的。热力学第二定律说明物质循环利用要付出代价，即物质和能量被使用后品位会下降。普里戈金（Prigogine，1977 年诺贝尔化学奖获得者）的耗散结构理论说明，必须要引入负熵流，系统才能提升并维持有序和发展，物质品位的提升，就可以重新被利用。另外，在适当的条件下，耗散结构的涨落效应可以使线性经济系统转变为结构和功能更为有序的循环经济系统。近代信息学的发展可以通过对物流、能流、信息流的优化集成使总体系的效益优化增值。爱因斯坦的质能关系揭示了负熵流最终的能源来源于物质的本质，参见图 2-2。上述基本原理构成了循环经济的工程科学基础。

① 热力学第一定律。物质无论在生产和消费过程中还是在其后都没有消失，只是从最初“有用”的原料或产品变成了末端“无用”的废物并进入环境中，形成污染，而物质的总量保持不变。但“有用”和“无用”是相对的，随着新技术、新工艺、新消费观和新组织构架的建立，一方面，生产和消费过程消耗的资源和产生的废物将不断减少；另一方面，大部分废物将重新成为原材料进入生产和消费过程，形成物质循环利用的循环经济系统。

② 热力学第二定律。热力学第一定律描述了过程状态变化所遵循的规律，热力学第二定律则描述过程变化方向所遵循的规律；孤立系统总是自发地朝向使系统熵增加的方向发展。统计热力学意义下的熵是分子热运动无序度的量度，分子热运动的无序度越高，熵值就越大。将热力学熵的概念推广，可用广义熵来描述分子热运动以外的其他物质、运动方式、系统的混乱度、无序度和不确定度。

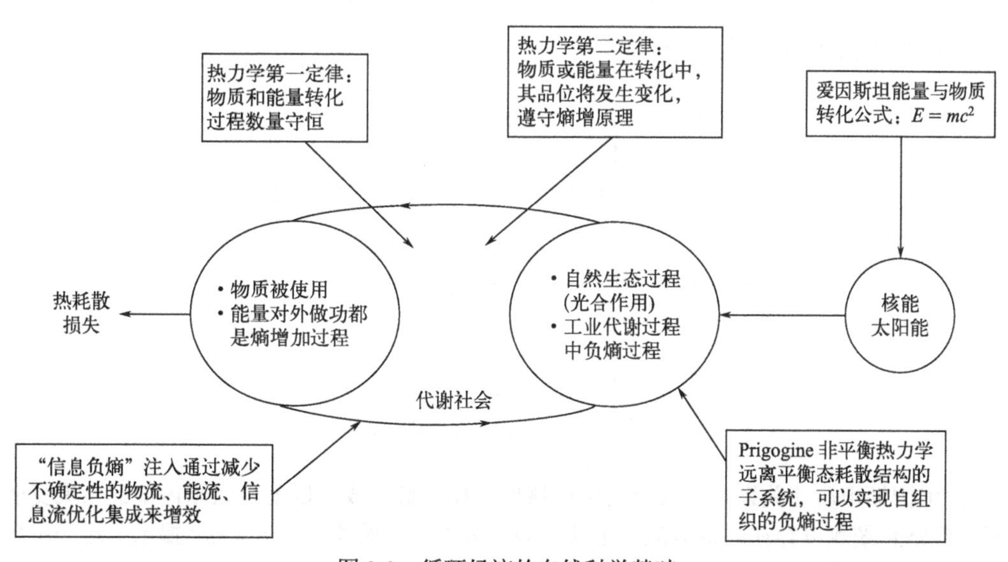

图 2-2　循环经济的自然科学基础

热力学第二定律所表述的熵增加原理只能用于判断孤立系统中过程的方向。在现实过程中，系统通常都是开放系统，它们与环境有着密切的物质和能量交换。对于开放系统，系统的熵增量如下式表示：

$$\partial S=\partial_{\mathrm{i}}S+\partial_{\mathrm{e}}S$$

$\partial_{\mathrm{i}}S$表示由系统内部不可逆过程产生的熵增，称为熵产；$\partial_{\mathrm{e}}S$是原系统环境的熵增量，表示由于系统和外界环境的相互作用，如物质和能量的流进或流出过程引起的熵增，称为熵流。熵产永远大于0，熵流可正可负。若$\partial_{\mathrm{i}}S>0$，则$\partial S=\partial_{\mathrm{i}}S>0$，此即孤立系统的情况。所以上面的等式是热力学第二定律的更普遍形式。

在经济系统的生产和消费活动中，物质被使用、能量对外做功都是熵增的过程。物质和能量在使用以后，虽然在量上仍保持不变，但其质已经发生变化，变成无序度增加的状态，典型的如新鲜水变成污水，电功变成废热等，物质和能量的可用程度降低，不可利用程度变大。这些正熵被毫无限制地排放到与经济系统密切相关的生态环境中，引起生态环境系统无序度的增加，造成我们目前所见到的严重的环境污染问题。循环经济系统就是要把原本被弃置的处于高熵状态的物质，重新转变到低熵状态加以利用。这一过程必须要付出代价——负熵转化（或说能量注入）。

③ 耗散结构理论。化学家Prigogine在研究某些远离平衡态并且包含多基元多层次的开放化学系统时，发现这些系统通过耗散运动（与外界进行的物质、能量、信息的交换运动），在系统内部涨落（局部的起伏偏差）的触发下，可以自组织地形成某种动态稳定的时空上有序的结构，称之为耗散结构。Prigogine的耗散结构理论已被泛化应用到很多领域。

生命系统、社会经济系统都是耗散结构，具有丰富的层次和结构。这些系统内部不断产生正熵，使系统趋向于混乱。为维持自身在空间上、时间上或功能上的有序状态，系统就要不断地从外界引入负熵流，进行新陈代谢过程。

对线性经济系统和循环经济系统及其熵流加以对比，二者都是开放系统，它们的负熵流大部分都直接或间接地源于太阳。但线性经济系统将自身进化同与之密切相关的自然生态系统分隔开来，某一子系统的有序进化是以另一子系统的混乱退化为代价（参见图2-3）。而循环经济系统的发展必须将视野扩大，与自然生态系统形成一个新的更大范围的开放系统，它的有序进化途径是充分利用负熵流，减少自身熵产，形成$\partial_{\mathrm{i}}S<|\partial_{\mathrm{e}}S|$的局面，子系统进化的代价是以新边界以外的环境系统的熵增为代价。

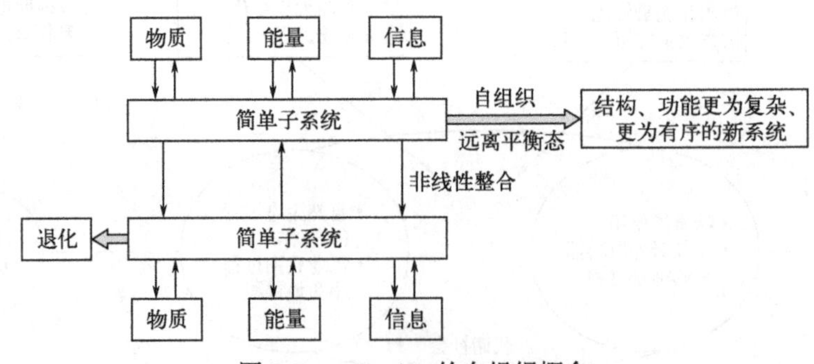

图2-3 Prigogine的自组织概念

④ 爱因斯坦质能关系。在人类的可控核聚变技术最终成熟以前，太阳内部的核聚变能量是循环经济系统赖以存在的负熵流的主要来源。爱因斯坦质能关系$E=mc^2$揭示了这一负熵流的本质。

核能（即太阳能）负熵流有三种利用途径：

a. 历史上的太阳能负熵流。以煤、石油、天然气等化石能源的形式间接存在，是目前的线性经济系统生产和消费过程的主要驱动力，也将是初期循环经济系统的主要驱动力。但循环经济系统应当寻求更为清洁和有效的方式，使作为能量载体的碳、氢等元素得到循环利用。

b. 当前的太阳能负熵流。以太阳能、风能、水电、潮汐能等形式直接或间接地存在，对目前人类的时间跨度而言是可再生的，是未来循环经济系统的主要驱动力。循环经济系统应当寻求对当前太阳能负熵流的深入开发利用，即所谓“可再生能源”的开发过程。

c. 可控核反应，包括裂变和聚变核反应能的利用，聚变核反应可以为人类社会提供千百万年的能源。

⑤ 信息负熵。信息论创始人申农把信息量定义为两次不确定性（用信息熵来表示和计量）之差，信息量就是不确定性（熵）的减少量，也就是负熵。开放系统内部的信息优化可以有效地减少系统的熵产。与工业代谢过程中的负熵产生过程相比，信息的产生、加工优化、传播可以输入较少的太阳能负熵，但却可以产生比输入相对大得多的负熵效应。循环经济系统的发展和建立需要政策、技术、消费观念等方面的全面变革，需要系统内部信息充分的交流，这些都可以归结为由信息负熵创造价值，通俗地讲，就是通过过程的优化，可以实现节能。

总之，虽然从地球或太阳系尺度讲，物质和能量被自然科学认定为不可循环的消耗结构，但从局部工程科学角度，则物质、能量可以实现循环运行，这一循环操作是以太阳及地球上的能量不断向宇宙空间发散为代价的。

化工过程工业发展史，是一个不断节能降耗的历史。特别是20世纪70年代以来，由于出现能源危机，世界化工过程工业面临原料不足，成本增加的严重困难，更促进了低能耗技术的发展，使能耗大幅度下降。然而，节能技术的研究和开发并非就此止步，更合理、更有效地利用能量，进一步降低能耗，仍然是现代化工过程工业追求的目标。

能量的合理利用和节能问题，是一个涉及工艺、设备、材料、催化剂、控制以及管理等诸多学科专业和工程技术领域的综合性问题。但能量利用的合理性、有效性亦即节能的正确方向和技术途径，只有在根据热力学第一、第二定律建立起来的有效能，即㶲的概念和㶲分析法为核心的现代用能理论指导下，才能作出更为科学的判断。

本章简要阐述现代用能理论的热力学基础及其基本要点，引入新的热力学概念㶲与炁及其计算方法，以及能量转化、传递和利用过程的基本规律。在此基础上论述化工生产的能耗，能量系统的热力学分析，节能方向与技术途径，亦即化工生产总能系统的应用，以及综合能耗评价等问题。

2.2　现代用能理论

2.2.1　能量的基本属性

能量是人们熟知的基本概念，它具有形态的多样性、可转化性、传递性、量与质的差异性，亦即在实际过程中数量上的守恒与质量上的不守恒性。

① 能量形态具有多样性。这是物质运动形式的多样性决定的。化工生产中涉及的能量，主要有热能、化学能、机械能、电能、核能等形态。

② 能量的可转化性。能量的可转化性是指不同形态的能量在一定的条件下可以互相转化，如化学能通过化学反应转化为热能，热能通过热机和发电机可以转化为机械能对外做功进而转化为电能，等等。用能的实质，正是使用其可转化性，如果一种能量不再具有转化为其他形态

能量的能力，也就不再具有使用价值了。

③ 能量的传递性。热量和功是能量传递的两种主要形式。所谓热量，是指体系在状态变化过程中通过边界依靠温度与外界交换的能量；所谓功，则是体系在状态变化过程中通过边界与外界依靠温差以外的其他势差，如压差、电位差、浓度差、化学位差等所传递的能量。热量和功是过程性质，与过程途径有关，可将其称为能流；它与物流具有的能量不同。后者取决于物流具有的热力学状态，只与物流的温度、压力、组成有关，是状态性质，而与过程途径无关。

④ 能量的量与质又具有差异性。不同形态的能量，所具有的转化能力是不相同的，有的在理论上可以全部转化为其他形态的能量，如机械能、电能可以全部转化为热能；但是，热能即使在理论上也不能全部转化为机械能，哪怕是采用理想的热机。相同数量的热能，由于热源温度的不同，转化为机械能的能力也各异。转化能力的大小反映了能量在“质量”上的差别。因此，能量不仅有数量多少之分，还有“质量”高低之别。“质量”的高低用理论上转化为功的能力来评价，可以全部转化为功的能量称为高级能量；只能部分转化为功的能量称为低级能量；完全不能转化为功的能量，如大气、地壳、海洋中的能量（将其视为热力学平衡态），则称为寂态能。

⑤ 能量具有两重性。能量在转化、传递、利用的实际过程中，遵守热力学第一定律，在数量上守恒；同时又受热力学第二定律制约，由于实际过程的不可逆性，必然引起熵的增大并表现为体系做功能力的损失，称为能量耗散（energy dissipation）。因此，能量在“质量”上是不守恒的。能量在数量上的守恒和在“质量”上的不守恒是一切实际过程中能量具有的两重性，只有同时研究两重性，才有可能对能量的转化、传递和利用情况作出全面、完整和准确的描述。

2.2.2 “㶲”与“𤆬”的基本概念

既然能量具有以上属性，只有把“量”与“质”结合起来，才能正确评价它的“价值”。本节将要引入的“㶲”与“𤆬”正是度量能量“量质兼顾”的物理量。

长期以来，人们只习惯于用数量的多少来度量能量。例如，笼统地用消耗多少千焦的能量来表述某过程的能耗，却不管所消耗的是什么形态的能量；说余热资源有多少千焦，却不说其温度是多高，如此等等。把各种形态的能量等量齐观，无视质的差异，常常会导致一些似是而非的结论，用以指导节能工作时将会产生误导。例如，气氨的热值为 22.488×10^{6}kJ/t，而液氨的热值为 21.27×10^{6}kJ/t。但实际上制备液氨比制备气氨所耗的能量大。最先进的电站，所发生的电能也只占煤的热值的 40%，而热泵的效率超过 1，可达 4～5，也就是功热传送几倍于自身的能量。当然它仍遵守热力学第一定律，只不过将环境的能量连同所做的功转送至高温处罢了。热力学第一定律只解决了能量转化的数量关系，但能量转化的方向与极限必须由热力学第二定律来回答。

首先了解几种形式的能量及其所具有的转化能力。

机械能：用一定大小的力，运动一定距离所消耗或提供的能量称作功。以做功的形式提供的能量称为机械能。同样，物质的位能、动能也能做功，所以也属于机械能范畴。机械能可用于压缩气体、泵送液体、开动机器等。

电能：以电的形式具备的能量称为电能，电能很容易转换成机械能，但电能并不全部作机械能使用，它可以发热，作某些物质的电解之用。

热能：功和热是物系之间能量交换的两种形式。以热的形式提供的能量称为热能，利用热能产生蒸汽、开动机器、发电、烧饭、取暖等。

化学能：有些化学物质所具有的能量称为化学能，例如石油燃烧时能放出大量热量也就是石油物质具有大量的化学能，而二氧化碳不能再燃烧，所以它的化学能为零。

这些能量之间有的能完全相互转换，有的只能部分转换，有的不能转换，根据能量相互转换的性能，将其分为三类。

第一类：具有完全转换能力的能量，例如动能、位能、电能、机械能均属此类。

第二类：具有部分转换能力的能量，例如热能、化学能。这些能量只有一部分可以转换为第一类能量。例如热机的效率总小于 1。

第三类：完全不能转换的能量，例如环境温度下的热能——海水和大气。

从理论上讲，第一类能量能完全定量地转变成其他形式的能量，它既可转化为另一种形式的第一类能量（例如机械能和电能之间的相互转换），也能转换成第二类和第三类形式的能量。第一类内部往往以做功的形式来进行能量的转换和传递。

第三类能量虽存在于环境之中（海水和大气），它是取之不尽，用之不竭的。但它不能自动地转换成其他形式的能量，也就是不具备任何使用价值，又称之为寂态能量。

第二类能量介于两者之间，它的部分能量能转换为第一类能量，另一部分能量转变为第三类能量。例如一台热机，它的热介质温度为 T，环境温度为 T_0，如果从热介质中取得热量 Q，则可转变为功的能量为$\left(1-\frac{T_0}{T}\right)Q$，转化为第三类的能量为$\frac{T_0}{T}\cdot Q$，也就是无用的能量。因此有些学者提出，$\left(1-\frac{T_0}{T}\right)Q$为有用能，排入环境的部分$\frac{T_0}{T}\cdot Q$为无用能。

为了对能量进行“量质兼顾”的度量，必须引入新的热力学概念㶲与炁。这个概念是由 J.H. Keenan 在 1932 年首先提出的，并首先应用于热力发电和合成氨生产过程的有效能分析。

（1）㶲（exergy）的定义

㶲又称为有效能（available energy）、可用能（availability），提法不一样，但含义一样，用 EX 来表示。

㶲或有效能的确切定义为处于一定热力学状态的物系，通过完全可逆的过程变化到与环境状态处于完全热力学平衡时所能做出的最大功，或者说㶲是能流或物流所具有的能量中在环境状态条件下理论上可转化为功的那部分能量。这里所指的热力学平衡是温度平衡、力学平衡、化学平衡和相平衡。

这一定义是准确的。定义中用“功”而不是用“热量”或其他形态的能量来度量，因为功在理论上可以全部转化为别的能量形态而不需外力。所谓环境状态，是指大自然状态。把它规定为变化的终态，是由于世间一切过程都是在自然环境中进行的，达到此终态后，将不会再发生任何变化，因此又将环境态称为寂态或死态。用此规定，既明确了㶲值的计算基准，也体现了能量利用的最大限度。诚然，大自然是一个千变万化、永不停息的物质世界，天南海北，冬去春来，气象万千，并不处于热力学平衡态。但是对于所研究的问题，可以不考虑自然界的种种非平衡因素，将其抽象为一种环境模型，视为一个无限大的平衡态，任何过程都不会对它的热力学性质产生影响。所谓最大功或者说理论上可转化得到的功，只有当过程可逆进行时才能获得。以上分析可见，这一定义不会产生歧义，计算出的㶲值是唯一值。

（2）㶲的热力学表达式

如图 2-4 所示，某物系从状态 1 可逆变化到环境状态 0。在变化过程中与外界有功和热的交换。W_1 为物系在变化过程中直接对外做功，Q_1 为物系在可逆变化过程中释放出来的热量，

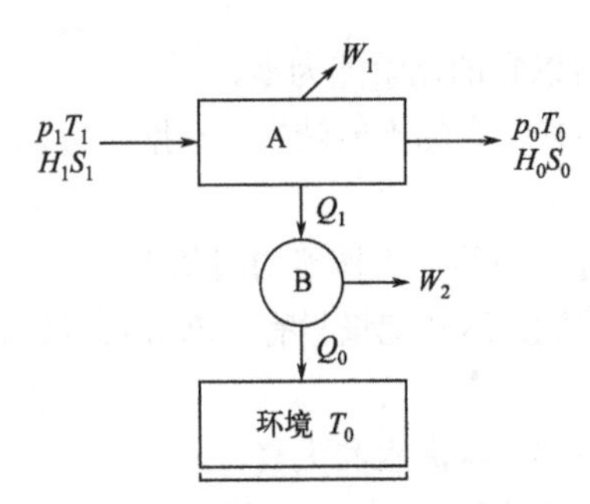

图 2-4 物系状态可逆变化到环境状态示意图

该热量再通过可逆热机做功 W_2，Q_0 的热量排放入环境。物系对外总的做功为 W_1+W_2，这就是物系 1 的㶲EX。由图 2-4 可知

$$H_1 = H_0 + W_1 + Q_1 = H_0 + W_1 + W_2 + Q_0$$

根据㶲的定义，上式中只有 W_1+W_2 部分为㶲：

$$EX = W_1 + W_2 = H_1 - H_0 - Q_0 \tag{2-1}$$

因为物系从状态 1 变化到状态 0 为可逆过程，则环境+物系的熵变之和为零，即

$$\Delta S_{sys} + \Delta S_{sur} = 0$$

$$S_0 - S_1 + \frac{Q_0}{T_0} = 0$$

故

$$Q_0 = T_0(S_1 - S_0) \tag{2-2}$$

将式（2-2）代入式（2-1），就得到：

$$EX = (H_1 - H_0) - T_0(S_1 - S_0) \tag{2-3}$$

式（2-3）就是流动物系的㶲的热力学表达式。

对于封闭体系，一部分是反抗大气做功，是无用的，其㶲表达式为

$$EX = (U_1 - U_0) - T_0(S_1 - S_0) + p_0(V_1 - V_0) \tag{2-4}$$

式中 U_1、U_0——物系初态及环境状态下的热力学能；

p_0、V_0、T_0——物系在环境状态下的压力、体积和温度。

㶲的热力学表达式（2-3）与热力学第一定律中常用的状态函数自由焓 G 很相似：

$$G = H - TS$$

如果物系处于环境温度下，则

$$EX = G - G_0$$

在此必须指出，㶲和自由焓既有相似之处，又有本质区别。自由焓是状态函数，即一个物系的状态定了，其数值也就定了；而㶲则必须由物系的状态和环境状态共同决定。

（3）炕（anergy）的定义

炕是与㶲相对应的另一热力学概念，它是指能流或物流变化到环境状态时所具有的能量中不能转化为最大功的那部分能量。

根据㶲与炕的定义，能流或物流相对于寂态而言所具有的总能量 E，应该是㶲(EX)与炕(AN)二者之和：

$$E = EX + AN \tag{2-5}$$

显然，能量中含有的㶲值越大，转化为功的本领就越大，亦即“质量”越高。对于高级能量，如电能、机械能，全部为㶲，炕为零；对于寂态能量，全部为炕，㶲值为零。

2.2.3 理想功（ideal work）和损耗功（lose work）

理想功是为评价实际过程能量利用完善程度而提出的另一个热力学概念，它与㶲密切相联系而又严格相区别。人们希望知道，一个可对外做功的过程，其最大功是多少；一个需要消耗功的过程，其最小功又是多少。为此，定义过程的理想功如下：

在一定环境条件下，将给定的原料加工为给定状态的产物，当过程可逆进行时所产出的或所需要的功称为该过程的理想功（ideal work，用 IW 表示）。

如果物系从状态 1 变化到状态 2 是耗功过程，则消耗的是最小功。因为物系对外做功为正，耗功为负，因此，从代数值而论，不论是做功，还是耗功，理想功皆为最大。

我们设计一个过程，在一定的环境状态下，物系从状态 1 可逆地变化到状态 0，再从状态 0 可逆地变化到状态 2，则从状态 1 到状态 2 的理想功与物流的㶲值之间的关系：

因 $$EX_1=IW_{1\to0},\quad EX_2=IW_{2\to0}$$

故 $$IW_{1\to2}=IW_{1\to0}+IW_{0\to2}=EX_1-EX_2$$

由此可知，只要知道物流在始末状态的㶲值，便很容易算出过程的理想功。将此式与物流㶲的热力学表达式（2-3）结合，可得到过程理想功的热力学表达式（2-6）：

$$\begin{aligned}IW&=EX_1-EX_2=[(H_1-H_0)-T_0(S_1-S_0)]-[(H_2-H_0)-T_0(S_2-S_0)]\\&=(H_1-H_2)-T_0(S_1-S_2)\end{aligned}\tag{2-6}$$

式中，H_1、H_2、S_1、S_2 分别为过程中物流始态和末态的焓与熵；T_0 为环境温度。

理想功表达式与㶲相似，它不仅与物系的初、终状态有关，还与选择的环境状态有关。在物系的状态和环境的状态决定之后，㶲有唯一的数值，而在初、终状态和环境状态都决定之后，理想功也有唯一的数值。

必须指出，理想功和可逆功是有区别的，以图 2-5 为例，物系从状态 1 可逆地变化到状态 0（或 2），则对外做功为 W_1，与外界交换热量为 Q_1，可逆功仅指 W_1，而理想功为 W_1+W_2。

如果物系处于环境温度下，则

$$IW_{1\to2}=G_1-G_2\tag{2-7}$$

理想功仅指一种理想状态，实际过程不可能完全是可逆过程的。任何实际过程所产生的功均小于理想功。理想功与实际功的差距称为损耗功（lose work），用 LW 表示，实际功用 AW（actual work）表示。

$$LW=IW-AW\tag{2-8}$$

以稳定流动物系从状态 1 变化到环境状态 0 为例，如图 2-5 所示。稳定流动系统的物流初态为 T_1、p_1、H_1、S_1，终态为 T_0、p_0、H_0、S_0（环境状态），现将其分为两种不同的过程进行变化。

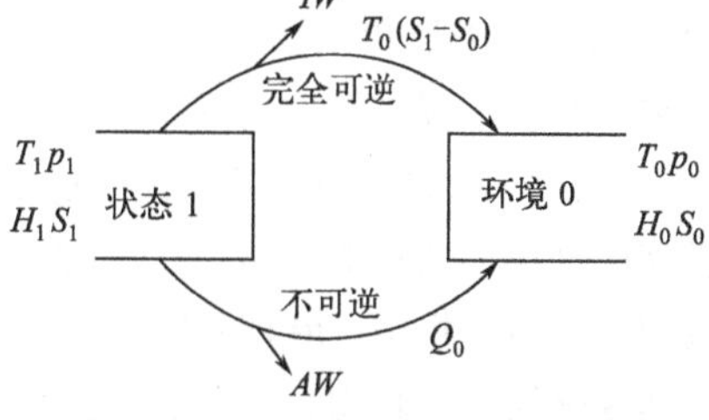

图 2-5 稳定流动物系状态变化示意图

完全可逆变化的理想过程时，则理想功 IW 为

$$IW=(H_1-H_0)-T_0(S_1-S_0)$$

不可逆变化的实际过程，其实际功为

$$AW=(H_1-H_0)-Q_0\tag{2-9}$$

在不可逆过程中，系统排放给环境的热量为 Q_0，则环境的熵变为$\Delta S_{env}=Q_0/T_0$，即 $Q_0=T_0\Delta S_{env}$

$$\begin{aligned}LW&=IW-AW=(H_1-H_0)-T_0(S_1-S_0)-(H_1-H_0)+Q_0\\&=Q_0+T_0(S_0-S_1)\\&=T_0\Delta S_{env}+T_0\Delta S_{sys}=T_0(\Delta S_{env}+\Delta S_{sys})\end{aligned}\tag{2-10}$$

令$\Delta S_T=\Delta S_{env}+\Delta S_{sys}$，则

可逆过程$\Delta S_T=0$

$$LW=0,\quad AW=IW$$

不可逆过程$\Delta S_T>0$

$$LW>0,\quad AW<IW$$

因此，损耗功又可用过程的总熵变即系统熵变与环境熵变之和ΔS_T进行计算，则

$$LW = T_0 \Delta S_T \tag{2-11}$$

损耗功的物理意义是实际过程与可逆过程相比较少产出或者多消耗的功，这些功由于过程的不可逆性而损耗掉了，它是耗散（dissipative）了的能量，过程的不可逆程度越大，则LW越大。功的损耗也就是㶲的损耗，用㶲分析法亦可将其计算出来，见例题2-6和例题2-7。

2.2.4 能量利用、转化和传递过程的基本规律

引入㶲与炕的概念后，可以把能量利用、转化和传递过程的基本规律表述为：

① 在一切过程中，不论可逆与否，㶲与炕的总量是守恒的；

② 㶲可以自发地转化为炕，而炕则不可能自发地转化为㶲，否则将违反热力学第二定律；

③ 一切可逆过程中㶲是守恒的，不会发生能量的不可逆损耗即㶲的损耗（exergy annihilation）；而在任何不可逆的实际过程中，不可避免地要产生㶲的损耗，㶲是不守恒的，其值减少了，并“退化”成了炕。

工程上遇到的过程，都是不可逆过程。因此㶲的损耗具有普遍性。从更重要的意义上说，所谓用能实际上是用㶲；节能实际上是要节㶲；要节㶲不仅应揭示那些由于排放和流失而引起的㶲的损失——这是一种有形的损失，更应揭示由于不可逆性而引起的㶲损耗——这是一种无形的损失。查明㶲的损失的大小、性质和引起的原因，这正是对过程进行热力学分析要完成的使命，详见2.4节。

2.3 㶲的计算

2.3.1 环境模型

环境状态是一切变化的最终状态，也是计算有效能㶲的基准状态。由有效能㶲的定义式（2-3）可知，由于焓和熵都是物质（或物系）的状态函数，因而有效能㶲也必然是一个状态函数，但它的数值不仅与给定的状态有关，而且也与所取的参照状态有关。由常识可知，当一个物质（或物系）与稳定的周围环境处于稳定的平衡状态时，它就丧失了向周围环境做功的能力，如一股高压气体，当其泄压至大气压时，它就丧失了自动向环境做功的能力。为了统一标准，在一般的有效能分析中，就把稳定的环境状态规定为有效能㶲的定义中的参照状态。此环境状态是一切变化的最终状态，也是有效能㶲的基准状态，亦称为“死态”。

基准环境状态的规定必须符合三个要素，即必须规定它的温度T_0、压力p_0、基准物及其组成x_{0i}，即规定：

① T_0=298.15K(25℃)；

② p_0=0.101325MPa；

③ 基准物和基础浓度规定在周围环境中（地球大自然中）最丰富、最稳定的物质（元素或化合物）作为基准物质，其稳定存在的摩尔分数为基础浓度。例如大气、岩石和江河湖海的水等，这些物质数量巨大，其温度、压力和组成都不会因过程的发生而变化。如大气中氧（基础浓度为0.2094）、氮（基础浓度为0.781）、二氧化碳（基础浓度为0.00033），自然界中的SiO_2、Al_2O_3、H_2O、SO_2、$CaCO_3$、$CaSO_4 \cdot 2H_2O$、$Ca_3(PO_4)_2$等皆可定为基准物质（它们的基础浓度为1）。几种常用的参照物及其基准浓度如表2-1。

表 2-1　基准物及其基础浓度

元素	参照物质	基础浓度	元素	参照物质	基础浓度
O	O_2(气)	0.2094	Si	SiO_2(固)	1
N	N_2(气)	0.781	Ca	$Ca(NO_3)_2$(固)或 $CaCO_3$(固)*	1
H	H_2O(液)	1	Mg	$MgCO_3$(固)或 $CaCO_3 \cdot MgCO_3$(固)*	1
C	CO_2(气)	0.000303	Fe	Fe_2O_3(固)*	1
S	$CaSO_4 \cdot 2H_2O$(固)	1	Al	$Al_2O_3 \cdot 2H_2O$(固)或 Al_2O_3(固)*	1
Cl	NaCl(固)	1			

注：表中浓度为摩尔分数。除有*者外，为表 2-3 的基准物。

环境状态的规定具有一定的人为性和时间性，也因研究的过程不同而异，因此并不是唯一的。例如，表 2-2 国家标准所推荐的干空气的摩尔组成和表 2-3 中规定的环境状态都与表 2-1 有所不同。

国家标准 GB/T 11062—2020 给出了干空气的性质，所推荐的干空气的摩尔组成，如表 2-2 所示。干空气的摩尔质量为 28.9626kg/kmol。标准组成的干空气在三个常用的计量参比条件下的压缩因子取值为：

Z_{air} (273.15K，101.325kPa) = 0.99941

Z_{air} (288.15K，101.325kPa) = 0.99958

Z_{air} (293.15K，101.325kPa) = 0.99963

表 2-2　干空气的摩尔组成

组分	摩尔分数	组分	摩尔分数
氮气	0.78102	甲烷	0.0000015
氧气	0.20946	氪气	0.0000011
氩气	0.00916	氢气	0.0000005
二氧化碳	0.00033	一氧化二氮	0.0000003
氖气	0.0000182	一氧化碳	0.0000002
氦气	0.0000052	氙气	0.0000001

由此得出的标准组成的干空气的真实气体密度分别是：

ρ_{air} (273.15K, 101.325kPa) = 1.292923kg/m^3

ρ_{air} (288.15K, 101.325kPa) = 1.225410kg/m^3

ρ_{air} (293.15K, 101.325kPa) = 1.204449kg/m^3

在烟道气中 H_2O（g）、CO_2 的含量较高，不考虑扩散能的计算。同样，作为助燃气，空气和纯氧也不一样，一般情况下，纯氧所具有的有效能亦不计入。

严格地说，有效能乃是物质（或物系）的这样一种性质，它量度了此物质（或物系）由任一个状态转变至参照状态时（也就是转变至参照状态处于热的、机械的和化学的平衡时），该物质（或物系）从理论上所能做出的最大功（即可逆功）。任何物质当它处于参照状态（死态）时，其有效能必然为零。

2.3.2　能流㶲的计算

㶲的计算可分为能流的㶲和物流的㶲的计算。

能流包括电能、机械能、动能、位能和热能。

对于第一类形式的能量，如电能、机械能、动能、位能等均是百分之百地转化为功。根据㶲的定义，功的有效能㶲就等于其所能做的功，很容易得出能流㶲的计算式：$EX_w=W$。

例如，对于电能，其㶲值为：

$$EX = W_e = UIt \tag{2-12}$$

式中　W_e——电功，kW；

U——电压，kV；

I——电流，A；

t——时间，s。

对于轴功，$EX_w= W_s$。

热能是一种低级能量。根据卡诺定理，温度为 T 的恒温热源给出热量 Q 时，在单位时间内可逆热机中转化为功的数值为：

$$W_s=\left(1-\frac{T_0}{T}\right)Q \tag{2-13}$$

因此，对应的热流㶲为：

$$EX_Q=\left(1-\frac{T_0}{T}\right)Q \tag{2-14}$$

式中，T_0 为环境温度。显然，热量 Q 中不能转化为功的那部分是（T_0/T）Q，此值也就是𬌗。

如果热源在给出热量 Q 的同时，温度从 T_1 变化为 T_2，对应的㶲值则为：

$$EX_Q=\left(1-T_0\Big/\frac{T_1-T_2}{\ln(T_1-T_2)}\right)Q \tag{2-15}$$

对于冷源，$T<T_0$，其㶲值仍按式（2-14）和式（2-15）计算。此时冷源的作用是吸热，Q 为负值，因此 EX_Q 仍为正值。

2.3.3　物流㶲的计算

物系的状态由温度、压力和组成构成。如果物系的压力和组成不变，而温度从物系状态的 T_1 可逆地变化到环境状态 T_0，该物系由于温度变化所显示出的有效能变化为热流㶲（或称热量㶲），用 EX_Q 表示。在环境温度 T_0 下，物系由压力 p_1 可逆地变化到环境压力 p_0，则物系所显示的有效能变化为压力㶲，用 EX_p 表示。温度变化和压力变化属物理变化，因此这两种㶲EX_Q和 EX_p 总称为物理㶲，用 EX_{ph} 表示。

组成物系中的一些组分，并不是与环境状态达成平衡时的组分。例如甲烷（CH_4），它的平衡状态组分为 CO_2 和 H_2O，可以由 CH_4 与氧反应生成 CO_2 和 H_2O，并释放出热量。这一能量所具有的做功能力就是 CH_4 的㶲。所以，物系中某些物质所具有的有效能称为化学㶲或标准化学㶲，用 EX_{ch} 表示。

物系与环境还存在着浓度差，例如，平衡态的 CO_2 浓度为 0.033%，而燃烧气中 CO_2 浓度为 10%～20%。有浓度差，就能扩散做功，也就是具有扩散㶲，而这一部分有效能一般是不能利用的。除了气体分离外，对扩散㶲不予考虑。有时也归入化学㶲之中。

动能与位能是机械能，理论上可全部转化为功，因此其值全部为㶲，称为动能㶲和位能㶲。对于一般化工过程，物流的动能变化和位能变化常忽略不计，因此动能㶲、位能㶲亦不考虑。

这样，物流㶲有以下关系：

$$EX = EX_Q + EX_p + EX_{ch} = EX_{ph} + EX_{ch}$$

前面根据热力学第一定律、第二定律导出的物流㶲的一般表达式为：

$$EX=(H-H_0)-T_0(S-S_0) \tag{2-3}$$

式中　H、H_0——物流在给定状态和环境状态下的焓，kJ/mol；

S、S_0——物流在给定状态和环境状态下的熵，kJ/(mol・K)；

T_0——环境温度，K。

对于温度为 T、压力为 p、组成为 x_i 具有 k 组分的任意均相物流，其摩尔㶲的计算通式可表示为：

$$EX=\int_{T_0}^{T}C_{p,\mathrm{m}}(1-\frac{T_0}{T})\mathrm{d}T+\int_{p_0}^{p}[V-(T-T_0)(\frac{\partial V}{\partial T})_p]\mathrm{d}p+RT_0\sum_{i=1}^{k}x_i\ln a_i+\sum_{i=1}^{k}x_iEX_{\mathrm{ch},i}^{\ominus} \tag{2-16}$$

式中　EX——物流的摩尔㶲，kJ/kmol；

$C_{p,\mathrm{m}}$——物流的摩尔定压热容，kJ/(kmol・K)；

V——物流的摩尔体积，m^3/kmol；

R——摩尔气体常数，8.314kJ/(kmol・K)；

x_i——物流中组分 i 的摩尔分数；

a_i——物流中组分 i 的活度；

$EX_{\mathrm{ch},i}^{\ominus}$——物流中组分 i 的摩尔化学㶲，kJ/kmol。

式（2-16）中的各项具有明确的物理意义。第一项是热量㶲，第二项是压力㶲，两项合计为物流的物理㶲。第三项是纯组分混合时的不可逆损耗，最后一项系纯组分化学㶲的加和，两项合计为物流（混合物）的化学㶲。

根据通式（2-16），针对物流的不同特点作相应的简化，即可得到其相应的摩尔㶲计算式。分别讨论如下。

（1）理想气体纯物质的摩尔㶲：对于此种物流，$a_i=x_i=1$，$pV=RT$。故式（2-16）简化为：

$$EX^{\ominus}=\int_{T_0}^{T}\left(1-\frac{T_0}{T}\right)C_p^{\ominus}\mathrm{d}T+RT_0\ln\frac{p}{p_0}+EX_{\mathrm{ch}}^{\ominus} \tag{2-17}$$

式中上标 $\ominus$ 表示理想气体。

（2）理想气体混合物的摩尔㶲　此时组分 i 的活度 a_i 可用其摩尔分率 x_i 代替，即 $a_i=x_i$，故有

$$EX^{\ominus}=\int_{T_0}^{T}\left(1-\frac{T_0}{T}\right)C_{p,\mathrm{m}}^{\ominus}\mathrm{d}T+RT_0\ln\frac{p}{p_0}+RT_0\sum_{i=1}^{k}x_i\ln a_i+\sum_{i=1}^{k}x_iEX_{\mathrm{ch},i}^{\ominus} \tag{2-18}$$

（3）真实气体混合物的摩尔㶲　如将 a_i 简化为 x_i，摩尔㶲按下式计算：

$$EX=\int_{T_0}^{T}\left(1-\frac{T_0}{T}\right)C_{p,\mathrm{m}}\mathrm{d}T+\int_{p_0}^{p}[V-(T-T_0)\left(\frac{\partial V}{\partial T}\right)_p]\mathrm{d}p+RT_0\sum_{i=1}^{k}x_i\ln x_i+\sum_{i=1}^{k}x_iEX_{\mathrm{ch},i}^{\ominus} \tag{2-19}$$

应用物质的 p、V、T 关系和热力学方法，即可求解上式。

（4）不可压缩流体的摩尔㶲　对不可压缩流体，因 $\left(\frac{\partial V}{\partial T}\right)_p$ 很小可将其视为零，因此

$$EX=\int_{T_0}^{T}\left(1-\frac{T_0}{T}\right)C_p\mathrm{d}T+V\left(p-p_0\right)+RT_0\sum_{i=1}^{k}x_i\ln a_i+\sum_{i=1}^{k}x_iEX_{\mathrm{ch},i}^{\ominus} \tag{2-20}$$

当溶液浓度不高时，将其视为理想溶液，可用 x_i 代替 a_i。

（5）纯水的摩尔㶲　对于纯水，C_p=4.1868kJ/(kg・K)，V=0.001m^3/kg，EX_{ch}=0，其单位质量㶲为：

$$EX=4.1868(T-T_0)\left(1-T_0\bigg/\frac{T-T_0}{\ln(T/T_0)}\right)+(p-p_0)\times10^{-6} \tag{2-21}$$

式中压力的因次为 Pa，比㶲的因次为 kJ/kg。

2.3.3.1 物理㶲的计算

① 对于理想气体，存在如下关系：

$$H-H_0=\int_{T_0}^{T}C_p\mathrm{d}T$$

$$S-S_0=\int_{T_0}^{T}\frac{C_p}{T}\mathrm{d}T-R\ln\frac{p}{p_0}$$

$$\therefore EX_{\mathrm{ph}}=\int_{T_0}^{T}C_p\left(1-\frac{T_0}{T}\right)\mathrm{d}T+RT_0\ln\frac{p}{p_0}=EX_Q+EX_p \tag{2-22}$$

式中 C_p——定压热容，kJ/(kmol·K)；

R——摩尔气体常数，kJ/(kmol·K)。

从式（2-22）可以看出，不论 $T>T_0$ 或 $T<T_0$，EX_Q 都为正值。但 $p>p_0$ 时，EX_p 为正；$p<p_0$ 时，EX_p 为负，说明低于常压的物系要使其恢复到状态压力 p_0，必须外加功。但是，如果把环境也包括进去，有效能不可能为负值。当 $p<p_0$ 时，环境能自动对物系做功。

通常 C_p 近似于常数，则

$$EX_{\mathrm{ph}}=C_p(T-T_0)-T_0C_p\ln\frac{T}{T_0}+RT_0\ln\frac{p}{p_0}$$

以对数平均温度 $T_{\mathrm{aver}}=\dfrac{T-T_0}{\ln(T/T_0)}$ 代替之，则

$$\begin{aligned}EX_{\mathrm{ph}}&=C_p(T-T_0)-C_pT_0\frac{T-T_0}{T_{\mathrm{aver}}}+RT_0\ln\frac{p}{p_0}\\&=C_p(T-T_0)\left(1-\frac{T_0}{T_{\mathrm{aver}}}\right)+RT_0\ln\frac{p}{p_0}\end{aligned} \tag{2-23}$$

前已述及，热能的有效能为：$EX_{\mathrm{th}}=\left(1-\dfrac{T_0}{T}\right)Q$，这实质上是说明取自温度为 T(K)的 Q 所具有的有效能，不能与温度为 T(K)的气体所具有的有效能混淆。前者是指温度为 T(K)的 Q，后者是指温度为 T(K)的气体，两者所具有的有效能是不同的。从式（2-13）可看出，温度为 T(K)时，理想气体的有效能 $EX_{\mathrm{th}}=C_p(T-T_0)\left(1-\dfrac{T_0}{T_{\mathrm{aver}}}\right)=Q\left(1-\dfrac{T_0}{T_{\mathrm{aver}}}\right)$。也就是以 T_{aver} 代替了 T，虽然同一 Q，温度为 T 的气体所具的有效能比取自温度为 T 的恒温热源所具的有效能小得多。

② 对于液体、固体，在压力不太高时，认为不可压缩，恒容热容 C_V 近似为常数。

$$H-H_0=C_V(T-T_0)+V(p-p_0)\text{，}S-S_0=C_V\ln\frac{T}{T_0}$$

$$\begin{aligned}\therefore EX_{\mathrm{ph}}&=C_V(T-T_0)-T_0C_V\ln\frac{T}{T_0}+V(P-P_0)\\&=C_V(T-T_0)\left(1-\frac{T_0}{T_{\mathrm{aver}}}\right)+V(p-p_0)\\&=(V-V_0)\left(1-\frac{T_0}{T_{\mathrm{aver}}}\right)+V(p-p_0)\end{aligned} \tag{2-24}$$

真实气体、液体、固体的 C_p、C_V 不是常数，理想气体的 p、V、T 关系亦不适用于真实气

体，式（2-22）～式（2-24）不能使用。如果知道了该物系的状态及环境状态下的焓值及熵值，则它的物理有效能也就很容易从式（2-3）计算出来。例如：200℃、1.013MPa 的蒸汽的 H=2829.02kJ/kg，S=6.704kJ/kg；而 25℃的水的 H_0=314.09kJ/kg，S_0=0.3688kJ/kg。按式（2-3）计算：

$$\begin{aligned}EX_{\mathrm{ph}} &= (H - H_0) - T_0(S - S_0)\\ &= (2829.02-314.09) - 298.15\times(6.704-0.3668)\\ &= 626.09(\mathrm{kJ/kg})\end{aligned}$$

2.3.3.2 物系的化学㶲的计算

处于环境温度和压力下的物流与环境之间进行物质交换（物理扩散和化学反应），最后达到与环境处于平衡的状态，此时做出的最大功就是化学㶲。

这里包括化学反应和组分扩散两个内容，为了计算化学㶲，首先要确定物质的稳定终态和环境组成。这些前已述及，在此不再重述。

首先不考虑化学反应，研究一下气体组分的扩散㶲，在环境温度 T_0 和环境压力 p_0 下，气体可作理想气体处理。

$$H = H_0,\ S - S_0 = -R\ln\frac{p_i}{p_{0i}}$$

代入式（2-3），得到

$$EX = RT_0\ln\frac{p_i}{p_{0i}}$$

式中 EX——1kmol 气体的㶲，kJ/kmol；

p_i、p_{0i}——组分分压和在环境状态下该组分的分压，MPa。

对于 1kmol 气体混合物

$$EX = \sum y_i RT_0\ln\frac{p_i}{p_{0i}}$$

2.3.3.3 化学反应的㶲

在环境温度 T_0 和压力 p_0 下，某物质 A 与环境中的物质 B 反应生成环境中的物质 C，

$$\mathrm{A} + b\mathrm{B} \longrightarrow c\mathrm{C}$$

则 1 kmol A 的化学㶲为：

$$EX = (\bar{H}_{\mathrm{A}} + b\bar{H}_{\mathrm{B}} - c\bar{H}_{\mathrm{C}}) - T_0(\bar{S}_{\mathrm{A}} + b\bar{S}_{\mathrm{B}} - c\bar{S}_{\mathrm{C}}) \tag{2-25}$$

在环境温度下，也可用各物质的自由焓来表示：

$$EX = \bar{g}_{\mathrm{A}} + b\bar{g}_{\mathrm{B}} - c\bar{g}_{\mathrm{C}}$$

$$\bar{g}_i = g_i^{\ominus} + RT_0\ln y_i \text{ 或 } \Delta g_i^{\ominus} = \bar{g}_i - g_i^{\ominus} = RT_0\ln y_i$$

式中 $g_i^{\ominus}$——纯物质的自由焓。

上面诸式中，符号上面一横代表偏摩尔热力学性质。

在 T=298.15K，压力为 101.3kPa 下，标准生成焓用Δg_{f}表示，则

$$EX = \left(\Delta g_{\mathrm{f,A}}^{\ominus} + b\Delta g_{\mathrm{f,B}}^{\ominus} - c\Delta g_{\mathrm{f,C}}^{\ominus}\right) - RT_0\ln\frac{y_{\mathrm{A}}y_{\mathrm{B}}^{b}}{y_{\mathrm{C}}^{c}} \tag{2-26}$$

2.3.3.4 纯组分化学㶲的计算

在物流㶲计算通式（2-16）最后一项都是 $EX_{\mathrm{ch},i}^{\ominus}$，即物流中组分 i 的摩尔化学㶲的计算。正如一般热力学计算时，常需要纯物质的摩尔热力学性质那样，在有效能计算中常要用到纯物质的摩尔有效能，如何计算指定物质的有效能呢？按照有效能的定义式（2-3），根据摩尔焓 H_{m} 和摩尔熵 S_{m} 的计算式，可导出摩尔有效能 EX 的计算式

$$EX=[(H_{\mathrm{m}}^{\ominus}-H_{\mathrm{m},0})-T_0(S_{\mathrm{m}}^{\ominus}-S_{\mathrm{m},0})]+\int_{T_0}^{T}C_p\left(1-\frac{T_0}{T}\right)\mathrm{d}T+\int_{p_0}^{p}V\mathrm{d}p \tag{2-27}$$

式中　下标“0”——环境状态；

上标“$\ominus$”——一般标准状态（298.15K，101.3kPa）。

式（2-27）等号右边的第一项仅与物质的化学组成有关，定义为摩尔化学有效能 $EX_{\mathrm{ch}}^{\ominus}$；第二项仅与温度有关（因为 C_p 也仅是温度的函数），定义为摩尔热有效能 $EX_T^{\ominus}$；第三项与状态过程及压力有关，定义为摩尔压力有效能 $EX_p^{\ominus}$。

纯物质的摩尔有效能表达式的另一种形式为

$$EX=RT_0\ln\left(\frac{1}{x_0}\right)+\int_{p_0}^{p}V\mathrm{d}p+\int_{T_0}^{T}C_p\left(1-\frac{T_0}{T}\right)\mathrm{d}T \tag{2-28}$$

如果给定的物质是混合物，其热力学性质要按各个组分的偏摩尔热力学性质的加和规则计算，对于有效能也不例外。至于各组分的偏摩尔有效能仍可用式（2-27）计算，只是在相应的 H_{m}、S_{m}、V 等符号上方冠以横线，以示区别，即

$$\overline{EX}=[\bar{H}_{\mathrm{m}}^{\ominus}-\bar{H}_{\mathrm{m},0}-T_0(\bar{S}_{\mathrm{m}}^{\ominus}-\bar{S}_{\mathrm{m},0})]+\int_{T_0}^{T}C_p\left(1-\frac{T}{T_0}\right)\mathrm{d}T+\int_{p_0}^{p}\bar{V}\mathrm{d}p \tag{2-29}$$

对于理想混合物，其各组分的偏摩尔有效能即等于纯组分的摩尔有效能。则其混合物的摩尔有效能 EX_{m} 为

$$EX_{\mathrm{m}}=\sum_j x_jRT_0\ln\frac{x_j}{x_j^{\ominus}}+\sum_j x_j[\int_{p_0}^{p}\bar{V}_j\mathrm{d}p+\int_{T_0}^{T}C_{pj}\left(1-\frac{T}{T_0}\right)\mathrm{d}T] \tag{2-30}$$

下面对式（2-27）及式（2-28）做一些简单的推导。

将有效能定义式 $EX=(H-T_0S_{\mathrm{m}})-(H_0-T_0S_{\mathrm{m},0})$ 与下式

$$EX=[(H_{\mathrm{m}}-T_0S_{\mathrm{m}})-(H_{\mathrm{m}}^{\ominus}-T_0S_{\mathrm{m}}^{\ominus})]+[(H_{\mathrm{m}}^{\ominus}-T_0S_{\mathrm{m}}^{\ominus})-(H_{\mathrm{m},0}-T_0S_{\mathrm{m},0})] \tag{2-31}$$

区别于 $H_{\mathrm{m},0}$ 和 $S_{\mathrm{m},0}$，$H_{\mathrm{m}}^{\ominus}$ 和 $S_{\mathrm{m}}^{\ominus}$ 表示在标准状态下，但组成 x 不是 x_0 的情况。对于摩尔有效能，计算式中的 x=1。

按照纯物质的摩尔自由能或混合物中组分的偏摩尔自由焓，均等于化学位 μ 的定义，有

$$\mu_0=H_{\mathrm{m}}-T_0S_{\mathrm{m},0}\ \text{环境状态}\ x=x_0 \tag{2-32}$$

由于

$$T_0=T^{\ominus} \tag{2-33}$$

所以 $\mu^{\ominus}=H_{\mathrm{m}}^{\ominus}-T^{\ominus}S_{\mathrm{m}}^{\ominus}=H_{\mathrm{m}}^{\ominus}-T_0S_{\mathrm{m}}^{\ominus}$ 为标准态，x 为所讨论物系的实际组成，可以是任一小于或等于 1 的数。

将式（2-32）和式（2-33）代入式（2-31），并加以整理得

$$EX=[(H_{\mathrm{m}}-T_0S_{\mathrm{m}})-\mu^{\ominus}]+(\mu^{\ominus}-\mu_0)=[(H_{\mathrm{m}}-T_0S_{\mathrm{m}})-\mu^{\ominus}]+EX^{\ominus} \tag{2-34}$$

其中

$$EX^{\ominus}=\mu^{\ominus}-\mu_0 \tag{2-35}$$

$EX^{\ominus}$ 是在 $T^{\ominus}$、$p^{\ominus}$ 和组成为 $x(x\leqslant 1)$ 条件下的摩尔有效能。

求解式（2-34）的第一步是求 $EX^{\ominus}$。对于理想溶液或理想气体，某物质在 $x=x_0$ 及 $T^{\ominus}$、$p^{\ominus}$ 条件下，等温等压转变为 $x=1$（纯物质）时自由焓的增量为$-RT_0\ln x_0$，即

$$EX^{\ominus}=\mu^{\ominus}-\mu_0=RT_0\ln\frac{1}{x_0} \tag{2-36}$$

由此可见，$EX^{\ominus}$ 代表由于化学组成的改变所引起的有效能的变化，故称 $EX^{\ominus}$ 为化学有效能。

第二步计算

$$EX-EX^{\ominus}=[(H_m-T_0S_m)-\mu^{\ominus}]=[(H_m-H_m^{\ominus})-T_0(S_m-S_m^{\ominus})] \tag{2-37}$$

因为热力学函数值与途径无关，仅与状态有关，所以这步可以分为两步进行计算，即先在恒温条件下把压力由 $p^{\ominus}$ 改变到 p，然后再在恒压的情况下，把温度 T_0 提升到 T。反之亦然。于是，式（2-37）中的 $(H_m-H_m^{\ominus})$、$(S_m-S_m^{\ominus})$ 可以分别表示如下：

$$H_m-H_m^{\ominus}=\int_{p_0}^{p}\left(\frac{\partial V}{\partial T}\right)_{T_0}dT+\int_{T_0}^{T}\left(\frac{\partial V}{\partial T}\right)_{p}dT=\int_{p^{\ominus}}^{p}\left[V-T_0\left(\frac{\partial V}{\partial T}\right)_{p}\right]dp+\int_{T_0}^{T}C_p dT \tag{2-38}$$

$$S_m-S_m^{\ominus}=\int_{p_0}^{p}\left(\frac{\partial V}{\partial T}\right)_{T_0}dT+\int_{T_0}^{T}\left(\frac{\partial V}{\partial T}\right)_{p}dT=-\int_{p^{\ominus}}^{p}\left(\frac{\partial V}{\partial T}\right)_{p}dp+\int_{T_0}^{T}\frac{C_p}{T}dT \tag{2-39}$$

将式（2-38）、式（2-39）代入式（2-37），并加以整理得

$$EX-EX^{\ominus}=\int_{T_0}^{T}C_p\left(1-\frac{T_0}{T}\right)dT+\int_{p_0}^{p}V dp$$

将式（2-36）代入上式，并加以整理得

$$EX=\int_{p_0}^{p}V dp+\int_{T_0}^{T}C_p\left(1-\frac{T_0}{T}\right)dT+RT\ln\frac{1}{x_0} \tag{2-40}$$

式中第一项为压力有效能，第二项为温度有效能，第三项为化学有效能。

对于混合物，其摩尔有效能可按加和规则计算，即

$$EX_m=\sum_j x_j\overline{EX_j} \tag{2-41}$$

式中　x_j——组分 j 的摩尔分数；

$\overline{EX_j}$——组分 j 的偏摩尔有效能；

EX_m——混合物的摩尔有效能。

不难推出偏摩尔化学有效能的计算式为

$$\overline{EX}_j^{\ominus}=\mu_j^{\ominus}=\mu_{0,j}=RT_0\ln\frac{x_j}{x_{0,j}} \tag{2-42}$$

于是，可得

$$EX_m=\sum_j x_j\left[\int_{p_0}^{p}\overline{V}_j dp+\int_{T^{\ominus}}^{T}\overline{C}_{pj}(1-\frac{T^{\ominus}}{T})dT\right]+\sum_j x_jRT_0\ln\frac{x_j}{x_{0,j}} \tag{2-43}$$

常见物质环境状态下摩尔标准化学有效能已被计算出来，并已归纳列表，一些化学物质的标准化学有效能数据见表 2-3。所以在实际有效能分析中，一般物质的摩尔化学有效能，可以计算（见例 2-1 等），亦可查表。大部分官能团与各种化学链的 $EX^{\ominus}$ 已被推算出来并列为表格，对于某些结构复杂或罕见的化合物，其摩尔化学有效能数据无表可查时，则可应用一致性估计或基团分配方法结合表格上的数据，加和求取。

在化工生产过程的有效能㶲分析中，必须知道含碳原料和燃料的化学㶲。含碳原料和燃料的组成比较复杂，其有效能㶲值难以采用理论计算的方法求得。一般工程计算时，常将含碳原

料和燃料的有效能㶲值取为其低热值（LHV），这是允许的。因为从有效能㶲的热力学表达式（2-3）可知，对于燃烧反应，熵变项在数值上比焓变项小得多，可将其忽略不计，故可以作上述简化处理。

表 2-3　若干种物质的标准摩尔热值和标准摩尔有效能㶲

状态参数及元素	环境状态	状态参数及元素	环境状态
温度	25℃	H	H_2O（液），纯
压力	0.1013MPa	N	空气，$y_{N_2}=0.78$
Al	$Al_2O_3\cdot H_2O$，纯	Na	NaCl 水溶液，m=1
Ar	空气，$y_{Ar}=0.01$	O	空气，$y_{O_2}=0.21$
C	CO_2，气，$y=1$	P	$Ca_3(PO_4)_2$，纯
Ca	$CaCO_3$，纯	S	$CaSO_4\cdot 2H_2O$，纯
Cl	$CaCl_2$ 水溶液，$m=1$	Si	SiO_2，纯
Fe	Fe_2O_3，纯		

名称	$\Delta H_f^{\ominus}$	$\Delta g_f^{\ominus}$	$S^{\ominus}$	$hv^{\ominus}$	$EX^{\ominus}$ ①②
单质					
Al	0	0	28.34	859718	799066
Ar	0	0	154.84	0	11422
C（石墨）	0	0	5.74	393769	390754
Ca	0	0	41.45	813705	731329
Cl_2	0	0	223.16	60290	82463
Fe	0	0	27.30	413028	369150
H_2	0	0	130.67	286042	235432
N_2	0	0	191.63	0	615
Na	0	0	51.20	377076	351637
O_2	0	0	205.17	0	3873
P（白磷）	0	0	41.11	839349	837226
S（斜方晶系）	0	0	31.90	638194	584783
Si	0	0	18.83	911466	853182
化合物					
$Al_2O_3\cdot H_2O$	−749437	−1848284	70.46	0	0
CH_4	−74898	−50828	186.35	890955	810795
C_2H_2	226900	209340	75.45	1300479	1226284
C_2H_4	52318	68169	219.68	1411940	1320546
C_2H_6	−84724	−32908	229.69	1558679	1454905
C_3H_6	20427	62651	267.62	2059860	1941218
C_3H_8	−103916	−23505	270.22	2221558	2090494
i-C_4H_8（气）	1172	72084	367.81	2720415	2576841
n-C_4H_{10}（气）	−124817	−15717	310.41	2880468	2724472
n-C_5H_{12}（气）	−146538	−8206	348.76	3538558	3358174
n-C_5H_{12}（液）	−173166	−9253	285.96	3511930	3357127
C_6H_6（液）	49061	124582	173.17	3269799	3175420
C_6H_{12}（液）	−156335	26754	204.40	3922529	3783887

续表

名称	$\Delta H_f^\ominus$	$\Delta g_f^\ominus$	$S^\ominus$	$hv^\ominus$	$EX^\ominus$ ①②
C_7H_8（液）	11250	114224	217.50	3911798	3791248
CH_3OH（液）	−238815	−166635	127.57	727038	696922
C_2H_5OH（液）	−277794	−174841	160.77	1367869	1314906
C_6H_5OH（气）	−90895	−26209	312.08	3129842	3026582
C_6H_5OH（液）	−158261	−46139	152.99	3062477	3006633
HCOOH（液）	−409469	−346248	129.54	270342	283811
CH_3COOH（液）	−486506	−391717	160.06	873115	864532
CH_3CHO（气）	−166300	−131717	259.41	1193322	1122598
CO	−110615	−137252	197.68	283153	255437
CO_2	−393768	−394627	213.80	0	0
COS	−141933	-169155	231.53	890030	808325
CS_2	89472	65059	151.44	1759628	1625387
CaC_2	−59453	−64640	70.34	1541789	1448202
$CaCO_3$	−1207473	−1127890	88.05	0	0
$CaCl_2$	−796329	−748645	104.67	77665	65147
$CaCl_2$（水溶液 $m=1$）	−873995	−813793	62.68	0	0
$Ca(NO_3)_2$	−937425	−742060	193.35	−123720	1499
CaO	−634719	−603628	39.77	178980	129636
$Ca(OH)_2$	−986871	−899258	83.44	−11287	71377
$CaSO_4$	−1435068	−132241	105.30	16831	1616
$CaSO_4\cdot 2H_2O$	−2023983	−1798595	194.27	0	0
$Ca_3(PO_4)_2$	−4119811	−3883927	236.14	0	0
Fe_2O_3	−826056	−744103	87.50	0	0
FeS_2	−171659	−160287	52.96	1557757	137843
HCN（气）	−135234	−145659	201.85	401556	363125
HCl（气）	−92373	−95354	186.91	80793	63593
HCl（水溶液 $m=1$）	−165714	−131172	61.04	6322	27775
HNO_3（气）	−134390	−74060	266.54	8625	49768
HNO_3（液）	−173585	−80257	155.89	−30564	435720
H_2O（气）	−242625	−229386	188.85	43417	9984
H_2O（液）	−286042	−237366	70.00	0	0
H_2S（气）	−20515	−33411	205.82	903721	786809
H_2SO_4（液）	−814534	−690529	157.01	109703	137432
NH_3（气）	−45971	−16454	192.80	383092	337004
NH_3（液，饱和压力）	−66939	−11024	104.28	362145	342434
$(NH_4)_2CO_3$（水溶液 $m=1$）	−977199	−687054	54.68	602606	651855
NH_4HCO_3	−849560	−666229	121.08	259314	319223
$(NH_2)_2CO$（尿素）	−333412	−197274	104.71	632441	666899
NH_4Cl	−314764	−203353	95.04	287466	309057
NH_4NO_3	−365675	−183964	151.27	206409	293323
$(NH_4)_2SO_4$	−1181096	−901933	220.23	601266	632944

续表

名称	$\Delta H_f^\ominus$	$\Delta g_f^\ominus$	$S^\ominus$	$h\nu^\ominus$	$EX^\ominus$ ①②
NO	90351	86650	210.81	90351	88894
NO_2	33118	51280	240.07	33118	55458
NaCl	–411395	–384382	72.18	–4172	8482
NaCl（水溶液 $m=1$）	–407221	–392864	114.63	0	0
Na_2CO_3	–1131525	–1048927	138.88	16396	50907
$NaHCO_3$	–947892	–850134	102.16	–34026	15780
NaOH	–428310	–382205	64.48	91787	89083
Na_2SO_4	–1388134	–1270384	149.72	4212	25418
SO_2	–297012	–300357	248.28	341182	288307
SO_3	–396029	–371327	256.82	242165	219263
SiO_2	–911460	–857051	41.49	0	0

注：1. ΔH_f 为标准生成焓，kJ/kmol；Δg_f 为标准生成自由焓，kJ/kmol；S 为绝对熵，kJ/(kmol·K)；$h\nu$ 为标准热值，kJ/kmol；EX 为标准㶲，kJ/kmol。

2.上标 ⊖ 表示组成条件为非环境条件。

【例 2-1】求取氧气的摩尔标准化学有效能 $EX_{O_2}^\ominus$。

解：按定义，$EX^\ominus=\left(H_m^\ominus-H_{m0}\right)-T_0\left(S_m^\ominus-S_{m0}\right)$

因为

$$(H_m^\ominus-H_{m0})_{O_2}=\int_{298.15}^{298.15}C_p\mathrm{d}T+\int_{0.2094}^{1}[V-T(\frac{\partial V}{\partial T})_p]\mathrm{d}p=0$$

而

$$(S_m^\ominus-S_{m0})_{O_2}=\int_{298.15}^{298.15}(\frac{C_p}{T})\mathrm{d}T-\int_{0.2094}^{1}(\frac{\partial V}{\partial T})_p\mathrm{d}p=-R\ln(\frac{1}{x_0})$$

$$=-12.9984\times10^{-3}\ [\mathrm{kJ/(mol\cdot K)}]$$

所以 $EX_{O_2}^\ominus=0-298.15\times(-12.9984\times10^{-3})=3.8755\ (\mathrm{kJ/mol})$

与表 2-3 中氧气的摩尔标准化学有效能 3.873kJ/mol 一致。表 2-3 中部分物质的标准化学有效能就是这样计算出来的。

上述例题指出了基本物本身或者表中可提供数据的物质的化学有效能的求取方法。如果本身既不是基准物，表中又查不出有关数据的物质，如何求取它的化学有效能呢？可以通过它与基准物之间的化学反应，采用反应的吉布斯自由能的数据求取。下面从化学反应的角度推演一下它的计算式。

现考虑在环境状态下有下列化学平衡

$$\gamma_1A_1+\gamma_2A_2+\gamma_3A_3+\cdots+\gamma_nA_n=0 \tag{2-44}$$

式中 A——产物或反应物；

γ——化学反应的化学计量系数，对反应物为正值，对反应产物为负值。

现要求计算非基准物 A_1 在 T_0、p_0 和组成 x=1 状态下的有效能，即化学有效能 $EX_1^\ominus$。为了利用热力学中已有的生成自由焓 $g_f^\ominus$ 数据，可选用标准状态为 $T^\ominus$=298.15K、$p^\ominus$=101.3kPa，于是所要求的化学有效能就是标准化学有效能 $EX_1^\ominus$。

上述化学平衡的含义是指参与反应的基准物都是在其基准状态下的基准组成；而非基准物则是在反应达到平衡时的组成。这就是说，所有物质都处于稳定的环境状态，各物质的浓度都

是 x_0，由于达到化学平衡，所以它们的化学位总和为零，即

$$\sum_{j=1}^{n}(\gamma_j\mu_{0,j})=0，(j=1, 2, \cdots, n)$$

或 $\mu_{0,1}=-\dfrac{1}{\gamma_1}\sum_{j\neq1}^{n}\gamma_j\mu_{0,j}$

对于 $T^{\ominus}$=298.15K 和 $p^{\ominus}$=101.3kPa 的条件，按有效能定义

$$EX_1^{\ominus}=\mu_1^{\ominus}-\mu_{0,1}=\mu_1^{\ominus}+\frac{1}{\gamma_1}\sum_{j\neq1}^{n}\gamma_j\mu_{0,j} \tag{2-45}$$

由自由焓增量，得方程

$$\mu_{0,j}^{\ominus}=\mu_j^{\ominus}+RT_0\ln x_{0,j}=g_{\mathrm{f},j}^{\ominus}+RT_0\ln x_{0,j}$$

代入式（2-45），可得

$$EX_1^{\ominus}=\frac{1}{\gamma_1}[\sum_j\gamma_j g_{\mathrm{f},j}^{\ominus}+RT_0\ln(\prod_{j\neq1}x_{0,j}^{\gamma j})] \tag{2-46a}$$

令 $-\Delta G^{\ominus}=\sum_j\gamma_j g_{\mathrm{f},j}^{\ominus}$

则上式变为

$$EX_1^{\ominus}=\frac{1}{\gamma_1}[-\Delta G^{\ominus}+RT_0\ln(\prod_{j\neq1}x_{0,j}^{\gamma j})] \tag{2-46b}$$

用式（2-46）可由各物质的 x_{0j} 和 $g_{\mathrm{f}j}$ 计算非基准物 A_1 的 $EX_1^{\ominus}$；除 A_1 外的其他物质可以是基准物，也可以是非基准物，根据上面已提出的规定，当 A_1 为反应物时，γ_1 为正，若为反应产物时，γ_1 为负。当任一 A_j 为元素时，其中 $g_{\mathrm{f},j}^{\ominus}$ 为零。

【例 2-2】 选择 T_0=298.15K 和 p_0=101.3kPa 的液态水为基准物，计算 H_2 的标准化学有效能 $EX_1^{\ominus}$。

解： 设下列反应在 T_0 和 p_0 条件下达到平衡，即

$$H_2(g)+\frac{1}{2}O_2(g)=\!=\!=H_2O(l)$$

或
$$H_2(g)+\frac{1}{2}O_2(g)-H_2O(l)=0$$

令
$$A_1=H_2(g)，\ A_2=O_2(g)，\ A_3=H_2O(l)$$

则
$$\gamma_1=1，\gamma_2=0.5，\gamma_3=-1$$

按式（2-46a）计算 $EX_1^{\ominus}$，即

$$\begin{aligned}EX_1^{\ominus}&=\frac{1}{\gamma_1}[\gamma_1 g_{\mathrm{f},1}^{\ominus}+\gamma_2 g_{\mathrm{f},2}^{\ominus}+\gamma_3 g_{\mathrm{f},3}^{\ominus}+RT_0\ln(x_{0,2}^{\gamma_2}x_{0,3}^{\gamma_3})]\\&=-g_{\mathrm{f},3}^{\ominus}+RT_0\ln x_{0,2}^{\gamma_2}\\&=-(-237366)+8.3144\times298.15\ln0.2094^{1/2}\\&=235428\ (\mathrm{J/mol})\end{aligned}$$

【例 2-3】 选择 T_0=298.15K 和 p_0=101.3kPa 的大气中的 CO_2 为基准物，其基准物组成 x_0=0.000302。试计算 C 的 $EX_1^{\ominus}$。

解： 假定在 T_0 和 p_0 条件下达到平衡，即

$$C+O_2=\!=\!=CO_2$$

或 $$C + O_2 - CO_2 = 0$$

令 C 为 A_1，O_2 为 A_2，CO_2 为 A_3

则 $\gamma_1=1$，$\gamma_2=1$，$\gamma_3=-1$。

已知 O_2 的基准浓度为 $x_{0,2}$=0.2094，已知 $x_{0,3}$=0.000302。此外，$g_{f,1}^{\ominus}=0$，$g_{f,2}^{\ominus}=0$，$g_{f,3}^{\ominus}=-394627\ \text{J/mol}$。按式（2-46a）计算 $EX_1^{\ominus}$，即

$$\begin{aligned} EX_1^{\ominus} &= \frac{1}{\gamma_1}[\gamma_1 g_{f,1}^{\ominus} + \gamma_2 g_{f,2}^{\ominus} + \gamma_3 g_{f,3}^{\ominus} + RT\ln(x_{0,2}^{\gamma_2} x_{0,3}^{\gamma_3})] \\ &= [-(-394627) + 8.314 \times 298.15\ln(0.2094/0.000302)] \\ &= 394627 + 8.3144 \times 298.15 \times 6.542 = 410844.2\ (\text{J/mol}) \end{aligned}$$

【例 2-4】试计算甲醇 CH_3OH（气）的 $EX_1^{\ominus}$。

解：甲醇不是基准物。假设在 T_0=298.15K 和 p_0=101.3kPa 的条件下，下列反应达到平衡，即

$$CO_2(g) + 3H_2(g) \longrightarrow CH_3OH(g) + H_2O(g)$$

或 $$CO_2(g) + 3H_2(g) - CH_3OH(g) - H_2O(g) = 0$$

令 CH_3OH 为 A_1，CO_2 为 A_2，H_2 为 A_3，H_2O（气）为 A_4。

则 $\gamma_1=-1$，$\gamma_2=1$，$\gamma_3=3$，$\gamma_4=-1$

取 CO_2 为基准物，其 $x_{0,2}$ 为 0.000302。由例 2-2 得知 H_2 的 $EX_1^{\ominus}$ 为 235428J/mol。可由下式计算其 $x_{0,3}$。对于 H_2O（气），在 T_0 下平衡组成 x_0=0.0313，查物化手册可知 CO_2、H_2、H_2O（气）、CH_3OH（气）等的 $g_f^{\ominus}$，则可代入式（2-46b）求得

$$\begin{aligned} EX_1^{\ominus} &= \frac{1}{\gamma_1}[-\Delta G^{\ominus} + RT_0\ln(\prod_{i\neq 1} x_{0,j}^{\gamma_j})] \\ &= \frac{1}{\gamma_1}[\gamma_2 g_{f,2}^{\ominus} + \gamma_3 g_{f,3}^{\ominus} + \gamma_1 g_{f,1}^{\ominus} + \gamma_4 g_{f,4}^{\ominus} + RT_0\ln(x_{0,2}^{\gamma_2} x_{0,3}^{\gamma_3} x_{0,4}^{\gamma_4})] \end{aligned}$$

$$EX_1^{\ominus} = 720903.2\ (\text{J/mol})$$

【例 2-5】试求以煤、空气、水为原料制取合成氨的理论能耗。

解：理论能耗是实际生产不可能达到的，但可作为比较标准和努力目标的最小能耗，它是当过程可逆进行时的能耗值。理论能耗可分为过程理论能耗与产品理论能耗。过程理论能耗指由原料（可为环境中的基准物也可为非基准物）制得单位产品的能耗，也就是过程的理想功。产品理论能耗则是指由环境状态的原料制得单位产品的能耗。二者的差别在于原料的基准及状态。当原料并非环境状态时，应将其作为载能体计入其㶲值。通常，无论计算过程理论能耗还是产品理论能耗，原料及产品的温度、压力均须指明。

当以煤、空气、水为原料制取合成氨，原料 T_0= 298.15K，p_0=0.1013MPa，产品为 298.15K 的饱和液氨。其过程理论能耗及产品理论能耗计算如下。

根据物料平衡，该生产过程的总反应式为

$$0.885C + 1.5H_2O + 0.641 \times (0.78N_2 + 0.21O_2 + 0.01Ar) \longrightarrow NH_3 + 0.885CO_2 + 0.0064Ar$$

首先，采用表 2-3 中的数据计算此过程的焓变（ΔH）和理想功（IW）即过程理论能耗：

$$\Delta H = hv_{NH_3}^{\ominus} - 0.885hv_C^{\ominus} = 362145 - 348486 = 13659(\text{kJ/kmol NH}_3) = 0.80\ (\text{GJ/tNH}_3)$$

$$\begin{aligned} IW &= 0.885EX_{ch,C}^{\ominus} - EX_{ch,NH_3}^{\ominus} - 0.0064EX_{ch,Ar}^{\ominus} = 345817 - 342434 - 73 \\ &= 3310\ (\text{kJ/kmol NH}_3) = 0.194\ (\text{GJ/tNH}_3) \end{aligned}$$

产品能耗既然是以环境状态的原料制取单位产品的能耗，那么其值应为：

$$EX^{\ominus}_{ch,NH_3} = 0.885EX^{\ominus}_{ch,C} - IW - 0.0064EX^{\ominus}_{ch,Ar} = 342434\ (kJ/kmol\ NH_3) = 20.11\ (GJ/tNH_3)$$

与由表 2-3 直接查出的液氨的低热值与 $EX^{\ominus}_{ch,NH_3}$ 相一致。因为氨本身是一种燃料，生产氨的理论能耗㶲值正好等于燃料液氨的低热值。

以上计算说明，由于原料提供的㶲值高于产品的㶲值，因而该过程的理想功为正，每生产1t 25℃的饱和液氨，理论上不仅不消耗功，还可产出 0.194GJ 的功来。但实际过程是不可逆的，其过程实际能耗要比理想功大得多，两者之差即为实际过程的损耗功。

由此可见，单位产品能耗理论值也就是单位产品的㶲值，与采用何种原料、何种方法无关。而过程能耗理论值则与原料有关，采用原料不同，其值可能差别很大，见表 2-4。

表 2-4 各种原料生产合成氨的理论能耗/（GJ/t NH_3）

原料	制氨过程总反应式	$\Delta H=\Delta Hv$		过程理论能耗①		产品理论能耗	
		气氨	液氨	气氨	液氨	气氨	液氨
水、空气	$1.5H_2O + 0.641\times(0.78N_2 + 0.21O_2 + 0.01Ar) \longrightarrow NH_3 + 0.885O_2 + 0.0064Ar$	22.50	21.26	19.99	20.31	19.79	20.11
煤、空气、水	$0.885C + 1.5H_2O + 0.641\times(0.78N_2 + 0.21O_2 + 0.01Ar) \longrightarrow NH_3 + 0.885CO_2 + 0.0064Ar$	2.03	0.80	−0.51	−0.194	19.79	20.11
甲烷、水、空气	$0.442CH_4 + 0.615H_2O + 0.641\times(0.78N_2 + 0.21O_2 + 0.0064Ar) \longrightarrow NH_3 + 0.442CO_2 + 0.0064Ar$	−0.63	−1.85	−1.26	−0.94	19.79	20.11
纯 H_2、N_2	$1.5H_2 + 0.5N_2 \longrightarrow NH_3$	−2.70	−3.95	−0.95	−0.63	19.79	20.11

① 过程理论能耗负值表示对外做功，正值表示需消耗的外功，和理想功符号规定相反，以便理解能耗的物理意义。

注：原料为 25℃、0.1013MPa；产品为气氨，25 ℃、0.1013MPa；液氨为 25 ℃，饱和状态。

2.3.4 能级和能效

不同形态能量“质量”的高低，可用单位能量所具有的㶲值来表示，称为能级系数。

$$\xi = \frac{EX}{E} \tag{2-47}$$

高级能量的能级系数 $\xi=1$，寂态能量的能级系数 $\xi=0$，低级能量的能级系数 $0<\xi<1$。例如：热流的能级系数 $\xi_Q = EX_Q/Q < 1$，热源温度越高，其值越接近 1。冷流的能级系数由式（2-14）显见，温度越低其值越大，可理解为制取该温度单位冷量（取走该温度的单位冷量）所需要的最小功，其值可大于 1。

现在讨论几种能量形式的能级系数。

电能：
$$\xi_e = \frac{EX_e}{UIt} = 1 \tag{2-48}$$

式中，U、I、t 分别为电压、电流和时间。

可逆轴功的能级：
$$\xi_W = \frac{EX_W}{\int_1^2 V\mathrm{d}p} = 1 \tag{2-49}$$

封闭体系的可逆膨胀功的能级：
$$\xi_W = \frac{\int_1^2 (p - p_0)\mathrm{d}V}{\int_1^2 V\mathrm{d}p} < 1 \tag{2-50}$$

动能、位能的能级也为 1（当环境状态的动能和位能为零时）。

恒温热源：
$$\xi_{th} = 1 - \frac{T_0}{T} \tag{2-51}$$

恒温冷源：
$$\xi_{th}=1-\frac{T}{T_0} \tag{2-52}$$

变温热源：
$$\xi_{th}=\frac{\int_{T_0}^{T}(1-\frac{T_0}{T})C_p\mathrm{d}T}{\int_{T_0}^{T}C_p\mathrm{d}T} \tag{2-53}$$

化学能：
$$\xi_{ch}=\frac{EX_{ch}}{\sum\Delta H_i} \tag{2-54}$$

㶲的效率用η_{ex}表示，可分为过程㶲效率和目的㶲效率。

（1）过程㶲效率

$$\eta_{ex}=\frac{\sum EX_{out}}{\sum EX_{in}} \tag{2-55}$$

例如，传热过程的过程㶲效率为两股出口物料的㶲之和除以二股进口物料的有效能之和。如果是可逆过程，则$\eta_{ex}=1$，用此来表示传热过程㶲损失程度。

（2）目的㶲效率

$$\eta_{ex}=\frac{\sum EX_{goal}}{\sum EX_{in}} \tag{2-56}$$

例如，合成氨制造中，输入有原料、燃料、电、水等，输出有氨、水蒸气、CO_2、废烟气、冷却水等。这些排出物都具有一定的㶲，但这些㶲中，有的是无用的，例如冷却水和烟气，有的也不是我们所希望的或称副产品，例如CO_2和水蒸气。这个过程的目的是制取氨，所以用氨的㶲除以输入㶲之和，以表达这一主要目的㶲效率。例如，某合成氨厂以煤、空气、水为原料生产一吨合成氨，输入㶲之和（吨氨综合能耗）为48.2GJ，而目的产物氨的㶲（理论能耗）为20.11GJ，则该厂生产合成氨的目的㶲效率为41.72%。

2.4 能量系统的热力学分析

能量系统可泛指涉及能量转化、传递和利用的一切系统。为了全面、完整、准确地描述能量的转化、传递、利用情况，评价能量利用的合理性和有效性，揭示节能的方向及技术途径，必须对其进行热力学分析。

常用的热力学分析法有两种：能量平衡法和㶲分析法，也分别称作热力学第一定律分析法和热力学第二定律分析法，分别简述于后。

2.4.1 基于热力学第一定律的能量平衡法

能量平衡法历史悠久，是传统的能量系统热力学分析方法，至今在工程技术界仍被广泛采用。

（1）能量平衡方程式

将热力学第一定律用于化工及其它过程工业中的稳流过程，当略去物流的动能变化、位能变化时，对于具有N_S股物流、N_Q股热流和N_W股功流的任意体系，可得如下能量平衡的基本方程式：

$$\sum_{i=1}^{N_S}F_ih_i+\sum_{j=1}^{N_Q}\frac{\delta Q_j}{\mathrm{d}t}+\sum_{k=1}^{N_W}\frac{\delta W_k}{\mathrm{d}t}=0 \tag{2-57}$$

式中　F_i——物流 i 的质量流率，kJ/h 或 kmol/h；

h_i——物流 i 的单位质量焓，kJ/kg 或 kJ/kmol；

$\frac{\delta Q_j}{dt}$——通过体系边界传递的第 j 股热量流率，kJ/h；

$\frac{\delta W_k}{dt}$——通过体系边界传递的第 k 股功量流率，kJ/h。

式中符号规定为流入体系为正，流出为负。

（2）能量平衡的一般方法

通常，当能量平衡与物料平衡相互不牵连时，先进行物料衡算求出物流的有关未知变量，然后进行能量平衡。如果两者的未知变量有牵连，则应将物料衡算与能量平衡方程式联合求解，其一般方法如下：

① 分析过程的自由度　对包括多单元的任何复杂过程，在进行能量平衡时，应对过程单元或设备进行自由度分析，以确定必须给定的设计变量数即自由度数，使未知变量数与独立方程式数相等，进而求解独立方程式组，获得所需结果。具体方法如下：

a. 确定过程的独立方程式。描述过程的方程式有以下几种：

物料衡算方程式；

能量平衡方程式；

物流的焓值方程式；

物流的分子分率约束式，即对于具有 N_c 个组分的物流，$\sum_{c=1}^{N_c} x_c = 1$；

工艺过程约束式，即由工艺过程的特征确定的某些特定关系式，如两股物流的流率比、相平衡常数表达式、化学平衡关系式、反应物计量比、速度方程式等。

以上总计有独立方程式 N_c 个，它们构成描述过程的方程式组。

b. 确定过程变量数。每股物流都有温度、压力、组成、流率、焓值等变量，而焓值又是物流温度、压力、组成和流率的函数。因此，一股有 N_c 个组分的物流，变量数为（N_c+4）。对一个单元过程或设备，变量总数为：

$$N_v = N_S (N_c + 4) + N_Q + N_W + N_P \tag{2-58}$$

式中　N_P——工艺过程的特征变量数。

c. 确定自由度数。过程的自由度数 N_d 应为变量数 N_v 和独立方程式数 N_e 之差：

$$N_d = N_v - N_e \tag{2-59}$$

② 确定能量平衡的基准和计算方法　在作能量平衡时，只要列出了独立方程式组，并给定 N_d 个设计变量作为已知条件，即可求解方程式组，获得未知变量。但能量平衡方程式（2-57）中的各项，其值均与基准有关，包括物料在数量上的基准和焓的基准，必须正确地选定。基准的选定具有任意性，只要方法正确，无论如何选择均不影响结果的正确性。

物料在数量上的基准通常取为单位产品（1t）或者单位时间（1h）。焓的基准有多种规定办法，与此相应作能量平衡的方法也各异，具体叙述如下：

a. 平均热容法。这是早先的方法。此法取定 0℃或 25℃、0.1013MPa 为能量平衡的基准，把实际过程设想为若干分过程，采用平均热容法计算物流给定状态与基准状态之间的焓变；基准状态下发生的化学反应、相态变化过程，其焓变通过该状态下的反应热和相变热来确定。此时反应热和相变热作为入项（放热时）或出项（吸热时）计入能量平衡方程式（2-57）。

b. 统一基准焓法。此法规定 0K 或 25℃时理想气体稳定单质的焓为零。由此基准确定的各种物质不同状态下的焓值称为统一基准焓。采用统一基准焓后，无论实际过程是怎样发生的和多么复杂，均可直接由物流始态和末态的焓值来计算其焓变，亦即可将物流的统一基准焓值直接计入式（2-57）中，进行有关计算，而不必考虑反应热、相变热是多少，也不必再设想一些中间过程来计算。这就使能量平衡省去了许多麻烦，变得相当简单。

c. 统一基准热值法。上述统一基准焓法虽然简单，但是统一基准焓值与任何其他基准焓值一样，本身并没有直接、明确的物理意义，只有两个状态之间的焓变才是有意义的。为了克服这一缺点，使能量平衡方程式中的每项焓值都具有各自的物理意义，一种新颖的方法是采用统一基准热值来进行能量平衡。

统一基准热值是规定环境状态为焓的基准而计算出来的焓值。将其称为统一基准热值，是为了和前述统一基准焓值相区别。但此处所说的“热值”是广义的热值，不是通常所说的狭义的燃烧热值，它定义为物质在一定状态下的焓值与该物质变化到环境状态中大量存在的稳定物质的焓之差；其物理意义是物质从给定状态变化到环境状态时所释放出来的总能量。如用 HV 来表示统一基准热值，则其定义式为：

$$HV = H - H_0 \tag{2-60}$$

下标 0 表示环境状态。环境状态的规定已在前面详述。

显然，处于 T_0、p_0 下燃烧的热值便是统一基准热值。

将式（2-60）代入式（2-57），不难判断，由于环境状态只有一个，H_0 是相同的，因此将被消去，能量平衡方程式（2-57）变为：

$$\sum_{i=1}^{N_S} F_i HV_i + \sum_{j=1}^{N_Q} \frac{\delta Q}{dt} + \sum_{k=1}^{N_W} \frac{\delta W_k}{dt} = 0 \tag{2-61}$$

采用统一基准热值后，㶲的物理意义更加容易理解和直观，它是给定状态物流在环境中所能提供的总能量中的一部分，即理论上能够转化为功的那部分：

$$EX = HV - T_0(S - S_0) = HV - AN \tag{2-62}$$

一些重要物质的统一基准热值列于表 2-3。

（3）能量平衡法的作用与局限性

能量平衡法对能量系统的评价指标，是由于漏损和排放所造成的有形的能量损失、能量利用率或热效率。

能量平衡不仅是化工工艺设计的基础，而且作为一种能量系统的评价方法，在科技史上对提高热工设备和化工过程的能量利用率，曾经发挥了重要作用，时至今日，它仍被广泛使用。因此，许多国家均颁布了具有法令性质的能量平衡技术文件以指导此项工作。

然而，由于能量平衡法只从数量上反映了能量在转化、传递和利用过程中数量的守恒关系和能量利用率，不涉及能量在质方面的差异性和不可逆性导致的能量耗散问题，因此所得结果从现代用能理论的观点看不免失之偏颇，对节能的指导作用也有很大的局限。特别是科学技术高度发展、能量系统更加完善的今天，能量平衡法的弱点更突出地暴露出来。例如：

吸热量、热效率相同的蒸汽锅炉，所产蒸汽的使用价值会因水蒸气参数的高低而大相径庭，能量平衡法却反映不出来。

按能量平衡法的观点，能量利用率或热效率接近或达到 100%，该过程或设备在技术上便达到了完善程度。实则不然，一台燃烧炉、锅炉当保温良好时，热效率可达很高，但其能质的利用却很差。

流体节流过程，保温良好的热交换过程，因 $W_s=0$，$Q=0$，因而由能量平衡方程式知 $\sum_{i=1}^{N_S} F_i HV_i = 0$，是等焓过程。此时物流的总能量未减，但做功能力降低了。

又如，用能量平衡法分析蒸汽动力循环可知，能量损失最大的单元过程是冷凝器。但实际上，锅炉的能量耗散所导致的无形浪费才是最主要的。不从减小锅炉的能量不可逆损耗着手而企图用回收冷凝器低温热能的办法来节能，实在是本末倒置。

用能量平衡法分析现代大型氨厂以指导节能工作，以上局限性和不足都会明显表现出来，这将在例题 2-7 中讨论。

如此等等，倘若仍然停留在用能量平衡法来指导用能，以能量利用率、热效率来衡量用能水平，那么，虽然有形浪费能量的现象可以揭示出来并在一定程度上得到克服，但是更为严重的能量的无形浪费将依然存在，节能工作将会失去正确方向。

2.4.2 基于热力学第二定律的㶲分析法

幸运的是，以㶲分析为核心的现代用能理论，可对能量系统进行“量质兼顾”的分析和评价，指出能量的数量与质量同时得到合理利用，能量利用率与㶲效率同步得到提高的技术方法和途径。

（1）㶲平衡方程式

㶲分析法的基本依据是㶲平衡方程式。

与物料、能量平衡不同，过程中㶲是否守恒，要看过程是否可逆。对于可逆过程，热力学第一定律、第二定律可以证明，过程中㶲是守恒的，即输入体系的各能流、物流的㶲值之和与输出体系各能流、物流的㶲值之和相等：

$$\sum_{i=1}^{N_S} EX_i + \sum_{j=1}^{N_Q} EX_{Qj} + \sum_{k=1}^{N_W} EX_{Wk} = 0 \tag{2-63}$$

式中符号表示有 N_S 股物流、N_Q 股热流和 N_W 股功流，各股对应的㶲值为 EX_i、EX_{Qj} 和 EX_{Wk}。符号规定与能量平衡方程式相同，输入为正，输出为负。

对于不可逆过程，㶲是不守恒的，上述等式不成立，输入体系的㶲值恒大于输出体系的㶲值，两者之差是由于不可逆性引起的㶲损耗，可用 EX_d 表示，这就是前述的能量耗散所导致的无形的能量损失。此时，式（2-63）应改为：

$$\sum_{i=1}^{N_S} EX_i + \sum_{j=1}^{N_Q} EX_{Qj} + \sum_{k=1}^{N_W} EX_{Wk} = EX_d \tag{2-64}$$

实际的化工生产过程和其他过程都是不可逆的，因此式（2-64）是实际过程㶲分析的基本方程式。式中输出项中，包括排弃物流和由于散热、散冷、漏损等原因引起的㶲损失（即有形㶲损失）。如将它与输出项中属于产品物流、能流的㶲值相区别，分别用 EX_d、EX_{ep} 表示，输入项用 $EX_{in,\,i}$ 表示，上式又可表示为：

$$\sum_{i=1}^{M} EX_{in,\,i} = \sum_{p=1}^{N} EX_{ep} + \sum_{l=1}^{R} EX_{el} + EX_d \tag{2-65}$$

式中，M、N、R 分别表示输入项、产物项、损失项的项数。

式（2-64）、式（2-65）确定的㶲损耗，与式（2-11）确定的损耗功是一致的。

（2）㶲分析法评价指标

用㶲分析法对能量系统进行热力学分析，可以获得以下能量平衡法所得不到的信息。它们也就是㶲分析法对能量转化、传递、利用过程的评价指标。

① 过程的热力学完善度（ε）。定义为输出㶲与输入㶲之比，即

$$\varepsilon=\left(1-\frac{EX_{\mathrm{d}}}{\sum_{i=1}^{M}EX_{\mathrm{in},\,i}}\right)\times100\% \tag{2-66}$$

ε恒小于100%。

② 㶲效率η_{ex}。定义为产物的㶲值与输入㶲值之比，即

$$\eta_{\mathrm{ex}}=\frac{\sum_{p=1}^{M}EX_{\mathrm{ep}}}{\sum_{i=1}^{M}EX_{\mathrm{in},\,i}}\times100\% \tag{2-67}$$

③ 无形㶲损耗EX_{d}和有形的㶲损失$EX_{\mathrm{e}l}$。EX_{d}、$EX_{\mathrm{e}l}$在㶲总损失损耗中所占的比例：

$$\lambda_{\mathrm{d}}=\frac{EX_{\mathrm{d}}}{\sum_{l=1}^{R}EX_{\mathrm{e}l}+EX_{\mathrm{d}}}\times100\% \tag{2-68}$$

$$\lambda_{\mathrm{l}}=\frac{EX_{\mathrm{e}l}}{\sum_{l=1}^{R}EX_{\mathrm{e}l}+EX_{\mathrm{d}}}\times100\% \tag{2-69}$$

（3）㶲分析的基本步骤

㶲分析是在对过程进行物料、能量衡算或生产测定的基础上进行的。一般步骤如下：

① 根据㶲分析的目的，确定㶲分析模型。

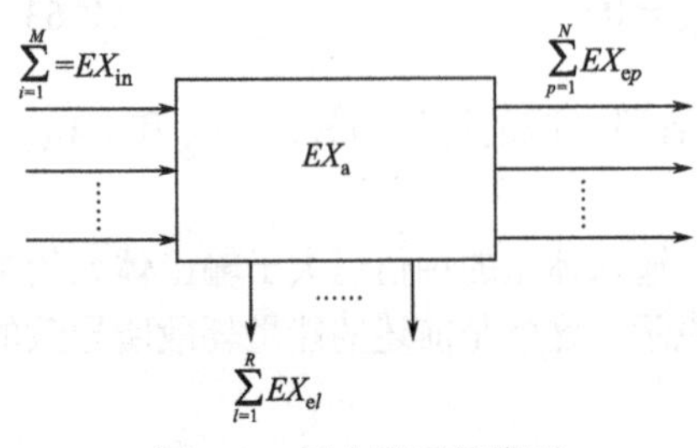

图2-6　㶲分析黑箱模型

a. 黑箱模型。这种模型把设备或装置看成由“不透明”的边界包围而成的体系，借助流入、流出的㶲进行㶲衡算，以获得用能过程的宏观特性，如图2-6所示。

采用这种模型进行㶲分析，可以得到过程的热力学完善度ε、㶲效率η_{ex}、各项㶲损失$EX_{\mathrm{e}l}$及其在总㶲损失损耗中的比例λ_{l}、㶲损耗EX_{d}及其在总㶲损失损耗中所占比例λ_{d}。

b. 白箱模型。这是一种精细的㶲分析模型。采用黑箱模型进行㶲分析，得不到设备或装置内部各子过程的不可逆㶲损耗，因此对一些重要的耗能设备或装置便显得不足。白箱模型把边界看成是“透明”的，因而可对其内部各子过程进行详尽的㶲分析，除了获得上述结果外，还可知道内部子过程的不可逆㶲损耗及其所占的比例。

c. 灰箱模型。这是介于黑箱模型与白箱模型之间的半精细模型。如果需要对装置整体的用能情况作出评价，又想判别其薄弱环节所在，则采用此种模型。此时，将系统中各种设备均视为黑箱，彼此间以㶲流相连接，形成黑箱网络。所以灰箱模型实际上是黑箱网络模型。

对合成氨生产装置这样的用能大户，应该采用灰箱模型对全系统进行㶲分析，在此基础上对㶲损失、损耗大的关键子系统或设备，如烃类一段转化炉、氨合成塔等，选择白箱模型作㶲分析。这样，便可获得大量对进一步提高用能合理性、有效性具有重要指导意义的信息。

② 根据㶲分析模型，通过计算或生产过程测定获得原始数据。为了计算各物流的㶲值进

而进行㶲分析，必须获得各物流的 T、p、x_i、质量流率以及各能流的数值。这些数据为数甚多，全面获取且有一定难度和较大的工作量，但都是必需的。

③ 计算各物流、能流的㶲值，依据㶲平衡方程式进行㶲分析，求得各项㶲损失、㶲损耗以及它们在总㶲损失、损耗中所占的比例。

④ 将㶲分析所得结果列表示出，亦可根据需要绘制出㶲流图。

⑤ 撰写㶲分析报告，对结果进行讨论，指出提高能量利用合理性、有效性和节能降耗的主要技术方向和途径。

2.4.3　通用物系有效能分析的通用表达式

对于每一个真实的系统，或者一个子系统，或者一个设备单元，其有效能平衡式（2-63）可表达为

$$\sum EX_{\mathrm{Ai}}=\sum EX_{\mathrm{Ae}}+\Delta EX_{\mathrm{Ax}}$$

式中　$\sum EX_{\mathrm{Ai}}$——进入系统的有效能；

$\sum EX_{\mathrm{Ae}}$——引出系统的有效能；

ΔEX_{Ax}——有效能损失。

下面推导通用物系的有效能平衡式，由此可导出上述几个公式来源和具体表达式。有效能平衡式是由系统的能量平衡式和熵平衡式联立推演得到的，下面先推导通用物系的能量平衡式，再推导熵平衡式，最后联立求解。

图 2-7 给出了一个通用物系的示意图。系统 A 和几个外系统发生质量与能量的传递，导致系统 A 状态发生变化，在指定的时间间隔中，由状态 1 变化至状态 2。在以下所谈到的热量与功均指在指定的时间间隔中交换的总量。

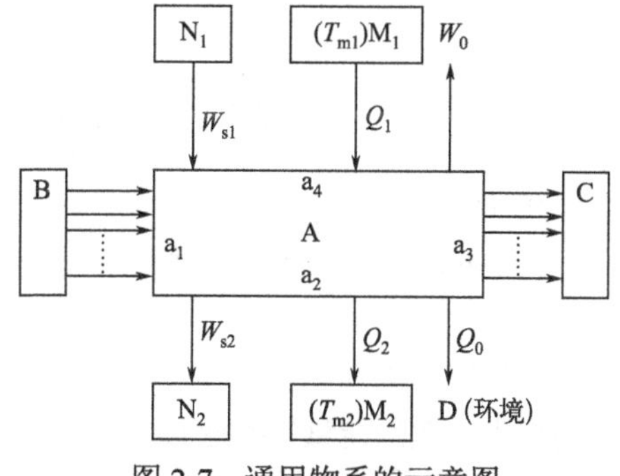

图 2-7　通用物系的示意图

M_1 为高温热源，其温度为 T_{m1}，它向系统 A 输入热量 Q_1。M_2 为低温热源，其温度为 T_{m2}，系统 A 向它输出热量 Q_2。

系统 N_1 向系统 A 所做的功为 W_{s1}，系统 A 向系统 N_2 所做的功为 W_{s2}。

系统 A 温度高于环境，它散失于环境 D 的热量为 Q_0。此外，由于摩擦损耗等原因，A 所遗失的总功为 W_0。

a_1 为系统 A 的入口，若在 a_1 处由系统 B 流入系统 A 的物流数目为 l_{i} 股，每股物流可为 k 个组分的混合物。

a_3 为 A 系统的出口，流出 l_{e} 股物流至 C 系统，每股物流亦可为 k 个组分的混合物。

现以 $m(t)_{l,k,\mathrm{i}}$ 为第 l 股进口物流第 k 组分的流率；相应设 $m(t)_{l,k,\mathrm{e}}$ 为第 l 股出口物流第 k 组分的流率。此外，对于每股流中每一组分 k 来说，它除了随流股主体流流动外，由于分子扩散，它还可能发生扩散流，可用 $J(t)_{l,k,\mathrm{i}}$ 与 $J(t)_{l,k,\mathrm{e}}$ 代表相应于进口与出口每股流中第 k 组分的扩散流的流率。所以，每股流中第 k 组分的总流率应为主体流与扩散流之和。对于不稳定流，m 和 J 都是时间 t 的函数。

如果系统 A 在 t_1 时刻处于状态 1，和外界发生了上述的质量传递与能量传递后，在 t_2 时刻转变到状态 2 时，按照热力学第一定律对于系统 A 可列出能量平衡式

$$\left(E_{A2}-E_{A1}\right)+\sum_{t_e}\int_{m(t_1)+J(t_1)}^{m(t_2)+J(t_2)}\sum_{k}\left(\overline{H}_m+x_g+\frac{U^2}{2}\right)_{k,l_e}d\left[m(t)+J(t)\right]_{k,l_e}-$$

$$\sum_{t_i}\int_{m(t_1)+J(t_1)}^{m(t_2)+J(t_2)}\sum_{l_i}\left(\overline{H}_m+x_g+\frac{U^2}{2}\right)_{k,l_i}d\left[m(t)+J(t)\right]_{k,l_i} \tag{2-70}$$

$$=|Q_1|-|Q_0|-|Q_2|+|W_{s1}|-|W_{s2}|-|W_0|$$

式中 E_A——系统 A 的总能量；

$\overline{H}_m$——偏摩尔焓；

x_g——摩尔势能；

$U^2/2$——摩尔动能。

式（2-70）中等号右侧各项加以绝对值符号，是为了避免因对进出能量或功正负号规定不一致时带来的计算错误。为了简化，下式以下标 i 代表进口流，下标 e 代表出口流，积分上下限与式（2-70）相同不再标出，并设 l=1 即进出仅一股流的情况，则式（2-70）可简化为

$$E_{A2}-E_{A1}=\int\sum_{k}\left(\overline{H}_m+x_g+\frac{U_2}{2}\right)_{k,e}d\left[m(t)+J(t)\right]_{k,e}-\int\sum_{k}\left(\overline{H}_m+x_g+\frac{U_2}{2}\right)_{k,e} \tag{2-71}$$

$$d\left[m(t)+J(t)\right]_{k,i}=|Q_1|-|Q_0|-|Q_2|+|W_{s1}|-|W_{s2}|-|W_0|$$

定义 $\overline{\beta}=\overline{H}_m+\overline{H}_{m0}$ 为某组分相对于死态的偏摩尔焓，并注意死态为热力学平衡态，整理式（2-71）可得非稳态流动能量衡算式

$$\begin{aligned}E_{A2}-E_{A1}=&\left[\sum_{k}\left(\overline{\beta}+x_g+\frac{U_2}{2}\right)_{k,i}d(m+J)_{k,i}+|Q_1|+|W_{s1}|\right]\\&-\left[\sum_{k}\left(\overline{\beta}+x_g+\frac{U_2}{2}\right)_{k,e}d(m+J)_{k,e}+|Q_2|+|W_{s2}|\right]-\left[|Q_0|+|W_0|\right]\end{aligned} \tag{2-72}$$

式（2-72）说明：

[在系统 A 累积的能量]=Σ（输入系统 A 的能量）–Σ（由系统 A 输出的能量）

+Σ（由系统 A 损失的能量）

对于稳态过程，$\Delta E=E_{A2}-E_{A1}=0$，且可忽略各股流的动能和势能变化时，式（2-72）可以简化为一般的能量平衡通式（简化设 l=0）。

$$\sum_{k}\overline{\beta}_{k.e}(m+J)_{k,e}-\sum_{k}\overline{\beta}_{k.i}(m+J)_{k,i}=|Q_1|-|Q_0|-|Q_2|+|W_{s1}|-|W_{s2}|-|W_0|$$

式中，m、J 分别代表在指定的时间间隔中某组分 k 主流的总流率与扩散流的总流率。

按照所讨论的物系列出上述能量衡算式是推导有效能衡算式的第一步。

第二步建立熵平衡式，即按照系统 A 的前后两个状态，应用热力学第二定律，针对包括环境与系统 A 在内的整个孤立系统，建立熵平衡式。

对于孤立体系，某熵变在经受可逆变化时为零，在进行不可逆变化时必然大于零，可写为 $\Delta S_{孤立}>0$。若有有效能损失（不可逆）而[孤立体系的熵增]=[体系部分熵变之和]，令此孤立体系的熵增为 σ，即 $\sigma=\Delta S_{孤立}$。所以

σ=[A 系统熵变]+[B 系统熵变]+[C 系统熵变]+[环境 D 熵变]+[M_1 系统熵变]+[M_2 系统熵变]

$$\sigma=(S_{A2}-S_{A1})-\sum_{k}\int\overline{S}_{k,i}d(m+J)_{k,i}+\sum_{k}\int\overline{S}_{k,e}d(m+J)_{k,e}+\frac{|Q_0|}{T_0}-\left|\frac{Q_1}{T_{m1}}\right|+\frac{|Q_2|}{T_{m2}} \tag{2-73}$$

定义 $\overline{r}=\overline{S}-\overline{S}_0$ 为某组分相对于死态的偏摩尔熵，并注意死态为热力学平衡态，用此概念整

理式（2-73）可得熵平衡通式

$$\sigma=(S_{A2}-S_{A1})-\sum_k\int\bar{r}_{k,i}d(m+J)_{k,i}+\sum_k\int\bar{r}_{k,e}d(m+J)_{k,e}+\frac{|Q_0|}{T_0}-\left|\frac{Q_2}{T_{m2}}\right|+\frac{|Q_1|}{T_{m1}} \tag{2-74}$$

对于稳态过程，有 $S_{A1}=S_{A2}$，式（2-74）简化为一般式

$$\sigma=\sum_k\int\bar{r}_{k,i}d(m+J)_{k,i}+\sum_k\int\bar{r}_{k,e}d(m+J)_{k,e}+\frac{|Q_0|}{T_0}-\left|\frac{Q_2}{T_{m2}}\right|+\frac{|Q_1|}{T_{m1}} \tag{2-75}$$

将能量衡算式（2-71）和熵平衡式（2-74）联立，消去 Q_0 项即可得到要推导的有效能衡算式

$$\begin{aligned}[(E_{A2}-E_{A1})-T_0(S_{A2}-S_{A1})]=&[\sum_k\int(\bar{\varepsilon}+x_g+\frac{U^2}{2})_{k,i}d(m+J)_i+|W_{s1}|+|Q_1|(1-\frac{T_0}{T_{m1}})]-\\&[\sum_k\int(\bar{\varepsilon}+x_g+\frac{U^2}{2})_{k,e}d(m+J)_e+|W_{s2}|+|Q_2|(1-\frac{T_0}{T_{m2}})]+(|W_0|+T_0\sigma)\end{aligned} \tag{2-76}$$

其中 $\bar{\varepsilon}$ 为偏摩尔有效能。即

$$\bar{\varepsilon}=(\bar{H}_m-\bar{T}_0\bar{S}_m)-(\bar{H}_{m0}-\bar{T}_0\bar{S}_{m0})=\bar{\beta}-\bar{T}_0\bar{r}$$

由式（2-76）可以说明有效能平衡遵循[在系统 A 内累积的有效能]=[进入系统 A 的有效能]–[（引出系统 A 的有效能）+（损失的有效能）]

在实际有效能分析中，为研究系统 A 做功的效率，还经常把式（2-76）整理为另一种形式，即

$$\begin{aligned}|W_{s1}|-|W_{s2}|=&[E_{A2}-E_{A1}-T_0(S_{A2}-S_{A1})]+\sum_k\int(\bar{\varepsilon}+x_g+\frac{U^2}{2})_{k,e}d(m+J)_{k,e}-\\&\sum_k\int(\bar{\varepsilon}+x_g+\frac{U^2}{2})_{k,i}d(m+J)_{k,i}-|Q_1|(1-\frac{T_0}{T_{m1}})+|Q_2|(1-\frac{T_0}{T_{m2}})+|W_0|+T_0\sigma\end{aligned} \tag{2-77}$$

式（2-77）等号左边项表示系统 A 与功源之间传递的实际的净功，只有对于可逆过程，$T_0\sigma$项为零，所以有

$$|W_{s1}|-|W_{s2}|_{不可逆}=[|W_{s1}|-|W_{s2}|]_{可逆}+T_0\sigma \tag{2-78}$$

分析式（2-78）可知，在 $|W_{s1}|$ 一定条件下，实际功 $|W_{s2}|_{不可逆}$ 必然小于 $|W_{s2}|_{可逆}$，二者比值 $|W_{s2}|_{不可逆}/|W_{s2}|_{可逆}$ 表示系统 A 做功的效率。

如果系统 A 处于稳态，则有效能衡算式（2-77）、式（2-78）可相应化简为

$$\begin{aligned}&[\sum_k\int\bar{\varepsilon}_{k,i}(m+J)_{k,i}+|W_{s1}|+|Q_1|(1-\frac{T_0}{T_{m1}})]\\&=[\sum_k\int\bar{\varepsilon}_{k,e}(m+J)_{k,e}+|W_{s2}|+|Q_2|(1-\frac{T_0}{T_{m2}})]+|W_0|+T_0\sigma\end{aligned} \tag{2-79}$$

所以

$$\begin{aligned}|W_{s1}|-|W_{s2}|=&\sum_k\int\bar{\varepsilon}_{k,e}(m+J)_{k,e}-\sum_k\int\bar{\varepsilon}_{k,i}(m+J)_{k,i}-|Q_1|(1-\frac{T_0}{T_{m1}})\\&+|Q_2|(1-\frac{T_0}{T_{m2}})+|W_0|+T_0\sigma\end{aligned} \tag{2-80}$$

一种最简单的情况是系统 A 本身即是一个孤立系统时，与外界无功与热的交换，则系统 A 的有效能变化为

$$\Delta E_A=T_0\sigma$$

由式（2-72）、式（2-74）、式（2-76）三个衡算式的简单推导可见，它们是从总体衡算角度推导的总（或称宏观）衡算的通用表达式。之所以要强调“通用式”的意义，在于一般的物系

（或过程）都是 A 物系的某种简化情况。对于任一物系，如果已经知道过程进行前后的不同状态以及状态发生变化期间 A 物系与外界发生各种传递的数量，应用前述总衡算式讨论是很方便的，特别是适用于稳态过程的分析。

完成了物系有效能衡算式，进而就可以分析有效能损失量，确定热力学效率。一个系统的热力学效率就是指在过程中被有效利用的能量（或有效利用的有效能）占外界供给此系统的全部能量（或外界供给此系统的全部有效能）的比例的大小。所以热力学效率是能量和有效能被合理利用程度的一个量度。常用的热力学效率按不同的具体情况，不同的形式，实际计算时要按指定的效率公式进行。

下面仅介绍一般定义的热力学第一定律效率 η_1 与热力学第二定律效率 η_2。

$$\text{按定义}\ \eta_1=\frac{\text{由系统A输出的有用的能量总和}}{\text{外界输入系统A的能量总和}} \tag{2-81}$$

当系统 A 进行稳态过程，且可忽略流股的势能与动能的变化时，η_1 可按式（2-82）计算，即

$$\eta_1=\frac{\sum\limits_k \overline{\beta}_{k,\mathrm{e}}(m+J)_{k,\mathrm{e}}+|W_{\mathrm{s2}}|+|Q_2|}{\sum\limits_k \overline{\beta}_{k,\mathrm{i}}(m+J)_{k,\mathrm{i}}+|W_{\mathrm{s1}}|+|Q_1|}=\frac{1-|Q_0|+|W_0|}{\sum\limits_k \overline{\beta}_{k,\mathrm{i}}(m+J)_{k,\mathrm{i}}+|W_{\mathrm{s1}}|+|Q_1|} \tag{2-82}$$

由式（2-82）可见，η_1 是能量利用效率的一种形式。

$$\eta_2=\frac{\text{由系统A输出的所需的有效能总和}}{\text{外界输入系统A的有效能总和}} \tag{2-83}$$

当系统 A 进行稳定过程，在可以忽略流股的位能与动能变化情况下，η_2 可按式（2-84）计算，即

$$\eta_2=\frac{\sum\limits_k \overline{\beta}_{k,\mathrm{e}}(m+J)_{k,\mathrm{e}}+|W_{\mathrm{s2}}|+|Q_2|(1-\dfrac{T_0}{T_{\mathrm{m2}}})}{\sum\limits_k \overline{\beta}_{k,\mathrm{i}}(m+J)_{k,\mathrm{i}}+|W_{\mathrm{s1}}|+|Q_1|(1-\dfrac{T_0}{T_{\mathrm{m1}}})} \tag{2-84}$$

按上述步骤我们完成了对 A 系统的有效能分析。但如果我们要研究的对象是由许多子系统组成的大系统，又如何对它进行有效能分析呢？只要按上述步骤分别对每个子系统进行有效能分析，算出各个有效能损失值及热力学效率值，并将它们列成表格或给出有效能流图，最后再求出整个大系统的有效能损失及热力学效率。由此我们可了解有效能损失与热力学效率在各个子系统的分配，找出最薄弱的环节，启示我们去确定改善已知过程热力学效率的方向和方法。

目前在国外进行的计算机辅助化工过程设计，已开始讨论以成本最低和有效能耗损最低、产品质量最佳作为多目标函数，对不同流程设备结构尺寸与操作条件进行最佳化选择了。这也说明了有效能分析与日俱增的重要性之所在。可以肯定，有效能分析作为一种节能分析手段，将会日益发挥更大的作用，推广它的应用是极为有意义的。

【例 2-6】图 2-8 给出了一个应用于水泥生产的原料预处理工序的研磨过程，进入研磨设备的物质乃是平均湿度为 3.5%（质量分数）的物理混合物。表 2-5 给出了进出此系统各流股的速度及组成。在此设备中物料受到热空气的干燥及研磨粉碎。求取其损失的有效能及热力学第一定律效率、热力学第二定律效率以及设备的第一定律、第二定律效率 η_1、η_2、$(\eta_1)_0$、$(\eta_2)_0$。

表 2-5　各流股流速及组成

流股		组分	化学式	摩尔分数	流率$(m+J)$/(kmol/d)
1	B_1	石灰石	$CaCO_3$（97.6%），$MgCO_3$（2.4%）	0.664	5269.117
	B_2	黏土	$2SiO_2 \cdot Al_2O_3$	0.03195	253.605
	B_3	鼓风炉渣	Fe_2O_3	0.0039	31.243
	B_4	黄铁矿	FeS_2	0.00305	24.222
	B_5	沙	SiO_2	0.126	999.966
	B_6	含湿（水分）	H_2O	0.171	1358.4
2		空气（热）	O_2，N_2，CO_2，H_2O	1	12020
3		空气	O_2，N_2，CO_2，H_2O	1	12368
4	C_1	石灰石	$CaCO_3$（97.6%），$MgCO_3$（2.4%）	0.788	5269.117
	C_2	黏土	$2SiO_2 \cdot Al_2O_3$	0.0379	253.605
	C_3	鼓风炉渣	Fe_2O_3	0.00467	31.243
	C_4	黄铁矿	FeS_2	0.0036	24.222
	C_5	沙	SiO_2	0.1495	999.966
	C_6	含湿（水分）	H_2O	0.0165	110.4

注：其他已知条件 $Q=0$kcal/d，$W_s=12.464\times10^6$kcal/d。

解：分析图 2-8 所示的研磨过程示意图得知，它是正文中所述体系 A 的一个特例。仿照体系 A 的图示，我们画出此研磨过程的分析图，如图 2-9 所示。下面我们按照该图讨论其解题步骤。

限于篇幅，我们将计算中的中间数据一律省略，结果列于表 2-6 中。

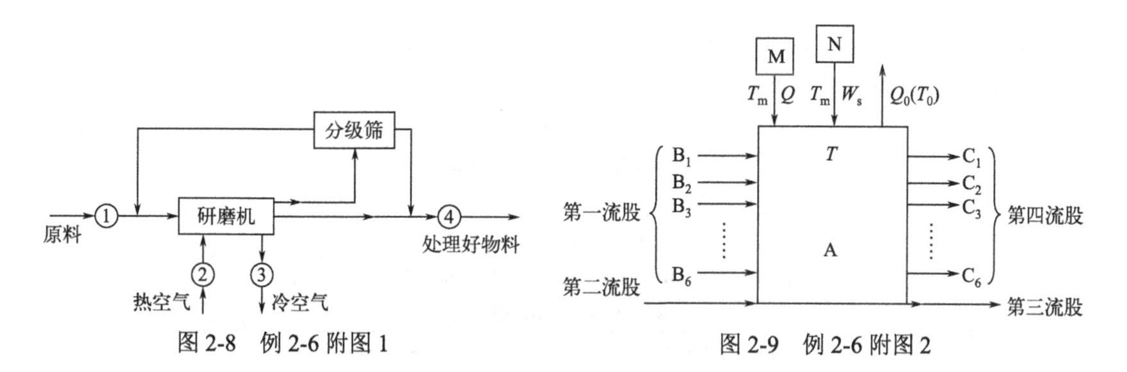

图 2-8　例 2-6 附图 1

图 2-9　例 2-6 附图 2

表 2-6　各股物流的摩尔焓及摩尔有效能

流股	温度/K	压力/MPa	β^0/(kcal/kmol)	β_T/(kcal/kmol)	β_p/(kcal/kmol)	β/(kcal/kmol)
1	339.15	0.1	24301.73	887.45	0	25159.18
2	627.15	0.1	2273.5	2273.5	0	2273.5
3	422.15	0.1	975.41	885.49	0	1860.0
4	344.15	0.1	28836.41	1077.67	0	29913.8
流股	温度/K	压力/MPa	EX^0/(kcal/kmol)	EX_T/(kcal/kmol)	EX_p/(kcal/kmol)	EX/(kcal/kmol)
1	339.15	0.1	7631.75	54.318	0	7685.568
2	627.15	0.1	0	758.4	0	758.4
3	422.15	0.1	197.37	135.8	0	333.17
4	344.15	0.1	9055.74	76.51	0	9132.247

注：β_T为摩尔温度焓；β_p为摩尔压力焓；EX_T为摩尔温度有效能；EX_p为摩尔压力有效能；1kcal = 4.18kJ。

按题意，例 2-6 中每股流皆可视为理想混合物，可用各组分摩尔焓与有效能代替偏摩尔值进行计算。对流股 1 其摩尔化学焓β与摩尔化学有效能 EX 可按下式计算。

$$\left(\beta^0\right)_1 = x_{CaCO_3}\beta^0_{CaCO_3} + x_{MgCO_3}\beta^0_{MgCO_3} + x_{2SiO_2\cdot Al_2O_3}\beta^0_{2SiO_2\cdot Al_2O_3} + x_{Fe_2O_3}\beta^0_{Fe_2O_3} + x_{FeS_2}\beta^0_{FeS_2} + x_{SiO_2}\beta^0_{SiO_2} + x_{H_2O}\beta^0_{H_2O}$$

$$\left(EX^0\right)_1 = x_{CaCO_3}EX^0_{CaCO_3} + x_{MgCO_3}EX^0_{MgCO_3} + x_{2SiO_2\cdot Al_2O_3}EX^0_{2SiO_2\cdot Al_2O_3} + x_{Fe_2O_3}EX^0_{Fe_2O_3} + x_{FeS_2}EX^0_{FeS_2} + x_{SiO_2}EX^0_{SiO_2} + x_{H_2O}EX^0_{H_2O}$$

各纯组分的β^0与 EX^0 可从文献中查取，代入上式后得

$$\left(\beta^0\right)_1 = 24301.73\ \text{(kcal/kmol)}$$

$$\left(EX^0\right)_1 = 7631.75\ \text{(kcal/kmol)}$$

按摩尔热焓及摩尔压力焓计算公式求出第一流股$(\beta_T)_1$与$(\beta_p)_1$，则可求出第一流股的摩尔热有效能$(EX_T)_1$与摩尔压力有效能$(EX_p)_1$，进而按下式求出流股 1 的$(\beta)_1$与$(EX)_1$，列于表 2-6 中。

$$(\beta)_1 = \beta^0 + \beta_T + \beta_p,\quad (EX)_1 = EX^0 + EX_T + EX_p$$

用同样的步骤可求出第二、第三及第四流股的焓与㶲，也列于表 2-6 中。

按题意其热力学第一定律效率η_1以及热力学第二定律效率η_2定义如下：

$$\eta_1 = (\eta_1)_p = \beta_4 = \frac{(m+J)_4}{\beta_1(m+J)_1 + \beta_2(m+J)_2 + Q + W_s} \tag{1}$$

$$\eta_2 = (\eta_2)_p = EX_4 = \frac{(m+J)_4}{\beta_1(m+J)_1 + EX_2(m+J)_2 + Q(1-T_0/T) + W_s} \tag{2}$$

因第三流股是不可回收的，它带走的能量及有效能是无用的，所以不必考虑此项。其中，β、EX 和（$m+J$）值，可用表 2-6 的数值；Q 和 W_s 由过程给定为

$$Q = 0\text{kcal/d}$$

$$W_s = 12.464\times10^6\text{kcal/d}$$

代入式（1）、式（2）可以计算出

$$\eta_1 = (\eta_1)_p = \frac{29913.8\times6688.553}{25159.18\times7936.553 + 2273.5\times12020 + 12.464\times10^6} = 0.8355$$

$$\eta_2 = (\eta_2)_p = \frac{9132.247\times6688.553}{7684.11\times7936.553 + 758.4\times12020 + 0 + 12.464\times10^6} = 0.7398$$

按此题的具体情况，其设备的热力学第一定律效率η_3及热力学第二定律效率η_4定义如下：

$$\eta_3 = (\eta_1)_0 = \frac{\beta_4(m+J)_4 - \beta_1(m+J)_1}{\beta_2(m+J)_2 - \beta_3(m+J)_3 + Q + W_s} \tag{3}$$

$$\eta_4 = (\eta_2)_0 = \frac{\varepsilon_4(m+J)_4 - \varepsilon_1(m+J)_1}{\varepsilon_2(m+J)_2 - \varepsilon_3(m+J)_3 + Q(1-T_0/T) + W_s} \tag{4}$$

将表 2-6 中的有关数据及 W_s、Q 值代入式（3）、式（4）可求出

$$\eta_3 = (\eta_1)_0 = 0.0144\quad \eta_4 = (\eta_2)_0 = 0.004466$$

此过程的能量损失计算公式为

$$Q_0 + \beta_3(m+J)_3 = \beta_1(m+J)_1 + \beta_2(m+J)_2 - \beta_4(m+J) + Q + W_s \tag{5}$$

代入有关数值可求出此过程的能量损失

$$Q_0 + \beta_3(m+J)_3 = 39.389\times10^6\ \text{kcal/d}$$

$$Q_0 = 39.386 \times 10^6 - \beta_3 (m+J)_3 = 14.7 \times 10^6 \text{ kcal/d}$$

此过程有效能损失计算公式为

$$T_0\sigma + \varepsilon_3 (m+J)_3 = \beta_1 (m+J)_1 + \varepsilon_2 (m+J)_2 - \varepsilon_4 (m+J)_4 + Q\left(1 - \frac{T_0}{T}\right) + W_s \quad (6)$$

代入有关数值可求出此过程有效能损失

$$T_0\sigma + EX_3 (m+J)_3 = 21.484 \times 10^6 \text{ kcal/d}$$

【例 2-7】 例题 2-6 给出的是一个简单工艺系统的有效能分析方法。但对于像现代大型合成氨装置那样庞大、复杂的、由数十上百个子系统组成的大系统，其中有 312 台设备（机泵类 75 台、压力容器类 137 台、其他 100 台）；工艺管线总长度达 40888m，其中绝大部分为高压、高温管道；各类阀门总数达 5645 台/套，仪表总数达 2747 台/套，动力设备总装机容量达 38783kW。我们同样只要按上述步骤分别对每个子系统或设备进行有效能分析，算出各个有效能损失值及热力学效率值，并将它们列成表格或给出有效能流图，最后再求出整个大系统的有效能损失及热力学效率。但其计算过程过于复杂，现仅将文献[1]根据凯洛格的 B 厂设计数据进行计算的部分结果示于表 2-7～表 2-9。

该计算中分别采用统一基准热值（*HV*）的能量平衡法和基于灰箱模型的有效能㶲（*EX*）分析法，既获得用能过程的宏观特性，又对有效能㶲损失、损耗大的关键子系统和设备，如烃类一段转化炉、氨合成塔等进行了㶲分析，获得大量对进一步提高用能合理性、有效性具有重要指导意义的信息。

表 2-7 以天然气为原料的日产 1000 吨合成氨装置各工序能量损失分布（按每吨氨计）

工序	转化	变换、甲烷化	脱碳	合成	冷冻	蒸汽动力	合计
有形损失，热值 *HV*（㶲值 *EX*），单位 GJ							
冷却水	0.51(0.122)	0.51(0.122)	2.99(0.715)	1.11(0.265)	2.10(0.501)	6.91(1.651)	14.13(3.375)
散热	1.03(0.245)	0.13(0.031)	0.10(0.024)	0.11(0.027)	0.01(0.003)	0.02(0.006)	1.40(0.335)
废气	3.94(0.942)	—	0.17(0.040)	0.31(0.074)	—	0.01(0.003)	4.43(1.059)
废液	—	0.00(0.001)	0.43(1.103)	—	—	0.03(0.007)	0.46(0.111)
合计	5.48(1.309)	0.64(0.154)	3.69(1.882)	1.53(0.366)	2.11(0.504)	6.97(1.667)	20.42(4.880)
无形损失，㶲值 *EX*/GJ							
流体流动	0.01	—	0.18	0.19	0.01	0.02	0.41
汽轮机	0.22	—	—	0.37	0.16	1.23	1.99
混合	0.38	—	—	0.07	0.01	0.05	0.51
传质	—	—	0.43	—	—	—	0.43
燃烧反应	5.99	—	—	—	—	—	5.99
化学反应	0.83	0.22	—	0.47	—	—	1.5
传热	0.63	0.09	0.45	0.92	0.01	2.38	4.38
合计	8.06	0.31	1.06	2.02	0.19	3.68	15.21
总计	5.48/9.86	0.64/0.48	3.69/1.71	1.53/2.46	2.11/0.39	6.97/4.28	20.42/19.20

表 2-8　日产 1000 吨合成氨全装置的能量平衡

项目	热值（*HV*）		㶲值（*EX*）	
	GJ/tNH_3	%	GJ/tNH_3	%
输入				
天然气（45.86kmol）	43.45	99.9	40.02	100.0
水（2146kg）	0.06	0.1	0.00	0
合计	43.51	100.0	40.02	100.0
输出				
液氨（1000kg）	21.37	49.1	20.15	50.3
冷却水	14.13	32.5	1.56	3.9
散热	1.40	3.2	0.96	2.4
废气	4.43	10.2	1.25	3.1
废液	0.47	1.1	0.07	0.2
冷水塔区	1.70	3.9	0.66	1.7
不可逆损失	—	—	15.37	3.4
合计	43.50	100.0	40.02	100.0

表 2-9　日产千吨氨厂能量损失按工序和分类所占比例　　单位：%

能量损失分类	转化	变换、甲烷化	脱碳	合成	冷冻	蒸汽动力	总计比例
有形损失①							
冷却水	2.5/0.39	2.48/0.61	14.65/2.44	5.43/0.63	10.27/1.00	33.83/3.07	69.16/8.13
散热	5.02/4.22	0.64/0.31	0.49/0.20	0.55/0.22	0.06/0.07	0.12/0.0	6.87/5.01
废气	19.3/4.71	—	0.82/0.41	1.52/1.39	—	0.06/0.02	21.70/6.52
废液	—	0.02/0.0	2.11/0.33	—	—	0.14/0.02	2.27/0.35
合计	26.82/9.32	3.14/0.92	18.07/3.38	7.50/2.24	10.33/1.07	34.15/3.11	100/20
无形损失							
流动流体	0.04	—	0.96	1.00	0.07	0.11	2.18
透平机	1.18	—	—	1.94	0.85	6.41	10.38
混合	1.98	—	—	0.39	0.04	0.28	2.69
传质	—	—	2.24	—	—	—	2.24
燃烧	31.19	—	—	—	—	—	31.19
化学反应	4.34	1.13	—	2.44	—	—	7.91
传热	3.31	0.50	2.35	4.82	0.02	12.40	23.40
合计	42.04	1.63	5.55	10.59	0.98	19.20	79.99
总计	26.82/51.36	3.14/2.55	18.07/8.93	7.50/12.83	10.33/2.05	34.15/22.31	100/100

① 有形损失中，分子为热值损失所占百分比，分母为㶲损失所占百分比。

对合成氨厂进行㶲分析的目的首先在于掌握全厂各项能耗（基准热值和㶲值），也就是从一般的定性分析转为定量分析。然后再分析这些数据，看哪些能量消耗是合理的，必不可少的；哪些损耗是不可避免的；哪些损耗是通过努力可以降低的；哪些消耗是完全不必要的。

从以上热力学分析所得数据可得出如下结论：

① 从能量利用的有效性看，表 2-8 和表 2-9 显示全装置的热效率、㶲效率分别为 49.1%和 50.3%，两者十分接近。但两种分析方法所揭示的问题是有本质区别的。能量平衡法只揭示了

有形的能量损失，其中的㶲值只占总㶲损失损耗的20%，对于比例占80%的无形㶲损失即不可逆㶲损耗却一无所知。后者在㶲分析结果中则被清楚地揭示了出来。

② 从有形损失与无形损失的比较来看，依能量平衡法所示，能量损失主要产生于冷却水排放（蒸汽动力系统最大，其次是脱碳与冷冻工序）和废气排放（转化工序最大）。这些有形损失的能量数虽大，但其㶲值却很小；如冷却水排出的热值约为原料天然气与燃料天然气热值的1/3，而其㶲值却不到4%。现在大型氨厂对减少有形损失已采取了很多措施，如仍将注意力集中于此进行改进，将事倍功半。更值得重视的应是着力于采取措施减小不可逆㶲损耗这类无形的损失。

无形的损失是由于过程的不可逆性而引起的㶲损耗。因此，节能原则是降低过程的不可逆性。一是降低化学反应的不可逆程度，其中不可逆性最大的是燃烧反应（转化工序），同时降低可逆反应的活化能势垒——采用高效催化剂；二是降低传热过程的温差，温差大，不可逆性大；三是降低传质过程的浓度差，浓度差大，不可逆性大；四是降低动量传递过程的压差，压差大，不可逆性大。五是减少并优化单元过程，因为任何实际过程都是不可逆的。

③ 从有形损失看，最引人注目的是转化的排烟和散热损失。这两项损失的热值虽没有蒸汽动力系统冷却水排放的损失巨大，但其损失㶲值在有形㶲损失中却为最大，分别为4.71%和4.22%。可见加强烟道气的余热回收、加强转化炉保温是有现实意义的。

④ 从不可逆㶲损耗看，如按工序排序，最大在转化，其次是蒸汽动力系统、合成碳化；如果按引起损耗的原因，以转化的燃烧不可逆㶲损耗最大，比例高达31.19%，其次是传热过程和透平膨胀机和压缩机以及转化与合成的化学反应。因此，改进转化过程意义重大。

⑤ 从工序看，转化的有形㶲损失、无形㶲损失均很大，所占比例高达51.39%；其次是蒸汽动力系统，㶲损失比例占22.25%，热值损失则为全装置之最，占34.15%。因此，转化工序和蒸汽动力系统是节能的重点。转化的节能，力求在减少燃烧不可逆损耗、排烟损失、散热损失等方面下功夫，如前所述。具有与工艺紧密结合的、比较完善的蒸汽动力系统，是现代大型氨厂的一个重要特点，但流程长、设备多，必然导致能量损失增大，透平机的㶲损耗也不小。因此进一步完善蒸汽动力系统，对氨厂节能也是举足轻重的。因此，节能的途径是强化热量回收和降低动力（蒸汽）消耗。全装置的动力消耗11.49GJ/t，占吨氨总能耗的30%。提供动力目的是克服化学反应能垒和流体流动阻力，其节能的关键是催化剂和工艺。从表面看，能量损耗主要在转化工序，而实质上应在合成工序。因为占能耗的30%的动力消耗主要为合成工序服务。氢与氮的合成反应为放热反应，在常温、常压下可以合成为氨，除了以水及空气为原料制氨的过程必须消耗功外，其他各种原料制氨过程理论上都是可以对外做功的过程（表2-4）。就是为了跨越这一反应障碍，付出了多么大的代价，开发新型低温合成催化剂意义非同小可。如能实现低压，例如5.5MPa氨合成，高压蒸汽将节省一半。当然，蒸汽动力系统的改进与工艺过程的改进直接相关，不可能把它分割开来。

前述进行热力学分析的合成氨装置虽然是20年前所建并不是当前的低能耗制氨装置，但热力学分析结果的指导意义并不因此而失去。事实上，纵观近些年来的合成氨节能技术，都是沿着上述热力学分析指出的方向推进的，迄今并非已到尽头。节能的具体技术措施是多方面的，涉及生产方法、工艺流程的改进，设备结构的改进和强化，材质的改善，催化剂的改型及活性的提高，以及过程控制的优化等等，内容极其丰富。详情可参见有关专著的叙述。

总结以上两道例题，可见对有效能平衡和效率计算的主要步骤是：

a. 对过程进行物料衡算，以确定各流股的流率和组成；

b. 进行能量衡算，以确定单位时间功效应 W 和热流率 Q 以及各流股的温度和压力；

c. 选择各流股的组成、温度和压力，按上节及例题中给出的程序步骤，计算各流股的摩尔有效能 *EX*；

d. 计算各流股的有效能流率；

e. 进行过程的有效能平衡，计算有效能损耗率；

f. 选择适宜的效率表达方程式，计算过程的有效能效率。

对于化工过程进行有效能分析，可以分别针对一个单元过程或设备，或若干设备所组成的局部生产过程，或生产的全过程。很明显，对单元过程的有效能分析是对全过程进行有效能分析的基础。对全过程进行有效能分析，通过对流程中各单元过程或各部分的有效能效率的比较，可找出薄弱环节，提出需改进的轻重缓急与顺序。对不同流程（或设备）进行筛选或比较时，各自有效能损失大小或效率，可作为一个尺度供优化决策（设计优化决策）或推动技术革新。应用有效能分析，进行过程合成决策的应用与研究目前进展很快。更深入的探讨请查阅有关的参考文献。

2.5 科学用能的基本原则

任何能量系统或生产装置，只有遵循能量利用、转化和传递过程的基本规律，遵循科学用能的基本原则，才能合理用能、有效用能、节约用能。

2.5.1 最小外部㶲损失原则

外部㶲损失是排放与漏损，包括散热、散冷、不完全燃烧、冷却冷凝、摩擦等原因所引起的㶲损失，在设计和生产操作过程中都应力求减少。

这一原则是很容易被理解也是易于引起注意的原则。但造成外部㶲损失更深刻的根源，并不在于有形的漏损和流失，即有形损失本身，而是在于过程的不可逆性即热力学的不完善性所产生的无形损失，这往往不易于被人们所认知。例如，锅炉和透平机组的不可逆性减小了，冷凝器流失的能量也将减小；生产过程在热力学上的完善程度提高了，排烟损失㶲也就必然降低。因此，减小外部㶲损失应从改善过程、堵塞漏洞、加强回收三方面着手。

2.5.2 最佳推动力原则

过程不可逆会引起能量耗散从而导致㶲损耗。但一切实际过程又都是在一定的势差，如浓度差、温度差、压力差、化学位差等推动力下进行的不可逆过程。由过程速率的基本规律可知：质量传递速率 $r_m = k_m\Delta C$；热量传递速率 $r_R = k_R F\Delta t$；动量传递速率 $r_F = k_F\Delta p$；化学反应速率 $r_C = k_C\Delta\mu$。这四个速率表达式的形式类同，可通称为过程速率。由此可知，势差越大，过程的速率越大，不可逆性和㶲损耗也就越大。无论是传热、传质、化学反应还是流体流动，㶲损耗与推动力均成正比关系。

然而，传统的设计思想往往是以增大推动力的办法来提高过程速率，这虽然可以减少设备投资，但却付出了增大㶲损失费用和操作费用的代价。反之，如为了减少㶲损失费和操作费而采用过小的推动力，又必然增大设备投资。解决两者间存在的矛盾，出路是在一定的经济技术条件下，以既节㶲、又省钱、总费用最小为目标，通过系统工程优化的方法，寻求适宜的推动力；并且不断改进设备结构、材质、催化剂以及工艺过程力求在较小的推动力下获得更高的过程速率。

2.5.3 能级匹配原则

能级匹配原则也可称为能量梯级利用原则。供能与用能之间，应力求能级的彼此匹配，这是科学用能的核心。供应能量时，既应保证用户在数量上的需要，还应按质的需要供应，尽量减少因“大材小用”而造成的浪费。用户使用能量时，亦应按其能级的高低合理安排，如对高参数水蒸气应先做功而后供热等等。

2.5.4 优化利用原则

这是前三条原则的综合应用。合成氨及其他许多化工、石化产品的生产过程，既要消耗大量的能源以提供动力和热能，与此同时又有许多余热、余能放出。只有把工艺与蒸汽动力系统结合起来，按能级高低逐级回收余热、余能，减少能源消耗，又按能级高低合理使用能量，形成一个综合回收、综合用能的“总能系统”，才能做到优化用能。

【例 2-8】当代大型化工厂的设计特点为：一是装置的大型化；二是高度的热能综合利用，从而达到节约能源的目的。现代大型合成氨厂正是在上述原则指导下建立起来的一个总能系统，它是使能耗大幅度降低的重要原因之一；而且要进一步节能降耗，在相当程度上也依赖于总能系统的改进。

现代大型合成氨装置的余热回收及能量梯级利用技术在传统工业中具有典型的代表性。以天然气为原料的日产 1000t 或 1500t 合成氨厂为例，采用了下述一系列先进的措施来达到高度的热能综合利用。

① 采用先进的以天然气为燃料的燃气透平（9000～16400kW）直接驱动工艺空气压缩机，燃气透平排出的含 18% O_2 约 500℃的高温尾气，送入合成氨生产的一段转化炉作为辅助助燃空气，从而回收热量。最终的尾气含 3% O_2，以 130℃的温度排入大气。

② 将带有催化放热反应的二段转化炉、高温变换炉、氨合成塔等大型反应装置新产生的反应热生成的 440～1000℃的高温气体，在各反应器后的废热锅炉中副产 10～12MPa（绝压）的高压蒸汽，回收其大量高品位热量。而其中的低品位热量，利用脱盐水预热脱氧及锅炉给水预热，既回收了较难利用的低品位热量，又节省了冷却水耗量。

③ 在一段转化炉对流段配燃烧天然气的辅助高压锅炉，其烟气与一段转化炉辐射段排出的高温烟气共同利用于预热高压蒸汽至约 510℃，用于驱动蒸汽轮机及原料天然气的预热等。这些蒸汽轮机带动了合成氨生产用的大功率主机，如天然气压缩机、氨合成压缩机、氨压缩机及尿素生产用的 CO_2 压缩机。

④ 图 2-10 是大型合成氨装置余热回收、梯级利用及其动力系统示意图，在传统工业中具有典型的代表性。由图 2-10 可知，大型合成氨装置的工艺过程与蒸汽动力系统有机地结合在一起，整个工艺系统可以说就是一个能量综合利用系统。在余热回收系统中，它把工艺过程各个阶段可以回收利用的余热，特别是一些低位热能加以统筹安排，依据能级的高低、热量的多少，逐级预热锅炉给水，最后转变成高能级的高温高压蒸汽。在梯级利用方面，将蒸汽按压力分成 10.0MPa、3.9MPa、0.46MPa 等几个等级。10.0MPa 的高压蒸汽首先作为背压式汽轮机的动力，抽出部分 3.9MPa 的中压蒸汽作为转化工艺蒸汽用，其他 3.9MPa 的中压蒸汽仍作为动力用。0.46MPa 的低压蒸汽作加热、保温用，而透平冷凝液和工艺冷凝液的冷凝热也几乎得到全部回收，冷凝液返回锅炉给水系统，构成热力循环系统。表 2-10 所示为以天然气为原料的日产 1000t 合成氨厂的蒸汽平衡表，全装置蒸汽与动力消耗分布如表 2-11 所示。

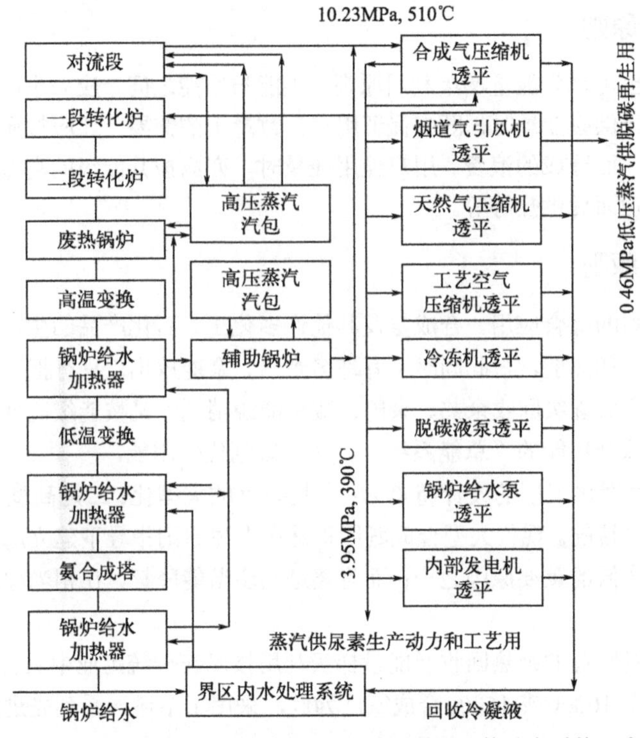

图 2-10　大型合成氨装置余热回收、梯级利用及其动力系统示意图

表 2-10　蒸汽发生系统能量平衡表

产汽系统	Q/(GJ/h)	EX(供)/(GJ/h)	EX(收)/(GJ/h)
脱碳（1107-C）	55.94	10.73	7.44
甲烷化余热（114-C）	36.30	15.25	13.98
合成余热（123-C）	101.19	40.52	33.58
高变余热（103-C）	25.24	13.94	12.38
二段炉废锅	219.92	149.57	115.30
辅助锅炉	115.10	141.26	56.6
锅炉给水预热段	59.49	30.19	25.86
过热段	126.23	84.70	65.30
小计	739.41	486.15	330.50
冷凝水回收	40.75	3.87	3.87
动力	3.34	3.34	3.34
合计	783.50	493.36	337.71

表 2-11　日产千吨大型合成氨装置蒸汽与动力消耗系统

汽动设备		用量	GJ/t	%
合成气压缩机	功率/kW 耗汽/(t/h) 压力/MPa 温度/℃	20750 230.5 10.23 510	6.21	53.08

续表

汽动设备		用量	GJ/t	%
工艺空气压缩机	功率/kW 耗汽/(t/h)	6800 35	1.93	16.50
天然气压缩机	功率/kW 耗汽/(t/h)	3210 125	0.91	7.78
制冷压缩机	功率/kW 耗汽/(t/h)	2610 15.8	0.74	6.32
脱碳溶液泵	功率/kW 耗汽/(t/h)	1340 19.3	0.38	3.25
烟道气引风机	功率/kW 耗汽/(t/h)	1040 8.25	0.3	2.56
锅炉给水泵	功率/kW 耗汽/(t/h)	2×910 12.4/7.74	0.52	4.44
发电机	功率/kW 耗汽/(t/h)	2500 14.8	0.71	6.07
合计	功率/kW 耗汽/(t/h)	40070 461.05	11.70	100

上述高度的热能综合利用，共生产出 198～270t/h 高压高温蒸汽，配以燃气透平一起驱动了合成氨-尿素装置的五台大功率主机，达到平稳操作，使合成氨-尿素大型联合装置的主要动力达到自给自足，每吨氨及尿素本身生产的电耗仅为 10～20kW・h（不包括循环冷却水）。这种高度综合利用工艺反应热的工厂被称为热动力-工艺工厂（Heat Power-Process Plant），是当代热能综合利用的典范，每吨合成氨的综合能耗仅为 27.63～28.9GJ，总能效高达 74.6%以上，同时期的一般火力发电厂仅为 30%～40%，即使现在的超超临界发电热效率也只有 40%～50%。因此合成氨装置是一座高效的能源转换装置。

以煤为原料年产 50 万吨的合成氨或年产 60 万吨的甲醇装置，在热能的高度综合利用方面也具有上述相同的特点。仅用煤烧出高压蒸汽代替了上述天然气辅助高压锅炉，此高压蒸汽亦与高温变换和合成塔后废热锅炉的副产蒸汽一并使用。

2.5.5　含碳资源合理有效利用原则

前面已经提到，节能、提效、减排在中国低碳能源战略中处于第一位，节能、提效是解决中国能源问题的根本出路。降低能耗，提高能效，节约能源，比开发能源更重要！

新型煤化工是以煤炭为基本原料（燃料）、碳化工技术为基础，以国家经济发展和市场急需的产品为方向，采用高新技术，优化工艺路线，充分注重环境友好，有良好经济效益的新兴产业。它包括了煤炭气化、煤炭焦化、煤炭液化（CTL）（直接和间接），煤制合成氨、煤制甲醇、煤制烯烃（MTO、MTP）、煤制代用天然气（SNG）、煤制二甲醚（DME）和煤制乙二醇（glycol）等技术，以及集煤转化、发电、冶金、建材等工艺为一体的煤化工联产和洁净煤技术。其中，煤制油、煤制烯烃和煤制天然气是最重要的三大方向。在各种原料中，焦炉气、煤层气和油田气的有效利用应该是首选。而清洁煤基能源化工体系应该优先发展高能效的、以先进的煤气化技术为龙头的联合循环系统（IGCC）。新型煤化工产业将迎来一个蓬勃发展的新时期，成为 21 世纪的高新技术产业的一个组成部分。

① 低碳排放原则。化石能源的碳排放系数高，其中以煤最高，为每吨标准煤 2.66 吨 CO_2；石油为每吨标准煤 2.02 吨 CO_2；天然气为每吨标准煤 1.47 吨 CO_2；生物质燃烧释放的碳相当

于植物生长所积聚的碳量；核能在浓缩和运输过程中有碳排放，但发电时不产生；通常水能、太阳能、海洋能发电不产生二氧化碳。

显然，可再生能源可降低碳排放。因此，我国在替代能源的战略安排上，不能主要盯着自己仅有的那些不可再生的资源，应把重点放在可再生的清洁低碳能源上。

② 氢/碳比相近原则。含碳能源用于制造运输燃料、石化原料和有机化学品时，是利用其含有的碳氢元素，通过不同的反应过程，形成新的、碳氢元素含量不同的化合物（表 2-12）。若含碳原料与产品的氢/碳原子比不同，碳氢元素的利用率和加工过程的成本有很大差异。利用含碳原料生产上述各种产品时，它们的氢/碳原子比越接近，加工过程越简单，投资和运行费用越低。因此，合理利用含碳能源应遵循氢/碳比相近原则。在含碳能源中，石油是最紧缺的优质能源，用于生产运输燃料、石化原料和有机化学品是最经济、最合理的。因此，石油应该保护性地只用于生产液体燃料和化工原料，而发电和民用宜用煤。显然，生物质用于发电也是不合理的，而生产合成氨最经济、最合理的原料是天然气。

表 2-12　含碳能源、运输燃料、石化原料及典型产品的氢/碳比

类别	名称	氢/碳原子比	氢/碳质量比/%
含碳能源	煤（烟煤）	0.82	8.38
	原油	1.92	16.01
	天然气	4.00	33.33
	生物质（多聚葡萄糖）	2.00	16.67
运输燃料	汽油、航煤、柴油	1.89～1.94	15.74～16.14
石化原料及典型石化产品	石脑油	2.14	17.95
	乙烯、丙烯、聚乙烯、聚丙烯	2.00	16.68
	对二甲苯	1.23	16.68
	丁二烯	1.50	12.50
	氨	只要氢	∞
发电	电能	0～任意	0～任意

③ 高能效优先原则。煤制油、甲醇、二甲醚，煤制合成气、煤制代用天然气（SNG）均可用作发动机的燃料。其中煤制合成气的能效较高（表 2-13）。天然气与合成气的混合燃气理论上同样可以驱动汽车。煤制合成气的热、电、蒸汽和氢气联合循环系统（integrated gasification combined cycle，IGCC）具有较高的能效。因此，大力发展先进的煤气化技术为龙头的联合循环发电系统（IGCC）应该是清洁煤基能源化工体系的首选技术。

表 2-13　能源产品热能利用率

能源产品	煤制油	煤制甲醇	煤制甲烷	煤制合成气	煤发电	合成气发电（IGCC）
热能利用率/%	26.9～28.6	28.4～50	53	82.5	36～40	60

2.6 综合能耗的计算

2.6.1 术语和定义

综合能耗计算涉及下列专业术语和定义。

耗能工质（energy-consumed medium）：在生产过程中所消耗的不作为原料使用、也不进入产品，在生产或制取时需要直接消耗能源的工作物质。

能量的当量值（energy calorific value）：按照物理学电热当量、热功当量、电功当量换算的各种能源所含实际能量。按国际单位制，折算系数为 1。

能量的等价值（energy equivalent value）：生产单位数量的二次能源或耗能工质所消耗的各种能源折算成一次能源的能量。

用能单位（energy consumption unit）：具有确定边界的耗能单位。

综合能耗（comprehensive energy consumption）：用能单位的统计报告期内实际消耗的各种能源实物量，按规定的计算方法和单位分别折算后的总和。

对企业，综合能耗是指统计报告期内，主要生产系统、辅助生产系统和附属生产系统的综合能耗总和。企业中主要生产系统的能耗量应以实测为准。

单位产值综合能耗（comprehensive energy consumption for unit output value）统计报告期内，综合能耗与期内用能单位总产值或工业增加值的比值。

产品单位产量综合能耗（comprehensive energy consumption for unit output value）：统计报告期内，用能单位生产某种产品或提供某种服务的综合能耗与同期该合格产品产量（工作量、服务量）的比值。产品单位产量综合能耗简称单位产品综合能耗。产品是指合格的最终产品或中间产品；对某些以工作量或原材料加工量为考核能耗对象的企业，其单位工作量、单位原材料加工量的综合能耗的概念也包括在本定义之内。

产品单位产量可比综合能耗（comparable comprehensive energy consumption for unit output of product）：为在同行业中实现相同最终产品能耗可比，对影响产品能耗的各种因素加以修正所计算出来的产品单位产量综合能耗。

2.6.2　综合能耗计算的能源种类和计算范围

① 能源种类。综合能耗计算的能源指用能单位实际消耗的各种能源，包括：一次能源，主要包括原煤、原油、天然气、水力、风力、太阳能、生物质能等；二次能源，主要包括洗精煤、其他洗煤、型煤、焦炭、焦炉煤气、其他煤气、汽油、煤油、柴油、燃料油、液化石油气、炼厂干气、其他石油制品、其他焦化制品、热力、电力等。

耗能工质消耗的能源也属于综合能耗计算种类。耗能工质主要包括新水、软化水、压缩空气、氧气、氮气、氢气、乙炔、电石等。

综合能耗计算包括的能源种类，应满足填报国家能源统计报表的要求。各种能源不得重计、漏计。能源的计量应符合 GB 17167—2006 的要求。

② 计算范围。指用能单位生产活动过程中实际消耗的各种能源。对企业，包括主要生产系统、辅助生产系统和附属生产系统用能以及用作原料的能源。能源及耗能工质在用能单位内部储存、转换及分配供应（包括外销）中的损耗，也应计入综合能耗。

2.6.3　综合能耗的分类与计算方法

综合能耗分为四种，即综合能耗、单位产值综合能耗、产品单位产量综合能耗、产品单位产量可比综合能耗。

① 综合能耗按式（2-85）计算：

$$E=\sum_{i=1}^{n}\left(e_i p_i\right) \tag{2-85}$$

式中　E——综合能耗；

n——消耗的能源品种数；

e_i——生产和服务活动中消耗的第 i 种能源实物量；

p_i——第 i 种能源的折算系数，按能量的当量值或能源等价值折算。

② 单位产值综合能耗按式（2-86）计算：

$$eg = E/G \tag{2-86}$$

式中　eg——单位产值综合能耗；

G——统计报告期内产出的总产值或增加值。

③ 某种产品（或服务）单位产量综合能耗按式（2-87）计算：

$$E_j = e_j/P_j \tag{2-87}$$

式中　E_j——第 j 种产品单位产量综合能耗；

e_j——第 j 种产品的综合能耗；

P_j——第 j 种产品合格产品的产量。

对同时生产多种产品的情况，应按每种产品实际耗能量计算；在无法分别对每种产品进行计算时，折算成标准产品统一计算，或按产量与能耗量的比例分摊计算。

④ 产品单位产量可比综合能耗只适用于同行业内部对产品能耗的相互比较之用，计算方法应在专业中和相关的能耗计算办法中，由各专业主管部门予以具体规定。

2.6.4 各种能源折算标准煤的原则

不同能源的实物量是不能直接进行比较的。由于各种能源都有一种共同的属性，即含有能量，且在一定条件下都可以转化为热。为了便于对各种能源进行计算、对比和分析，我们可以首先选定某种统一的标准燃料作为计算依据，然后通过各种能源实际含热值与标准燃料热值之比，即能源折算系数，计算出各种能源折算成标准燃料的数量。一般统一规定的标准燃料分别为标准煤和标准油两种。

标准油又称油当量（oil equivalent）是指按照标准油的热当量值计算各种能源量时所用的综合换算指标。与标准煤相类似，到目前为止，国际上还没有公认的油当量标准。中国采用的油当量（标准油）热值为 41.87MJ（10000kcal/kg），联合国按 42.62MJ 计算，常用单位有标准油（toe）和桶标准油（boe）。例如，1 升（liter）柴油= 0.9778 油当量，1 升车用汽油= 0.8667 油当量，1 吨油当量= 1.4286 吨标准煤。

我国一般采用标准煤为基准，并规定：

① 计算综合能耗时，各种能源折算为一次能源的单位为标准煤当量。

② 用能单位实际消耗的燃料能源应以其低（位）发热量（即㶲值）为计算基础折算为标准煤量。低（位）发热量等于 29307 千焦（kJ）的燃料，称为 1 千克标准煤（1kgce）。

③ 用能单位外购的能源和耗能工质，其能源折算系数可参照国家统计局公布的数据；用能单位自产的能源和耗能工质所消耗的能源，其能源折算系数可根据实际投入产出自行计算。

④ 当无法获得各种燃料能源的低（位）发热量实测值和单位耗能工质的耗能量时，可参照表 2-14 和表 2-15。表 2-14 和表 2-15 的内容选自 2020 年发布实施的中华人民共和国国家标准 GB/T 2589—2020，规定了各种能源折算标准煤的原则，对燃料、二次能源、耗能工质的平均低热值、平均等价热值作了统一规定。

因此，综合能耗以能源及耗能工质的平均低热值、平均等价热值折算为标准煤（1kgce）来评价。

表 2-14　各种能源折标准煤参考系数

<table>
<tr><th colspan="2">能源名称</th><th>平均低位发热量</th><th>折标准煤系数</th></tr>
<tr><td colspan="2">原煤</td><td>20908kJ/kg(5000kcal/kg)</td><td>0.7143kgce/kg</td></tr>
<tr><td colspan="2">洗精煤</td><td>26344kJ/kg(6300kcal/kg)</td><td>0.7143kgce/kg</td></tr>
<tr><td rowspan="2">其他洗煤</td><td>洗中煤</td><td>8363kJ/kg(2000kcal/kg)</td><td>0.7143kgce/kg</td></tr>
<tr><td>煤泥</td><td>(8363～12545)kJ/kg，(2000～3000)kcal/kg</td><td>(0.2857～0.4286)kgce/kg</td></tr>
<tr><td colspan="2">焦炭</td><td>28435kJ/kg(6800kcal/kg)</td><td>0.9714kgce/kg</td></tr>
<tr><td colspan="2">原油</td><td>41816kJ/kg(10000kcal/kg)</td><td>1.4286kgce/kg</td></tr>
<tr><td colspan="2">燃料油</td><td>41816kJ/kg(10000kcal/kg)</td><td>1.4286kgce/kg</td></tr>
<tr><td colspan="2">汽油</td><td>43070kJ/kg(10300kcal/kg)</td><td>1.4714kgce/kg</td></tr>
<tr><td colspan="2">煤油</td><td>43070kJ/kg(10300kcal/kg)</td><td>1.4714kgce/kg</td></tr>
<tr><td colspan="2">柴油</td><td>42652kJ/kg(10200kcal/kg)</td><td>1.4571kgce/kg</td></tr>
<tr><td colspan="2">煤焦油</td><td>33453kJ/kg(8000kcal/kg)</td><td>1.1429kgce/kg</td></tr>
<tr><td colspan="2">渣油</td><td>41816kJ/kg(10000kcal/kg)</td><td>1.4286kgce/kg</td></tr>
<tr><td colspan="2">液化石油气</td><td>50179kJ/kg(12000kcal/kg)</td><td>1.7143kgce/kg</td></tr>
<tr><td colspan="2">炼厂干气</td><td>46055kJ/kg(11000kcal/kg)</td><td>1.5714kgce/kg</td></tr>
<tr><td colspan="2">油田天然气</td><td>38931kJ/m^3(93100kcal/m^3)</td><td>1.3300kgce/m^3</td></tr>
<tr><td colspan="2">气田天然气</td><td>35544kJ/m^3(8500kcal/m^3)</td><td>1.2143kgce/m^3</td></tr>
<tr><td colspan="2">煤矿瓦斯气</td><td>(14636～16726)kJ/m^3，(3500～4000)kcal/m^3</td><td>(0.5000～0.5714)kgce/m^3</td></tr>
<tr><td colspan="2">焦炉煤气</td><td>(16726～17981)kJ/m^3，(4000～4300)kcal/m^3</td><td>(0.5714～0.6143)kgce/m^3</td></tr>
<tr><td colspan="2">高炉煤气</td><td>3763kJ/m^3</td><td>0.1286kgce/m^3</td></tr>
<tr><td rowspan="6">其它煤气</td><td>a）发生炉煤气</td><td>5227kJ/kg(8000kcal/m^3)</td><td>0.1786kgce/m^3</td></tr>
<tr><td>b）重油催化裂解煤气</td><td>19235kJ/kg(8000kcal/m^3)</td><td>0.6571kgce/m^3</td></tr>
<tr><td>c）重油热裂解煤气</td><td>35544kJ/kg(8000kcal/m^3)</td><td>1.2143kgce/m^3</td></tr>
<tr><td>d）焦炭制气</td><td>16308kJ/kg(8000kcal/m^3)</td><td>0.5571kgce/m^3</td></tr>
<tr><td>e）压力气化煤气</td><td>15054kJ/kg(8000kcal/m^3)</td><td>0.5143kgce/m^3</td></tr>
<tr><td>f）水煤气</td><td>10454kJ/kg(8000kcal/m^3)</td><td>0.3571kgce/m^3</td></tr>
<tr><td colspan="2">粗苯</td><td>41816kJ/kg(10000kcal/kg)</td><td>1.4286kgce/kg</td></tr>
<tr><td colspan="2">热力（当量值）</td><td>—</td><td>0.03412kgce/MJ</td></tr>
<tr><td colspan="2">电力（当量值）</td><td>3600kJ/(kW·h)[860kcal/(kW·h)]</td><td>0.1229kgce/(kW·h)</td></tr>
<tr><td colspan="2">电力（等价值）</td><td>按当年火电发电标准煤耗计算</td><td></td></tr>
<tr><td colspan="2">蒸汽（低压）</td><td>3763MJ/t(900kcal/t)</td><td>0.1286kgce/kg</td></tr>
<tr><td colspan="2">合成弛放气</td><td>10.0MJ/m^3</td><td>0.3417kgce/m^3</td></tr>
</table>

表 2-15　耗能工质能源等价值

品种	单位耗能工质耗能量	折标准煤系数
新水	2.51MJ/t(600kcal/t)	0.0857kgce/t
软水	14.23MJ/t(3400kcal/t)	0.4857kgce/t
除氧水	28.45MJ/t(6800kcal/t)	0.9714kgce/t
压缩空气	1.17MJ/m^3(280kcal/m^3)	0.0400kgce/m^3
鼓风	0.88MJ/m^3(210kcal/m^3)	0.0300kgce/m^3
氧气	11.72MJ/m^3(2800kcal/m^3)	0.4000kgce/m^3
氮气（作副产品时）	11.72MJ/m^3(2800kcal/m^3)	0.4000kgce/m^3
氮气（作主产品时）	19.66MJ/m^3(4700kcal/m^3)	0.6714kgce/m^3
二氧化碳气	6.28MJ/m^3(1500kcal/m^3)	0.2143kgce/m^3
乙炔	243.67MJ/m^3	8.3143kgce/m^3
电石	60.92MJ/kg	2.0786kgce/kg

【例 2-9】合成氨生产的原料和燃料都是能源，而液氨也是一种高能燃料，它的热值为21.29GJ/t，㶲值为20.11GJ/t。合成氨生产过程的实质是一种燃料的化学能转化为另一种燃料的化学能的能量转化过程，而且每年消耗能源占全国能源消耗总量的 3%左右。因此，合成氨装置是一座特大型的能源转换装置。国家为此发布《高耗能行业重点领域节能降碳改造升级实施指南（2022 年版）》，见表 2-16。至 2020 年底，我国合成氨行业能效优于标杆水平的产能约占7%，能效低于基准水平的产能约占 19%。到 2025 年，标杆水平以上产能比例达到 15%，能效基准水平以下产能基本清零，行业节能降碳效果显著，绿色低碳发展能力大幅增强。

表 2-16　合成氨行业单位产品综合能效标杆水平和基准水平

原料	优质无烟块煤	非优质无烟块煤、型煤	粉煤	天然气
标杆水平/(kgce/t)	1100(32.2GJ)	1200(35.2GJ)	1350(39.6GJ)	1000(29.3GJ)
基准水平/(kgce/t)	1350(39.6GJ)	1520(44.5GJ)	1550(45.4GJ)	1200(35.2GJ)

注：1 千克标准煤（1kgce）相当于 29.307 兆焦（GJ）。

（1）合成氨综合能耗（the comprehensive energy consumption of synthetic ammonia）计算公式

合成氨综合能耗等于合成氨生产过程中所输入的各种能量减去向外输出的各种能量，按式（2-88）计算：

$$E=\sum_{i=1}^{n}(E_i k_i)-\sum_{j=1}^{q}(E_j k_j) \tag{2-88}$$

式中　E——合成氨综合能耗，单位为吨标准煤（tce）；

E_i——生产过程中输入的第 i 种能源实物量，单位为吨（t）或千瓦时（kW・h）或立方米（m^3）；

k_i——输入的第 i 种能源的折标准煤系数，单位为吨标准煤每千瓦时[tce/（kW・h）]或吨标准煤每吨（tce/t）或吨标准煤每立方米（tce/m^3）；

n——输入的能源种类数量；

q——输出的能源种类数量；

E_j——输出的第 j 种能源实物量，单位为吨（t）或千瓦时（kW・h）或立方米（m^3）；

K_j——输出的第 j 种能源的折标准煤系数，单位为吨标准煤每千瓦时[tce/（kW・h）]或吨标准煤每吨（tce/t）或吨标准煤每立方米（tce/m^3）。

（2）合成氨单位产品综合能耗（the comprehensive energy consumption per unit product of synthetic ammonia）计算公式

合成氨单位产品综合能耗等于报告期内合成氨综合能耗除以报告期内合成氨产量，按式（2-89）计算：

$$e=\frac{E}{M} \tag{2-89}$$

式中　e——合成氨单位产品综合能耗，单位为吨标准煤每吨（tce/t）；

E——报告期内合成氨综合能耗，单位为吨标准煤（tce）；

M——报告期内合成氨产量，单位为吨（t）。

（3）各种能源（天然气、煤、电、蒸汽）的热值应按 GB/T 2589 综合能耗计算通则折算为统一的计量单位——标准煤，各种能源折标准煤系数以企业在报告期内实测的热值计算为准。煤和天然气等发热量测定方法按 GB/T 123 和 GB/T 11062 执行。

根据式（2-88）和式（2-89）计算，某年产 18 万吨合成氨装置的合成氨综合能耗和单位产品综合能耗如表 2-17 所示。

表 2-17　以煤为原料的某年产 18 万吨合成氨装置的能耗表（以吨氨计）

序号	项目	单位	消耗定额	单位能耗/×10^6kJ	折能耗/×10^6kJ	折标准煤/kgce
	输入的能源种类					
1	原料煤（入炉干煤）	t	1.42	28.42	40.3564	1377.0
2	新鲜水	t	2.92	0.00251	0.0073	0.25
3	循环水	t	470.2	0.00251	1.1800	40.26
4	脱盐水	t	357	0.0142	0.0507	1.73
5	3.82MPa、450℃蒸汽	t	4.44	3.302	14.6609	500.25
6	电	kW·h	397	0.01184	4.7005	160.39
	小计				60.9558	2079.88
	输出的能源种类（副产品）					
1	3.82MPa、250℃蒸汽	t	1.75	–2.85	–4.9875	–170.18
2	1MPa、185℃蒸汽	t	1.14	2.775	–3.1635	–107.94
3	硫黄	kg	4.59	–0.023	–0.1056	–3.60
4	蒸汽冷凝液	t	3.23	–0.623	–2.0123	–68.66
5	外供热量	kJ		–1.099	–1.099	–37.50
6	燃料气	m^3	34.12	–1.416	–1.416	–48.32
	小计				–12.7839	–436.20
	单位产品综合能耗				48.1719	1643.68

参考文献

[1] 金涌, [荷兰] Jakob de Swaan Arons 编著. 资源·能源·环境·社会——循环经济科学工程原理. 北京: 化学工业出版社, 2009.

[2] 沈浚, 朱世勇, 冯孝庭主编. 化肥工学丛书——合成氨. 北京: 化学工业出版社, 2001.

[3] 于遵宏, 朱炳辰, 沈才大等编著. 大型合成氨厂工艺过程分析. 北京: 中国石化出版社, 1993.

[4] エネルギ一变换懇话会编. エネルギ一利用工学. 东京: オ一ム社, 1984.

[5] 王静康主编, 伍宏业主审. 普通高等教育“十五”国家级规划教材化工过程设计（化工设计第二版）. 北京: 化学工业出版社, 2006.

[6] 山东大学印永嘉, 奚正楷, 北京师范大学李大珍编. 高等学校教材物理化学简明教程（第三版）. 北京: 高等教育出版社, 2006.

[7] 陈新志, 蔡振云, 钱超编著. “十二五”普通高等教育本科国家级规划教材面向 21 世纪课程教材化工热力学. 第 4 版. 北京: 化学工业出版社, 2015.

习题

2-1　以乙炔和氯化氢为原料制取氯乙烯的生产过程的反应式为：$C_2H_2 + HCl \longrightarrow CH_2{=}CHCl$。试求此过程的焓变（$\Delta H$）和理想功（$IW$）和产品氯乙烯的理论能耗（$EX$）。

2-2　选择 T_0=298.15K 和 p_0=101.3kPa 的液态水为基准物，试求 CH_4 的标准化学有效能。

2-3　我国 2012 年消费能源实物量分别为：煤炭 380033.2 万吨；石油 47864.7 万吨；电力 54204.1 亿千瓦时；天然气 1463.2 亿立方米；液化石油气 2496.0 万吨。试分别折算为标准煤和标准油的量。

2-4　试对一个锅炉系统（图 2-11）进行有效能分析并计算过程的有效能损失量、热力学第二定律效率、产品（水蒸气）的热力学第二定律效率。已知燃料气和烟道气成分见表 2-18。

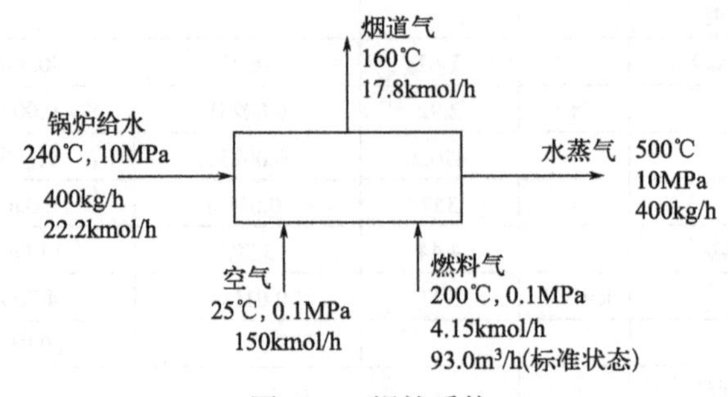

图 2-11　锅炉系统

表 2-18　燃料气和烟道气的成分

燃料气		烟道气	
组分	摩尔分数	组分	摩尔分数
H_2	0.660	N_2	0.718
N_2	0.210	H_2O（气）	0.210
CH_4	0.090	O_2	0.051
NH_3	0.040	CO_2	0.021

各气体的 C_p 方程式 $C_p = a + bT$（忽略第三项）中的常数 a、b 值可从有关手册中查取。

第三章
压缩和冷冻热力学基础

工业生产过程中压缩与冷冻操作有着广泛的应用。本章着重从热力学原理出发，分析这些过程的特征与规律，并通过基本的热力学计算，定量考察各压缩过程、冷冻过程中的能量转化的数量关系，从而根据工艺要求以及能量转化最佳，合理安排这些过程。

3.1 气体的压缩

气体的压缩对实现流体的输送，提供适当的压力以适应化学反应和分离过程的进行都有着重要的作用。压缩是工业生产过程中的一道重要的工序，如大型合成氨与尿素联产过程中原料气的压缩、合成气的压缩、循环气的压缩、氨气的压缩、工艺空气和 CO_2 的压缩以及空气液化装置中空气的压缩等等都涉及压缩过程。

3.1.1 气体压缩的基本原理

压缩机的类型可分为两大类。一类为直接对气体做功，使其容积缩小而实现压缩，它以活塞式压缩机[图 3-1(a)]为代表。这类压缩机的活塞往复吸气、压缩、排气，故处于间歇工作状态。另一类为消耗外功使叶轮转动，推动气体并提高其动能，然后再经扩压管使气流的动能转变为压力能，实现气体的压缩。这类压缩机为离心式压缩机[图 3-1(b)]或轴流式压缩机[图 3-1(c)]，气体是被连续压缩的。活塞式与叶轮式压缩机的能量转换方式虽不同，但是热力学过程的本质是一样的，均为气体的压缩过程，所不同的只是叶轮式压缩过程发生于扩压管，而活塞式压缩过程则发生于气缸。

随着离心式压缩机理论和制造技术的发展，它得到了广泛的应用。鉴于它能采用蒸汽透平直接驱动，促进了工厂余热的充分利用，有利于节能。例如，目前大型合成氨厂的往复式压缩机已完全被离心式压缩机所取代。

压缩气体时，无论用何种类型的压缩机，气体一般都可看作是稳定地流经压缩机。即使是活塞式压缩机，流经压缩机的气体是间歇性的循环变化，但当循环频率很高即间歇时间极短时，进、排气实质上已近乎连续。再说，压缩机的进、排气处均有足够大的贮气空间，如图 3-1(a)中的进气、排气贮气筒（或为环境），这就能维持各进、出口截面（1-1、2-2）处气体连续而稳定，从而可作为稳定流动处理。

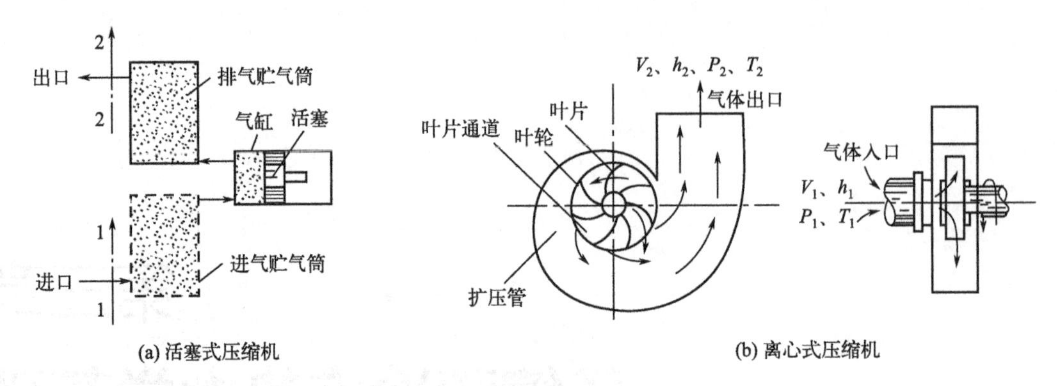

(a) 活塞式压缩机　　(b) 离心式压缩机

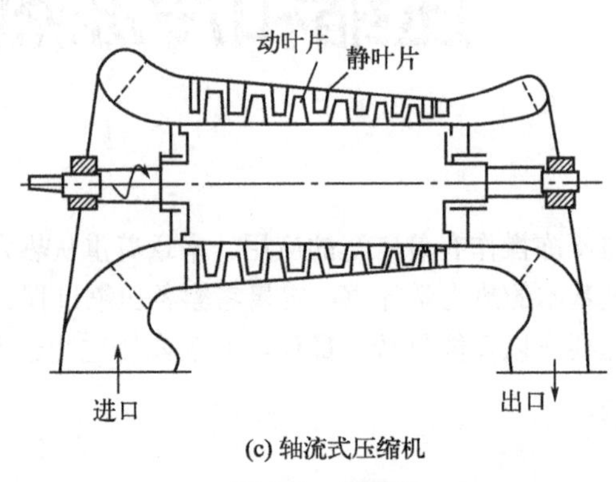

(c) 轴流式压缩机

图 3-1　压缩机

第一章已经讨论了敞开体系稳流过程热力学第一定律数学表达式（1-21）：

$$\Delta H+\frac{1}{2}\Delta u^2+g\Delta Z=Q-W_s \tag{3-1}$$

式（3-1）又称稳流过程总能量方程式，该式无论对可逆或不可逆过程均适用。式中各项只表示单位质量流体（如 1kg）的能量。具体计算时要注意处理量的多少并取统一的能量单位。

对于敞开体系流体的压缩（或膨胀）过程、热交换过程、节流过程等，流体在过程前后的动能变化、位能变化通常可以忽略不计而不影响工程计算的结果。故式（3-1）可简化为

$$\Delta H=Q-W_s \tag{3-2}$$

式（3-2）表明，焓变是敞开体系与环境进行热、功交换的净结果。工程上进行能量衡算，焓比热力学能更重要。根据体系的焓变可以方便地计算出稳流过程中敞开体系与环境交换的热量和轴功，且不必考虑是否为理想气体或过程是否可逆，式（3-2）均适用。

3.1.2　可逆轴功的定义式

众所周知，封闭系统的可逆压缩（或膨胀）功为

$$W=-\int p\mathrm{d}V \tag{3-3}$$

但敞开系统的可逆压缩（或膨胀）轴功与此不同，推导如下。

根据物理化学中热力学基本能量关系式，有

$$\mathrm{d}H=T\mathrm{d}S+V\mathrm{d}p$$

积分上式，得

$$\Delta H=\int_{S_1}^{S_2}T\mathrm{d}S+\int_{p_1}^{p_2}V\mathrm{d}p$$

式中，$\int_{S_1}^{S_2} T\mathrm{d}S$ 即为可逆过程中系统与环境交换的热量 Q_r，则上式可写成

$$\Delta H = Q_r + \int_{p_1}^{p_2} V\mathrm{d}p$$

对于可逆过程，式（3-2）可写成

$$\Delta H = Q + W_s(r)$$

对照上述两式，得

$$W_s(r) = -\int_{p_1}^{p_2} V\mathrm{d}p \tag{3-4}$$

式（3-4）即为可逆轴功的定义式。对于压缩过程，则环境消耗最小轴功；对于膨胀过程，则系统产生最大轴功。

实际使用时，要当心式（3-3）与式（3-4）混淆，前者指封闭系统的可逆膨胀功，后者指工程上敞开系统的可逆轴功。

式（3-4）说明，可逆压缩功除了与压力的变化有关之外，还与体积 V 密切有关。压缩比（p_2/p_1）越大，压缩功也越大。除此之外，一切能使 V 减小的因素都能导致压缩功减小。如果温度降低，气体体积 V 将随之减小，使压缩功减小。为此，压缩过程应使气体温度尽可能低一些。

气体的体积还和压力有关，压力较高时，气体体积较小，反之，体积就大。因此，在不同初压下，压缩每千摩尔的气体，即使产生相同的压差，其可逆轴功 $\int_{p_1}^{p_2} V\mathrm{d}p$ 的数值也是不同的。比较起来，初压较高的情况功耗要小得多，这就是多段压缩机高压段压缩缸可以允许较大压差的一个重要原因。由此可知，式（3-2）和式（3-4）两个方程都可用来计算可逆功。但是，气体的压缩过程通常有三种情况，即等温压缩、绝热压缩和多变压缩，三者功耗各不相同。计算轴功时，可根据具体情况，选择式（3-2）或式（3-4）之一，以达到方便计算的目的。

3.1.3　理想气体的等温、绝热、多变压缩过程

3.1.3.1　等温压缩过程

从式（3-4）知，可逆压缩轴功可表示为

$$W_s(r) = -\int_{p_1}^{p_2} V\mathrm{d}p$$

在压缩时，总希望压缩功耗尽可能少些，则必须使比体积减小。为此，实行冷却（使热量不断地由体系传向环境）是有效方法。若在压缩过程中，冷却进行得很充分，则可以达到等温压缩的操作条件。凡是气体温度保持不变的压缩过程称为等温过程，过程方程为

$$T = \text{常数}$$

由于 $p_1V_1/T_1 = p_2V_2/T_2$，当 T=常数，即 $T_1 = T_2$ 时，得 $p_1V_1 = p_2V_2$ 或 pV=常数。可见，温度不变时，气体的压力与比体积的乘积为常数。

等温压缩过程在 p-V 图上为一等边双曲线[图 3-2(a)]。由于温度不变，当气体被压缩即比体积减小时，压力增加，过程曲线 1-2 线向左上方延伸。在 T-S 图上其过程线 1-2 为一平行于 S 轴的水平线[图 3-2(b)]，压缩过程中熵值减小。

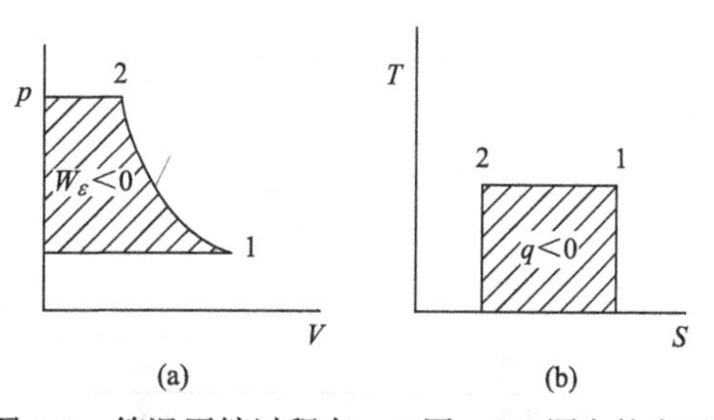

图 3-2　等温压缩过程在 p-V 图、T-S 图上的表示

等温压缩过程的可逆轴功可按式（3-4）计算：

$$W_s(r)=-\int_{p_1}^{p_2}V\mathrm{d}p=-RT\ln\frac{p_2}{p_1}=RT\ln\frac{V_2}{V_1} \tag{3-5}$$

气体由冷却移去的热量可通过热力学第一定律式（3-2）

$$\Delta H=Q_r-W_s(r)$$

来计算。鉴于理想气体等温过程 $\Delta H=0$，故得

$$Q_r=W_s(r)=RT\ln\frac{p_1}{p_2}=RT\ln\frac{V_2}{V_1} \tag{3-6}$$

上式表明，理想气体可逆等温压缩时，由环境移走的热量在数值上恰好等于环境所消耗的轴功。考虑到 $Q_r=T\Delta S$，则 Q_r 还可以由图 3-2(b)的阴影面积来表示。

3.1.3.2 绝热压缩过程

体系与环境之间没有热交换的过程称为绝热压缩过程。工业上的压缩过程比较接近于绝热压缩。根据物理化学知识，绝热压缩的过程方程：

$$pV^k=常数 \tag{3-7a}$$

因此，绝热过程初、终态参数间的关系为

$$\frac{p_2}{p_1}=\left(\frac{V_1}{V_2}\right)^k \tag{3-7b}$$

以 $pV=RT$ 代入上式，消去 p_2、p_1 后得

$$\frac{T_2}{T_1}=\left(\frac{V_1}{V_2}\right)^{k-1} \tag{3-7c}$$

消去上式中的 V_1、V_2，得

$$\frac{T_2}{T_1}=\left(\frac{p_2}{p_1}\right)^{\frac{k-1}{k}} \tag{3-7d}$$

式中，$k=C_p/C_V$，称为绝热指数。

绝热指数 k 与气体的性质有关，严格说与温度也有关，但在粗略的计算中，理想气体的 k 值可分以下几种情况：

单原子气体：$k=1.667$

双原子气体：$k=1.40$

三原子气体：$k=1.333$

在常压下几种气体的 k 值见表 3-1。

表 3-1　某些气体的绝热指数 k 值

名称	k	名称	k
氩	1.66	水蒸气	1.3（过热水蒸气）
氢	1.407		1.135（饱和水蒸气）
氧	1.40	氨	1.29
氮	1.40	空气	1.40
一氧化碳	1.40	甲烷	1.308
二氧化碳	1.30	乙烷	1.193
二氧化硫	1.25	丙烷	1.133

混合气体的 k 值可按下式计算：

$$\frac{1}{k-1}=\sum_i \frac{y_i}{k_i-1} \tag{3-8}$$

式中　k——混合气体的绝热指数；

k_i——混合气体中组分 i 的绝热指数；

y_i——混合气体中组分 i 的摩尔分数。

绝热压缩过程在 p-V 图和 T-S 图上的表示如图 3-3 所示。

对于可逆绝热过程：$\mathrm{d}S=\frac{\mathrm{d}Q}{T}=0$，即 $S_2=S_1=$常数。故可逆绝热过程又称为等熵过程。它在 T-S 图上是一垂直于 S 轴的直线，1-2 线表明可逆绝热压缩温度上升。

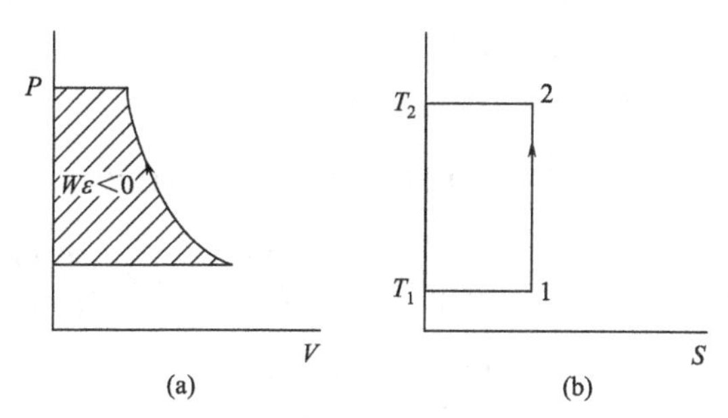

图 3-3　可逆绝热压缩过程在 p-V 图、T-S 图上的表示

理想气体绝热压缩过程的可逆轴功可根据 $W_s(r)=-\int V\mathrm{d}p$ 及过程方程 $pV^k=$ 常数求出，即

$$W_s(r)=-\int V\mathrm{d}p=\frac{k}{k-1}R(T_1-T_2)=\frac{k}{k-1}p_1V_1\left[1-\left(\frac{p_2}{p_1}\right)^{\frac{k-1}{k}}\right] \tag{3-9}$$

3.1.3.3　多变压缩过程

考虑到气体在压缩机内的实际过程与经典的等温过程或绝热过程都有一定的偏差，因此必须用一种更一般的但仍然按一定规律而变化的过程——多变过程来描述实际压缩过程。多变过程的过程方程可仿效绝热过程方程的形式，写成：

$$pV^m=\text{常数} \tag{3-10}$$

式中，m 为多变指数。在不同的多变过程中 m 为不同的常数。严格来说，实际过程 m 是一个变数，只是在相距不太远的任意两状态之间，m 可近似看作常数。例如，有任意相邻两状态 1 和 2，将式（3-10）即 $p_1V_1^m=p_2V_2^m$ 的两边取对数，可得：

$$\ln p_1+m\ln V_1=\ln p_2+m\ln V_2$$

故

$$m=\frac{\ln p_1-\ln p_2}{\ln V_2-\ln V_1} \tag{3-11}$$

即如果知道两状态的压力、比体积，就可求出两状态间的多变指数 m。

多变指数 m 与绝热指数 k 不同，它不仅随气体的种类而变化，而且还与设备的结构有关。对离心式压缩机来说，由于缸体难以散热，往往 $m>k$。而对于往复式压缩机，则由于缸体的散热，温升比理论绝热压缩低，故 $m<k$。

显然，多变过程中的初、终态参数间的关系及轴功的计算式在形式上均与绝热压缩过程的公式相同，只是以 m 值代替式（3-7）、式（3-9）中相应的 k 值即可。分列如下：

$$\frac{p_2}{p_1}=\left(\frac{V_1}{V_2}\right)^m,\quad \frac{T_2}{T_1}=\left(\frac{V_1}{V_2}\right)^{m-1},\quad \frac{T_2}{T_1}=\left(\frac{p_2}{p_1}\right)^{\frac{m-1}{m}} \tag{3-12}$$

$$W_s=\frac{m}{m-1}R(T_1-T_2)=\frac{m}{m-1}p_1V_1\left[1-\left(\frac{p_2}{p_1}\right)^{\frac{m-1}{m}}\right] \tag{3-13}$$

【例 3-1】 将初态压力为 0.09807MPa、温度为 30℃的 1kg 空气，分别采用可逆等温压缩、等熵压缩和多变压缩，并压缩到原来体积的 $\frac{1}{5}$，若热容为定值，分别求三种压缩的终态压力 p_2、所需轴功 W_s（r）、压缩过程放出的热量 Q 以及空气的焓变 ΔH。

解：（1）可逆等温压缩

终温：$T_2=T_1=273+30=303(\text{K})$

终压：$p_2=\frac{p_1V_1}{V_2}=0.09807\times5=0.4904\ (\text{MPa})$

轴功：$W_s(r)=-RT\ln\frac{p_2}{p_1}=-\frac{8.314}{29}\times303\times\ln\frac{0.4904}{0.09807}=-139.8(\text{kJ/kg})$

热量：$Q_r=W_s(r)=-139.8(\text{kJ/kg})$

焓变：ΔH=0（因看作理想气体）

（2）等熵压缩

空气可按双原子分子处理，绝热指数 $k=1.40$，于是

终压：$p_2=p_1\left(\frac{V_1}{V_2}\right)^k$=0.09807×$5^{1.4}$=0.9335(MPa)

终温：$T_2=T_1\left(\frac{V_1}{V_2}\right)^{k-1}$=303×$5^{0.4}$=576.8(K)

轴功：$W_s(r)=\frac{k}{k-1}R(T_1-T_2)=\frac{1.4}{1.4-1}\times\frac{8.314}{29}\times(303-576.8)=-274.7(\text{kJ/kg})$

热量：$Q_r=0$

焓变：$\Delta H=Q_r-W_s(r)=0-(-274.7)=274.7(\text{kJ/kg})$

（3）多变压缩

由于已知 m=1.5，则

终压：$p_2=p_1\left(\frac{V_1}{V_2}\right)^m$=0.09807×$5^{1.5}$=1.096(MPa)

终温：$T_2=T_1\left(\frac{V_1}{V_2}\right)^{m-1}$=303×$5^{0.5}$=677.5(K)

轴功：$W_s(r)=\frac{m}{m-1}R(T_1-T_2)=\frac{1.5}{1.5-1}\times\frac{8.314}{29}\times(303-677.5)=-322(\text{kJ/kg})$

热量：$Q=0$

焓变：$\Delta H=Q-W_s=-W_s=322(\text{kJ/kg})$

由计算结果可知，在离心压缩机中进行多变压缩过程，由于缸体无法散热，故终温、终压及所消耗轴功均比等温压缩和绝热压缩过程高。当初态（p_1、V_1、T_1）及终态 V_2 相同的情况下，纵观离心压缩机的等温压缩过程、绝热压缩过程及多变压缩过程，则多变压缩过程功耗最多，绝热压缩过程次之，等温压缩过程功耗最省。所以，在工程上为了实现节能，应在可能条件下使实际压缩过程尽量接近于等温压缩过程。

3.1.4　真实气体压缩功的计算

工程上，气体的压缩所达到的压力往往较高，尤其是合成氨、空气液化、尿素生产更是如此。这时，气体的性质对理想气体已有相当程度的偏差，因而在计算轴功时，按照真实气体处理较为合理。只要有合适的 *T-S* 图、*p-H* 图，合适的状态方程，或者利用普遍化关系图表求出逸度或焓差，则轴功的计算也将是方便的。简单介绍如下。

3.1.4.1　利用逸度计算轴功

由物理化学概念可知，在等温条件下自由焓的微分能量式为

$$(\mathrm{d}G)_T = V\mathrm{d}p$$

对于真实气体的等温过程可写成

$$\mathrm{d}G = RT\mathrm{d}\ln f = V\mathrm{d}p$$

积分上式，得

$$RT\ln\frac{f_2}{f_1} = -\int V\mathrm{d}p = -W_\mathrm{s}(r)$$

即

$$-W_\mathrm{s}(r) = RT\ln\frac{f_2}{f_1} \tag{3-14}$$

式(3-14)是气体可逆等温压缩功的计算式。式中，f_1、f_2 分别表示状态 1 及状态 2 的逸度。关键是求出初、终态下的逸度。

【例 3-2】 尿素生产车间需要将 32℃、0.15MPa 的 CO_2 气体等温压缩到 14MPa。试（1）以逸度法计算轴功；（2）按理想气体计算轴功。

解：（1）以逸度法计算轴功

从化工热力学可知，三参数逸度系数φ的关联式为

$$\lg\varphi = \lg\varphi^0 + \omega\lg\varphi^1$$

或写成

$$\varphi = \varphi^0\left(\varphi^1\right)^\omega \tag{3-15}$$

上式ω为气体的偏心因子，可从物化手册中查出，φ^0 和 φ^1 均可利用气体所处的对比温度 T_r 和对比压力 p_r 由普遍化逸度系数图查出（附录二）。

由物化手册查出 CO_2 的临界参数及偏心因子：$T_\mathrm{c} = 304.2\mathrm{K}$，$p_\mathrm{c} = 7.38\mathrm{MPa}$，$\omega = 0.225$，则

状态 2

$$T_\mathrm{r} = \frac{T}{T_\mathrm{c}} = \frac{273+32}{304.2} = 1.0$$

$$p_\mathrm{r} = \frac{p}{p_\mathrm{c}} = \frac{14}{7.38} = 1.90$$

状态 1

$$T_\mathrm{r} = \frac{T}{T_\mathrm{c}} = \frac{273+32}{304.2} = 1.0$$

$$p_\mathrm{r} = \frac{p}{p_\mathrm{c}} = \frac{0.15}{7.38} = 0.02$$

根据上述 T_r、p_r 再利用附录二即可查出状态 2 及状态 1 的逸度系数和逸度，结果如下

状态 2	状态 1
φ^0=0.414	φ^0=1
φ^1=0.881	φ^1=1

则

$$\varphi_2 = 0.414\times(0.881)^{0.225} = 0.4024 \qquad \varphi_1 = 1\times(1)^{0.225} = 1$$

$$f_2 = \varphi_2 p_2 = 0.4024\times14 = 5.64(\mathrm{MPa}) \qquad f_1 = \varphi_1 p_1 = p_1 = 0.15(\mathrm{MPa})$$

因此，$-W_s = RT\ln\frac{f_2}{f_1} = 8.314\times305\times\ln\frac{5.64}{0.15} = 9197(\text{kJ/kmol})$

（2）按理想气体计算轴功

$$-W_s' = \int V\mathrm{d}p = RT\ln\frac{p_2}{p_1} = 8.314\times305\times\ln\frac{14}{0.15} = 11502(\text{kJ/kmol})$$

两者误差 $$\frac{11502-9197}{9197}\times100\% = 25\%$$

由此可见，当压力很高情况下，如果按理想气体计算轴功将会引起很大的误差，而用逸度法计算等温压缩功相对比较可靠。

3.1.4.2 利用普遍化焓差计算轴功

如果真实气体的压缩近于绝热压缩情况，则因 $Q=0$，式（3-2）成为

$$-W_s = \Delta H \tag{3-16}$$

即绝热压缩过程的轴功等于焓差。就是说只需求出初、终态间的焓差就意味着求出了轴功。

对真实气体由 p_1、T_1 经绝热压缩变为 p_2、T_2，如何求其焓差？考虑到焓是状态的函数，焓差只与状态变化有关，而与具体过程无关。

为方便起见，可分解为如下三步计算焓差（见图 3-4）。

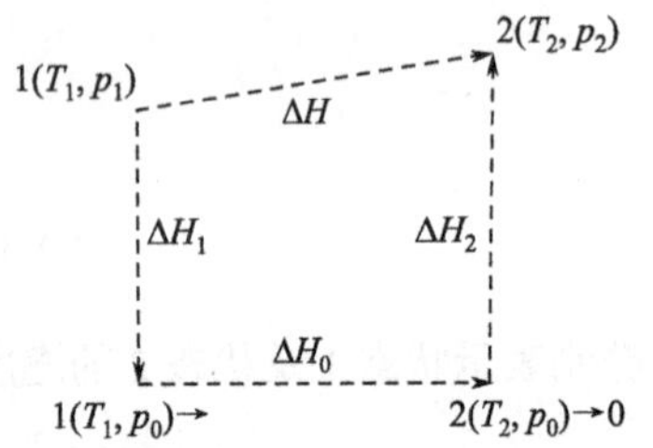

图 3-4 分步计算真实气体焓差示意图

显然，
$$\Delta H = \Delta H_1 + \Delta H_0 + \Delta H_2 \tag{A}$$

其中：
$$\Delta H_1 = \left(H_0 - H_1\right)_{T_1} = \frac{\left(H_0 - H_1\right)_{T_1}}{T_c}T_c = \psi_1 T_c \tag{B}$$

$$\Delta H_2 = \left(H_2 - H_0\right)_{T_2} = \frac{-\left(H_0 - H_2\right)_{T_2}}{T_c}T_c = -\psi_2 T_c \tag{C}$$

$$\Delta H_0 = C_p^0(T_2 - T_1) \tag{D}$$

将式（B）、式（C）、式（D）代入式（A）得：

$$\Delta H = T_c\left(\psi_1 - \psi_2\right) + C_p^0\left(T_2 - T_1\right) \tag{3-17a}$$

对绝热过程：

$$-W_s = \Delta H = T_c\left(\psi_1 - \psi_2\right) + C_p^0\left(T_2 - T_1\right) \tag{3-17b}$$

式（3-17a）即为用普遍化焓差法计算真实气体焓变的关系式。如果是绝热过程，它就是该过程的轴功计算式，如式（3-17b）所示。上式中的 $\psi = (H_0 - H)/T_c$，可分别根据状态 1 和状态 2 的对比温度、对比压力由普遍化焓差图（见附录二）查得；C_p^0 为理想气体的热容。

【例 3-3】某离心式压缩机高压段的操作条件为进口压力 12MPa，进口温度 316K；出口压力为 15MPa，出口温度 341.6K。气体组成：NH_3 11%，CH_4 8%，Ar 6%，其余为 3∶1 氢氮气。若气体流量为 3×10^4kmol/h，试计算轴功 W_s。

解：先计算气体的虚拟临界参数

组分	气体的虚拟临界参数				
	T_c/K	p_c/MPa	y_i	y_iT_{ci}	y_iP_{ci}
NH_3	405.6	11.28	0.11	44.6	1.24
CH_4	190.6	4.6	0.08	15.2	0.37
Ar	150.8	4.87	0.06	9.0	0.29
H_2	33.2+8	1.3+0.8	0.563	23.2	1.18
N_2	126.2	3.39	0.187	23.6	0.63
合计			1.00	$T_{c,M}=115.6$	$p_{c,M}=3.71$

则　　　　状态1（进口）　　　　状态2（出口）

$$T_{r,M}=\frac{T}{T_{c,M}}=\frac{316}{115.6}=2.73 \qquad \frac{341.6}{115.6}=2.95$$

$$p_{r,M}=\frac{p}{p_{c,M}}=\frac{12}{3.71}=3.23 \qquad \frac{15}{3.71}=4.04$$

由附录二查得：$\Psi=0.45\times4.184=1.883$　　　　$0.4\times4.184=1.674$

C_p^0可按进出口平均温度(316+341.6)/2=328.8(K)由手册查出，其数值为：

C^0_{p,NH_3}=36.32kJ/kmol，C^0_{p,CH_4}=37.66kJ/kmol

$C^0_{p,Ar}$=21.21kJ/kmol，C^0_{p,H_2}=28.95kJ/kmol，C^0_{p,N_2}=29.16kJ/kmol

所以，混合物热容：$C^0_{p,M}=\sum y_iC^0_{p,i}=30.04(\text{kJ/kmol})$

把上述各有关数据代入式（3-17b）得

$$\begin{aligned}-W_s=\Delta H&=T_c(\psi_1-\psi_2)+C_p^0(T_2-T_1)\\&=115.6\times(1.883-1.674)+30.04\times(341.6-316)\\&=793.18(\text{kJ/kmol})\end{aligned}$$

总功耗：

$$-W_s(总)=\frac{3\times10^4}{3600}\times793.18=6610(\text{kW})$$

3.1.5　中间冷却的分段压缩

工业生产中，无论是工艺空气的压缩或原料气的压缩，终压与初压之比都相当高。在这样高的压缩比之下，采用一段压缩是行不通的，因为通常的多变压缩中，过高的压缩比会使气体的温度升得很高，这样不仅使轴功消耗大增，且温升过高还会引起操作不安全。改善这种高压缩比的压缩过程的有效途径是在压缩过程中不断使气体冷却，使压缩过程靠近等温压缩。但是，离心式压缩机在转速高、气量大的情况下要想连续冷却而维持等温压缩是很难实现的，因此工业上一般都采用分段压缩、中间冷却的办法来改善压缩过程。

气体实行多段压缩时，存在着一个最佳中间压力的选择问题。理论上，在最佳中间压力下操作能使多段压缩功耗之和最小。

现以两段多变压缩为例。若理想气体按照多变压缩由p_1经过中间压力p_2，冷却到初温后再加压到终态压力p_3，则两次压缩的轴功分别为

$$W_{s1}=\frac{m}{m-1}p_1V_1\left[1-\left(\frac{p_2}{p_1}\right)^{\frac{m-1}{m}}\right]$$

$$W_{s2}=\frac{m}{m-1}p_2V_2\left[1-\left(\frac{p_3}{p_2}\right)^{\frac{m-1}{m}}\right]$$

这里，因段间冷却到初温，则 $p_1V_1=p_2V_2$，所以压缩机的总压缩功为

$$W_s=W_{s1}+W_{s2}=\frac{m}{m-1}p_1V_1\left[2-\left(\frac{p_2}{p_1}\right)^{\frac{m-1}{m}}-\left(\frac{p_3}{p_2}\right)^{\frac{m-1}{m}}\right]$$

由数学知识可知，使 W_s 最小的条件是它对中间压力 p_2 的一阶导数等于零，即

$$\frac{dW_s}{dp_2}=0$$

即

$$\frac{d}{dp_2}\left[2-\left(\frac{p_2}{p_1}\right)^{\frac{m-1}{m}}-\left(\frac{p_3}{p_2}\right)^{\frac{m-1}{m}}\right]=0$$

求解上式，得到

$$p_2=\sqrt{p_1p_3}\quad 或\quad \frac{p_2}{p_1}=\frac{p_3}{p_2}$$

上式表明：两段压缩的最佳中间压力应满足第一段与第二段的压缩比相同。这个结论推广到 n 段压缩也适用，即

$$\frac{p_2}{p_1}=\frac{p_3}{p_2}=\cdots\cdots=\frac{p_{n+1}}{p_n}$$

也即

$$r=\sqrt[n]{\frac{p_{终}}{p_{始}}}\tag{3-18}$$

式中，r 称为最佳压缩比。所以，多段压缩的理论功为

$$-W_s(r)=\sum_{i=1}^{n}p_1V_1\frac{m}{m-1}\left[r^{\frac{m-1}{m}}-1\right]=n\cdot\frac{m}{m-1}p_1V_1\left[r^{\frac{m-1}{m}}-1\right]$$

或

$$-W_s(r)=n\cdot\frac{m}{m-1}p_1V_1\left[\left(\frac{p_{n+1}}{p_1}\right)^{\frac{m-1}{n\cdot m}}-1\right]\tag{3-19}$$

式中，压力的单位是 Pa，体积的单位是 m^3。

值得注意的是：从节能角度出发考虑，最佳的压力分配是各段压缩比相等，从而使总的压缩功耗最小。但各厂的具体情况不一，压缩比的分配还是应当权衡节能和工艺要求后作出正确选择，工程上一般压缩比选择在 2～4 左右。

从节能角度来说，段数越多，压缩过程就越靠近等温过程，功耗也就越低。但随之而来的是设备增加、投资上升，且超过一定的段数后，节能有限，另外管理又很麻烦，因此工程上一般不超过七段压缩。

3.1.6 压缩机的实际功耗

前面的一切讨论均为可逆压缩功的计算。实际上，由于各种不可逆因素存在，实际压缩功大为增加。

设带动离心式压缩机的原动机（如蒸汽透平或电动机）的有效功率为 N_e。由于原动机与压缩机之间的传动机构所造成的功损失，故有效功率 N_e 必须比压缩机轴功率 N_F 大。又由于压缩本身的机械摩擦损失，故压缩机的轴功率必须比压缩机气缸内的指示功率 N_i 大。再由于不可逆损失及其他损失，指示功率 N_i 又要比理论功率 N_T 大。图 3-5 表示了各种轴功率的定性关系。

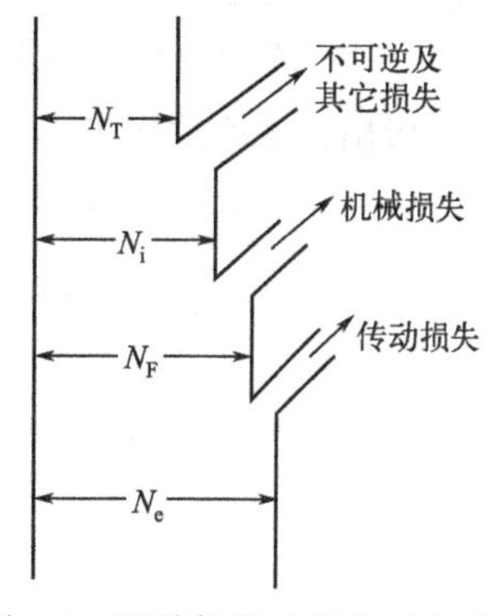

图 3-5　压缩机的功率与效率分析

（1）理论功率

前面讨论了等温、多变、绝热条件下可逆轴功的计算。如果已知每分钟的打气量 G（kg/min），并计算出过程的可逆功 $W_s(r)$（kJ/kg），则理论功率为

$$N_T = \frac{GW_s(r)}{60}$$

（2）指示功率

指示功率和理论功率的关系用下式表示

$$N_i = \frac{N_{i(T)}}{\eta_{i(T)}} \quad 或 \quad N_T = \frac{N_{i(S)}}{\eta_{i(S)}}$$

式中，下标 T、S 分别指等温、等熵过程。$\eta_{i(T)}$、$\eta_{i(S)}$分别称为等温指示效率和等熵指示效率，前者一般为 0.65～0.76，后者一般为 0.85～0.97。

（3）轴功率

$$N_F = \frac{N_i}{\eta_m}$$

式中，η_m为机械效率，一般为 0.88～0.92。

（4）原动机的有效功率

$$N_e = \frac{N_F}{\eta_c}$$

式中，η_c为原动机传动压缩机时的传动效率，一般取 0.9～1.0。为了保证压缩机工作可靠，选用的原动机的 N_e 应稍大些。

【例 3-4】 某厂空气压缩机的操作条件如下：空气初态压力为 0.1MPa，温度为 37℃，经四段压缩到 3.72MPa，每段实行段间冷却使每段入口温度保持在 37℃。空气流量为 50000kg/h。试估算该压缩机的实际轴功率 N_F 及各段出口温度和压力。

假设：（1）空气压缩过程近似按理想气体绝热过程处理；

（2）绝热指数 k 取 1.4；

（3）取等熵效率η_S=0.80，机械效率η_m=0.92。

解：先由初、终态压力计算最佳压缩比 r：

$$r = 4\sqrt{\frac{p_{终}}{p_{始}}} = 4\sqrt{\frac{3.72}{0.1}} = 2.47$$

因此，各段进出口压力如下：

$(p_{\text{I}})_{进} = 0.1\text{MPa}$

$(p_{\text{I}})_{出} = (p_{\text{II}})_{进} = 2.47 \times 0.1 = 0.247(\text{MPa})$

$(p_{\text{II}})_{出} = (p_{\text{III}})_{进} = 2.47 \times 0.247 = 0.610(\text{MPa})$

$(p_{\text{Ⅲ}})_{出} = (p_{\text{Ⅳ}})_{进} = 2.47 \times 0.610 = 1.507(\text{MPa})$

$(p_{\text{Ⅳ}})_{出} = 2.47 \times 1.507 = 3.72(\text{MPa})$

各段出口温度均相等：

$$(T_{\text{Ⅰ}})_{出} = (T_{\text{Ⅱ}})_{出} = (T_{\text{Ⅲ}})_{出} = (T_{\text{Ⅳ}})_{出} = (273+37) \times (2.47)^{\frac{1.4-1}{1.4}} = 401(\text{K})$$

压缩机总的理论功可按式（3-19）计算：

$$-W_s(r) = n \cdot \frac{m}{m-1} p_1 V_1 \left[\left(\frac{p_{n+1}}{p_1} \right)^{\frac{m-1}{n \cdot m}} - 1 \right]$$

$$= 4 \times \frac{1.4}{1.4-1} \times (0.1 \times 10^6) \times \left(\frac{50000}{29} \times 22.4 \times \frac{0.10133}{0.1} \times \frac{310}{273} \right) \times \left[\left(\frac{3.72}{0.1} \right)^{\frac{0.4}{4 \times 1.4}} - 1 \right] \times 10^{-3}$$

$$= 1.883 \times 10^7 (\text{kJ/h})$$

压缩机总的理论功率 N_T：

$$N_T = \frac{-W_s}{3600} = \frac{1.883 \times 10^7}{3600} = 5092(\text{kW})$$

压缩机的实际轴功率 N_F：

$$N_F = \frac{N_T}{\eta_S \eta_m} = \frac{5092}{0.80 \times 0.92} = 6918(\text{kW})$$

3.2 气体的膨胀

当将气体进行压缩时，可以观察到气体温度上升。因此反过来，如将高压气体进行绝热膨胀，就有可能使气体温度降低。为此，在工业上最常用的方法是将环境温度下的高压气体进行绝热膨胀，以获得低温。节流膨胀时由于压力降低而引起的温度变化，称为节流效应，即焦耳-汤姆逊（Joule-Thomson）效应。高压气体的绝热膨胀可以在两种状态下进行，即对外界不做功和对外界做功的绝热膨胀。这两种不同的绝热膨胀都可以起到降温的作用，只是其效果、操作方法等有所不同。

3.2.1 气体对外不做轴功的绝热膨胀——等焓膨胀

当高压流体流经一节流阀（或其他阻力）而膨胀至低压时，如体系与外界无轴功交换，亦无热交换，按流动体系能量关系式（3-2），$W_F = 0$，$Q = 0$，$\Delta H = 0$，亦即体系在膨胀前后的焓值不变，这种膨胀即为等焓膨胀。既然这种膨胀是高压流体流经节流阀而膨胀至低压，所以亦常称为节流膨胀。在等焓膨胀过程中，高压流体的温度随压力的变化关系可从状态函数在数学上的全微分性质来得到：

$$\mathrm{d}H = \left(\frac{\partial H}{\partial T} \right)_p \mathrm{d}T + \left(\frac{\partial H}{\partial p} \right)_T \mathrm{d}p \tag{3-20}$$

在等焓膨胀中，$\mathrm{d}H = 0$。其中 $\left(\frac{\partial H}{\partial T} \right)_p$ 等于热容 C_p，永远为正值。这样上式可写为：

$$C_p \mathrm{d}T = \left(\frac{\partial H}{\partial p} \right)_T \mathrm{d}p \tag{3-21}$$

这里的 dp 为负值。因此 dp 的变化由$\left(\frac{\partial H}{\partial p}\right)_T$的变化来决定。它是随流体性质和温度、压力的不同而不同的。

理想气体由于分子间无作用力，其焓值不随压力或体积的变化而变化，故$\left(\frac{\partial H}{\partial p}\right)_T=0$，则由式（3-21）得 d$T$=0，亦即理想气体在作等焓膨胀时其温度不变。

真实气体由于分子间有作用力，分子占有体积，因此$\left(\frac{\partial H}{\partial p}\right)_T$就不等于零，随温度、压力的不同，它可以是小于零、大于零或等于零。因此真实气体等焓膨胀后其温度就可能下降、上升或不变。如果气体的温度是下降的，这样也就有可能利用真实气体的等焓膨胀来获得必要的低温。

3.2.1.1　节流效应

高压流体作等焓（亦即节流）膨胀后的温度变化常称为温度效应。其温度变化可用微分节流温度效应与积分节流温度效应来表示。

（1）微分节流温度效应

节流过程中，微小压力变化所引起的温度变化，称为微分节流效应，以α_H表示。从式（3-21）可得：

$$\alpha_H=\left(\frac{\partial T}{\partial p}\right)_H=\frac{1}{C_p}\left(\frac{\partial H}{\partial p}\right)_T \tag{3-22}$$

由于热容与焓均为状态函数，故α_H也为状态函数，也可将其用 p-V-T 关系来表示。因为

$$\Delta H_T=\int_{p_1}^{p_2}\left[V-T\left(\frac{\partial V}{\partial T}\right)_p\right]\mathrm{d}p \tag{3-23}$$

将式（3-23）代入式（3-22）得：

$$\alpha_H=\frac{1}{C_p}\left[T\left(\frac{\partial V}{\partial T}\right)_p-V\right] \tag{3-24}$$

对于理想气体，其 $pV=RT$ 代入式（3-24），得$\alpha_H=0$，即理想气体等焓膨胀节流过程无温度变化。

对于真实气体，根据式（3-24）可以有以下三种情况：

$T\left(\frac{\partial V}{\partial T}\right)_p>V$，此时$\alpha_H>0$，节流后温度降低；

$T\left(\frac{\partial V}{\partial T}\right)_p=V$，此时$\alpha_H=0$，节流后温度无变化；

$T\left(\frac{\partial V}{\partial T}\right)_p<V$，此时$\alpha_H<0$，节流后温度升高。

精确的α_H值应由实验测定，根据式（3-24）也可近似地计算出α_H值。德国人沃盖尔（W. Vogel）以空气、氧气在最高压力为 15MPa，温度为 10℃所作实验结果，确定了系数α_H与压力间的关系如下：

$$\alpha_H=(a-bp)\left(\frac{273}{T}\right)^2 \text{℃/ata} \tag{3-25}$$

式中　p——气体节流前压力，ata[1ata=98067Pa（绝压）]。

T——气体节流前温度，K；

a、b——气体系数，随气体种类而定。

空气：$a=0.268$，$b=0.00086$

氧气：$a=0.313$，$b=0.00085$

（2）积分节流温度效应

在实际节流过程中，压力的降低是一个有限范围，其所引起的温度变化称为积分节流效应，它也是微分节流温度效应的积分值。这可从积分式（3-22）得到。

如令 ΔT_H 为积分节流温度效应，则

$$\Delta T_H=\int_{T_1}^{T_2}\mathrm{d}T=\int_{p_1}^{p_2}\alpha_H\mathrm{d}p \tag{3-26}$$

或

$$\Delta T_H=T_2-T_1=\int_{p_1}^{p_2}-\frac{1}{C_p}\left(\frac{\partial H}{\partial p}\right)_T\mathrm{d}p \tag{3-27}$$

式中　T_1、T_2——气体节流前、后的温度，K；

p_1、p_2——气体节流前、后的压力，ata。

由于 α_H 是压力和温度的函数，因此式（3-26）虽然理论上可以积分，实际上非常复杂。但可按下式近似地计算求出：

$$\Delta T_H=\sum_{p_1}^{p_2}\overline{\alpha_H}\cdot\Delta p \tag{3-28}$$

式中　$\overline{\alpha_H}$——Δp 范围内的 α_H 平均值。

在工程计算中，求取积分节流效应ΔT_H值，应用气体热力学性质图最为方便。

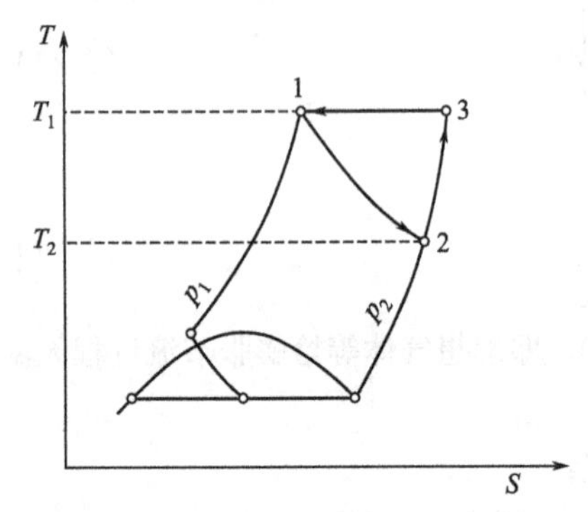

图 3-6　节流过程在 T-S 图上的表示

（3）积分节流效应与等温节流效应

等温节流效应的焓差ΔH_T，与相同条件下逆向等温压缩焓差ΔH_c相等。图 3-6 示出其相互对等的关系：试由点 1（p_1，T_1）沿等焓线节流至点 2（p_2，T_2），虽然 p、T 均有降低但焓值不变，即 $H_1=H_2$；再由点 2 沿等压线升温至点 3（p_2，T_1），此过程需吸收热量方能完成，其焓差为 H_3-H_2。因此由点 1（经点 2）到点 3，温度维持 T_1 未变，压力由 p_1 降到 p_2，其等温节流焓差为

$$\Delta H_T=H_3-H_2 \tag{3-29}$$

假如由点 3（p_2，T_1）等温压缩至点 1（p_1，T_1），其所吸收的等温压缩焓差为

$$\Delta H_c=H_3-H_1 \tag{3-30}$$

由于 $H_1=H_2$，将之代入式（3-29），得 $\Delta H_T=H_3-H_1$，则

$$\Delta H_c=\Delta H_T=H_3-H_1 \tag{3-31}$$

等温节流效应 ΔH_T 与积分节流效应 ΔT_H 的关系为：

$$\Delta T_H=\frac{\Delta H_T}{C_p} \tag{3-32}$$

式中　C_p——节流温度变化范围（即 T_2-T_1）内，在节流后压力（p_2）下的平均热容。

3.2.1.2 转化点、转化曲线

相同的气体在不同的状态下节流时，可以具有不同的微分节流效应，其值可能为正，可能为负，也可能为零。图 3-7 为节流过程 *T-p* 图，它表示压力、温度与节流效应值为正或负之间的关系。该图并不代表某一具体的气体，仅供举例说明之用。在各种气体 *T-S* 图中，每条等焓线均有一最高点，此即该条件下的转化点，如将各等焓线最高点连接成线，即是 *T-p* 图上所示的转化曲线。在转化曲线以外区域，节流时产生热效应，气体温度升高；只有在转化曲线与 *T* 轴所包围的区域内，节流时才产生冷效应，气体温度降低。

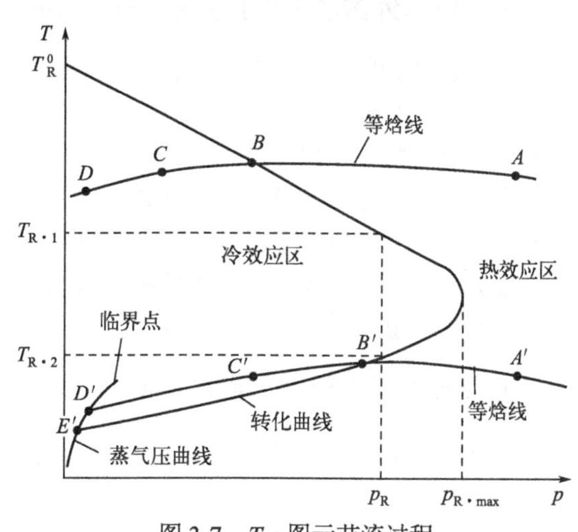

图 3-7 *T-p* 图示节流过程

从 *T-p* 图中还可看出，沿 *p* 轴作垂线与转化曲线有两次相交，在图中通过 p_R 点所作垂线与转化曲线有两个交点，上部交点相对应的温度为 $T_{R\cdot1}$，称上转化或气相转化温度；下部交点相对应的温度为 $T_{R\cdot2}$，称下转化或液相转化温度，在此两点范围之内节流时，均可获得冷效应。压力愈高，上下转化温度间的差距愈小，当压力达到 $T_{R\cdot max}$ 点时，上下两点重合，此点即为最高压力点，压力高于此点节流时只能产生热效应而使气体温度升高。不同的气体有不同的最高压力 $p_{R\cdot max}$，该压力约为临界压力的 9 倍，该点所对应的温度约为临界温度的 3 倍。压力趋近于零时的气相转化温度（图中的 T_R^0）称为最高转化温度，如气体节流前的温度＞T_R^0，则节流过程不产生冷效应，T_R^0 大约为临界温度的 5 倍。精确的 T_R^0 由实验测定，一些气体的 T_R^0 值见表 3-2。由表可知，多数气体在室温下节流时都可产生冷效应，对少数 T_R^0 较低的气体，如氖、氦、氢等，欲使其节流产生冷效应，可在节流前采用预冷的做法来满足小于 T_R^0 的条件。

表 3-2 一些气体的最高转化温度（T_R^0）

名称	化学式	T_R^0/K	名称	化学式	T_R^0/K	名称	化学式	T_R^0/K	名称	化学式	T_R^0/K
空气	—	650	氖	Ne	230	氪	Kr	1079	氘	D_2	209～220
氮	N_2	604	氦	He^3	约 39	氙	Xe	1476	甲烷	CH_4	953
氧	O_2	771		He^4	约 46	氢	H_2	204	一氧化碳	CO	644
氩	Ar	765									

注：各种不同资料所发表的 T_R^0 值有较大的出入，以空气为例，有资料介绍 T_R^0 =602K。

利用 *T-p* 图的转化曲线来确定气体的节流条件极为有用。以图中热效应区 *A* 点，沿等焓线节流，途经 *B*、*C* 到达冷效应区内 *D* 点的节流过程为例，由 *A* 至 *B* 受热效应影响而使温度升高，进入冷效应区后到达 C 点，方使温度降为节流前水平，从 *C* 开始才是真正有效地降温效应直至 *D*。因此可以得到如下结论，经 *ABCD* 的节流过程与由 *C* 至 *D* 的节流过程，所获得的降温效果是相同的，但由 *T-p* 图中的压力变化看出，*ABC* 线段的压力被白白地浪费掉了。气体沿 *A′B′C′D′* 的节流过程与 *ABCD* 相同，但 *D′* 位于蒸气压曲线，再进一步节流即开始转变为液态。

图中转化曲线与蒸气压线的交点 E'为最低转化温度点。

3.2.2 气体对外做功的绝热膨胀——等熵膨胀

具有一定压力的气体，在绝热状况下，通过膨胀机进行膨胀并对外做功，在理想条件下应是等熵过程；而且若以同样大小的功，由反方向施加给膨胀机，则气体将可返回到初始的压力与温度，即这一膨胀过程是可逆的。但由于受气体的流动损耗及膨胀机的机械效率等因素的影响，实际上在做外功的膨胀中，并不能达到真正的等熵，也就是膨胀后的熵值将会略有增加，气体的温度与焓值也比理论值略高。这种实际值与理论值之比，总称为膨胀过程的绝热效率。这种膨胀过程由于对外做功，使得膨胀后的气体，不仅温度降低，同时还产生冷量。这是空分装置制造低温并获得冷量的主要方法。

3.2.2.1 理想的绝热可逆等熵膨胀过程

如果不考虑膨胀过程的各项损失与消耗，假定其绝热效率为100%，则这一过程是可逆的，而且必然是等熵的。

等熵膨胀效应

在等熵膨胀过程中，由于压力降低引起的温度变化，称等熵膨胀效应。

① 微分等熵膨胀过程。它是因膨胀过程中的微小压力降低所引起的温度变化。以α_S表示微分等熵膨胀效应系数：

$$\alpha_S = \left(\frac{\partial T}{\partial p}\right)_S = -\frac{\left(\frac{\partial S}{\partial p}\right)_T}{\left(\frac{\partial S}{\partial T}\right)_p} \tag{3-33}$$

由热力学基本关系式可导出α_S与膨胀前气体状态参数 p、V、T 间的关系通用方程式

$$\left(\frac{\partial V}{\partial T}\right)_p = -\left(\frac{\partial S}{\partial p}\right)_T \tag{3-34}$$

$$\Delta H_p = \int_{S_1}^{S_2} T\mathrm{d}S = \int_{T_1}^{T_2} C_p \mathrm{d}T \tag{3-35}$$

将式（3-34）及式（3-35）代入并与式（3-33）相比较，上式可写为：

$$\alpha_S = -\frac{T\left(\frac{\partial V}{\partial T}\right)_p}{C_p} = \frac{1}{C_p}\cdot T\left(\frac{\partial V}{\partial T}\right)_p = \alpha_H + \frac{V}{C_p} \tag{3-36}$$

式中，$T>0$，$C_p>0$，$\left(\frac{\partial V}{\partial T}\right)_p>0$，故$\alpha_S$永远为正值。这表明任何气体在任何条件下进行等熵膨胀，气体温度必定是降低的，总是得到制冷效益。

② 积分等熵膨胀效应。在实际膨胀过程中，压力是在一个有限范围内膨胀，由此所引起的温度变化称为积分膨胀效应，以ΔT_S表示：

$$\Delta T_S = T_1 - T_2 = \int_{p_1}^{p_2} \alpha_S \mathrm{d}p = \int_{p_1}^{p_2} \left(\frac{\partial T}{\partial p}\right)_S \mathrm{d}p \tag{3-37}$$

式中 T_1、T_2——等熵膨胀前、后气体的温度；

p_1、p_2——等熵膨胀前、后气体的压力。

上式中的α_S既是压力的函数，又是温度的函数，因此该式不能积分。在实际应用中，可以

利用气体的热力学性质图，直接求取膨胀前后的压力、温度、焓值等变化。

③ 等熵膨胀的产冷量。利用气体的 T-S 图或 H-S 图，可以极为方便地计算等熵膨胀的热力学变化。在这些图中，等熵膨胀过程均为垂直于 S 坐标轴（横坐标轴）的一条直线，如图 3-8 所示。设气体在膨胀前的初始点 1（p_1，T_1），沿垂线等熵膨胀至点 2（p_2，T_2），由通过点 1 及点 2 的等焓线，分别查得两点相应的焓值为 H_1 及 H_2，膨胀前后的焓降$\Delta H_S = H_1 - H_2$。这项ΔH_S的值也就是膨胀机等熵膨胀对外所做的功，也即是制冷量。

如果气体由点 1 沿等焓线节流至点 4，此时除温度由 T_1 下降到 T_4 以外，焓值不发生变化，即过程制冷量为零。而且从图中还可明显地看出从 T_1 到 T_4 的温降，远小于 T_1 至 T_2 的温降。这说明膨胀机制冷，要比节流制冷的效果要好得多，因为除气体压力降低使得体积膨胀，引起分子间的位能增加，而使气体降温以外，由于膨胀机对外做功而进一步消耗气体本身的动能，使得温降更为显著。

3.2.2.2　实际的绝热膨胀过程及膨胀机的绝热效率

实际的绝热膨胀过程参见图 3-8，初始参数仍为点 1（p_1，T_1），膨胀后状态为点 3（p_3，T_3），焓值为 H_3。实际的焓降为$\Delta H_r = H_1 - H_3$，它比理论焓降ΔH_S要小。通常将实际焓降与等熵膨胀的理论焓降之比值称为膨胀机的绝热效率，简称为膨胀机效率，用η_S表示：

$$\eta_S = \frac{\Delta H_r}{\Delta H_S} = \frac{H_1 - H_3}{H_1 - H_2} \tag{3-38}$$

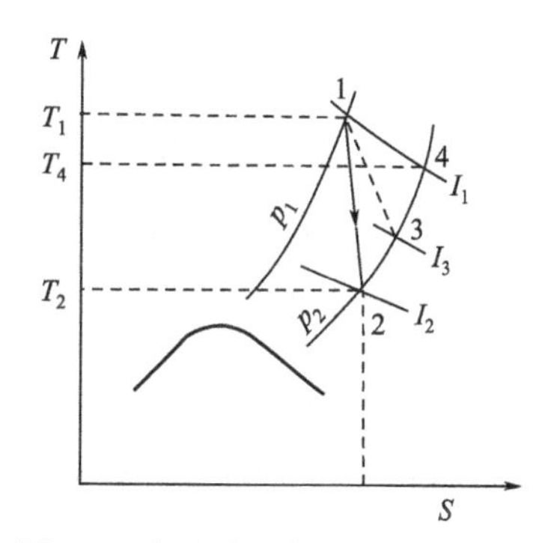

图 3-8　膨胀过程在 T-S 图上的表示

对于在空分装置中普遍使用的透平膨胀机，一般效率在η_S= 80%～90%；对于大型空分的膨胀机，η_S>90%；往复式膨胀机（仅有小型空分仍在使用）的η_S<70%。

在气体的 T-S 图中，等焓线的排列密度较稀，一般均须用内插法求出焓值。如使用 H-S 图，则可直接从纵坐标上读出焓值，较为方便。

【例 3-5】试用空气的 T-S 图求得下列各值：

（1）空气自 20.3MPa（200 大气压）、27℃节流膨胀到 0.1013MPa（1 大气压）时的ΔT_H为多少？膨胀后温度为多少？

（2）空气自 20.3MPa、27℃可逆等熵膨胀到 0.10132MPa 时的ΔT_S为多少？膨胀后温度为多少？

（3）在（2）中，若膨胀机的膨胀效率为 70%，试求其 ΔT 为多少？膨胀后温度为多少？

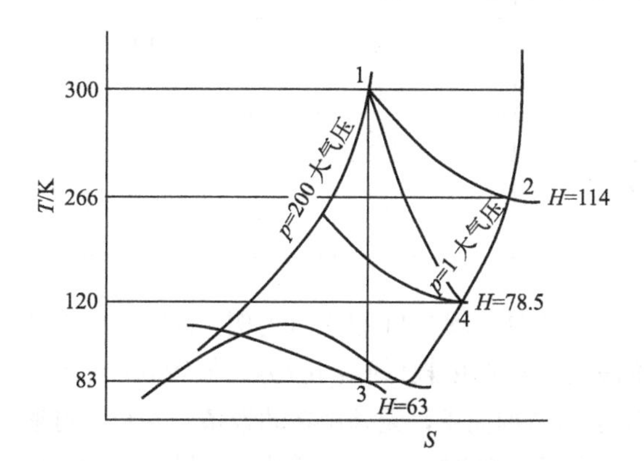

图 3-9　空气的 T-S 示意图

解：空气的 T-S 图如图 3-9 所示。图中的点 1（20.3MPa，27℃）是空气的初状态；点 2（0.10132MPa，266K）是按本题（1）节流膨胀后的终点；点 3（0.10132MPa，83K）是按本题（2）等熵膨胀后的终点，处在湿蒸气区；点 4（0.10132MPa，120K）是按本题（3）膨胀后的终点。

所以本题的结果是：

（1）$\Delta T_H = 266 - 300 = -34(K)$

（2）$\Delta T_S = 83 - 300 = -217(K)$

（3）$\Delta T = 120 - 300 = -180(K)$

从上述结果可以看出，当初状态相同，膨胀后压力也相同，可逆做外功的绝热膨胀所能得到的温度最低，但需注意膨胀后是否已产生液体。不可逆做外功的绝热膨胀所能得到的温度则稍高一些，不做外功的绝热膨胀（即等焓膨胀）所能得到的温度要更高一些。为什么会有这样的差别呢？等熵膨胀过程，体系对外做功，体系能量下降，再加以膨胀后气体分子间位能增加（吸引力为主时），所以使得气体温度显著下降。在等焓膨胀中，体系能量无变化，因为膨胀后体积增大，分子间位能增加，动能减少，所以才使温度下降，这样其温度降低的程度就减小了。利用对外做功的绝热膨胀既可以获得较低的温度，又可回收部分能量。

3.2.3 等熵（做外功）、等焓（节流）两种绝热膨胀过程的比较与应用

这两种膨胀方法所产生的不同制冷效果，可从图 3-10 的温度变化清楚地看出。假定两种不同膨胀方法的初始条件完全相同，均由图中的点 A（p_1，T_A）出发；膨胀后的压力同为 p_2。等熵过程由 A 点沿等熵线与等压线 p_2 相交于 B，对应的温度为 T_B；等焓过程由 A 出发沿等焓线（图中 I=H）与等压线 p_2 相交于 C，对应的温度为 T_C。等熵温降为 T_A-T_B，而等温温降仅为 T_A-T_C，两者相差甚大。

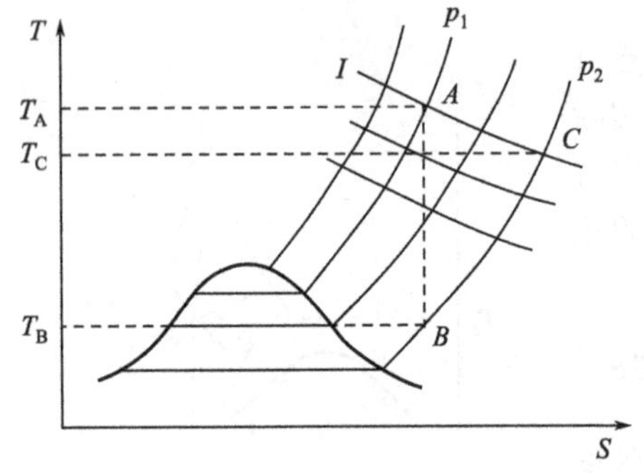

图 3-10 等焓和等熵膨胀冷效应的比较

由式（3-36）可知：$\alpha_S=\alpha_H+\dfrac{V}{C_p}$

式中，V/C_p 为膨胀机对外做功引起的焓降，由于 V 和 C_p 均大于 0，因此 $\alpha_S>\alpha_H$。此外，等熵膨胀过程不仅温降大、可以产冷，而且还能对外做功，从而可以回收部分能量。因此，一般认为采用等熵膨胀优于等焓膨胀。表 3-3 是由“深度制冷”及“气体混合物的分离手册”查得在不同条件下，有关空气的微分节流效应 α_H 及等熵膨胀的微分温度效应 α_S 的数据。由表可知，α_S 永远较同样条件下的 α_H 值大；α_S 永远为正值，而 α_H 则可以为正、负或零；温度越高，α_S 越大；温度越低，α_S 与 α_H 之差值越小。

表 3-3 空气的微分节流效应 α_H 及等熵膨胀的微分温度效应 α_S 的数据

状态	温度/K	压力/MPa	α_H/(K/atm)（a）	α_S/(K/atm)（a）
1	290	20.3	0.09	0.42
	240	20.3	0.11	0.31
	133	20.3	–0.03	0.03
	266	0.10132	0.28	—
2	293	5.07	0.20	1.71
	150	5.07	0.65	0.90
	113	5.07	0.0	0.09

在具体的应用中，应结合特定条件来选择膨胀的方法。图 3-11 以空气为例，说明不同方法的微分效应系数之比与初始状态的温度和压力的关系。在温度较低时，α_H/α_S 比值较高，也就是这两种方法的膨胀效应相差较小，而且采用节流法的结构简单，无须用转动设备，并且还可避免出现液体时对膨胀机运转可能带来的麻烦；但在较高温度时，α_i/α_S 比值很小，说明等熵膨胀

效应要比等焓节流效应大得多，这时采用做外功的方法比较经济，而且对膨胀机的使用也不会产生困难。综上所述，在整个深度制冷过程中，应首先使用对外做功的膨胀方法，待温度下降到较低程度时，采用节流膨胀作为最后的手段。

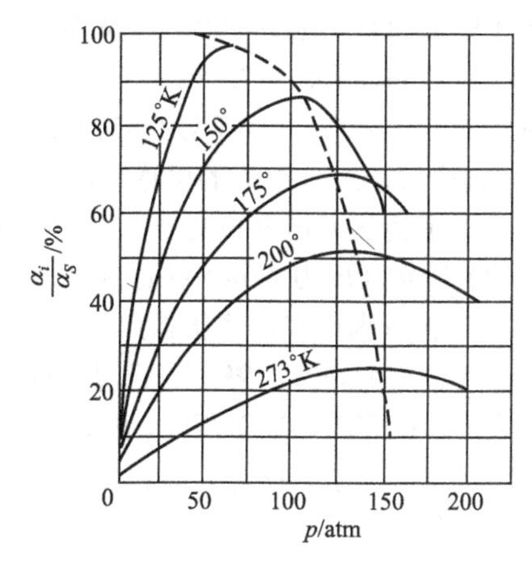

图 3-11　空气的α_S/α_H值与初始状态 T、p 的关系（1atm = 0.10133MPa）

3.3　气体的冷冻

本节的目的在于利用在不同温度、压力下真实气体热力学性质的不同和热力学第一定律、热力学第二定律，来讨论为获得低温和使气体液化的理论依据，及其在工业上实现的原则和降低能量消耗的措施。

低温是指比环境温度（或天然水温）低的温度。自然界不存在用之不竭的、比环境温度低的冷源。大气和各种来源的天然水就是从自然界中所能得到的最大量的低温冷源。因此将体系的温度降低到环境温度的过程是一个可以自发进行、不需消耗功的过程。

相反，要将体系的温度降低到环境温度（或天然水温）以下的过程就不能自发进行。因为根据热力学第二定律，热是不能自动地从低温传递到高温的，因而降温过程必须消耗外功。因此低温制冷过程的实质就是利用外功将热从低温传至高温环境的过程。

凡将物质的温度由常温降到高于–100℃的制冷操作称为普通制冷；–100℃与–269℃（4.2K）之间的称为深度制冷（简称深冷）；降到 4.2K 以下的，称为极低温制冷。

普通制冷的方法有压缩制冷或吸收制冷两种方法。氨是广泛使用的制冷剂（尤其是在氨厂），其他还有氯氟烃（氟利昂）、溴化锂、二氧化碳、二氧化硫、各种烃类化合物。如目标温度只要求在大于 0℃操作，则用水作为制冷剂使其真空蒸发，是一种简单易行的方法。

极低温制冷的方法，主要是依靠氦及其同位素的极低温特性而有多种不同做法，另外还有用顺磁性盐绝热去磁的极低温制冷法，但这也要使用液氦（用于预冷）。

深度制冷的方法则与上述两种制冷过程完全不同，它是依靠气体在一定压力下进行节流膨胀或等熵膨胀所产生的降温效应而使温度降到预期目标的。

低温制冷在工业生产和人民生活中是很重要的。例如空气的液化和氮、氧以及稀有气体的分离，工业过程的制冷分离，食品冷藏、空气温度调节（空调机）等均需不同程度的低温才能实现。

本节在前述两种绝热膨胀基础上，具体讨论普通制冷和深度制冷的基本方法。

3.3.1 逆卡诺循环

由热力学第二定律知道，热是不能自动地从低温传至高温物体的，要实现这个过程必须消耗外功或其他形式的能量（如热量）。而且要选择好某种合适的制冷剂，令它在制冷装置中沿着压缩-冷却-绝热膨胀-蒸发四个步骤周而复始地进行循环，从而实现对被制冷体系的制冷。为了加深对制冷装置工作过程热力学原理的理解，首先介绍逆卡诺循环。

逆卡诺循环是按反方向进行的卡诺循环，也可称为理想制冷循环，这是一切制冷操作的物理基础。它是由两个等熵过程和两个等温过程组成的可逆制冷循环。图 3-12 示出了工作于两相区的逆卡诺循环的 *T-S* 图。图中点 1 为进入压缩机的低压湿蒸汽状态；1-2 为可逆绝热压缩，这是消耗外功的过程。压缩后的制冷剂（压力为 p_2）在饱和状态点 2 进入冷凝器，被环境介质冷凝，放出潜热 Q_2，在等温等压下转变为饱和液体状态点 3。而后饱和液体进入膨胀机，经 3-4 可逆绝热膨胀后，制冷剂的温度、压力同时下降，变成湿含量较大的湿蒸汽状态点 4，接着进入蒸发器。这时湿蒸汽中的液体即在等温等压下蒸发，随之吸收被冷体系的热量 Q_0，最后回复到点 1 所示的湿蒸汽状态，完成一个逆卡诺循环。该制冷循环所付出的代价就是环境消耗了轴功，得到的收获就是被冷体系获得了制冷。

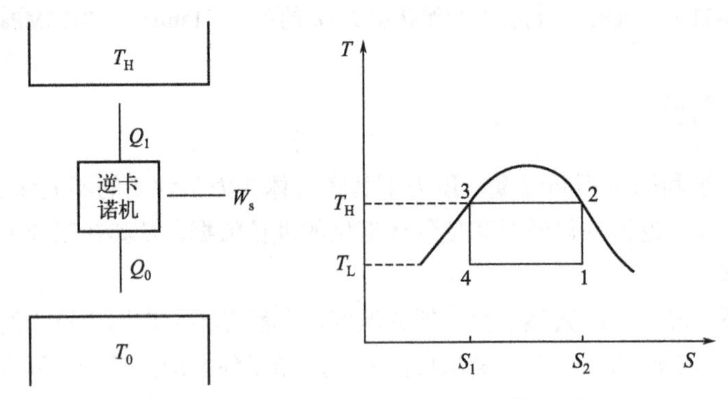

图 3-12　逆卡诺循环在 *T-S* 图上的表示

由图 3-12 *T-S* 图可知：逆卡诺循环中，制冷剂在 T_H 下放出的热量为

$$Q_2 = T_H(S_1 - S_2) = \text{面积}(2\text{-}3\text{-}S_1\text{-}S_2\text{-}2) \tag{3-39a}$$

制冷剂在低温 T_2 吸取的热量为

$$Q_0 = T_L(S_2 - S_1) = \text{面积}(4\text{-}1 - S_2\text{-}S_1 - 4) \tag{3-39b}$$

显然，放热与吸热之差值 $Q_2 - Q_0$ 为面积（1-2-3-4），等于外界净功输入值，即

$$-W_s = Q_2 - Q_0 = (T_H - T_L)(S_2 - S_1) \tag{3-40}$$

这一制冷循环说明将热量 Q_2 由低温位 T_L 移送到高温位 T_H 的过程，不能自发地进行而必须依靠输入外功 W_s。这完全符合热力学第二定律热量不能从低温位自动转移到高温位的原则。

工业上常用制冷系数ε来衡量制冷装置的效率。ε表示单位功耗所能从被冷体系取走的热量，即

$$\varepsilon = \frac{Q_0}{W_s} \tag{3-41}$$

将式（3-39）、式（3-40）代入式（3-41），即可得理想循环的制冷系数

$$\varepsilon = \frac{Q_0}{-W_s} = \frac{T_L}{T_H - T_L} \tag{3-42}$$

所以，理想循环的制冷系数仅与环境温度 T_H 和所需达到的低温 T_L 有关，而与制冷剂的性质无关。ε常大于 1，且高低温源的温差（T_H-T_L）越小，ε越大。如高温源 T_H 一定，则ε只随低温源

T_L 的降低而降低，即在制冷循环获得相同的制冷量所消耗的轴功随 T_L 的降低而增加。这个结论在制冷技术上有着重要的意义，所以在工程上必须尽可能采用大气环境中较冷的水来冷凝制冷剂（即 T_H 尽量低些），并且避免制冷剂降到不必要的过低的蒸发温度。这样就使（$T_H - T_L$）减小，ε增大，从而节省制冷所耗轴功。

图 3-12 为逆卡诺循环，是理想循环，它排除了一切不可逆性，所以它是在具有相同的 T_H、T_L 温度下操作的所有制冷循环中最有效的循环。它的制冷系数最大，可为一切实际循环提供比较的标准，找出改进方向。

【例 3-6】某理想制冷循环装置的制冷量为 2×10^5kJ/h（即制冷剂每小时向被冷体系吸取 2.0×10^5kJ 的热量），制冷剂在吸热时的温度 $T_L = 263$K，冷凝温度 $T_H = 293$K。试求（1）制冷系数ε；（2）消耗的轴功；（3）冷凝时放出的热量 Q_2。

解：（1）$\varepsilon = \dfrac{T_L}{T_H - T_L} = \dfrac{263}{293-263} = 8.76$

（2）$-W_s = \dfrac{Q_0}{\varepsilon} = \dfrac{2\times10^5}{8.76} = 2.83\times10^4(\text{kJ/h}) = 6.34(\text{kW})$

（3）冷凝时放出的热量 Q_2：

按第一定律式 $\Delta H = Q - W_s$，即 $\Delta H = (Q_0 + Q_2) - W_s$

环过程 $\Delta H = 0$，得

$$Q_2 = W_s - Q_0 = -2.283\times10^4 - 2.0\times10^5 = -2.23\times10^5(\text{kJ/h})$$

制冷系数高达 8.76。因为理想循环排除了一切不可逆性，它是在具有相同的 T_H、T_L 温度下操作的所有制冷循环中最有效的循环。

3.3.2　制冷循环

虽然实际的制冷循环不可能按最小功循环进行，但也有的制冷循环效率是比较高的，例如氨的制冷循环即如此，它常用于食品冷藏等一般的制冷工业中。

3.3.2.1　蒸汽压缩制冷循环

逆卡诺循环给一切制冷循环指出了方向，但工程上完全照此实施尚有困难。很明显，在湿蒸汽区域内压缩和膨胀，由于大量的液滴会造成水击，必将迅速损坏机器，使操作无法进行。所以，实际循环过程必须在逆卡诺循环基础上进行修改。

循环装置主要由压缩机、冷凝器、节流阀和蒸发器所组成，流程示意图及其在 *T-S* 图、*p-H* 图上的表示见图 3-13。

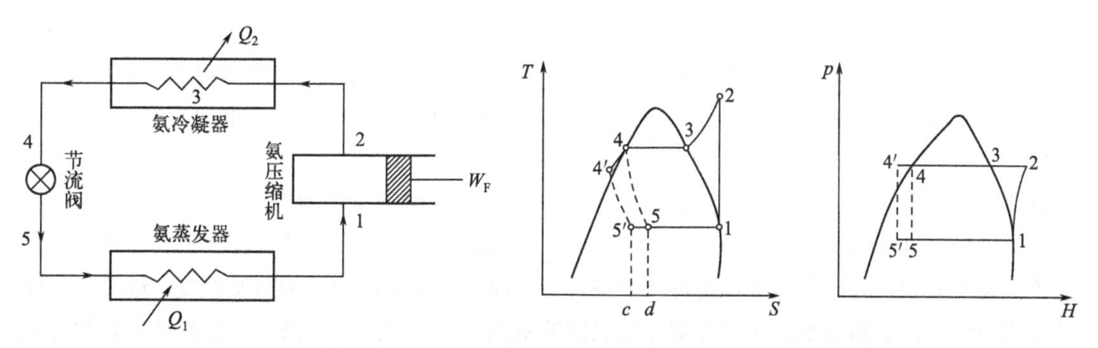

图 3-13　蒸汽压缩制冷循环流程及其在 *T-S* 图、*p-H* 图上的示意图

制冷循环由四个过程组成：

① 1-2 表示可逆绝热压缩过程。它与逆卡诺循环的不同之处就是把压缩过程安排在过热蒸汽区，即实行干法操作，使压缩机免受水击损坏。

应用开系稳流过程热力学第一定律概念，该压缩功为：

$$-W_s = \Delta H = H_2 - H_1 \tag{3-43}$$

② 2-3-4 表示被压缩后的蒸汽冷却冷凝为饱和液体。同样，根据第一定律概念，该过程在冷凝器中放出的热量为：

$$Q_2 = \Delta H = H_1 - H_2 \tag{3-44}$$

③ 4-5 表示节流膨胀过程，它与逆卡诺循环的不同之处就是用节流过程代替了等熵膨胀过程，用节流阀代替了膨胀机。从热力学上看，该过程损失了本可回收的一些膨胀功，但从实际观点来看，以节流阀代替结构复杂的膨胀机，简化了设备且易于调节。节流过程是等焓过程，$\Delta H = 0$。但经节流后，制冷剂的温度会降低到低于环境温度并有少量汽化，因而成为湿蒸汽状态 5。

④ 5-1 表示蒸发过程。处在湿蒸汽状态 5 的制冷剂在蒸发器中从被冷体系吸收热量（即被冷体系获得制冷量 q_0）直至完全变成干饱和蒸汽，从而构成循环。

对制冷循环进行热力学计算的目的是为压缩机、冷凝器、蒸发器的设计和选择提供依据。计算中需要应用开系稳流过程能量衡算方程。其中，基本的计算包括制冷量 q_0、制冷剂循环量 G、压缩过程功耗 $-W_s$、制冷系数及压缩机的理论功率 N_T 等。

对蒸发器，因 $W_s = 0$，则每千克制冷剂的制冷量 q_0(kJ/kg)为

$$q_0 = H_5 - H_1 \tag{3-45}$$

若给定制冷剂的制冷能力为 Q_0(kJ/h)，那么制冷剂的循环量 G(kg/h)为

$$G = \frac{Q_0}{q_0} \tag{3-46}$$

对压缩过程，因 $Q = 0$，则压缩每千克制冷剂所耗轴功 $-W_s$(kJ/kg)为

$$-W_s = H_2 - H_1 \tag{3-47}$$

故制冷系数：

$$\varepsilon = \frac{q_0}{-W_s} = \frac{H_5 - H_1}{H_2 - H_1} \tag{3-48}$$

制冷机的理论功率 N_T(kW)：

$$N_T = G(-W_s) = G \cdot \frac{-W_s}{3600} = \frac{Q_0}{3600\varepsilon} \tag{3-49}$$

实际操作中还需考虑流体的流动阻力及机械摩擦阻力所造成的损失，故实际功率总是要比理论功率大。

上述各项计算中，制冷剂的焓值 H 均可从它的热力学性质图表（包括 T-S 图、p-H 图等）中查得。冷凝温度、蒸发温度是影响制冷系数的主要因素。过冷温度的高低也有一定的影响。一般来说，制冷循环中，制冷剂的冷凝温度是由环境冷却水温度决定的，传热需要温差，不能任意降低，它通常要比环境冷却介质的温度高 8～10K，以保证传热的需要。蒸发温度愈低，则压缩比 p_2/p_1 及功耗就愈大，制冷系数 ε 就愈小，不能盲目地降低。但蒸发温度主要由客观上对制冷的要求而定，因此在能够满足需要的条件下，应尽可能采用较高的蒸发温度。过冷的温度是很有限的，它必然要受到环境冷却介质温度的制约。制冷剂的过冷操作一般在冷凝器和膨胀阀之间装设的过冷器中进行。

【例 3-7】现有氨蒸汽压缩制冷装置。蒸发温度 $t = -15℃$，冷凝器内冷却水温度为 20℃，假如从冷凝器流出的分别是饱和液氨或者是过冷 5℃的液氨。试分别计算在无过冷及有过冷时的制冷系数及制冷量。

解：按题意，该制冷循环在 p-H 图中的表示应为图 3-13 的 1-2-4-5-1（无过冷）及 1-2-4′-5′-1（有过冷）。

由氨的压焓图（附录二）查得如下数据：

蒸发温度−15℃时，饱和压力为 0.236MPa，S_1=5.853kJ/(kg·K)，H_1=1445kJ/kg

冷凝温度 20℃时，冷凝压力为 0.8571MPa，H_4=290kJ/kg

p=0.8571MPa 并过冷 5℃时，查得氨的焓值为 $H_4' = 267$kJ/kg

假设压缩机内进行等熵压缩过程，则

$$S_2 = S_1 = 5.853\text{kJ/(kg·K)}，H_2 = 1630\text{kJ/kg}$$

节流前后的焓值应该相等，则

$$H_4 = H_5 = 290\text{kJ/kg}，\ H_4' = H_5' = 267\text{kJ/kg}$$

计算结果如表 3-4 所示。

表 3-4 例 3-7 的计算结果

项目	无过冷时	有过冷时
吸收的热量/(kJ/kg)	$Q_0 = H_1 - H_5$=1445−290=1155	$Q_5' = H_1 - H_5'$ =1445−267=1178
轴功消耗量/(kJ/kg)	$-W_s = H_2 - H_1$=1630−1445=185	$-W_s = H_2 - H_1$=1630−1445=185
制冷系数	ε=1155/185=6.24	ε=1178/185=6.37

可见，有过冷与无过冷循环，轴功消耗量未变，而有过冷循环的制冷量有所增加，并使制冷系数略有提高。

计算结果表明，1 千瓦时功所获得的制冷量（无过冷）为：$K = 3600\varepsilon = 3600 \times 6.24 =$ 22464kJ/(kW·h)。在上述计算过程中，只考虑气体在压缩时的不可逆性，实际上还应考虑压缩机运转中的容积效率、机械效率、电动机效率和冷量损失等因素。这些因素的总和约为 55%。所以 1 千瓦时功所能得到的实际制冷量为：22464 × 55% ≈ 12355.2(kJ)。

氨制冷循环的制冷量和制冷系数在各种制冷循环中是最高的。当然液氨制冷循环也有其局限性，主要是温度降得不够低。虽然可以把液氨节流膨胀后的压力降得再低一些，可以降低其汽化温度，但也不可能使真空度过大，给操作带来很大困难。

【例 3-8】合成氨生产中，氨合成塔只能将一部分氢氮气合成为氨。为了使它与未反应的气体分离，一般要采用降温冷凝的方法。单靠通常的冷却水是达不到要求的，因此必须有专门的制冷工序。该制冷循环流程与氨合成工艺循环的关系及其在 T-S 图中的表示见图 3-14，图中虚框内是氨合成工艺循环部分。现有某 30 万吨/年大型合成氨厂，其工艺参数列于表 3-5 中。试计算该过程的制冷量、制冷剂的循环量、氨压缩机功率和制冷系数。计算中用到的液氨、气氨和工艺气的物理状态参数可从有关手册中查得。手工计算直接查表，电脑计算则可以将这些参数与温度的关系进行多项式拟合，其值列于表 3-5 中。

1-2 压缩过程。由蒸发器管外汽化的制冷剂饱和蒸汽（p_1，T_1，H_1）被等熵绝热压缩为过热蒸汽（p_2，T_2，H_2）。该过程$\Delta S = 0$，压缩功为：

$$W_s = \Delta H = H_2 - H_1 \tag{A}$$

状态点 1：饱和蒸汽，状态参数 p_1、T_1、H_1 的计算见表 3-5；

状态点 2：过热蒸汽，状态参数 p_2、T_2、H_2 中，p_2 由工艺给定，T_2、H_2 按下式计算：

热蒸汽温度 T_2：$T_2 = T_1\left(\dfrac{p_2}{p_1}\right)^{\frac{m-1}{m}}$，$m$=1.28

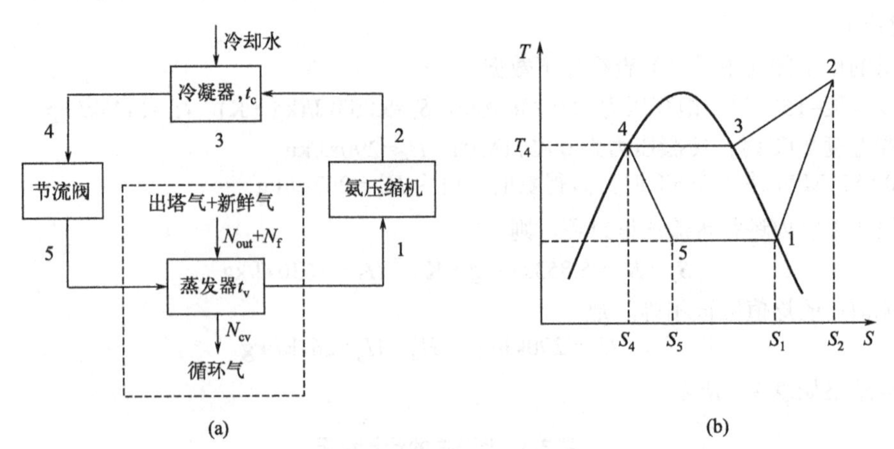

图 3-14　合成氨厂氨分离制冷循环流程示意图及其在 *T-S* 图中的表示

过热蒸汽焓 H_2：$H_2 = H_1 + \dfrac{H_{2S} - H_1}{\eta_S}$

等熵效率（η_S）：$\eta_S = \dfrac{H_{2S} - H_1}{H_2 - H_1}$

如果是等熵压缩，即 η_S=1，则 $H_2 = H_{2S}$。

2-3-4 冷凝过程：压缩后的制冷剂过热蒸汽在温度 t_c 下被环境冷却介质冷凝为饱和液体。制冷剂的冷凝温度 t_c 通常要比冷却水的温度 t_w 高 8～10℃，取 t_c=t_w+10。该过程在冷凝器中放出的热量：

$$Q_2 = \Delta H = H_4 - H_2$$

状态点 4：饱和液体，状态参数中，p_4=p_2，T_4=t_c，由 p_2 可查出 t_c，H_4 是 t_c 下液氨的焓。

4-5 膨胀过程：$\Delta H = 0$，$H_5 = H_4$。

5-1 蒸发过程：蒸发器管内来自水冷器的出塔工艺气中的气氨在 t_v 下被冷凝为液氨，而冷凝分氨后气体中氨含量 y_{cv,NH_3} 又要满足合成塔进口设计氨浓度 y_{in,NH_3}，即冷凝分氨后气体氨含量为：

$$y_{cv,NH_3} = \frac{N_{in} y_{in,NH_3}}{N_c}$$

而 y_{cv,NH_3} 由冷凝温度 t_v 确定，可由下列经验公式计算：

$$\lg(y_{cv,NH_3}\%) = 4.1856 + \frac{1.906}{\sqrt{p}} - \frac{1099.5}{273.15 - t_v}$$

蒸发器管外处于湿蒸汽状态的制冷剂吸收出塔工艺气的热量而被蒸发，其蒸发温度比管内工艺气中的气氨冷凝温度 t_v 低 8～10℃，取 $t'_v = t_v - 10$。

根据氨冷凝前后不凝气体物料平衡：

$$N_{out}(1 - y_{out,NH_3}) = N_{cv}(1 - y_{cv,NH_3})$$

则氨的冷凝量为：

$$N_{NH_3} = N_{out}\left(\frac{y_{out,NH_3} - y_{cv,NH_3}}{1 - y_{cv,NH_3}}\right)$$

状态点 5：气液混合物，状态参数 p_5、T_5、H_5 中，$p_5 = p_1$，$T_5 = t_v - 10$，$H_5 = H_4$。

在蒸发过程中制冷剂吸收的热量即被冷却的工艺气获得的制冷量，即该制冷过程的制冷负荷为：

$$(-\Delta H_V)_{t_v,N_v} = N_{out}\overline{C}_{p,out}(t_1 - t_2) + N_f\overline{C}_{p,f}(t_1 - t_2)$$
$$+ N_{NH_3}\overline{C}_{p,NH_3}(t_2 - t_c) + (-\Delta H_c)_{t_v,N_{NH_3}} N_{NH_3} + Q_L$$

式中，N_{NH_3}——氨冷凝量即氨的产量；

Q_L——系统的冷量损失，取其值为制冷负荷 $(-\Delta H_v)_{t_v,N_v}$ 的 5%。$(-\Delta H_c)_{t_v,NH_3}$ 是氨在 t_v 时的冷凝热，C_{p,NH_3}、$C_{p,out}$、$C_{p,f}$ 分别是液氨、出塔气和新鲜气的平均热容。本计算取 $C_{p,out}$、$C_{p,f}$ 值为 34.26kJ/(kmol·K)。

设每千克制冷剂的制冷量为 q_0，则制冷剂的循环量

$$G = \frac{Q_0}{q_0} = \frac{(-\Delta H_v)_{t_v,N_v}}{H_1 - H_5} \quad \text{(B)}$$

压缩机实际功率 W_F（kW）：由式（A）乘以（B）得到：

$$N_F = \frac{(-\Delta H_V)_{t_v,N_v}}{3600\eta_S\eta_m} \cdot \left(\frac{H_2 - H_1}{H_1 - H_5}\right)$$

制冷系数：
$$\varepsilon = \frac{H_1 - H_5}{H_2 - H_1}$$

计算结果如表 3-5 所列。

表 3-5　例 3-8 的计算结果

项目	结果	项目	结果
生产能力/(吨/年)	300000	工艺气出口温度 t_2/℃	20.00
合成压力 p/MPa	30.00	工艺气热容 C_p/[kJ/(kmol·K)]	34.26
新鲜气惰性气体浓度	0.0110	制冷剂热容 C_{pL}/[kJ/(kmol·K)]	79.04
合成塔进口惰性气体浓度	0.1814	工艺气中氨的冷凝量 N_{NH_3}/(kmol/h)	2450.99
放空气惰性气体浓度	0.2500	制冷剂饱和蒸汽焓值 H_1/(kJ/kg)	1658.05
合成塔进口氨浓度	0.0180	制冷剂饱和液体焓值 H_5/(kJ/kg)	560.72
合成塔出口氨浓度	0.1800	制冷剂过热蒸汽焓值 H_2/(kJ/kg)	1946.99
新鲜气量 V_f/(kmol/h)	5127.59	制冷剂饱和蒸汽压力 p_1/MPa	0.2120
合成塔进口流量 N_{in}/(kmol/h)	17852.86	制冷剂过热蒸汽温度 T_2/K	390.75
合成塔出口气量 N_{out}/(kmol/h)	15401.87	制冷剂过热蒸汽压力 p_2/MPa	1.499
冷凝分氨后气体流量 N_{cv}/(kmol/h)	12950.89	制冷剂的蒸发热ΔH_v/(kJ/kg)	1323.19
循环气流量 N_c/(kmol/h)	12725.27	工艺气中氨的冷凝热ΔH_v/(kJ/kg)	1290.87
放空气体量 V_v/(kmol/h)	225.61	制冷负荷 Q/(kJ/h)	7.5713×10^7
氨分离后工艺气氨浓度 y_{NH_3}	0.0248	制冷剂循环量 G/(kg/h)	68997.46
工艺气压力 p_1/MPa	28.00	压缩机理论功率 N_T/kW	5537.72
工艺气冷凝温度 t'_v/℃	−8.28	等熵效率η_S	0.80
制冷剂蒸发温度 t_v/℃	−18.28	机械效率η_m	0.92
制冷剂冷凝温度 t_c=t_2+10/℃	30.00	压缩机实际轴功率 N_F/kW	7524.1
工艺气进口温度 t_1/℃	38.00	制冷系数ε	3.80

3.3.2.2 分级制冷

大家已明白，制冷操作需要消耗油功。该轴功具体地说是消耗在压缩机（又称冰机）上。冰机能力的大小，制冷工序的简繁，与传热量的多少及制冷温度的高低密切相关。例如，在大型氨厂，为了把循环气中的氨气充分分离，并使进入合成塔气体中的氨含量符合规定，就要求最末一级氨冷器达到足够低的蒸发温度。蒸发温度愈低，则氨气的压力也愈低，压缩机的功耗就愈大，单级压缩是行不通的。为了节省能量，可根据制冷温度的不同要求，采取分级制冷的措施。如凯洛格流程可采用三级氨冷或四级氨冷。合成回路的气体需从38℃冷却到–23℃，当采用三级降温时，温度大体划为如下三段：38℃～22℃；22℃～1℃；1℃～–23℃。液氨的蒸发温度当然要更低些。因氨冷器的最小传热温差通常要保持在8～10℃左右，于是确定各级氨冷器的蒸发温度分别为：13.3℃、–7.2℃、–33℃。据此就可查得三级氨冷流程的蒸发压力分别为0.69MPa、0.326MPa以及0.104MPa（绝压）。在各级氨冷器中蒸发出来的氨气最终需要加压到用水足以使之冷凝的压力。假定冷却水温度为34℃，传热温差为8℃，则冷凝温度为42℃，相应的冷凝压力应当是1.65MPa。

大型氨厂的三级氨冷实际上是在一台大冰机上设三个进气口，氨气可根据其压力高低分别送入。由图3-15可见，冰机内气体流量是逐级增加的。这样对离心式压缩机来说，就有一个附带好处，即高压缸气体的体积不至于太小，因而在制造上有方便之处。

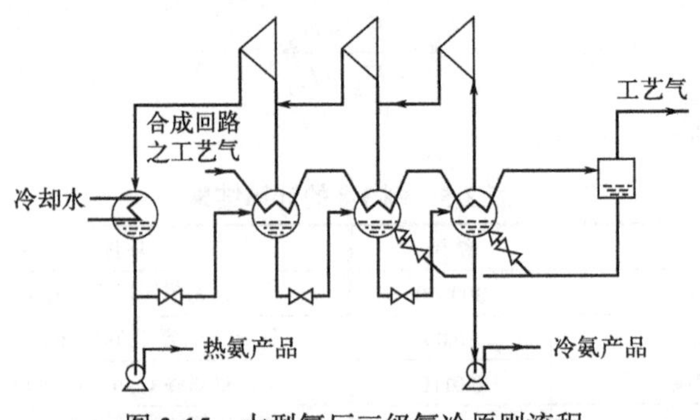

图3-15　大型氨厂三级氨冷原则流程

为了节能，凯洛格公司还推荐了分离液氨的四级制冷法，其能耗当然要比三级制冷循环更小。

3.3.2.3 吸收式制冷循环

前面已经知道，将低温体系的热量送至高温体系的制冷过程必须进行能量补偿。蒸汽压缩式制冷是消耗轴功来作为补偿，但能否直接用热能作为补偿来实现制冷呢？理论和实践证明是可行的。问题是要选择恰当的装置和工质。工业上已获广泛应用的有蒸汽喷射制冷装置和吸收式制冷装置。

蒸汽喷射制冷虽然不需要消耗电能作为补偿，但它需要消耗较高压力的蒸汽来作为补偿。如果没有一定的蒸汽源，仅为了制冷的需要而专门设置锅炉房就不经济了。

吸收式制冷的最大特点之一就是可以直接利用热能作为补偿，它可用0.05～0.07MPa（表压）的低压蒸汽，也可用80～120℃的热水，甚至可直接利用工业生产中的废气和废热及余热作为补偿。大型合成氨厂氨水吸收式制冷就是成功地利用低温余热的一个实例。该工艺就是将合成工序氨冷器闪蒸的气氨不送冰机，而用水吸收制取一定浓度的氨水；然后利用低温余热（如低温变换气的余热）加热汽提，蒸馏出来的气氨冷却为液氨再返回制冷系统作制冷剂，故省去了大量消耗轴功的制冷压缩机。氨水吸收式制冷一般可达–45℃以上的低温。

氨水吸收式制冷的工作原理是利用热能来作为补偿和利用溶液的特性来完成该制冷循环的。其中氨易挥发，汽化潜热大，用作制冷剂；而水的挥发性小，用作吸收剂。但由于氨与水在相同压力下的汽化温度比较接近，例如在标准大气压下，氨的沸点为–33.4℃，水为 100℃，两者仅差 133.4℃，因此在发生器中，蒸发出来的氨气中就带有较多的水蒸气。为了提高氨气的浓度，就必须采用分凝和精馏。因此整个循环由冷凝、节流、蒸发以及吸收、精馏等基本过程组成，如图 3-16(a)所示。

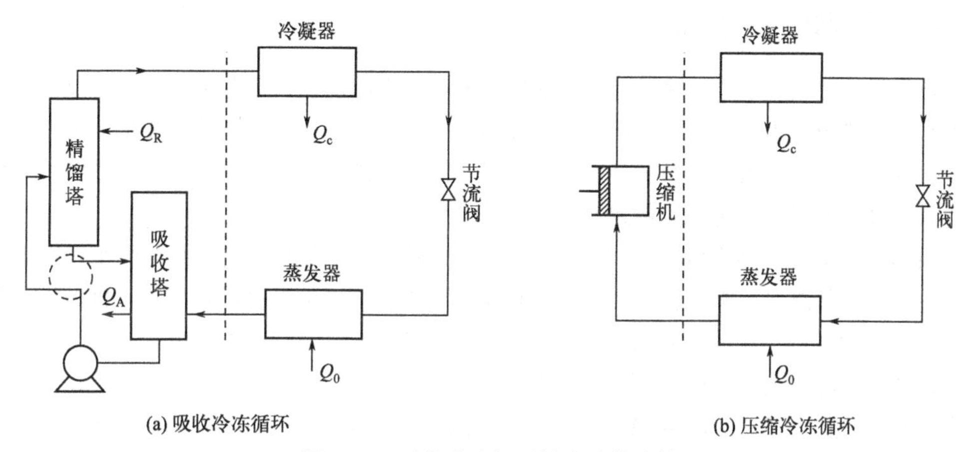

(a) 吸收冷冻循环　　(b) 压缩冷冻循环

图 3-16　吸收冷冻与压缩冷冻的比较

为了与氨蒸汽压缩制冷循环比较，用示意图 3-16 表示如下。由图 3-16(a)和图 3-16(b)比较可知，两图的虚线右侧是完全相同的，所不同的是左侧。氨吸收式制冷循环中吸收塔和精馏塔代替了蒸汽压缩制冷循环的压缩机。吸收塔用精馏塔后的稀氨水溶液吸收来自蒸发器的氨气，并由冷却水移去吸附过程中放出的热量。对于氨吸收式制冷循环来说，图 3-16(a)虚线左侧可看作一台热机，因它同样是在“高温”下吸热，在“低温”下排热。所以，该过程本质上相当于接受环境输入的“轴功”，提高了有效能。吸收塔和精馏塔中的温度，分别由所用的热源和冷却水的温度所限定。因此，根据相律，氨水溶液浓度也就不能随意变动了。

氨吸收式制冷循环的热力系数可按下列方法计算。

若环境温度为 T_C，蒸发温度为 T_E，则在理想情况下，制冷所需的最小功 W_s 可按卡诺原理求得：

$$-W_s = \frac{T_C - T_E}{T_E} Q_0 \tag{3-50}$$

式中，Q_0 为制冷量，即液氨在 T_E 时蒸发所能吸收的热量。

假设所用热源温度为 T_R，则为了获得上述最小功（$-W_s$）所需的最少热量 Q_R，也可按卡诺原理求得：

$$Q_R = W_s \cdot \frac{T_R}{T_R - T_C} \tag{3-51}$$

因此，为了获得制冷量 Q_0，所需由热源 T_R 提供的热量 Q_R 为：

$$Q_R = Q_0 \cdot \frac{T_C - T_E}{T_E} \times \frac{T_R}{T_R - T_C} \tag{3-52}$$

通常把$\frac{Q_0}{Q_R}$称为吸收式制冷循环的热力系数。因为上述各式都是在理想（可逆）情况下得到的，理想热力系数为：

$$\varepsilon = \frac{Q_0}{Q_R} = \frac{T_R - T_C}{T_C - T_E} \times \frac{T_E}{T_R} \tag{3-53}$$

当然，实际的热力系数必小于上式所示理论值。氨吸收式制冷虽然可利用各种废热源，但实际热力系数较低，这也是它的缺点。

3.3.2.4 制热循环——热泵

在自然界，空气、水、土壤以及太阳能中蕴藏着巨大的能量，工业生产中化学反应热以及蒸汽凝水中也排放出大量的余热，但这些低品位热量的温度水平比人们所需要的低许多，因此难以直接利用。热泵作为一种节能技术，能够提供比驱动能源多的热能，在节约能源、环境保护方面具有独特的优势，将受到越来越多的重视。

热泵的工作原理与制冷机完全相同，制冷机是制冷，热泵是制热。热泵是一组进行热力循环的设备，它将低温热不断地输送到高温物体中。它以消耗一部分高质量能量（机械能、电能或高温能等）为代价，通过热力循环，从自然环境介质（水、空气）中或生产排放的余热中吸取能量，并将它输送到人们所需要的较高温度的对象中去。

在蒸发器中循环工质吸取环境介质中的热量而蒸发，汽化后进入压缩机，经压缩后的工质在冷凝器中放出热量直接加热房间，或加热供热的用水，工质凝结成饱和液体，经节流降压降温进入蒸发器，重新蒸发吸热汽化为饱和蒸汽，从而完成一个循环。

目前在空调系统中应用的是蒸汽压缩式热泵装置，既能在夏季制冷又能在冬季制热，是一种冷热源两用设备。蒸汽压缩式热泵装置与蒸汽压缩式制冷装置[图 3-16(b)]的工作原理相同，只是其运行工况参数和作用不一样。它利用环境空气夏季冷却冷凝器、冬季为蒸发器供热。它的基本流程是由常规风冷制冷机流程加上四通阀作为制冷剂流程转换和控制实现冷凝器和蒸发器的互换，其电能耗要远低于直接电加热的取暖器。由于循环特性，一般热泵的输出温度不高于 150℃，对于家用及一般工业使用是没有问题的。热泵为大量的低品位热能的再利用提供了可能。对于环境保护、资源有效利用、工业可持续发展都很有价值，也受到了国内外广泛的重视与开发。

常见低品位热源有空气、水、土壤、太阳能和余废热资源等。由于热泵的工作参数与各种低品位热源的特点和化工过程紧密相关，这就需要对每个热泵系统根据其应用的场所和低品位热源的特点进行特别设计，一般不具有通用性。常见低品位热源的特点和利用原理，详见有关专业书籍。

热泵的操作费用取决于驱动压缩机的机械能或电能的费用，因此热泵的经济性能是以消耗单位功量 W_N 所得到的供热量 Q_H 来衡量的，称为制热系数ε_H，即

$$\varepsilon_H = \frac{|Q_H|}{|W_N|} \tag{3-54}$$

可逆热泵（逆卡诺循环）的制热系数可以导出

$$\varepsilon_H=\frac{T_H}{T_H-T_L} \quad (3\text{-}55)$$

可逆热泵的制热系数只与高温热源（温度为 T_H）和低温热源（温度为 T_L）的温度有关，与工质性质无关。

余废热资源数量大，品位较高，制热系数较大，产生的热源温度也较高，节能巨大，效率明显。大型化工企业都可以通过较小的工艺改造，将此部分热源利用起来。

可以导出制热系数与制冷系数的关系式，即

$$\varepsilon_H=\frac{|Q_H|}{|W_N|}=\frac{|q|+|W_N|}{|W_N|}=\frac{|q|}{|W_N|}+1=\varepsilon+1$$

可见，制热系数大于制冷系数，供热量 Q_H 大于压缩机消耗功量 W_N。而用电加热，供热量与消耗的电量是相等的。因此，热泵是一种比较合理的供热装置。

【例 3-9】某冷暖空调器压缩机的功率为 1kW，冬季时环境温度为 5℃，要求供热的温度为 30℃，假设制冷系数是逆卡诺循环的 80%，求此空调的供热量，以及热泵从环境吸收的热量。

解：

实际制冷系数
$$\varepsilon_H=\frac{Q_H}{W_N}=0.8\times\frac{T_H}{T_H-T_L}$$

$$Q_H=0.8\times\frac{273.15+30}{303.15-278.15}\times1.0=9.70(\text{kW})$$

从环境吸收热量为
$$Q_0=|Q_H|-|W_N|=9.7-1.0=8.7\text{kW}$$

可见，消耗 1kW 的功可以产生 9.70kW 的热，且 8.7kW 热量是由低温热源获得的，说明热泵效率远大于直接电暖器。

热泵及节能新技术的应用方兴未艾，我们需要掌握其基本能量转换原理，学会针对性地应用。

3.4　气体的液化

3.4.1　气体液化的理论最小功

低温的获得与气体的液化是互相关联的，所以深度制冷技术实质上就是气体的液化技术。单位气体液化所消耗的能量，可作为评价任何气体液化方法经济价值的主要指标。其实际所耗能量与理论所需最小功之比，可用以衡量该气体液化方法的完善程度。为此，首先须弄清气体液化的理论最小功。图 3-17 是气体液化所需最小功的 *T-S* 图。点 1 为欲进行液化气体的初始点，有两种不同的方法可使气体液化，分别说明如下：

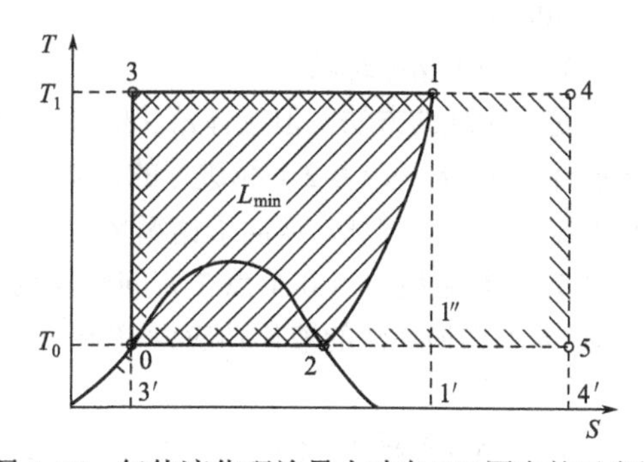

图 3-17　气体液化理论最小功在 *T-S* 图中的示意图

（1）理想循环法

以被液化气体自身进行制冷循环，可只耗最小的功，称为理想循环。气体由点 1 出发，沿 T_1 等温压缩至所需压力到达点 3，这阶段产生的热量 $Q_1=T_1(S_1-S_3)$，即面积 1-3-3′-1′-1，在冷却

器中可用冷却水将 Q_1 除去；然后气体由点 3 绝热膨胀并对外做功，温度由 T_1 降至 T_0，在到达 0 点时气体全部液化。即是理想循环，气体液化后当按最节能路线返回到初始点，此即 0-2-1 路线，液体蒸发的热量 $Q_2=H_1-H_0$，为面积 0-2-1-1′-3′-0。显然 Q_1 与 Q_2 之差即是需由外界输入的功，为面积 1-3-0-2-1（图中阴影面积），即可得出

$$W_r = Q_1 - Q_2 \tag{3-56}$$

已知 $Q_1=T_1(S_1-S_3)$，由于 $S_3=S_0$，所以

$$Q_1 = T_1(S_1 - S_0) \tag{3-57}$$

又知 $Q_2=H_1-H_0$，由 Q_1 及 Q_2 可写出最小功

$$W_r = Q_1 - Q_2 = T_1(S_1 - S_0) - (H_1 - H_0) \tag{3-58}$$

式中 T_1——被液化气体的初始温度；

S_1、S_0——被液化气体的气态、液态熵值；

H_1、H_0——被液化气体的气态、液态焓值。

式（3-58）还表明，气体液化最小功 W_r 仅与气体的状态及性质有关，而与液化过程无关。现将某些气体液化时的理论最小功列于表 3-6 供参考。

表 3-6 一些气体液化时的理论最小功（T_1=300K，p_1=101325Pa）

名称	液化时被取出的热量 Q_r		汽化热 r			理论最小功 W_r	
	J/mol	kcal/kg	J/mol	kcal/kg	kcal/L(液)	(kW·h)/kg	(kW·h)/L(液)
空气	12388	102.3	5942	49	42.8	0.205	0.179
氮	12130	103.5	5560	47.4	38.0	0.22	0.177
氧	13000	97	6800	50.9	58	0.177	0.202
氩	10980	65.7	6450	38.7	54.0	0.134	0.186
氖	7425	88	1735	20.6	24.9	0.37	0.445
氦	6250	373.3	81.3	4.88	0.61	1.9	0.237
氢	7960	944	890	105.5	7.5	3.31	0.235

这种理想循环的方法在实际上是不可能实现的，因为这时点 3 的压力需高达 40000～50000MPa，否则在绝对膨胀时 0 点不能落在饱和曲线上。以空气为例，在 80K 液化时点 3 压力为 45800MPa。

（2）逆向卡诺循环法

这是可实现的方法，但气体液化时所有的热量 $Q_2=H_1-H_0$ 均将在 T_0 的温度下取出。而在理想循环法中 Q_2 是沿 0-2-1 线进行的，即由点 2 至点 1 是在 T_0 与 T_1 之间的变温而非固定在 T_0 一种温度下进行。因此，逆向卡诺循环法的气体液化功要明显大于理想循环法。如果将液化点的温度 T_0 沿等温线由点 0 至点 2 方向延伸到点 5，并且使面积 5-0-3′-4′-5 等于面积 1-2-0-3′-1′-1，则逆向卡诺循环法的液化功应为 $W_r=$ 面积 4-3-0-5-4。与理想循环法相比，多出面积 4-1-2-5-4。

在这个循环过程中，Q_2 为一千克液体空气汽化时所能从外界吸收的最大热量，也就是这一循环过程的理论制冷量。制冷量与所消耗的功之比表示了这一制冷循环的效率，比值愈大，说明每消耗单位能量所取走的低温下的热量愈大，也就是制冷效率越大。这一比值称为制冷系数，以 ε 表示：

$$\varepsilon = \frac{Q_2}{W} \tag{3-59}$$

这里 Q_2 为体系实际从外界所吸取的热量，亦即实际的制冷量。W 为制冷循环的净的实际功消耗。最小功循环在实际生产中是不可能实现的。例如上述空气液化的最小功循环中，等温压缩过程的最终压力将高达 51×10^3MPa。另外，还有其他一系列的不可逆性存在。不过在实际生产中，经过一系列的措施后，实际的功消耗还是可以逐步降低或接近最小功消耗的。

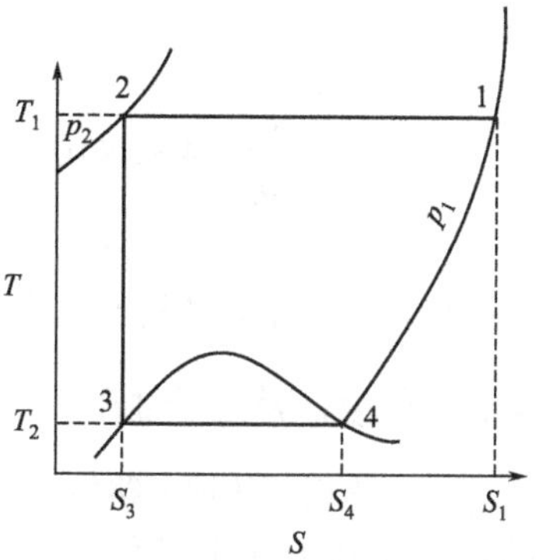

图 3-18　气体液化最小功循环过程在空气的 T-S 图中的示意图

【例 3-10】气体液化最小功循环过程在空气的 T-S 图中如图 3-18 所示。假设：T_1=298K，p_1=0.10132MPa，空气的物态方程可近似采用 $pV=RT$，试求：p_2 为多少？

解：由于在一般的空气 T-S 图中，其最高压力是 20.3MPa，所以不能从图中直接将 p_2 读出，但是此图中点 2 的温度和熵是可以读出的，即 $T_2=T_1=298$K，$S_2=S_3=0$，因此可以利用 $\Delta S_{2\text{-}1}=\Delta S_{3\text{-}4\text{-}1}$ 的关系将 p_2 求出。

首先求

$$\Delta S_{3\text{-}4\text{-}1}=\Delta S_{3\text{-}4}+\Delta S_{4\text{-}1} \tag{A}$$

3-4 是液态空气等温等压汽化过程：

$$\Delta S_{3\text{-}4}=\frac{\Delta H_{\text{汽化}}}{T_2}=\frac{H_4-H_3}{T_2}=\frac{196.65}{83}=2.369\ [\text{kJ/(kg}\cdot\text{K)}] \tag{B}$$

4-1 是空气等压加热过程，其熵变可按下式计算：

$$\Delta S_{4\text{-}1}=\int_{T_2}^{T_1}C_p\,\text{dln}T=\overline{C_p}\ln\frac{T_1}{T_2}$$

利用空气的 T-S 图即可求得

$$\overline{C_\text{p}}=\frac{H_1-H_4}{T_1-T_4}=\frac{504.2-285.3}{298-83}=\frac{218.9}{215}=1.018[\text{kJ/(kg}\cdot\text{K)}]$$

$$\therefore \Delta S_{4\text{-}1}=1.018\times\ln\frac{298}{83}=1.018\times1.278=1.301[\text{kJ/(kg}\cdot\text{K)}] \tag{C}$$

将式（B）、式（C）的数值代入式（A），得：

$$\Delta S_{3\text{-}4\text{-}1}=2.369+1.301=3.670[\text{kJ/(kg}\cdot\text{K)}]$$

2-1 是空气等温膨胀过程，其熵变可按下式计算：

$$\Delta S_T=\int_{p_2}^{p_1}\left(-\frac{\partial V}{\partial T}\right)_p\text{d}p$$

由 $pV=RT$，可得 $\left(\dfrac{\partial V}{\partial T}\right)_p=\dfrac{R}{p}$，以此代入上式，得

$$\Delta S_{2\text{-}1}=\int_{p_2}^{p_1}-\frac{R}{p}\,\text{d}p=-R\ln\frac{p_1}{p_2}=R\ln\frac{p_2}{p_1}$$

或

$$\Delta S_{2\text{-}1}=8.314\times\frac{1}{29.3}\ln\frac{p_2}{p_1}$$

根据 $\Delta S_{2\text{-}1}=\Delta S_{3\text{-}4\text{-}1}$ 的关系可得：

$$8.314\times\frac{1}{29.3}\ln\frac{p_2}{p_1}=3.682$$

$$\ln\frac{p_2}{p_1}=\frac{3.682\times29.3}{8.314}=12.976$$

$$\frac{p_2}{p_1}=4.32\times10^5\text{，}\quad p_2=4.32\times10^5\times0.10132=4.38\times10^4(\text{MPa})$$

在上述运算过程中假设空气的物态方程式为 $pV=RT$，所以其结果是近似的。但它仍可清楚地表明，p_2 的压力是相当高的，因而液化最小功循环在技术上实现是很困难的。

3.4.2 深度制冷工作循环

深度制冷循环的技术路线，可分为节流绝热膨胀（焦耳-汤姆逊效应）和做外功的绝热膨胀两种路径。自 19 世纪末期第一台空气液化装置问世以来，迄今已有百年以上的历史。其间虽然经历不断地研究、发展、改进，但直到现在所有的工业装置，仍然都是依照上述这两条基本技术路线来设计建造的。很多改进型的工艺技术在完成其历史使命以后，大多又被后来的简单、高效、节能、大型化等新技术所取代。按基本技术原理来区分，大致可有以下四种不同的深冷循环。

3.4.2.1 林德循环——等焓节流膨胀

林德循环是德国的林德（Carl von Linde）教授于 1895 年建成的世界上第一套空气液化装置所使用的深冷循环原理。当时该装置使用高压（20MPa）下的气体通过节流所产生的焦耳-汤姆逊效应获得低温，并通过逐步换热的方法而将空气液化。林德循环的特点是只使用气体的节流效应而不使用膨胀机。为了提高循环的效率、降低动力的消耗，从最初的一次节流膨胀，逐步发展出带有氨预冷、使用两种压力、高压空气再循环等改进型的流程，但是其理论基础都是节流膨胀所产生的降温效应。

随着透平膨胀机综合技术水平的提高、装置的低压化和大型化，特别是全球性对节约能源的强烈追求，后期的林德式空分早就用上做外功的等熵膨胀技术并实现了全低压化。

这里介绍的是只使用节流效应的一次节流膨胀循环原理，参见图 3-19。气体由初始点 1（p_1，T_1）等温压缩至点 2（p_2，T_1），此压缩过程产生的热量由水冷除去。随后在换热器中高压气体与节流后返回的低压气进行热量交换，高压气温度下降到 T_2 并到点 3（p_2，T_2）。接着通过节流阀使高压气等焓节流到 p_1，温度下降到 T_3 并到达点 4（p_1，T_3），这时有部分气体液化。在贮液器中已液化的与尚未液化的气体进行气液分离，液化部分由点 0（p_1，T_3）排出循环系统，未液化气体由点 5（p_1，T_3）通过换热器将冷量传给高压气，而低压气温度由 T_3 上升到 T_1 从而返回到初始点 1（p_1，T_1）。这种一次节流循环的流程简单，但效率低下，随后即改进为附带氨预冷的一次节流循环、两种压力的节流循环、二次节流循环等改进流程。

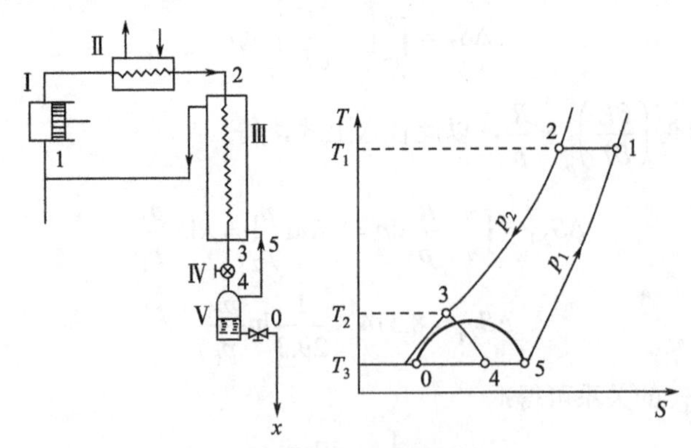

图 3-19　一次节流循环的流程图及 T-S 图

Ⅰ—压缩机；Ⅱ—水冷却器；Ⅲ—换热器；Ⅳ—节流阀；Ⅴ—贮液器

林德循环热量的简要计算。设以 x 表示液化并排出系统的液化分率，则未冷凝并返回到点 1 的剩余气体分率为 $1-x$。在正常情况下，压缩机排出的高压气体在点 2 的焓值，与液化气体焓值 xH_0 和剩余返回气体焓值 $(1-x)H_1$ 之和，应该相等。如不计系统的冷损失，则

$$H_2 = xH_0 + (1-x)H_1$$

则液化分率 x 为

$$x = \frac{H_1 - H_2}{H_1 - H_0} \tag{3-60}$$

由于点 1 至点 2 为等温压缩过程，其焓差 ΔH_c 与等温节流膨胀的热效应 ΔH_T 相等：

$$\Delta H_T = \Delta H_c = H_2 - H_1 \tag{3-61}$$

因此，式（3-60）可改写为

$$x = \frac{H_1 - H_2}{H_1 - H_0} = \frac{-\Delta H_T}{H_1 - H_0} \tag{3-62}$$

林德循环的制冷能力为：

$$Q_2 = x(H_1 - H_0) = H_1 - H_2 = -\Delta H_T \tag{3-63}$$

上式表明林德循环的制冷能力由等温节流膨胀的热效应决定。

林德循环的能量消耗，如果不计各种损耗，则循环过程的能耗即是气体由 p_1 压缩到 p_2 所消耗的功。等温压缩所消耗的功可按下式计算：

$$W_{is} = RT\ln\frac{p_2}{p_1} \tag{3-64}$$

这一功耗与等温膨胀所耗之产冷量应该相等，即 $W_{is}=Q_2$。但在实际应用中，气体压缩是个多变过程，再加上各种效率的影响，实际所消耗的功远大于理想的等温压缩功。一般用等温效率 η_{is} 加以修正，即实际功 $W_r=W_{is}/\eta_{is}$。但 Q_2 是净获得量，故

$$W_r > Q_2 \tag{3-65}$$

【例 3-11】 试求当 t=17℃时林德循环的液化空气量和制取 1kg 液态空气的能量消耗。压缩终了的压力是 20.3MPa（绝压），并按两种情况计算：

① 冷损失忽略不计；②计入冷损失。

$$Q_{温} + Q_{冷} = 11.51(\text{kJ/kg})\text{时。}$$

解： 林德循环及其在 T-S 图中的表示如图 3-20 所示。

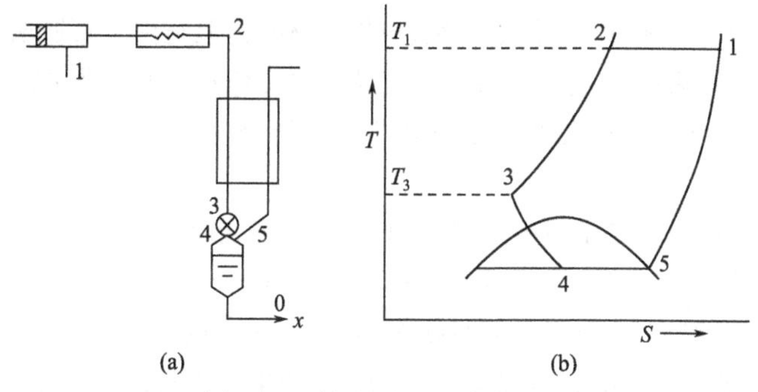

图 3-20　林德循环及其 T-S 图

① 不计冷损失。查空气的 T-S 图得：H_1 = 119.9kJ/kg，H_2 = 110.8kJ/kg，H_0 = 22kJ/kg，代入得：

液化空气量：

$$x_{理}=\frac{H_1-H_2}{H_1-H_0}=\frac{9.1}{97.9}=0.0930(\text{kJ/kg})$$

比功：

$$W_x=\frac{RT_1}{x_{理}\eta_T}\ln\frac{p_2}{p_1}=\frac{8.314\times290}{29.0\times0.0930\times0.59}\times\ln200=8028(\text{kJ/kg})$$

$$W_x=\frac{8028}{3600}=2.23[(\text{kW}\cdot\text{h})/\text{kg}]$$

式中，29.0 为空气的分子量；$\eta_T=0.59$，为等温压缩功的校正系数；3600kJ 相当于 1kW·h。

② 计入冷损失。$Q_{温}+Q_{冷}=11.51(\text{kJ/kg})$ 时：

$$x_{实}=\frac{(H_1-H_2)-(Q_{冷}+Q_{温})}{H_1-H_0} \tag{3-66}$$

由式（3-66）得，

液化量：$$x_{理}=\frac{H_1-H_2-(Q_{冷}+Q_{温})}{H_1-H_0}=\frac{9.1-2.75}{97.9}=0.0648$$

比功：$$W_x=\frac{RT}{x_{实}\eta_T}\ln\frac{p_2}{p_1}=\frac{8.314\times290}{29.0\times0.0648\times0.59}\ln200=11522(\text{kJ / kg})$$

由此可知，冷损失的存在会使液化量下降，比功消耗上升。因此，在制冷循环中应设法减少冷损失。

3.4.2.2 克劳德循环——等熵做外功膨胀

这是法国工程师克劳德（Jourze Claude）按照另一条原理，即使用气体做外功的等熵膨胀所产生的冷量来使空气液化的方法，于 1902 年建成了第一套这样的装置。尽管在此之前曾有人于 19 世纪末期，对由换热器及空气膨胀机所组成的液化装置申请过专利，但并未能实现实际上的应用。

此法的主要特点是使用了膨胀机进行等熵膨胀，从而可以获得较好的降温及产冷的效果。以温度为 20℃的空气为例，压力由 1MPa 膨胀到 0.1MPa 时，采用等熵膨胀可以使温度降至−119℃，而如用节流则能降到+18℃，可见两者差距之大。克劳德在当时使用的是往复式膨胀机，膨胀前的压力约为 5MPa，远低于林德法的 20MPa。但是由于膨胀机在接近液化条件操作时，一旦运行不当即可能有液体生成，从而导致水击作用而使膨胀机受损。鉴于此，克劳德在其循环中并不单纯使用膨胀机，而是与节流阀配合使用，从而开发出带膨胀机的深冷循环。

克劳德循环的流程及其 *T-S* 图参见图 3-21。气体从初始点 1（p_1, T_1）等温压缩至点 2（p_2, T_1）。压缩后的高压气，首先通过换热器 E_1 被冷却到点 3（p_2，T_2）。由点 3 开始高压气分为两路，设其总量为 1，则有 M 分率先后经换热器 E_2 及 E_3，进一步冷却至点 5（p_2，T_4）；余下的 1−M 部分，经膨胀机实际膨胀至点 4（p_1，T_3）。如果在理想的等熵条件下膨胀，应由点 3 膨胀至点 4′，该点 4′应落在饱和线与 p_1 等压线交点外。已经到达点 5 的 M 量高压气，经节流阀等焓节流至点 6（p_1、T_5），此时由于受节流降温效应的作用，有部分气体冷凝成液态通过分离器的分离而在其底部点 0（p_1，T_5）处排出系统，其量为 x，未冷凝的气体由分离器的顶部点 4′（p_1，T_5）流出，经换热器 E_3 到达点 4（p_1，T_3），在这里与由膨胀机后来的 1–M 量低压气相汇合。此汇合以后的气体，其量为$(1-M)+(M-x)=1-x$，在 p_1 压力下通过换热器 E_2 及 E_1，返回到初始点 1 状态。在后来的克劳德装置中，取消了换热器 E_3，换热器 E_2 也改为液化器（见图 3-22）。

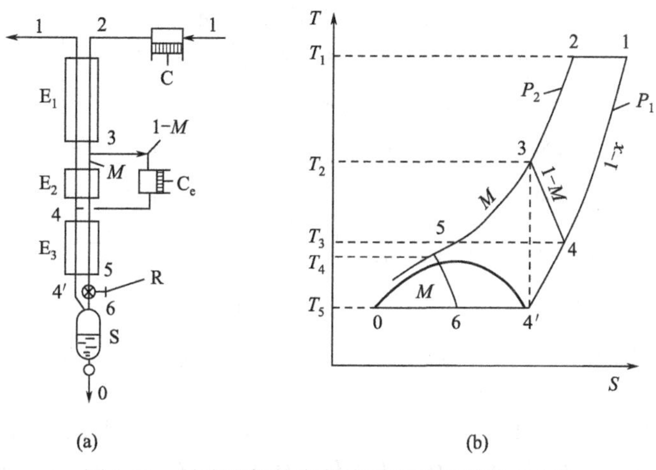

图 3-21　带膨胀机的克劳德循环流程及其 *T-S* 图

C—压缩机；E_1、E_2、E_3—换热器；C_e—膨胀机；S—分离器；R—节流阀

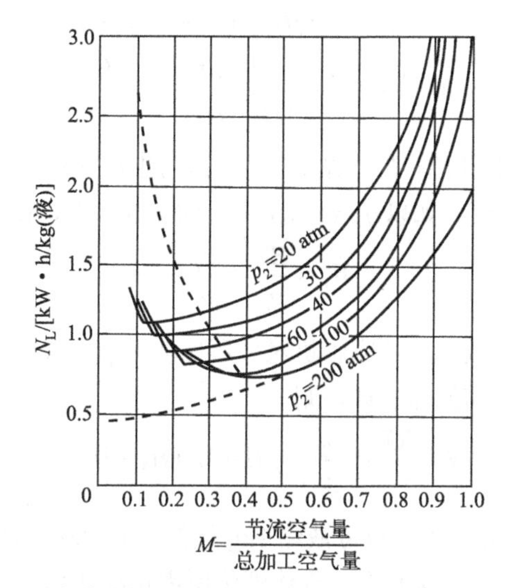

图 3-22　不同压力下，克劳德循环液化功与节流率的关系[1atm = 0.10133MPa(绝压)]

① 克劳德循环的热量计算。由于使用膨胀机，其制冷量不仅取决于高低压气体的焓差，更与膨胀前高压气体的压力、进入膨胀机的气量和温度有关。它的计算比单纯一次节流要复杂。按式（3-63），节流制冷量 $Q_2=H_1-H_2$。现由于有 1–M 量的气体通过膨胀机制冷，其附加冷量为$(1-M)(H_3-H_4)$。因此，克劳德法的制冷能力为

$$Q_2=H_1-H_2+(1-M)(H_3-H_4) \tag{3-67}$$

图 3-23 示出了膨胀前高压气体压力 p_2，进入膨胀机气体温度 T_2 和气量 1–M 这三者间的关系。图中横坐标为不通过膨胀机而直接节流的气量 M，并非进入膨胀机的气量 1–M，使用此图时须加注意。此图的压力范围较大，还适用于除克劳德循环以外的其他使用膨胀机的循环流程。

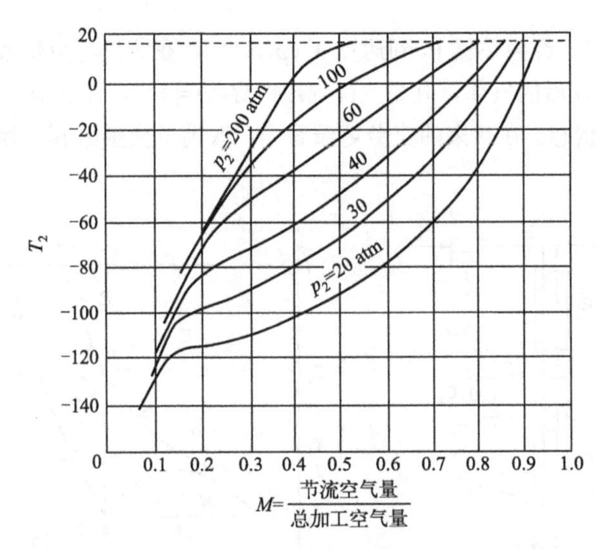

图 3-23　膨胀前温度 T_2、压力 p_2 与膨胀气量之间的关系[1atm = 0.10133MPa(绝压)]

② 克劳德循环的气体液化分率 x 的计算。在正常情况下由点 2 送入换热器 E 的焓值 H_2 应该与在系统中液化的液体焓值 xH_0、剩余未液化气体返回到初始点 1 的焓值 $(1-x)H_1$、膨胀机所做功 $(1-M)(H_3-H_4)$ 这三项之和，即

$$H_2 = xH_0 + (1-x)H_1 + (1-M)(H_3 - H_4)$$

$$\therefore x = \frac{(H_1 - H_2) + (1-M)(H_3 - H_4)}{(H_1 - H_0)} \tag{3-68}$$

③ 克劳德循环所耗功的计算。在计算功耗时，除考虑压缩机所消耗的功以外，由于膨胀机对外做功，故应将其回收抵偿。如以 η_{is} 表示压缩机的等温效率，则压缩机所耗的实际功 W_r 为

$$W_r = \frac{RT}{\eta_{is}} \ln \frac{p_2}{p_1}$$

以 η_s 代表膨胀机的技术效率，则膨胀机对外所做功为 $\eta_s(1-M)(H_3-H_4)$。

令 N 表示克劳德循环所需的净功耗，则

$$N = \frac{RT}{\eta_{is}} \ln \frac{p_2}{p_1} - \eta_s(1-M)(H_3 - H_4) \tag{3-69}$$

由式（3-68）及式（3-69）可求得每液化 1kg 气体所需消耗的功为 $N_2 = N/x$。图 3-22 为克劳德循环在不同膨胀前的压力（p_2）下，气体液化所需功耗（N_2）与节流率（M）的关系曲线图。由图可以看出，如果 M 固定则压力 p_2 愈高，N_L 愈小；一般 M 为 0.2～0.4；而压力 p_2 正常运转时约为 1.8～2.5MPa。

【例 3-12】 今有一克劳德制冷循环，其过程和在 T-S 图中的表示可参见图 3-24，操作条件是：$p_1 = 0.1$MPa，$T_1 = T_2 = 30$℃，$p_2 = 3.5$MPa，入膨胀机气量为总气量的 80%，即 $M = 0.2$，入膨胀机气体的温度 $T_3 = -60$℃，膨胀机的膨胀效率 $\eta_{膨胀} = 65\%$，系统冷损失及换热器热端温差均可忽略不计。试求液化量、空气在出膨胀机时的温度及比功消耗。

解：液化量：$x_{理}$ 的计算可用式（3-68），即

$$x_{理} = \frac{H_1 - H_2 + (1-M)(H_3 - H_4)}{H_1 - H_0}$$

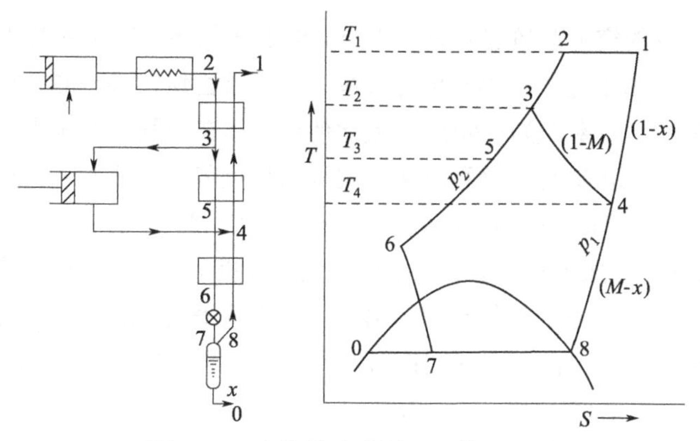

图 3-24　克劳德冷冻循环及其 T-S 图

查空气的 T-S 图，得：

$$H_1 = 123.0(\mathrm{kcal/kg}) = 514.6(\mathrm{kJ/kg})$$
$$H_2 = 121.2(\mathrm{kcal/kg}) = 507.1(\mathrm{kJ/kg})$$
$$H_3 = 93.2(\mathrm{kcal/kg}) = 389.9(\mathrm{kJ/kg})$$
$$H_0 = 22.0(\mathrm{kcal/kg}) = 92.0(\mathrm{kJ/kg})$$

H_4 可由下式来求，即

$$\eta_{膨} = \frac{H_3 - H_4}{H_3 - H_4'} = 0.65$$

查空气 T-S 图，得

$$H_4' = 67.5(\mathrm{kcal/kg}) = 282.4(\mathrm{kJ/kg})$$
$$\therefore H_4 = 97.2 - (97.2 - 67.5) \times 0.65 = 77.9(\mathrm{kcal/kg}) = 325.9(\mathrm{kJ/kg})$$
$$x_{理} = \frac{(123.0 - 121.1) + 0.8(97.2 - 77.9)}{123.0 - 22.0} = \frac{17.2}{101.0} = 0.17$$

出膨胀机时空气的温度：与膨胀机出口空气状态 $p = 0.10132\mathrm{MPa}$，$H_4 = 77.9(\mathrm{kcal/kg}) = 325.9(\mathrm{kJ/kg})$ 相对应的空气温度可由空气的 T-S 图查得为−155℃。

比功 W_x 的计算可用式（3-69）：

$$W_x = \frac{1}{x_{理}}\left[\frac{RT}{\eta_T}\ln\frac{p_2}{p_1} - \eta_{机}(1-M)(H_3 - H_4)\right]$$

取 $\eta_T = 0.59$，$\eta_{机} = 0.85$

$$W_x = \frac{1}{0.17} \times \left(\frac{8.314 \times 303}{29.0 \times 0.59}\ln 35 - 0.85 \times 0.8 \times 64.0\right)$$
$$= \frac{1}{0.17} \times (523.5 - 43.5) = 2823.4(\mathrm{kJ/kg})$$
$$W_x = \frac{2823.4}{3600} = 0.784(\mathrm{kW \cdot h/kg})$$

与例题 3-11 比较可知，由于在克劳德制冷循环中采用了膨胀机，所以比功消耗大为下降。

3.4.2.3　使用透平膨胀机的低压循环

这种使用高效率的透平膨胀机，在低压力（0.6～0.7MPa，绝压）下使空气液化并获取氧气的技术，是由苏联科学院院士卡皮查于 1937 年在物理研究所试验成功的[1]，因而此法也称为卡皮查循环。目前全世界的空分装置已普遍应用类似的低压循环。但这种循环的基本原理及流程仍属克劳德循环，只是由于透平式膨胀机的效率（当时已达到 80%～82%）远高于此前克劳德法所用的往复式膨胀机（效率约为<60%），因此使得气体在膨胀前的压力可以大幅度降低，从而在此基础上发展成全低压循环。这种循环可被认为是克劳德循环的一种特例。

使用透平膨胀机低压循环的流程及 *T-S* 图示于图 3-25。将其与图 3-22 对比就可看出，通过膨胀机的 1–*M* 量气体的膨胀过程，由于使用透平式膨胀机，点 4 无须远离饱和曲线，这对于往复式膨胀机为防止液击作用是无法做到的；另外，由于透平式膨胀机效率高，使得 3-4 线更接近等熵的 3-4′线。至于流程上由 3 台热交换器改为 2 台，这已是克劳德法的改进形式。除此以外这两种循环流程基本上没有原则上的区别。

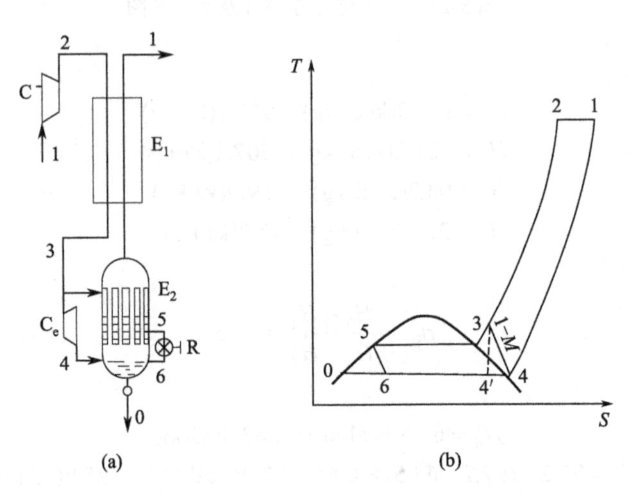

图 3-25　使用透平膨胀机低压循环流程及其 *T-S* 图

C—压缩机；E_1—蓄冷器；C_e—透平膨胀机；R—节流阀；E_2—液化器

根据以上的对比可知，这种使用透平膨胀机低压循环的热功计算方法，与克劳德法可用同理导出相同的公式，即

制冷量　$$Q_2=(H_1-H_2)+(1-M)(H_3-H_4)$$

液化分率　$$x=\frac{(H_1-H_2)+(1-M)(H_3-H_4)}{H_1-H_0}$$

消耗功　$$N=\frac{RT}{\eta_{is}}\ln\frac{p_2}{p_1}-\eta_s(1-M)(H_3-H_4)$$

需要指出，由于图 3-22 及图 3-23 是针对往复式压缩机和膨胀机于 1927 年所绘制，其效率与透平式设备有很大的差别，必须注意引用。

3.4.2.4　逐级制冷工作循环

获得极低温制冷的方法，主要是依靠氦及其同位素的极低温特性而有多种不同做法，逐级制冷是其工作循环之一。

逐级液化的主要原理是利用一系列凝固点不同的气体作为工作介质——制冷剂，使在压力下已经凝固的沸点较高的气体在液态下节流至低压而蒸发，同时冷却另外一种沸点较低的气体使之液化，如此逐级继续进行，最后可使沸点很低的气体液化。图 3-26 所示为用逐级法液化氮气的流程图。

由图可知，用逐级法液化氮气的循环是由四个制冷循环组合而成的。第一个循环是氨的制冷循环，将氨气压缩到 1.0MPa 且用水冷却，于是氨气被液化，再在 0.1MPa 节流被蒸发。第二个循环是乙烯制冷循环，将 1.9MPa 下的乙烯经过液氨冷却后液化，再在 0.1MPa 下节流蒸发。第三个循环是甲烷制冷循环，将 2.5MPa 下的甲烷经过液态乙烯冷却而液化，再在 0.1MPa 下节流蒸发。第四个循环是氮气液化循环，将 1.9MPa 下的氮气经过液态甲烷冷却而液化，得到最终产品液态氮。这种方法的优点是每个循环的压力都不十分高，最多不超过 3.0MPa，同时用这种方法可液化沸点很低的气体，如氢气、氦气等。由于这种方法是液态节流，因而较气体节流的不可逆性要小得多，即能量消耗少；但也有它的缺点，流程与设备装置比较复杂。

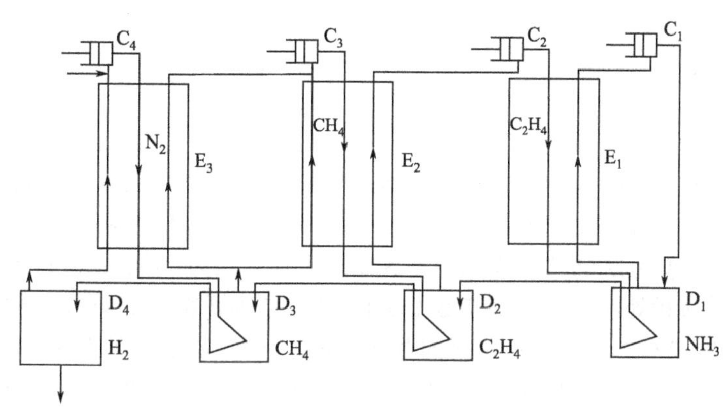

图 3-26　逐级法液化氮气的工作循环

C_1—NH_3 压缩机；C_2—C_2H_4 压缩机；C_3—CH_4 压缩机；C_4—N_2 压缩机；E_1、E_2、E_3—热交换器；D_1～D_4—冷凝蒸发器

3.4.3　各种制冷循环比较

现将处理 1kg 空气（在 0.1MPa 和初温 30℃下）的各种制冷循环的生产能力与经济效果列于表 3-7。

表 3-7　处理 1kg 空气的各种制冷循环的生产能力与经济效果

循环名称	气体液化量/kg	比功/(kW・h/kg)
① 简单一次节流（p_2 = 20.0MPa）	0.081	4.08
② 具有氨预冷一次节流（预冷至-50℃，p_2 = 20.0MPa）	0.197	1.41
③ 具有两种压力的节流膨胀（P_2 = 6atm，p_3 = 20.0MPa，M = 0.8）	0.024	4.75
④ 具有中间压力的二次节流膨胀（p_2 = 4.0MPa，p_3 = 20.0MPa，M = 0.2）	0.0466	2.07
⑤ 具有氨预冷中间压力的二次节流膨胀（p_2 = 4.0MPa，p_3 = 20.0MPa，M = 0.2，氨冷到-50℃）	0.140	0.728
⑥ 具有膨胀机的中温中压循环（p_2 = 20.0MPa，M = 0.4）	0.115	0.76
⑦ 具有膨胀机的高温高压循环（p_2 = 20.0MPa，M = 0.4）	0.24	0.67

由表 3-7 可见，具有膨胀机的高温高压循环，是气体液化循环中最经济且生产能力最大的一种制冷循环。在更大压力范围内来比较各种循环的情况，可得下列一般规律：凡压力增大，则比功减小，但比功减小也有一定限度，即以不超过初温转折压力为度。凡具有氨预冷的，因制冷系数大，比功总是比没有氨预冷的小。凡具有膨胀机的制冷循环总比单纯节流膨胀经济。在小规模生产过程中，为了简化设备起见，一般采用一次节流膨胀；而在大规模生产过程中，如何降低能量消耗，显得特别重要。

参考文献

[1] 于遵宏, 朱炳辰, 沈才大, 等. 大型合成氨厂工艺过程分析[M]. 北京: 中国石化出版社, 1993.

[2] 沈浚, 朱世勇, 冯孝庭. 化肥工学丛书——合成氨[M]. 北京: 化学工业出版社, 2001.

[3] 印永嘉, 奚正楷, 李大珍. 高等学校教材: 物理化学简明教程[M]. 3 版. 北京: 高等教育出版社, 2006.

[4] 张鎏. 无机物工艺过程原理[M]. 天津: 天津大学出版社, 1968.

[5] 中国寰球化学工程公司, 中国石油化工总公司, 兰州石油化工设计院. 氮肥工艺设计手册[M]. 北京: 化学工业出版社, 1989.

[6] 陈新志, 蔡振云, 钱超. 面向 21 世纪课程教材. 化工热力学[M]. 第 4 版. 北京: 化学工业出版社, 2015.

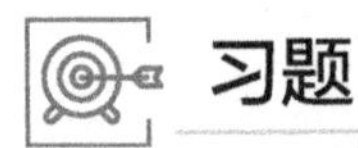

习题

3-1 某合成氨厂合成气压缩机的操作条件如下：合成气初态压力为0.1MPa，温度为37℃，经七段压缩到 10.6MPa，每段实行段间冷却使每段入口温度保持在 37℃。合成气流量为5901.2kmol/h。试估算该压缩机的实际轴功率 N_F 及各段出口压力。假设：（1）合成气压缩过程近似按理想气体绝热过程处理；（2）绝热指数 k 取 1.4；（3）取等熵效率 $\eta_S = 0.8$，机械效率 $\eta_m = 0.92$。

3-2 （1）以 R-12（CF_2Cl_2）为制冷剂的蒸汽压缩制冷循环的工作条件为：蒸发温度–20℃，冷凝压力为 0.9MPa，试计算制冷系数 ε_1；（2）如果考虑蒸发过程与冷凝过程的传热存在一定的温差，使蒸发温度为–30℃，冷凝压力为 1.2MPa，试计算此时的制冷系数 ε_2 并与题（1）比较。

3-3 某理想制冷循环装置，每小时制冷量为 2×10^5kJ/h（即制冷剂每小时向被冷体系吸取 2.0×10^5kJ 的热量），制冷剂在吸热时的温度 $T_L = 263$K，冷凝温度 $T_H = 293$K。试求（1）制冷系数 ε；（2）消耗的轴功；（3）冷凝时放出的热量 Q_2；（4）当 T_L 降为 258K，重算制冷系数。

3-4 研究卡皮查液化空气循环，测知在膨胀机前的压力为 0.6MPa（绝压），温度为 120K；膨胀机后的压力为 0.1MPa（绝压），温度为 89K；膨胀机所产生功率为 100kW。试求经过膨胀机的空气量和膨胀机效率。

3-5 试求在 0.1MPa、17℃下，每液化 1kg 空气所消耗的最小功。

3-6 利用具有膨胀机的高温高压循环液化气体。已知空气在 80℃等温压缩到 20MPa，其中 50%送入膨胀机，由 20MPa 节流到 0.1MPa。假设每处理 1kg 空气冷量损失为 8.37kJ，并设膨胀机效率为 50%。试求每制得 1kg 液态空气所消耗的能量及制冷循环效率。

第四章
多组分系统热力学基础

本章将利用热力学第一定律和热力学第二定律，以及状态函数的基本数学关系，讨论在等温等压下，由不同性质的物质形成多组分系统（溶液或混合物）时系统状态函数（如体积、焓、熵、吉布斯函数等）的变化规律，其目的是为多组分系统的热力学应用建立理论基础。

4.1 多组分系统热力学性质的基本关系及化学势

这里定义的多组分系统指的是由两种或两种以上完全互溶的纯物质所构成的单相混合物或溶液系统，它们可以是气体，也可以是液体或固体。

回顾一下简单系统可知，当系统物质的量一定时，系统的状态和状态函数只需用两个独立变量就可以描述，例如，$G=f(T,p)$。但是，对于多组分系统，除了两个独立变量以外，还要知道各组分的物质的量，即 $G=f(T,p,n_1,n_2,\cdots)$。一般而言，在科研和生产中，常见的系统大多为组成变化的多组分封闭或敞开系统。即使是在无化学反应、无相变化的单相多组分封闭系统中，由于不同组分分子间的相互作用力不同于各纯组分分子间相互作用力，使得系统中各组分广度（或称容量）性质的“摩尔量”并不等于其以纯组分存在时的摩尔量；同时，系统某一广度性质 M 的值也不再简单地等于构成系统的各组分广度性质的“摩尔量”与其摩尔数 n 乘积之和，即除了物质的量以外，所有广度性质不再具有简单的加和性。

为此，在研究多组分系统时，我们首先要解决的问题是：①如何描述一个多组分系统；②如何表示多组分系统具有加和性的状态函数；③多组分系统各状态函数之间的关系，即如何将纯物质单相系统中的热力学公式用于多组分系统。在此基础上，再讨论混合过程中热力学函数（如焓、熵、吉布斯函数等）的改变值，尤其是ΔH 的计算。

4.1.1 偏摩尔量的定义及其集合公式

设有一个由组分 1, 2, 3, …, k 组成的均相多组分系统，系统的任一广度性质 M（例如 V、U、H、S、A 和 G 等）是 T，p，n_1，n_2，n_3，…，n_k 的函数，即

$$M = M(T, p, n_1, n_2, n_3 \cdots) \tag{4-1}$$

当 T，p，n_i $(i = 1, 2, 3, \cdots, k)$产生无限小的变化时，广度性质 M 的相应变化可用全微分表示：

$$
\begin{aligned}
\mathrm{d}M = & \left(\frac{\partial M}{\partial T}\right)_{p,n_1,n_2,n_3,\cdots}\mathrm{d}T + \left(\frac{\partial M}{\partial p}\right)_{T,n_1,n_2,n_3,\cdots}\mathrm{d}p + \left(\frac{\partial M}{\partial n_1}\right)_{T,p,n_2,n_3,\cdots}\mathrm{d}n_1 \\
& + \left(\frac{\partial M}{\partial n_2}\right)_{T,p,n_1,n_3,\cdots}\mathrm{d}n_2 + \left(\frac{\partial M}{\partial n_3}\right)_{T,p,n_1,n_2,\cdots}\mathrm{d}n_3 + \cdots
\end{aligned} \tag{4-2}
$$

式中，$\left(\partial M/\partial n_i\right)_{T,p,n_1,n_2,n_3,\cdots,n_{i-1},n_{i+1},\cdots}$ 表示在压力、温度及混合物中各组分的物质的量（除组分 i 外）均不变（即混合物的组成不变）的条件下，系统广度性质 M 对物质 i 的变化率。

为了方便起见，今后在式（4-2）的偏导数中，用 $n_{i\neq B}$ 表示除组分 B 外其他组分的量均不改变，并定义：在温度、压力及除了组分 B 以外其余各组分的物质的量均不改变的条件下，广度性质 M 随组分 B 物质的量 n_B 的变化率 $M_{\mathrm{m},B}$ 称为组分 B 的偏摩尔量。即

$$
M_{\mathrm{m},B} = \left(\frac{\partial M}{\partial n_B}\right)T, p, n_{i\neq B} \tag{4-3}
$$

这样，式（4-2）的全微分可以简写成：

$$
\mathrm{d}M = \left(\frac{\partial M}{\partial T}\right)_{p,n}\mathrm{d}T + \left(\frac{\partial M}{\partial p}\right)_{T,n}\mathrm{d}p + \sum_B M_{\mathrm{m},B}\mathrm{d}n_B \tag{4-4}
$$

与纯组分摩尔量不同，多组分系统中组分 B 的偏摩尔量是温度、压力和组成的函数，即

$$
M_{\mathrm{m},B} = f(T,P,n_1,n_2,n_3,\cdots)
$$

在恒温恒压条件下，因 $\mathrm{d}T=0$，$\mathrm{d}p=0$，式（4-4）变为

$$
\mathrm{d}M = \sum_{B=1}^{k} M_{\mathrm{m},B}\mathrm{d}n_B \tag{4-5}
$$

在引入偏摩尔量后，对于由 1, 2, 3, …, k 等多个组分构成的均相混合物系统，其任一具有加和性的状态函数 M 可表示如下：

$$
M = \sum_{B=1}^{k} n_B M_{\mathrm{m},B} \tag{4-6a}
$$

将上式两边除以系统中物质的量 n，有

$$
M = \sum_{B=1}^{k} x_B M_{\mathrm{m},B} \tag{4-6b}
$$

式中，x_B 为物质 B 的摩尔分数，$M_{\mathrm{m},B}$ 称为物质 B 的偏摩尔量。式（4-6a）和式（4-6b）都称为偏摩尔量的集合公式，说明系统中各个广度性质的总值等于各组分偏摩尔量与其物质的量乘积之和。

以二组分系统为例，系统的体积等于这两个组分的物质的量分别乘以对应的偏摩尔体积之和。即

$$
V = n_1 V_{\mathrm{m},1} + n_2 V_{\mathrm{m},2} \tag{4-7}
$$

上面讨论的虽然是液态混合物系统，对于由溶剂及溶质构成的溶液系统也是适用的。至此，我们解决了前文提出的如何给出一多组分系统某广度性质 M 的数值或表达式的问题。

对于纯物质系统，热力学函数之间存在着一定的关系，如 $H=U+pV$，$A=U-TS$，$G=H-TS=A+pV$ 以及 $(\partial G/\partial p)_T=V$，$(\partial G/\partial T)_p=-S$ 等。可以证明，在对多组分系统中任一组分 B 定义偏摩尔量之后，在纯物质系统中所应用的公式及不同函数间的组合形式，可以原封不动地用于多组分系统的任一组分，例如，$H_{\mathrm{m},B}=U_{\mathrm{m},B}+pV_{\mathrm{m},B}$，$A_{\mathrm{m},B}=U_{\mathrm{m},B}-TS_{\mathrm{m},B}$，$(\partial G_{\mathrm{m},B}/\partial p)_T=V_{\mathrm{m},B}$ 和 $(\partial G_{\mathrm{m},B}/\partial T)_p=-S_{\mathrm{m},B}$ 等。这样我们就可以很方便地用热力学三大定律及相关的热力学方程来

研究多组分系统的热力学性质。

4.1.2 吉布斯-杜亥姆方程

在多组分均相系统中各组分的偏摩尔量并非完全独立，彼此之间有着内在的联系。在 T、p 一定时，如果在溶液中不按比例地添加各组分，则溶液浓度会发生改变，这时，各组分物质的量和偏摩尔量均会改变。这相当于对式（4-6）进行全微分：

$$\mathrm{d}M = \sum_B n_B \mathrm{d}M_{\mathrm{m},B} + \sum_B M_{\mathrm{m},B}\mathrm{d}n_B \tag{4-8}$$

比较式（4-5）与式（4-8）得

$$\sum_{B=1}^{k} n_B \mathrm{d}M_{\mathrm{m},B} = 0 \tag{4-9}$$

将式（4-9）两边除以 $n=\sum_B n_B$ 得

$$\sum_{B=1}^{k} x_B \mathrm{d}M_{\mathrm{m},B} = 0 \tag{4-10}$$

式（4-9）与式（4-10）都称为吉布斯-杜亥姆（GibbS J W-Duhem P)方程。吉布斯-杜亥姆方程表明在一个多组分单相系统中，各组分偏摩尔量之间具有一定联系。对于二组分系统

$$x_1\mathrm{d}M_{\mathrm{m},1} + x_2\mathrm{d}M_{\mathrm{m},2} = 0$$

可见，在恒温恒压下，在二组分混合物体系中，如果一组分的偏摩尔量增大，则另一组分的偏摩尔量必然减小，且增大与减小的比例与混合物中两组分的摩尔分数（或物质的量）成反比。式（4-10）还可用于二组分系统实验数据的热力学一致性校验，即把测得的 $M_{\mathrm{m},1}$、$M_{\mathrm{m},2}$ 与 x_1、x_2 的关系代入上式中，观察等式是否成立，如果等式成立，就说明实验数据具有热力学一致性，反之就是不可靠的。

下面以二组分系统为例，叙述各偏摩尔性质之间的关系。对于二组分混合物，式（4-6a）、式（4-8）和式（4-10）可分别写成

$$M=x_1M_{\mathrm{m},1}+x_2M_{\mathrm{m},2} \tag{A}$$

$$\mathrm{d}M = x_1\mathrm{d}M_{\mathrm{m},1} + x_2\mathrm{d}M_{\mathrm{m},2} + M_{\mathrm{m},1}\mathrm{d}x_1 + M_{\mathrm{m},2}\mathrm{d}x_2 \tag{B}$$

$$x_1\mathrm{d}M_{\mathrm{m},1} + x_2\mathrm{d}M_{\mathrm{m},2} = 0 \tag{C}$$

因为 $x_1+x_2=1$，故有 $\mathrm{d}x_1=-\mathrm{d}x_2$，用 $\mathrm{d}x_1=-\mathrm{d}x_2$ 分别消去式（B）中的 $\mathrm{d}x_2$ 或 $\mathrm{d}x_1$ 并联立式（C）得

$$\frac{\mathrm{d}M}{\mathrm{d}x_1} = M_{\mathrm{m},1} - M_{\mathrm{m},2} \tag{D}$$

$$\frac{\mathrm{d}M}{\mathrm{d}x_2} = M_{\mathrm{m},2} - M_{\mathrm{m},1} \tag{E}$$

对式（A），利用 $x_1+x_2=1$，分别消去 x_1 和 x_2 可得式（A）的两个等价形式

$$M = M_{\mathrm{m},1} - x_2(M_{\mathrm{m},1} - M_{\mathrm{m},2})$$

和

$$M = M_{\mathrm{m},2} - x_1(M_{\mathrm{m},2} - M_{\mathrm{m},1})$$

将上两式分别与式（D）和式（E）联立，得

$$M_{\mathrm{m},1} = M + x_2\frac{\mathrm{d}M}{\mathrm{d}x_1} \tag{4-11}$$

$$M_{\mathrm{m},2} = M + x_1\frac{\mathrm{d}M}{\mathrm{d}x_2} \tag{4-12}$$

由式（4-11）和式（4-12）可知，对于二组分系统，组分的偏摩尔性质 $M_{\mathrm{m},B}$（量）可以很

容易地直接由一定 T、p 条件下混合物性质 M 对组成的函数表达式得到。

吉布斯-杜亥姆方程（C）也可以写成如下导数的形式

$$x_1\frac{\mathrm{d}M_{\mathrm{m},1}}{\mathrm{d}x_1}-x_2\frac{\mathrm{d}M_{\mathrm{m},2}}{\mathrm{d}x_2}=0 \tag{4-13}$$

$$\frac{\mathrm{d}M_{\mathrm{m},1}}{\mathrm{d}x_1}=\frac{x_2}{x_1}\frac{\mathrm{d}M_{\mathrm{m},2}}{\mathrm{d}x_2} \tag{4-14}$$

显然，将 $M_{\mathrm{m},1}$ 和 $M_{\mathrm{m},2}$ 分别对 x_1 和 x_2 作图，得到的曲线的斜率大小与其摩尔分数成反比。

【例 4-1】 用图解说明式（4-11）和式（4-12）的应用。

解：图 4-1(a)所示为二组分系统某容量性质 M 对 x_1 作图的结果。在特定值 x_1 处作一条切线，与图上两个边界值（x_1=1 和 x_1=0 处）相交的截距分别以符号 I_1 和 I_2 标记。由图可知，对这条线的斜率可写出等效的表达式

$$\frac{\mathrm{d}M}{\mathrm{d}x_1}=\frac{M-I_2}{x_1}\quad（A）\qquad 和 \qquad \frac{\mathrm{d}M}{\mathrm{d}x_1}=I_1-I_2\quad（B）$$

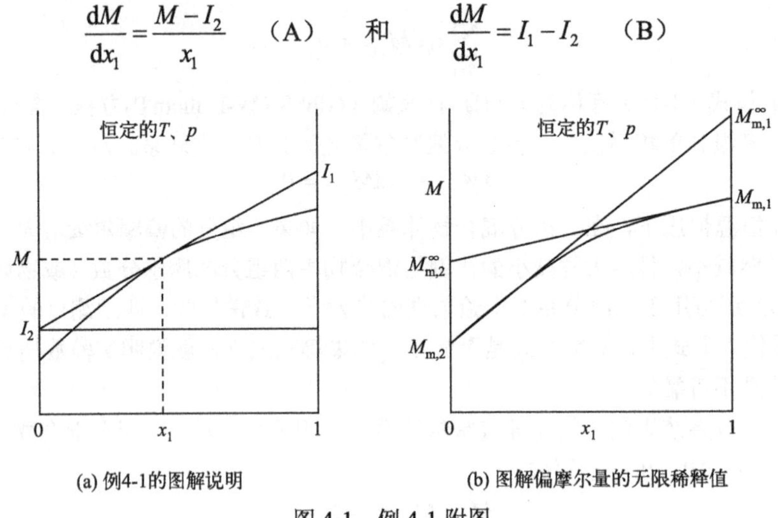

(a) 例4-1的图解说明

(b) 图解偏摩尔量的无限稀释值

图 4-1　例 4-1 附图

由式（A）解得

$$I_2=M-x_1\frac{\mathrm{d}M}{\mathrm{d}x_1}=M+x_1\frac{\mathrm{d}M}{\mathrm{d}x_2}$$

将 I_2 代入式（B）解得

$$I_1=M+(1-x_1)\frac{\mathrm{d}M}{\mathrm{d}x_1}=M+x_1\frac{\mathrm{d}M}{\mathrm{d}x_1}$$

将上述两方程分别与式（4-12）和式（4-11）比较得

$$I_1=M_{\mathrm{m},1},\ I_2=M_{\mathrm{m},2}$$

由图 4-1(a)可知，切线的两个截距直接给出了组分 1 和 2 的偏摩尔量 $M_{\mathrm{m},1}$ 和 $M_{\mathrm{m},2}$。显然，这两个截距的值随着曲线上点的移动而不同，其极限值如图 4-1(b)所示。在 x_1=0（纯组分 2）处作切线给出了 $M_{\mathrm{m},2}=M^{*}_{\mathrm{m},2}$（纯组分 2 的摩尔体积），该切线在 x_1=1 处的截距给出了组分 2 无限少（即无限稀）时的 $M_{\mathrm{m},1}=M^{\infty}_{\mathrm{m},2}$。同样的解释适用于在 x_1=1（纯组分 1）处作的切线，此时，$M_{\mathrm{m},1}=M^{*}_{\mathrm{m},1}$（纯组分 1 的摩尔体积），$M_{\mathrm{m},2}=M^{\infty}_{\mathrm{m},2}$。

【例 4-2】 某实验室欲配制 2000cm³ 的防冻液，即摩尔分数为 $x_{甲醇}=0.3$ 的甲醇水溶液。问

25℃时多少体积的纯甲醇与水混合可形成 2000cm³ 的防冻液？已知 25℃时，$x_{甲醇}=0.3$ 的甲醇水溶液中甲醇与水的偏摩尔体积及纯组分摩尔体积分别为：

甲醇（1）：$M_{m,1}$=38.632cm³/mol，$M^*_{m,1}$=40.727cm³/mol

水（2）：$M_{m,2}$=17.765cm³/mol，$M^*_{m,2}$=18.068cm³/mol

解：根据式（4-6）可写出二组分防冻液的摩尔体积，将已知的摩尔分数和偏摩尔体积值代入得

$$V = x_1V_{m,1} + x_2V_{m,2} = 0.3\times 38.632 + 0.7\times 17.765 = 24.025(\text{cm}^3/\text{mol})$$

已知所需溶液总体积 V^t= 2000cm³，则所需的总物质的量为

$$n = \frac{V^t}{V} = \frac{2000}{24.025}\ \text{mol} = 83.246\text{mol}$$

其中，30%是甲醇，70%是水：n_1=0.3×83.246mol =24.974mol, n_2=0.7×83.246mol =58.272mol

每个纯组分所需的体积为 $V_i = n_iV_{m,i}$，因此

$$V_1 = 24.974\times 40.727\text{cm}^3 = 1017\text{cm}^3,\ V_2 = 58.272\times 18.068\text{cm}^3 = 1053\text{cm}^3$$

【例 4-3】在一定压力 p 和温度 T 下，某二组分液体混合物的焓 H/(J/mol)可用下式表示

$$H = 400x_1 + 600x_2 + x_1x_2(40x_1 + 20x_2)$$

试确定在该状态下，用 x_1 表示的 $H_{m,1}$ 和 $H_{m,2}$ 的表达式；纯组分焓 $H^*_{m,1}$ 和 $H^*_{m,2}$ 的数值；无限稀释下液体的偏摩尔焓 $H^\infty_{m,1}$ 和 $H^\infty_{m,2}$ 的数值。

解：用 x_2=1−x_1 代入 H 的表达式中，并简化得

$$H = 600 - 180x_1 - 20x_1^3 \quad (\text{A})$$

则

$$\frac{dH}{dx_1} = -180 - 60x_1^2 \quad (\text{B})$$

根据式（4-11），

$$H_{m,1} = H + x_2\frac{dH}{dx_1}$$

则

$$H_{m,1} = 600 + 180x_1 - 20x_1^3 - 180x_2 - 60x_1^2x_2$$

用 x_2 = 1 − x_1 代入并简化得：

$$H_{m,1} = 420 - 60x_1^2 + 40x_1^3 \quad (\text{C})$$

根据式（4-12）得，

$$H_{m,2} = H + x_1\frac{dH}{dx_2} = 600 - 180x_1 - 20x_1^3 + 180x_1 + 60x_1^3$$

或者

$$H_{m,2} = 600 + 40x_1^3 \quad (\text{D})$$

对于例 4-3 也可以由给定的 H 表达式开始，由于 dH/dx_1 是全微分，x_2 不是常数，x_2=1−x_1。因此，dx_1/ dx_2= −1，由此得对给定的 H 表达式求全微分为

$$dH/dx_1 = 400 - 600 + x_1x_2(40 - 20) + (40x_1 + 20x_2)\times(x_2 - x_1)$$

将 x_2 替换为 1 − x_1 也可以得到式（B）。

将 x_1=1 代入式（C）中可得 $H^*_{m,1}$=400J/mol；同理，将 x_1=0 代入式（A）或式（D）中可得 $H^*_{m,2}$=600J/mol。无限稀释下液体的 $H^\infty_{m,1}$ 和 $H^\infty_{m,2}$ 可以通过分别将 x_1=0 和 x_1=1 代入式（C）和式（D）求得：$H^\infty_{m,1} = 420\text{J/mol}$，$H^\infty_{m,2} = 640\text{J/mol}$。

4.1.3 化学势

4.1.3.1 单相多组分系统热力学基本方程

在单相多组分系统中，系统的任何热力学性质不再仅仅是 p、V、T、U、H、S 等热力学函数中任意两个独立变量的函数，还要加上各组分物质的量作为变量。例如，对于由 1，2，3，…，k 个组分组成的单相多组分系统，其 U、H、A、G 是 k+1 个变量的函数（其中 k 个组分只有 k–1 个变量是独立的，因为存在方程 $x_1+x_2+\cdots+x_k=1$）形式为

$$U=U(S,V,n_1,n_2,n_3,\cdots)$$
$$H=H(S,p,n_1,n_2,n_3,\cdots)$$
$$A=A(T,V,n_1,n_2,n_3,\cdots)$$
$$G=G(T,p,n_1,n_2,n_3,\cdots)$$

写成全微分的形式为

$$\begin{aligned}
\mathrm{d}U&=\left(\frac{\partial U}{\partial S}\right)_{V,n}\mathrm{d}S+\left(\frac{\partial U}{\partial V}\right)_{S,n}\mathrm{d}V+\sum_B\left(\frac{\partial U}{\partial n_B}\right)_{S,V,n_{i\neq B}}\mathrm{d}n_B\\
\mathrm{d}H&=\left(\frac{\partial H}{\partial S}\right)_{p,n}\mathrm{d}S+\left(\frac{\partial H}{\partial p}\right)_{S,n}\mathrm{d}p+\sum_B\left(\frac{\partial H}{\partial n_B}\right)_{S,p,n_{i\neq B}}\mathrm{d}n_B\\
\mathrm{d}A&=\left(\frac{\partial A}{\partial T}\right)_{V,n}\mathrm{d}T+\left(\frac{\partial A}{\partial V}\right)_{T,n}\mathrm{d}V+\sum_B\left(\frac{\partial A}{\partial n_B}\right)_{T,V,n_{i\neq B}}\mathrm{d}n_B\\
\mathrm{d}G&=\left(\frac{\partial G}{\partial T}\right)_{p,n}\mathrm{d}T+\left(\frac{\partial G}{\partial p}\right)_{T,n}\mathrm{d}p+\sum_B\left(\frac{\partial G}{\partial n_B}\right)_{T,p,n_{i\neq B}}\mathrm{d}n_B
\end{aligned}\tag{4-15}$$

这四个全微分式中，当系统中物质的量和组成不变时，等式右边前两项应与单组分系统的热力学公式一致。将单组分系统的热力学基本方程代入式（4-15），可以得到单相多组分系统的热力学基本公式为

$$\mathrm{d}U=T\mathrm{d}S-p\mathrm{d}V+\sum_B\mu_B\mathrm{d}n_B\ \text{（式中}\ \mu_B=\left(\frac{\partial U}{\partial n_B}\right)_{S,V,n_{i\neq B}}\text{）}\tag{4-16}$$

$$\mathrm{d}H=T\mathrm{d}S+V\mathrm{d}p+\sum_B\mu_B\mathrm{d}n_B\ \text{（式中}\ \mu_B=\left(\frac{\partial H}{\partial n_B}\right)_{S,p,n_{i\neq B}}\text{）}\tag{4-17}$$

$$\mathrm{d}A=-S\mathrm{d}T-p\mathrm{d}V+\sum_B\mu_B\mathrm{d}n_B\ \text{（式中}\ \mu_B=\left(\frac{\partial A}{\partial n_\mathrm{B}}\right)_{T,V,n_{i\neq B}}\text{）}\tag{4-18}$$

$$\mathrm{d}G=-S\mathrm{d}T+V\mathrm{d}p+\sum_B\mu_B\mathrm{d}n_B\ \text{（式中}\ \mu_B=\left(\frac{\partial G}{\partial n_B}\right)_{T,p,n_{i\neq B}}\text{）}\tag{4-19}$$

式（4-16）～式（4-19）称为均相多组分体系的热力学基本方程，它可应用于均相多组分敞开系统（当然也适用于组成可变的均相封闭系统）、不做非体积功（W_f=0）的任何（可逆的，不可逆的）过程。与单相纯物质封闭系统的热力学基本方程相比较，不同之处就是多了最后一项，这最后一项是相应的热力学函数对系统中各组分物质的量求偏导的加和。要注意的是不同的热力学函数它的特征变量是不同的，如 U 的特征变量是 S、V；H 的特征变量是 S、p 等，因此，相应偏微分的下标亦不同。

4.1.3.2　化学势的定义

在式（4-16）～式（4-19）中

$$\mu_B = \left(\frac{\partial U}{\partial n_B}\right)_{S,V,n_{i\neq B}} = \left(\frac{\partial H}{\partial n_B}\right)_{S,p,n_{i\neq B}} = \left(\frac{\partial A}{\partial n_B}\right)_{T,V,n_{i\neq B}} = \left(\frac{\partial G}{\partial n_B}\right)_{T,p,n_{i\neq B}} \tag{4-20}$$

称为多组分系统中物质 B 的化学势，也称化学位。由式(4-20)可知，化学势可以用系统中任一广度性质进行定义，区别仅是相应的下标不同，化学势的数值等于在保持某一热力学函数 M 的两个特征变量和除 B 以外其他组分不变的情况下，增加 dn_B 的 B 物质与由此所引起的热力学函数 M 的改变值 dM 之比，即无限大体系中，在保持两特征变量不变条件下增加 1mol 物质 B 所引起热力学函数 M 的改变值。

在式（4-20）所有的偏摩尔量中，偏摩尔吉布斯函数 G_i 最为重要且最有用：

$$\mu_B = G_{\mathrm{m},B} = \left(\frac{\partial G}{\partial n_B}\right)_{T,p,n_{i\neq B}} \tag{4-21}$$

由于吉布斯函数可用于判断化学反应的方向和限度，因此可以说，物质的化学势是决定物质传递的方向和限度的强度因素，这就是化学势的物理意义。

一定温度下，纯组分理想气体偏摩尔吉布斯函数的微分可表示为

$$\mathrm{d}G_\mathrm{m} = V_\mathrm{m}\mathrm{d}p$$

在标准压力 $p^\ominus$（即 101325Pa）和任意压力 p 之间积分上式，可得

$$G_\mathrm{m}(p) - G_\mathrm{m}(p^\ominus) = RT\ln(p/p^\ominus) \tag{4-22}$$

式中，$G_\mathrm{m}(p)$是压力为 p 时的摩尔吉布斯函数，即此时的化学势为μ。$G_\mathrm{m}(p^\ominus)$是标准压力 $p^\ominus$ 时的摩尔吉布斯函数，可用 $\mu^\ominus$ 表示。于是式（4-22）亦可表示为

$$\mu = \mu^\ominus + RT\ln(p/p^\ominus) \tag{4-23}$$

此式就是理想气体化学势表达式。理想气体压力为 $p^\ominus$ 时的状态称为标准态，$\mu^\ominus$ 称为标准态化学势，它仅是温度的函数。

4.1.3.3　多组分系统中组分 B 的化学势的表达式

由物理化学中的讨论可知，在处理平衡问题和多组分系统热力学时，用化学势的概念简洁、方便且实用。但是在具体应用和计算时，必须首先将化学势表达为可以测量的温度、压力和组成的函数，即

$$\mu_B = \mu_B(T, p, x_1, x_2, \cdots, x_{k-1})$$

这是化学势的函数关系式。化学势函数关系的表达式通常非常复杂，且没有统一的形式。对不同物质系统中组分 B 的化学势的具体表达式，最简单、最方便的方法就是采用理想气体化学势表达式（4-23）的形式，而将实际状态与标准态的差异用一合适的物质特性参数 a_B（活度）来表达，从而使化学势的表达式具有如下统一而且简洁的形式：

$$\mu_B = \mu_B^\ominus + RT\ln a_B \tag{4-24}$$

在不同的物质系统，式（4-24）中参数 a_B 的物理意义是不同的，具体意义参见表 4-1。

表 4-1 处于不同状态下物质 B 的化学势表达式 $\mu_B=\mu_B^{\ominus}+RT\ln a_B$ 中 a_B 的表达式

<table>
<tr><th colspan="3">物质状态</th><th>物质 B 的 α_B</th><th>备注</th></tr>
<tr><td colspan="2" rowspan="2">气体</td><td>理想气体</td><td>$a_B=p_B/p^{\ominus}$</td><td rowspan="2">p_B 为物质 B 的分压
f_B 为物质 B 的逸度
$p_B^{\ominus}$ 和 $f_B^{\ominus}$ 为物质 B 在标准态时的压力和逸度</td></tr>
<tr><td>实际气体</td><td>$a_B=f_B/p^{\ominus}$</td></tr>
<tr><td colspan="2" rowspan="2">常压液态混合物</td><td>理想液态混合物</td><td>$a_B=\gamma_{x,B}x_B=x_B$ （$\gamma_{x,B}=1$）</td><td rowspan="7">a_B 为物质 B 的活度
x_B 为物质 B 的摩尔分数
$\gamma_{x,B}$ 为物质 B 的活度系数
b_B 为溶质 B 的质量摩尔浓度
$\gamma_{b,B}$ 为溶质 B 的活度系数</td></tr>
<tr><td>实际液态混合物</td><td>$a_B=\gamma_{x,B}x_B$ （$\gamma_{x,B}\neq 1$）</td></tr>
<tr><td rowspan="4">常压溶液</td><td rowspan="2">理想稀溶液</td><td>溶剂</td><td>$a_B=\gamma_{x,B}x_B=x_B$ （$\gamma_{x,B}=1$）</td></tr>
<tr><td>溶质</td><td>$a_B=\gamma_{b,B}b_B/b^{\ominus}=b_B/b^{\ominus}$ （$\gamma_{b,B}=1$）</td></tr>
<tr><td rowspan="2">实际溶液</td><td>溶剂</td><td>$a_B=\gamma_{x,B}x_B$ （$\gamma_{x,B}\neq 1$）</td></tr>
<tr><td>溶质</td><td>$a_B=\gamma_{b,B}b_B/b^{\ominus}$ （$\gamma_{b,B}\neq 1$）</td></tr>
<tr><td colspan="3">常压纯液体或纯固体</td><td>$a_B=1$</td></tr>
</table>

由表 4-1 可知，理想气体的化学势为 $\mu=\mu^{\ominus}+RT\ln(p/p^{\ominus})$。此外，在 1901 年路易斯提出不论是气体还是液体或固体，式（4-23）都是适用的。对于真实气体，只需将式中的 p 用 f 代替（f 为物质 B 在温度 T、压力 p 时的逸度），即 $\mu_B=\mu_B^{\ominus}+RT\ln\dfrac{f_B}{f^{\ominus}}$。

针对不同的物质系统，要给出各组分的化学势的具体表达式，就必须针对不同的系统，给出 4-1 表中特性参数 a_B 的具体表达式和计算方法。在不同的系统和条件下，根据需要和方便，a_B 的具体表达式可以用逸度表示，也可以用摩尔分数（混合物系统）或浓度（溶液系统）来表示。在接下来的 4.2 节和 4.3 节中，我们将分别给出不同系统中 a_B 的具体表达式及其计算方法，也即是将表 4-1 彻底交代清楚。

4.2 逸度和逸度系数

逸度 f_B^* 不仅可以用来给出 a_B 的具体表达式及其计算方法，更重要的是逸度在化工热力学的公式演绎和计算中具有广泛而重要的应用，这就要求我们针对处在不同状态的物质 B 给出 f_B^* 的可供计算或进行数值积分的具体表达式。为此，我们要给出逸度、逸度系数的定义及计算方法。

关于逸度和逸度系数的定义及计算方法，已在物理化学第四章（多组分系统热力学）中有较详细的叙述，在这里，我们稍作回顾。

4.2.1 纯物质逸度和逸度系数的定义

由式（4-23）可知，对于纯物质理想气体，其化学势的表达式为

$$\mu=\mu^{\ominus}+RT\ln\frac{p}{p^{\ominus}}$$

式中，$\mu^{\ominus}$ 是温度为 T 和压力为 $p^{\ominus}$ 时的标准化学势。恒温下对上式微分，有

$$\mathrm{d}\mu=RT\mathrm{d}\ln p \tag{4-25}$$

对于真实气体，只需用一个新的参数 f 代替上式中的压力 p，就可以得到真实气体的化学

势表达式

$$\mathrm{d}\mu = RT\mathrm{d}\ln f^* \tag{4-26}$$

式中，f^*为纯物质的逸度，具有与压力相同的单位。结合式（4-25）和式（4-26），有

$$RT\mathrm{d}\ln f^* = RT\mathrm{d}\ln p \tag{4-27a}$$

积分得

$$\ln f^* = \ln p + \ln C$$

即

$$f^* = Cp \tag{4-27b}$$

式中，C为常数。对于理想气体，逸度等于其压力，由此得积分常数$C=1$。而真实气体只有当压力趋近于零时才具有理想气体状态性质，所以

$$\lim_{p\to 0}\frac{f^*}{p} = 1 \tag{4-28}$$

式（4-27a）和式（4-28）共同给出了纯物质的逸度定义。

式（4-27b）中的常数C称为纯物质的逸度系数，常用符号φ^*表示，定义为物质的逸度和它的压力之比，对纯物质

$$\varphi^* = \frac{f^*}{p} \tag{4-29}$$

逸度系数是无量纲的纯数。由式（4-29）可知，逸度可视为校正压力。而气体的压力、液体和固体的蒸气压可用于表征物质的逃逸趋势，因此物质的逸度也是表征系统中物质逃逸趋势的物理量，这也是f^*这个物理量被叫作“逸度”的原因之一。

4.2.2 气体的逸度及逸度系数的计算

根据公式（4-29），气体逸度的计算实为逸度系数的计算。关于气体逸度系数的计算，可以根据p、V、T的实验数据计算，也可以用焓值和熵值、状态方程和对应状态原理（即通过压缩因子图）进行计算。在这里仅介绍通过p、V、T实验数据及利用焓值和熵值计算逸度系数的原理和方法。至于其他的计算方法读者可查阅相关的化工热力学书籍。

4.2.2.1 从p、V、T实验数据计算逸度系数

对于恒温条件下的纯物质，将p、V、T关系代入式（4-27a）右边，得

$$RT\mathrm{d}\ln f^* = V_\mathrm{m}^*\mathrm{d}p \tag{4-30}$$

式中，V_m^*为纯物质的摩尔体积。将φ^*的定义式（4-29）两边取对数，得

$$\mathrm{d}\ln f^* = \mathrm{d}\ln\varphi^* + \mathrm{d}\ln p = \mathrm{d}\ln\varphi^* + \frac{\mathrm{d}p}{p} \tag{4-31}$$

联合式（4-30）和式（4-31），得

$$\mathrm{d}\ln\varphi^* = \frac{pV_\mathrm{m}^*}{RT}\cdot\frac{\mathrm{d}p}{p} - \frac{\mathrm{d}p}{p}$$

定义压缩因子Z为

$$Z = \frac{pV_\mathrm{m}^*}{RT}$$

代入上式得

$$d\ln\varphi^* = (Z-1)\frac{dp}{p} \tag{4-32}$$

将上式从压力为零的状态积分到压力为p的状态，同时考虑$p \to 0$时，$\varphi^*=1$，得

$$\ln\varphi^* = \int_0^p (Z-1)\frac{dp}{p} \tag{4-33}$$

若定义真实气体与理想气体体积之差称为剩余体积V^R，则有

$$V^R = V_m^* - V_m^{*,ig} = \frac{ZRT}{p} - \frac{RT}{p} = \frac{RT}{p}(Z-1)$$

式中，$V_m^{*,ig}$为纯物质作为理想气体时的摩尔体积。由此可将式（4-33）写成如下的等效式

$$\ln\varphi^* = \frac{1}{RT}\int_0^p V^R dp \tag{4-34}$$

由式（4-33）和式（4-34）可得出理想气体$\varphi^*=1$。式（4-33）和式（4-34）可被广泛用于从p、V、T实验数据通过数值积分或图解积分方法来计算逸度和逸度系数。关于这一部分，可参阅物理化学相关部分的内容。

4.2.2.2 通过焓值和熵值计算逸度系数

根据化学势和摩尔吉布斯函数的关系，$\mu^* = G_m^*$（μ^*和G_m^*分别表示纯物质的化学势和摩尔吉布斯函数），式（4-26）可写作

$$d\ln f^* = \frac{1}{RT}dG_m^*$$

等温下，将上式从标准态（例如压力为$p^\ominus$的理想气体状态）积分到压力为p的状态，得

$$\ln\frac{f^*}{p^\ominus} = \frac{1}{RT}(G_m^* - G_m^{*,\ominus})$$

根据定义式$G=H-TS$，由此得

$$\ln\frac{f^*}{p^\ominus} = \frac{1}{R}\left[\frac{H_m^* - H_m^{*,\ominus}}{T} - (S_m^* - S_m^{*,\ominus})\right] \tag{4-35}$$

式（4-35）即为利用焓值和熵值计算逸度和逸度系数的方程。

【例 4-4】从水蒸气表得知，473.15K 时，最低压力为1.961×10^3Pa，假设蒸汽处于此状态时可视为理想气体，以此为参考态，则从水蒸气表中查得如下的基准态值：

$p^{ig} = 1.961\times10^3$Pa

$H^{ig} = 2879$kJ/kg

$S^{ig} = 9.652$kJ/(kg·K)

过热水蒸气在 473.15k 和9.807×10^5Pa 条件下的H和S值为

$H = 2829$kJ/kg

$S = 6.703$kJ/(kg·k)

试确定过热水蒸气在 473.15k 和9.807×10^5Pa 时的逸度和逸度系数。

解：首先将H和S的数据化成以摩尔为单位，然后代入式（4-35）（注：这时的参考态为T, p^{ig}）中，得

$$\ln\frac{f_{H_2O}^*}{p^{ig}} = \frac{18.016}{8.314}\times\left[\frac{2829-2879}{473.15} - (6.703-9.652)\right] = 6.161$$

$$\frac{f_{H_2O}^*}{p^{ig}} = 473.9$$

$$f_{H_2O}^* = 473.9p^{ig} = 473.9 \times 1.961 \times 10^3 = 0.9293(\text{MPa})$$

$$\varphi_{H_2O}^* = \frac{f_{H_2O}^*}{p} = \frac{0.9293 \times 10^6}{0.9807 \times 10^6} = 0.9476$$

4.2.3　液体的逸度及其计算

式（4-33）不仅适用于气体，同样可应用于纯液体和纯固体。即对于纯液体和纯固体，有如下关系式

$$\ln \varphi^* = \ln \frac{f^{*,L}}{p} = \frac{1}{RT}\int_0^p \left(V_m^{*,L} - \frac{RT}{p}\right) dp \tag{4-36a}$$

在计算温度为 T、压力为 p 的纯液体逸度时，可将式（4-36a）的右边分成如下两项：

$$RT \ln \varphi^* = RT \ln \frac{f^{*,L}}{p} = \int_0^{p^s} \left(V_m^{*,L} - \frac{RT}{p}\right) dp + \int_{p^s}^p \left(V_m^{*,L} - \frac{RT}{p}\right) dp$$

上式右边第一项积分计算的是处于温度 T、饱和蒸气压 p^s 下的纯物质饱和蒸汽的逸度 f^s。已知，气液两相平衡时化学势相等，进而可以得出气液两相平衡时，其气相逸度 $f^{*,g}$ 等于其液相逸度 $f^{*,L}$，即气液两相平衡时有 $f^s = f^{*,g} = f^{*,L}$。上式右边的第二项积分是将液相由 p^s 压缩至 p 时逸度的校正值。于是上式可写为

$$RT \ln \frac{f^{*,L}}{p} = RT \ln \frac{f^s}{p^s} + \int_{p^s}^p V_m^{*,L} dp - RT \ln \frac{p}{p^s} \tag{4-36b}$$

整理后得

$$f^{*,L} = p^s \varphi^s \exp\left[\int_{p^s}^p \frac{V^{*,L}}{RT} dp\right] = f^s \exp\left[\int_{p^s}^p \frac{V^{*,L}}{RT} dp\right] \tag{4-37}$$

式中，$\varphi^s(\varphi^s = f^s/p^s)$ 为纯物质饱和蒸汽的逸度系数；$V^{*,L}$ 是纯物质（饱和）液体的体积。

由式（4-37）可知，纯液体在温度 T 和压力 p 时逸度为该温度下饱和蒸气压 p^s 乘以两个校正系数。其中之一是逸度系数 φ^s，用来校正饱和蒸气压对理想气体的偏离；另一个为指数校正因子 $\exp\left[\int_{p^s}^p \frac{V^{*,L}}{RT} dp\right]$，亦称为 Poynting 校正因子，表示将液体的压力由 p^s 加压到 p 时，饱和蒸气压对理想气体的偏离。当然，式（4-37）也可理解为纯液体在温度 T、压力 p 时的逸度为该温度下饱和蒸汽的逸度乘以 Poynting 校正因子。表 4-2 给出了不同压力时 Poynting 校正因子的数值。

虽然液体的摩尔体积是温度和压力的函数，但在远离临界点时可视为不可压缩的系统。此时，式（4-37）可简化为

$$f^{*,L} = p^s \varphi^s \left[\frac{V^{*,L}(p - p^s)}{RT}\right] = f^s \left[\frac{V^{*,L}(p - p^s)}{RT}\right] \tag{4-38}$$

表 4-2　压力对 Poynting 校正因子的影响

$(p-p^s)$/MPa	Poynting 校正因子值	$(p-p^s)$/MPa	Poynting 校正因子值
0.10133	1.004	10.133	1.499
1.0133	1.041	101.33	57.0

注：$V^{*,L} = 100\text{mL/mol}$，$T = 300\text{K}$。

表 4-2 中数据表明，Poynting 校正因子只有在较高压力下方才有重要影响。

【例 4-5】 试确定液态二氟氯甲烷在 255.4K 和 13.79MPa 下的逸度。已知 255.4K 下的二氟氯甲烷的物性数据（a）p^s=2.674×10^{5}Pa；（b）Z^s=0.932；（c）T_c=369.2K，p_c=4.975MPa；（d）容积数据如表 4-3 所示。

表 4-3　容积数据

p/10^{4}Pa	V^*/(m^3/kg)	p/10^{4}Pa	V^*/(m^3/kg)
6.895	0.3478	689.48	0.0004805
27.58	0.0007426	1034.22	0.0003494
344.74	0.0006115	1378.96	0.0002184

解： 根据式（4-37）或式（4-38），本题可分为两段进行计算。首先求 255.4K、2.674×10^{5}Pa 下饱和蒸汽的逸度 f^s 然后再计算 255.4K、2.674×10^{5}Pa 条件下的饱和液体加压到 255.4K、13.79MPa 液体的 $f^{*,L}/f^s$。

① 先求二氟氯烷的 f^s。

由二氟氯甲烷的临界参数可知，状态点 255.4K、2.674×10^{5}Pa 的温度和压力皆低于其临界数值，故其在状态点 255.4K、2.674×10^{5}Pa 的压缩因子与第二维里系数和压力之间的关系式 $Z=1+Bp/RT$ 成立。将 $Z=1+Bp/RT$ 代入式（4-33）中，同时考虑对具体的纯物质而言，第二维里系数 B 只是温度的函数的特点，可得

$$\ln\varphi^*=\frac{B}{RT}\int_0^p \mathrm{d}p \quad (T\text{一定})$$

即

$$\ln\varphi^*=\frac{Bp}{RT} \tag{4-39}$$

将 $Z=1+Bp/RT$ 代入上式中得

$$\ln\varphi^*=\frac{Bp}{RT}=Z-1 \tag{4-40}$$

将已知条件 $Z^s=0.932$ 代入上式，可求得二氟氯甲烷的 φ^s 和 f^s

$$\ln\varphi^s=Z^s-1=0.932-1=-0.068$$

$$\varphi^s=0.934$$

$$f^s=\varphi^s p^s=0.934\times 2.674\times 10^5\text{Pa}=2.498\times 10^5(\text{Pa})$$

② 求二氟氯甲烷的 $f^{*,L}/f^s$

根据式（4-37）

$$\ln\frac{f^{*,L}}{f^s}=\frac{1}{RT}\int_{p^s}^{p}V^{*,L}\mathrm{d}p=\frac{V^{*,L}(p-p^s)}{RT}$$

式中，$V^{*,L}$ 取表中的平均值，即 $V^{*,L}=\dfrac{(0.0007426+0.0002184)\times 86.5}{2}$(m^3/kmol)，将各已知条件代入上式中，得

$$\ln\frac{f^{*,L}}{f^s}=\frac{(0.0007426+0.0002184)\times 86.5}{2\times 10^3}\times\frac{(13.79-0.2674)\times 10^6}{8.314\times 255.4}=0.2647$$

$$\frac{f^{*,L}}{f^s}=1.303$$

$$f^{*,L}=1.303f^s=1.303\times 2.498\times 10^5=3.255\times 10^5(\text{Pa})$$

4.2.4　多组分系统中各组分的逸度和逸度系数

4.2.4.1　多组分系统中各组分逸度和逸度系数的定义

多组分系统中各组分逸度的计算是气液平衡计算的基础，也是化学反应平衡计算中必不可少的内容。混合物中各组分逸度的定义可类比纯物质逸度的定义。对于混合物（包括液态混合物和真实气体混合物）中组分 B 处在总压为 p 时的逸度，可仿照理想气体化学式的表达式（4-23），将其中组分 B 的压力用逸度取代，即

$$\mu_B = \mu_B^{\ominus} + RT\ln\left(f_B / p^{\ominus}\right) \tag{4-41}$$

$$\mathrm{d}\mu_B = RT\ln f_B \tag{4-42}$$

$$\varphi_B = \frac{f_B}{py_B} \tag{4-43a}$$

且

$$\lim_{p\to 0}\varphi_B = \frac{f_B}{py_B} = 1 \tag{4-43b}$$

式中，$\mu_B^{\ominus}$ 是组分 B（气体、液体或固体）单独存在、处于温度 T 和压力 $p^{\ominus}$ 且具有理想气体行为的气体标准态的化学势；f_B 表示混合物（包括溶液）系统中组分 B 的逸度；p 是系统的总压，y_B 是气相中 B 物质的摩尔分数；φ_B 是多组分系统中组分 B 的逸度系数。尽管逸度系数通常被应用于气相，但它也可以在液相中使用，此时将摩尔分数 y_B 替换为 x_B。由于 $p\to 0$ 时，真实气体应具有理想气体的性质，这时应用 $\varphi_B = 1$，$f_B = p_B = y_B p$。

由于气体、液体和固体具有相同的标准态，因此，直接用式（4-41）定义多组分系统中任一组分 B 的化学式，将给出一个非常重要且实用的判据。对于具有同一温度的多相多组相平衡系统，由式（4-41）和相平衡系统化学势判据可知，对于由 1, 2, …, k 共 k 种物质构成的具有 $\alpha, \beta, \cdots, \pi$ 多相多组分系统，假设第 B 种物质分布于所有相中，应有

$$\mu_B^{\alpha} = \mu_B^{\beta} = \cdots = \mu_B^{\pi} \quad (B = 1, 2, \cdots, k) \tag{4-44}$$

将式（4-41）代入上式中，得

$$f_B^{\alpha} = f_B^{\beta} = f_B^{\delta} = \cdots = f_B^{\pi} \quad (B = 1, 2, \cdots, k) \tag{4-45}$$

由式（4-45）可知，在相同的 T 和 p 的条件下，当每个组分在所有相中的逸度相等时，多相系统处于相平衡，反之亦然。这个逸度判据常被化学工程师用来解决相平衡的问题。

对于多组分气液两相平衡的这一特例而言，应当有 B 物质在气相的逸度 f_B^{g} 等于其在液相的逸度 f_B^{L}，即式（4-45）变为

$$f_B^{\mathrm{g}} = f_B^{\mathrm{L}} \quad (B = 1, 2, \cdots, k) \tag{4-46}$$

关于混合系统中组分 B 的逸度系数 φ_B 的计算，可采用类比纯物质的逸度系数计算式（4-33），有

$$\ln\varphi_B \int_0^p (\bar{Z}_B - 1)\frac{\mathrm{d}p}{p} \quad (\text{等 } T\text{、}x) \tag{4-47}$$

式中，$\bar{Z}_B$ 是混合物中组分 B 的压缩因子；p 是系统总压。式（4-47）不论对液体或气体混合物都适用。因为 $\bar{Z}_B = pV_{\mathrm{m},B} / RT$（$V_{\mathrm{m},B}$ 为组分 B 的偏摩尔体积），将其代入式（4-47）中，可得式（4-47）的另一种形式为

$$\ln\varphi_B = \int_0^p \left(\frac{V_{m,B}}{RT} - \frac{1}{p}\right)dp \tag{4-48}$$

或

$$RT\ln\varphi_B = \int_0^p \left[\left(\frac{\partial V}{\partial n_B}\right)_{T,p,n_{i\neq B}} - \frac{RT}{p}\right]dp \tag{4-49}$$

式（4-47）与式（4-36a）具有相似的形式，故它可以利用 p、V、T 的数据计算 φ_B 的值。

4.2.4.2 由维里（Virial）系数求逸度系数

组分 i 的 φ_i 值可以根据状态方程求出，尤以维里方程更方便。以维里方程最简单的形式为例可以很好地说明这一点。若气体混合物服从截止到第二维里系数的维里方程，则其混合物的维里方程与纯组分的维里方程在形式上完全相同，且气体的压缩因子与第二维里系数 B 之间的关系有

$$Z = 1 + \frac{Bp}{RT} \tag{4-50}$$

式中，B 为混合气体的维里系数，它是温度与组成的函数。由统计的原理可以给出它与各组分之间的关系，此关系使得维里方程与其他状态方程相比在应用时更有优越性。在中等压力下，混合物的维里系数与组成的关系式为

$$B = \sum_i \sum_j y_i y_j B_{ij} \tag{4-51}$$

式中，y 代表气体混合物中组分的摩尔质量分数，下标 i 和 j 表示不同组分（$i=1,2,\cdots,k$；$j=1,2,\cdots,k$）。维里系数 B_{ij} 体现了分子 i 与分子 j 之间的相互作用，因此有 $B_{ij}=B_{ji}$。对于二组分混合物，$i=1,2$；$j=1,2$；这时式（4-51）为

$$B = y_1y_1B_{11} + y_1y_2B_{12} + y_2y_1B_{21} + y_2y_2B_{22}$$

或

$$B = y_1^2B_{11} + 2y_1y_2B_{12} + y_2^2B_{22} \tag{4-52}$$

上式给出了两类维里系数：一类是 B_{11} 和 B_{22}，它们的两个下标是相同的，分别是纯组分 1 和纯组分 2 的维里系数；另一类是 B_{12}，两个下标不同，B_{12} 是混合物的性质，称为交叉系数。无论是哪一类维里系数，它们都只是温度的函数。通常把式（4-51）和式（4-52）这些将混合系数与纯组分维里系数和交叉维里系数相关联的表达式称为混合规则。

对于 n mol 二组分气体混合物系统，式（4-50）变为

$$nZ = n + \frac{nBp}{RT} \tag{4-53}$$

根据式（4-47），将式（4-53）分别对 n_1 和 n_2 求偏导数可得出 $\ln\varphi_1$ 和 $\ln\varphi_2$ 的表达式。

对 n_1 求偏导得

$$\bar{Z}_1 = \left[\frac{\partial(nZ)}{\partial n_1}\right]_{T,p,n_2} = 1 + \frac{p}{RT}\left[\frac{\partial(nB)}{\partial n_1}\right]_{T,p,n_2}$$

将 $\bar{Z}_1$ 代入式（4-47），得

$$\ln\varphi_B = \frac{1}{RT}\int_0^p \left[\frac{\partial(nB)}{\partial n_1}\right]_{T,p,n_2} dp = \frac{p}{RT}\left[\frac{\partial(nB)}{\partial n_1}\right]_{T,p,n_2}$$

现在剩下的是如何计算出偏导数 $\left[\frac{\partial(nB)}{\partial n_1}\right]_{T,p,n_2}$ 的值。

对于第二维里系数的式（4-52）可写成：

$$B = y_1(1-y_2)B_{11} + 2y_1y_2B_{12} + y_2(1-y_1)B_{22}$$
$$= y_1B_{11} - y_1y_2B_{11} + 2y_1y_2B_{12} + y_2B_{22} - y_1y_2B_{22}$$

或
$$B = y_1B_{11} + y_2B_{22} + y_1y_2\delta_{12} \quad (\text{式中}\delta_{12} = 2B_{12} - B_{11} - B_{22})$$

将上式两边同乘以 n，并用 $y_i = {n_i}/{n}$ 代替 y_i，得

$$nB = n_1B_{11} + n_2B_{22} + \frac{n_1n_2}{n}\delta_{12}$$

对上式求偏导，得

$$\left[\frac{\partial(n_B)}{\partial n_1}\right]_{T,n_2} = B_{11} + \left(\frac{1}{n} - \frac{n_1}{n^2}\right)n_2\delta_{12} = B_{11} + (1-y_1)y_2\delta_{12}$$
$$= \mathrm{B}_{11} + y_2^2\delta_{12}$$

由此得

$$\ln\varphi_1 = \frac{p}{RT}(B_{11} + y_2^2\delta_{12}) \tag{4-54a}$$

同理
$$\ln\varphi_2 = \frac{p}{RT}(B_{22} + y_1^2\delta_{12}) \tag{4-54b}$$

可以证明，式（4-54a）或式（4-54b）可推广到多组分气体混合物，通式为

$$\ln\varphi_k = \frac{p}{RT}\left[B_{kk} + \frac{1}{2}\sum_i\sum_j y_iy_j(2\delta_{ik} - \delta_{ij})\right] \tag{4-55}$$

式中，下标 i 指特定组分；j 和 k 代表包括 i 在内的所有组分，且

$$\delta_{ik} = 2B_{ik} - B_{ii} - B_{kk} \tag{4-56a}$$
$$\delta_{ij} = 2B_{ij} - B_{ii} - B_{jj} \tag{4-56b}$$

值得注意的是，根据式（4-56a）和式（4-56b）有

$$\delta_{ii} = \delta_{jj} = \delta_{kk} = 0\text{，且}\qquad \delta_{kj} = \delta_{jk}$$

关于 B_{ij} 的计算可参阅化工热力学教材中“流体的 p、V、T”的相关章节。

【例 4-6】根据式（4-54a）和式（4-54b）求在 200K、3.0MPa 的条件下氮气和甲烷混合物 $N_2(1)$-$CH_4(2)$的逸度系数，其中 y_{N_2} =0.4，以下是维里系数的实验值：

$B_{11}=-35.2\text{cm}^3/\text{mol}$；$B_{22}=-105.0\text{cm}^3/\text{mol}$；$B_{12}=-59.8\text{cm}^3/\text{mol}$；

解：根据定义，$\delta_{12} = 2B_{12} - B_{11} - B_{22}$，因此得：

$$\delta_{12} = [2\times(-59.8) + 35.2 + 105.0]\text{cm}^3/\text{mol} = 20.6\text{cm}^3/\text{mol}$$

将上述结果分别代入式（4-54a）和式（4-54b）中有

$$\ln\varphi_1 = \frac{3.0\times10^6}{8.314\times200}\times(-35.2 + 0.6^2\times20.6)\times10^{-6} = -0.0501$$

$$\ln\varphi_2 = \frac{3.0\times10^6}{8.314\times200}\times(-105.0 + 0.4^2\times20.6)\times10^{-6} = -0.1835$$

解得　$\varphi_1 = 0.9511$ 和 $\varphi_2 = 0.8324$

4.2.5　混合物的逸度与各组分逸度之间的关系

溶液或混合物的逸度定义为

$$\mathrm{d}G = RT\ln f \tag{4-57}$$

$$\lim_{p\to 0}\frac{f}{p}=\lim_{p\to 0}\varphi=1 \tag{4-58}$$

式中，G 为系统的总的摩尔吉布斯函数；f 是系统的逸度。

同纯物质一样，理想气体混合物的逸度等于压力。

至此，共有三种逸度：纯物质逸度 f^*；混合物中组分 B 的逸度 f_B；混合物的逸度 f。当 $x_B\to 1$ 时，f 和 f_B 皆趋于 f^*。与此同时，相应地存在着三种逸度系数，即 φ^*、φ_B、φ。

对于气态混合物，如果 $V_{m,B}=V_{m,B}^*$，即混合物中任一组分 B 在温度 T、总压力 p 下的偏摩尔体积等于纯组分 B 在混合气体温度 T、总压力 p 下单独存在时的摩尔体积，也就是在恒温恒压下几种真实气体混合时，总体积保持不变，即 $V_{(g)}=\sum_B n_B V_{m,B(g)}=\sum_B n_B V_{m,B(g)}^*$，则组分 B 的逸度与系统逸度的关系特别简单，服从路易斯-兰德尔规则，即

$$f_B=f^* x_B \tag{4-59}$$

$$\varphi_B=\varphi^* \tag{4-60}$$

式（4-59）适用于任何温度、压力和组成条件下理想混合物中任一组分。式（4-59）表明理想混合物中每个组分的逸度 f_B 与其摩尔分数成正比，比例常数就是与混合物具有相同状态，在同样温度 T 和压力 p 下纯组分 B 的逸度 f^*。式（4-60）表明理想混合物中组分 B 的逸度系数等于处于相同状态，在同样温度 T 和 p 下纯组分 B 的逸度系数 φ^*

通常条件下，为了确定混合物（气态、液态）的逸度 f 和逸度系数 φ 与其组分逸度 f_B 和逸度系数 φ_B 的关系，首先在相同的温度 T、压力 p 和组成的条件下对式（4-57）进行从理想气体标准态到真实液态混合物或溶液状态的假想变化进行积分，同时考虑理想气体的逸度等于其压力，即 $f^{ig}=p$，有

$$G-G^{ig}=RT\ln f-RT\ln p$$

式中，G^{ig} 为理想气体系统压力为 p 时的总的摩尔吉布斯函数，将上式两边乘以物质的量 n，得

$$nG-nG^{ig}=RT(n\ln f)-nRT\ln p$$

在等温、等压和 $n_{i\neq B}$ 的条件下，对上式求偏微分

$$\left[\frac{\partial(nG)}{\partial n_B}\right]_{T,p,n_{i\neq B}}-\left[\frac{\partial(nG^{ig})}{\partial n_B}\right]_{T,p,n_{i\neq B}}=RT\left[\frac{\partial(n\ln f)}{\partial n_B}\right]_{T,p,n_{i\neq B}}-RT\ln p$$

根据偏摩尔量定义，同时考虑理想气体混合物中组分 B 的偏摩尔量等于其摩尔量，即 $G_{m,B}^{ig}=G_{m,B}^*$，因此，可将上式写为

$$G_{m,B}-G_{m,B}^*=RT\left[\frac{\partial(n\ln f)}{\partial n_B}\right]_{T,p,n_{i\neq B}}-RT\ln p \tag{4-61a}$$

或

$$\mu_B-\mu_B^*=RT\left[\frac{\partial(n\ln f)}{\partial n_B}\right]_{T,p,n_{i\neq B}}-RT\ln p \tag{4-61b}$$

当以温度为 T、压力为 p^{ig} 的理想气体作为参考态时，改写式（4-42），同时考虑理想气体 $p_B=f_B=y_B p$，得

$$\begin{aligned}\mu_B-\mu_B^*&=RT\ln f_B-RT\ln(y_B p)\\&=RT\ln\frac{f_B}{y_B}-RT\ln p\end{aligned} \tag{4-62}$$

比较式（4-61b）和式（4-62），得

$$\ln\frac{f_B}{y_B}=\left[\frac{\partial(n\ln f)}{\partial n_B}\right]_{T,p,n_{i\neq B}} \tag{4-63}$$

式（4-63）减去 $\ln p=\left[\frac{\partial(n\ln p)}{\partial n_B}\right]_{T,p,n_{i\neq B}}$ 得

$$\ln\frac{f_B}{y_B p}=\left[\frac{\partial(n\ln(f/p))}{\partial n_B}\right]_{T,p,n_{i\neq B}} \tag{4-64}$$

根据φ和 φ_B 的定义，上式可写为

$$\ln\varphi_B=\left[\frac{\partial(n\ln\varphi)}{\partial n_B}\right]_{T,p,n_{i\neq B}} \tag{4-65}$$

对照偏摩尔量的定义式 $M_{m,B}=\left[\frac{\partial(nM_m)}{\partial n_B}\right]_{T,p,n_{i\neq B}}$（式中 $nM_m=M$），式（4-63）和式（4-65）都符合偏摩尔量的定义，所以$\ln\left(f_B/y_B\right)$是$\ln f$ 的偏摩尔量，$\ln\varphi_B$ 是$\ln\varphi$ 的偏摩尔量。

应用偏摩尔量集合公式（4-6），将上述性质归纳于表 4-4。

表 4-4　混合物或溶液性质归纳

混合物或溶液性质	偏摩尔量	偏摩尔量集合公式
M	$M_{m,B}$	$M=\Sigma(y_B M_{m,B})$　（4-66）
$\ln f$	$\ln\left(f_B/y_B\right)$	$\ln f=\Sigma y_B\ln\left(f_B/y_B\right)$　（4-67）
$\ln\varphi$	$\ln\varphi_B$	$\ln\varphi=\Sigma y_B\ln\varphi_B$　（4-68）

注：系统为气态时，摩尔分数用 y_B 表示；系统为液态时，摩尔分数用 x_B 表示。

4.3　活度与活度系数

原则上任何系统中组分 B 的化学势都可用逸度来表示，即通过逸度给出表 4-1 中活度 a_B 的表示式，但对于液态和固态混合物或溶液中的组分，由于同时适用于气体、液体、固体及其混合物的状态方程尚不完善，因此，在应用逸度的同时，还发展了另一种方法以得到混合物或溶液中组分 B 的化学势的表达式。这种方法在物理化学中已有详细介绍，即借助于理想液态混合物或理想溶液模型，采用不同的惯例来选取参考状态，进而给出用摩尔分数（对混合物系统）或浓度（对溶液系统）表示的活度表达式。如表 4-1 所示，关于这一部分内容请参考物理化学相关章节。在这里我们重点介绍用逸度表示活度的关系式即活度系数与逸度的关系。

引入活度的概念主要是为了处理真实液态混合物和真实溶液。其方法是对理想液态混合物或溶液中所用的摩尔分数或浓度进行校正，经过校正的摩尔分数或浓度叫有效浓度，即活度 a。

组分 B 的活度定义为混合物或溶液中组分 B 的逸度 f_B 与该组分子在标准态时的逸度 $f_B^{*,\ominus}$ 之比，用 a_B 表示如下：

$$a_B = \frac{f_B}{f_B^{*,\ominus}} \tag{4-69}$$

式中，关于液态混合物或溶液中不同组分标准态的选择请参考物理化学中关于标准态的定义。

用活度 a_B 表示组分 B 在真实液态混合物或溶液中的有效浓度。对于理想液态混合物或理想溶液，根据系统中组分 B 的逸度 f_B 与纯 B 标准态逸度 $f_B^{*,\ominus}$ 之间的关系式

$$f_B = f_B^{*,\ominus} x_B$$

可得

$$a_B = \frac{f_B}{f_B^{*,\ominus}} = \frac{f_B^{*,\ominus} x_B}{f_B^{*,\ominus}} = x_B$$

式中，$f_B = f_B^{*,\ominus} x_B$ 中比例系数 $f_B^{*,\ominus}$ 为组分 B 的标准态逸度（对于理想液态混合物和理想溶液中的溶剂，以路易斯-兰德尔规则为基础，此时 $f_B^{*,\ominus}$ 为温度 T 时纯 B 的饱和蒸气压，$f_B^{*,\ominus} = p_B^{s}$，$f_B = f_B^{*,\ominus} x_B$ 为 Raoult 定律的普遍化形式；对于溶液中的溶质，以亨利定律为基础，$f_B^{*,\ominus}$ 即为温度 T 时物质 B 的亨利（Henry）常数 K_B，$f_B^{*,\ominus} = K_B$，即 $\lim\limits_{x_B \to 0} \dfrac{f_B}{x_B} = K_B$，此时，$f_B = f_B^{*,\ominus} x_B$ 为 Henry 定律的普遍化形式）。将上式代入活度的定义式（4-68），得

$$a_B = \frac{f_B}{f_B^{*,\ominus}} = \frac{f_B^{*,\ominus} x_B}{f_B^{*,\ominus}} = x_B$$

即在理想混合物或溶液中，组分 B 的活度等于以摩尔分数表示的组分 B 的浓度。

对于真实气体及其混合物，用逸度校正压力。类似地，对于真实液态混合物或溶液，用活度来校正浓度。活度与摩尔分数之比称为活度系数，以 γ_B 表示，以此来衡量组分 B 在真实液态混合物或溶液中与在理想液态混合物或溶液中之偏离程度，即

$$\gamma_B = \frac{a_B}{x_B} \tag{4-70}$$

将式（4-69）代入上式，有

$$\gamma_B = \frac{f_B}{f_B^{*,\ominus} x_B} \tag{4-71a}$$

又因为，对于理想液态混合物或溶液有 $f_B^{*,\ominus} x_B = f_B^{\mathrm{id}}$，所以有

$$\gamma_B = \frac{f_B}{f_B^{\mathrm{id}}} \tag{4-71b}$$

式（4-71b）表明液态混合物或溶液中组分 B 的活度系数等于该组分在真实液态混合物或溶液中的真实逸度 f_B 与理想液态混合物或溶液中的逸度 f_B^{id} 之比。因此，对于理想液态混合物或溶液有 $\gamma_B = 1$。

为了更清楚地了解活度与浓度之间的相互关系，就必须了解组分 B 在液态混合物或溶液中的活度系数的变化规律。对于液态混合物或溶液，该变化规律可根据下面导出的公式分析得出。

将式（4-48）与式（4-36a）相减，得到在相同温度和压力下，液态混合物或溶液中组分 B 的逸度系数与其纯态时逸度系数之间的关系为

$$\ln\frac{\varphi_B}{\varphi_B^*} = \frac{1}{RT}\int_0^p (V_{\mathrm{m},B} - V_{\mathrm{m},B}^*)\mathrm{d}p$$

将 φ_B 和纯物质 φ_B^* 的定义式（4-43a）和式（4-29）代入上式，得

$$\ln\frac{f_B}{f_B^* y_B}=\frac{1}{RT}\int_0^p(V_{m,B}-V_{m,B}^*)dp \tag{4-72}$$

式（4-72）中$V_{m,B}^*$和$V_{m,B}$分别是物质B的摩尔体积和偏摩尔体积。当纯物质B处在标准态时，上式可写成

$$\ln\frac{f_B}{f_B^\ominus y_B}=\frac{1}{RT}\int_0^p(V_{m,B}-V_{m,B}^\ominus)dp \tag{4-73}$$

比较式（4-73）[对于液态混合物，式（4-73）中y_B即为x_B]与式（4-71a）可知

$$\ln\gamma_B=\frac{1}{RT}\int_0^p(V_{m,B}-V_{m,B}^\ominus)dp \tag{4-74}$$

对于混合物中组分B，要求其活度a_B，首先要求得活度系数γ_B。对于液态混合物或溶液，组分B的活度系数之数值可根据其定义式（4-74）通过求出组分B在系统中的偏摩尔体积进行计算。由式（4-74）可知，随着$V_{m,B}$与$V_{m,B}^\ominus$的差值大于零，等于零或小于零，γ_B可以大于1，等于1或小于1。

活度系数γ_B小于1，常可理解为是由于组分B的分子在液态混合物或溶液中存在缔合现象，或B分子与其他分子i之间的作用力大于纯B时B分子间的相互作用力，即$F_{B-i}>F_{B-B}$，例如形成络合物或水合物时，组分B的偏摩尔体积要小于在纯态时的摩尔体积，这就意味着其活动能力减小，从而导致其$\gamma_B<1$，即有效浓度（活度）小于其浓度。具体到水盐系统还可以进一步看到，由于$\gamma_B<1$，组分B在溶液中的有效浓度下降了，因此就有可能多溶解一些组分B才能达到其饱和溶解度，也就是增加了B的溶解度。此外，异离子效应也常使$\gamma_B<1$。

活度系数大于1，常理解为组分B在混合物或溶液中B分子之间互斥，或与其他分子间相互排斥，或者说组分B处在纯态时分子间的吸引力大于在混合物或溶液中分子间的相互吸引力，即$F_{B-B}>F_{B-i}$；或者是其他组分的分子与溶液间的亲和力更大而使溶剂的有效浓度降低了，因而表现出B组分的活度较浓度大，也即其活动能力大了。具体到水盐系统，当$\gamma_B>1$时，组分B在溶液中活度增大了，导致组分B在溶液中的浓度还未达到正常的饱和浓度时，就会析出晶体，这也就相当于降低了B组分的溶解度。同名离子效应常使$\gamma_B>1$。

在电解质溶液中，溶质的浓度往往用质量摩尔浓度或体积摩尔浓度表示，其活度与质量摩尔浓度或体积摩尔浓度的关系见表4-1，这时，其活度系数可通过电化学方法测量。相关内容请参考物理化学相关章节。

【例4-7】已知25℃、2.0MPa下，由组分1和2所组成的二元液态混合物中，组分1的逸度为$f_1=50x_1-80x_1^2+40x_1^3$

式中x_1是组分1的摩尔分数，f_1的单位为10^5Pa，试确定在上述温度和压力下：

（1）纯组分1的逸度f_1^*；

（2）纯组分1的逸度系数φ_1^*；

（3）组分1的亨利系数K_1；

（4）活度系数γ_1与x_1的关系式（组分1的标准态以路易斯-兰德尔规则为基准）；

（5）给出以x_1表示的求解f_2的关系式；

（6）已知f_1和f_2的关系式，给出在给定温度、压力下，由组分1和2组成的混合物的逸度f的关系式。

解：在25℃、2.0MPa下，$f_1=50x_1-80x_1^2+40x_1^3$

（1）在给定的温度、压力条件下，当x_1=1时，

$$f_1^*=10\times10^5\text{Pa}=1.0\text{MPa}$$

（2）根据定义

$$\varphi_1^* = \frac{f_1^*}{p} = \frac{10}{20} = 0.5$$

（3）根据 $\lim\limits_{x_1 \to 0} \frac{f_1}{x_1} = K_1$，得 $K_1 = \lim\limits_{x_1 \to 0} \frac{\mathrm{d}f_1}{\mathrm{d}x_1}$

$$K_1 = \lim_{x_1 \to 0}\left(\frac{50x_1 - 80x_1^2 + 40x_1^3}{x_1}\right) = \lim_{x_1 \to 0} \frac{\mathrm{d}f_1}{\mathrm{d}x_1} = 5.0(\mathrm{MPa})$$

（4）
$$\gamma_1 = \frac{f_1}{x_1 f_1^*} = \frac{50x_1 - 80x_1^2 + 40x_1^3}{10x_1} = 5 - 8x_1 + 4x_1^2$$

（5）根据式（4-63）和吉布斯-杜亥姆方程式（4-13），得

$$x_1 \mathrm{d}\ln\frac{f_1}{x_1} + x_2 \mathrm{d}\ln\frac{f_2}{x_2} = 0$$

或
$$x_1 \mathrm{d}\ln f_1 + x_2 \mathrm{d}\ln f_2 = 0$$

上式两项同时除以 $\mathrm{d}x_1$，得

$$x_1 \frac{\mathrm{d}\ln f_1}{\mathrm{d}x_1} + x_2 \frac{\mathrm{d}\ln f_2}{\mathrm{d}x_1} = 0 \text{或} \frac{\mathrm{d}\ln f_2}{\mathrm{d}x_1} = -\frac{x_1}{x_2}\frac{\mathrm{d}\ln f_1}{\mathrm{d}x_1}$$

$$\ln f_2 = \int_0^{x_1} \frac{x_1}{x_1 - 1}\frac{\mathrm{d}\ln f_1}{\mathrm{d}x_1}\mathrm{d}x_1 + I \text{（式中} I \text{为积分常数）}$$

将上式积分，并由边界条件 $x_1 = 0$ 时 $f_2 = f_2^*$，求得积分常数 I。

（6）根据式（4-63）$\ln\frac{f_B}{y_B} = \left[\frac{\partial(n\ln f)}{\partial n_B}\right]_{T,p,n_{i\neq B}}$

将 $\ln\frac{f_1}{y_1}$ 看作是 $\ln f$ 偏摩尔量，根据偏摩尔集合公式（4-6），有

$$\ln f = \sum x_i \ln\frac{f_i}{x_i}$$

即

$$\ln f = x_1 \ln\frac{f_1}{x_1} + x_2 \ln\frac{f_2}{x_2}$$

【例 4-8】某三元气体混合物，含有 20%（摩尔分数）A，35%B 和 45%C。在 6.0MPa、75℃时，混合物中组分 A、B、C 的逸度系数分别为 0.7、0.6、0.9，试求混合物的逸度。

解：由式（4-65）$\ln\varphi_B = \left[\frac{\partial(n\ln\varphi)}{\partial n_B}\right]_{T_1,p_1,n_{i\neq B}}$ 得 $\ln\varphi_B = M_{\mathrm{m},B}$，$M = \ln\varphi$

根据吉布斯-杜亥姆方程 $M = \sum\limits_B x_B M_{\mathrm{m},B}$ 有

$$\ln\varphi = \sum_B x_B \ln\varphi_B$$

即
$$\ln\varphi = y_\mathrm{A}\ln\varphi_\mathrm{A} + y_\mathrm{B}\ln\varphi_\mathrm{B} + y_\mathrm{C}\ln\varphi_\mathrm{C}$$

或
$$\varphi = \varphi_\mathrm{A}^{y_\mathrm{A}}\varphi_\mathrm{B}^{y_\mathrm{B}}\varphi_\mathrm{C}^{y_\mathrm{C}}$$

因为
$$f = \varphi p$$

故得
$$\begin{aligned} f &= \varphi_\mathrm{A}^{y_\mathrm{A}}\varphi_\mathrm{B}^{y_\mathrm{B}}\varphi_\mathrm{C}^{y_\mathrm{C}} p \\ &= 0.7^{0.2} \times 0.6^{0.35} \times 0.9^{0.45} \times 6.0 = 4.46(\mathrm{MPa}) \end{aligned}$$

4.4 混合过程热力学函数的变化

通常情况下真实溶液或混合物系统，其热力学函数 M 值与构成该系统各组分纯物质对应的热力学函数值的加和不相等，二者的差值称为混合过程热力学函数变化ΔM，普遍定义式为

$$\Delta M = M - \sum_B x_B M_{m,B}^{*,\ominus} \tag{4-75}$$

式中，$M_{m,B}^{*,\ominus}$是纯组分 B 在规定的标准态时的摩尔值。

将偏摩尔集合公式（4-6）代入上式，得

$$\Delta M = \sum_B x_B M_{m,B} - \sum_B x_B M_{m,B}^{*,\ominus} = \sum_B x_B (M_{m,B} - M_{m,B}^{*,\ominus}) \tag{4-76}$$

令 $\Delta M_{m,B} = M_{m,B} - M_{m,B}^{*,\ominus}$，上式可写作

$$\Delta M = \sum_B x_B \Delta M_{m,B} \tag{4-77}$$

式中，$\Delta M_{m,B}$代表 1mol 组分 B 在相同的温度和压力下，由标准态变为给定混合物中摩尔分数为 x_B 状态时热力学函数 M 的变化值。类比式（4-6），$\Delta M_{m,B}$也是物质 B 关于ΔM 的偏摩尔量，且$\Delta M_{m,B}=f(T,p,x_1,x_2,\cdots)$。因此，也可以用类似于式（4-11）来关联混合过程中系统热力学函数 M 的改变值ΔM 与系统中某组分 B 的关于 M 的改变值$\Delta M_{m,B}$，即

$$\Delta M_{m,B} = \Delta M - \sum_{B\neq i}\left[x_i\left(\frac{\partial \Delta M}{\partial x_i}\right)_{T,p,x_{i\neq B}}\right] \tag{4-78}$$

现以吉布斯函数为例，混合过程 G 的变化值ΔG 为

$$\Delta G = G - \sum_B x_B G_{m,B}^{*,\ominus}$$

式中，$G_{m,B}^{*,\ominus}$为混合物中纯组分 B 在标准态时的吉布斯函数；G 是系统的摩尔吉布斯函数。因为

$$G = \sum_B x_B G_{m,B}$$

所以

$$\Delta G = \sum_B x_B G_{m,B} - \sum_B x_B G_{m,B}^{*,\ominus} = \sum_B x_B (G_{m,B} - G_{m,B}^{*,\ominus})$$

两边同除以 RT，得

$$\frac{\Delta G}{RT} = \frac{1}{RT}\sum_B x_B (G_{m,B} - G_{m,B}^{*,\ominus}) \tag{4-79}$$

由化学势的定义可知　$\mu_B = G_{m,B}, \mu_B^{\ominus} = G_{m,B}^{*,\ominus}$，

由此得

$$\Delta G = \sum_B x_B (\mu_B - \mu_B^{\ominus}) \tag{4-80}$$

由式（4-41）[$\mu_B = \mu_B^{\ominus} + RT\ln(f_B/p_B^{\ominus})$]，同时考虑对理想气体有 $f_B^{\ominus} = p_B^{\ominus}$，得

$$\mu_B - \mu_B^{\ominus} = RT\ln\frac{f_B}{f_B^{\ominus}}$$

将上式代入式（4-80）中，引入式（4-69），得

$$\frac{\Delta G}{RT} = \sum_B x_B \ln\frac{f_B}{f_B^{\ominus}} = \sum_B x_B \ln a_B \tag{4-81}$$

类似地，根据式（4-77）和式（4-78），可得到计算混合过程其他热力学函数变化的方程如下：

$$\frac{p\Delta V}{RT}=\frac{p}{RT}\sum_{B}x_B(V_{m,B}-V_{m,B}^{*,\ominus}) \tag{4-82}$$

$$\frac{\Delta H}{RT}=\frac{1}{RT}\sum_{B}x_B(H_{m,B}-H_{m,B}^{*,\ominus}) \tag{4-83}$$

$$\frac{\Delta S}{RT}=\frac{1}{RT}\sum_{B}x_B(S_{m,B}-S_{m,B}^{*,\ominus}) \tag{4-84}$$

上述式（4-82）～式（4-84）无量纲函数可分别根据热力学基本方程和$\Delta G=\Delta H-T\Delta S$简化成与$a_B$有关的函数，其函数关系式如下：

$$\frac{p\Delta V}{RT}=\sum_{B}\left[x_B\left(\frac{\partial \ln a_B}{\partial p}\right)_{T,x}\right] \tag{4-85}$$

$$\frac{\Delta H}{RT}=-\sum\left[x_B\left(\frac{\partial \ln a_B}{\partial \ln T}\right)_{p,x}\right] \tag{4-86}$$

$$\frac{\Delta S}{RT}=-\sum(x_B\ln a_B)-\sum\left[x_B\left(\frac{\partial \ln a_B}{\partial \ln T}\right)_{p,x}\right] \tag{4-87}$$

很显然，混合过程热力学函数的变化值与标准态的选择有关。对于理想液态混合物或理想溶液，因为$a_B=x_B$，x_B取代式（4-81）～式（4-87）中的a_B，得到理想液态混合物或理想溶液热力学函数的变化值为

$$\Delta G^{id}=RT\sum x_B\ln x_B \tag{4-88}$$

$$\Delta S^{id}=-R\sum x_B\ln x_B \tag{4-89}$$

$$\Delta V^{id}=0 \tag{4-90}$$

$$\Delta H^{id}=0 \tag{4-91}$$

式（4-88）～式（4-91）与物理化学中讲的结果完全一致。

对于真实液态混合物或真溶液，热力学函数变化值的计算要将a_B的具体表达式代入式（4-81）和式（4-85）～式（4-87）中进行具体计算。

【例 4-9】在 30℃、101.325kPa 时，苯（1）和环己烷（2）的液体混合物的体积数据可用二次方程

$$V=(109.4-16.8x_1-2.64x_1^2)\times10^{-3}$$

来表示。式中，x_1为苯的摩尔分数，V的单位为 m³/kmol，试求 30℃、101.325kPa 下的$V_{m,1}$、$V_{m,2}$和ΔV的表达式（标准态以路易斯-兰德尔规则为基准）。

解：根据摩尔量与偏摩尔量间的关系式（4-11）和式（4-12），当$M=V$时，有

$$V_{m,1}=V+(1-x_1)\frac{dV}{dx_1} \tag{A}$$

$$V_{m,2}=V-x_1\frac{dV}{dx_1} \tag{B}$$

已知$V=(109.4-16.8x_1-2.64x_1^2)\times10^{-3}$

得
$$\frac{dV}{dx_1}=(-16.8-5.28\,x_1)\times10^{-3} \tag{C}$$

将式（C）分别代入式（A）和式（B）中，得

$$V_{m,1}=(92.6-5.28x_1+2.64x_1^2)\times10^{-3} \tag{D}$$

$$V_{m,2}=(109.4+2.64x_1^2)\times10^{-3} \tag{E}$$

因为 $$\Delta M=\sum x_i\Delta M_{m,i}$$

所以 $$\Delta V=\sum x_i\Delta M_{m,i}=x_1\Delta V_{m,1}+x_2\Delta V_{m,2}$$

式中 $$\Delta V_{m,1}=V_{m,1}-V_{m,1}^*,\quad \Delta V_{m,2}=V_{m,2}-V_{m,2}^*$$

由式（D）和式（E）可知

$$V_{m,1}^*=89.96\times10^{-3}\text{m}^3/\text{kmol},\quad V_{m,2}^*=109.4\times10^{-3}\text{m}^3/\text{kmol}$$

故 $$\Delta V_{m,1}=2.64\times10^{-3}x_2^2,\quad \Delta V_{m,2}=2.64\times10^{-3}x_1^2$$

$$\Delta V=x_1\times2.64\times10^{-3}x_2^2+x_2\times2.64\times10^{-3}x_1^2$$

$$=2.64\times10^{-3}x_1x_2(x_1+x_2)$$

$$\Delta V=2.64\times10^{-3}x_1x_2(\text{m}^3/\text{kmol})\ (\text{因为}\ x_1+x_2=1)$$

4.5 混合过程的焓变

4.5.1 混合过程热效应与焓变

在由纯物质混合形成真实混合物或真实溶液的过程中，由于不同分子间的作用力不同，将导致系统热力学函数发生变化。其中，ΔV 和 ΔH 一则由于其可以直接测量，二则是工程设计中直接要用到的数据，故它们是混合过程热力学函数变化中最令人感兴趣的内容。关于混合体积的改变ΔV 的计算，在前一节已有讨论，在这节中，将重点讨论混合过程的ΔH。

混合过程可以是在间歇釜中进行，也可在流动过程中进行。在间歇釜中，混合物或溶液的形成可以是组分 A（或 B）加到组分 B（或 A）的容器中，也可以是组分 A 和 B 同时加到一容器中。在稳态流动系统中，组分 A 和 B 可连续地加到一容器中，而所形成的液态混合物或溶液又连续地从容器中排出。这里组分 A 和 B 称为混合物或溶液形成前的物系，而混合物或溶液称为混合后的物系。由于在混合过程中，总有一物系从一处移至另一处，或从一个容器移到另一个容器，因此这里的物系属于敞开物系或流动物系。其在混合过程中与外界的能量交换就可以很方便地利用流动物系（亦即敞开物系）的公式。

$$\Delta H=Q+W_F \tag{4-92}$$

来计算，这里的ΔH 为物系混合后与混合前的摩尔焓变。由式（4-92）可知，混合过程中物系的焓变表示了混合过程中物系与外界所交换的净的能量，在数值上它等于系统与环境间所交换的热（Q）和轴功（W_F）之和。在一般混合过程中，物系与外界是没有轴功交换的，$W_F=0$，因此混合过程中系统与环境间的能量交换式为：

$$\Delta H=Q \tag{4-93}$$

也就是说混合过程中物系的焓变是由于物系与外界有热交换所引起的。因为 H 是状态函数，所以当溶液的组成、温度和压力一定时，混合过程的热效应有定值。它与混合的途径、混合的方法和混合过程中物系与外界是否有热交换等均无关，可通过实验测定。当物系在等温等压(即混合前后物系温度和压力相等)的情况下混合，物系与外界所交换的热即为混合过程的焓变ΔH(热效应)。这也就是热效应测定的依据。

另外，根据混合过程导致热力学函数改变的通式（4-75）和式（4-93）可得

$$\Delta H=H-\sum(x_iH_i)=Q \tag{4-94}$$

式中，H_i 为参考态时组分 i 的焓值；H 为单位摩尔溶液或混合物的焓。由于焓的绝对值不

知道，要求得 H 值，就必须指明焓值为零的参考态。焓值为零的参考态可根据计算方便来确定，可以是标准态（$H_i = H_i^{\ominus}$），可以是某温度和压力的纯物质（$H_i = H_{m,i}^*$），针对特定的溶液或混合物系统，也可以以某一特定的组成作为参考态，这时 H_i 是某一特定组成的溶液或混合物中 i 物质在系统中的偏摩尔焓（即 $H_i = H_{m,i}$）。以二组分系统为例，由此得到下列式（4-95a）～式（4-95c）三个方程。

$$\Delta H^{\ominus} = H - (x_1 H_1^{\ominus} + x_2 H_2^{\ominus}) = Q^{\ominus} \tag{4-95a}$$

$$\Delta H^* = H - (x_1 H_{m,1}^* + x_2 H_{m,2}^*) = Q^* \tag{4-95b}$$

$$\Delta H = H - (x_1 H_{m,1} + x_2 H_{m,2}) = Q \tag{4-95c}$$

式（4-95a）～式（4-95c）为二元混合物或溶液（可以是气态或液态混合物或溶液，也可以是气体或固体溶于液体中形成的溶液）形成过程中系统的焓变与外界热交换的普遍关系式，其中 $\Delta H^{\ominus}(Q^{\ominus})$、$\Delta H^*(Q^*)$ 和 $\Delta H(Q)$ 分别是以标准态、纯物质和特定的溶液或混合物作为参考态制备某混合物（或溶液）时的焓变。式（4-95a）～式（4-95c）中第一个等号无论对所形成的溶液是理想的或真实的，混合前后温度、压力是否相等，混合前的物系是纯组分或混合物等不同情况都是适用的。因为它的推导就是从热力学第一定律、能量守恒的关系得到的。但第二个等号要求是等压(即混合前后物系压力相等)过程。

系统混合焓变通常是由实验测定混合过程中环境吸收或放出的热来确定，这种方法称为溶液量热法。当然，也可以根据相平衡数据或其他方法计算得到。通常，直接由实验方法得到的准确性要好得多。图 4-2 表示的是乙醇(1)-水(2)系统在 30℃和 110℃范围内的几个温度点下通过实验所得到的混合过程焓变ΔH 与乙醇摩尔分数 $x(C_2H_5OH)$之间的关系（ΔH-x_1）曲线。

从图 4-2 可知，ΔH-x_1 曲线是非对称的，在某些温度下（例如图中 70～90℃），随着组成 x_1 的增加，ΔH 由负到正，即混合过程由放热变为吸热；当温度等于或低于 50℃时，在全浓度范围，ΔH 皆为负值，即混合过程为放热过程，而当温度高于 110℃时，在全浓度范围，ΔH 皆为正值，即混合过程为吸热过程。另外，定组成时，提高混合温度，混合焓变ΔH 升高。目前根据溶液理论来准确预测非理想系统的混合焓变尚不可能，更多的是建立半理论半经验的模型，然后用实验数据拟合模型参数，用以关联或计算。通常只有在极其有限的几个温度点下的混合热数据。如果纯物质和混合物的热容是已知的，其他温度下的混合热可以通过用类似于 25℃时的反应热效应数据计算较高温度下反应热效应的方法来计算。

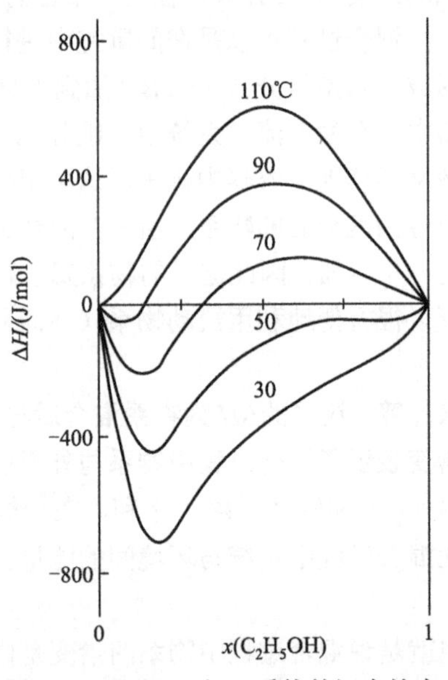

图 4-2　乙醇(1)-水(2)系统的混合焓变

4.5.2　溶解和稀释过程热效应（焓变）及其计算

常见的混合过程有稀释和溶解。向溶液中加入溶剂，使溶液稀释，产生的焓变（热效应）称为稀释焓（热）。稀释焓（热）有微分稀释焓$\Delta_{dil}H_{dif}$和积分稀释焓$\Delta_{dil}H_{int}$之分。在一定的温度、压力下，将 1mol 的纯溶剂 A 加到无限大量的溶液中所产生的焓变称为微分稀释焓，以$\Delta_{dil}H_{dif}$表示，即

$$\Delta_{\rm dil}H_{\rm dif}=\left(\frac{\partial \Delta H}{\partial n_{\rm A}}\right)_{T,p,n_{\rm B}} \tag{4-96}$$

当对含1mol溶质的溶液进行无限稀释时，其焓变即为积分稀释焓$\Delta_{\rm dil}H_{\rm int}$。稀释焓与温度、压力、稀释前及稀释后浓度及溶液的量有关。

气体、液体或固体溶解在溶剂中形成溶液时的焓变称为溶解焓或溶解热。溶解焓亦可分为微分溶解焓和积分溶解焓。将1mol的纯溶质B加到无限大量的溶液中所产生的焓变称为微分溶解焓，即

$$\Delta_{\rm sol}H_{\rm dif}=\left(\frac{\partial \Delta H}{\partial n_{\rm B}}\right)_{T,p,n_{\rm A}} \tag{4-97}$$

当将1mol纯溶质溶解在定量的纯溶剂中所发生的焓变为积分溶解焓$\Delta_{\rm sol}H_{\rm int}$。

积分稀释焓与微分稀释焓之间存在内在的关系，类似地，积分溶解焓与微分溶解焓之间也存在内在的关系。例如，可通过下式由微分溶解焓计算积分溶解焓

$$\Delta_{\rm sol}H_{\rm int}=\tilde{n}\int_{n}^{\infty}\frac{\Delta_{\rm sol}H_{\rm dif}}{\tilde{n}^2}{\rm d}\tilde{n} \tag{4-98}$$

式中，$\tilde{n}$表示1mol溶质所含溶剂的物质的量；$\Delta_{\rm sol}H_{\rm int}$代表当1mol溶质B溶解在$n$ mol溶剂中的焓变，即积分溶解焓（热）。

积分溶解焓与微分溶解焓的差异随着溶液的浓度不同而异，不但数值不同，有时符号也可能相反。一般而言，二者的差异随着溶液的浓度降低而减小，在无限稀释溶液中，两者变为相等。通常，手册中给出的大多数是积分溶解焓（热）数据，而微分溶解焓（热）更方便理论讨论。

【例4-10】已知在一定压力p和温度T时，由n_1摩尔组分1及n_2摩尔组分2构成溶液A，此溶液的积分热效应为Q_1。现往此溶液中再加入（$n_1'-n_1$）摩尔的组分1而得溶液B，试求此过程的热效应。

解：过程可示意如图4-3：

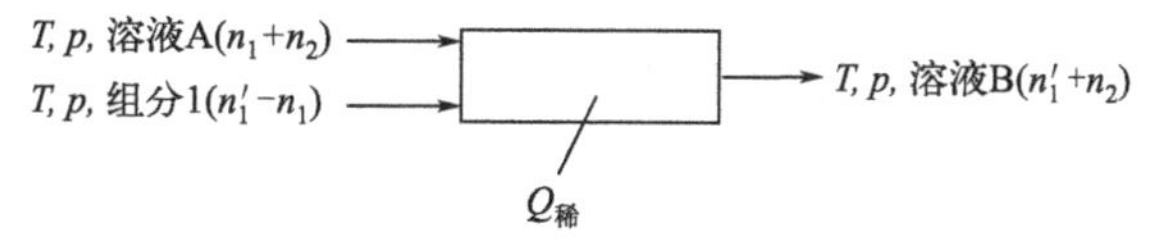

图4-3　物质的混合过程

查手册求得溶液B的积分热效应为Q_1'。

由式（4-94）可写出

$$H_{\rm A}(n_1+n_2)=(n_1H_1^*+n_2H_2^*)+Q(n_1+n_2) \tag{A}$$

$$H_{\rm B}(n_1'+n_2)=(n_1'H_1^*+n_2H_2^*)+Q'(n_1'+n_2) \tag{B}$$

为了计算混合过程中的能量交换，首先还是需要知道混合前后物系的焓值。取压力p、温度T时纯组分1及2的焓值H_1^*、H_2^*均为零，并以此为基准态。由此即可将式（A）、式（B）两式写成：

$$H_{\rm A}(n_1+n_2)=Q(n_1+n_2) \tag{C}$$

$$H_{\rm B}(n_1'+n_2)=Q'(n_1'+n_2) \tag{D}$$

因Q_1和Q_1'均为已知，所以溶液A和B之焓值$H_{\rm A}(n_1+n_2)$和$H_{\rm B}(n_1'+n_2)$即可由式（C）和式（D）二式求得。

求得 $H_A(n_1+n_2)$、$H_B(n_1'+n_2)$ 之后，根据式（4-94），本题稀释过程所求之热效应 $Q_{稀}$ 应为：

$$Q_{稀}=H_B(n_1'+n_2)-[(n_1'-n_1)\times H_1^*+(n_1+n_2)\times H_A(n_1+n_2)] \quad （已假设 H_1^*=H_2^*=0） \quad (E)$$
$$=H_B(n_1'+n_2)-H_A(n_1+n_2)$$

或
$$Q_{稀}=Q'(n_1'+n_2)-Q(n_1+n_2) \quad (F)$$

由式（E）或式（F）均可求得 $Q_{稀}$。

讨论：由此题可知，不论是两个纯组分相混合，或是一个混合物（或溶液）与一个纯组分相混合，乃至两个不同浓度的溶液相混合，其处理问题之步骤和所用的关系式都是相同的。一般说，其原始数据都是积分热效应。

【例 4-11】已知有关 SO_3（液）(1) 与水（液）(2) 在 18℃时相互溶解过程的积分溶解热和微分溶解热的数据，见表 4-5。

现欲将 30℃的 53.8%（质量分数）H_2SO_4 溶液，浓缩为 91.6%（质量分数）的浓 H_2SO_4 溶液。浓缩后的溶液经水冷却到 30℃排出。浓缩过程是在 1atm 和 91.6% H_2SO_4 溶液的沸腾温度 280℃下连续进行的。问每得 1kg 91.6% H_2SO_4，外界供给物系的热及水冷却时取出的热（可按平均热容计算）。已知 100～280℃水蒸气的平均热容 $\overline{C_p}=34.39\text{kJ/mol}$。

解：过程可示之如图 4-4，以得 1kg 91.6%浓硫酸为计算的物料基准。

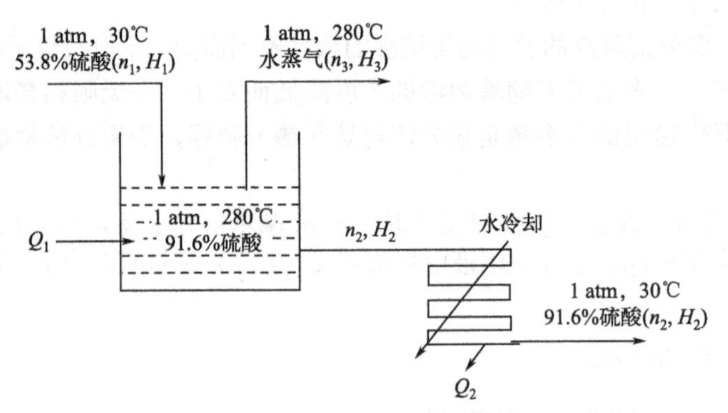

图 4-4　物质的变化过程

（1）物料衡算

每得 1kg（即 n_2=1kg）91.6%浓硫酸，需 53.8%硫酸量为

$$n_1=\frac{91.6}{53.8}\times 1=1.7(\text{kg})$$

表 4-5　硫酸中 SO_3 的摩尔分数 x_1、溶液组成以及溶解热对应数据

硫酸中 SO_3 的摩尔分数 x_1	硫酸溶液组成/%(质量分数)			溶解热/(kJ/mol)		
	溶液中的总 SO_3	H_2SO_4	除生成 H_2SO_4 外的游离 SO_3	积分溶解热 $\Delta_{sol}H_{int}$	微分稀释热 $\Delta_{dil}H_{dit}$	微分溶解热 $\Delta_{sol}H_{dit}$
0.0	0.0	0.0		—	—	180.96
0.02	8.33	10.2		3.26	0.04	161.08
0.04	15.6	19.1		6.32	0.08	156.90
0.05	19.0	23.2		7.91	0.21	156.06
0.07	25.1	30.8		10.96	0.88	153.97
0.10	33.6	40.5		15.27	2.09	134.35

续表

硫酸中 SO_3 的摩尔分数 x_1	硫酸溶液组成/%(质量分数)			溶解热/(kJ/mol)		
	溶液中的总 SO_3	H_2SO_4	除生成 H_2SO_4 外的游离 SO_3	积分溶解热 $\Delta_{sol}H_{int}$	微分稀释热 $\Delta_{dil}H_{dit}$	微分溶解热 $\Delta_{sol}H_{dit}$
0.15	44.0	**53.8**		**21.55**	**3.56**	**125.90**
0.20	52.6	64.4		27.74	5.06	117.61
0.25	59.7	73.1		32.64	10.84	98.62
0.30	65.6	80.6		36.78	16.65	83.26
0.35	70.5	86.4		39.62	21.59	73.22
0.40	**74.8**	**91.6**		**41.84**	**26.48**	**64.77**
0.45	78.4	96.1		43.56	32.64	56.90
0.50	81.6	100.0		44.31	44.31	44.31
0.52	82.5		6.4	43.72	66.61	22.59
0.55	84.5		15.4	42.26	71.84	18.20
0.60	87.0		29.0	39.20	81.59	10.88
0.65	89.2		41.2	35.65	81.59	10.88
0.70	91.2		52.1	32.13	85.27	9.29
0.75	93.0		62.0	27.66	97.70	4.22
0.80	94.7		71.0	22.93	98.58	2.47
0.85	96.2		79.2	17.78	100.21	3.35
0.90	97.3		86.7	12.68	113.85	1.63
0.95	98.8		93.6	6.69	129.70	0.42
1.00	100.0		100.0	—	154.81	—

{t=18℃：$H[SO_3(l)]=0$，$H[H_2O(l)]=0$。数据来源：Margan,I.E.C.,vol.34,571(1942)}

注：91.6% H_2SO_4 溶液的热容（20℃至沸点间的平均值）=1.59J/(g・K)。

91.6% H_2SO_4 溶液的沸点=280℃。

53.8% H_2SO_4 溶液的热容（20℃至沸点间的平均值）=2.43J/(g・K)。

100℃时水的汽化潜热为 2255.18kJ/kg。

浓缩时蒸发出去的水蒸气量为：$n_3 = 1.7 - 1 = 0.7(\text{kg}) = 38.9(\text{mol})$

1kg 91.6%硫酸中 SO_3 的物质的量为：$\dfrac{1.0\times10^3\times0.748}{80} = 9.35(\text{mol})$

H_2O 的物质的量为：$\dfrac{1.0\times10^3\times0.252}{18} = 14(\text{mol})$

总计为 23.4mol

同理，1.7kg 53.8%硫酸中 SO_3 的物质的量为 9.35mol

H_2O 的物质的量为 52.9mol

总计为 62.3mol

（2）浓缩过程的能量衡算

此为流动物系，是无轴功的换热过程，由式（4-93）得：

$$\Delta H = Q \tag{1}$$

首先求得各股物料的焓值：（参看溶解热数据表）。为了计算混合过程中的能量交换，首先还是需要知道混合前物系的焓值。为此，基准取 18℃时 H_2O（液）、SO_3（液）的焓值为零。

（a）30℃，53.8%硫酸的焓值 $H_1(30℃)$：由式（4-94）得：

$$\Delta H = Q = H_1 - (x_{SO_3}H_{SO_3} + x_{H_2O}H_{H_2O})$$

今已取基准为18℃时 $H_{SO_3}=0$，$H_{H_2O}=0$，所以18℃时硫酸溶液的焓 H_1(18℃,53.8%)为：

$$H_1(18℃, 53.8\%) = \Delta H = Q$$

Q 为1mol硫酸溶液的积分溶解热，可由溶解热数据表直接查得，对于53.8%硫酸得：

18℃时 $H_1(18℃) = -21.55\text{kJ/mol}$

30℃时 $H_1(30℃) = -21.55+(30-18)\times2.43\times27.4\times10^{-3}$

$= -21.55+0.80 = -20.75(\text{kJ/mol})$

注：27.4是53.8%硫酸的平均分子量。

$$H(30℃, 53.8\%) = n_1H_1 = 62.3\times(-20.75) = -1292.7(\text{kJ})$$

（b）280℃，91.6%硫酸的焓值 H_2，仿照上述同样方法求：

18℃时 $H_2(18℃) = -41.84\text{kJ/mol}$

280℃时，$H_2(280℃) = -41.84+(280-18)\times1.59\times42.7\times10^{-3}$

$= -41.84+17.79 = -24.05(\text{kJ/mol})$

注：42.7是91.6%硫酸的平均分子量。

$$H(280℃, 91.6\%) = n_2H_2 = 23.4\times(-24.05) = -562.77(\text{kJ})$$

（c）280℃，1atm过热水蒸气的焓值：

$$\begin{aligned}H(280℃,H_2O(g)) = n_3H_3 &= 0.7\times[2255.18+4.184\times(100-18)\times10^{-3}]\\&\quad+38.9\times34.39(280-100)\times10^{-3}\times700/18\\&=2255.52+9.36=2264.88(\text{kJ})\end{aligned}$$

已知各物料的焓值，代入式（1）得浓缩器所需供热量 Q_1：

$$\begin{aligned}\Delta H_1 = Q_1 &= (n_2H_2+n_3H_3)-n_1H_1\\&= 2264.88-562.77+1292.7 = 2994.81(\text{kJ})\end{aligned}$$

（3）求水冷却时被水带走的热量 Q_2：

$$Q_2 = \overline{C_p}(280-30)\times n_2 = 1.59\times250\times1 = 397.50(\text{kJ})$$

（4）讨论：

（a）浓缩过程和一般的分离过程的区别是，水不是呈液态与另一组分 SO_3(液)分开，而是呈蒸汽态，因此计算其焓值时必须注意。

（b）计算中所求者只是ΔH，所以计算各股物料的焓值时，所选用的基准状态可以按照运算简便的原则随意选定，当然要注意：同一计算中的基准应统一。在计算ΔH时，只需先分别求得初终状态的焓值即可得所求结果，而不必管中间过程如何。

（c）浓缩过程所消耗的能量（供给的热量），主要是用于将稀硫酸中的水汽化成水蒸气而赶走。

实际工作中，常将1mol纯溶质1溶解在定量的纯溶剂2中所发生的焓变$\Delta_{sol}H_{int}$表示成下式

$$\Delta_{sol}H_{int} = \frac{\Delta H}{x_1} \tag{4-99}$$

式中，ΔH 是每摩尔溶液的热效应。工程上常将1mol纯溶质溶解在不同物质的量的水中（用 $\tilde{n}$ 表示）所产生的热效应绘成$\Delta_{sol}H_{int}$-$\tilde{n}$曲线供实际计算使用，如图4-5给出了LiCl(s)和HCl(g)溶于水的$\Delta_{sol}H_{int}$-$\tilde{n}$曲线图。这种形式的数据很容易用于解决实际问题。

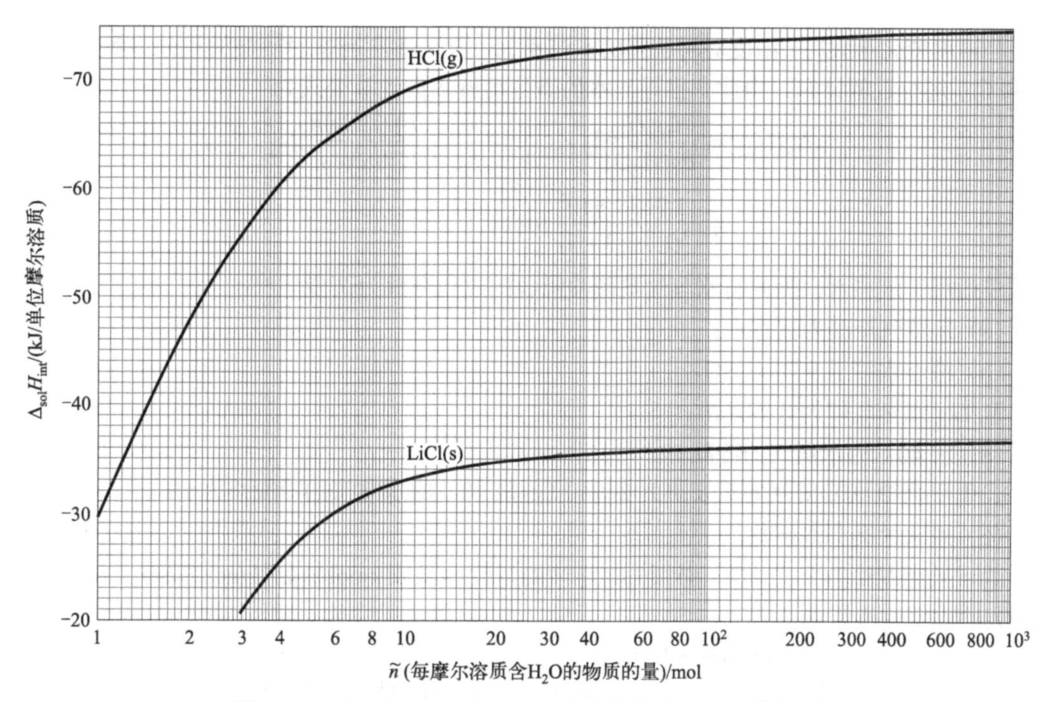

图 4-5　25℃时 LiCl(s)和 HCl(g)溶于水的$\Delta_{sol}H_{int}$- $\tilde{n}$ 曲线图

（数据来源："The NBS Tables of Chemical Thermodynamic Properties", *J, Phys. Chem. Ref. Data*, Vol.11, suppl. 2, 1982）

图 4-5 中组成变量 $\tilde{n}=n_2/n_1$ 与溶质的摩尔分数 x_1 的关系为

$$\tilde{n}=\frac{x_2(n_1+n_2)}{x_1(n_1+n_2)}=\frac{1-x_1}{x_1} \qquad 所以 \qquad x_1=\frac{1}{1+\tilde{n}}$$

由此得$\Delta_{sol}H_{int}$与ΔH 的关系以及$\Delta_{sol}H_{int}$与 $\tilde{n}$ 的解析式为

$$\Delta_{sol}H_{int}=\frac{\Delta H}{x_1}=\Delta H(1+\tilde{n}) \qquad 或 \qquad \Delta H=\frac{\Delta_{sol}H_{int}}{1+\tilde{n}} \tag{4-100}$$

上述公式同时也是$\Delta_{sol}H_{int}$与 $\tilde{n}$ 关系的解析式。例如下面例题 4-12 中给出的 18℃时硫酸的积分溶解热与每摩尔 H_2SO_4 所带的溶剂水的物质的量 $n(H_2O)$的关系。

【例 4-12】某硫酸厂的干燥塔用浓度为 93%（质量分数，下同）的硫酸为干燥剂以除去湿炉气（含 SO_2、SO_3、O_2、N_2、H_2O）中的水分。其流程示意如图 4-6 所示，93%H_2SO_4于 40℃时进干燥塔，由塔底流出时，浓度将为 92.5%，经冷却管冷却到 40℃后，送到吸收塔吸收 SO_3，干燥塔内的压力基本维持在 1.013×10^5Pa 的恒压。设干燥塔绝热良好，求每吸收 100kg 水分时需由冷却管排出的热量。已知：18℃时硫酸的积分溶解热公式为

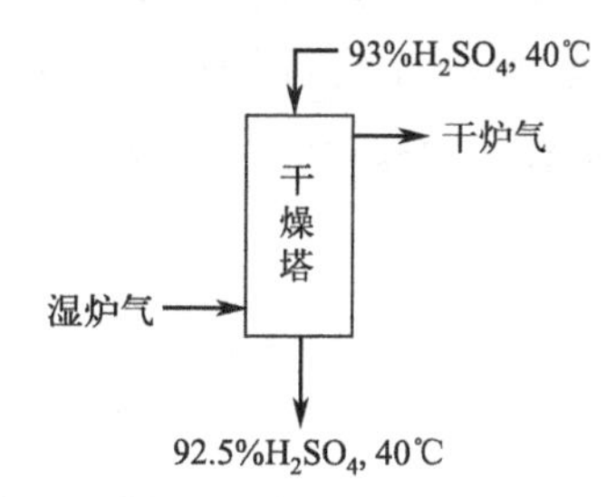

图 4-6　例 4-12 硫酸厂炉气干燥示意图

$$\Delta_{sol}H_{int}=-\frac{74726.24\tilde{n}}{1.7983+\tilde{n}}\text{J/(mol H}_2\text{SO}_4\text{)}\ (\tilde{n}<20\text{mol})$$

式中，$\tilde{n}$ 是 1mol H_2SO_4 所带的水的物质的量。

解：因为 93% H_2SO_4 通过干燥塔时浓度改变很小，因此可把过程的热效应近似地看作 93% H_2SO_4 的微分稀释热，或水蒸气在 93% H_2SO_4 中的微分溶解热。

当温度变化不大时，温度对溶解热的影响不大，因此可将 18℃时硫酸的积分溶解热公式用于 40℃下进行近似计算。由此式推导出水的微分溶解热的计算公式为

$$\Delta_{\mathrm{sol}}H_{\mathrm{dif}}=[\frac{\partial \Delta_{\mathrm{sol}}H_{\mathrm{int}}}{\partial n(\mathrm{H_2O})}]_{T,p,n_{\mathrm{H_2SO_4}}}=[\frac{\partial}{\partial n}(-\frac{74726.24\tilde{n}}{1.7983+\tilde{n}})]_{T,p}$$

$$=-\frac{1.3438\times10^5}{(1.7983+\tilde{n})}\mathrm{J/mol}$$

上式仅适用于液态水，为此将水蒸气被硫酸吸收的过程分解为两步计算：

（a）水蒸气冷凝为液态水；

（b）液态水溶于 93% H_2SO_4。

取 1kg 水蒸气作为计算基准：

（a）求 40℃的水蒸气的冷凝热。

由手册查得 40℃时水的蒸发热为 2408 J/kg，故 40℃的水蒸气的冷凝热为$\Delta H_{冷凝}=-2408\mathrm{J/kg}$。

（b）求水的微分溶解热

为了应用题给的公式计算，必须先将溶液的浓度换算成 kmol H_2O/（kmol H_2SO_4）表示，93% H_2SO_4 的浓度可换算成

$$\tilde{n}=\frac{100\times(1-0.93)/18}{100\times0.93/98}=0.4098(\mathrm{kmol\ H_2O/kmol\ H_2SO_4})$$

所以 $\Delta_{\mathrm{sol}}H_{\mathrm{dif}}=-\frac{1.3438\times10^5}{(1.7983+\tilde{n})^2}=-\frac{1.3438\times10^5}{(1.7983+0.4089)^2}=-2.7561\times10^4(\mathrm{J/mol})$

（c）求每吸收 100kg 水分的总热效应$\Delta H_{吸}$

$$\Delta H_{吸}=100\times\Delta H_{冷凝}+\Delta_{\mathrm{sol}}H_{\mathrm{dit}}\times100\times10^3/18$$

$$=100\times(-2408)+(-1531.3)\times100=-3.9393\times10^5(\mathrm{J})$$

【例 4-13】大气压下用单效蒸发器将质量分数为 15%的 LiCl 溶液浓缩成 40%。在 25℃时，原料以 2kg/s 的速率进入蒸发器。40%的 LiCl 的正常沸点是 132℃，比热容估计为 2.72kJ/(kg·K)，试计算在蒸发器中的热量转移速率是多少？已知：100℃时水的汽化热为 2.259×10^3kJ/kg。且设 25～100℃水的平均比热容为 4.184kJ/(kg·K)，100～132℃水蒸气的平均比热容为 1.89kJ/(kg·K)。

解：每秒有 2kg 的 15%的 LiCl 溶液进入蒸发器，其组成为 0.3kg LiCl 和 1.70kg H_2O。根据物料平衡，1.25kg 的水被蒸发掉，得到 40%的 LiCl 溶液 0.75kg。其过程示意如图 4-7 所示。

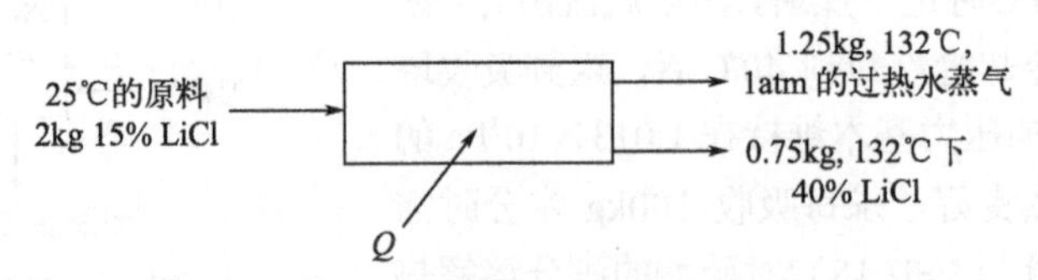

图 4-7 LiCl 溶液的浓缩过程

这个过程的能量平衡是$\Delta H=Q$（ΔH 为产物的总焓减去原料的总焓）。这样问题就变为从已知的数据计算ΔH。因为焓是状态函数，其计算结果与途径无关，选一个方便的就行，用不着参照在蒸发器中的实际过程。25℃时 LiCl 在 H_2O 中的溶解热数据见图 4-5，计算ΔH 的框图见图 4-8。

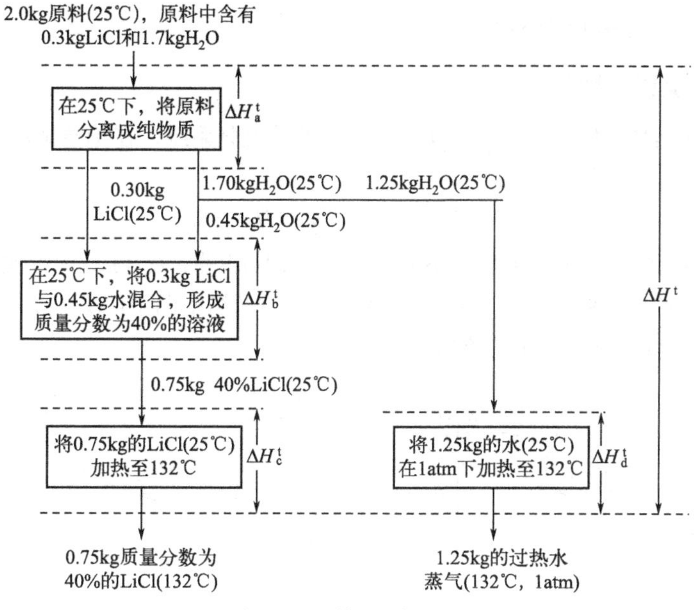

图 4-8　计算ΔH的框图

根据上述框图得

$$\Delta H^{\mathrm{t}}=\Delta H_{\mathrm{a}}^{\mathrm{t}}+\Delta H_{\mathrm{b}}^{\mathrm{t}}+\Delta H_{\mathrm{c}}^{\mathrm{t}}+\Delta H_{\mathrm{d}}^{\mathrm{t}}$$

每一步的焓变计算过程如下：

$\Delta H_{\mathrm{a}}^{\mathrm{t}}$：这一步是把 2kg 15%的 LiCl 溶液分离提纯，该“分离”过程的热效应与相对应的混合过程的热效应大小相等，符号相反。对于 2kg15%的 LiCl 溶液，原料的进入量是

$$\mathrm{LiCl}：\frac{0.3\times1000}{42.39}=7.077(\mathrm{mol})，\quad \mathrm{H_2O}：\frac{1.70\times1000}{18.015}=94.366(\mathrm{mol})$$

所以，溶液的浓度为每摩尔 LiCl 含有 13.33mol 的 H_2O。查图 4-5 可知，当 $\tilde{n}=13.33$ 时，每摩尔 LiCl 的溶解热是−33800J。因此，对于 2kg 溶液的“分离”，有：

$$\Delta H_{\mathrm{a}}^{\mathrm{t}}=7.077\times33800=239250(\mathrm{J})$$

$\Delta H_{\mathrm{b}}^{\mathrm{t}}$：这一步是在 25℃时，将 0.45kg 的水与 0.30kg 的 LiCl(s)混合得到 40%的溶液。溶液的组成为：

$$0.3\mathrm{kg}\rightarrow7.077\mathrm{mol\ LiCl}\ 和\ 0.45\rightarrow24.979\mathrm{mol\ H_2O}$$

由此得最终溶液的组成为每摩尔的 LiCl 含有 3.53mol 的水。从 4-5 图中可以查出，在此 $\tilde{n}$ 值下，每摩尔 LiCl 的溶解热为−23260J。所以

$$\Delta H_{\mathrm{b}}^{\mathrm{t}}=7.077\times(-23260)=-164630(\mathrm{J})$$

$\Delta H_{\mathrm{c}}^{\mathrm{t}}$：这一步是将 0.75kg 的 40%的 LiCl 溶液从 25℃加热到 132℃。根据$\Delta H_{\mathrm{c}}^{\mathrm{t}}=mC_p\Delta T$，有

$$\Delta H_{\mathrm{c}}^{\mathrm{t}}=0.75\times2.72\times(132-25)=218.28\mathrm{kJ}=218280(\mathrm{J})$$

$\Delta H_{\mathrm{d}}^{\mathrm{t}}$：将 H_2O（l）从 25℃加热到 100℃，汽化，然后将水蒸气加热到 132℃。

$$\Delta H_{\mathrm{d}}^{\mathrm{t}}=1.25\times[4.184\times(100-25)+2.259\times10^3+1.89\times(132-100)]=3291.6(\mathrm{kJ})=3291600(\mathrm{J})$$

对各步的焓变进行求和，得

$$\begin{aligned}\Delta H^{\mathrm{t}}&=\Delta H_{\mathrm{a}}^{\mathrm{t}}+\Delta H_{\mathrm{b}}^{\mathrm{t}}+\Delta H_{\mathrm{c}}^{\mathrm{t}}+\Delta H_{\mathrm{d}}^{\mathrm{t}}=239250-164630+218280+3291600\\&=3584500(\mathrm{J})\end{aligned}$$

所以，热量传递速率是3584.5kJ/s。

4.5.3 焓浓图及其应用

由式（4-94）$\Delta H = H - \sum(x_i H_i) = Q$ 可知，对于二组分系统，在绝热情况下，Q=0，$\Delta H = H - x_1 H_1 - x_2 H_2 = 0$，则

$$H_a = x_1 H_1 + x_2 H_2 = H_2 + (H_1 - H_2)x_1 \tag{4-101}$$

这里 H_a 为在绝热混合过程中混合后物系的焓。式(4-101)表明，H_a 与 x_1 成一次方关系，由 H 对 x 作图就得到了所谓的焓浓（H-x）图，如图4-9所示。在焓浓图中，H 与 x_1 成直线关系，这是应用 H-x 图计算物料与热量变化的依据所在。

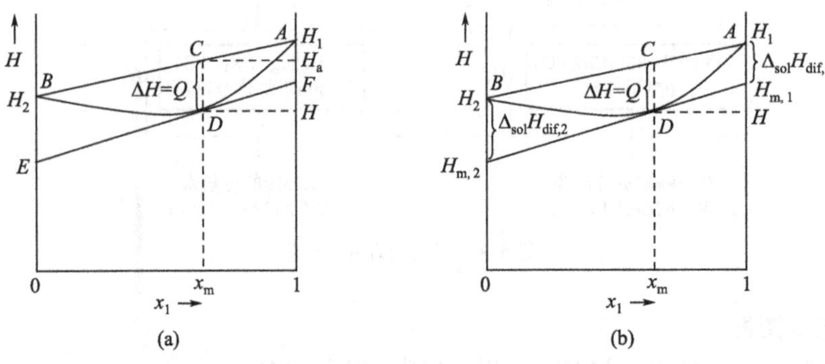

图4-9　关于 H-x 图的图示解释、混合（积分）热效应（a）以及组分1和2的微分热效应（b）

焓浓图是表示溶液焓数据最方便的方法之一。焓值的基准是摩尔溶液或单位质量溶液。它以温度作为参数，把二元溶液的焓作为组成的函数，简单明了地表示了各种热量的变化。从图中可以得到许多有用的热力学数据，如偏摩尔焓、积分溶解热、微分溶解热等。

如图4-9表示在一定温度、压力下，系统的 H_a 和 H 随组成 x_1 的变化曲线。H_1（即 A 点）、H_2（即 B 点）分别是在某一定温度、压力下，纯组分1和纯组分2的焓，直线 ACB 为组分1和2在绝热条件下混合后所得溶液的焓与组分1的函数关系。曲线 ADB 为组分1和2在等温下混合时所形成的溶液的焓与组分1的函数关系，在曲线 ADB 上任一点的温度均与混合前相同，而其压力则可以与混合前相同，也可以不相同，这主要看物系是单相还是二相共存。如为单相，根据相律，自由度为3，温度、压力与组成均能任意规定。如为二相共存，则温度与组成一定，压力则不能再规定。例如，一般液体混合物（或溶液）即为如此，因为在其液面上总有其蒸气相存在，当温度、组成一定，其蒸气压即一定，压力也就不能再改变。因此曲线 ADB 也常称为混合物（或溶液）的等温线。也是由于这个原因，这里所谓的在一定温度、压力下混合指的是气体溶液，而对液体混合物（或溶液）来说只要温度维持相同，压力就不再规定。

在图4-9中，当通过某一组成 x_m 画垂线时，其与等温线 ADB 及绝热线 ACB 相截的距离 CD 即为在上述温度、压力下形成组成为 x_m 混合物（或溶液）的（积分）热效应。在图4-9中，混合物（或溶液）的等温线（ADB）在其绝热线（ACB）的下面，说明在混合过程中有热放出，混合物（或溶液）的焓较物系混合前的焓为小，相反，如混合物（或溶液）的等温线（ADB）在绝热线 ACB 之上则为吸热过程，热效应为正，ΔH(或 Q)为正值。如果在等温条件下，测得混合物（或溶液）不同组成时的热效应值，即可得到 H-x 的等温线。

当得到在一定温度和压力下混合物（或溶液）形成过程中热效应 Q^* 的数据后，将其代入式（4-95b），同时求出在该温度、压力下组分A及B呈纯态时的焓值，即得在上述条件下混合物

（或溶液）的焓：

$$H=(x_1H_{m,1}^*+x_2H_{m,2}^*)+Q^* \tag{4-102}$$

将式（4-102）与式（4-95c）相比，可知在真实混合物（或溶液）中各组分的偏摩尔焓与其在相同温度、压力下呈纯态时的焓是不同的。二者之差就是由于热效应不同所引起的。

混合物（或溶液）形成过程中的微分热效应亦需要用实验来测定。例如可利用 H-x 图中的等温线，画相应组成（D）处的切线，通过与纵轴相交所得之截距来求得。如图 4-9(b)所示。

$$\Delta_{sol}H_{dif,1}=H_1-H_{m,1}\quad,\qquad \Delta_{sol}H_{dif,1}=H_1-H_2 \tag{4-103}$$

实际上微分热效应也就等于在一定温度、压力下，纯组分呈纯态时的焓与其在相同温度、压力及一定溶液组成下的偏摩尔焓之差(其数学证明，这里从略)。从图 4-9 中各点的位置可知，由于混合时有热放出，因此说明混合物（或溶液）中组分 1 和 2 的摩尔焓比其在纯态时小。

设混合前的始态（组分 1 和 2）为纯态 [即图 4-9(b)中的 H_1 和 H_2 分别为 $H_{m,1}^*$ 和 $H_{m,2}^*$]，则系统混合前的焓 H_i 和混合后的焓 H_f[即式（4-102）中的 H] 以及热效应之间的关系为

$$\Delta H=H_f-H_i=Q^*$$

将二组分系统关于焓的吉布斯-亥姆霍兹方程用于混合后的焓 H_f，并代入上式中可得微分热效应与积分热效应（ΔH 或 Q^*）之间的关系，并与式(4-103)相比较得到：

$$\Delta H=Q^*=H_f-H_i=(x_1H_{m,1}+x_2H_{m,2})-(x_1H_{m,1}^*+x_2H_{m,2}^*)$$

$$=x_1(H_{m,1}-H_{m,1}^*)+x_2(H_{m,2}-H_{m,2}^*)$$

$$Q^*=\Delta H=-(x_1\Delta_{sol}H_{dif,1}+x_2\Delta_{sol}H_{dif,2}) \tag{4-104}$$

上式表明积分热效应就等于各组分的微分热效应与相应组分在混合物（或溶液）中含量的乘积之和，如图 4-9(b)所示。具体到一般常见的溶解、稀释或浓缩等过程时，皆有其相应的积分和微分热效应。

无限稀释热可近似理解为将极小量的溶质加到大量的溶剂中所产生的热效应，如以 Q^∞ 或 ΔH^∞ 表示无限稀释热，组分 1 表示纯溶质，组分 2 表示纯溶剂，根据式（4-94）有：

$$Q^\infty=\Delta H^\infty=H^\infty-(x_1H_1^*+x_2H_2^*) \tag{4-105}$$

这里的 H^∞ 为无限稀时摩尔溶液的焓。再根据式（4-104）的关系和在无限稀释溶液中，对组分 2（溶剂）有 $H_{m,2}=H_{m,2}^*$，$\Delta_{sol}H_{dif,2}=0$ 的关系[见图 4-9(b)]，可得

$$Q^\infty=\Delta H^\infty=-x_1\Delta_{sol}H_{dif,1}\qquad 或\qquad \Delta_{sol}H_{dif,1}=-\frac{Q^\infty}{x_1}=-\frac{\Delta H^\infty}{x_1} \tag{4-106}$$

亦即溶质 1 的微分溶解热可由系统的无限稀释热求得。另外，在很多以水为溶剂的系统中，溶质（例如不同的盐）的焓常不易得到，但根据式（4-105）可以求得纯组分 1 的焓与系统无限稀释热之间的关系。因为对于无限稀溶液，x_2 趋近于 1，H^∞ 趋近于 H_2^*，由此得

$$Q^\infty=-x_1H_1^*\qquad 或\qquad H_1^*=-\frac{Q^\infty}{x_1}=-\frac{\Delta H^\infty}{x_1}=Q_1^\infty \tag{4-107}$$

这里 Q_1^∞ 为以单位摩尔组分 1（溶质）为基准的无限稀释热。当将上式与式（4-106）比较，同时联系式（4-103），可得 $H_{m,1}$ 为零。亦即在 $H_{m,1}$=0 的条件下，就可以很方便地利用在一般手册中可以查得到的不同溶质在水中的无限稀释热数据来求纯溶质的焓 H_1^*，然后再进一步求溶液的焓。

上述计算热效应和溶液焓的关系式并非只限于用在纯组分之间的混合，也适用于不同浓度

溶液之间的混合。由于焓是一个状态函数，焓值的变化与途径无关，因此只需预先求出各不同浓度混合物（或溶液）的焓与其相应的热效应的关系，即可求得当混合物（或溶液）从一个浓度变至另一个浓度时焓值的变化及其热效应。

在图 4-9 中仅画出了某一温度和压力下的 *H-x* 曲线，对于同一系统，改变温度和压力时，将得到另一条不同的 *H-x* 曲线。若将不同的温度、压力下得到的一系列混合等温线画在同一 *H-x* 图上，就得到图 4-10 和图 4-11。

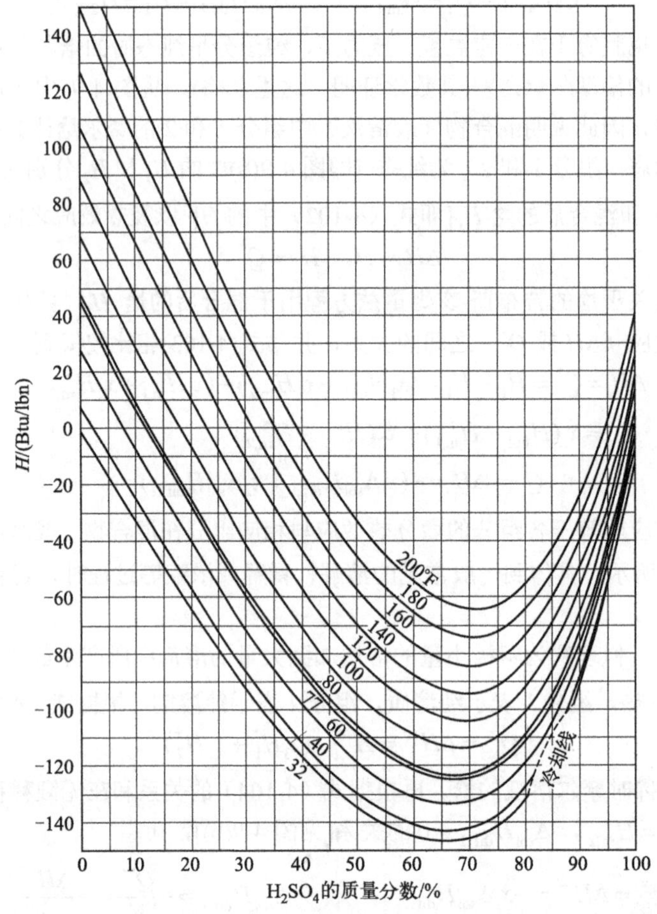

图 4-10　$H_2SO_4(1)/H_2O(2)$的 *H-x* 图[换算因子：1(Btu)/(lbm)=2.326kJ/kg]

（通过 W.D.Ross, *Chem. Eng. Prog.*, vol.48, pp. 314 and 315, 1952 中的数据重新作图得到，版权允许）

焓浓图在工程上应用很广，许多单元操作，如蒸发、蒸馏和吸收的计算都能用上。

【例 4-14】根据图 4-11 中的 NaOH-H_2O 的 *H-x* 图，确定 20℃时固体 NaOH 的焓。

解：在 *H-x* 图中，一个体系例如 NaOH-H_2O 的等温线的终点也就是这种固体在水中溶解度达到最大的那个点。所以，在图 4-11 中的等温线并没有延伸到代表纯 NaOH 的那个组成。这是因为物质的溶解度与温度有关，也就是与 *H-x* 图的基准有关。在本例题 *H-x* 图中，水的基准是 0℃下液态水的 $H_{H_2O}=0$，与蒸汽表一致。对于 NaOH，由式（4-107）的推导过程可知，其基准是（在温度 t 时）无限稀释 NaOH（溶液）的偏摩尔焓为零，即 $H_{m,NaOH}=0$（这里 $t=20℃$）。根据式（4-105），NaOH 无限稀释时的热效应是

$$Q^{\infty}=\Delta H^{\infty}=H^{\infty}-(x_1H_1+x_2H_2)$$

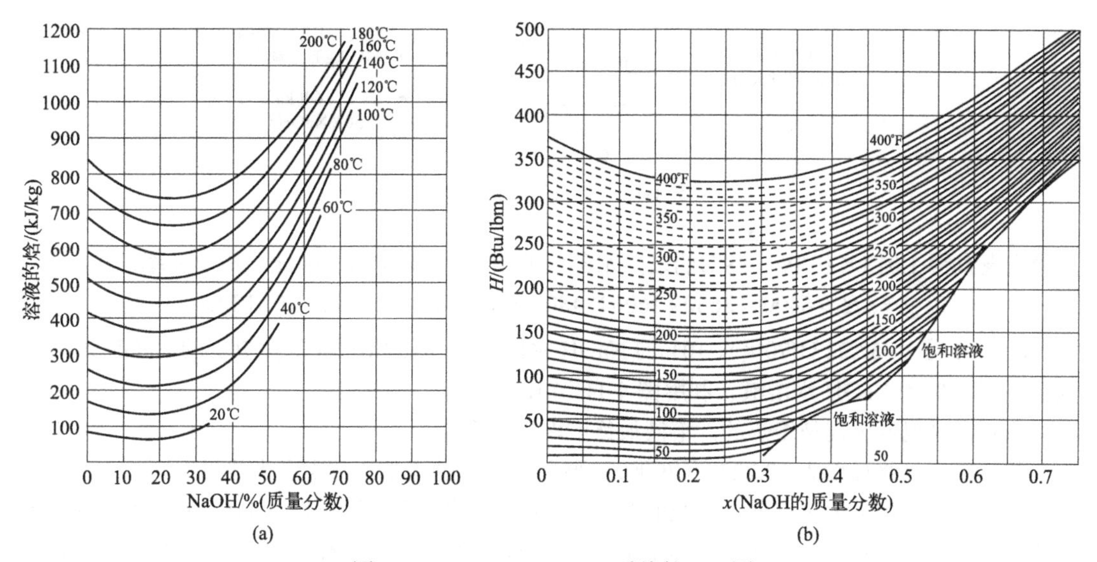

图 4-11 NaOH(1)-H_2O(2)系统的 H-x 图

已令 0℃时 $H_{H_2O}=H_2=0$，所以

$$Q^{\infty}=\Delta H^{\infty}=H^{\infty}-x_1H_1$$

在无限稀释溶液中，H^{∞} 趋近于 H_2，而 $H_2=0$，由此得

$$Q^{\infty}=\Delta H^{\infty}=-x_1H_1$$

$$H_1=H^{*}_{\mathrm{NaOH}}=-Q^{\infty}=-Q^{\infty}_{\mathrm{NaOH}}$$

式中，$Q^{\infty}_{\mathrm{NaOH}}$ 为以 1mol NaOH 为基准的无限稀释热。由上式可知，通过实验测得（或从手册中查得）NaOH 的无限稀释热，也就得到纯溶质 NaOH（s）的焓，即 H^{*}_{NaOH}。

由此得到在 20℃时，NaOH 固体的焓 H^{*}_{NaOH} 在数值上等于在相同温度下，1mol NaOH 在无限多的 20℃水中溶解热的负值。文献中关于 25℃下（以 1mol 的 NaOH 为基准）的溶解热数据为

$$\Delta H^{\infty}_{\mathrm{NaOH}}=-44.505\mathrm{kJ/mol}$$

如果不考虑 25℃与 20℃温差的影响，那么，20℃时 NaOH 固体的焓是：

$$\begin{aligned}H^{*}_{\mathrm{NaOH}}&=-\Delta H^{\infty}_{\mathrm{NaOH}}=-(-44.505\mathrm{kJ/mol})\\&=44.505\mathrm{kJ/mol}\end{aligned}$$

这个数据给出了 20℃时固体 NaOH 的摩尔焓。

【例 4-15】有一单效蒸发器，将 8000kg/h 的 10%NaOH 溶液浓缩为 50%。加料温度为 20℃，蒸发操作压力为 1.013×10^4Pa。在这种条件下 50%NaOH 溶液的沸点为 88℃。试问设计该蒸发器时应采用多大传热速率？

解：根据题意，水的蒸发量为

$$8000\times0.1\times\left(\frac{90}{10}-\frac{50}{50}\right)=6400(\mathrm{kg/h})$$

水分蒸发后成为 1.013×10^4Pa、88℃的过热蒸汽。故蒸发器蒸发过程如图 4-12 所示。

因为是恒压蒸发，$\Delta H=Q_p$，查图 4-11(a)，得

10%NaOH 溶液在 20℃时的焓为 70kJ/kg

50%NaOH 溶液在 88℃时的焓为 480kJ/kg

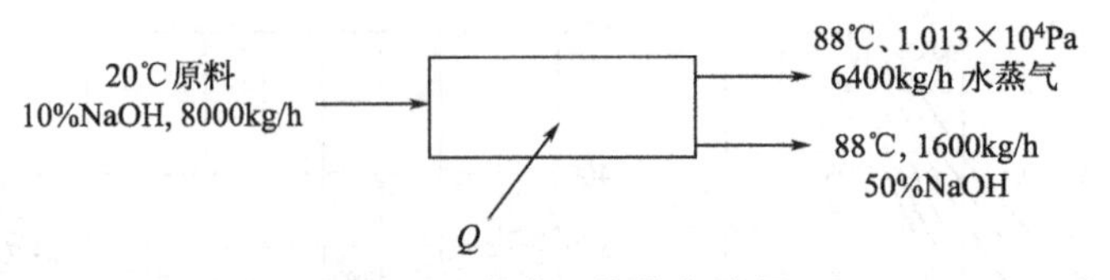

图 4-12　蒸发器的蒸发过程

由蒸汽表查得 1.013×10^4Pa、88℃的过热水蒸气的焓为 2660kJ/kg。因此，传热速率：

$$Q=\Delta H=6400\times2660+1600\times480-8000\times70=1.7232\times10^7\,(\mathrm{kJ/h})$$

【例 4-16】 将 52.22℃(70℉)、10%的 NaOH 水溶液与 93.33℃(200℉)、70%的 NaOH 水溶液混合得到 40%的 NaOH 水溶液。利用图 4-11(b)求：

（a）如果混合过程是绝热的，溶液最终的温度是多少？

（b）如果最终温度为 52.22℃（70℉），那在该混合过程中该移走多少热量？

解：（a）因为是绝热过程，系统的焓 H_a 与 x 成直线关系，所以图 4-11(b)中连接代表两个初始溶液的点 [70℉(52.22℃)，10%NaOH 和 200℉(93.33℃)，50%NaOH] 为一直线，且该直线必定包含代表最终溶液的那个点（终态，40%NaOH）。由浓度为 40% NaOH 水溶液这条线与直线的交点所代表的特定溶液其焓为 192(Btu)/(lbm)(446.59kJ/kg)。而代表 220℉ (104.5℃)等温线经过这个点，所以最终的温度为 104.5℃(220℉)。

（b）在图 4-11 中，不可能用一个简单的直线把整个过程表示出来，但焓 H 是状态函数，可以选择一个方便的途径来计算过程的焓变ΔH。因此，整个过程可以看作两步：绝热混合和移走混合热降温到最终温度。第一步在（a）中已有答案，它的结果是溶液最终温度为 104.5℃（220℉），焓为 446.59kJ/kg[192(Btu)/(lbm)]。根据图 4-11(b)可知，当 40%NaOH 溶液被冷却到 70℉(52.22℃)时，其焓为 70(Btu)/(lbm)(162.82kJ/kg)。所以

$$Q=\Delta H=162.82-446.59=-283.77\,(\mathrm{kJ/kg})$$

对比例 4-14、4-15、4-16 和例 4-11、4-12、4-13 的解题过程可知，通过焓浓图（H-x 图）的应用大大地简化了计算。

参考文献

[1] 傅献彩, 沈文霞, 姚天扬, 等. 物理化学[M]. 上册. 5 版. 北京: 高等教育出版社, 2005.
[2] 吕德义, 许建国, 刘宗健. 物理化学[M]. 上册. 北京: 化学工业出版社, 2014.
[3] 朱自强, 吴有庭. 化工热力学[M]. 第 3 版. 北京: 化学工业出版社, 2010.
[4] 马沛生, 李永红. 化工热力学[M]. 第 2 版. 北京: 化学工业出版社, 2009.
[5] 陈钟秀, 顾飞燕, 胡望明. 化工热力学[M]. 第 3 版. 北京: 化学工业出版社, 2012.
[6] 史密斯 J M, 范内司 H C, 阿博特 M M. 化工热力学导论[M]. 刘洪来, 陆小华, 陈新志, 译. 北京: 化学工业出版社, 2008.

习题

4-1　试计算在 323K 及 25kPa 下甲乙酮（1）和甲苯（2）的等物质的量混合物中甲乙酮和甲苯的逸度系数。设气体混合物服从截止到第二维里系数的维里方程。已知 B_{ij}(cm³/mol)值如下：

$B_{11}=-1386\mathrm{cm^3/mol}$；$B_{22}=-1860\mathrm{cm^3/mol}$；$B_{12}=-1611\mathrm{cm^3/mol}$。

4-2　39℃、2.0MPa 下，二组分溶液中，组分 1 的逸度 f_1 与其摩尔分数 x_1 的关系式为

$$f_1 = 6x_1 - 9x_1^2 + 4x_1^3$$

式中 f_1 的单位为 MPa，试求在上述温度和压力下：

（1）纯组分 1 的逸度系数和亨利系数；

（2）活度系数 γ_1 与 x_1 的关系式（组分 1 的标准态是以路易斯-兰德尔规则为基准）。

4-3　试计算恒压下，用 78%的硫酸水溶液加水稀释配制 25%硫酸水溶液 1000kg，求：

① 78%硫酸溶液与水各需多少？

② 稀释过程中放出的热是多少？

③ 若在绝热条件下配制，所得 25%稀硫酸的终温为多少度？

已知：H_2SO_4 与水的温度均为 25℃；25%的硫酸溶液的平均比热容为 3.35J/(kg・K)。

4-4　若已知不同质量分数的液体 NO_2 在 HNO_3-NO_2 溶液中的微分溶解热（例如，NO_2 的含量为 1.88%时，$\Delta_{sol}H_{dif}$=10880 J/mol），试求不同 NO_2 质量分数时的积分溶解热。已知 NO_2 和 HNO_3 的分子量分别为 46 和 63。

4-5　用单效蒸发器将 27216kg/h 10%的硫酸水溶液浓缩为 65%，加料温度为 25℃(77℉)，蒸发器的压力为 1.355×10^{4}Pa，在该压力下，65%H_2SO_4 溶液的沸点为 96.11℃(205℉)，试通过图 4-10 计算每小时蒸发器所需的热量。（已知：96.11℃、1.355×10^{4}Pa 的过热水蒸气的焓值为 2678kJ/kg；96.11℃65%H_2SO_4 的焓值为−132.58kJ/kg）

4-6　37.8℃(100℉)的纯 H_2SO_4 与 21.11℃(70℉)的纯水混合形成 30%的 H_2SO_4 溶液。若在混合过程中进行冷却，使溶液的终温为 21.11℃(70℉)，试求 1kg30%H_2SO_4 溶液所需移去的热量。

4-7　21.11℃(70℉)的固体 NaOH 与相同温度下的 H_2O 混合，得到 21.11℃(70℉)45%NaOH 的溶液，则每生产 1kg 溶液，在混合过程中需要转移走多少热量？

第五章
气液相平衡

混合物的分离与精制在化工过程中占有重要的地位。化工生产中广泛采用的分离技术如蒸馏、吸收、萃取、结晶等分别以气液平衡、溶解平衡、液液平衡和固液平衡等理论为依据。

当两相接触时，由于存在温度、压力、组分浓度的差异，相间将发生物质和能量的交换，直到各相的性质如温度、压力、组成等不再随时间变化，此时系统达到相平衡。相平衡理论是论述相平衡时系统的温度、压力、各相的体积及组成和其他状态函数间的关系与计算。

相平衡涉及的内容十分广泛。

本章根据系统达到相平衡时，各相间的物质交换过程是可逆的这一基本点，利用两相平衡时系统吉布斯函数变化为零的热力学关系以及逸度的定义式，以得到在一多相多组分系统中，相平衡时同一物质在各相间的化学势及逸度的关系。进而讨论了单组分和多组分系统气液相平衡时各相之间和各组分之间的吉布斯函数与逸度之间的关系，即当系统压力趋近于零时，逸度与压力之间的关系。由此再结合气、液相溶液或混合物性质的差异，以求气、液相平衡时各组分在各相间的平衡组成关系。

根据多组分系统气液相混合物（溶液）性质的不同以及每一相中各组分的分逸度与其组成间的基本关系式，讨论了三种不同系统的气液相的平衡组成关系。由此得到了一般常用的拉乌尔定律、亨利定律和逸度规则。

根据敞开系统的能量交换关系式，当系统与环境无轴功交换时，系统的焓变就等于系统与环境所交换的热这一基本点，讨论了利用焓浓图来表示气液相的平衡组成的关系，即饱和蒸汽和液体的等温线和等压线，并进而根据相图的一般性质，讨论了利用焓浓图解决节流膨胀和吸收等过程中的物料与热量平衡等有关问题。

5.1 相平衡及其热力学基本关系

在多相系统中，物质分子总是在各相之间不断地来回运动、迁移，即各相间在不断地进行物质交换，系统中的每一相相对于另一相皆为一敞开系统。当整个系统为一封闭系统时，如各相的温度、压力相等，且组成维持不变，则该多相系统即处于相平衡状态，或简称为处于相平衡。很显然，相平衡也是一般所谓的动态平衡。

5.1.1 相平衡判据

处于相平衡状态下的系统在各相间进行物质交换时，为了维持各相的温度、压力和组成不变，则这一物质交换过程必然是一可逆过程，根据热力学第二定律，孤立或绝热系统内各相熵变的总和为零。以二相平衡为例，系统的总熵$\Delta S_{总}$为

$$\Delta S_{总}=\Delta S^{\alpha}+\Delta S^{\beta}=0 \tag{5-1}$$

这里ΔS^{α}和ΔS^{β}分别为α相和β相的熵变。由此可见，孤立或绝热多相系统内系统本身的熵变等于零的条件也是多相系统处于相平衡状态的标志之一。

由于处在相平衡状态下的各相之间依然有物质交换，而物质交换的推动力或迁移能力则以系统的吉布斯函数变化来表示较为方便。由热力学第二定律可知，在等温、等压下的封闭系统，一切自发过程必引起系统的吉布斯函数减小，当达到平衡且非体积功为零时，应有

$$\mathrm{d}G_{T,p}=0 \tag{5-2}$$

将式（5-2）用于α、β两相多组分系统，每一相可视为一个能向另一相传递物质和能量的敞开系统。将敞开系统的热力学基本方程用于上述系统中的每一相，有

$$\mathrm{d}(nG)^{\alpha}=-(nS)^{\alpha}\mathrm{d}T+(nV)^{\alpha}\mathrm{d}p+\sum\mu_i^{\alpha}\mathrm{d}n_i^{\alpha}$$

$$\mathrm{d}(nG)^{\beta}=-(nS)^{\beta}\mathrm{d}T+(nV)^{\beta}\mathrm{d}p+\sum\mu_i^{\beta}\mathrm{d}n_i^{\beta}$$

在等温、等压条件下，系统中处在α、β两相中的任一组分皆达到两相平衡时，由式（5-2）得

$$\mathrm{d}(nG)^{\beta}=-(nS)^{\beta}\mathrm{d}T+(nV)^{\beta}\mathrm{d}p+\sum\mu_i^{\beta}\mathrm{d}n_i^{\beta} \tag{5-3}$$

对于无化学反应的封闭系统有$\mathrm{d}n_i^{\alpha}=-\mathrm{d}n_i^{\beta}$，代入式（5-3）中得

$$\sum(\mu_i^{\alpha}-\mu_i^{\beta})\mathrm{d}n^{\alpha}=0$$

但$\mathrm{d}n_i^{\alpha}=0$。因此，应有

$$\mu_i^{\alpha}=\mu_i^{\beta} \tag{5-4}$$

即两相平衡时，化学势相等。

对于多相多组分系统，式（5-4）可写为

$$\mu_i^{\alpha}=\mu_i^{\beta}=\cdots=\mu_i^{\pi}(i=1,2,\cdots,N) \tag{5-5}$$

式（5-5）是以化学势表示的相平衡判据。

将多组分系统中组分的逸度定义式（4-41）

$$\mathrm{d}\mu_i=RT\mathrm{d}\ln f_i \qquad (T\text{一定})$$

代入式（5-5）中，可导出另一个等效的相平衡判据方程

$$f_i^{\alpha}=f_i^{\beta}=\cdots=f_i^{\pi}(i=1,2,\cdots,N) \tag{5-6}$$

即等温、等压条件下，多相多组分系统达到相平衡时，同一组分在各相中的逸度相等。

由于逸度的计算比化学势更方便，因此式（5-6）是解决相平衡问题常用的公式。

5.1.2 相律

描述一个组分数为C的多相多组分相平衡系统，最少需要几个独立变量？系统中最多可以有几个相？要回答上述问题需要用到相平衡系统普遍遵循的规律——相律。

相律是1875年由吉布斯提出的、揭示多相多组分相平衡系统中相数P、组分数C和自由度F之间关系的规律，是研究相平衡系统的理论依据。其公式为

$$F=C-P+n \tag{5-7}$$

式中，n是温度T、压力p、磁场、电场等可以独立变化的强度变量数目。在一般的研究中，

除了温度 T 和压力 p 外，其他的强度性质变量一般都保持不变，这样，相律公式可写为

$$F=C-P+2 \tag{5-8}$$

相律具有很广泛的指导意义，常用来确定系统的（最大）自由度及可能存在的最多相数等。

【例 5-1】 碳酸钠与水可形成下列几种化合物：

$$Na_2CO_3 \cdot H_2O，Na_2CO_3 \cdot 7H_2O，Na_2CO_3 \cdot 10H_2O$$

（1）试说明标准压力（$p^{\ominus}$）下，与碳酸钠水溶液和冰平衡共存的含水盐最多有几种？

（2）试说明 30℃时，可与水蒸气平衡共存的含水盐最多可以有几种？

解：根据题意，很明显，题目要求的是在一定的条件下相平衡系统最多有几个相，即 P_{max}=？由相律公式（5-8）可知，F=0 时，P 有最大值 P_{max}。如果知道了 C，就可以根据式（5-8）求得 P_{max}。由此可见，本题的关键是求 C。此系统是由 Na_2CO_3 和 H_2O 构成的，虽然可能有多种含水盐存在，但每生成一种含水盐，在物质种类增加 1 的同时，独立的化学平衡方程也增加 1，故最终 C 仍然是 2。

（1）在指定的压力下，相律公式变为

$$F^*=C-P+1=2-P+1=3-P$$

式中，F^*称为条件自由度。当 $F^*=0$ 时，$P_{max}=3$。系统已存在 Na_2CO_3 水溶液和冰两相，因此，与 Na_2CO_3 水溶液和冰平衡共存的含水盐最多只有（3–2 = 1）一种。

（2）同理，指定 30℃时，相律公式变为

$$F^*=C-P+1=2-P+1=3-P$$

当 $F^*=0$ 时，$P_{max}=3$。已知系统只有水蒸气一个相，故与水蒸气平衡共存的含水盐最多有两种。

上述的计算表明，相律可以告诉我们在一定的条件下，一个相平衡系统最多有几个相，但不能指明具体是哪几个相。要想知道是哪几个相，需要用到相图。

应用相律时，首先要考察系统是否满足相律成立的条件，即确定系统是否达到相平衡。其次是确定系统的组分数 C。

液态混合物的气液相平衡系统按气液相性质的不同可分为理想体系与非理想体系。理想体系为气液两相均为理想系统，非理想体系为气液两相中有一相或两相为真实溶液（或混合物）。下面就分别按不同气液系统讨论其平衡组成关系。

5.2 气液平衡组成的计算

5.2.1 气液平衡计算的基本方程

两相平衡时，式（5-6）成立。具体应用于多组分气液两相平衡时有

$$f_i^{G}=f_i^{L} \quad (i=1,2,3,\cdots,N) \tag{5-9}$$

式中，f_i为混合物中组分 i 的逸度，上标“G”和“L”分别表示气相和液相。式（5-9）既是气液平衡的判据，又是进行气液平衡组成计算的基本方程。

为了利用式（5-9）以求得其平衡组成，首先还需要有各组分在各相中的逸度与其组成的关系。它们之间的普遍关系式为式（4-71）

$$\ln\frac{f_i}{f_i^* y_i}=\frac{1}{RT}\int_0^p (V_{m,i}-V_{m,i}^*)\mathrm{d}p \tag{5-10}$$

式中，$V_{m,i}^*$ 和 $V_{m,i}$ 分别是物质 i 的摩尔体积和偏摩尔体积。具体到不同性质的气、液相溶液

或液态混合物时，式（5-10）还可有不同的简化关系。

5.2.2 完全理想系统气液平衡组成的计算

所谓完全理想系统指的是气相是由理想气体构成的理想混合物，液相为理想液态混合物或溶液的系统。此时，系统的逸度及各组分的逸度就分别等于其压力及其分压，其偏摩尔体积（V_{m}）就等于其摩尔体积（V_{m}^*）（即$V_{\mathrm{m},i}^{*,\mathrm{G}}=V_{\mathrm{m},i}^{\mathrm{G}}$，$V_{\mathrm{m},i}^{*,\mathrm{L}}=V_{\mathrm{m},i}^{\mathrm{L}}$）。气相中各组分的分压与系统总压之间的关系服从道尔顿分压定律。而任一组分的气相分压与其液相组成之间的关系服从拉乌尔定律。例如，两相平衡时，对组分 A 有：

$$f_{\mathrm{A}}^{\mathrm{G}}=f_{\mathrm{A}}^{\mathrm{L}}$$

将$V_{\mathrm{m,A}}^{*,\mathrm{G}}=V_{\mathrm{m,A}}^{\mathrm{G}}$或$V_{\mathrm{m,A}}^{*,\mathrm{L}}=V_{\mathrm{m,A}}^{\mathrm{L}}$代入式（5-10）中，得

$$f_{\mathrm{A}}=f_{\mathrm{A}}^{*}y_{\mathrm{A}}$$

又因为系统为完全理想系统，故有

$$f_{\mathrm{A}}^{\mathrm{G}}=p_{\mathrm{A}}^{\mathrm{G}},\ f_{\mathrm{A}}^{\mathrm{L}}=p_{\mathrm{A}}^{\mathrm{L}}$$

根据拉乌尔定律和道尔顿分压定律有

$$p_{\mathrm{A}}=py_{\mathrm{A}} \tag{5-11}$$

$$p_{\mathrm{A}}=p_{\mathrm{A}}^{*}x_{\mathrm{A}} \tag{5-12}$$

这里y_{A}、x_{A}分别为组分 A 的气相和液相摩尔分数。在气液相平衡中，一般用y_i表示气相中组分i的摩尔分数，x_i表示液相中组分i的摩尔分数。对二组分系统来说有：

$$x_{\mathrm{A}}+x_{\mathrm{B}}=1,\ y_{\mathrm{A}}+y_{\mathrm{B}}=1 \tag{5-13}$$

当温度、压力一定时，p、p_{A}^*、p_{B}^*均为定值，由此x_{A}、x_{B}、y_{A}、y_{B}亦均为定值。也就是说，当温度、压力一定时，二组分系统中气、液两相间各组分的平衡组成皆为定值，其数值可联解式（5-11）、式（5-12）与式（5-13）得到。这一结论亦与相律一致，因为二组分、二相，只有两个自由度。现温度、压力一定，此系统的气、液相的平衡组成即为一定。

【例 5-2】已知实验数据如下：80K 时溶液 N_2、O_2 的饱和蒸汽压分别为 $p^*(N_2)=137.535$kPa，$p^*(O_2)=30.198$kPa，液相中 $x(N_2)=0.4$ 时 N_2-O_2 混合物的蒸汽总压为 $p=76.794$kPa，平衡气相中 $y(N_2)=0.7414$。试验证此溶液的两相平衡关系是否符合完全理想体系。

解：假设其为完全理想系统，则与液相成平衡的气相压力为

$$p(\mathrm{N_2})=p^*(\mathrm{N_2})x(\mathrm{N_2})=137.535\times0.4=55.01(\mathrm{kPa})$$

$$p(\mathrm{O_2})=p^*(\mathrm{O_2})x(\mathrm{O_2})=30.198\times0.6=18.12(\mathrm{kPa})$$

$$p=p(\mathrm{N_2})+p(\mathrm{O_2})=55.01+18.12=73.13(\mathrm{kPa})$$

与 $x(N_2)=0.4$ 的液相平衡的气相组成为

$$y(\mathrm{N_2})=p(\mathrm{N_2})/p=55.01/73.13=0.7522$$

$$y(\mathrm{O_2})=p(\mathrm{O_2})/p=18.12/73.13=0.2478$$

将上述计算结果与原题所给实验结果数据进行比较，可知其误差：

总压误差：
$$\frac{76.794-73.13}{76.794}\times100\%=4.8\%$$

$y(N_2)$：
$$\frac{0.7522-0.7414}{0.7414}\times100\%=1.5\%$$

这个误差在化工计算中是允许的，可以将 N_2-O_2 二组分系统的气液平衡视为完全理想体系。

5.2.3 理想系统气液平衡组成的计算

理想系统指的是气相是由实际气体构成的理想混合物，液相为理想液态混合物。这时，系统中各组分的偏摩尔体积（$V_{m,i}$）就等于其摩尔体积（$V_{m,i}^*$），对组分 A 及 B 即为$V_{m,A}^{*,G}=V_{m,A}^{G}$或$V_{m,B}^{*,G}=V_{m,B}^{G}$，$V_{m,A}^{*,L}=V_{m,A}^{L}$或$V_{m,B}^{*,L}=V_{m,B}^{L}$。以此代入式（5-10），得：

$$f_A^L=f_A^{*,L}x_A\text{，}\quad f_A^G=f_A^{*,G}y_A \tag{5-13a}$$

$$f_B^L=f_B^{*,L}x_B\text{，}\quad f_B^G=f_B^{*,G}y_B \tag{5-13b}$$

这就是所谓的路易斯-兰德尔（Lewis-Randall）逸度规则。当气液二相达到平衡时，根据式（5-9）可得：

$$f_A^L=f_A^G\quad \text{即}\quad f_A^{*,L}x_A=f_A^{*,G}y_A \tag{5-14a}$$

$$f_B^L=f_B^G\quad \text{即}\quad f_B^{*,L}x_B=f_B^{*,G}y_B \tag{5-14b}$$

对二组分系统还有

$$x_A+x_B=1\text{，}\quad y_A+y_B=1 \tag{5-15}$$

上式中，$f_A^{*,L}$、$f_A^{*,G}$、$f_B^{*,L}$、$f_B^{*,G}$只是温度和压力的函数，当温度、压力一定时，联立求解式（5-14a）或（5-14b）和式（5-15），即可求出二组分系统在一定温度、压力下，气液二相间各组分的平衡组成。

在具体求取气液相平衡组成时，首先需要分别求出各组分纯物态时气液两相平衡时的逸度。在平衡系统的温度及压力下各组分呈纯气态时的逸度，可按第四章中所讨论的，通过逸度系数的数值来算。各组分呈纯液态时的逸度需要根据各组分呈纯气态时的逸度与其 p-V-T 的基本关系来求。对呈纯液态的组分 A 按式（4-30）可写为：

$$RT\mathrm{d}\ln f_A^{*,L}=V_{m,A}^{*,L}\mathrm{d}p \tag{5-16}$$

为了求得组分 A 的逸度$f_A^{*,L}$，则需在温度 T 下将上式进行积分，其积分的上、下限最方便的可以取在该温度 T 下的饱和蒸气压 p^s 为下限，而平衡系统的压力 p 为上限。因为饱和蒸气压下的纯液体的逸度$(f_A^{*,L})_{T,p^s}$也是与其成平衡的纯气体的逸度$(f_A^{*,G})_{T,p^s}$。纯气体的逸度可以很容易地根据逸度系数来求。这样积分式（5-16）即得：

$$\int_{p^s}^{p}\mathrm{d}\ln f_A^{*,L}=\ln\frac{(f_A^{*,L})_{T,p}}{(f_A^{*,L})_{T,p^s}}=\int_{p^s}^{p}\frac{V_{m,A}^{*,L}}{RT}\mathrm{d}p \tag{5-17}$$

如在温度 T 和压力范围 p^s 与 p 之间，液体的体积$V_{m,A}^{*,L}$变化不大，或可取一平均值，则上式可写为：

$$\ln(f_A^{*,L})_{T,p}=\ln(f_A^{*,L})_{T,p^s}+\frac{V_{m,A}^{*,L}}{RT}(p-p^s) \tag{5-18}$$

上式中右边第一项是温度 T 及该温度饱和蒸气压下纯气体的逸度，第二项是在温度 T 下，压力对逸度影响的校正项。从这里也可以看到在温度 T、压力下纯液体的逸度并不等于其在该温度下的饱和蒸气压。后者只是温度的函数，而逸度是温度与压力的函数，这也说明了逸度与压力是不同的两个概念。

从式（5-11）～式（5-13）和式（5-14a）～式（5-15）可以看出，当气液平衡系统是完全理想体系时，该系统的平衡组成可直接从各组分的一些基本性质，例如不同温度下的液体的蒸气压数据，以及液体中组分 A 的摩尔体积等数据来求得。有时也可应用上述关系式对实验数据进行一些校核。但对非理想体系来说，其平衡组成就没有上述关系，而必须结合实验数据来求。

从上面所讨论的完全理性体系和理想体系的两种气液平衡系统还可看出，当液相为理想溶液时，其中各组分呈纯态时的逸度是由与其成平衡的气相混合物的性质所决定的　（问题的关键是在计算逸度时所采用的压力）。如气相为理想气体混合物，则纯液体的逸度即为其在系统温度下的饱和蒸气压，也就是说计算其逸度时所采用的压力即为其饱和蒸气压，而且二者相等，这是因为理想气体的分子间无作用力，因此系统的总压对液体呈纯态时的逸度无影响。如果气相为非理想气体构成的理想混合物，液相各组分呈纯液态时的逸度的计算，则需根据系统的压力（常称为总压）来算。在通过式（5-18）具体计算时，通常是先算出其在饱和蒸气压下的逸度，再加以压力的校正。

【例 5-3】与液体处于相平衡的混合气体组成为：$CH_4$55%，$C_2H_4$15%，$C_2H_6$12%（体积分数），其余为 C_3、C_4 等气体，当系统的压力为 1.37MPa（13.52atm），温度为 0℃时，试求其液相组成中 CH_4、C_2H_4 与 C_2H_6 的含量。

解：由于不同碳氢气体分子间结构和性质均比较相似，所以由它们组成的气态和液态混合物，均可近似视为理想混合物，因此，此题可近似为理想体系的两相平衡问题，可用式（5-14a）和式（5-14b）求解，即

$$f_i^{*,\mathrm{L}} x_i = f_i^{*,\mathrm{G}} y_i$$

x_i 是液相中组分 i 的浓度，亦即为此题所求之 $x(CH_4)$、$x(C_2H_4)$与 $x(C_2H_6)$，为此需先求出上式中其他各项的数值。

（1）求 $f_i^{*,\mathrm{G}}$

	CH_4	C_2H_4	C_2H_6
查得临界状态参数为：p_c/MPa	4.64	5.16	4.94
T_c/K	191.2	282.9	305.3

查逸度系数（见附录二和三），求对比状态：

$$CH_4:\quad p_r=\frac{1.37}{4.64}=0.295\text{，}\quad T_r=\frac{273.2}{191.2}=1.43\text{，查得}\ \gamma_{CH_4}=0.97$$

$$C_2H_4:\quad p_r=\frac{1.37}{5.16}=0.266\text{，}\quad T_r=\frac{273.2}{282.9}=0.966\text{，查得}\ \gamma_{C_2H_4}=0.89$$

$$C_2H_6:\quad p_r=\frac{1.37}{4.94}=0.277\text{，}\quad T_r=\frac{273.2}{305.2}=0.895\text{，查得}\ \gamma_{C_2H_6}=0.86$$

计算得：

$$f_{CH_4}^{*,\mathrm{G}}=1.37\times0.97=1.33(\mathrm{MPa})$$

$$f_{C_2H_4}^{*,\mathrm{G}}=1.37\times0.89=1.22(\mathrm{MPa})$$

$$f_{C_2H_4}^{*,\mathrm{G}}=1.37\times0.86=1.18(\mathrm{MPa})$$

（2）求 $f_i^{*,\mathrm{L}}$

（a）查各纯组分在 0℃时的饱和蒸汽压为：

$$p_{C_2H_4}^{s}=4.15\mathrm{MPa}\text{，}\quad p_{C_2H_6}^{s}=2.40\mathrm{MPa}$$

对于 CH_4，0℃已大于其临界温度，所以需进行估算：查得 1.37MPa（13.52 大气压）时，沸点为 156K，汽化潜热 $\Delta H_{\mathrm{L}}^{\mathrm{G}}=6.6944\mathrm{kJ/mol}$。利用克拉佩龙-克劳休斯方程来近似求其在 273.2K 时的假想的饱和蒸汽压如下：

$$\ln\frac{p_2}{p_1}=\frac{\Delta H_{\mathrm{L}}^{\mathrm{G}}}{R}\left(\frac{1}{T_1}-\frac{1}{T_2}\right)$$

将已知条件代入后得：

$$\ln\frac{p_2}{1.37}=\frac{6694.4}{8.314}\times\left(\frac{1}{156}-\frac{1}{273.2}\right)=2.21429$$

$$p_2=12.523\text{MPa}$$

亦即

$$p_{CH_4}^{s}=12.523\text{MPa}$$

（b）各纯组分在0℃时饱和蒸汽的逸度（即饱和液体的逸度）计算如下：

求对比状态，查逸度系数：

CH_4：$p_r=\dfrac{12.523}{4.641}=2.698$，　$T_r=1.43$，　查得$\gamma_{CH_4}=0.78$

C_2H_4：$p_r=\dfrac{4154325}{5137177.5}=0.809$，$T_r=0.96$，　查得$\gamma_{C_2H_4}=0.68$

C_2H_6：$p_r=\dfrac{2401402.5}{4944660}=0.486$，$T_r=\dfrac{273.2}{305.2}=0.894$，查得$\gamma_{C_2H_6}=0.76$

计算得：

$$\left(f_{CH_4}^{*,L}\right)_{T,p^s}=12.523\times10^3\text{kPa}\times0.78=9.768\times10^6(\text{Pa})$$

$$\left(f_{C_2H_4}^{*,L}\right)_{T,p^s}=4154325\text{Pa}\times0.68=2.825\times10^6(\text{Pa})$$

$$\left(f_{C_2H_6}^{*,L}\right)_{T,p^s}=2401402.5\text{Pa}\times0.76=1.825\times10^6(\text{Pa})$$

（c）按式（5-18）求$f_i^{*,L}$，即：

$$\ln\left(f_i^{*,L}\right)_{T,p}=\ln\left(f_i^{*,L}\right)_{T,p^s}+\frac{V_{m,A}^{*,L}}{RT}\left(p-p^s\right)$$

查手册得，在p^s、T时各纯组分之液体比容$V_{m,B}^{*,L}$为：

$$V_{m,CH_4}^{*,L}=4.8\times10^{-5}\text{m}^3/\text{mol}$$

$$V_{m,C_2H_4}^{*,L}=8.4\times10^{-5}\text{m}^3/\text{mol}$$

$$V_{m,C_2H_6}^{*,L}=9.0\times10^{-5}\text{m}^3/\text{mol}$$

根据$V_{m,B}^{*,L}$及前面算得的p^s可得在0℃、1.37MPa（13.52大气压）时各纯组分呈液态时的逸度为：

$$\begin{aligned}\ln(f_{CH_4}^{*,L})_{T,p}&=\ln(f_{A,CH_4}^{*,L})_{T,p^s}+\frac{V_{m,A}^{*,L}}{RT}(p-p^s)\\&=\ln(9.768\times10^6)+\frac{4.8\times10^{-5}}{8.314\times273.2}\times(1.37-9.768)\times10^6\\&=15.9175\end{aligned}$$

$$(f_{CH_4}^{*,L})_{T,p}=8.1824\times10^6\text{Pa}$$

$$\begin{aligned}\ln(f_{C_2H_4}^{*,L})_{T,p}&=\ln(f_{A,C_2H_4}^{*,L})_{T,p^s}+\frac{V_{m,A}^{*,L}}{RT}(p-p^s)\\&=\ln(2.825\times10^6)+\frac{8.4\times10^{-5}}{8.314\times273.2}\times(1.37-2.825)\times10^6\\&=14.80\end{aligned}$$

$$(f_{C_2H_4}^{*,L})_{T,p}=2.676\times10^6\text{Pa}$$

$$\begin{aligned}\ln(f_{C_2H_6}^{*,L})_{T,p}&=\ln(f_{A,C_2H_6}^{*,L})_{T,p^s}+\frac{V_{m,A}^{*,L}}{RT}(p-p^s)\\&=\ln(1.825\times10^6)+\frac{9.0\times10^{-5}}{8.314\times273.2}\times(1.37-1.825)\times10^6\\&=14.40\end{aligned}$$

$$(f_{C_2H_6}^{*,L})_{T,p}=1.794\times10^6\text{Pa}$$

（3）求 T、p 时的 x_i

由式（5-14a）$f_A^L=f_A^G$　即 $f_A^{*,L}x_A=f_A^{*,G}y_A$，得

$$x_{CH_4}=\frac{f_{CH_4}^{*,G}}{\left(f_{CH_4}^{*,L}\right)}\times y_{CH_4}=\frac{1326.85\text{kPa}}{8182.4\text{kPa}}\times0.55=0.0892$$

$$x_{C_2H_4}=\frac{f_{C_2H_4}^{*,G}}{\left(f_{C_2H_4}^{*,L}\right)}\times y_{C_2H_4}=\frac{1217.42\text{kPa}}{2676\text{kPa}}\times0.15=0.0682$$

$$x_{C_2H_6}=\frac{f_{C_2H_6}^{*,G}}{\left(f_{C_2H_6}^{*,L}\right)}\times y_{C_2H_6}=\frac{1176.38\text{kPa}}{1794\text{kPa}}\times0.12=0.0787$$

即（以摩尔计）液相中含 CH_4 8.92%，C_2H_4 6.82%，C_2H_6 7.87%，其他则为 C_3、C_4 等组分，若欲知 C_3、C_4 等的各个含量则需用物料衡算与相平衡关系联立求解。

5.2.4　非理想系统的平衡组成关系

当平衡的气液二相中的任一相为非理想溶液（或混合物）时，则这一系统即是非理想系统，这时气液二相的平衡组成需从实验求得。例如冷凝温度较低的气体溶解在液体中时，即系统的温度高于该系统中某一组分的临界温度时，其平衡组成或溶解度就需从实验求得。这时多半是液相是非理想溶液，气相是一理想气体的混合物。在无机物工业生产中经常碰到的是气体溶质溶解在液体溶剂的过程，因此，这里就着重地讨论这样一种情况。这时溶液中的溶剂在系统当时的温度、压力下，多半是以稳定的液体存在的，而气体溶质则是以气体存在。气体溶质在液体溶剂中的溶解度与其逸度（或压力）的关系，必须从实验数据得到。不过，如果能够根据少数的实验数据，然后利用一些基本的热力学关系，以求得在其他条件下的溶解度，这在实际应用中是非常有用的。至于其基本关系式则仍为式（5-10），不过为了便于讨论，可用组分 A 表示溶剂，B 表示溶质。

求得气体溶质在溶剂中的溶解度，其关键问题是求得溶质 B 在液相中的含量。因此式（5-10）可写为：

$$\ln\frac{f_B^L}{f_B^{*,L}x_B}=\frac{1}{RT}\int_0^p(V_{m,B}^L-V_{m,B}^{*,L})\mathrm{d}p \tag{5-19}$$

溶解度数据也就是气液平衡数据，所以这里的 f_B^L 就等于 f_B^G。f_B^G 可以根据气体溶液的性质及其组成来求出。在一般情况下，例如气相为理想溶液时，f_B^G 是很容易求得的。既然 f_B^G（亦即 f_B^L）可以预先求得，这样从式（5-19）就可得到随着组分 B 在气相中含量变化时气体溶质在液体中的溶解度数据。不过在很多情况下由于气体溶质在系统的温度、压力下是不能以稳定的液态存在的，因此 f_B^L、$V_{m,B}^L$ 和 $V_{m,B}^{*,L}$ 均很难求得。为此可将 $f_B^{*,L}$ 项移至上式右边，并与其他各项合并，令其为 $\ln K$，得

$$\ln\frac{f_B^L}{x_B}=\ln f_B^{*,L}+\frac{1}{RT}\int_0^p(V_{m,B}^L-V_{m,B}^{*,L})\mathrm{d}p=\ln K \tag{5-20}$$

或

$$f_B^L=Kx_B \tag{5-21}$$

这里的 K 值通常从实验求得，然后再根据 f_B^L（亦即 f_B^G）与组分 B 在气相中的含量 y_B 的关系，求得 x_B。这亦即为非理想系统的气液平衡组成关系式之一。

式（5-21）也是所谓的亨利定律的普遍的形式，K 即为其相应的亨利常数。不过这里的 K

是有关系统温度、压力和组成的函数。为了便于应用亨利常数来解决一般情况下的气体在液体中的溶解度问题，可以将式（5-20）中的K分解为两部分，一部分即为一般的亨利常数，另一部分包括随压力、温度与组成而改变的函数关系。

当液体溶液的浓度无限稀释时，而且与其成平衡的气相是理想气体的混合物，这样p就趋近于p_A^s，f_B^L也就等于溶质B在气相中的分压p_B，式（5-20）和式（5-21）分别为

$$\ln\frac{p_B}{x_B}=\ln K(T,p_A^s) \tag{5-22}$$

或

$$p_B=K(T,p_A^s)x_B \tag{5-23}$$

式（5-23）就是一般所常用的亨利定律。由此可见，式（5-23）只适用于无限稀气液平衡系统（其液相为无限稀释溶液，气相为理想气体混合物的情况）求气体在液体中的溶解度。这时的液相对气体的溶质来说是一非理想溶液，但溶质的平衡分压与溶液中溶质摩尔分数的关系服从式（5-23）。对液体溶剂来说，系统是一理想溶液，而且服从拉乌尔定律，亦即其在液相中的含量可以通过饱和蒸气压数据来求。从这里也可以看出，液相溶液的性质在不同情况下，针对不同组分而有所不同。因此一般说稀溶液是理想溶液，它只是针对溶剂而言的。实际生产中当液相浓度不高，系统压力不大时，压力的校正项可忽略，则气体在液体中的溶解度关系就可以利用一般所谓的亨利定律，即式（5-23）来计算。但当液相浓度比较高、压力比较大时，则必须考虑压力的校正。其具体推导如下：

当式（4-30）应用于液态的纯溶质时，将式（4-30）从低压$p^\ominus$积分到任一压力p时，由于在低压下逸度可用压力来表示，这样即得

$$RT\mathrm{d}\ln f_B^*=V_{m,B}^*\mathrm{d}p$$

$$\int_{p^\ominus}^{p}RT\mathrm{d}\ln f_B^*=\int_{p^\ominus}^{p}V_{m,B}^*\mathrm{d}p$$

$$\ln f_B^*=\ln p^\ominus+\int_{p^\ominus}^{p}\frac{V_{m,B}^*}{RT}\mathrm{d}p$$

$$\ln f_B^*=\ln p^\ominus+\int_{0}^{p}\frac{V_{m,B}^*}{RT}\mathrm{d}p-\int_{0}^{p^\ominus}\frac{V_{m,B}^*}{RT}\mathrm{d}p \tag{5-24}$$

将式（5-24）代入式（5-20），得

$$\ln K=\ln p^\ominus+\int_{0}^{p}\frac{V_{m,B}}{RT}\mathrm{d}p-\int_{0}^{p^\ominus}\frac{V_{m,B}^*}{RT}\mathrm{d}p$$

$$\ln K=\ln p^\ominus+\int_{p^\ominus}^{p}\frac{V_{m,B}}{RT}\mathrm{d}p+\int_{0}^{p^\ominus}\frac{V_{m,B}-V_{m,B}^*}{RT}\mathrm{d}p$$

当溶质平衡分压较低时，有$V_{m,B}\approx V_{m,B}^*$，此时

$$\ln K=\ln p^\ominus+\int_{p^\ominus}^{p}\frac{V_{m,B}}{RT}\mathrm{d}p \tag{5-25}$$

式（5-25）为表示K随温度、压力和组成而改变的另一关系式。对压力微分后还可得

$$\left(\frac{\partial\ln K}{\partial p}\right)_{T,x}=\frac{V_{m,B}}{RT} \tag{5-26}$$

为将K分解为两部分，可将式（5-26）再在一定温度下积分。但其积分下限取为在该温度下溶剂A的饱和蒸气压p_A^s，其上限为任何压力p。这样式（5-26）成为

$$\ln K(T,p)=\ln K\left(T,p_{\mathrm{A}}^{\mathrm{s}}\right)+\int_{p^{\mathrm{s}}}^{p}\frac{V_{\mathrm{m,B}}}{RT}\mathrm{d}p \tag{5-27}$$

这里$K\left(T,p_{\mathrm{A}}^{\mathrm{s}}\right)$只是温度$T$的函数，与系统的组成与压力无关。因为压力已经规定为$p_{\mathrm{A}}^{\mathrm{s}}$。而$p_{\mathrm{A}}^{\mathrm{s}}$只是温度的函数，同时当系统的总压为$p_{\mathrm{A}}^{\mathrm{s}}$时，在气相中就可以认为都是溶剂A的饱和蒸汽，溶质B的含量就非常小。这时的液相溶液也就是无限稀释溶液，而与溶质B的组成无关。因而这里的$K\left(T,p_{\mathrm{A}}^{\mathrm{s}}\right)$即为一般的亨利常数。

根据$\ln(f_{\mathrm{B}}^{\mathrm{L}}/x_{\mathrm{B}})=\ln K$，式（5-27）可写成下式

$$\ln\frac{f_{\mathrm{B}}^{\mathrm{L}}}{x_{\mathrm{B}}}=\ln K\left(T,p_{\mathrm{A}}^{\mathrm{s}}\right)+\int_{p_{\mathrm{A}}^{\mathrm{s}}}^{p}\frac{V_{\mathrm{m,B}}}{RT}\mathrm{d}p \tag{5-28}$$

式（5-28）亦称为克利切夫斯基-卡查诺夫斯基方程式，是计算气体溶质在液体溶剂中溶解度的基本关系式。但在具体应用时，还可做一些简化。因为在一般情况下，可假设$V_{\mathrm{m,B}}$不随压力而改变，式（5-28）可改写为

$$\ln\frac{f_{\mathrm{B}}^{\mathrm{L}}}{x_{\mathrm{B}}}=\ln K\left(T,p_{\mathrm{A}}^{\mathrm{s}}\right)+\frac{V_{\mathrm{m,B}}}{RT}\left(p-p_{\mathrm{A}}^{\mathrm{s}}\right) \tag{5-29}$$

从式（5-29）可见，在温度T一定时，$\ln\dfrac{f_{\mathrm{B}}^{\mathrm{L}}}{x_{\mathrm{B}}}$与压力$p-p_{\mathrm{A}}^{\mathrm{s}}$为直线关系，$V_{\mathrm{m,B}}/(RT)$为其斜率，$K(T,p_{\mathrm{A}}^{\mathrm{s}})$为其截距。而且只要有两个不同压力下的溶解度的实验数据，即可求出$K(T,p_{\mathrm{A}}^{\mathrm{s}})$及$V_{\mathrm{m,B}}$值。不过，由此所算出的$K(T,p_{\mathrm{A}}^{\mathrm{s}})$与$V_{\mathrm{m,B}}$值，常常与根据其定义所单独测出者不同。这是因为在应用式（5-27）时已经做了一些假设和简化，因而由此测得的$K(T,p_{\mathrm{A}}^{\mathrm{s}})$与$V_{\mathrm{m,B}}$值就成为在该实验范围内的特定常数，式（5-27）也就成为半经验计算公式。尽管如此，由此所算得的溶解度数据还是比较准确的，因为它考虑了压力和组成的影响，即考虑了溶液的非理想性。

比较式（5-22）或式（5-23）和式（5-28）可以了解系统压力对溶质B在溶剂A中溶解度的影响。由于$K(T,p_{\mathrm{A}}^{\mathrm{s}})$只是温度的函数，与系统的压力无关，因此当溶质B在气相中的含量（例如摩尔分数）未变，而气相的压力（即系统的压力）提高了，溶质B在溶剂A中的溶解度就正比例地上升。而从式（5-29）可知，等式右边的系数（或简称逸度系数），$\ln K(T,p_{\mathrm{A}}^{\mathrm{s}})+\dfrac{V_{\mathrm{m,B}}}{RT}(p-p^{\mathrm{s}})$不仅是温度的函数，亦随系统的压力和液相的组成而变。在一般情况下，$V_{\mathrm{m,B}}$为一正值，这样随着系统压力的提高，逸度系数亦增大。因此溶质B在气相中的分逸度（在系统的压力比较低时，也称分压）与其在溶剂A中的溶解度之比就不是一常数，这是因为随着系统压力和溶质B在气相中分压的提高，溶质B在溶剂A中的溶解度并非正比例地提高，而是比较缓慢地提高，因为其逸散系数在逐渐增大。逸散系数的增大说明溶质B与溶剂A之间的相互排斥力增大，因而使溶质B不易溶解。

【例5-4】当温度为90℃与140℃时，CO在甲醇（CH_3OH）中的溶解度随压力而改变的数据如表5-1所示。

表5-1　不同温度和压力下CO在甲醇中的溶解度

90℃: p/kPa	5066.25	10132.5	15198.75	20265	25331.25	30397.5
溶解度/(mL CO/g 甲醇)	15.9	28.5	38.9	48.2	55.8	62.1
140℃: p/kPa	8713.95	9119.25	14692.125	29485.575		
溶解度/(mL CO/g 甲醇)	27.8	29.4	45.8	70.1		

甲醇的饱和蒸气压为：

$$90℃：p_{CH_3OH}^{s}=253.3125\text{kPa}$$

$$140℃：p_{CH_3OH}^{s}=1077.0848\text{kPa}$$

在140℃不同压力下，气相中甲醇的浓度为：

p/kPa	8713.95	9119.25	14692.125	29485.575
y_{CH_3OH}	0.113	0.107	0.075	0.037

试求CO在甲醇中溶解度随压力而改变的关联式。

解：气体在液体中的溶解，都是属于非理想体系的相平衡问题，系统所处的压力越高，则其非理想性也越明显，本题即属于此种情况。求解这类问题的基本关系式是式（5-28）：

$$\ln\frac{f_B^L}{x_B}=\ln K\left(T,p_A^s\right)+\int_{p_A^s}^{p}\frac{V_{m,B}}{RT}\mathrm{d}p$$

或近似写为式（5-29）：

$$\ln\frac{f_B^L}{x_B}=\ln K\left(T,p_A^s\right)+\frac{V_{m,B}}{RT}\left(p-p_A^s\right)$$

本题属于已知一些溶解度数据，要求将它整理成关联式，以便能更方便地用它来求逸度与溶解度关系。当然，它只适用在上述数据所在的温度、压力范围。

① 已知的数据是系统的总压（也就是气相的总压）和液相中CO的浓度，今以x_{CO}表示液相中CO的浓度。现在需首先弄清气相组成如何，在90℃时，甲醇的蒸汽压与系统总压（50～300atm）相比，可忽略不计，所以气相可近似视为是纯CO气体。在140℃时，已知气相中之y_{CH_3OH}，则$1-y_{CH_3OH}$即为y_{CO}，所以y_{CO}也是已知数。

为简化起见，可近似假设140℃时CO与CH_3OH组成的气相是理想溶液，其分逸度与组成的关系符合逸度规则。

$$f_i^G=f_i^{*,G}y_i$$

② 求纯CO的逸度$f_{CO}^{*,G}$与其在气相中的分逸度f_{CO}^{G}

CO的临界参数：p_C=3505.845 kPa，T_c=134.5 K

计算对比状态，查普遍化逸度系数图得γ，然后计算$f_{CO}^{*,G}$与f_{CO}^{G}，计算结果见表5-2和表5-3。

$$90℃时，T_r=\frac{363.2}{134.5}=2.7，p_r=\frac{p}{p_C}=\frac{p}{3505.845}$$

表5-2　90℃时的计算结果

p_{CO}/kPa	5066.25	10132.5	15198.75	20265	25331.25	30397.5
p_r	1.446	2.89	4.34	5.78	7.23	8.17
γ	1.02	1.04	1.05	1.08	1.10	1.11
$f_{CO}^{*,G}=\gamma p$	51	104	157	216	275	333
$f_{CO}^{G}=f_{CO}^{*,G}$	51	104	157	216	275	333

$$140℃时，T_r=\frac{413.2}{134.5}=3.07，p_r=\frac{p}{p_C}=\frac{p}{3505.845}$$

表 5-3　140℃时的计算结果

p_{CO}/kPa	8713.95	9119.25	14692.125	29485.575
p_r	2.49	2.60	4.19	8.41
γ	1.04	1.05	1.10	1.16
$f_{CO}^{*,G}=\gamma p$	9062.51	9575.21	16161.34	34203.27
$y_{CO}=1-y_{CH_3OH}$	0.887	0.893	0.925	0.963
$f_{CO}^{G}=f_{CO}^{*,G}\times y_{CO}$	8083.45	8550.66	14949.24	32937.75

③ 求 f_{CO}^{L}：当气液两相达到平衡时，$f_{CO}^{L}=f_{CO}^{G}$，所以上表中求得的 f_{CO}^{G} 即为 f_{CO}^{L}。

④ 求液相中 CO 的含量 x_{CO}（用摩尔分数表示）

1g CH_3OH = 1/32mol CH_3OH，1mL CO = 1/(22.4×1000)mol CO(标准状态下)

(1mL CO/1g CH_3OH)所对应之 x_{CO} 为

$$\frac{\dfrac{1}{22.4\times1000}}{\dfrac{1}{32}+\dfrac{1}{22.4\times1000}}=\frac{4.47\times10^{-5}}{3.13\times10^{-2}+4.47\times10^{-5}}=\frac{4.47}{3135}=1.4258\times10^{-3}$$

以此系数乘以溶解度数据所得结果见表 5-4。

表 5-4　x_{CO} 的计算结果

90℃	p/kPa	5066.25	10132.5	15198.75	20265	25331.25	30397.5
	$x_{CO}/10^{-2}$	2.27	4.06	5.55	6.87	7.96	8.86
140℃	p/kPa	8713.95	9119.25	14692.125	29485.575		
	$x_{CO}/10^{-2}$	3.96	4.19	6.54	10.0		

⑤ 以 $\ln\dfrac{f_B^L}{x_B}=\ln\dfrac{f_B^G}{x_B}$ 对 $\left(p-p^s\right)$ 作图如图 5-1 所示，分别将 90℃与 140℃的两组数据连成直线，直线的斜率和直线在纵坐标轴上的截距即为与方程 $\ln\dfrac{f_B^L}{x_B}=\ln K\left(T,p_A^s\right)+\dfrac{V_{m,B}}{RT}\left(p-p_A^s\right)$ 相对应之 $\dfrac{V_{m,B}}{RT}$ 和 $\ln K\left(T,p_A^s\right)$ 值，经换算得：

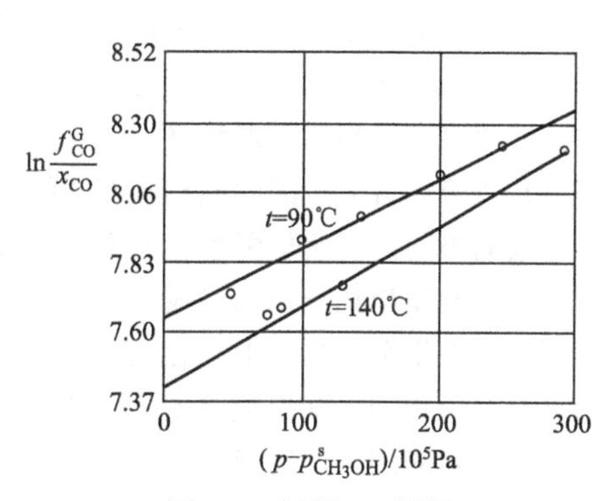

图 5-1　例题 5-4 附图

90℃　$V_{m,B}$=66.3×10^{-5}Pa　$\ln K=7.65$　$K=2100.65$

140℃　$V_{m,B}$=85.6×10^{-5}Pa　$\ln K=7.422$　$K=1672.37$

所以，表示 CO 在甲醇中的溶解度关系的关联式是：

90℃时：

$$\ln\frac{f_B^G}{x_B}=\ln\frac{f_{CO}^{*,G}y_{CO}}{x_{CO}}=7.65+2.196\times10^{-2}\left(p-p_{CH_3OH}^{s}\right)$$

140℃时：

$$\ln\frac{f_B^G}{x_B}=\ln\frac{f_{CO}^{*,G}y_{CO}}{x_{CO}}=7.422+2.492\times10^{-2}\left(p-p_{CH_3OH}^{s}\right)$$

5.3 二组分平衡系统的焓浓图及其应用

5.3.1 二组分平衡系统的焓浓图

气液相平衡关系除一般可用方程式表示外，也常用图表示，尤其是当气液相溶液（或混合物）均为真实溶液（或混合物）时，用图表示平衡关系就更为方便。用图表示方法很多，例如，*T-x*、*p-x* 相图在化工生产的分离、精馏过程中很直观且方便实用。在相平衡过程中，除了气液相间的物质传递外，常常伴随有系统与环境的热量交换（一般是无轴功的交换），根据敞开系统的能量交换关系式，系统与环境的热量交换即为其焓值的变化。因此在实际应用中常常以多组分系统的焓变与其组成变化的关系画图，得所谓的焓浓（*H-x*）图，如图 5-2 所示。利用 *H-x* 图可以很方便地同时解决化工生产的物料与热量平衡的问题以及理论分离级数等一些实际问题。

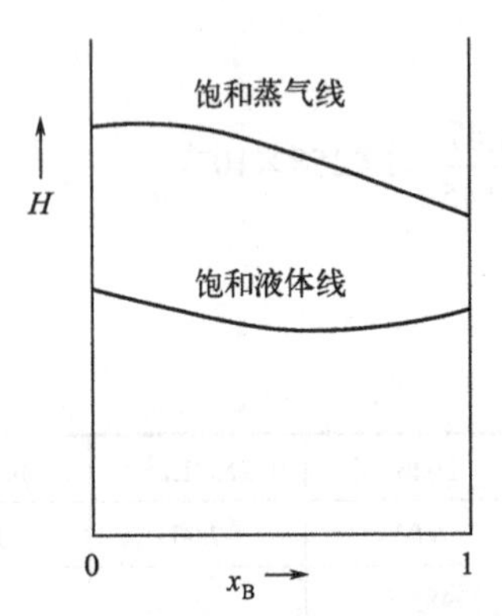

图 5-2　二组分相平衡系统气、液相 *H-x* 曲线

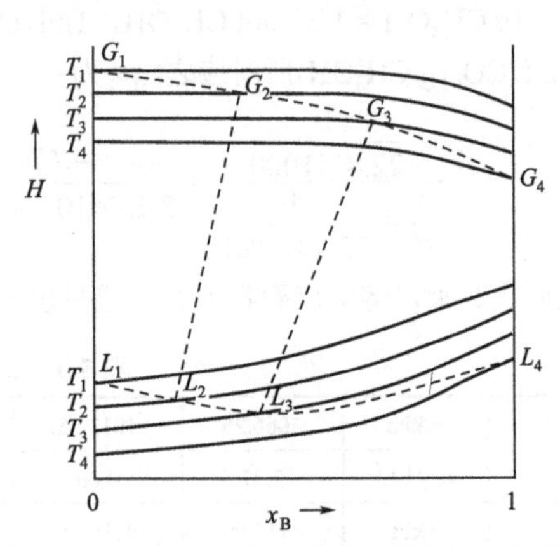

图 5-3　二组分相平衡系统焓浓图中气、液相等温线

二组分平衡系统的焓浓图，可用一系列饱和蒸汽和饱和液体的等温线或等压线来表示。其绘制方法如第四章中讨论的那样，根据不同组成溶液的饱和蒸汽和饱和液体溶液的热效应数据进行绘制。如图 5-3 所示的不同温度 T_1、T_2、T_3、T_4 下一系列的气液平衡等温线。温度高，焓值大，故温度最高的等温线 T_1 在最上面，温度最低的 T_4 在最下面。在同一温度下，蒸气的焓值总是较液体者大，因此饱和蒸汽曲线在上面，饱和液体曲线在下面。当温度一定时，随着溶液组成的不同，气液平衡系统的饱和蒸气压也不同，因此在其等温线上的每一点的压力都是不同的。当温度和某一相的组成一定时，则气液平衡系统的压力也有定值。这一结论也可以从相律得到，二组分、二相其自由度为二，今温度和某一相的组成一定，其他各种参数值如压力、焓以及另一相的平衡组成等均为定值。

在实际应用中，气液平衡系统的焓浓图多采用等压线。因为很多气液相之间的物质传递过程，例如蒸发、吸收、蒸馏等都是在等压下进行的。因此下面就着重讨论在等压下的焓浓图。等压下焓浓图的等压线可以很方便地从等温线得来。首先规定气液平衡系统的压力 p，然后从手册中查到压力 p 下纯组分 A 及 B 的沸点（即凝聚）温度 T_1 及 T_4，这里的温度 $T_1>T_4$。它表示纯组分 A 比 B 难以挥发。有了饱和温度，再根据焓浓图上原有的等温线就可确定纯组分 A 及 B 在焓浓图上的状态点 G_1、L_1、G_4、L_4，如图 5-3 所示。在压力 p 下，所有其他不同组成的气液平衡（对拉乌尔定律发生一般正或负偏差）系统的沸腾温度通常情况下常常是在温度范围 T_1 与 T_4 之间。因此，为求得不同组成时系统的状态点，这时就可在 T_1 与 T_4 之间选择温度 T_2。当压力 p 和温度 T_2 一定时，就可从手册中查得气液相的平衡组成点 G_2 及 L_2。同理，再选择 T_3，

又可得 G_3、L_3。连接 G_1、G_2、G_3、G_4 和 L_1、L_2、L_3、L_4 即得此气液平衡系统的等压线，如图 5-3 中的虚线所示。

在图 5-3 中，G_2、L_2 之间的连线称为气液二相的平衡连接线。G_2 和 L_2 二点的压力和温度都是相等的。其他如 V_3、L_3 之间的连线亦为平衡连接线。由于组分 B 较组分 A 易于挥发，气相中含有易挥发的组分 B 较液相中为多，因此这些平衡连接线都向右偏斜。

在饱和蒸汽曲线上面的区域是过热蒸汽区，在饱和液体曲线以下则为过冷液体区。由于在液体的液面上在不同温度下总有一定的蒸气压，也即总有一气相存在，按相律，二相二组分系统只有二个自由度。当温度和液相组成一定时，其液面上的蒸气压有定值，不能任意改变，这个蒸气压不等于这里所谓的等压线的压力 p，而是较 p 小。相反地，在过热蒸汽区内的蒸汽压力可以较 p 高，亦可与其相等。因此当气液二相共存时的等压线的压力，实际上只是指呈饱和状态时的蒸气压。

在饱和蒸汽 H-x 曲线和饱和液体 H-x 曲线内的区域为气液二相共存区，亦称湿蒸气区。在此区域内，按相律只有二个自由度，现压力已定，则系统的温度与组成之间只能再规定一个。凡是物系点落在这一区域内的系统都会沿着平衡连接线，也即等温线自动地分离为平衡的气、液二相。但在此区域内气、液混合物的位置，则还需给一定条件才能确定。当气液混合物的组成一定时，其具体位置是由此混合物的焓值的大小或温度的高低来决定的。系统的焓（或温度）愈高，则混合物中气相的量愈大。因此，这时为确定其位置，除已知系统的压力及组成 x_m 外，还需知道焓 H_m（或温度 T_m）。如图 5-4 中的 m 点。通过 m 点画平衡连接线（该连接线的温度为 T_m）分别与饱和蒸汽和饱和液体曲线相交于 m′和 m″，m′和 m″分别是系统在达到气液平衡时的气相组成点和液相组成点。根据杠杆规则用 m″m 与 m′m 之比还可求得气液相的相对量。

通常确定空间位置需要三个条件，平面为二个条件，线上为一个条件，而点上则不能再规定。从上述讨论可知，在 H-x 图（即一般的相图）中平面上有两个变量[图 5-4 中为 x_B 和 H(或 T)]，为确定系统状态，即确定在 H-x 图（即一般的相图）中平面上的位置，还需要规定二个在浓焓图中能够任意变动的条件，而这里的压力在气液饱和线上已经不是可以任意改变的条件，因此不能用来确定系统的位置。只能通过确定 x_B 和 H(或 T)来确定系统的状态。

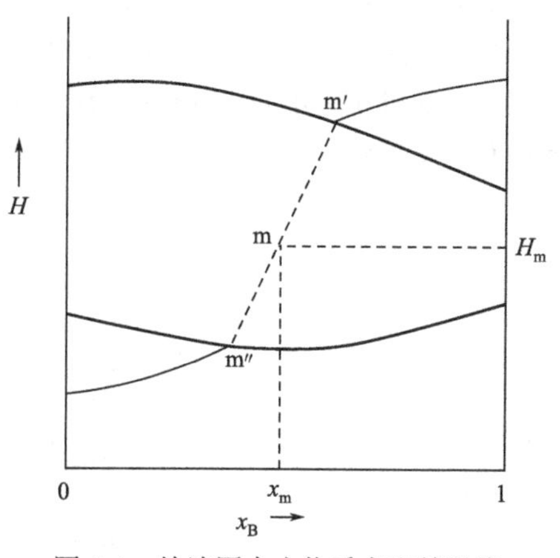

图 5-4　焓浓图中由物系点和等温线确定气、液相点位置的示意图

杠杆规则在 H-x 图中的应用并不限于在气液共存区内，在过热蒸气或过冷液体区内也适用。它不仅适用于气液混合物的分离，亦适用于其他物料的分离或混合。只要此混合与分离过程都是在绝热情况下进行的。因为根据敞开系统的能量关系，只有在绝热和无轴功交换的情况下，混合物的焓才等于组成此混合物的原始二股物料的焓之和。这时，表示此三股（原始的二股和混合后的一股，总共为三股）物料的组成点才在一直线上（这即为一般所谓的直线规则）。由此可进一步按杠杆规则求得各股物料之间的量的关系。

根据敞开系统的能量交换关系，焓浓图尤其适用于加热或冷却、蒸发或冷凝过程中系统与环境的热量交换和热效应的计算。再利用如图 5-5 所示之 B′与 B″二点之间的焓差即为纯组分 B 的汽化潜热。n′与 m″之间的焓差则为当组成为 x_m 的饱和液体全部汽化为饱和蒸汽时所需要

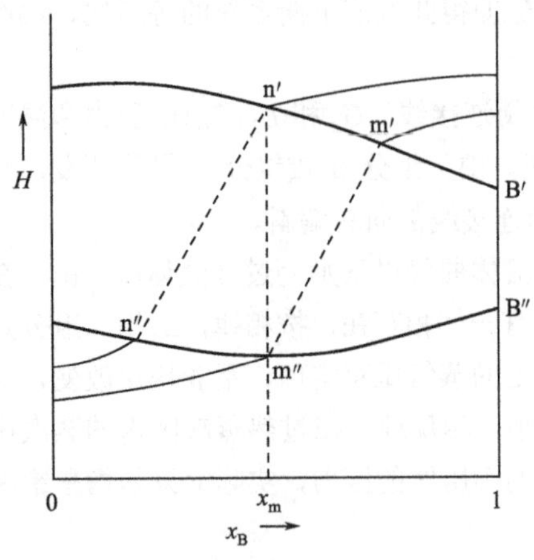

图 5-5 系统与环境热交换计算示意图

的热量，这即为其汽化潜热。在此汽化过程中，饱和蒸汽和饱和液体的组成都是在不断地改变，蒸气的组成从最初与液相组成为 m″成平衡的 m′逐渐沿着饱和蒸汽曲线向难挥发组分含量增加的方向移动，当液体全部汽化完毕，蒸气组成达到 n′。与此同时，液相组成沿着饱和液体曲线由 m″向着难挥发组分含量增加的方向移动，最后达到与气相 n′成平衡的 n″。至于在这个过程中物系点（即气液混合物）的位置，则由于在汽化过程中系统不断被加热，焓值不断增加，而其组成未变，因此就沿着 x_m 等组成线由 m″直线上移，最后全部汽化到达 n′。由此可见利用 H-x 图既可表示系统的变化过程，亦可表示系统与环境交换的热量。

5.3.2 焓浓图的应用

根据焓浓图的构成和性质，下面讨论几种焓浓图的具体应用。

5.3.2.1 焓浓图用于高压流体节流膨胀过程

利用焓浓图可求得高压流体在节流膨胀后的温度、气液相组成或气液相相对量等。如图 5-6 所示，当高压流体在状态 1（p_1,T_1,H_1）节流膨胀至状态 2（低压 p_2）时，由于系统与环境无轴功和热的交换，因此膨胀前后的焓不变，H_1=H_2。在这个过程中系统与环境亦无物质交换，因此膨胀前后系统的组成不变，x_1=x_2。膨胀前后的温度变化，是由于真实溶液各组分间有不同的作用力，而且压力不同，其作用力亦不同，因此系统的温度由 T_1 变至 T_2。这一温度 T_2 可很方便地从 H-x 图求得，如图 5-6 所示。例如原来系统为一饱和液体，其压力为 p_1（虚线）、组成为

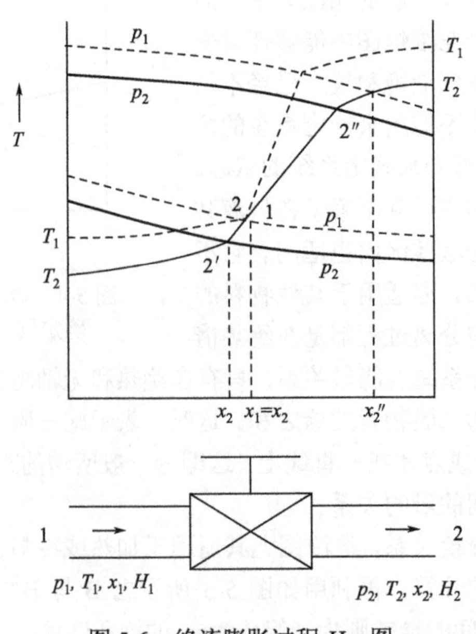

图 5-6 绝流膨胀过程 H-x 图

x_1，即状态点 1，这时其温度为 T_1。节流膨胀至状态 2（低压 p_2）后，由于其焓及组成均未变，因此其系统组成仍位于 1 点（即 1、2 二点重合在一起）。2 点对于低压（实线）系统来说，系统处于气液二相共存区中，其膨胀后的温度 T_2 即为通过 2 点连接低压 p_2 下饱和气相线和饱和液相线的平衡连接线 2′2″与等温线相交时所得的交点。现在系统的压力、组成、焓均已知，则其温度必为一定值，而且膨胀后的气液组成 2″及 2′亦为一定，气液间的相对量亦为一定。

5.3.2.2　焓浓图用于绝热条件下气体吸收过程

利用焓浓图也可求得在绝热情况下吸收气体后系统的温度与组成以及气液相对量等。为了便于讨论，可假设气体可全部被液体所吸收（用水吸收氨气就接近这一情况）。如被吸收的气体状态 1 处在过热状态，其温度为 T_1，浓度为 x_1，焓为 H_1。吸收液状态 2 处在过冷状态，其温度为 T_2，浓度为 x_2，焓为 H_2。从 H-x 图（图 5-7）可看到 $T_1>T_2$。当物料 1 和物料 2 进行绝热吸收（即绝热混合）时，所得到的混合物按直线规则必处在连接 1、2 二点的直线上。如最终混合物仍然为一液体，则其能以稳定状态存在的最高浓度的液体即为饱和液体。这即为直线 12 与饱和液体曲线的交点 m，其温度为 $T_m(T_2<T_m<T_1)$，浓度为 x_m，焓为 H_m。由杠杆规则可求得为了将气体 1 全部吸收所需要的吸收液 2 的量，二者相对量之比为线段 $\overline{m1}/\overline{m2}$，即液/气=$\overline{m1}/\overline{m2}$。这时所需的液量是很大的，这时因为在气体溶质被吸附的过程中，有大量的冷凝热放出，在绝热情况下，只有利用大量的过冷液体才能将这部分热带走。

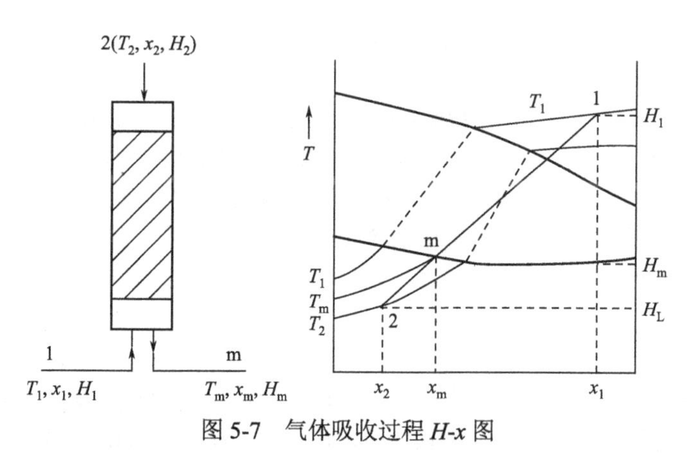

图 5-7　气体吸收过程 H-x 图

为了提高吸收效率，降低吸收液量，可以在吸收设备中加一冷却器，随时取走吸收过程中所放出的热，这样的吸收过程是在非绝热情况下来进行的。为了可以同样利用焓浓图来计算物料与热量变化关系，首先需将这一非绝热吸收过程变为绝热吸收过程，例如将冷却器安置在绝热吸收后所得混合物的出口，如图 5-8 所示。这样吸收过程就在绝热情况下进行，然后再经过冷却器而得最终产物。如最终的产物为温度为 T_m（一般可认为等于冷却水温 T_2）的饱和液体，则等温线 T_m（亦即等温线 T_2）与饱和液体曲线的交点 m 即为最终产物的状态点，其浓度为 x_m。实际上产物的状态点 m 亦可从在绝热吸收过程中所得的系统点 m′经冷却以后来得到。这里 m′点位于连接原始物料 1 和 2 的直线（即为绝热过程）与浓度为 x_m 直线的交点。这样 mm′的长度亦即表示了每得单位质量、温度为 T_m 的饱和液体在冷却器中所取走的热量。而线段 m′1 与 m′2 之比即为原始液体与气体量之比。这与在吸附时不加冷却的情况相比，其所需的吸收液量已大为减少，而所得的最终产物的浓度则提高很多。上述非绝热过程变换为绝热过程时可以将气体 1 或吸收液 2，预先加以冷却，然后再在绝热情况下进行吸收。例如将气体 1 预先冷却至

1′，再与 2 在绝热情况下混合而得 m。1′、m 及 2 三点也在一直线上。这样 11′即表示将每单位质量气体 1 从 T_1 冷却至 T_1' 时所取走的热量。根据能量平衡关系，这时所取走的热量换算到单位质量的产物时就正好等于 m′m。这里需要注意的是 m′m 与 11′的系统是不同的。即 H-x 图中的焓值都是以该组成下单位质量的系统为计算基准。利用焓浓图的这些基本性质，还可以很方便地用图解法解决蒸馏过程中的物料与热量平衡问题，以及理论分离级数和最小回流比等有关问题。关于这些问题，请参阅相关化工原理和化工热力学等书籍。

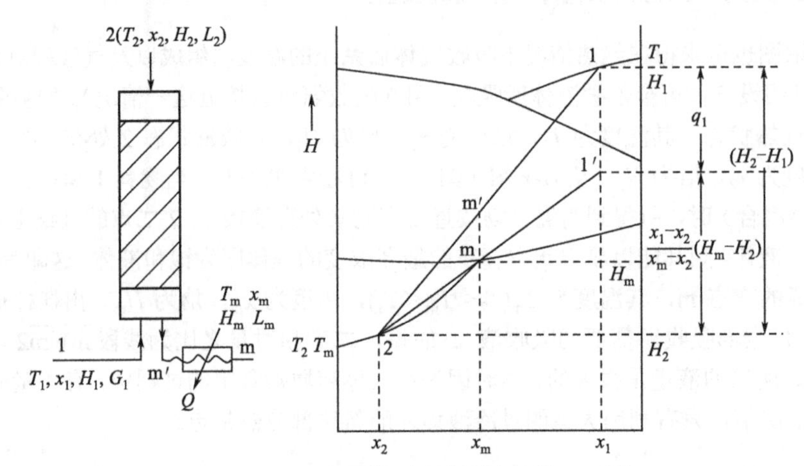

图 5-8　非绝热吸收过程热效应计算 H-x 图

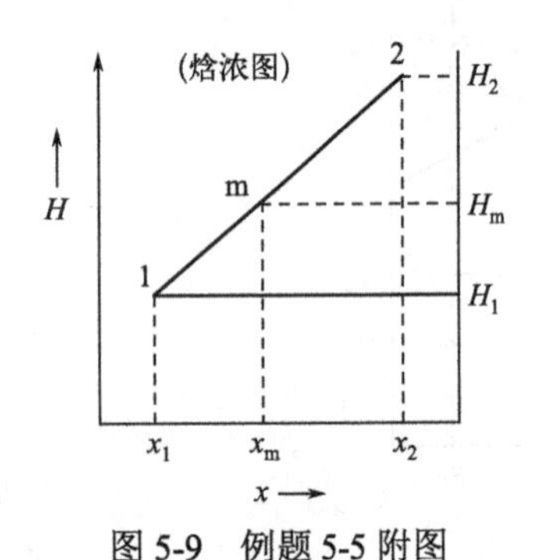

图 5-9　例题 5-5 附图

【例 5-5】试证明在焓浓图中可以应用直线规则与杠杆规则。

证：如图 5-9 所示，假设将组成为 1 的 n_1 摩尔与组成为 2 的 n_2 摩尔两种物料相混合，混合后组成为 m，数量为 n_m 摩尔，则可列出衡算式如下：

$$n_1 + n_2 = n_m \tag{1}$$

$$n_1x_1 + n_2x_2 = n_mx_m \tag{2}$$

$$n_1H_1 + n_2H_2 = n_mH_m \tag{3}$$

由式（1）、式（3）得：$n_1(H_1 - H_m) = n_2(H_m - H_2)$　（4）

由式（1）、式（2）得：$n_1(x_1 - x_m) = n_2(x_m - x_2)$　（5）

由式（4）、式（5）得：

$$\frac{H_2-H_m}{H_m-H_1} = \frac{x_2-x_m}{x_m-x_1} \tag{6}$$

式（6）即表示 1、2、m 三点在一直线上（直线规则）

由式（4）得：

$$\frac{H_m-H_1}{H_2-H_m} = \frac{n_2}{n_1} \text{ 或 } \frac{\overline{1m}}{\overline{2m}} = \frac{n_2}{n_1} \tag{7}$$

式（7）即为杠杆规则。

由上述式（6）、式（7）二式可知，直线规则与杠杆规则在焓浓图上是可以应用的。

参考文献

[1]　朱自强，吴有庭. 化工热力学[M]. 第 3 版. 北京：化学工业出版社，2010.

[2]　马沛生，李永红. 化工热力学[M]. 第 2 版. 北京：化学工业出版社，2009.

[3]　陈钟秀，顾飞燕，胡望明. 化工热力学[M]. 第 3 版. 北京：化学工业出版社，2012.

[4] 史密斯 J M, 范内司 HC, 阿博特 MM. 化工热力学导论[M]. 北京: 化学工业出版社, 2014.
[5] 刘洪来, 陆小华, 陈新志, 译. 化工热力学导论[M]. 北京: 化学工业出版社, 2008.
[6] 施云海, 等. 化工热力学[M]. 上海: 华东理工大学出版社, 2007.

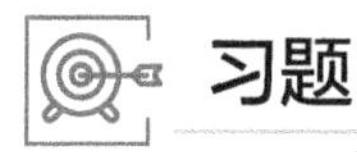

习题

5-1　在 80K 时有一 N_2-O_2 二组分系统，其液相组成为 $x(O_2)=0.4$，试求此平衡气液相的焓值，并将计算值与实验数据进行校核。[查图表得平衡气相中 $y(O_2)=0.155$；查 C.Д.别斯科夫著《化工计算》附录Ⅱ图表集得 80K 时饱和液体的焓值：$H_{N_2}^{L}=2.3665\text{kJ/mol}$，$H_{O_2}^{L}=2.7445\text{kJ/mol}$]

饱和蒸汽的焓值 $H_{N_2}^{G}=7.8258\text{kJ/mol}$，$H_{O_2}^{G}=10.0416\text{kJ/mol}$。查图表得 H_{M}^{L}、H_{M}^{G} 的实验数据为：$H_{M,实}^{G}=8.2146\text{kJ/mol}$，$H_{M,实}^{L}=2.5506\text{kJ/mol}$。

5-2　试求 75℃、总压为 40MPa 下 CO_2 在水中的溶解度 $x(CO_2)$。[查得 75℃、常压下 Henry 常数 $K(CO_2)=4043.2\text{atm}=409.57\text{MPa}$，$CO_2$ 在水中的偏摩尔体积 $V_{m,CO_2}=31.4\text{cm}^3/\text{mol}$，经计算得 75℃、总压为 40MPa 下纯 CO_2 的 $f_{CO_2}^{*}=16.0\text{MPa}$]。

第六章
多相过程

工业生产中以相际传质为特征的单元操作或多相过程应用甚广，常见的有：物质由气相转入液相的气-液（吸收、减湿）过程；物质由气相或液相转入固相的吸附和从固相转入气相的气-固干燥过程；不同物质在气液两相间的相互转移的液-液（蒸馏、萃取）过程；溶质由固相转入液相的浸取和从液相转入固相的结晶等液-固过程。

本章着重介绍结晶、化学吸收和浸取三个过程的基本原理。

6.1 蒸发与结晶

蒸发是重要的化工多相过程之一。蒸发操作是用加热的方法，在沸腾状态下，将溶液中的水分或其他挥发性的溶剂，部分汽化移除。因此蒸发过程实际上是将非挥发性的或难挥发性的溶质和挥发性的溶剂分离的过程。在化工、轻工、医药和食品等工业中，常常需要将含有固体溶质的溶液进行浓缩、结晶以获得固体产品、制取溶剂或回收溶剂等。因此，蒸发过程是一个热量传递过程，其传热速率是蒸发过程的控制因素，蒸发设备属于热交换设备。蒸发操作可在加压、常压、真空下进行。为了保持产品生产过程的系统压力（例如丙烷脱沥青），则蒸发需在加压状态下操作。对于热敏性物料（例如抗生素溶液、果汁等），为了保证产品质量，需在较低温度下蒸发浓缩，则采用真空操作以降低溶液的沸点。若利用低压或负压的蒸汽以及热水加热时，采用减压操作是有利的。因为在减压下加热介质与沸腾液体间的温度差比常压下的大，从而加速了热量传递过程。但由于沸点降低，溶液的黏度亦相应增大，而且减压需增加设备和动力。因此，一般无特殊要求的溶液，通常采用常压蒸发为宜。

在工业生产中，例如无机肥料和无机盐类的生产中，主要是从液体溶液中产生结晶的过程。

结晶过程是由液体或气体转变为固体的过程，因此它是一个相变的过程。不过它与气体转变为液体的过程有所不同，这里不仅包括相互间距离比较大的基本粒子（如离子、原子或分子等）聚集，而且还包括进一步使这些基本粒子按一定距离、一定几何形状、有规律地排列在一定的晶格中。这种有规律的排列就必然牵涉到基本粒子之间和气固或液固相界面之间的化学键的变化。因此，结晶过程又是一个多相的表面化学反应过程。

6.1.1 结晶与溶液的溶解度

为了能够从液体溶液中产生结晶，例如从海水中结晶出 NaCl（食盐生产），首先要求溶液中的 NaCl 浓度高于指定条件下的溶解度。这样才有足够量的 Na^+与 Cl^-相互碰撞，才有可能产生 NaCl 小结晶。然后又由于溶液中的 NaCl 浓度比饱和溶液的浓度高，也就是液固之间具有一定的浓度差和一定的推动力，这样溶液中的 NaCl 才能不断地转为固相，使小结晶长大为大结晶。这是物质传递过程的基本条件。

除要求溶液具有足够高的浓度外，还要求溶液中的 NaCl 具有足够大的能量，这样才有可能克服各个离子之间的排斥力，以便聚集在一起成为小结晶，进而克服液固相之间的能量壁垒，长大为大结晶。在实际结晶过程中，除了改变结晶温度之外，更主要的是设法降低结晶过程中的能量壁垒，以便结晶过程能顺利地进行，这可以通过提高溶液的浓度来达到。关于这一点将在下面作进一步的讨论。

由此可见，结晶过程实际上包括两个过程，一为小结晶的生成，亦即一般所谓的晶核的生成；二为晶核的生长。上述两个过程中，都要求溶液具有足够高的浓度，以降低结晶过程中的能垒（亦即阻力），为物质传递过程提供推动力。

在结晶过程中的溶液浓度，常以其高出在当时条件下该物质的溶解度的数值来表示。如溶液的浓度等于该物质的溶解度，则称该溶液为饱和溶液；如高于物质的溶解度，则称为过饱和溶液。如以 c 及 c^*分别表示溶液和饱和溶液的浓度，并以 s 表示这两个浓度之比，亦即

$$s=\frac{c}{c^*} \tag{6-1}$$

则当 $s>1$ 时，该溶液即为过饱和溶液，该比值 s 称为溶液的过饱和度。

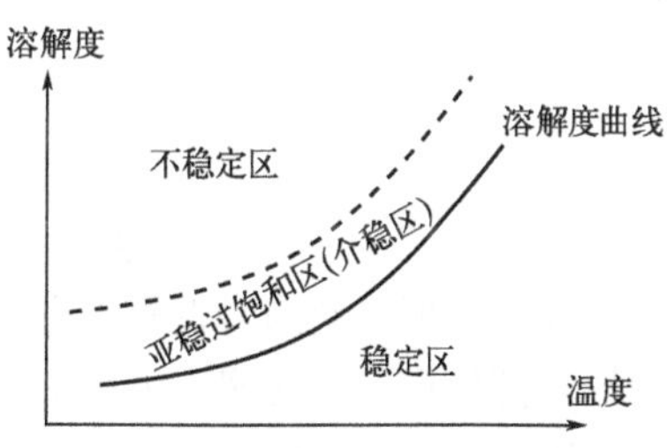

图 6-1 溶液溶解度随温度变化曲线

获得过饱和溶液的途径有二：一是对饱和溶液或不饱和溶液进行蒸发；二是冷却使其超过饱和溶液浓度。溶液浓度或过饱和度达到结晶能自动析出的区域称为不稳定区，如图 6-1 所示。溶液浓度处于不饱和浓度的区域称为稳定区，这时结晶不可能析出。上述二区之间的区域称为介稳区，这时虽然溶液浓度已超过饱和浓度，但结晶还不能自动析出。如果在此溶液中外加一些同样物质的小晶体（该小晶体一般称为晶种），有时甚至是一些微粒，如尘埃等，则即可发生诱导作用，使溶质不断析出。

6.1.2 结晶过程中物系自由能的变化

如上所述，在结晶过程中，既要求溶液具有一定的过饱和度，也要求溶液具有一定的能量，以克服结晶过程中的能垒，得到所需的晶体。

在结晶过程中，能量交换可以按敞开物系的能量交换关系来求。现先讨论在等温情况下的结晶过程。在等温情况下，敞开物系与外界所交换的可逆的能量，亦即所能交换的最小（最大）的能量，可以用物系在等温下的自由能变化来求。在结晶过程中，如不考虑电功、磁功等，则功的交换主要为体积功 W_F 和有新相生成时的表面功 W_S，亦即

$$\Delta G_T=-(W_F)_r-(W_S)_r \tag{6-2}$$

式中，ΔG_T为在等温结晶过程中溶质分子由液相转变为晶体时的自由能变化。$(W_F)_r$与$(W_S)_r$可分别用下列关系来表示。

$(W_F)_r$ 可表示为

$$(W_F)_r=-\int_p^{p^*} V\mathrm{d}p \tag{6-3}$$

式中，$\int V\mathrm{d}p$ 为溶质分子聚合在一起而形成晶体时所放出的能量，亦即为对外界溶液所做的体积功（实际上为膨胀功或压缩功与流动功二者之和）；p、p^*分别为对应于溶液浓度 c 和与晶

体成平衡的饱和溶液浓度 c^*时，溶质分子在当时结晶条件下的蒸气压力。由于 $p^*<p$，故$(W_F)_r$为正值，物系对外界做功，它说明由此将引起溶质分子自由能下降。

$(W_S)_r$ 可表示为

$$(W_S)_r = -\int_0^a \sigma \mathrm{d}a \tag{6-4}$$

式中，σ为表面张力或表面能；a 为表面积。当有新相生成时，晶体表面积就由零变至 a，因此 $a>0$。由于在生成新表面时，溶质分子需要从溶液中取得能量，因此式（6-4）右边为负号。

将式（6-3）及式（6-4）代入式（6-2），得

$$\Delta G_T = \int_p^{p^*} V\mathrm{d}p + \int_0^a \sigma \mathrm{d}a = \Delta G_F + \Delta G_S \tag{6-5}$$

式中，第一项为负，第二项为正，这两项的净值为在结晶过程中溶质在等温下自由能的变化，即溶质分子与外界所交换的能量。当新相亦即有晶体开始生成时，V 与Δp 都很小，第一项的绝对值小于第二项，ΔG_T为正，自由能上升，说明溶质分子需要从外界吸取能量。根据式（6-5）可以计算溶质分子形成某一定大小的晶核 V 和表面 a 时所必须取得的可逆的能量（亦即最小的能量），这一能量相当于为进行这一多相表面反应时所必需的活化能 E。因此，将其代入阿伦尼乌斯公式中就可进一步估算晶核的生成速度。为了计算生成速度首先需将式（6-5）进行积分，并算出有关的数值。

由于结晶过程是非常复杂的，为了进行粗略的估算，可先假设 V 与 a 均为常数，如此上式可直接积分，得

$$E = \Delta G_T = -V\Delta p + \sigma a \tag{6-6}$$

因为$\Delta p=p-p^*$，故在其前加一负号。如假设晶核为一圆球，其半径为 r，则 $a = 4\pi r^2$，$V = \dfrac{4}{3}\pi r^3$，而Δp 则可以根据蒸气凝结为液滴时，按力的平衡关系来得到。在液滴形成时，液滴的表面张力将使液滴扩张而变为平面，内部的压力 p^*（这是液滴呈平衡时的饱和蒸气压）会使液滴由小逐渐扩大，以致破裂，而液滴外部的压力 p（即气相压力）则将对液滴加以压缩，以使其缩小。当液滴稳定存在时，液滴的表面张力 $2\pi r\sigma$就等于液滴所承受的净压力$\pi r^2(p-p^*)$，由此 $\Delta p = \dfrac{2\sigma}{r}$。这一关系同样可以用于晶核的形成过程中。

将上述关系代入式（6-6），得

$$E = 4\pi r^2\sigma - \frac{4}{3}\pi r^3 \cdot \frac{2\sigma}{r} = \frac{4}{3}\pi r^2\sigma \tag{6-7}$$

这是在形成半径为 r 的稳定小晶粒（亦即一般所谓的晶核）时，溶质分子自由能的增加值，亦即外界溶液对溶质分子所必须加入的能量。

式（6-7）中，晶核半径 r 的大小与溶液过饱和度的大小有直接关系。根据形成液滴时的开尔文公式：

$$\ln\frac{p}{p^*} = \frac{2M\sigma}{RT\rho r} \tag{6-8}$$

式中，M 与ρ分别为蒸气的分子量与密度，在结晶过程中就相当于溶质的分子量与密度；而 p/p^*即为溶液的过饱和度 s。由此得晶核半径 r 与过饱和度 s 间的关系为

$$r = \frac{2M\sigma}{RT\rho\ln s} \tag{6-9}$$

式（6-9）表明，随着溶液过饱和度的增大，与其成平衡的晶核半径就变小。溶液的过饱和

度愈大，形成晶核的能垒就愈小，小晶核亦愈易生成，小晶核的量亦将增多。

将式（6-9）代入式（6-7），就可得形成晶核时所必需的最小的能量（或活化能）为

$$E=\frac{16\pi\sigma^3M^2}{3\left(RT\rho\ln s\right)^2} \tag{6-10}$$

式（6-10）表示，在一定温度下随着溶液过饱和度的不同，形成与该溶液成平衡的晶核时所需要的活化能亦不相同。过饱和度 s 愈大，所需要的活化能就愈小，晶核愈容易生成。当过饱和度为零时，即 $s=1$，E 为无穷大，这时就不可能有晶核从溶液中生成。由此可知，在结晶过程中，溶液过饱和度的必要性与重要性。

但根据式（6-6）还可以进一步看到，当晶体的大小超过一定值后，ΔG_F 的绝对值就开始大于ΔG_S，ΔG_T变为负，自由能下降，溶质分子非但不需从外界吸取能量，反而将不断放出能量，使其晶体能够不断变大。这也就是在结晶过程中，溶质分子的自由能先是上升的，当达到一个最大值后（相当于形成晶核的情况），其自由能就随晶体的不断长大而下降。换言之，在晶核的形成过程中，溶质分子是需要活化能的，而在长大过程中就不需要了。至于它们之间为什么有这些不同点，这可以从晶核的生成与长大的机理来理解。

6.1.3　晶核的生成与生成速度

根据实验可知在一个晶核中总是含有大量分子的，因此晶核当然就不可能是许多分子一起互相碰撞而形成的。关于其形成机理，可能性比较大的是，当两个粒子碰撞以后，首先形成一个非常微小的聚合体，然后第三、第四个粒子逐个与其碰撞而形成短的链，或平的单分子层，最后形成一定晶格结构的微粒。这一形成过程只有在局部过饱和浓度非常高，也就是比溶液平均浓度高的区域才能实现。局部区域浓度可以提高是因为溶液中粒子所具有的能量并不都是相同的，有的粒子的平均能量较高，有的较低，因此粒子的运动速度也有高有低，由此也就有可能造成局部区域的浓度比平均浓度高的情况。当然这一情况是很不稳定的，因此有的微小聚合体未等长大成稳定的小晶体（即晶核），由于局部高的过饱和度消失，也就随之又重新溶解。由于微小晶粒具有比较大的自由能，如果溶液的过饱和浓度不是足够高，其自由能就会小于该晶粒的自由能，则该晶粒就会自动地向自由能低的方向转移，即自动地溶解到溶液中。当然也有微小晶粒由于受到大量高能量粒子的碰撞，在该局部区域高的过饱和度消失之前，能够很快地形成晶核，那就有可能进一步长大成为晶体。

由于在结晶过程中也需要类似化学反应的活化能，晶核的生成速度一般认为可以用与化学反应速率相似的关系来表示。因此晶核的生成速度，亦即单位体积中每单位时间内所生成的晶核数 N，可通过将式（6-10）代入阿伦尼乌斯公式得到

$$N=A\cdot\exp\left[\frac{-E}{RT}\right]=A\cdot\exp\left[\frac{-16\pi\sigma^3M^2}{3R^3T^3\rho^2(\ln s)^2}\right] \tag{6-11}$$

式中，A 为一比例常数（指前因子），由实验测定，其中既包括阿伦尼乌斯公式中的有效碰撞次数，亦包括速度公式中的溶质分子迁移时的推动力，但这里假设它是一常数。

从上式可见，晶核的生成速度主要由温度 T 和过饱和度 s 所决定，而结晶过程中表面张力及密度的变化不大。

从图 6-2 和式（6-11）可知 T 与 s 对晶核生成速度的影响，二者存在互相消长的关系。随着温度的升高，溶液的过饱和度降低，因此晶核的生成速度可达一最大值。再提高温度，一方面由于过饱和度下降，另一方面由于溶液中粒子的运动速度增加很快，难以形成稳定的晶格，

因此晶核的生成速度又趋于下降。从实验中还可以看到，对应于晶核生成最大速度时的温度还是比较低的，它并不是晶核长大时最大速度的最适宜温度（在下面讨论），所以在低温时所得的晶体是以细小者为主，而不是大晶体。

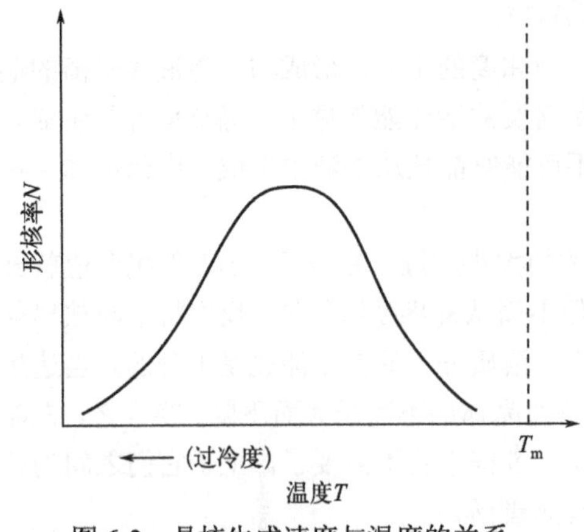

图 6-2　晶核生成速度与温度的关系

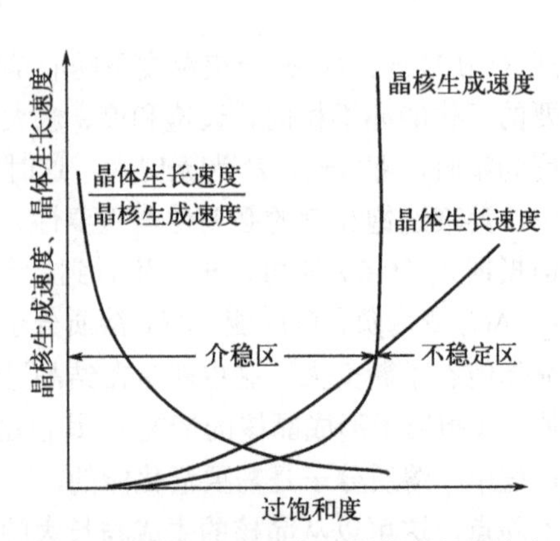

图 6-3　晶核生成速度、晶体生长速度与过饱和度的关系

从图 6-3 可知，在一定温度下，随着过饱和度 s 增大，晶核生成速度上升，当达到临界过饱和度 s_c 后，晶核生成速度呈指数上升。

晶核生成速度实际上是很复杂的，例如机械搅拌、空气搅拌、振动、结晶器的器壁、冷却、蒸发的速度、杂质、尘埃以及溶液中的其他微小固体物等都会产生不同的影响。在一般情况下，这些因素起了一个诱导和加速晶核生成的效果。在具体计算晶核的生成速度时，首先还是需测定在某一定条件下的比例常数 A，然后才能在相同情况的条件下予以应用。

晶核的生成一般都是在比较高的高饱和度下进行的，而且一旦达到临界过饱和度 s_c 后，其生成的速度就急剧上升，晶核大量析出，这样对整个结晶过程来说，就很难控制了。为了便于控制晶核的析出，并得到所需大小的结晶产品，常常在过饱和度比较低的溶液中，预先加入一定数量的小晶体（即所谓的晶种），这样就可以避免大量晶核的析出，而只是使晶种不断地长大。不过即使如此，也很难绝对地避免不再有新的晶核产生，因此为得到比较均匀的产品，还需进一步洗涤以除去微小的结晶体。

6.1.4　晶核的长大与长大速度

当溶液中存在晶核后，因为晶核表面上有一定的表面过剩的吉布斯自由能，使得晶核可进一步吸附溶质分子使晶核不断长大，或晶核之间的互相碰撞也同样可以使其结合为大晶体。在实际结晶过程中，有两种情况，一种是小晶体溶解，另一种是大晶体长大。

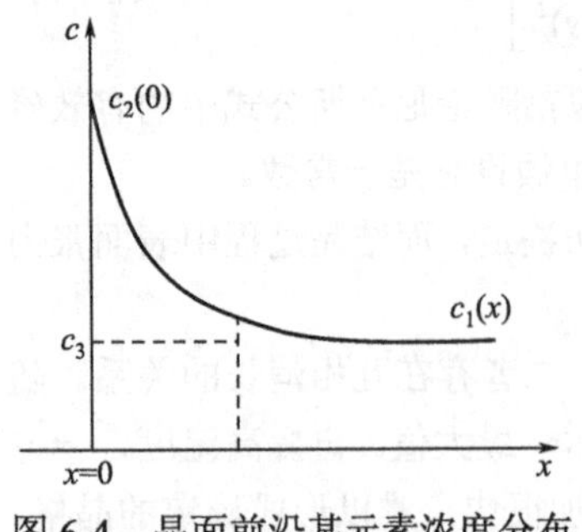

图 6-4　晶面前沿某元素浓度分布

在晶核长大的过程中，在溶质分子与晶核碰撞以前，首先还需通过一层在晶液界面之间流动比较缓慢的、类似于液膜的滞留层，其增加了溶质的迁移阻力。为了克服这一阻力，就需要在液相主体和晶体表面之间维持一定的浓度差。为了进一步使迁移到晶体表面上的溶质分子能够和晶面结合为晶体，在晶面与晶体之间还需要维持一定的浓度差，如图 6-4 所示。这两个浓度差之和就是溶液的过饱和度，也就是结晶过

程的推动力。因此溶液的过饱和度无论对晶核的生成或是晶核的长大都是最根本的必要条件。

由上所述，晶核长大包括两个步骤。第一步为溶质分子扩散，即溶质分子通过滞留层到晶液界面上的过程，其扩散速度可以用一般的扩散速度来表示，即

$$\frac{\mathrm{d}m}{\mathrm{d}\theta}=k_{\mathrm{d}}(c_{\mathrm{A}}-c_{\mathrm{Ai}}) \tag{6-12}$$

式中，θ为时间；m为溶质在θ时间内的沉积量；c_{A}为溶液主体中溶质A的浓度；c_{Ai}为A在晶液界面上的浓度；k_{d}为扩散的传质系数，它可以用一般传质系数的关联式来求得。

第二步为晶液界面上的溶质 A 变为晶体上 A 的过程。在这一步过程中有化学键的变化，因而可认为这是一个表面化学反应过程。如假设为一级反应（实验表明近似于一级反应），则在稳定情况下，根据物料平衡，A的表面反应速度一定等于A通过滞留层的扩散速度，即

$$\frac{\mathrm{d}m}{\mathrm{d}\theta}=k_{\mathrm{r}}(c_{\mathrm{Ai}}-c_{\mathrm{A}}^{*}) \tag{6-13}$$

式中，c_{A}^{*}为与晶面成平衡时溶液中A的饱和浓度；k_{r}为表面反应的速度常数，而且沿不同的轴线方向其结晶表面的表面能不同，k_{r}值也不同，例如沿锐角方向表面能增大，其k_{r}值亦增大，因此一般由实验测得，即为其平均值。

合并式（6-12）、式（6-13），得

$$\frac{\mathrm{d}m}{\mathrm{d}\theta}=k(c_{\mathrm{A}}-c_{\mathrm{A}}^{*}) \tag{6-14}$$

$$\frac{1}{k}=\frac{1}{k_{\mathrm{d}}}=\frac{1}{k_{\mathrm{r}}} \tag{6-15}$$

式中，k为总扩散的传质系数。由于k_{r}类似于一般的化学反应速度常数，也可用阿伦尼乌斯公式来表示。因此，在较低温度下，k_{r}小，表面反应速度小，整个晶核长大的过程即受表面反应所控制。相反地，在较高温度下，则将受第一步扩散所控制。

在较低温度下，虽然晶核的长大速度很低，但晶核的生成速度可能很快，这样就会得到很多细小的晶体。相反，如温度比较高，晶核长大的速度就大，晶核生成的速度就小，可以得到大的结晶产品。

另外，当温度一定，溶液的过饱和度较低时，晶核的生成速度就小，这时相应地就可以得到比较大而均匀的晶体。相反，如过饱和度较高，则就会得到大量细小而又不均匀的结晶产品。

影响结晶长大速度的因素，除上述温度与过饱和度两个主要因素外，搅拌也可以降低晶面上的滞留层厚度，从而提高晶核的长大速度。但当搅拌强度到一定程度后，再提高搅拌强度，其效果就不显著，相反还有打碎晶体的危险。此外，晶种的加入也可以防止晶核的大量析出，而使结晶的长大速度增大。

【例 6-1】 已知$BaSO_4$结晶表面能为$1.25\times10^{-4}\mathrm{J/cm^2}$。当在27℃下将$BaSO_4$溶液的过饱和度$s$从2升高到3时，问晶核生成速度增大的倍数。

解： 根据晶核生成速度公式，如假设常数A不随过饱和度的不同而改变，则在不同过饱和度下，其晶核生成速度之比可写为：

$$\frac{N_2}{N_1}=\exp\frac{-16\pi\sigma^3M^2}{3R^3T^3\rho^2}\left[\frac{1}{(\ln s_2)^2}-\frac{1}{(\ln s_1)^2}\right]$$

这里s_1=2，s_2=3。N_1、N_2分别为过饱和度为s_1、s_2时的晶核生成速度。$\sigma=1.25\times10^{-4}\mathrm{J/cm^2}$。

M=233g/mol。ρ=4.5g/cm^2。T=300K。代入上式得

$$\frac{N_2}{N_1}=e^{1.037\times10^{-17}}\approx e^0\approx1$$

亦即二者之间的晶核生成速度基本相同，这是因为$BaSO_4$结晶的表面能很小，很容易成晶核析出，因此过饱和度的影响就很小。

同时，在工业上一般都希望能得到尽可能纯且大而均匀的颗粒状结晶，但由于受到各种内在因素或外部因素的影响，在结晶过程中，还有可能发生晶型的改变和胶结现象，在生产中要引起注意。

6.2 多相多组分系统相平衡

在研究多相多组分系统相平衡时，常把不同压力、温度下平衡体系中的各相、相组成及相之间的相互关系用图表示出来，这个图称为相图。相图本身就直观地给出了大量信息，如体系在平衡条件下存在哪些相、每相的组成、各相之间的相对数量等；同时还可进一步由相图提取出各种热力学数据，如活度、活度系数、超额吉布斯自由能、混合体系的自由能等；而且相图的测量相对于热力学数据来讲，也要容易些。利用相图可以分析在外界条件发生变化时，体系将要发生的各种变化和限度，可以预知该体系中各相的析出顺序以及溶解度随温度而变化的规律。利用相图给出的规律，改变体系外界条件，可以使我们要的某种相从溶液中结晶析出，而其他盐溶解，从而实现分离。利用水盐体系相图的规律进行无机盐相分离，具有化学药剂消耗少、设备损耗小、能耗低等特点。因此，相图在冶金、材料、化学、化工、矿物、地质、物理等许多科学领域中已成为解决实际问题不可缺少的工具，有着极其广泛的应用。

多相多组分水盐系统相图是用几何图形来表现水盐体系相平衡的规律，是无机化工的重要理论基础之一。应用相图原理和方法，在化工生产中，仅采用蒸发、加水、升温、降温、冷冻、干燥、过滤分离或加入某种物质等这些简单操作中的几种，即可经济有效地进行大规模化工产品的生产，例如盐田滩晒盐过程和芒硝、无水硝、纯碱、碳酸氢铵等的生产即是如此。通过相图分析或计算所得到的数据，可确定某一新化工产品的工艺路线，改进原有的生产工艺，从而使得工艺条件更合理更经济。因此，水盐体系相图是很实用的指导实际生产，尤其是无机化工生产的理论工具。在无机盐，化肥，海湖井矿盐的开发、生产及地质、环境保护等领域中，水盐系统相图均有较为重要的作用。近年来，在海洋经济和海洋科学大发展的背景下，水盐系统相图将获得更为广泛的应用。

6.2.1 多相多组分系统相平衡的基本概念和一般规律

相律是多相多组分系统相平衡的理论基础，其基本公式为

$$F=C-P+K \tag{6-16}$$

式中，F为自由度；C为组分数；P为平衡相数；K为外界独立变量的个数。

相数P是指物系具有均匀组成的相的数目。例如气相与液相在一般的操作条件下都是一个组成均匀的相。固相除组成均匀的固体溶液可以成为一个均匀的相外，其他凡是一种盐的结晶及复合结晶也可视为一个单独的相。有时即使从外观上看是混合得相当均匀的不同盐类的混合结晶，但亦不能认为是组成均匀的相。

体系按相数划分，可以有单相体系、二相体系及三相体系等。单相体系是指相数为1的体系，此时体系呈均匀的水溶液状态（相本身是均匀的），故单相体系又被称为均相体系。相数为

2及以上的体系，自然呈现不均匀状态，因此常被称作多相或非均相体系。

组分数C，也叫物种数或独立物质数，是指需要用以表示物系组成的最少的化合物数。这样的物质有几个，组分数就是几，其确定原则为：

① 在水溶液中，如果无水单盐之间不存在复分解反应，或者说无水盐互不相干，则都是独立的。此时，体系的组分数为无水盐的数目加上水这一组分。例如，由NaCl、KCl、$MgCl_2$和水组成的水盐体系，组分数为4。

② 如果无水单盐之间存在着复分解反应，或者说各无水盐通过复分解反应的关系建立了依赖关系，则无水单盐就不都是独立的了。例如，在水溶液中存在如下复分解反应：

$$NaCl+NH_4HCO_3 = NH_4Cl+NaHCO_3$$

体系的组分数=体系的总物质数–独立反应式数；这个体系的总物种数为4种盐加上水共为5种，独立反应式数为1，因此C=5–1=4。

对于多相多组分水盐系统，组分数可以更方便地用系统中独立的离子数，亦即正负离子数之和来求得，但正负离子数本身并不一定必须相等。盐类在水中都是以离子存在的，例如NaCl在水中就是Na^+和Cl^-，这就是一个二组分物系。因为Na^+和Cl^-可以组成一个独立的组分NaCl，再加上独立组分水，即为一个二组分物系。例如，上述由NaCl、KCl、$MgCl_2$和水组成的水盐体系中，有Na^+、K^+、Mg^{2+}三种阳离子和一种Cl^-阴离子，其组分数为4。

NaCl-KCl-H_2O系统就有三个独立的离子Na^+、K^+、Cl^-（两种正离子和一种负离子），可以组成两个互不起化学反应的独立的盐 NaCl 和 KCl，再加上水，即为一个三组分系统。NaCl-KNO_3-H_2O系统有四个独立的离子Na^+、K^+、Cl^-、NO_3^-，可以组成四种盐NaCl、KNO_3、KCl和$NaNO_3$，但其中有一个为非独立的，亦即独立的盐只有三个，再加上水，即为一个四组分系统。在这里需要注意的是水本身并不考虑其解离为H^+及OH^-。但有些化合物如CO_2或CaO等能与水作用而生成H^+或OH^-，则由此所生成的H^+或OH^-也需作为一种独立的离子。如$CO_2+H_2O = H_2CO_3 = H^+ + HCO_3^-$，有两个独立的离子，即为一个二组分系统。至于反应$HCO_3^- = H^+ + CO_3^{2-}$，因有$CO_3^{2-}$生成，此为非独立者。另外，如$CaO+H_2O = Ca(OH)_2 = Ca^{2+}+2OH^-$，亦为一个二组分系统。

由于在一个复杂的水盐系统中可能存在的不同的离子数，常比可能存在的不同的盐数少，因此利用独立的离子数来判断独立的组分数较为方便。例如在纯碱生产中主要的原料为NaCl、NH_3、CO_2及H_2O四种，可能存在的化合物为十一种，而可能存在的离子则仅为七种，即Na^+、Cl^-、NH_4^+、CO_3^{2-}、HCO_3^-、H^+、OH^-，其中CO_3^{2-}、HCO_3^-与H^+三者有一离子平衡，亦即其中有一个是不独立的，H^+与OH^-二者之间亦有一平衡关系，因此独立离子数为五，独立组分数亦即为五。

体系按组分数C=1，2，3，4等可以将体系分为一元、二元、三元、四元体系等。

外界独立变量的个数K是温度T、压力p、磁场、电场等可以独立变化的强度变量数目。在一般情况下，除了温度T和压力p，其他强度性质一般都保持不变，即独立变量K=2，则相律公式可写为

$$F=C-P+2$$

自由度F是指在不引起旧相消失和新相形成的前提下，可以在一定范围内独立变动的强度性质。例如，当水以单一液相存在时，要使该液相不消失，同时不形成冰和水蒸气，温度及压力都可在一定范围内独立变动，此时F=2。体系按自由度F=0，1，2等可以分为零变量、单变量及双变量体系等。

相律具有很广泛的指导意义，常用来确定系统的（最大）自由度及可能存在的最多相数等。应用相律时应注意以下几点：

① 相律是一个严格、精确、简洁、有力且普遍适用的规律。对于大分子体系无一例外，即使对于尚不清楚的体系，也能机械地、不费力地描述其平衡性质。这种描述虽然是抽象的，但却是最本质的热力学关系。

② 相律是一个高度概括的规律，不能用来解决十分具体的问题，它只能研究相数、组分数、自由度等数目之间的关系，而不能指出具体是哪个相或是哪个变量。同时，相律与相的相对量的多少无关；也不考虑相的组成与状态，到底是分散的，还是连续的。相律可以证明相图中的图线是正确的，但并不能指明它的形象和地位，也不能指明各相的相对数量，只能说出各固相的数目。相图中图形的形态和位置、各固相的相对量及固相的种类等，都应由实验确定。总之，应用相律时，要从整个体系出发，从大处着眼，才能正确地理解和应用它；不能以相图中局部、个别的图线和一些特定的组成所具有的一些特点来修正整个体系的性质。

③ 相律只能处理真实的热力学平衡体系，对于接近平衡的体系也有指导作用，但对于远离平衡的体系则无意义。不同的水盐体系达到平衡的时间差别较大，有的不足1小时，有的长达一年。对于一个热力学系统来说，当它的自由度为零时的状态即为平衡状态。

④ 相律只适用于大量质点组成的体系，只能告诉我们宏观的结果，而不能说明个别分子的行为以及过程的机理；仅能指出体系的平衡条件，而无法知道体系达到平衡的速度。

⑤ 水盐体系相图多用于大量晶体的生成过程。由于结晶时相的生成过程的复杂性，故应注重在反应过程中固相生成的动力学因素。例如，成核速率和晶体生长与系统偏离平衡状态的程度，温度、化学组成、液体搅拌及杂质的影响，晶体生长过程的诱导期长短及各种辐射场的作用等。其中特别要注意的是要给予足够的反应时间，以及排除母液中杂质的影响。

相图的具体结构、性质与运用可以通过二组分、三组分和四组分系统的图形来看到。

【例 6-2】 碳酸钠与水可形成下列几种化合物：

$$Na_2CO_3 \cdot H_2O，Na_2CO_3 \cdot 7H_2O，Na_2CO_3 \cdot 10H_2O$$

（1）试说明标准压力（$p^{\ominus}$）下，与碳酸钠水溶液和冰平衡共存的含水盐最多有几种。

（2）试说明30℃时，可与水蒸气平衡共存的含水盐最多可以有几种。

解： 由相律公式（6-16）可知，当F=0时，P有最大值P_{max}，故本题的关键是求C。此系统是由Na_2CO_3和H_2O构成的，虽然可能有多种含水盐存在，但每生成一种含水盐，即在物质种类增加1的同时，独立的化学平衡方程也增加1，故最终C仍然是2。

（1）在指定的压力下，独立变量K=1，相律公式变为

$$F^*=C-P+1=2-P+1=3-P$$

式中，F^*称为条件自由度。当系统已存在Na_2CO_3水溶液和冰两相，即P=2时，则该系统的含水盐最多只有一种。

（2）同理，指定30℃时，相律公式变为

$$F^*=C-P+1=2-P+1=3-P$$

已知系统只有水蒸气一个相，故与水蒸气平衡共存的含水盐最多有两种。

上述的计算表明，相律可以告诉我们在一定的条件下，一个相平衡系统最多有几个相，但不能指明具体是哪几个相。要想知道是哪几个相，需要用到相图。

通过实验测定或理论预测某一水盐体系的溶解度数据，将这些数据按照一定要求绘制

成便于理解和运用的几何图形，即为水盐体系相图。相图由点、线、面、体等几何要素构成，它是不同压力、温度下的平衡体系中的各个相、相组成以及各相之间关系的图解，是溶解度数据的图形化。相图不仅把该体系中各盐的溶解度用几何图形清楚明白地表示出来，它还从中归纳总结出了规律，成为指导实际生产的一个理论工具。相图具有清晰、直观、形象、完整四个特点。

对于多相多组分水盐系统相图的基本原理，除了相律外，还有连续性原理和相应原理。连续性原理是指当决定体系状态的参变量及体系的性质是连续变化时，反映这一变化关系的几何图形也是连续的；相应原理是指体系的相平衡与几何图形之间存在一一对应的关系。

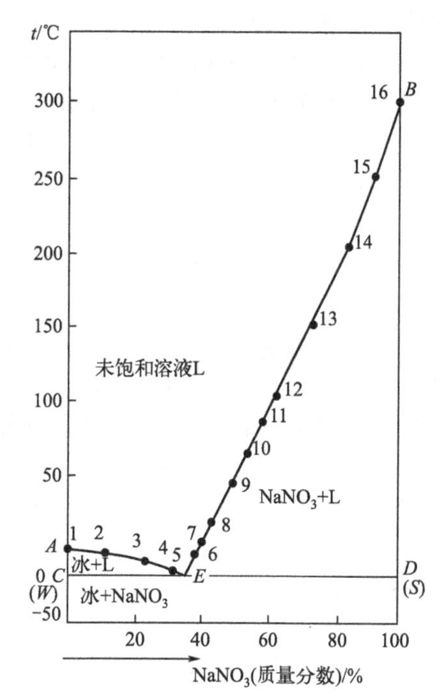

图 6-5　$NaNO_3$-H_2O 体系相图

连线规则和杠杆规则是对这两大原理的具体解释。设有两个不同组成的体系（见图 6-5），在相图上分别以 W 和 S 表示，当这两个体系混合成一个新体系 E 时，则 E 的组成点必落在 WS 连线上，且 E 必介于 W、S 两点之间，这称为连线规则。新体系的组成点 E 分别与组成点 $W(C)$、$S(D)$的距离以及 W、S 的数量成反比，这称为杠杆规则。这就使得计算新体系中各相的含量变得很方便。

水盐系统的外界变量数 K 表示当物系与外界只有热和机械功交换时，物系的性质除由其中各组分的相对含量决定外，还需由物系的温度和压力这两个变数来决定。一般来说，压力对盐类在水溶液中溶解度的影响一般是可以忽略的。因此，在考虑盐类在水溶液中溶解的影响因素时，只着重考虑温度与组成，亦即总是取温度与组成为独立变量。

6.2.2　二组分系统的相图及其应用

二组分体系的组分数为 2。由一种单盐和水组成，或者说是由正负离子各一种再加上水组成，是水盐体系中最简单的类型。实际上，纯粹的二组分体系是不存在的，但可将体系中少量的杂质忽略，将主要的一种盐与水作二组分体系来研究。

二组分水盐体系的相律公式为 $F=2-P+1=3-P$，由此可见，在二组分体系中，处于平衡状态的相最多可能为 3 相，而相数最少只能为 1，因此体系中可以自由变化的变量最多有 2 个，即温度和浓度。浓度变量亦可以称为内部变量。

如上节所述，水盐体系一般忽略压力的影响，因此一般也不将气相计入 P 中。进而，在水盐体系中也不研究气相的组成。

二组分水盐系统（例如 $NaNO_3$-H_2O）可用二维坐标图来表示，如图 6-6 所示。一般以纵坐标轴表示温度，横坐标轴表示组成（通常采用质量分数或摩尔分数来表示）。左侧纵坐标为纯水一组分体系，其中 A 点是水的冰点，是液体水和固相冰处于相平衡的二相点。右侧纵坐标为 $NaNO_3$ 一组分体系，其中 B 点为 $NaNO_3$ 熔点，是液态 $NaNO_3$ 和固相 $NaNO_3$ 处于相平衡的二相点。曲线 BE 是 $NaNO_3$ 在水中的溶解度曲线（或饱和曲线），它表示 $NaNO_3$ 的饱和溶液。曲线 AE 是 $NaNO_3$ 溶液的结冰线，或冰的溶解度曲线。

AE 为向下弯的曲线，说明当水中溶解有盐时，水的冰点下降。BE 曲线同样也是向下弯的曲线。*AEB* 以上是不饱和区，这是因为在一般情况下，随着温度的提高，冰和盐的溶解度总是提高的。在 *AEB* 曲线以下为过饱和区，此时即有冰或盐或冰盐同时存在。

当物系处于不饱和区时，则存在气液两相，按相律，此时自由度为二，即温度与溶液的浓度可同时改变，而不致有相变化。当物系位于 *AE* 或 *BE* 饱和曲线上，有气液固三相同时存在，此时自由度为一，温度与饱和溶液的浓度二者之间只能任意改变一个，而不致有相变化。当物系位于 *E* 点，则有两固、一气、一液四相同时存在，此时自由度为零，亦即温度或饱和溶液的浓度均不能改变。若不然，就不可能有四相同时存在。由此可见，相图上的任一点表示了某一物系所处的状态。

在等温蒸发过程中，溶液水分不断减少，浓度不断升高。蒸发有两个目的，一是为了取得浓缩液，二是为了蒸发析盐。前者可用图 6-6 中的 *ML* 线表示，后者可用 LS_1 线表示，即可用蒸发过程的两个阶段表示。物系点由 $M \to L$，是浓缩过程，溶液含盐量增大，但无盐析出，系统点的运动方向就是液相点的运动方向。系统点进入封闭 *BEDB* 区域时，此时有固相析出。系统点在 M_1 点时，固相点在 S_1 点，液相点在 *L* 点，析盐量为 LM_1，液相量为 M_1S_1。继续蒸发，直到 M_1 点与 S_1 点重合时，表示液相的杠杆长度为零，液相消失，系统蒸干。此阶段中，液相点始终停留在 *L* 点不动，直至消失。

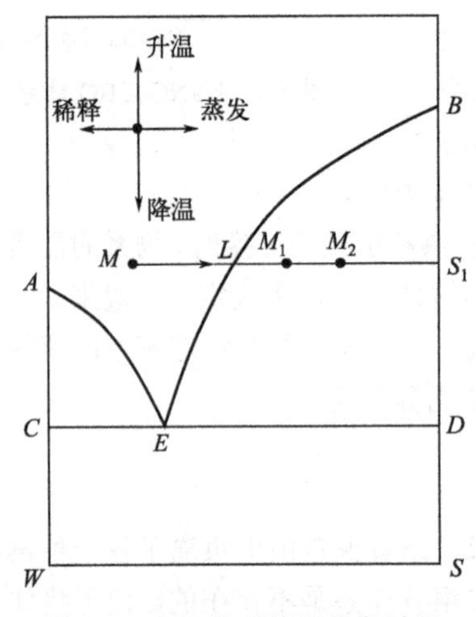

图 6-6　水盐体系等温蒸发过程

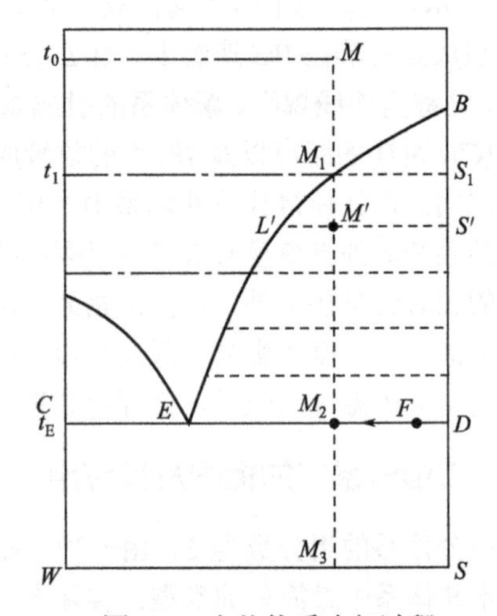

图 6-7　水盐体系冷却过程

图 6-7 是水盐体系的冷却过程，它经历 4 个阶段。第一阶段，随着温度的下降，系统点与液相点重合（由 *M* 点至 M_1 点成为饱和溶液），此时无固相析出。第二阶段，系统点向下进入固液平衡区，至 *M'*点时，已析出盐，固相点为 *S'*点，液相点为 *L'*点。在此区域内，析盐是一个连续过程，由上至下用虚线表示。可见温度越低，析盐量越大。本阶段最后的固相点为 *D* 点，液相点为 *E* 点。第三阶段，系统点处于 M_2 点时，液相点为 *E* 点，此时开始结冰，系统从饱和溶液中按液相点 *E* 中盐和水的比例析出。本阶段开始时，固相只有盐，位于 *D* 点，随着固相冰的析出并逐渐增加，总固相点将逐渐离开 *D* 点向 *C* 点方向移动，当 *F* 点与 M_2 点重合时，液相消失，即全部析出，水全部结成冰。第四阶段，系统点由 M_2 点至 M_3 点，进入全固相区，是冰、盐同时降温的过程，总固相点和系统点重合。

由此可见，利用相图可以很方便地表示出盐类生产中的冷却、加热、溶解和蒸发等过程，同时还可以用图解法直接算出在上述各过程中物料量的变化。

6.2.3 三组分系统的相图及其应用

组分数为 3 的体系是三组分体系。三组分水盐体系是由两种不发生复分解反应的无水单盐和水组成。它是由两种正离子、一种负离子，或两种负离子和一种正离子再加水组成。例如，由氯化钠、氯化钾和水组成的三组分体系，可记为 NaCl-KCl-H_2O 体系或 Na^+、K^+//Cl^-、H_2O 体系。

此外，一种盐和两种非电解质组成的溶液，如 Na-CH_3OH-H_2O 也构成三组分体系；由于 NH_3、H_3BO_3 等物质的电离度很小，因而不能与盐类进行复分解反应，这样的体系如 $MgSO_4$-H_3BO_3-H_2O 和 NaCl-NH_3-H_2O 体系也为三组分体系；以及由于水解而产生难溶化合物的 $AlCl_3$-H_2O 体系亦是三组分体系。这种相图虽然复杂，但掌握典型相图的一般规律后，特殊相图的理解就不困难了。

由一种酸性氧化物、一种碱性氧化物再加上水也构成三组分水盐体系，如 Ca-P_2O_5-H_2O 体系。

由于三组分系统的最大自由度数为三，可以用三角坐标图来表示，又因这种系统中可能存在三种物质，所以通常用三角棱柱来绘制这种系统的相图，如图 6-8 所示。这三个角一般都是 60°。

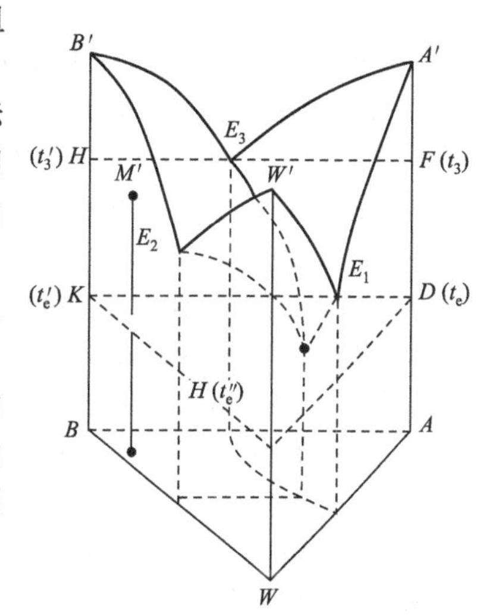

图 6-8 三元系统的三角棱柱相图

① 三角棱柱体的纵坐标为温度坐标。每一条棱，如 *AA'*、*BB'* 及 *WW'* 分别代表在不同温度下的纯组分 A、B 及 W。

② 三个侧面矩形面积 *AA'W'W*、*BB'W'W* 及 *AA'B'B* 上的图线即分别代表二组分系统 A 和 W、B 和 W 及 A 和 B 的相图。棱柱体内的任意一点都表示一个三组分物系。立体图形中的垂直线即为等组成线，水平面则为等温面。

③ 三个空间曲面，因为三组分系统的自由度数比较多，当物系中存在一个固相时，这时的自由度数还有二，即温度与浓度或两个浓度（这里的浓度是指饱和溶液的浓度），因此和一个固相成平衡的饱和溶液的浓度关系是一个曲面，如曲面 $A'E_1EE_3A'$ 与 A 盐成平衡，B 盐的饱和面是 $B'E_2EE_3B'$，冰的饱和面为 $W'E_2EE_3W'$。

④ 三条空间曲线，当物系中存在两个固相时，自由度为一，亦即两固相成平衡的溶液的浓度关系是一条曲线，如 E_3E 与 A、B 两个固相成平衡。实际上 E_3E 为曲面 $B'E_2EE_3B'$ 与 $A'E_1EE_3A'$ 的交线。同样地，E_1E 及 E_2E 分别与 A、W 及 B、W 两固相成平衡。

⑤ *E* 点，当物系中存在三个固相时，这时自由度为零，即只有固定的一点，不可能再任意改变，即为 *E* 点，这一点也就是三个曲面或三条曲线的交点。这些曲面和曲线均由实验求得。对三组分立体图进行相区划分，可得到一些空间几何体，它们都表示某种相平衡状态。

⑥ 三个空间曲面上方的空间体表示不饱和溶液。

⑦ 三个五面体，由五个平面构成，表示 A 盐与其饱和溶液共存的五面体，如图 6-9 所示。它是由两个平面，即 $A't_1E_1A'$ 及 $A't_3E_3A'$，一个 A 盐的饱和曲面 $A'E_1EE_3A'$，和曲面 $t_1E_1EDt_1$ 以及 $t_3E_3EDt_3$ 所组成的。系统落入该区后，固相点在 *A'D* 线上，液相点在 A 盐饱和溶液面上。依此类推，另两个五面体分别表示 B 盐和冰与饱和溶液的共存区。

⑧ 三个四面体，它们均由四个面构成，表示两个固相和它们的共饱和溶液共存的空间区。A 盐、B 盐的共饱和四面体见图 6-10。它是由两个曲面 $t_3E_3Et_et_3$ 和 $t_3'E_3Et_e't_3'$、一个长方形 $t_3t_3't_e't_e$

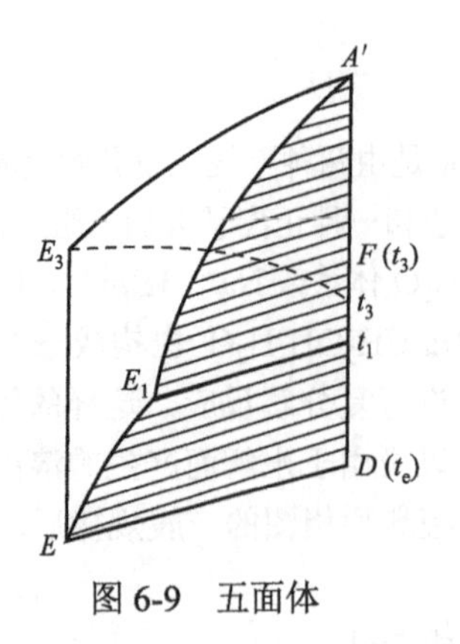

图 6-9　五面体

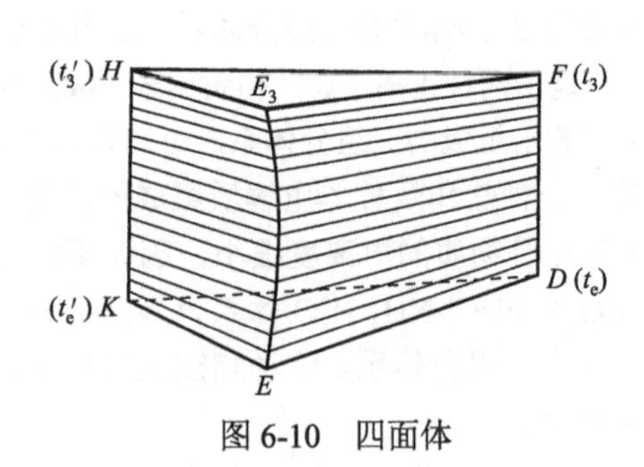

图 6-10　四面体

平面以及一个三角形 t_eEt_e'共同围成的，系统落入该区内时处于相应状态，液相点在共饱和线 E_3E 上，总固相点在长方形平面上。依此类推，还有类似的另外两个四面体。

⑨ 温度 t_e 时的三角形平面，如图 6-8 中的 $t_et_e't_e''$，它表示三个固相 A 盐、B 盐、冰和它们的共饱和溶液共存，其共饱和点 E 在此平面上，温度 t_e 比冰盐合晶温度（A 盐与 B 盐）都低，已经低到足以使冰和两个盐都析出的程度，即 E 点是三组分体系的低共熔点。

⑩ t_e 以下的空间，如图 6-8 中底部的三棱柱，它表示全固相区。系统点落入该区，则由 A 盐、B 盐和冰三个固相组成，液相完全消失。

从以上分析可以看出相平面状态和几何图形之间的对应关系。

由于随着温度的提高，一般盐类的溶解度是提高的，所以曲面之上为不饱和区，其下为过饱和区。不过由于各盐的溶解度不同，在饱和曲面之下，不同的情况下可能有一个固相，也可能有两个固相，甚至三个固相同时存在。这些不同情况是由温度和物系的组成所决定的。由此可见，应用立体图形可全面地将各盐在不同温度和组成下的溶解度关系表示出来。但立体图形应用时方便性欠佳，尤其是等温蒸发时只需有等温面即可，即使在冷却过程中，也只需有冷却温度下的溶解度关系即可。为此需要有不同温度下的等温面。

三组分系统的相图一般均用等边三角形来表示，每一边分成 100 份以便于表示物系的百分含量（图 6-11）。正三角形的任意一边都表示一个二组分体系的组成。在三角形内部则表示由 A、B、C 三组分组成的点，其组成可由坐标上的刻度准确地读出。

现以图中 M 点为例，通过 M 点作 DE、FG、HL 线分别平行于三角形的三条边。从图中可看出以下关系：

$$HC = EM = GM = GE = LB = a\%$$

$$GC = DM = HM = HD = AF = b\%$$

$$AD = FM = LM = BE = FL = c\%$$

这样，可在三角形 ABC 任意一边上同时读出系统点 M 的组成。即三角形 ABC 内任意一点 M 的组成可通过 M 点作分别平行于三条边的平行线，此平行线把每条边截成三段，即中间一段表示不在边上的、对面顶点物质的组成，两旁两段各表示与其不相邻的端点物质的组成，这样便于记忆。缺点是必须有专用的正三角形坐标纸。

有时为了能够利用一般的直角坐标图，三组分系统相图亦可用等腰直角三角形来表示，如图 6-12 所示。这时纵坐标与横坐标也都分成 100 份，A 和 B 的含量可以通过画垂线或平行线直接读得。而 W 的含量则由 100 减去 A 和 B 的含量来得到。这种图形的最大优点在于可以全面地将整个分离或混合过程表示出来，并由此就可通过图解计算其物料量的变化。例如当物系

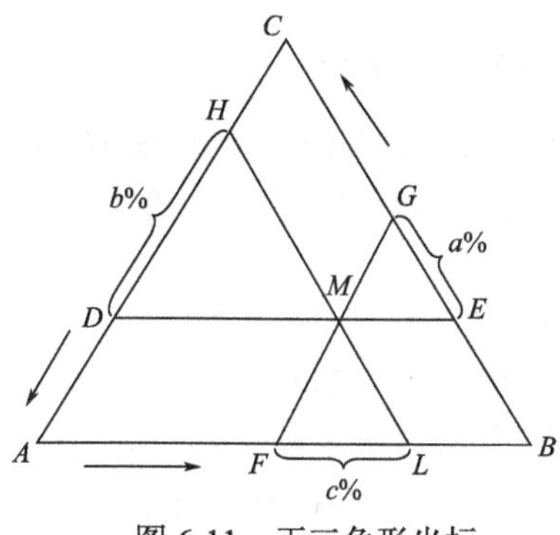

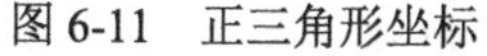
图 6-11 正三角形坐标

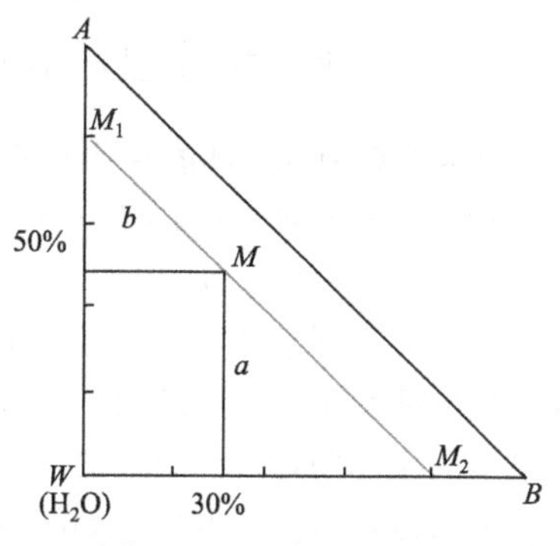

图 6-12 直角三角形坐标

M 位于 B 盐结晶区时，*M* 将自动分离得结晶点 *B* 以及与 B 盐成平衡的饱和溶液点 *K*。通过直线规则，物系点、结晶点和溶液点之间的相互关系都能很全面地表示出来。但其有一缺点，即在用图解法计算时，其准确度很差，尤其随温度变化盐类溶解度的变化不大时，就更难算准。虽然可将图纸放大，但其效果依然不明显。为了比较好地解决这一问题，可以将直角三角形坐标图的刻度化为在一定量的水中（例如在 100g 水中或 100mol 水中）所含有的盐量这样一种单位来表示，如图 6-13 所示。这种刻度的坐标图简称为以水为基准的坐标图。

在这种坐标图中，根据其刻度的单位可知，纯水在 *W* 点；纯 A 和纯 B 分别在沿着水平方向和垂直方向的无穷远处；混合盐的位置则在根据其中 A 盐和 B 盐之比，再通过 *W* 点所画得的斜线的无穷远处。但如果为具有水和结晶的盐，如光卤石 $KClMgCl_2 \cdot 6H_2O$，则可从其中每单位质量的结晶水中所含有的 KCl 与 $MgCl_2$ 的量来确定其在纵坐标及横坐标上的位置，以得其在相图中的位置。区域 1 为不饱和区，因其靠近纯水点 *W*。区域 1 以外的区域为过饱和区。区域 2 为 B 盐的饱和区。区域 3 为 A 盐的饱和区。区域 4 为 A、B 二盐的共饱和区。这种坐标图可以很方便地根据需要适当地加以放大。

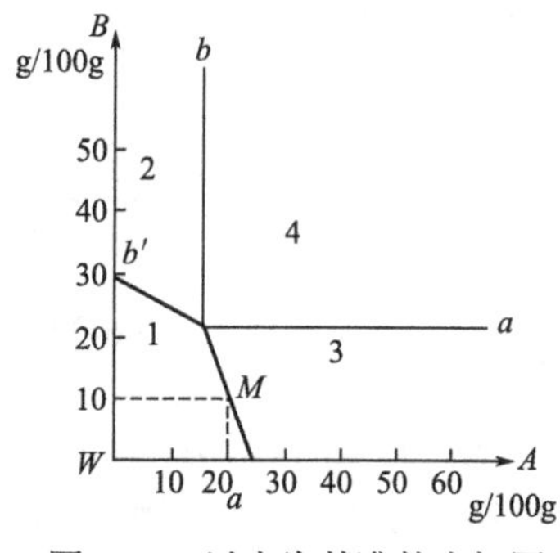

图 6-13 以水为基准的坐标图

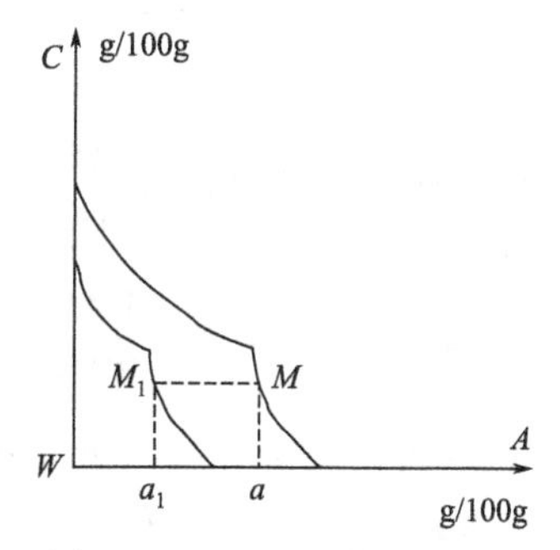

图 6-14 三元体系冷却结晶

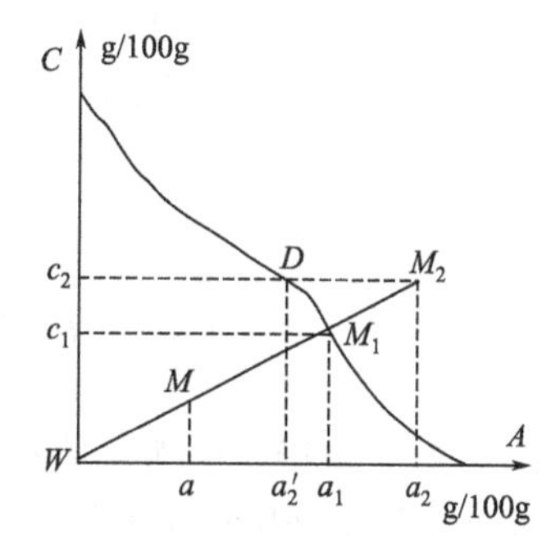

图 6-15 三元体系等温蒸发

当应用这种坐标图来表示蒸发或冷却过程以分离盐时，其表示的方法基本上与一般的三角形坐标图相同。所不同的是由于代表纯盐的位置在无穷远处，所以当只有一个盐析出时，代表结晶析出时的结晶线就是那些通过物系点而与纵坐标或横坐标呈平行的平行线。另外，在计算物料量的变化时亦略有不同。例如图 6-14 中，将一个在 100℃下为 A 盐饱和的物系 *M* 冷却到 25℃时，这时物系点 *M* 位于 A 盐结晶区中，因此溶液点就沿水平方向从 *M* 移至 M_1，所析出的 A 盐量可以很容易地由下式求得

$$\text{析出的A盐量}A=(\text{物系中的水量})(a-a_1)\times\frac{1}{100} \quad (6\text{-}17)$$

式中，a 为原物系 M 每 100g 水中所含的 A 盐量；a_1 为在冷却后的溶液 M_1 每 100g 水中所含的 A 盐量。由于在冷却过程中，物系中的水量不变，所以冷却后物系中的水量即等于原物系中的水量，这里亦就等于溶液 M_1 中的水量。

不过当应用杠杆规则来计算蒸发过程中的物料量的变化时，这时线段的长短只代表物系中或溶液中或固相中的水量，而不是像在用百分刻度的坐标图中那样，代表物料的总量。这是因为现在这种刻度的坐标图是以一定量的水为基准的，所以在有水量变化的过程中，图解计算所用的线段的长短只是代表水。例如，如图 6-15 所示，将一不饱和物系 M 进行等温蒸发，当达到饱和点 M_1 时，就有 A 盐开始析出。蒸发过程为去水过程，因此其在相图上即表示为连接 W 及 M 并向远离 W 点方向移动的直线 WMM_1，这时所蒸发出去的水量 W_1 为

$$W_1=(\text{原物系中水量})\times\frac{MM_1}{WM_1} \quad (6\text{-}18)$$

式中，WM_1 代表原物系中的水量；MM_1 代表蒸发出去的水量。蒸发后所留下来的溶液量（这里也就是所余留的物系量）M_1 则为

$$M_1=(\text{原物系中水量})\times\frac{WM}{WM_1}\times\left(1+\frac{a_1}{100}+\frac{c_1}{100}\right) \quad (6\text{-}19)$$

式中，WM 代表蒸发后溶液中的水量；a_1 和 c_1 则分别表示蒸发后溶液中 A 和 C 盐的含量。

如物系继续蒸发，一直到 C 盐也开始析出的 M_2 点时，在此过程中所蒸发的水量 W_2 为

$$W_2=(\text{物系}M_1\text{中水量})\times\frac{M_1M_2}{WM_2} \quad (6\text{-}20)$$

或

$$W_2=(\text{物系}M\text{中水量})\times\frac{WM}{WM_1}\times\frac{M_1M_2}{WM_2} \quad (6\text{-}21)$$

式中，WM_1 代表物系 M_1 中的水量；M_1M_2 代表物系由 M_1 蒸发至 M_2 时所蒸发出去的水量。至于所析出的 A 盐量 A，可由下式求得

$$A=(\text{原物系}M\text{中水量})\times\left(a-\frac{WM}{WM_2}a_2'\right)\times\frac{1}{100} \quad (6\text{-}22)$$

或

$$A=(\text{原物系}M_1\text{中水量})\times\left(a_1-\frac{WM_1}{WM_2}a_2'\right)\times\frac{1}{100} \quad (6\text{-}23)$$

式中，WM_1 为物系 M_1 蒸发至 M_2 时，在物系 M_2 中所含有的水量；a、a_2 和 a_1 分别为在物系 M、M_2 及 M_1 中的溶液所含有的 A 盐量。在物系 M 及 M_1 中，其溶液的组成是与其物系的组成相同的，而在物系 M_2 中，其溶液的组成则相当于 D 点。

为了更详细说明蒸发、冷却过程的变化，下面将用实际例子来说明。

【例 6-3】现欲将成分为 70% NaCl，30% KCl 的钾石盐，在 100℃与 25℃两个温度条件下，用溶解、蒸发和冷却等操作，将其分离为纯 KCl 与 NaCl 结晶。请在两种表示浓度的直角坐标的相图上用图线来表示此过程，并用图解法和代数法求出各步骤的物料量变化。

解Ⅰ：首先绘制相图（图 6-16）。原料钾石盐的组成点位于图中 K 点。其次，将过程表示在相图上，对应相图上的过程，钾食盐分离的示意流程如下：

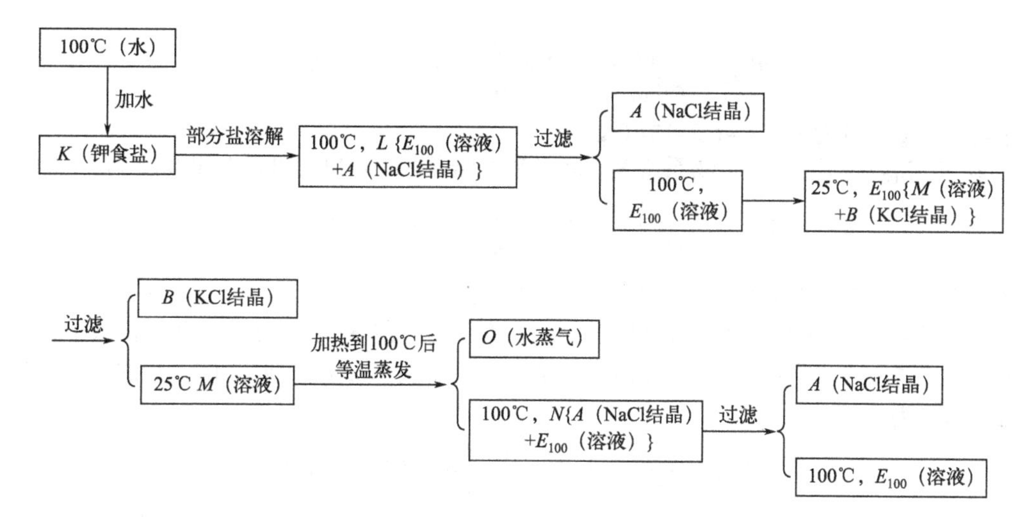

上述过程的详细说明及其物料量变化可从下边的两个解法中看到。

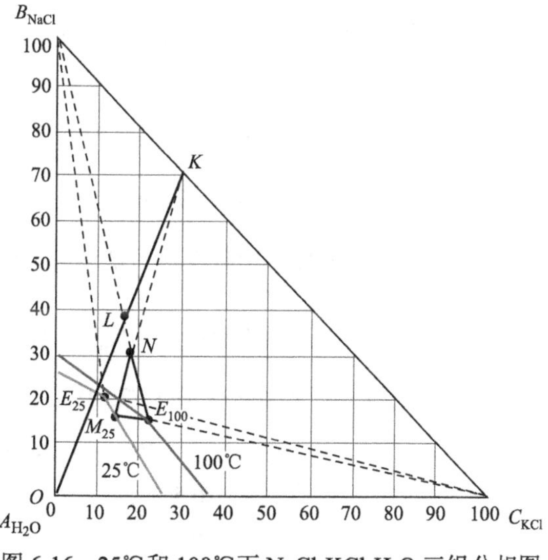

图 6-16　25℃和 100℃下 NaCl-KCl-H_2O 三组分相图

图解法：以质量分数为坐标的直角三角形相图来解。物料基准：原料为纯钾石盐 100g。

① 图中 K 点代表纯钾食盐，为了将它分离，首先在 100℃下用水使它溶解。图中 A 点代表水，所以钾食盐的水溶液必在 AK 上。因为已假设原料是纯钾食盐，所以不需将它全部溶解（若原料中除去钾食盐外有其他杂质，则常常是先加水将钾食盐完全溶解，过滤去除杂质，之后再进行蒸发或冷却而分离得 KCl、NaCl 结晶）。由图可知加水到 L 点（AK 与 BE_{100} 的交点）时，钾石盐中的 KCl 已经完全溶解，NaCl 则为部分溶解，亦即部分 NaCl 仍为结晶状态。这样既节约了溶解用的水量，又达到了分离得纯 NaCl 结晶的目的。再由图可知，此时 L 点所代表的物系点实际上包括两部分，即溶液 E_{100} 与结晶 NaCl，液固两相的数量比为 BL/LE_{100}。

用杠杆规则得：为处理 100g 钾石盐而使物系点到达 L 点，需加入的水量 W_{H_2O} 为

$$W_{H_2O}=\frac{LK}{AL}\times100=\frac{33.2}{43.0}\times100=77.2(\text{g})$$

所以 L 点所代表的总物料量为 177.2g。分离 L 可析出 NaCl 结晶量 W_{NaCl} 为

$$W_{NaCl}=\frac{LE_{100}}{BE_{100}}\times177.2=\frac{22.7}{87.1}\times177.2=46.2(g)$$

余下溶液 E_{100} 的量为 177.2–46.2=131.0(g)。

② 将 E_{100} 冷却至 25℃，物系点 E_{100} 落在 KCl 结晶区，析出 KCl 结晶量 W_{KCl} 为

$$W_{KCl}=\frac{M_{25}E_{100}}{M_{25}C}\times131.0=\frac{9.3}{87.5}\times131.0=13.9(g)$$

余下溶液 M_{25} 的量为 131.0–13.9=117.1(g)。

③ 将溶液 M_{25} 升温到 100℃，物系点 M_{25} 落在不饱和溶液区。为了进一步将溶液中的盐结晶析出，可蒸发去水直到物系点由 M_{25} 变到 N 点。N 点为 OM 延长线与 AE_{100} 线的交点。蒸发出去的水量为

$$W_{H_2O}=\frac{M_{25}N}{AN}\times117.1=\frac{12.5}{34.0}\times117.1=43.1(g)$$

余下的物料 N 的量为 117.1–43.1=74.0g，分离 N 又得 NaCl 结晶，溶液又恢复到 E_{100}，并得 NaCl 结晶量为

$$W'_{NaCl}=\frac{NE_{100}}{AE_{100}}\times74.0=\frac{9.1}{87.1}\times74.0=7.7(g)$$

余下溶液 E_{100} 的量为 74.0–7.7=66.3(g)。

④ 将溶液 E_{100} 再冷却到 25℃，又得 KCl 结晶量为

$$W'_{KCl}=\frac{ME_{100}}{MB}\times66.3=6.6(g)$$

⑤ 按上述循环继续进行，最终将可使 KCl、NaCl 尽可能地完全分离。

上述两次循环共得结晶量为

$$NaCl=W_{NaCl}+W'_{NaCl}=46.2+7.7=53.9(g)$$

$$产率=\frac{53.9}{70}=77.0\%$$

$$KCl=W_{KCl}+W'_{KCl}=13.9+6.6=20.5(g)$$

$$产率=\frac{20.5}{30}=68.3\%$$

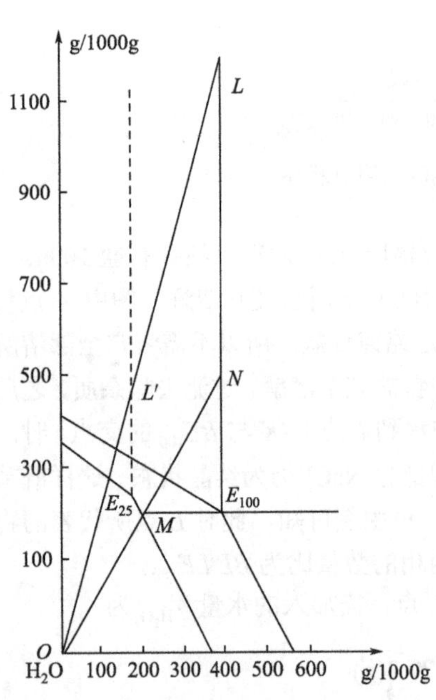

图 6-17　25℃和 100℃下 NaCl-KCl-H_2O 三元相图

解Ⅱ：绘制以水为基准的表示盐在物系中含量的直角坐标相图（图 6-17）。物料基准：原料为纯钾石盐 100g。

① 钾石盐的物系点在 $OL'L$ 直线（该直线上任一点的 NaCl 与 KCl 的数量比均为 70/30=7/3）的无穷远处。在 100℃下向钾石盐中加水的物系点 L。选择处理钾石盐后的物系点在 L 点的原因见**解Ⅰ**。物系点 L 所代表的是以 E_{100} 所代表的二盐共饱和溶液，和以 $E_{100}L$ 连线的无穷远处所代表的 NaCl 结晶点的二相共存物系。将 L 分离可得共饱和溶液 E_{100} 和结晶 NaCl。

由物料衡算可得：为处理 100g 钾石盐而使物系点达到 L 点（L 点的坐标是 1000g 水中有 1065g NaCl，而 100g 钾石盐中有 70g NaCl），需加水量 W_{H_2O} 为

$$W_{H_2O}=\frac{70}{1065}\times1000=65.7(g)$$

L 点代表的总物料量为 100g 钾石盐与 65.7g 水，共为 165.7g。

将 L 分离得共饱和溶液 E_{100}，E_{100} 与 L 所代表的物系中的水量均为 65.7g，而含的 NaCl 量是不同的（E_{100} 的坐标是 1000g 水中有 260g NaCl、355g KCl），结晶 NaCl，其量为 W_{NaCl}

$$W_{NaCl}=\left(\frac{1065}{1000}-\frac{260}{1000}\right)\times 65.7=52.9(g)$$

分离 NaCl 后，余下共饱和溶液 E_{100} 所代表的总物料量为 165.7–52.9=112.8(g)。

② 将 E_{100} 溶液冷却到 25℃，它落在 KCl 的结晶区，除了析出 KCl 结晶外，余下溶液点位于 M 点（M 点的坐标是 1000g 水中有 186g KCl、260g NaCl）。分离后可得 KCl 结晶量为 W_{KCl}，依冷却前后溶液中水量不变的关系可得

$$W_{KCl}=\left(\frac{355}{1000}-\frac{186}{1000}\right)\times 65.7=11.1(g)$$

余下溶液 M 的量为 112.8–11.1=101.7(g)。

③ 将溶液 M 升温到 100℃，物系变为不饱和溶液。为了继续析出结晶 L，可将溶液 M 蒸发去水直到 N 点（N 点的坐标是 1000g 水中有 485g NaCl、355g KCl），蒸发出去的水量为

$$W'_{H_2O}=\frac{MN}{ON}\times 65.7=\frac{29}{61}\times 65.7=31.2(g)$$

N 点所代表的物料总量为 101.7–31.2=70.5(g)。

从分离得 NaCl 结晶量为

$$W'_{NaCl}=\left(\frac{485}{1000}-\frac{260}{1000}\right)\times(65.7-31.2)=\frac{225}{1000}\times 36.9=7.76(g)$$

余下共饱和溶液 E_{100} 的量为 70.5–7.76=62.7(g)。

④ 将溶液 E_{100} 再冷却到 25℃，又得到 KCl 结晶量为

$$W'_{KCl}=\left(\frac{355}{1000}-\frac{186}{1000}\right)\times 62.7=10.6(g)$$

⑤ 按上述步骤，不断循环进行，最终将可使 KCl、NaCl 尽可能完全分离。

上述二次循环共得结晶量为

$$NaCl=52.9+7.76=60.7(g)$$

$$产率=\frac{60.7}{70}=86.7\%$$

$$KCl=11.1+10.6=21.7(g)$$

$$产率=\frac{21.7}{30}=72.3\%$$

解Ⅲ（代数法，即待定系数法）：这个方法是根据上图读出的原始物料与产品的组成，列出总物料平衡与组分的物料平衡式来进行求解。现仍以 100g 钾石盐为原始物料，按上边两个解法的同样步骤求解如下：

① 溶解过程：

总物料平衡

$$100_K+W_{H_2O}=l_{E_{100}}+Z_{NaCl}$$

式中 100_K——以 K 点所代表的钾石盐的量为 100g；

W_{H_2O}——以 O 点所代表的水量为 Wg；

$l_{E_{100}}$——以 E_{100} 点所代表的溶液量为 lg；

Z_{NaCl}——B 点的 NaCl 量。

由相图可读出各点的组成：K（NaCl 为 0.70，KCl 为 0.30，H_2O 为 0.00），E_{100}（NaCl 为 0.168，KCl 为 0.217，H_2O 为 0.615）。

各组分的物料平衡

$$\text{NaCl：}100\times0.70=0.168l+Z$$

$$\text{KCl：}100\times0.30=0.217l$$

$$H_2O\text{：}W=0.615l$$

解得：加水量 W=85.0g，母液 E_{100} 量 l=138.2g，析出 NaCl 结晶量 Z=46.8g。

② 冷却过程：

总物料平衡

$$138.2E_{100}=x_M+y_{KCl}$$

由相图可读出 M 点的组成：M（NaCl 为 0.187，KCl 为 0.128，H_2O 为 0.685）

各组分的物料平衡

$$\text{NaCl：}138.2\times0.168=0.187x$$

$$\text{KCl：}138.2\times0.217=0.128x+y$$

$$H_2O\text{：}138.2\times0.615=0.685x$$

解得：溶液 M 量 x=124.2g，析出 KCl 量 y=14.1g。

③ 加热蒸发：

总物料平衡

$$138.2E_{100}=x_M+y_{KCl}$$

由相图可读出 M 点的组成：M（NaCl 为 0.286，KCl 为 0.215，H_2O 为 0.499）

各组分物料平衡

$$H_2O\text{：}124.2\times0.685=W'+0.499m$$

$$\text{NaCl：}124.2\times0.187=0.286m$$

解得：溶液 N 量 m=81.2g，蒸发水量 W'=44.6g。

④ 过滤：

总物料平衡

$$81.2=l'_{E_{100}}+Z'_{NaCl}$$

各组分物料平衡

$$H_2O\text{：}81.2\times0.499=0.615l'$$

$$\text{NaCl：}81.2\times0.286=0.168l'+Z'$$

解得：E_{100} 溶液量 l'=65.9g，析出 NaCl 结晶量 Z'=12.2g。

⑤ 再将母液 E_{100} 冷却：

总物料衡算

$$65.9E_{100}=x_M'+y_{KCl}'$$

各组分的物料衡算

$$\text{KCl：}65.9\times0.217=y'+0.128x'$$

$$H_2O\text{：}65.9\times0.615=0.685x'$$

解得：溶液 M 量 x'=59.2g，析出 KCl 量 y'=6.7g。

⑥ 上述两次循环共得结晶量为

$$\mathrm{NaCl}=Z+Z'=46.8+12.2=59(\mathrm{g})$$

$$产率=\frac{59}{70}=84.3\%$$

$$\mathrm{NaCl}=y+y'=14.1+6.7=20.8(\mathrm{g})$$

$$产率=\frac{20.8}{30}=69.3\%$$

讨论：

① 上述两种直角坐标的三组分相图，其图解和计算方法基本上是相同的，但是又各有其优点，如在图 6-16 中的每一点均可读出其百分组成，且纯水及纯盐的组成点亦都可以表示出来。而图 6-17 的图面利用率却比较高，因为其准确程度比较大。

② 在图 6-16 中使用杠杆规则时，其线段的长短代表的是包括盐与水一起的物料总量。而在图 6-17 中使用杠杆规则时，其线段的长短代表的只是物系中的水量，由线段比只能求出水量的变化，而欲求出盐量的变化，则需进行一些换算。

③ 与代数法相比，图解法简便明显，但其结果随视图面的大小而有不同程度的误差，代数法计算比较烦琐，但层次清楚，结果比较准确。

6.2.4　具有共同离子的四组分系统的相图及其应用

简单四组分体系，由具有一种共同离子的三种盐和水组成，例如 NaCl-KCl-MgCl-H_2O 及 NaCl-Na_2SO_4-$NaHCO_3$-H_2O 等均为具有一种共同离子的四组分系统。

该体系的最大相数为 5，即四个固相和一个液相。自由度数最大为 4（相数最小为 1）。即使在等温时，自由度数最大也为 3，即四组分等温图已经是立体图了。由于自由度数的增加给相图的描绘和应用带来了困难，因此，在四组分相图中必须采用立体图形来表达相平衡规律。

如上所述，这种系统的最大自由度数为 4，为了便于表示及讨论这种系统的溶解度关系及其有关的相，一般先固定一个温度，亦即讨论其在某一温度下的变化规律。当温度一定，其自由度即为 3 时，就可根据在该温度下的实验数据用立体图形将其溶解度的关系及有关的相表示出来。一般常用的表示方法有二，如图 6-18 及图 6-19 所示。

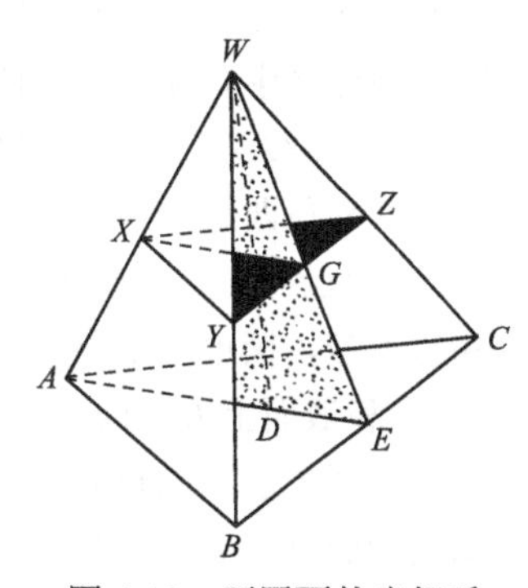

图 6-18　正四面体坐标系

图 6-18 为一三角锥体。正四面体 *WABC* 可以用来表示简单四组分体系，W 表示水，A、B、C 表示三种盐，六条棱表示简单四组分体系包含的六个二组分体系，其中三个水盐的，三个盐盐的。正四面体的三个侧面表示三个水盐体系，底面三角形表示一个盐盐三组分体系。

为了建立正四面体坐标体系，需要注意正四面体下述的五个几何性质。

① 自四面体内任意一点向四面体的四个面分别引垂线 h_A、h_B、h_C 和 h_W，则这四条垂线之和等于正四面体的高 H，即 $h_A+h_B+h_C+h_W=H$。各垂线长度代表该垂线所在面上相应顶点组分的百分含量，即 $a\%+b\%+c\%+c\%=100\%$。

② 过四面体内任意一点，分别作与四面体各面平行的截面，则四个截面在棱上截出的线段长 l_A、l_B、l_C 和 l_W 之和等于棱长 L，即 $l_A+l_B+l_C+l_W=L$。如果每条截线长代表一个相应组分的含量，也可得 $a\%+b\%+c\%+c\%=100\%$。

③ 与四面体某一平面平行的截面上，含有与此面相对顶点组分的百分含量恒定。如

图 6-18 中 XYZ 平面上各点 W 百分含量相同。

④ 过两组分形成的棱所作的平面上，含另外二组分的比例恒定，如图中 6-18WAE 面上 $b\%$：$c\%=CE$：BE=常数。

⑤ 过四面体的任一顶点所引射线上的点，含另外三组分的比例恒定。如图中 WD 射线上的各点所含 A、B、C 三组分的比例不变。

根据上述性质，把正四面体的每条棱分成一百等份，就构成了简单四组分体系立体坐标系，一般把水放在最上面的顶点上。确定系统点在坐标上的位置时，可根据正四面体性质①用等高法，或根据性质②用截面法。

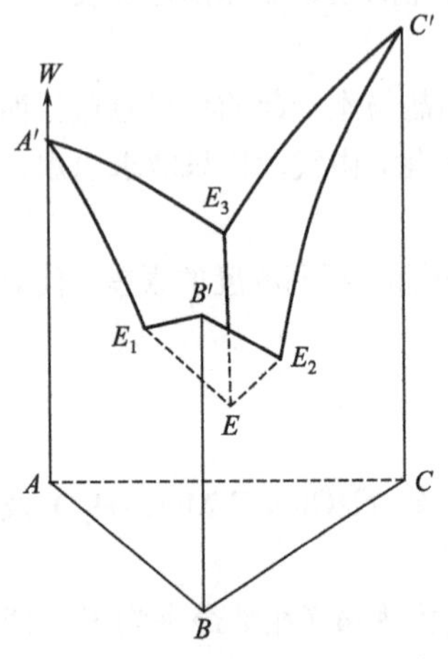

图 6-19　三角棱柱体坐标系

图 6-19 所示为一三角棱柱体。它与三角锥体的不同在于表示纯水位置的顶角 W 移到了无穷远处。这样锥体就变成了棱柱体。但图上点、线、面以及空间的意义及性质与原来的相图完全相同。而不同的地方是图上的刻度是以不含水的干盐为计算基准的。因此此图中的每一点只能得到其干盐的组成，而得不到水量。至于物系中水量的多少，则可以从其沿纵轴的位置高低来得到。因纵轴表示 100g 或 100mol 干盐中所含有的水量。由于图形变成了棱柱体，其组成的表示就方便多了。这种图形实际上类似于三组分水盐系统的相图，所不同的是这里只是把原来的温度坐标变成了水的坐标而已。

如对上述立体图逐个解剖，可以把它分割成以下七个部分：

① 空间曲面——单固相饱和溶液面。不论在简单四组分体系或交互四组分体系中（见下节），空间曲面都表示一个盐的饱和溶液面，称为该盐的溶解度曲面，一般都是凸面。简单四组分体系中有 3 个空间曲面，交互四组分体系中有 4 个空间曲面，且都是向上凸出的。

② 空间曲线——双固相共饱和液。两个空间曲面相交的空间曲线，表示对两个固相共饱和的溶液，简单四组分体系中有 3 条，交互四组分体系中有 5 条。

③ 空间点——三固相共饱和溶液。由三条空间曲线交汇而得的空间点，表示对三个固相共饱和的溶液，简单四组分体系中有 1 个，交互四组分体系中有 2 个。

④ 饱和液面上方空间——未饱和溶液。这个区处在含水多、含盐少的区域，包括 W 点在内，此空间区表示不饱和溶液。为了便于分析，将各饱和液面下方部分切开，简单四组分体系立体图被切成 7 块，交互四组分体系被切成 11 块。这些被切的几何体可分成多角锥体、四面体和三角锥体三种。这些几何体在不同坐标系中构成的原则是一致的。

⑤ 多角锥体——一固一液平衡区。这是以平面固相点为锥顶，以饱和曲面为锥底的多角锥体。该锥体表示单一固相与对它饱和的溶液共存，在简单四组分体系坐标内有 3 块，交互四组分体系内有 4 块，如系统点落在此锥体内，则其固相点在锥顶点上，液相点在饱和面上。

⑥ 四面体——两固一液共存区。它是由双固相共饱和线的两个端点及对此共饱和溶液平衡的两个固相点为顶点构成的四面体，它表示两固一液平衡状态，如系统点位于体内，总固相点在两固相点连线上，液相点在共饱和线上。这样的四面体，简单四组分体系有 3 块，交互四组分体系中有 5 块。

⑦ 三角锥体——三固一液共存区。它位于主立体图的最下方，是含盐量最高的区，是一个以三盐共饱和点为锥顶、三个平衡固相点组成的三角形为锥底的三角锥体，表示三固一液平衡

体。在简单四组分体系中有 1 个，交互四组分体系中有 2 个。如系统处在此锥体内，则液相点在锥顶，总固相点在底面三角形内。

虽然棱柱体有很多优点，但在实际应用时，最方便的还是平面图形。这可将图 6-19 分别作垂直投影于底面及正投影于纵轴（亦即水轴）来得到，如图 6-20 所示。其垂直投影在 *ABC* 三角形上的图形即为其在该温度下的干盐图（实际上利用图 6-18 向底面 *ABC* 作放射投影时所得到的图形也就是干盐图），如图 6-21 所示。因三角棱柱体本身的图形就是以干盐为基准的，而其底面又是不含水的，所以其在底面上的投影当然也是不含水的。其正投影与纵轴的投影 *AA'BB'* 即为其水图。因为纵轴表示水，由此就可以很方便地直接得到图形中各点水量的多少。在这两个投影图中各点、线、面的意义及性质与其原来所表示的完全相同。

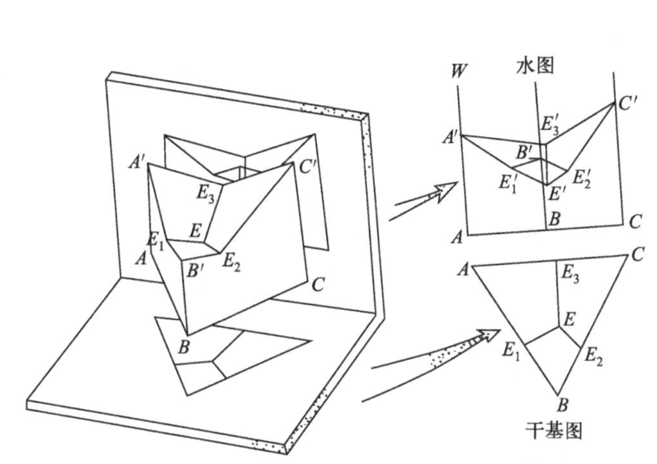

图 6-20　简单四组分体系棱柱形立体投影形成的干基图和水图

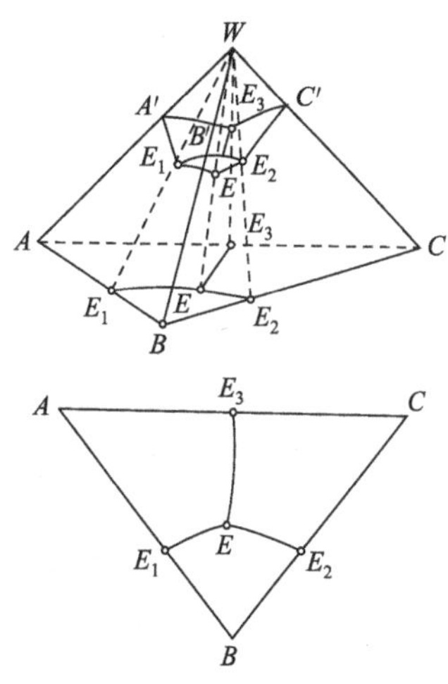

图 6-21　简单四元体系正交投影图的形成

下面以一个等温蒸发为例来说明其应用。在无机盐类的生产中，通常采用蒸发操作以分离盐类。为了全面了解体系的平衡状态，可以从一个系统的不饱和溶液的蒸发过程入手，直到把体系中的水分全部蒸发为止。因此，蒸发过程分析就成为运用干基图和水图的基础。

【例 6-4】 Na^+、K^+、Mg^{2+}/Cl^--H_2O 体系中 $M(M_0)$的 25℃等温蒸发过程分析（见图 6-22）。

分析：

第一阶段，因 *M* 点处在 *B* 区，蒸发时应首先析出 B 盐，此阶段为浓缩阶段，干基图中 *M* 点不动，并与液相点重合，水图中的 M_1 点的确定方法如前所述。

第二阶段，KCl 开始析出，干基图中固相点在 *B* 点不动，液相点由 *M* 点到 *K* 点。水图中，固相点在 *B* 点不动，液相点由 M_1 点到 *K'*点，本阶段最后系统点应在固相点 *B* 与液相点 *K'*的连线与系统竖线的交点 M_2 上。

第三阶段，液相点在 *EP* 线上，KCl 与 NaCl 共析，液相点由 *K* 点到 *P* 点，固相点应在 *PM* 连线与 *AB* 连线的交点 *S* 上，即本阶段固相点由 *B* 点到 *S* 点。对应地，水图中的液相点由 *K'*点到 *P'*点，固相点从 *B* 点到 *S'*点。本阶段最后的系统点是 *P'S'*与系统竖线的交点 M_3。

第四阶段，由分析可知，在 *P* 点发生了 NaCl 和 Car 共析、KCl 溶解的过程，*P* 点不动。总固相点在Δ*AGB* 内运动，又要在 *PM* 连线上，即沿 *SMP* 从 *S* 点向 *M* 点运动，在未到 *M* 点之前，先到达Δ*AGB* 的 *AG* 边上的 *Q* 点，此时总固相中 KCl 已溶完。水图中，液相点 *P'*不动，总固相点由 *S'*点到 *Q'*点（*Q'*点是水图中 *AG'*边上的一点）。本阶段最后的系统点在液相点 *P'*与固相点 *Q'*的连线与系统竖线交点 M_4 上。

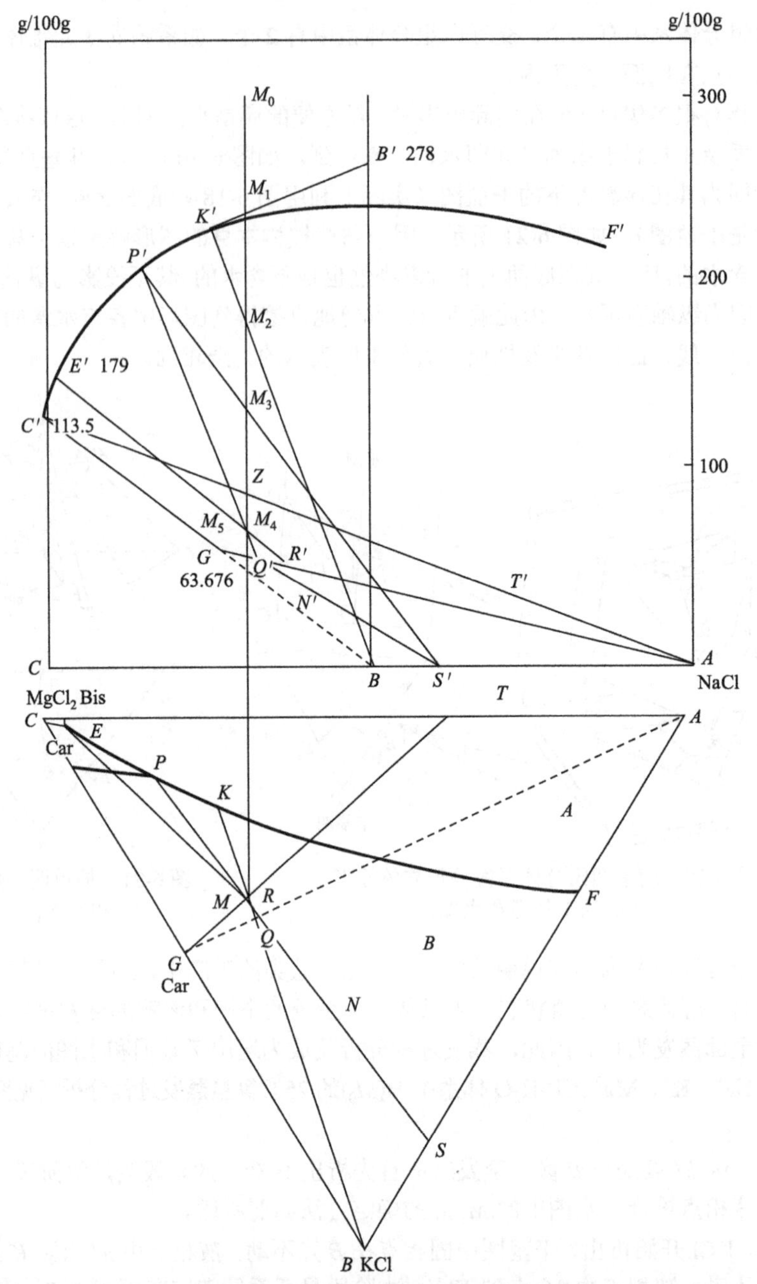

图 6-22　系统 $M(M_0)$的等温蒸发过程

第五阶段，由于 KCl 溶完，液相点沿 PE 变化。NaCl 和 Car 共析，液相点由 P 点到 E 点，总固相点在 AG 连线上，即由 Q 点到 R 点，R 点是 EM 连线与 AG 线的交点。水图中，液相点由 P'点到 E'点，总固相点由 Q'点至 R'点，R'点在 AG'连线上与 R 点对应处。最后系统点为 $E'R'$ 连线与系统竖线交点 M_5 上。

第六阶段，液相点到 E 点，对 Bis 也饱和了。蒸发时 NaCl、Car、Bis 共析，在 E 点蒸干，总固相点在 EM 连线上，又要在ΔAGC 之内，应从 R 点到 M 点。水图中，液相点在 E'点，总固相点应在$\Delta AG'C'$内的 $C'R'$连线与系统竖线的交点 M_6 上。图中未能画出。

整个蒸发阶段总结见表 6-1。

表 6-1　图 6-22 系统 $M(M_0)$等温蒸发过程

阶段		一	二	三	四	五	六
过程情况		未饱和液浓缩	KCl 析出	KCl+NaCl 共析	NaCl+Car 共析，KCl 溶液	NaCl+Car 共析	NaCl+Car+Bis 共析
		在 M 点不动					
		M	M	$K\rightarrow$	P	$P\rightarrow$	E　消失
干基图	系统点	在 M 点不动					
	液相点						
	固相点	无 $\rightarrow$ B　B $\rightarrow$ S $\rightarrow$ Q $\rightarrow$ R $\rightarrow$ M					
水图	系统点	M_0 $\rightarrow$ M_1 $\rightarrow$ M_2 $\rightarrow$ M_3 $\rightarrow$ M_4 $\rightarrow$ M_5 $\rightarrow$ M_6					
	液相点	M_0 $\rightarrow$ M_1 $\rightarrow$ K' $\rightarrow$ P'　P' $\rightarrow$ E' $\rightarrow$ 消失					
	固相点	无 $\rightarrow$ B　B $\rightarrow$ S'　Q'　R'　M_6					

6.2.5　具有一对盐的交互四组分系统的相图及其应用

KCl-$NaNO_3$-H_2O 即为具有一对盐的四组分系统，它们之间可按下列反应 KCl+$NaNO_3$ ══ NaCl+KNO_3 相互转化。这种相互转化的反应也就是在实际生产中为制取某一种盐时所经常利用的复分解反应。这种系统的最大自由度数也是四。为了便于表示，也是先固定一个温度，然后就可以根据将该温度下在物系不同组成时的溶解度的实验数据画在一个立体图中。一般所用的立体图形也可用如上节所述的两种形式来表示，如图 6-23 及图 6-24 所示。

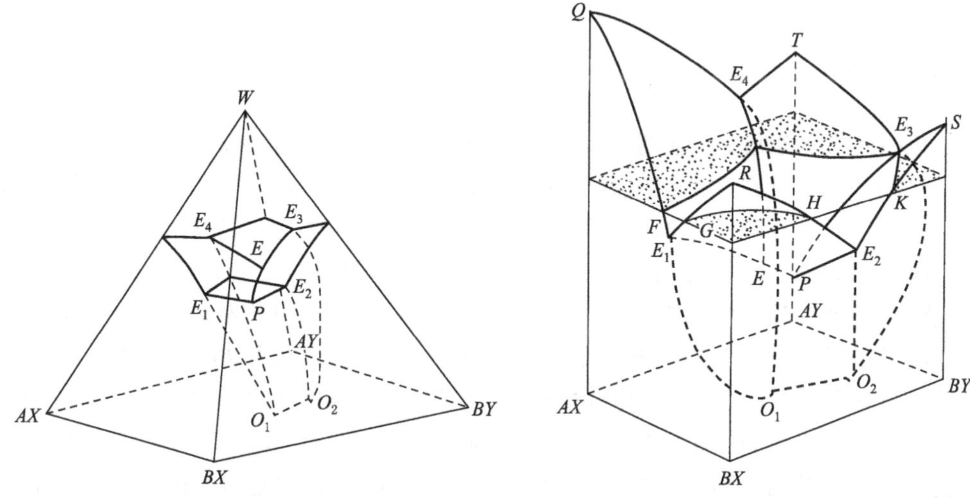

图 6-23　交互四组分体系的四角锥体立体图　　图 6-24　交互四组分体系的四角棱柱立体图

具有一对盐的四组分系统可能存在四种盐，因此其立体图形如图 6-23 及图 6-24 所示为四角椎体和四角棱柱体。其图形上的点、线、面以及空间的意义，则与图 6-18 和图 6-19 完全相同。由于这里有四种盐，因此一般有两个三盐共饱和点，如 O_1 点和 O_2 点，至于其所对应的三种盐，则由温度条件所决定。由于在系统中盐是以当量的关系相互转化的，因此为便于表示和计算，这里的物系组成是以摩尔分数来表示的，而不用质量分数来表示。为了便于应用，一般也用图 6-24 在底面上的垂直投影（亦即图 6-23 的放射投影）图，以及对纵轴的正投影图。这也就是干盐图及其相应的水图。同样地，根据物系点的位置也只需将其所需的部分画在水图中，而不需全部画出，如图 6-25 所示。

应用图 6-25 解决等温蒸发的问题时与应用图 6-22 的情况完全相同。实际上干盐图及水图（包括图 6-21 及图 6-22 在内）不仅能解决等温蒸发的问题，同样也可以解决冷却过程中盐类的结晶问题。只需将两个操作温度下，该系统的溶解度曲线画在同一个干盐图及水图中即可。图 6-26（a）所示的粗线表示高温下的溶解度数据，细线表示低温下，亦即所需冷却的温度下的数据。

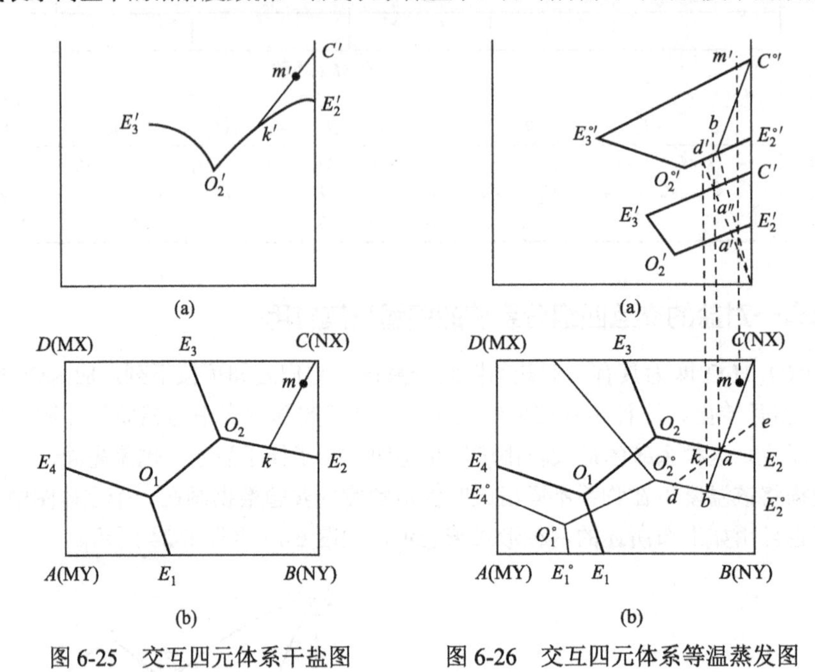

图 6-25　交互四元体系干盐图　　　　图 6-26　交互四元体系等温蒸发图

例如原来物系的组成如干盐图及水图中所示的 m 及 m'点，为得纯的 C 盐结晶，可在高温下进行等温蒸发，一直到溶液点的位置移至共饱和线 O_2E_2 上的 a 点时为止。将结晶分离出去后，如将剩余的溶液冷却至低温，由干盐图及水图可见，a 点位于低温下的 C 盐区，亦即如果将高温下的饱和溶液 a 冷却至低温时，还可进一步得到 C 盐的结晶。冷却后的溶液组成可从干盐图中求得，这也即为连接结晶点 C 与物系点 a 的直线与低温下共饱和线 $O_2^{\circ}E_2^{\circ}$ 的交点 b。

但从水图中连接 a''与 a'的直线与低温下共饱和线 $O_2^{\circ\prime}E_2^{\circ\prime}$ 的交点为 d'点，并非 b'点（水图中的 b'点位于干盐图中的 a 点向上作垂直投影与低温下相应的共饱和线 $O_2^{\circ\prime}E_2^{\circ\prime}$ 的交点）。这样水图与干盐图中有关图形点的位置就不相对应。这说明其间的水量有问题。干盐图可以很准确、很全面地表示出各个盐的含量，即图形点的组成，但根本体现不出水量的影响。而水图中能全面地表示出图形点的干盐组成，但可准确地表示出其水量。因而当水量不同时，在水图中就会表现出很大的不同。因此在实际应用中，干盐图与水图必须相互结合使用，其相应的图形点必须相互对应。为了保证得到纯的 C 盐，因此当组成为 a 的溶液冷却至低温后，在水图中最终的低温溶液的组成点也必须位于 C 盐的单盐饱和线 $C^{\circ\prime}b'$（与干盐图中的 cab 线相当）与 C、B 二盐共饱和线 $O_2^{\circ\prime}E_2^{\circ\prime}$ 的交点 b'上。这时只是开始有 C、B 二盐共同析出，所以可得最大的 C 盐量。冷却后，溶液点为 b'点，结晶点为 a''点，则原来的物系点必在 $c^{\circ\prime}b$ 的直线上。由于原来物系点的干盐组成为 a，因此其在水图中的位置必为从干盐图中的 a 点向上画垂线与 $c'E_3'$ 直线的交点 a''。由于 a''比原来高温下饱和溶液的位置 a'高，这说明为得纯的 C 盐，在将组成为 a 的溶液冷却以前，必须先行兑水稀释（其量可由a''与a'的差值求得），否则将有B盐一起析出。由此也可看到兑水的目的，是为了将B盐保持在溶液中，而不使其析出（这是利用相图来指导生产的很显著的例子之一）。

将饱和溶液a'直接冷却至低温，则会出现C、B二盐同时析出的问题。这可以从水图中d'点本身的位置看到，它位于C、B二盐的共饱和线$O_2^{\circ\prime}E_2^{\circ\prime}$上，同时它已经距刚开始有C、B二盐共同析出时的共饱和点b'有相当的距离了。这说明其中的B盐量已不少。这一点也可从干盐图中看到，即将水图中的d'点向下垂直投影到干盐图上，得与其相应的共饱和线$O_2^{\circ\prime}E_2^{\circ\prime}$的交点$b$，此为将溶液$a'$冷却以后溶液在干盐图中的组成点。$d$与原来的物系点$a$（亦即原来高温下的饱和溶液点）的连线与$CB$线的交点$e$，即为该物系冷却后的结晶点。$e$位于C、B二纯盐之间，因此必为此二盐之混合物。将$e$点向上垂直投影到水图中，即与$b$点重合时，亦即$b$点也可表示C、B二盐的结晶点（水图中的$b$点即表示纯C，也表示C、B二盐的混合物，同时也表示纯B盐，因此水图中的图形点不可能准确全面地表示出其组成）。所以水图中$ca'd'$直线（亦称结晶线）所表示的意义是与干盐图中的dae线相统一的。由此可见，如不将a'预稀释，则冷却以后将有B盐共同析出。

利用干盐图及水图以求在冷却过程中物系变化的规律，并不只限于上述系统，同样也适用于具有共同离子的四组分系统。

干盐上物系点m位置的确定，如图6-26所示，可以从实验分析所得的正负离子的浓度得到。由于盐是中性的，所以正负离子的总数应该相等，即M+N=X+Y。具有一对盐的干盐图是以离子的质量分数或摩尔分数表示的。这样在图6-26中的AD线即为100%的M，BC线为100%的N。同样地AB线即为100%的Y，CD线为100%的X。因此A点即为100% MY，B点为NY，C点为NX，D点为MX。当通过m点画垂直线与水平线，分别与AB交于b、与BC交于a时，可得$Ab=\dfrac{N}{M+N}$，$Bb=\dfrac{M}{M+N}$，$Ba=\dfrac{X}{X+Y}$，$Ca=\dfrac{Y}{X+Y}$。因此如果知道物系中正负离子的浓度，则其图形点即定。

【例6-5】试根据$KCl+NaNO_3 = KNO_3+NaCl$四组分水盐系统溶解度的关系，拟用KCl和$NaNO_3$为原料，循环制取KNO_3的原则性流程，并求出过程中的物料量变化。

实验测得本系统在不同温度下的溶解度数据见表6-2和表6-3（结合图6-27看）。

表6-2 100℃下的溶解度数据

水图中的点	干盐图中的点	液相固相	g/100g水				g离子（分子）/100mol干盐				
			NaCl	KCl	KNO_3	$NaNO_3$	Na^+	K^+	NO_3^+	Cl^-	H_2O
A'	A	NaCl	39.2	—	—	—	100	—	—	100	827
	B	KCl	—	55.7	—	—	—	100	—	100	739
	C	KNO_3	—	—	244	—	—	100	100	—	229
	D	$NaNO_3$	—	—	—	176	100	—	100	—	268
E'	E	NaCl+KCl	29	36	—	—	51	49	—	100	566
	F	$KCl+KNO_3$	—	41.8	198	—	—	100	78	22	221
	G	$NaNO_3+KNO_3$	—	—	218	234	60	40	100	—	113
H'	H	$NaCl+NaNO_3$	19.4	—	—	158	100	—	85	15	254
P_1'	P_1	$NaCl+NaNO_3+KNO_3$	6.5	—	194.6	208	57	43	97.5	25	24
P_2'	P_2	$NaCl+KCl+KNO_3$	359	—	192.2	147	38	62	80	20	181

表 6-3　5℃下的溶解度数据

水图中的点	干盐图中的点	液相固相	g/100g 水				g 离子（分子）/100mol 干盐				
			NaCl	KCl	KNO_3	$NaNO_3$	Na^+	K^+	NO_3^+	Cl^-	H_2O
$P_1^{\circ\prime}$	P_1°	$NaCl+NaNO_3+KNO_3$	29.1	—	14.0	44.3	88	12	57	43	480
$P_2^{\circ\prime}$	P_2°	$NaCl+KCl+KNO_3$	38.5	0.64	20.7	—	77	23	22	78	650

解：利用表中列出的溶解度数据画出相图，见图 6-27，在没有其他数据时，一般可近似地取共饱和线为直线，如 EP_2、P_1H 等。

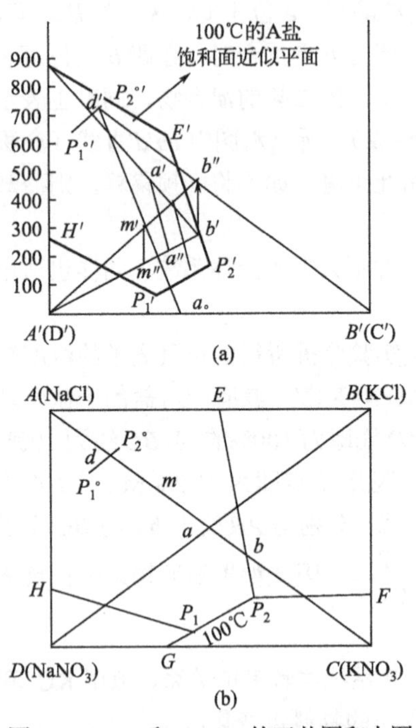

图 6-27　KCl 和 $NaNO_3$ 的干盐图和水图

干盐图中的 P_1P_2 直线是 100℃时的 NaCl 与 KNO_3 的二盐共饱和线，AEP_2P_1H 面为 NaCl 结晶区，CFP_2P_1G 面为 KNO_3 的结晶区。由图可见，在 100℃高温下大部分是 NaCl 结晶区，在 5℃低温下则大部分是 KNO_3 结晶区。因此，可利用 100℃与 5℃之间的温度变化而把复分解所得的 NaCl 和 KNO_3 结晶分离。最简单的加工方式可以拟出如下：（结合相图看）首先看干盐图中所表示的过程，由 KCl 与 $NaNO_3$ 等分子混合物所形成饱和溶液的图形点为 a 点，它处于 100℃下 NaCl 的结晶区 AEP_2P_1H 面之内。

在 100℃下等温蒸发此溶液，即有 NaCl 结晶析出。随着 NaCl 结晶的连续析出，溶液中 NaCl 含量逐渐减少，溶液点即由 a 点沿 ab 线向 b 点移动，达到 b 点时为 NaCl 析出的最大量（再蒸发即将有 KNO_3 与 NaCl 共同析出，而不能得纯 NaCl）。分离出 NaCl 结晶后将溶液 b 冷却到 5℃，它即落在 KNO_3 的结晶区，随着 KNO_3 结晶的不断析出，溶液点即由 b 点沿 ba 线向 d 点移动，达到 d 点时 KNO_3 的析出量为最大。这样可将 NaCl 与 KNO_3 分离开来，各得到其纯的结晶产品。经上述处理后余下的溶液 d 仍可循环使用，其方法是使 d 升温到 100℃，向其中加入 KCl 与 $NaNO_3$ 的等分子干盐混合物（以 a 点表示），a 与 b 相混合得 m，在 100℃下蒸发 m，分离后又得 NaCl 结晶和溶液 b，再将溶液 b 冷却到 5℃又得 KNO_3 结晶。

下边结合干盐图与水图再一次来说明上述分离过程，并找出过程中水量之变化。KCl 与 $NaNO_3$ 等分子混合物的饱和溶液，在水图中的图形点为 a'点，a'点是 NaCl 盐的饱和溶液线 $A'b'$ 与干盐图中 a 点向上投影时所得的交点。而 b'则为干盐图中 b 点向上投影与共饱和线 $E'P_2'$的交点。a'点处于 100℃下的 NaCl 饱和面上，在 100℃下蒸发这一饱和溶液就会开始析出 NaCl 结晶（A 点），溶液成分沿 $a'b'$线向 b'点移动，到 b'点时，对 KNO_3 而言溶液也饱和了。此时把析出的 NaCl 与母液分开，而后将母液冷却到 5℃，冷却后 b'点处于 KNO_3 结晶区。因而冷却时可以得到 KNO_3 结晶。由图 6-27 可以看出，为了得到纯的 KNO_3 结晶，在冷却之前，必须相应地向溶液中加水，使溶液由 b'变到 b''（水图中的 b'、b''均与干盐图中的 b 相对应），此时溶液成分将沿 $b'd'$线向 d'点移动（与干盐图中的 bd 相对应）。

在以后的循环中向母液 d'中加入一定量的 $NaNO_3$ 与 KCl 的等分子混合物（干盐状态）a_0

得 m'，升温到 100℃并蒸去一定量的水后得 m''，这时物系为含有 NaCl 结晶与溶液 b'的液固混合物，过滤析出 NaCl 结晶后，溶液又恢复到 b'点。将 b'点的溶液稀释到 b''点（为什么需要先蒸发去水，后来又加水稀释呢？请见后边的说明），冷却即可又析出 KNO_3 结晶，如此循环下去，即可将 $NaNO_3$+KCl 分离为 KNO_3 结晶与 NaCl 结晶。

过程的流程示意如下：

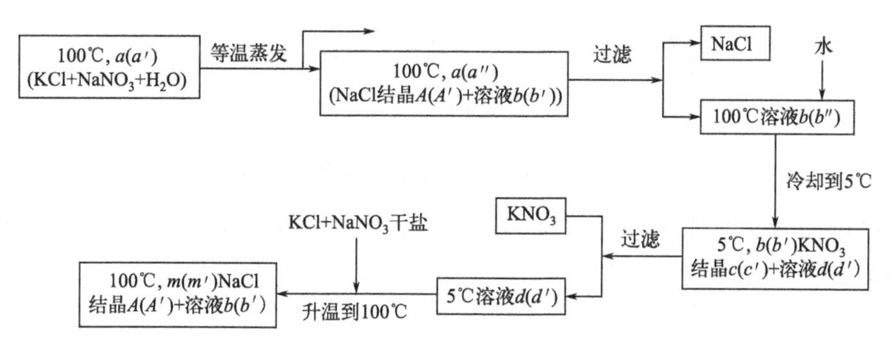

下边利用干盐图和水图通过图解法求过程中的物料量变化。

物料量基准：1 单位溶液 a（所谓 1 单位是指由 KCl、$NaNO_3$ 各 0.5mol 组成）

① 溶液 a 在 100℃下等温蒸发，在水图中表示的等温蒸发过程是物系点由 a'点变到 a''点，蒸发去水量为

$$a'a''\times\frac{1}{100}=(360-243)\times\frac{1}{100}=1.17(\text{mol})$$

$$\begin{pmatrix}a'\text{在水图中的坐标是360mol水}/100\text{mol干盐}\\ a''\text{在水图中的坐标是243mol水}/100\text{mol干盐}\end{pmatrix}$$

过滤得 NaCl 结晶量为$(ab/Ab)\times1=12.5/84\times1=0.149$(mol)

余下溶液 $b(b')$中干盐量为 1–0.149=0.851(mol)

② 将溶液 $b(b')$冷却到 5℃，可得 KNO_3 结晶。为了不使 NaCl 析出，冷却前必须先加水稀释到 b''点处，所加水量为

$$\frac{b''-b'}{100}\times0.851=\left(\frac{343-283}{100}\right)\times0.851=0.51(\text{mol})$$

析出 KNO_3 结晶量为

$$\frac{bd}{dc}\times0.851=\frac{51.5}{110.5}\times0.851=0.397(\text{mol})$$

余下溶液 $d(d')$中干盐量为 0.851–0.397=0.454(mol)

③ 向溶液 $d(d')$中加入干盐 KCl、$NaNO_3$ 等分子混合物 $a(a_0)$，并且使物系升温到 100℃，之后经过蒸发去水将溶液恢复到 $b(b')$，以便继续进行操作。其具体步骤是：

a. 向溶液 $d(d')$中加干盐 $a(a_0)$，使物系点变到 $m(m')$。水图中的 m'点是 NaCl 结晶(A)和溶液(b'')所形成的混合物。这里之所以使加入干盐后的物系点恰好到 m'点，是为了让物系经过蒸发、分离结晶、加水稀释与冷却后，物系点仍可恢复到 b''点，亦即形成一个循环操作。计入干盐量为$(dm/ma)\times0.454=25.0/24.5\times0.454=0.463$(g)分子，即加入 KCl 与 $NaNO_3$ 各 0.2315mol，所以 $m(m')$含的干盐总量为 0.454+0.463=0.917(mol)。

b. 蒸发去水物系点到 $m(m'')$，蒸发去水量为

$$m'm''\times\frac{0.917}{100}=40\times\frac{0.917}{100}=0.367(\text{mol})$$

c. 将 $m(m'')$分离得 NaCl 结晶量为

$$\frac{mb}{ab}\times 0.917=\frac{27}{87}\times 0.917=0.284(\text{mol})$$

d. 余下溶液 $b(b')$中含盐量为

$$0.917-0.284=0.633(\text{mol})$$

④ 将 $b(b')$加水稀释到 $b(b'')$，加水量为

$$\frac{b''-b'}{100}\times 0.633=\left(\frac{343-283}{100}\right)\times 0.633=0.380(\text{mol})$$

将 $b(b'')$冷却到 5℃，析出 KNO_3 结晶量为

$$\frac{bd}{cd}\times 0.633=\frac{51.5}{110.5}\times 0.633=0.295(\text{mol})$$

余下溶液 $d(d')$中盐量为 0.633–0.295=0.338(mol)。依上述步骤继续，可连续循环地将 KCl、$NaNO_3$ 混合物分离为 NaCl 和 KNO_3 纯产品。

对上列各步骤的计算结果，可进一步说明如下：

① 由 1 单位溶液 a 在 100℃下蒸发，首先得 0.149mol NaCl，余 0.851 单位溶液 b。

② 将 0.851 单位溶液 b 在 5℃时冷却，又得 0.397mol KNO_3，余 0.454 单位溶液 d。

③ 自此以后即以 0.454 单位溶液 d 为原始溶液，每次向其中加入 0.2315mol KCl 与 0.2315mol $NaNO_3$ 干盐混合物，经在 100℃下的等温蒸发、加水稀释和冷却到 5℃等操作，即可分离得 0.284mol NaCl 与 0.295mol KNO_3 结晶，而溶液仍恢复到 0.454 单位 d。这是一个循环过程。由于用图解法在量取线段长度及计算时有误差，所以所得结果的数值并不完全吻合，但是基本上仍可看出这里每一个循环过程中所消耗的 $NaNO_3$ 与 KCl 量等于所得到的 KNO_3 与 NaCl 量。

6.3 气液吸收

气液吸收是气体混合物的分离、净化和回收的重要方法之一，它在化工、医药、冶金等生产过程中有着十分广泛的应用。

气液吸收分离的依据是混合物各组分在某种溶剂（吸收剂）中溶解度的差异。当气体混合物与具有选择性的液体接触时，混合物中的一个或几个组分在该液体中溶解度较大，其大部分进入液相形成溶液，而溶解度小或几乎不溶解的组分仍留在气相中，从而达到分离的目的。这种利用混合气中各组分在液体溶剂中溶解度的差异来分离气体混合物的过程称为吸收（absorption）。

气液吸收过程中所用的液体称为吸收剂（absorbent）或溶剂，用 S 表示；混合气体中能够显著溶解在吸收剂中的组分称为溶质（solute）或吸收质，用 A 表示；不被溶解的组分称为惰性气体（inert gas）或载体，用 B 表示；气液吸收过程中所得到的溶液称为吸收液或溶液，其成分为溶质 A 和溶剂 S，用 S+A 表示；气液吸收过程中排出的气体称为吸收尾气，其主要成分是惰性气体 B 及残余的溶质 A，用 A+B 表示，如图 6-28 所示。如以水为溶剂处理空气和氨的混合物，因氨和空气在水中的溶解度差异很大，氨在水中的溶解度很大，而空气几乎不溶于水，因此混合气体中的氨几

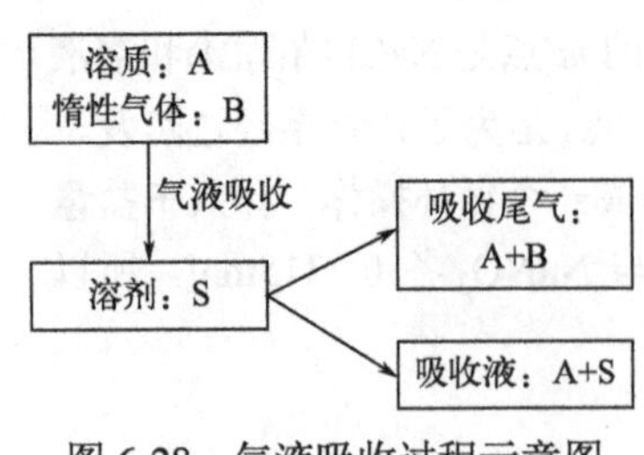

图 6-28 气液吸收过程示意图

乎全部溶解于水而达到与空气分离的目的。

气液吸收过程是溶质在气液两相之间的传质过程，是靠气体溶质在吸收剂中的溶解来实现的。显然，用吸收的方法分离气体混合物时，要想使过程进行得既经济又有效，选择性能优良的吸收剂至关重要。

吸收过程可分为物理吸收和化学吸收、单组分吸收与多组分吸收、等温吸收与非等温吸收以及低浓度吸收与高浓度吸收等类型。本章主要讨论化学吸收过程。

6.3.1　气体在吸收剂中的溶解度及气液平衡

6.3.1.1　气体在液体中的溶解度

吸收操作用于分离低浓度气体混合物，大多数气体溶解后形成的溶液浓度也较低。在温度一定的条件下，稀溶液上方气相中溶质的平衡分压与溶质在液相中的摩尔分数成正比，其比例系数为亨利系数。亨利（Henry）定律的数学表达式为

$$p_{\mathrm{B}} = E x_{\mathrm{B}} \tag{6-24}$$

式中　p_{B}——溶质在气相中的平衡分压，kPa；

E——亨利系数，kPa；

x——溶质在液相中的摩尔分数。

此时，稀溶液中溶剂的气相分压也必然和溶剂在液相中的摩尔分数成正比，其比例系数为同样温度下纯溶剂的饱和蒸气压（拉乌尔定律）。拉乌尔定律的数学表达式为

$$p_{\mathrm{A}} = p_{\mathrm{A}}^{*} x_{\mathrm{A}} \tag{6-25}$$

式中　p_{A}——溶剂在气相中的平衡分压，kPa；

p_{A}^{*}——纯溶剂的饱和蒸气压，kPa；

x_{A}——溶剂在液相中的摩尔分数。

对于理想溶液，在压力不太高、温度不变的条件下，p_{A}^{*}与 x 的关系在整个浓度范围内都服从亨利定律，亨利系数为该温度下纯溶质的饱和蒸气压，此时亨利定律与物理化学中介绍的拉乌尔定律是一致的，即亨利定律或拉乌尔定律适用于任一组分的分压计算。

如果吸收操作在高压下进行，则亨利定律和拉乌尔定律中的压力需用逸度表示。此外，在浓度较高的条件下，亨利系数不仅随温度而变化，同时也随溶质的性质、溶质的气相分压及溶剂特性而变化。

亨利系数一般由实验测定，在恒定温度下，对指定的物系，测得一系列平衡状态下的液相溶质浓度 x 与相应的气相溶质平衡分压 p_{A}^{*}数据，绘成 p_{A}^{*}-x 曲线，从曲线上测出液相溶质浓度趋近于零时的 $\lim \dfrac{p_{\mathrm{A}}^{*}}{x}$ 值，此极限值便是该物系在指定温度下的亨利系数 E。常见物系的亨利系数也可从有关手册中查得，部分气体在水中的亨利系数见表 6-4。

表 6-4　若干气体在水中的亨利系数

气体	温度/℃															
	0	5	10	15	20	25	30	35	40	45	50	60	70	80	90	100
	$E/\times10^{-6}$kPa															
H_2	5.87	6.16	6.44	6.70	6.92	7.16	7.39	7.52	7.61	7.70	7.75	7.75	7.71	7.65	7.61	7.55
N_2	5.35	6.05	6.77	7.48	8.15	8.76	9.36	9.98	10.5	11.0	11.4	12.2	12.7	12.8	12.8	12.8

续表

气体	温度/℃															
	0	5	10	15	20	25	30	35	40	45	50	60	70	80	90	100
	$E/\times 10^{-6}$kPa															
空气	4.38	4.94	5.56	6.15	6.73	7.30	7.81	8.34	8.82	9.23	9.59	10.2	10.6	10.8	10.9	10.8
CO	3.57	4.01	4.48	4.95	5.43	5.88	6.28	6.68	7.05	7.39	7.71	8.32	8.57	8.57	8.57	8.57
O_2	2.58	2.95	3.31	3.69	4.06	4.44	4.81	5.14	5.42	5.70	5.96	6.37	6.72	6.96	7.08	7.10
CH_4	2.27	2.62	3.01	3.41	3.81	4.18	4.55	4.92	5.27	5.58	5.58	6.34	6.75	6.91	7.01	7.10
NO	1.71	1.96	2.21	2.45	2.67	2.91	3.14	3.35	3.57	3.77	3.95	4.24	4.44	4.54	4.58	4.60
C_2H_6	1.28	1.57	1.92	2.90	2.66	3.06	3.47	3.88	4.29	4.69	5.07	5.72	6.31	6.70	6.96	7.01
	$E/\times 10^{-5}$kPa															
C_2H_4	5.59	6.62	7.78	9.07	10.3	11.6	12.9	—	—	—	—	—	—	—	—	—
N_2O	—	1.19	1.43	1.68	2.01	2.28	2.62	3.06	—	—	—	—	—	—	—	—
CO_2	0.738	0.888	1.05	1.24	1.44	1.66	1.88	2.12	2.36	2.60	2.87	3.46	—	—	—	—
C_2H_2	0.73	0.85	0.97	1.09	1.23	1.35	1.48	—	—	—	—	—	—	—	—	—
Cl_2	0.272	0.334	0.399	0.461	0.537	0.604	0.669	0.74	0.80	0.86	0.90	0.97	0.99	0.97	0.96	—
H_2S	0.272	0.319	0.372	0.418	0.489	0.552	0.617	0.686	0.755	0.825	0.689	1.04	1.21	1.37	1.46	1.50
	$E/\times 10^{-4}$kPa															
SO_2	0.167	0.203	0.245	0.294	0.355	0.413	0.485	0.567	0.661	0.763	0.871	1.11	1.39	1.70	2.01	—

若溶质 A 在气相中的平衡浓度用分压 p_A^* 表示，在液相中的浓度用摩尔浓度 c_A 表示，则亨利定律可表示为

$$p_A^* = \frac{c_A}{H} \tag{6-26}$$

式中 p_A^*——溶质在气相中的平衡分压，kPa；

c_A——溶质在液相中的摩尔浓度，kmol/m³；

H——溶解度系数，kmol/(m³ · kPa)。

6.3.1.2 物理吸收过程的气液相平衡关系

在吸收过程中溶质与溶剂不发生明显的化学反应，主要因溶解度的差异而实现分离的吸收操作称为物理吸收（physical absorption）。例如用水吸收 CO_2、用洗油吸收焦炉气中的苯、用水吸收废气中的二甲基甲酰胺（DMF）等，其吸收过程均为物理吸收。物理吸收过程中溶质与溶剂的结合力较弱，解吸比较容易。

在一定压力和温度下，使一定量的吸收剂与混合气体充分接触，气相中的溶质便向液相溶剂中转移，经充分接触之后，气液两相达到平衡，此状态为平衡状态。溶质在液相中的浓度为饱和浓度（或称饱和溶解度），气相中溶质的分压为平衡分压。平衡时溶质组分在气液两相中的浓度存在一定的关系，即相平衡关系。此时，气液两相的温度、压力及化学势相等：

$$T_G = T_L$$

$$p_G = p_L$$

$$\mu_{Gi} = \mu_{Li}$$

式中 T_G、T_L——气、液相温度，K；

p_G、p_L——气、液相压力，kPa；

μ_{Gi}、μ_{Li}——气、液相化学势，kJ/mol。

而各组分的化学势为

$$\mu_{Gi}=\mu_{Li}=\mu_{Gi}^{0}+RT\ln(p_i/p^0)$$

当气液两相平衡时，

$$f_{Gi}=f_{Li}$$

式中　f_{Gi}、f_{Li}——组分 i 在气液两相中的逸度。

$$f_{Gi}=f_{G0}\cdot y_i \tag{6-27}$$

$$f_{G0}=\varphi\cdot p_i^{*} \tag{6-28}$$

式中　f_{G0}——纯组分逸度，kPa；

y_i——i 组分在气体中的摩尔分数；

φ——i 组分的逸度系数；

p_i^{*}——纯 i 组分的饱和蒸气压。

液相中 i 组分的逸度计算：

$$f_{Li}=f_{L0}\cdot x_i\cdot\gamma_i \tag{6-29}$$

式中　f_{L0}——纯组分液体逸度，kPa；

x_i——i 组分在液体中的摩尔分数；

γ_i——i 组分的活度系数。

由于气液平衡，i 组分在两相中逸度相等。因此，根据式（6-27）、式（6-28）和式（6-29）可得

$$\varphi\cdot p_i^{*}\cdot y_i=f_{L0}\cdot x_i\cdot\gamma_i$$

因此，

$$\frac{y_i}{x_i}=\frac{f_{L0}\gamma_i}{p_i^{*}\varphi}=K_i \tag{6-30}$$

式中　K_i——i 组分的气液平衡常数。

6.3.2　化学吸收的气液平衡

如果在吸收过程中，溶质与溶剂发生化学反应，则此吸收操作称为化学吸收（chemical absorption）。如硫酸吸收氨，碱液吸收二氧化碳等。化学吸收可大幅度地提高溶剂对溶质组分的吸收能力。比如 CO_2 在水中的溶解度很低，但若以 K_2CO_3 水溶液吸收 CO_2，则在液相中发生下列反应：

$$K_2CO_3+CO_2+H_2O = 2KHCO_3$$

从而使 K_2CO_3 水溶液具有较高的吸收 CO_2 能力，同时化学反应本身的高度选择性必定赋予吸收操作高度的选择性。作为化学吸收可被利用的化学反应一般应满足两个条件：

① 可逆性反应。如果不可逆，吸收剂不能再生和循环使用，势必消耗大量的吸收剂，这样的过程是不经济的。故不可逆的化学吸收通常仅用于混合气体中溶质含量很低，而又必须较彻底去除或溶液制备等情况。

② 较高的反应速率。若反应速率很慢，整个吸收过程的速率将决定于反应速率，此时可考虑加入适当的催化剂加快反应速率。

在许多具有实际重要性的吸收中，被吸收的组分能与吸收剂（或其活泼部分）发生化学反应。因此，液相中的化学反应就使吸收趋于复杂。当系统达到平衡后，既要服从气液相平衡的

关系，又要服从化学反应平衡关系。被吸收组分的平衡浓度应由上面两项平衡方程式联立求解。

设气体 A 溶解于液相中，和液相中的 B 起化学反应，生成产物 M 和 N，当反应达到平衡时，A 服从相平衡和化学平衡关系：

$$\begin{array}{c} a\mathrm{A(g)} \\ \updownarrow \\ a\mathrm{A(l)}+b\mathrm{B(l)} \rightleftharpoons m\mathrm{M}+n\mathrm{N} \end{array}$$

其中，化学平衡关系为

$$K=\frac{c_{\mathrm{M}}^{m}c_{\mathrm{N}}^{n}}{c_{\mathrm{A}}^{a}c_{\mathrm{B}}^{b}}\times\frac{\gamma_{\mathrm{M}}^{m}\gamma_{\mathrm{N}}^{n}}{\gamma_{\mathrm{A}}^{a}\gamma_{\mathrm{B}}^{b}}=K_{a}K_{\gamma} \tag{6-31}$$

式中 c_{A}、c_{B}、c_{M}、c_{N}——分别为各组分在液相中的浓度，$\mathrm{kmol/m^3}$；

γ_{A}、γ_{B}、γ_{M}、γ_{N}——分别为各组分在液相中的活度系数；

a、b、m、n——分别为各组分在液相中的反应计量系数；

K——化学平衡常数。

则

$$K_{a}=\frac{K}{K_{\gamma}}=\frac{c_{\mathrm{M}}^{m}c_{\mathrm{N}}^{n}}{c_{\mathrm{A}}^{a}c_{\mathrm{B}}^{b}}$$

由此，

$$c_{\mathrm{A}}=\left(\frac{c_{\mathrm{M}}^{m}c_{\mathrm{N}}^{n}}{K_{a}c_{\mathrm{B}}^{b}}\right)^{1/a} \tag{6-32}$$

气液相平衡关系服从亨利定律，根据式（6-26），并将式（6-32）代入，可得

$$f_{\mathrm{A(g)}}^{*}=\frac{c_{\mathrm{A}}}{H_{\mathrm{A}}}=\frac{1}{H_{\mathrm{A}}}\left(\frac{c_{\mathrm{M}}^{m}c_{\mathrm{N}}^{n}}{K_{a}c_{\mathrm{B}}^{b}}\right)^{1/a} \tag{6-33}$$

当气相是理想气体混合物时，上式为

$$p_{\mathrm{A(g)}}^{*}=\frac{1}{H_{\mathrm{A}}}\left(\frac{c_{\mathrm{M}}^{m}c_{\mathrm{N}}^{n}}{K_{a}c_{\mathrm{B}}^{b}}\right)^{1/a} \tag{6-34}$$

式中 ${f_{\mathrm{A(g)}}}^{*}$、$p_{\mathrm{A(g)}}^{*}$——分别为系统平衡时气相中 A 组分的逸度和分压，kPa。

联立求解上述方程组，可以求出组分 A 在气相和液相中的浓度。

为了较深入阐明带化学反应的吸收过程中的气液平衡关系，下面分几种类型分析。

（1）被吸收组分 A(l)和溶剂 B(l)相互作用生成 M(l)

$$\begin{array}{c} \mathrm{A(g)} \\ \updownarrow \\ \mathrm{A(l)}+\mathrm{B(l)} \overset{K'}{\rightleftharpoons} \mathrm{M(l)} \end{array}$$

设 A 被溶剂吸收的总浓度为 c_{A}^{0}，且 $c_{\mathrm{A}}^{0}=c_{\mathrm{A}}+c_{\mathrm{M}}$，

$$K'=\frac{c_{\mathrm{M}}}{c_{\mathrm{A}}c_{\mathrm{B}}}=\frac{c_{\mathrm{A}}^{0}-c_{\mathrm{A}}}{c_{\mathrm{A}}c_{\mathrm{B}}},c=\frac{c_{\mathrm{A}}^{0}}{1+K'c_{\mathrm{B}}}$$

相平衡时，根据 $c_A=H_A p_A^*$，得

$$p_A^*=\frac{c_A^0}{H_A(1+K'c_B)} \tag{6-35}$$

当 A 为稀溶液时，溶剂 B 是大量的，p_A^* 与 c_A^0 表观上仍遵从亨利定律，但溶解度系数为无溶剂化作用时的$(1+K'c_B)$倍。如水吸收氨即属此例。

（2）被吸收组分 A(l)在溶液中离解为 M^{m+}和 N^{n-}

组分 A 从气相溶解进入液相后离解，平衡关系为

$$\begin{array}{c}A(g)\\ H_A\big\Updownarrow\\ A(l)\overset{K'}{\rightleftharpoons}M^{m+}+N^{n-}\end{array}$$

电离平衡：$K'=\frac{c_M^+c_N^-}{c_A}$，当溶液中无其他离子时，

$$c_M^+=c_N^-=\sqrt{K'c_A} \tag{6-36}$$

溶液中组分 A 的总浓度 $c_A^0=c_A+c_M^+=c_A+\sqrt{K'c_A}$

由气液相平衡 $c_A=H_Ap_A{}^*$可得

$$c_A^0=H_Ap_A^*+\sqrt{K'H_Ap_A} \tag{6-37}$$

显然，组分 A 的溶解度为物理溶解量和离解量之和。水吸收 CO_2 即为此类型。

（3）吸收组分与溶液中活性组分的作用

$$\begin{array}{c}A(g)\\ \big\Updownarrow\\ A(l)+B(l)\overset{K'}{\rightleftharpoons}M(l)\end{array}$$

设 B 的初始浓度为 $c_B{}^0$，化学反应平衡转化率为 R，则有

$$c_B=c_B^0(1-R),\ c_M=c_B^0R$$

化学平衡常数 $K_c=\frac{c_M}{c_Ac_B}=\frac{R}{c_A(1-R)}$

相平衡时，根据 $c_A=H_Ap_A{}^*$，得

$$p_A^*=\frac{R}{K_cH_A(1-R)} \tag{6-38}$$

令 $\alpha=K_cH_A$，代入上式，则有

$$R=\frac{\alpha p_A^*}{1+\alpha p_A^*}$$

溶液中组分 A 的总浓度

$$c_A^0=c_A+c_M=c_A+Rc_B^0=H_Ap_A^*+c_B^0\frac{\alpha p_A^*}{1+\alpha p_A^*} \tag{6-39}$$

讨论：

① 物理吸收时，气体的溶解度随分压呈直线关系；而化学吸收则呈渐近线关系，在分压很

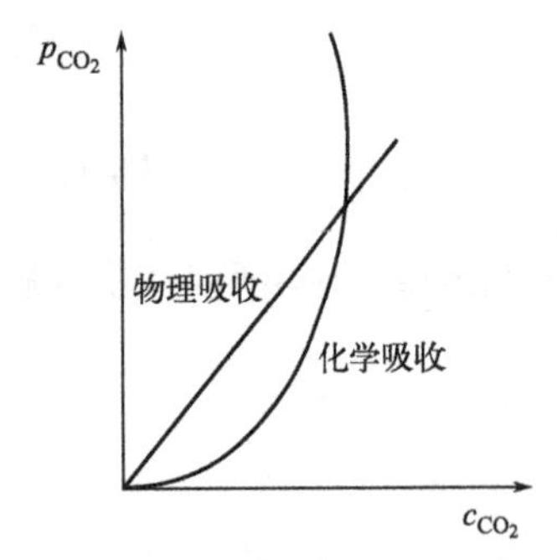

图 6-29　化学吸收的平衡关系

高时，气体的溶解度趋近于化学计量的极限。由图 6-29 可知，物理吸收宜应用于高分压的情况下，而化学吸收宜应用于低分压的情况。

② 各种气体的溶解度的高低，物理吸收主要体现在 H 的数值上；而化学吸收则不同，主要取决于 $\alpha(H_AK_c)$乘积的数值，即除了 H_A 值外，化学平衡常数 K_c 更具有特殊的选择性。

③ 物理吸收溶解热较小，仅数千焦耳每摩尔，而化学吸收溶解热高达数万焦耳每摩尔。因此，温度改变对化学吸收平衡的影响较物理吸收时更为强烈。

6.3.3　化学吸收过程的传质系数

溶质从气相转移到液相的传质过程，可分为以下三个步骤：

① 溶质由气相主体向相界面传递，即在单一气相内传递物质；

② 溶质在气液相界面上的溶解，由气相转入液相，即在相界面上发生溶解过程；

③ 溶质自气液相界面向液相主体传递，即在单一液相内传递物质。

通常，界面上发生的溶解过程是很容易进行的，其阻力很小，一般认为界面上气液两相溶质的浓度满足平衡关系，故总传质速率将由气相与液相内的传质速率所决定。所以研究气液两相的相际传质过程，应该先从基本的单相传质或相内传质问题出发。

不论溶质在气相中还是在液相中，它在单一相里的传质有两种基本形式，一种是在静止或呈层流流动的流体中，溶质以浓度梯度为推动力，靠分子运动进行传质，称为分子扩散（molecular diffusion）；另一种是当流体流动或搅拌时，流体质点的宏观运动使组分从高浓度向低浓度传递，称为对流传质或湍流扩散（turbulent diffusion）。这两种不同形式的传质方式往往同时存在，只是在不同的情况下，各自所占的比重不同。分子扩散和对流传质的规律与热量传递中的导热和对流传热相似。

6.3.3.1　相际对流传质——双膜理论

吸收过程是溶质在两流体流动时通过相界面由气相向液相进行的传质过程，此方式为相际对流传质，如用溶剂水吸收混合气中的 CO_2。相际对流传质过程是一复杂过程，为了揭示影响传质过程的主要因素、提出吸收过程的强化途径、满足吸收塔设计的需要，不少研究者对相际对流传质过程加以简化、提出假设、建立数学模型，即采用数学模型法研究，对此前人提出了几种不同的简化模型，以便有效地确定吸收过程的传质速率，其中双膜模型在传质理论方面影响较大，得到了广泛的认可。

双膜理论（two-film theory）是在双膜模型的基础上提出的，它把复杂的对流传质过程描述为溶质以分子扩散的形式通过两个串联的有效膜，认为扩散所遇到的阻力等于实际存在的对流传质阻力，其模型如图 6-30 所示。

双膜理论的基本假设如下：

① 相互接触的气液两相之间存在一个稳定的相界面，相界面两侧分别存在着稳定的气膜和液膜。膜内流体的流动状态为层流，溶质 A 以分子扩散的方式连续通过气膜和液膜，由气相主体传递到液相主体。

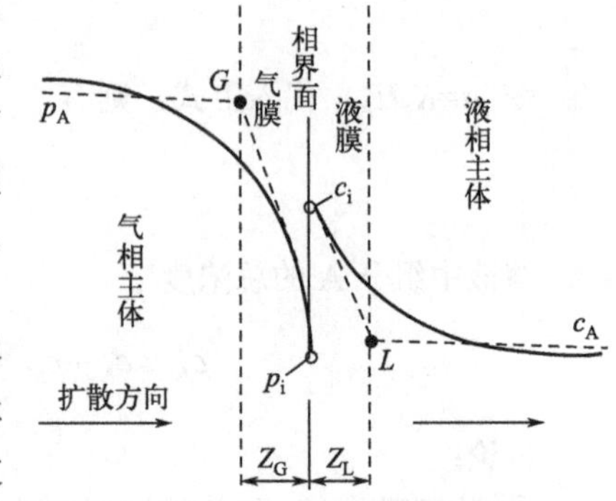

图 6-30　双膜理论示意图

② 相界面处，气液两相达到相平衡，界面处无扩散阻力。

③ 在气膜和液膜以外的气液主体中，由于流体的充分湍动，溶质 A 的浓度均匀，溶质主要以涡流扩散的形式传质。

根据上述的双膜理论，在吸收过程中，溶质首先由气相主体以涡流扩散的方式到达气膜边界，再以分子扩散的方式通过气膜到达气液界面，在界面上溶质不受任何阻力由气相进入液相，然后在液相中以分子扩散的方式穿过液膜到达液膜边界，最后又以涡流扩散的方式转移到液相主体。它把复杂的传质过程简化为溶质通过两个层流膜的分子扩散过程，而在相界面处及两相主体内均无传质阻力。那么整个相际对流传质阻力全部集中在两个层流膜层内，即当两相主体浓度一定时，通过两个膜的传质阻力决定了传质速率的大小。因此，双膜理论又称双膜阻力理论。

设 N_A 为气-液相间的传质速率

$$N_A = \frac{D_{AG}}{\delta_G}(p_{AG} - p_{Ai}) = \frac{D_{AG}}{\delta_G}(c_{Ai} - c_{AL}) \tag{6-40}$$

界面上，$c_{Ai} = H_A p_{Ai}$，代入式（6-40）消去界面浓度 c_{Ai} 和 p_{Ai}，则 N_A 为

$$N_A = K_G(p_{AG} - p_A^*) = K_L(c_A^* - c_{AL}) \tag{6-41}$$

$$K_G = \frac{1}{\dfrac{1}{k_G} + \dfrac{1}{H_A k_L}} \tag{6-42}$$

$$K_L = \frac{1}{\dfrac{H_A}{k_G} + \dfrac{1}{k_L}} \tag{6-43}$$

$$p_A^* = \frac{c_{AL}}{H_A}$$

$$c_A^* = H_A p_{AG}$$

式中 p_A^*——与液相 c_L 相平衡的气相分压，MPa；

c^*——与气相 p_G 相平衡的液相浓度，kmol/m³；

δ_G、δ_L——分别为气膜和液膜的有效厚度，m；

k_G、k_L——分别等于 $D_G/(RT\delta_G)$ 和 D_G/δ_L；

D_{AG}——表示组分在气体中的分子扩散系数，m²/s。

当流体流速不太高时，两相有一稳定的相界面，用双膜理论描述两流体间的对流传质与实际情况较为符合。但当流体流速很大时，实际测得的对流传质结果与双膜理论描述的情况并不一致，这主要是由于气液两相界面不断更新，即已形成的界面不断破灭，而新的界面不断产生的缘故。但双膜理论对此并未考虑，故其虽然简单，但有它的局限性。针对双膜理论的局限性，人们又相继提出了一些新的传质理论，如溶质渗透理论、表面更新理论等。在某些情况下，这些理论对实际对流传质过程的描述得较为成功，有关内容本书不作详述。

6.3.3.2 化学吸收过程的传质系数

只有当反应主要是在扩散膜中进行，即反应进行的速度适中时，才有必要同时考虑扩散和化学反应。很慢的化学反应，大抵是在液相主体中进行，可以略去在扩散中的反应，这样的过程，就可像简单吸收那样地看作是组分通过薄膜的扩散过程。唯一的不同在于化学反应的进行，降低了液相主体中的组分浓度。如果是很高的反应速率，则可设想反应是在位于扩散膜中的狭

隘反应带进行的；此时的吸收速度，就决定于组分和吸收剂活泼部分到反应带的扩散速度。

在一切情况下，液相中的化学反应，都要降低该相中的组分含量，从而加大浓度梯度，并且提高吸收速度。化学吸收过程较复杂，传质系数一般仍采用物理吸收的形式，而在液膜传质系数 k_L 前乘以化学吸收增强因子β以示吸收速率增强。

以界面为基准的化学吸收速率 N_A 和基准物理吸收速率 N_A^1 之比值称为化学吸收增强因子β，记作

$$\beta=\frac{N_A}{N_A^1}，或N_A=\beta N_A^1 \tag{6-44}$$

引进β后，可以把 N_A 表示成β和 N_A^1 的乘积。对于物理吸收过程的研究以及相关参数的计算已经较为成熟，可以直接引用。对于化学吸收而言，只需求出β即可计算出 N_A。

对于可逆反应

气相一侧

$$N_A=k_G(p_{AG}-p_{Ai})$$

界面

$$c_{Ai}=H_A p_{Ai}$$

液相一侧

$$N_A=\beta k_L(c_{Ai}-c_{AL})$$

气-液相间吸收速度

$$N_A=k_G(p_{AG}-p_A^*)=k_L(c_A^*-c_{AL})$$

$$K_G=\frac{1}{\dfrac{1}{k_G}+\dfrac{1}{\beta H_A k_L}}，\ p_A^*=\frac{c_{AL}}{H_A}$$

$$K_L=\frac{1}{\dfrac{H_A}{k_G}+\dfrac{1}{\beta k_L}}，\ c_A^*=H_A p_{AG}$$

化学吸收的 k_G 和 k_L 和物理吸收的 k_G 和 k_L 相比，其中增加了化学吸收增强因子β。

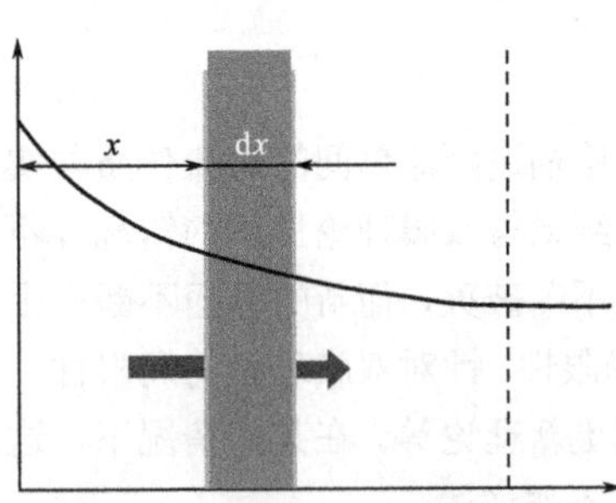

图 6-31 扩散微分方程建立示意图

如图 6-31 所示，对于一级不可逆反应，在液膜内任取厚度为 dx 的微元体积，对 A 作物料衡算

〔扩散进入量〕-〔扩散离开量〕=〔化学反应量〕

$$D_{AL}\frac{dc_A}{dx}-\left[-D_{AL}\frac{d(dc_A+dx)}{dx}\right]=r_A dx$$

$$\frac{d^2c_A}{dx^2}=\frac{r_A}{D_{AL}} \tag{6-45}$$

式（6-45）为 A 在液膜内的扩散反应方程。

对于 B，在液膜内的扩散反应方程为

$$\frac{d^2c_B}{dx^2}=\frac{r_B}{D_{BL}} \tag{6-46}$$

当 B 不挥发，即 $\frac{dc_B}{dx}=0$ 时，在边界条件为x=0，c_A=c_{Ai}的情况下，解微分方程式（6-45）得

$$N_A=-D_{AL}\left(\frac{dc_A}{dx}\right)_{x=0}=-k_L c_{Ai}\frac{d\overline{c_A}}{d\overline{x}}\bigg|_{\overline{x}=0}=-k_L c_{Ai}\cdot\frac{\sqrt{M}\left[\sqrt{M}(\alpha_L-1)+th\sqrt{M}\right]}{(\alpha_L-1)\sqrt{M}th\sqrt{M}+1} \tag{6-47}$$

式中，$M=\dfrac{k_1\delta_L}{k_L}=\dfrac{D_{AL}k_1}{k_L^2}$，是一个量纲系数，表示液膜中化学反应速率和传质速率的相对大小；$\alpha_L=V/\delta_L$，表示液相容积和液膜厚度之比。

物理吸收的速率为

$$N_A^1=k_L(c_{Ai}-c_{AL}) \tag{6-48}$$

当假设 c_{AL} 为零时，将式（6-47）、式（6-48）代入式（6-44），得

$$\beta=\frac{\sqrt{M}\left[\sqrt{M}(\alpha_L-1)+th\sqrt{M}\right]}{(\alpha_L-1)\sqrt{M}th\sqrt{M}+1} \tag{6-49}$$

气-液反应首先应用于净化气体，一般称为化学吸收。20 世纪 70 年代以后随着石油化工的迅速发展，气-液反应开始应用于制取产品。对于气液反应器，人们考虑了液膜中的传质过程对化学反应的影响程度。和气-固相催化反应相似，提出了液相反应利用率η的概念：

$$\eta=\frac{\text{液相中实际反应速率}}{\text{按}c_{Ai}\text{计算的理论反应速率}}=\frac{N_A}{k_1c_{Ai}V}=\frac{\beta k_Lc_{Ai}}{k_1c_{Ai}V}=\frac{\left[\sqrt{M}(\alpha_L-1)+th\sqrt{M}\right]}{\alpha_L\sqrt{M}\left[(\alpha_L-1)\sqrt{M}th\sqrt{M}+1\right]} \tag{6-50}$$

另外必须指出，计算增强因子时，需假设 c_{AL} 为零。这一假设的前提是不可逆反应，反应速率大，反应在液膜中已经完成了。

下面就几种特殊情况对式（6-49）和式（6-50）进行讨论。

（1）在液膜内完成快速反应

当 $M\gg1$ 时，反应在液膜内完成，$\sqrt{M}>3$，$th\sqrt{M}\to1$，则 $\beta=\sqrt{M}$，式（6-47）可简化为

$$N_A=\sqrt{M}k_Lc_{Ai}=\sqrt{D_{AL}k_1}c_{Ai}$$

因此，提高界面浓度 c_{Ai} 和反应速率常数 k_1 或强化液相湍动程度 k_L，都能有效地提高吸收速率。

此时，由式（6-50）可知，$\eta=\dfrac{\beta k_Lc_{Ai}}{k_1c_{Ai}V}=\dfrac{\beta}{M\alpha_L}=\dfrac{1}{\alpha_L\sqrt{M}}$

如果 $\sqrt{M}\gg1$，$\alpha_L\gg1$，则$\eta\to0$，表明反应在液膜内完成，液相反应浓度 $c_{AL}\to0$。

（2）α_L 很大的中速反应

对于中速反应，反应在液膜和液流主体中进行。当 α_L 很大时，反应在液流主体中能反应完毕，$c_{AL}\to0$。α_L 很大意味着积液量大，具有充足的反应空间。

当 $\alpha_L\gg1$，且 $\alpha_L-1\geqslant\dfrac{1}{\sqrt{M}th\sqrt{M}}$ 时，式（6-49）简化为

$$\beta=\frac{\sqrt{M}}{th\sqrt{M}}$$

$$\eta=\frac{\beta}{M\alpha_L}=\frac{1}{\alpha_L\sqrt{M}th\sqrt{M}}$$

对于中速反应，增大积液量，使 α_L 较大，可使反应在液流主体中进行完毕，但η较小。

（3）在液流主体中进行的慢速反应

当 $M\ll1$ 时，反应将在液流主体中进行，此时 $th\sqrt{M}\to\sqrt{M}$，式（6-49）简化为

$$\beta=\frac{\alpha_LM}{\alpha_LM-M+1} \tag{6-51}$$

$$\eta=\frac{1}{\alpha_LM-M+1} \tag{6-52}$$

$$\alpha_L M=\frac{Vk_1\delta_L}{\delta_L k_L}=\frac{Vk_1}{k_L}\times\frac{c_{Ai}}{c_{Ai}}=\frac{\text{液相反应速率}}{\text{液膜传质速率}}$$

① $\alpha_L M\gg 1$，液相反应速率≫液膜传质速率，反应在液流主体中进行完毕，$c_{AL}\to 0$。

$$\beta=\frac{\alpha_L M}{\alpha_L M-M+1}=\frac{\alpha_L M}{\alpha_L M}=1,\quad \eta=\frac{1}{\alpha_L M-M+1}=\frac{1}{\alpha_L M}$$

$N_A=k_L c_{Ai}$，加强湍动程度，提高 k_L 可以提高 N_A。

② 当 $\alpha_L M\ll 1$，液相反应速率≪液膜传质速率，反应不完全，c_{AL} 较大。

$$\beta=\frac{\alpha_L M}{\alpha_L M-M+1}=\alpha_L M=\frac{Vk_1}{k_L},\quad \eta=\frac{1}{\alpha_L M-M+1}=1$$

$N_A=\beta k_L c_{Ai}=Vk_1 c_{Ai}$，提高 V 和 k_1 有利于提高 N_A，而加强湍动程度则是无用的。

【例 6-6】 若采用 NaOH 水溶液吸收空气中的 CO_2，反应过程属瞬间反应：

$$CO_2+2OH^-=\!=\!=2H^++CO_3^{2-}$$

吸收温度为 25℃，已知 CO_2 在空气和水中的传质数据如下：k_{AG}=0.789mol/(h・m²・kPa)；k_{AL}=25L/(h・m²)；H_A=3039.9kPa・L/mol。求：

（1）当 p_{CO_2}=1.0133kPa，c_{NaOH}=2mol/L 时的吸收速率；

（2）当 p_{CO_2}=20.244kPa，c_{NaOH}=0.2mol/L 时的吸收速率；

（3）它们与纯水吸收 CO_2 比较，吸收速率加快了多少倍？

解：

（1）$c_{BL}^0=\left(\frac{\alpha_B}{\alpha_A}\right)\left(\frac{k_{AG}}{k_{AL}}\right)\left(\frac{D_{AL}}{D_{BL}}\right)p_{AG}=\left(\frac{-2}{-1}\right)\times\left(\frac{0.789}{25}\right)\times 1.0133=0.064(\text{kmol/m}^3)$

$$c_{BL}=2\ \text{kmol/m}^3,\ c_{BL}^0>c_{BL},\ p_{Ai}=0;\ \beta\to 0$$

$$-\frac{dn_A}{dt}=k_{AG}p_{AG}=0.789\times 1.0133=0.8[\text{mol}/(\text{m}^2\cdot\text{h})]$$

（2）$c_{BL}^0=\left(\frac{\alpha_B}{\alpha_A}\right)\left(\frac{k_{AG}}{k_{AL}}\right)\left(\frac{D_{AL}}{D_{BL}}\right)p_{AG}=\left(\frac{-2}{-1}\right)\times\left(\frac{0.789}{25}\right)\times 20.244=1.28(\text{kmol/m}^3)$

$$c_{BL}=0.2\text{kmol/m}^3,\ c_{BL}^0>c_{BL},\ c_{Ai}=\frac{p_{Ai}}{H_A}=\frac{20.244}{3039.9}=6.66\times 10^{-3}$$

$$\beta=\left(\frac{\alpha_A}{\alpha_B}\right)\left(\frac{c_{BL}}{c_{AL}}\right)\left(\frac{D_{BL}}{D_{AL}}\right)=1\times\left(\frac{-2}{-1}\right)\times\left(\frac{0.2}{6.66\times 10^{-3}}\right)=60.06$$

$$-\frac{dn_A}{dt}=\frac{1}{\frac{1}{k_{AG}}+\frac{H_A}{k_{AL}\beta}}=\frac{1}{\frac{1}{0.789}+\frac{3039.9}{25\times 60.06}}\times 20.244=6.149\text{mol}/(\text{m}^2\cdot\text{h})$$

（3）纯水吸收 CO_2 时，β=1；p=1.0133kPa 时，

$$-\frac{dn_A}{dt}=\frac{1}{\frac{1}{k_{AG}}+\frac{H_A}{k_{AL}}}=\frac{1.0133}{\frac{1}{0.789}+\frac{3039.9}{25}}=0.00825[\text{mol}/(\text{m}^2\cdot\text{h})]$$

用 NaOH 吸收时，

$$-\frac{dn_A}{dt}=0.8[\text{mol}/(\text{m}^2\cdot\text{h})]$$

则吸收速率比为 0.8/0.00825=97，吸收速率加快了 96 倍。

纯水吸收 CO_2 时，β=1；p=20.244kPa 时，

$$-\frac{\mathrm{d}n_{\mathrm{A}}}{\mathrm{d}t}=\frac{1}{\frac{1}{k_{\mathrm{AG}}}+\frac{H_{\mathrm{A}}}{k_{\mathrm{AL}}}}=\frac{20.244}{\frac{1}{0.789}+\frac{3039.9}{25}}=0.1648[\mathrm{mol}/(\mathrm{m}^2\cdot\mathrm{h})]$$

则吸收速率比为 6.149/0.1648=37，吸收速率加快了 36 倍。

6.3.4　工业生产对气液吸收设备的要求

① 具备较高的生产强度。根据反应系统的特性选择反应器，使反应器具备较高的生产强度。

a. 膜控制系统，应选择气相容积传质系数大的反应器，例如喷射塔和文丘里反应器等。

b. 快速反应系统，反应在界面附近的液膜中进行，应选择表面积较大，而且容积较大的反应器，例如填料塔和板式反应器等。

c. 缓慢反应系统，反应在液流主体中进行，应选择液相容积大的设备，例如鼓泡反应器和搅拌鼓泡反应器等。

② 有利于提高反应的选择性。对于多重反应，选择的反应器要有利于主反应，而要抑制副反应。例如对于平行反应，主反应快而副反应慢，则要选择储液量较少的反应器来抑制副反应的发生。

③ 有利于降低能耗。为了使气–液两相分散接触，需要消耗一定的动力，就比表面积而言，喷射吸收器所需的能耗最小，其次是搅拌反应器和填料塔，文氏管和鼓泡反应器所需的能耗最大。

④ 有利于控制反应温度。气液反应大部分是放热反应，如何排除反应热、控制好操作温度是十分重要的。例如板式塔可以安置冷却盘管，但在填料塔中，排除反应热就比较麻烦，通常只能提高液体喷淋量把湿热带走，但动力消耗大量提高。

⑤ 能在较小液体流速下操作。液体流速小，液相转化率高，动力消耗也小，但液体流速的大小应符合反应器的基本要求。

上述各种气–液吸收反应器各具特点，可供选择的填料品种也很多，应视实际情况选用。请参阅有关专业书籍。

6.4　液固过程——浸取

浸取和萃取是两个不同的传质过程。在化工原理课程中我们学过萃取，萃取是从液体中提取有效成分的均相过程，其目的是分离液体混合物。浸取是利用浸取剂从固体中提取有效成分的多相过程，目的是分离固体混合物。浸取所采用的方法视矿物的性质及颗粒的大小而定。假定溶质均匀地分布在固体物中，则靠近表面的物质将最先溶解，而使固体残渣具有多孔性的结构。因此，当溶剂能和较里面的溶质相接触以前，就必须先渗透最外面的一层，这样就导致浸取过程渐渐变得困难，浸取速率也就变得更慢。倘若溶质在固体物中具有很大百分率，则此多孔性的结构几乎可立刻崩溃，使更多的溶剂趋向于溶质。浸取过程一般认为包含三个步骤：首先溶质溶解于溶剂中发生相的变化；其次溶质通过在固体物小孔中的溶剂而向颗粒外面扩散；最后溶质向溶液主体中移动。这个过程中的任何一个步骤都可能成为浸取速率的主要控制步骤。但第一步通常进行得较快，因此扩散对浸取的速率影响较大。为了加快浸取速率，一般采用搅拌操作。因此，本节首先讨论搅拌对浸取过程的影响，然后讨论固体的溶解过程。

6.4.1　搅拌过程中流体力学相似系数、阻力系数和功率系数

搅拌是化学工业中最复杂的过程之一。在搅拌的同时会发生流体流动、物质交换和热量交

换的现象。这些复杂现象可以用复杂微分方程式来说明，但这些方程式常不能用一般的解析法解出。在这种情况下，就不得不借助于对以上现象的实验研究，综合个别现象的研究结果，并用相似论的方法整理实验数据，应用到范围较广的相似现象中去。一般相似条件指几何相似与时间和空间的物理相似。

几何相似的条件为：已知物体及其相似体的相应尺寸在空间内彼此互相平行，且其比值为常数。

试研究在某一设备中进行的搅拌过程，设备尺寸为：高度 H_1，直径 D_1，搅拌叶波及其圆周直径 d_1，由底至搅拌叶距离 y_1。相似设备的相应尺寸为：H_2、D_2、d_2 和 y_2。此时几何相似要求各相应尺寸（高度、直径等）在空间内处于互相平行的位置，且其比值为一常数 a_1，亦即可得等式如下：

$$\frac{H_1}{H_2}=\frac{D_1}{D_2}=\frac{d_1}{d_2}=\frac{y_1}{y_2}=a_l$$

显然这些比值是无量纲数值，常数 a_1 称为比例常数。

在已知系统范围内此等量的比值，可以用下式表示：

$$\frac{H_1}{D_1}=\frac{H_2}{D_2}=i_1\text{及}\frac{d_1}{y_1}=\frac{d_2}{y_2}=i_2$$

比值 i 称为相似定数。

相似定数与比例常数同样为无量纲数值，并且从已知系统转换到另一相似系统时，其值仍保持不变。

如果已知设备的高度 H_1 与它的直径 D_1 的比值为 1，则所有相似设备的任一高度 H_2 和直径 D_2 的比值必须为

$$\frac{H_1}{D_1}=\frac{H_2}{D_2}=1$$

时间和空间的物理相似的条件为：在所有被研究的相似系统中，任意两个相应点（在空间和时间上）的物理量的比值是一个常数，即

$$\frac{\rho_1}{\rho_2}=a_\rho；\quad \frac{\mu_1}{\mu_2}=a_\mu；\quad \frac{\omega_1}{\omega_2}=a_\omega$$

式中，ρ_1、μ_1、ω_1 和 ρ_2、μ_2、ω_2 分别为已知系统及相似系统中的液体密度、黏度和运动的速度；a_ρ、a_μ、a_ω 为相应物理量的比例常数。

搅拌雷诺数为

$$Re=\frac{nd^2\rho}{\mu}$$

雷诺数是惯性力与黏滞力之比。在搅拌系统中，惯性力=$\rho u\frac{\partial u}{\partial x}$；黏滞力=$\mu\frac{\partial^2 u}{\partial y^2}$。在只有重力作用，而没有内部摩擦力的过程中，如果存在相似性，则在各比较点上作用于单位液体体积的各种力之比也必须相同。

作用于单位体积的重度为

$$\gamma=\rho g$$

式中　g——重力加速度。

对于几何相似的流线分布，若不计黏度，则

$$\frac{\text{惯性力}}{\text{重力}}=\frac{\rho u\dfrac{\partial u}{\partial x}}{\rho g}=\frac{u\dfrac{\partial u}{\partial x}}{g}=\frac{\omega^2}{gl}$$

所得的无量纲复合量称为弗鲁德系数，并表示为

$$Fr=\frac{\omega^2}{gl}$$

如果我们希望同时考虑内部摩擦力（Re）与重力（Fr）的影响，那么为了保证进行模型试验与生产试验时完全物理相似，必须使雷诺数和弗鲁德数都相等。

可是，能够同时满足这两个条件的情况是不多的。这很容易解释，例如取已知系统与相似系统中的特性长度比为

$$\frac{l_1}{l_2}=\frac{1}{2}\text{或}l_2=2l_1$$

假如这两个系统的黏度和密度是相同的，则根据雷诺数条件应为

$$\omega_2=\frac{1}{2}\omega_1$$

另外，根据弗鲁德数条件应为

$$\frac{\omega_1^2}{l_1 g}=\frac{\omega_2^2}{l_2 g}\text{或}\omega_2=\sqrt{2}\omega_1$$

这和雷诺数的条件是矛盾的。

因此很显然，同样的液体在模型试验或生产试验中不可能同时适应雷氏条件和弗氏条件，故在研究这种现象的时候，必须确定重力或摩擦力中哪一个具有最主要的意义。

当搅拌时，搅拌器的桨叶常浸入液体中，且有一定深度。由于液体具有黏度，因此对桨叶的运动产生阻力。可证明：液体的黏度是破坏与桨叶表面相毗连的液膜生成漩涡的因素，因而亦消除了在桨叶上面的雷诺数，在搅拌方面具有首要意义。

如果搅拌器浸入液体内的深度不够，以致在液面上形成波浪，在这种情况下必须研究重力的影响。因此，在整理试验数据时，必须引用弗鲁德系数。

物体在流体中运动所产生的阻力可用下式来表示

$$S=\zeta_1 F\frac{\omega^2}{2g}$$

式中 S——介质阻力，kg；

ξ_1——阻力系数，取决于运动物体引起的介质运动的特性和物体的几何形状；

F——物体在垂直运动方向平面上的投影面积，m^2；

ω——物体在介质中的运动速度，m/s；

g——重力加速度，m/s^2。

计算许多因素对介质中物体运动影响的困难性都包括在阻力系数ξ_1中。但如果物体浸入介质到一定深度处，则由式（6-53）所得到的系数ξ_1已足够正确。在图6-32中所示曲线即能很好地表示出试验所得的数据。

采用桨叶的一般式：

$$\zeta_1=f(Re) \tag{6-53}$$

能得到消耗于阻力的功率系数。

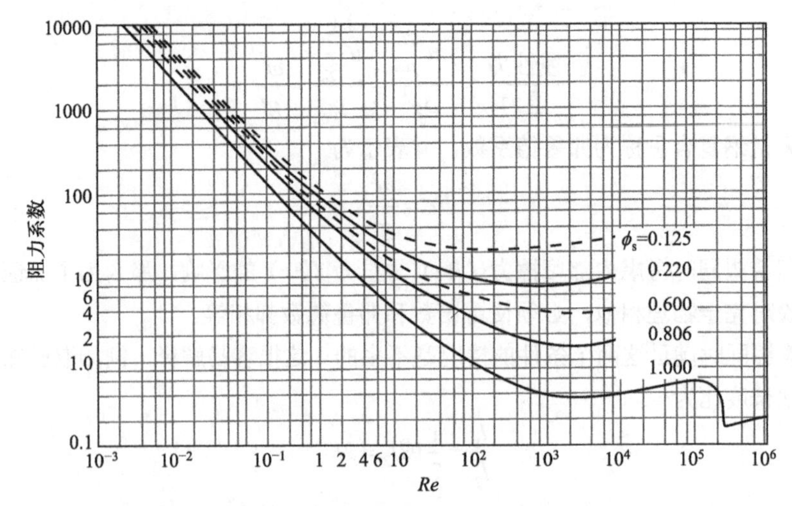

图 6-32　各种形状的物体运动时的阻力系数与雷诺数的关系

令：r——桨叶波之圆周半径，m；

d——桨叶波之圆周直径，

h——桨叶的高度，m；

y——桨叶下面的边缘和设备底面间的距离，m；

H——设备中液面的高度，m；

D——设备的直径，m；

n——搅拌器每秒转数；

ω——距搅拌轴为 x 的单位桨叶的圆周速度，m/s；

dx——单位桨叶的宽度，m。

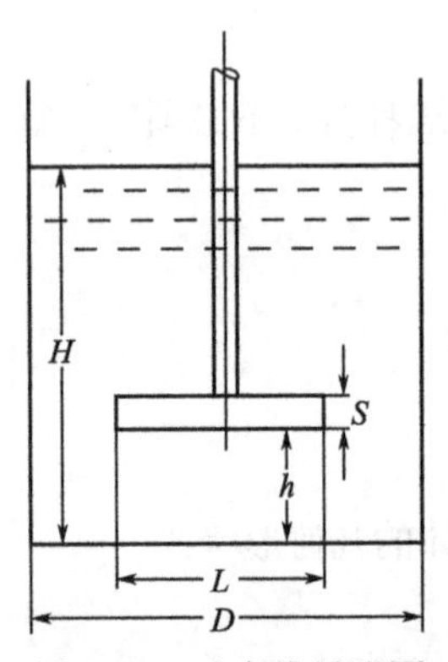

图 6-33　功率推导附图

研究单位面积的桨叶（见图 6-33），可将克服液体阻力的能量 dp 表示为

$$\mathrm{d}p = \mathrm{d}sg\omega \tag{6-54}$$

式中，$\mathrm{d}s = \xi_1 h\mathrm{d}x\dfrac{\omega^2 \bullet \gamma}{2g}$；$\omega$=2π$nx$。代入式（6-54）得

$$\partial p = \frac{(2\pi)^3\gamma}{2g}\zeta_1 n^3 hx^3 \mathrm{d}x$$

将上式从 0 到 r 积分得

$$p = \frac{(2\pi)^3\gamma}{2g}\zeta_1 n^3 h\frac{r^4}{4}$$

将式中的常数项集中为一个常数 a，而桨叶高 h 以桨叶直径 d 来表示，重度γ用液体密度ρ来代替，由此得到直径为 d 的整个桨叶的能量方程式

$$p = a\zeta_1 n^3 d^5 \rho$$

式中 $a = 3.87\dfrac{h}{d}$。取 $a\zeta_1$=ζ代入，得

$$\zeta = \frac{p}{d^5 n^3 \rho} \tag{6-55}$$

因为 $\zeta = f\left(Re\right)$，

所以

$$\frac{p}{d^5n^3\rho}=f(Re)$$

或
$$\frac{p}{d^5n^3\rho}=f\left(\frac{nd^2\rho}{\mu}\right) \tag{6-56}$$

由此可见，在搅拌时，雷诺数具有决定性系数的性质，而无量纲复合量$\frac{p}{d^5n^3\rho}$则具有被决定系数即功率系数的性质。

6.4.2　浸取过程中固体在液体中的溶解过程

在物质传递理论中，确定了下列物质交换系数间的关系：

$$Nu=ARe^m Pr^n \tag{6-57}$$

式中　Nu——努塞尔数，表示两相分界处的物质交换情况；

A——常数；

Re——雷诺数；

Pr——普朗特数，表示产生物质交换介质的物理性质。

其中，努塞尔数为

$$Nu=\frac{Kd}{D}\times\frac{10^4}{3600} \tag{6-58}$$

普朗特数为

$$Pr=\frac{\mu}{\rho D}\times 10^4 \tag{6-59}$$

式中　K——物质传递系数；

d——物质交换系统的几何尺寸，m；

D——物质由一相转移到另一相的扩散系数，1/s；

μ——液体的黏度，kg・s/m²；

ρ——液体的密度，kg/m³。

计算浸取过程中固体在液体中的溶解量，按如下的物质交换的一般方程式进行：

$$G=KF_{cp}\tau\Delta c_{cp} \tag{6-60}$$

其中，

$$F_{cp}=\frac{F_0^{\frac{3}{2}}-F^{\frac{3}{2}}}{3(F_0^{\frac{1}{2}}-F^{\frac{1}{2}})} \tag{6-61}$$

$$\Delta c_{cp}=\frac{\Delta c_0-\Delta c}{2.3\lg\frac{\Delta c_0}{\Delta c}} \tag{6-62}$$

式中　G——溶解物质的质量，kg；

K——物质传递系数；

F_{cp}——被溶解物体的平均表面积，m²；

τ——溶解的时间，h；

F_0——物体在溶解前的表面积，m²；

F——物体在当时的表面积，m^2；

Δc_{cp}——被溶解物质的平均浓度差，kg/m^3；

Δc_0——最初的浓度差；

Δc——最终的浓度差，等于 $c_k - c_0$；

c_k——相当于饱和时的浓度；

c_0——时间 τ 时的浓度。

由此可见，计算浸取过程中溶解的物质的量，必须求得物质传递系数 K。为此，需进行实验来研究前述的一般系数关系式（6-57），利用这种系数关系能够确定物质传递系数与其所有影响因素间的关系。

过去曾经研究过四叶桨式搅拌器与旋桨式搅拌器，所得数据加以整理得下列方程式：

对于四叶桨式搅拌器，在 $Re=3.3\times10^2 \sim 7.5\times10^3$ 时，将雷诺数和普朗特数表达式代入式（6-57），得到努塞尔数的表达式为

$$\frac{Kd}{D}=1.96\times10^{-4}\left(\frac{nd^2\rho}{\mu}\right)^{1.4}\left(\frac{\mu}{\rho D}\right)^{1.5} \tag{6-63}$$

同样地，在 $Re=7.5\times10^3 \sim 6.7\times10^5$ 时为

$$\frac{Kd}{D}=0.625\left(\frac{nd^2\rho}{\mu}\right)^{0.62}\left(\frac{\mu}{\rho D}\right)^{0.5} \tag{6-64}$$

对于旋桨式搅拌器，在 $Re=3.3\times10^2 \sim 6.7\times10^5$ 时为

$$\frac{Kd}{D}=1.22\times10^{-3}\left(\frac{nd^2\rho}{\mu}\right)\left(\frac{\mu}{\rho D}\right)^{0.5} \tag{6-65}$$

式中 K——物质传递系数；

d——搅拌器桨叶直径，m；

D——物质溶于液体中的扩散系数，cm^2/s；

n——搅拌器每秒钟的转速；

ρ——液体的密度，kg/m^3；

μ——液体的黏度，$kg\cdot s/m^2$。

根据不同条件，可由式（6-63）、式（6-64）、式（6-65）求出传质系数 K，代入式（6-60），可进一步求出浸取过程中溶解的物质的量 G。

6.4.3 浸取过程的能量消耗

搅拌下的浸取过程的能量消耗主要是搅拌器的功耗，可分为搅拌器在启动时所需的功率与运行时所需的功率。

在启动时所需的功率 N_{II} 消耗在两个方面：一方面克服液体从静止状态到运动时的惯性力 N_1；另一方面克服液体的摩擦力 N_2。即

$$N_{II}=N_1+N_2$$

根据图 6-33 的符号，由桨叶上无穷小的单元传递给液体的单元质量的动能可表示为

物质交换系数与雷诺数的关系为

$$dN_1=\frac{dmg\omega^2}{2} \tag{6-66}$$

式中，dm 为在单位时间内被单元桨叶带动的液体质量，等于

$$\mathrm{d}m=\frac{\mathrm{d}G}{g}=\frac{hg\mathrm{d}xg\omega gr}{g} \tag{6-67}$$

ω为桨叶的圆周速度

$$\omega=2\pi nx \tag{6-68}$$

式（6-67）、式（6-68）代入式（6-66），并对直径为d的全部桨叶积分，得

$$N_1=3.87hd^4n^3\rho \tag{6-69}$$

又设$h/d=k$，及$3.87k=a$，得

$$N_1=ad^5n^3\rho \tag{6-70}$$

消耗在克服摩擦力的能量，显然可由前面得到的式（6-54）对p求功率系数而得

$$N_p=p=\zeta d^5n^3\rho \tag{6-71}$$

启动功率N_{II}等于

$$N_{\mathrm{II}}=N_1+N_2=(a+\zeta)d^5n^3\rho \tag{6-72}$$

在运转时所需的功率（N_p）仅消耗于克服摩擦力，可以用下列公式表示

$$N_p=p=\zeta d^5n^3\rho \tag{6-73}$$

由上可知，计算所需功率，可归结为摩擦系数ζ或下列二系数间函数关系式的确定问题：

$$\frac{p}{d^5n^3\rho}=f\left(\frac{nd^2\rho}{\mu}\right)$$

启动功率与运转功率之比，可由下式表示

$$\frac{N_{\mathrm{II}}}{N_p}=\frac{(a+\zeta)d^5n^3\rho}{\zeta d^5n^3\rho}=\frac{(a+\zeta)}{\zeta}=\frac{a}{\zeta}+1$$

由此，

$$N_{\mathrm{II}}=\left(\frac{a}{\zeta}+1\right)N_p \tag{6-74}$$

而$\zeta=f(Re)$关系的特性，可用下式表示

$$\zeta=\frac{c}{Re^m} \tag{6-75}$$

已知不同型式搅拌器的常数m和c的值，即可由下列方程式求得搅拌器所消耗的运转功率

$$\frac{p}{d^5n^3\rho}=\frac{c}{(\frac{nd^2\rho}{\mu})^m}$$

由此，

$$p=cd^{5-2m}n^{3-m}\rho^{1-m}\mu^m \tag{6-76}$$

上述方程式不同于式（6-55）的地方是其中包括液体黏度μ及常数m和c值，并且在式（6-55）中采用了可变值ζ，此值依雷诺数的值决定。

这样用来测定运转功率的两个方程式，即式（6-55）和式（6-76）。

已知功率p，需要选择搅拌器转数或尺寸时，利用后面的一个方程式比较方便。

参考文献

[1] 时钧，江家鼎. 化学工程手册（上卷）[M]. 第2版. 北京：化学工业出版社，1996.

[2] 顾正桂. 化工分离单元集成技术及应用［M］. 北京：化学工业出版社，2010.
[3] 陈敏恒，丛德洎，方因南，等. 化工原理. 上册［M］. 第3版. 北京：化学工业出版社，2006.
[4] 邓天龙，周桓，陈侠. 水盐体系相图及应用［M］. 北京：化学工业出版社，2013.
[5] 牛自德，陈芳琴，李宝存，陈侠. 水盐体系相图及应用［M］. 天津：天津大学出版社，2001.
[6] 张鎏. 无机物工艺过程原理［M］. 天津：天津大学出版社，1968.
[7] 于遵宏，朱炳辰，沈才大，等编著. 大型合成氨厂工艺过程分析［M］. 北京：中国石化出版社，1993.
[8] 朱炳辰. 化学反应工程［M］. 第3版. 北京：化学工业出版社，2001.

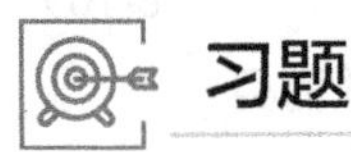

习题

6-1　分析判断下列相平衡状态下的系统自由度。

（1）用蒸馏水溶解纯净的NaCl，使NaCl有剩余。

（2）在上述系统中加入少量的$NaHCO_3$，并使加入的$NaHCO_3$全部溶解。

（3）再加入少量Na_2SO_4，使加入的Na_2SO_4也全部溶解。

（4）继续加入Na_2SO_4，直至加入的Na_2SO_4不再溶解而有剩余。

6-2　含$CaCl_2$ 60%的水溶液，温度100℃，当该系统从100℃冷却到20℃时，过程共分几个阶段？每个阶段发生的相变情况如何？

6-3　含有KCl 5%，K_2SO_4 5%，H_2O 90%的系统在25℃下等温蒸发，基础数据见表6-5。如果系统重100 kg，试计算：

（1）K_2SO_4析出最大时的蒸发水量，K_2SO_4的析出率；

（2）蒸发水量为60kg时K_2SO_4析出量及析出率；

（3）K_2SO_4析出率为85%时的蒸发水量。

表6-5　KCl-K_2SO_4-H_2O体系25℃数据

液相/%（质量分数）		固相组成
KCl	K_2SO_4	
26.4	0	KCl
25.6	1.1	KCl+K_2SO_4
20	2.1	K_2SO_4
15	3.3	K_2SO_4
10	4.9	K_2SO_4
5	7.1	K_2SO_4
0	10.7	K_2SO_4

6-4　某盐湖产混合盐，含NaCl 3.64%（质量分数，下同），$NaSO_4$ 36.38%，$NaHCO_3$ 50.88%，H_2O 9.10%。试用35℃相图（数据见表6-6）分析从混合盐中制取$NaHCO_3$应采取的措施，并以100g混合盐为基准做量的计算。

表6-6　NaCl-Na_2SO_4-$NaHCO_3$-H_2O体系35℃数据

液相/（g/100g盐）			固相组成
NaCl	Na_2SO_4	H_2O	
100	0	276	NaCl
0	100	203.5	Na_2SO_4

续表

液相/（g/100g 盐）			固相组成
NaCl	Na_2SO_4	H_2O	
0	0	844	$NaHCO_3$
94.45	0	267	$NaCl + NaHCO_3$
79.6	20.4	239	$NaCl + Na_2SO_4$
0	81.45	198.5	$Na_2SO_4 + NaHCO_3$
84.6	10.8	240.5	$NaCl + NaHCO_3$
44.6	48.7	219.5	$Na_2SO_4 + NaHCO_3$
75.20	20.45	234	$NaCl + Na_2SO_4 + NaHCO_3$

6-5　当 NaCl 溶液的推动力 $c-c^*$为 0.5g/L 时，在 52℃、62℃及 73℃下其结晶的生长速度分别为 0.022g/(h·cm³)、0.028g/(h·cm³)、0.038g/(h·cm³)，其扩散系数分别为 2.8×10^{-5}cm²/s、3.4×10^{-5}cm²/s、4.3×10^{-5}cm²/s，介面膜厚度分别为 0.022mm、0.0215mm、0.020mm。在上述情况下的速度系数各为多少？其控制因素为何？

6-6　混合气含 CO_2 体积分数为 10%，其余为空气。在 30℃、2MPa 下用水吸收，使得 CO_2 体积分数降到 0.5%，水溶液出口组成 $x_1=6\times10^{-4}$。混合气体处理量为 2240m³/h（按标准状态 T_0=273.15K，p_0=101325Pa），亨利系数 E=200MPa，液相体积总传质系数 $K_{L,a}$=50kmol/(m³·h·kmol/m³)。求每小时用水量。

6-7　含氨体积分数为 3%的空气-氨气混合气，在 20℃下用水吸收其中的氨气。塔内压力为 203kPa，氨在水中的溶解度服从亨利定律，在操作温度下平衡关系为 $p_e=266.6x$(kPa)。试求离塔氨水的最大浓度。

第七章

化学反应平衡

在化工生产和化工工艺设计中，常常需要预测在指定条件下化学反应进行的方向和能够进行到什么程度，即反应的最大转化率是多少，能够得到多少产品，才能够预测产品的生产成本。化学反应进行的限度实际上是用平衡转化率或平衡组成来体现的。讨论化学反应平衡的目的有二，其一，计算平衡常数，了解化学反应的方向和限度；其二，计算平衡组成及其影响因素，作为工业上选择工艺条件的理论依据之一。

本章将介绍化学反应等温方程和平衡常数及其相关的热容、反应热等的计算方法，着重介绍复杂系统的化学反应平衡组成的计算。

7.1 化学反应等温方程和平衡常数

7.1.1 化学反应等温方程

在物理化学课程中，大家已经掌握了化学平衡的准则，即在等温、等压条件下，可以用吉布斯自由能的变化来判断过程的方向和限度。

当系统与外界只做体积功而无其他功时，在一定温度、压力下，系统吉布斯自由能变化为零时，系统即处于平衡状态。这一平衡状态可以是相平衡，也可以是化学平衡。所不同的是前者是各相之间的吉布斯自由能变化为零，后者是生成物与反应物之间的吉布斯自由能变化为零。

对任意的一个化学反应：

$$aA + bB = mM + nN$$

当达到平衡时，则有：

$$m\mu_M + n\mu_N = a\mu_A + b\mu_B \tag{7-1}$$

式中，μ_A、μ_B、μ_M、μ_N分别为组分 A、B、M、N 在一定温度下的化学势；a、b、m、n分别为其化学反应方程式中的计量系数。

将理想气体在一定温度下的化学势表示式：

$$\mu_i = \mu_i^\ominus + RT\ln p_i / p^\ominus \tag{7-2}$$

代入式（7-1）得到：

$$\left(m\mu_M^\ominus + n\mu_N^\ominus\right) - \left(a\mu_A^\ominus + b\mu_B^\ominus\right) = -RT\ln\frac{(p_M/p^\ominus)^m \cdot (p_N/p^\ominus)^n}{(p_A/p^\ominus)^a \cdot (p_B/p^\ominus)^b}$$

令
$$\Delta_r G_m^\ominus = \left(m\mu_M^\ominus + n\mu_N^\ominus\right) - \left(a\mu_A^\ominus + b\mu_B^\ominus\right)$$

则
$$\Delta_r G_m^\ominus = -RT\ln\left(\frac{(p_M / p^\ominus)^m \cdot (p_N / p^\ominus)^n}{(p_A / p^\ominus)^a \cdot (p_B / p^\ominus)^b}\right) \tag{7-3}$$

式中，p_i为组分 i 在平衡时的压力；$\Delta_r G_m^\ominus$为产物和反应物均处于标准态时的吉布斯自由能总和之差，故称为反应的“标准吉布斯自由能变化”。产物和反应物的标准吉布斯自由能按下式计算：

$$\Delta_r G_m^\ominus = \sum \nu_i G_{m,i}^\ominus(\text{产物}) - \sum \nu_j G_{m,j}^\ominus(\text{反应物}) \tag{7-4}$$

在基准状态下$\Delta_r G_m^\ominus$为一定值，则平衡时各组分的压力比亦必为一定值，令其为$K^\ominus$，即

$$K^\ominus = \frac{(p_M / p^\ominus)^m \cdot (p_N / p^\ominus)^n}{(p_A / p^\ominus)^a \cdot (p_B / p^\ominus)^b} \tag{7-5}$$

代入式（7-3）得：

$$\Delta_r G_m^\ominus = -RT\ln K^\ominus \tag{7-6}$$

式中，$K^\ominus$称为化学反应的“标准平衡常数”，它是温度的函数，且没有量纲。

假若上述反应在定温定压条件下进行，其中各分压是任意的，而不是平衡状态的分压。那么，当此反应进行时，反应的吉布斯自由能变化应为

$$\begin{aligned}\Delta_r G_m &= \left(m\mu_M + n\mu_N\right) - \left(a\mu_A + b\mu_B\right) \\ &= \left(m\mu_M^\ominus + n\mu_N^\ominus\right) - \left(a\mu_A^\ominus + b\mu_B^\ominus\right) + RT\ln\frac{(p'_M / p^\ominus)^m (p'_N / p^\ominus)^n}{(p'_A / p^\ominus)^a (p'_B / p^\ominus)^b}\end{aligned} \tag{7-7}$$

令
$$Q_p = \frac{(p'_M / p^\ominus)^m (p'_N / p^\ominus)^n}{(p'_A / p^\ominus)^a (p'_B / p^\ominus)^b}$$

则
$$\Delta_r G_m = \Delta_r G_m^\ominus + RT\ln Q_p$$

将式（7-6）代入，则

$$\Delta_r G_m = -RT\ln K^\ominus + RT\ln Q_p \tag{7-8}$$

注意式中p_i和p'_i的区别，p_i是指平衡时的分压，而p'_i是指任意状态时的分压。因此，$K^\ominus$是标准平衡常数，Q_p不是平衡常数，称为“分压比”或“压力商”。

推广到任意化学反应，只需用a_i代替p_i。在不同场合可以赋予a_i不同的含义：对于理想气体，a_i表示比值$p_i/p_i^\ominus$；对于高压实际气体，a_i表示比值$f_i/p_i^\ominus$；对于理想溶液，a_i表示浓度x_i；对于非理想溶液，a_i表示活度等。于是等温方程可以统一表示为

$$\Delta_r G_m = -RT\ln K^\ominus + RT\ln Q_a \tag{7-9}$$

式中，Q_a称为“活度商”。

式（7-8）或式（7-9）称为范特霍夫（van't Hoff）等温方程。范特霍夫等温方程对化学反应有很重要的意义。用等温方程可判别一化学反应是否能自发进行及进行到什么程度为止。在定温定压条件下，如果一热力学过程的$\Delta G_{T,p}<0$，则意味着此过程能自发进行；如果过程的$\Delta G_{T,p}>0$，则此过程不能自发进行；如果$\Delta G_{T,p}=0$，则表明过程已达到平衡状态。将此原理应用于任意化学反应，从等温方程式（7-9）可以看出：

当$Q_a < K^\ominus$时，$\Delta_r G_m < 0$，反应正向自发进行；

当$Q_a > K^\ominus$时，$\Delta_r G_m > 0$，反应逆向自发进行；

当$Q_a = K^\ominus$时，$\Delta_r G_m = 0$，反应达到平衡。

7.1.2 平衡常数的各种表示方式

按照式（7-6）定义的化学反应平衡常数与参加反应的各物质的标准化学势密切相关，故称为标准平衡常数，以 $K^{\ominus}$ 表示。习惯上，平衡常数还有其他表示形式，统称为“经验平衡常数”，一般简称为平衡常数。标准平衡常数是没有量纲的，而平衡常数有时具有一定的量纲。标准平衡常数与各种形式的平衡常数之间存在确定的换算关系。

（1）气相反应

对于理想气体反应，其标准平衡常数可按式（7-5）表示。可将其改写为

$$K^{\ominus}=\frac{p_{\mathrm{M}}^{m}p_{\mathrm{N}}^{n}}{p_{\mathrm{A}}^{a}p_{\mathrm{B}}^{b}}\cdot(p^{\ominus})^{-\Delta} \tag{7-10a}$$

式中，$\Delta=(m+n)-(a+b)$，表示产物和反应物的计量系数之差，“$p^{\ominus}$”为标准大气压，0.101325MPa。

令
$$K_p=\frac{p_{\mathrm{M}}^{m}p_{\mathrm{N}}^{n}}{p_{\mathrm{A}}^{a}p_{\mathrm{B}}^{b}} \tag{7-10b}$$

$$K^{\ominus}=K_p(p^{\ominus})^{-\Delta} \tag{7-10c}$$

式中，p_i 是各物质平衡时的分压；K_{p} 是用分压表示的平衡常数。

由于分压 p_i 等于系统总压 p 与气相中组分 i 的摩尔分数 y_i 的乘积，即 $p_i=py_i$，代入式（7-10），则

$$K^{\ominus}=\frac{y_{\mathrm{M}}^{m}y_{\mathrm{N}}^{n}}{y_{\mathrm{A}}^{a}y_{\mathrm{B}}^{b}}\left(\frac{p}{p^{\ominus}}\right)^{\Delta}=K_y\left(\frac{p}{p^{\ominus}}\right)^{\Delta} \tag{7-11a}$$

式中，$K_y=\frac{y_{\mathrm{M}}^{m}y_{\mathrm{N}}^{n}}{y_{\mathrm{A}}^{a}y_{\mathrm{B}}^{b}}$。

显然，若$\Delta\neq0$，K_p 就有量纲，其单位为$(\mathrm{Pa})^{\Delta}$。由于气相物质的标准态化学势 $\mu_{\mathrm{i}}^{\ominus}$ 仅是温度的函数，故气相反应的标准平衡常数 $K^{\ominus}$ 仅是温度的函数。由上式可知，K_p 亦仅是温度的函数，与系统压力无关。

如果将各反应物和产物的摩尔分率 y_i 写成 $\frac{n_i}{n_{\mathrm{T}}}$ 的形式，n_{T} 是包括各种惰性气体组分在内的气体混合物的总摩尔数。将其代入式（7-11a），则 $K^{\ominus}$ 可写成：

$$K^{\ominus}=\frac{(n_{\mathrm{M}})^{m}(n_{\mathrm{N}})^{n}}{(n_{\mathrm{A}})^{a}(n_{\mathrm{B}})^{b}}\left(\frac{p}{n_{\mathrm{T}}p^{\ominus}}\right)^{\Delta}=K_n\left(\frac{p}{n_{\mathrm{T}}p^{\ominus}}\right)^{\Delta} \tag{7-11b}$$

式中，$K_{\mathrm{n}}=\frac{(n_{\mathrm{M}})^{m}(n_{\mathrm{N}})^{n}}{(n_{\mathrm{A}})^{a}(n_{\mathrm{B}})^{b}}$。

因此，对于理想气体反应，其标准平衡常数 $K^{\ominus}$ 与 K_p、K_y和 K_n 的关系为

$$K^{\ominus}=K_p\left(p^{\ominus}\right)^{-\Delta}=K_y\left(\frac{p}{p^{\ominus}}\right)^{\Delta}=K_n\left(\frac{p}{n_{\mathrm{T}}p^{\ominus}}\right)^{\Delta} \tag{7-12}$$

对于高压实际气体，且气体不能看作理想气体时，由于非理想气体的化学势表示为 $\mu_i=\mu_i^{\ominus}+RT\ln f_i/p^{\ominus}$，将此式代入式（7-1），可得 K_f与 $K^{\ominus}$ 的关系：

$$K^{\ominus}=\frac{(f_{\mathrm{M}}/p^{\ominus})^{m}(f_{\mathrm{N}}/p^{\ominus})^{n}}{(f_{\mathrm{A}}/p^{\ominus})^{a}(f_{\mathrm{B}}/p^{\ominus})^{b}}=\frac{f_{\mathrm{M}}^{m}f_{\mathrm{N}}^{n}}{f_{\mathrm{A}}^{a}f_{\mathrm{B}}^{b}}(p^{\ominus})^{-\Delta}=K_f(p^{\ominus})^{-\Delta} \tag{7-13}$$

由于物质 i 的逸度 f_i 等于分压 p_i 与逸度系数 ϕ_i 的乘积（理想气体的逸度系数 $\phi_i=1$），而分压 p_i 等于系统总压 p 与气相中组分 i 的摩尔分数 y_i 的乘积，即

$$f_i = p_i\phi_i = py_i\phi_i \tag{7-14}$$

将此式代入上式，即得 K_f、K_y 与 $K^\ominus$ 的关系：

$$K^\ominus = K_f(p^\ominus)^{-\Delta} = K_\phi K_y\left(\frac{p}{p^\ominus}\right)^\Delta \tag{7-15}$$

由于 K_ϕ 与 T、p 有关，故一定温度时的 K_ϕ 与压力有关。

（2）液相反应

对于理想溶液，其化学势表示式为 $\mu_i = \mu_i^\ominus + RT\ln x_i$，将此式代入式（7-1），可得理想溶液中反应的标准平衡常数表示式：

$$K^\ominus = \frac{x_M^m x_N^n}{x_A^a x_B^b} = K_x \tag{7-16}$$

如果参加反应的物质均溶于溶剂中，而溶液为稀溶液，则根据稀溶液中溶质的化学势表示式 $\mu_i = \mu_i^\ominus + RT\ln c_i / c^\ominus$，可得稀溶液中反应的标准平衡常数表示式：

$$K^\ominus = \frac{(c_M / c^\ominus)^m (c_N / c^\ominus)^n}{(c_A / c^\ominus)^a (c_B / c^\ominus)^b} = K_c \tag{7-17}$$

由于溶液中各物质的标准化学势均是温度和压力的函数，故溶液中反应的标准平衡常数与温度和压力有关，但压力的影响可忽略不计，实际上可视为只是温度的函数。

但溶液浓度较大时，则不能看作理想溶液，此时应当以活度 a_i 代替浓度 x_i，即

$$K^\ominus = \frac{a_M^m a_N^n}{a_A^a a_B^b} = K_a \tag{7-18}$$

（3）气固复合反应

反应物中除气体外还含有固体物质的反应称为气固相复合反应。表示复合反应的标准平衡常数时，只要写出参加反应的各气态物质的分压即可，而固体物质无须出现在标准平衡常数的表达式中，例如反应 $a\mathrm{A(s)} + b\mathrm{B(g)} \xlongequal{} m\mathrm{M(g)} + n\mathrm{N(s)}$，其中反应物 A 和产物 N 为固体，则其标准平衡常数为

$$K^\ominus = \frac{(p_M / p^\ominus)^m}{(p_B / p^\ominus)^b} \tag{7-19}$$

但是，由于纯固体物质的标准化学势均是温度和压力的函数，所以复合反应的标准平衡常数也是温度和压力的函数，但压力的影响可忽略不计，实际上可视为只是温度的函数。

值得注意的是，式（7-19）只有在气相组分 B、M 与固体 A、N 平衡共存时才能使用。因为按照式（7-6）定义的化学反应平衡常数，是根据参与反应的各物质（包括固体）的标准化学势计算得到的。

（4）平衡常数与化学反应方程式

在写平衡常数表达式时，应注意：①习惯上将反应物写在分母上，产物写在分子上。$K^\ominus$ 愈大，表示产物的平衡分压愈高，即反应物转化成产物的平衡转化率愈高。②习惯上将一摩尔的关键组分（反应物或产物）参与反应来表示标准平衡常数。因此，平衡常数表达式中各组分分压的指数与化学反应方程式的写法有关。例如，对于氨合成反应，关键组分是 NH_3，习惯上将化学反应方程式写成：

$$\frac{1}{2}N_2+\frac{3}{2}H_2 \xlongequal{} NH_3$$

则

$$K_1^{\ominus}=\frac{(p_{NH_3}/p^{\ominus})}{(p_{N_2}/p^{\ominus})^{0.5}(p_{H_2}/p^{\ominus})^{1.5}}$$

如果将化学反应方程式写成$N_2+3H_2 \xlongequal{} 2NH_3$，即按 2 摩尔关键组分来写化学反应方程式，则

$$K_2^{\ominus}=\frac{(p_{NH_3}/p^{\ominus})^2}{(p_{N_2}/p^{\ominus})(p_{H_2}/p^{\ominus})^3}$$

显然，$K_2^{\ominus}=\left(K_1^{\ominus}\right)^2$。

在工业生产中，气、液、固三相之间的反应都有。不过液相反应主要是离子间的反应，它们进行得很快，也就很容易达到平衡，因此在生产上常常不需考虑其平衡问题。气相或气-固相的反应进行得是比较慢的，一般很难达到平衡，而在生产中又是比较多的，因此这里将着重讨论气相和气-固相催化反应及其平衡组成的计算。

7.2 平衡常数计算

反应的标准平衡常数可按式（7-6），利用物质的标准吉布斯自由能$\Delta_r G_m^{\ominus}$数据计算，而反应的$\Delta_r G_m^{\ominus}$还可以通过其他方法求算。例如：（i）通过测定反应的标准平衡常数来计算；（ii）用已知反应的$\Delta_r G_m^{\ominus}$计算所研究反应的$\Delta_r G_m^{\ominus}$；（iii）通过反应的$\Delta_r S_m^{\ominus}$和$\Delta_r H_m^{\ominus}$用公式$\Delta_r G_m^{\ominus}=\Delta_r H_m^{\ominus}-T\Delta_r S_m^{\ominus}$来计算；（iv）通过电池的标准电动势$E^{\ominus}$来计算；（v）采用统计的方法来计算。无论何种方法，只要求得一反应的$\Delta_r G_m^{\ominus}$，由式（7-6）不难求出该反应的标准平衡常数$K^{\ominus}$，然后由式（7-10）、式（7-11）、式（7-13）等式可求出其他各种形式的平衡常数K_f、K_p、K_y和K_n。

由于上述热力学性质都是温度的函数，都与定压热容$C_p^{\ominus}$和反应热$\Delta_r H_m^{\ominus}$有关，因此，下面首先讨论定压热容和反应热的计算。

7.2.1 反应热

7.2.1.1 气体的恒压热容

理想气体的恒压热容$C_p^{\ominus}$是恒压摩尔焓$H_m^{\ominus}$对温度T的偏导数，可用下式表示

$$C_p^{\ominus}=\left(\frac{\partial H_m^{\ominus}}{\partial T}\right)_p \tag{7-20}$$

式中，上标“$\ominus$”表示标准态，下标“m”指摩尔焓。

恒压热容与温度的关系很复杂，通常采用多项式形式的经验公式表示，即

$$C_{p,m}=A+BT+CT^2 \tag{7-21a}$$

或

$$C_{p,m}=A+BT+\frac{C'}{T^2} \tag{7-21b}$$

常见气体的恒压热容值及其多项式系数A、B、C、C'可查阅《物理化学》附录及有关手册。许多参考书籍载有不同温度及压力下气体的恒压热容、焓及其他热力学性质的数据。

加压下气体的性质偏离理想状态，恒压热容 C_p 还与压力有关，即

$$C_p = f(T, p)$$

加压下气体的恒压热容 C_p 与标准恒压热容 $C_p^\ominus$ 之差 $C_p - C_p^\ominus = f(p_r, T_r)$，也可根据物质的临界参数 p_r、T_r 从普遍化热容差图查得（见附录二）。

至于混合气体在加压下的恒压热容 $C_{p,m}$，符合加和性规则。如果按各组分在系统总压 p 及反应温度下的热容与摩尔分率的乘积加和，则需计算过程的混合热，计算烦琐费时。但按各组分在分压 p_i（$p_i = py_i$）及反应温度下的热容 $C_{p,i}$（p_i，T）与摩尔分率 y_i 的乘积加和，则既准确又简单，即

$$C_{p,\mathrm{m}} = \sum y_i C_{p,i}(p_i, T) \tag{7-22}$$

7.2.1.2　理想气体的反应热

对于任一化学反应 $a\mathrm{A} + b\mathrm{B} \longrightarrow m\mathrm{M} + n\mathrm{N}$，在恒压下的反应热 $\Delta H_\mathrm{R}^\ominus$ 是产物与反应物的定压摩尔焓 $H_i^\ominus$ 之差，即：

$$\Delta H_\mathrm{R}^\ominus = mH_\mathrm{M}^\ominus + nH_\mathrm{N}^\ominus - aH_\mathrm{A}^\ominus - bH_\mathrm{B}^\ominus$$

或

$$\left(\frac{\mathrm{d}\Delta H_R^\ominus}{\mathrm{d}T}\right)_p = n\left(\frac{\mathrm{d}H_\mathrm{N}^\ominus}{\mathrm{d}T}\right)_p + m\left(\frac{\mathrm{d}H_\mathrm{M}^\ominus}{\mathrm{d}T}\right)_p - a\left(\frac{\mathrm{d}H_\mathrm{A}^\ominus}{\mathrm{d}T}\right)_p - b\left(\frac{\mathrm{d}H_\mathrm{B}^\ominus}{\mathrm{d}T}\right)_p \tag{7-23}$$

恒压下物质 i 的 $\left(\frac{\mathrm{d}H_i}{\mathrm{d}T}\right)_p$ 即定压热容 $C_{p,i}^\ominus$，将其代入式（7-23）可得

$$\left(\frac{\mathrm{d}\Delta \mathrm{H}_\mathrm{R}^\ominus}{\mathrm{d}T}\right)_p = nC_{p,\mathrm{N}}^\ominus + mC_{p,\mathrm{M}}^\ominus - aC_{p,\mathrm{A}}^\ominus - bC_{p,\mathrm{B}}^\ominus = \Delta C_p^\ominus \tag{7-24}$$

式（7-24）表明，反应热对温度的导数在数值上等于产物与反应物恒压热容之差，此即基尔霍夫（Kirchhoff）方程，可用来计算温度对反应热的影响。

实际应用时，必须将式（7-24）在 T_1 和 T_2 之间积分

$$\int_{\Delta H_1}^{\Delta H_2} \mathrm{d}(\Delta H) = \Delta H_2 - \Delta H_1 = \int_{T_1}^{T_2} \Delta C_p \mathrm{d}T，即$$

$$\Delta H_2 = \Delta H_1 + \int_{T_1}^{T_2} \Delta C_p \mathrm{d}T \tag{7-25}$$

式中，ΔH_1 和 ΔH_2 为 T_1 和 T_2 时的定压反应热。

根据组分 i 的恒压热容 $C_{p,i}^\ominus$ 与温度关系的多项式 $C_{p,i}^\ominus = \mathrm{A}_i + \mathrm{B}_i T + \mathrm{C}_i T^2$，可得出

$$\Delta C_p^\ominus = \Delta A + \Delta BT + \Delta CT^2 \tag{7-26}$$

其中

$$\Delta A = mA + nA - aA - bA$$

$$\Delta B = mB + nB - aB - bB$$

$$\Delta C = mC + nC - aC - bC$$

将式（7-25）在基准温度 298.15K（25℃）与任何温度 T 间积分，便可得到理想气体状态下反应热 $\Delta H_\mathrm{R}^\ominus$ 与温度的关系式：

$$\Delta H_\mathrm{R}^\ominus = \Delta H_{\mathrm{R},298.15\mathrm{K}}^\ominus + \Delta A(T - 298.15\mathrm{K}) + \frac{\Delta B}{2}\left[T^2 - (298.15\mathrm{K})^2\right] + \frac{\Delta C}{3}\left[T^3 - (298.15\mathrm{K})^3\right] \tag{7-27}$$

式中，$\Delta H_{\mathrm{R},298.15\mathrm{K}}^\ominus$ 是在基准温度 298.15K（25℃）时的标准反应热，可由产物与反应物在

298.15K 时的标准生成热 $\Delta H^{\ominus}_{f,298.15K}$ 之差计算获得，即

$$\Delta H^{\ominus}_{R,298.15K}=m\Delta H^{\ominus}_{f,\ M,298.15K}+n\Delta H^{\ominus}_{f,\ N,298.15}-a\Delta H^{\ominus}_{f,\ A,298.15K}-b\Delta H^{\ominus}_{f,\ B,298.15K} \tag{7-28}$$

各组分的标准生成热 $\Delta H^{\ominus}_{f,298.15K}$ 的数值可由有关物理化学教材、物性数据书籍或手册查得。同一反应，由于不同作者采用的热容与温度的关系式或标准生成热的数据不同，所获得的标准反应热与温度的关系式也有差异。

基尔霍夫方程的另一种不定积分形式为

$$\Delta H^{\ominus}_{R}=\Delta H_0+\Delta AT+\frac{\Delta B}{2}T^2+\frac{\Delta C}{3}T^3$$

式中，ΔH_0 为积分常数。

【例 7-1】 计算 290～600K 温度区间逆变换反应理想气体状态的反应热与温度的关系。

解：逆变换反应：$CO_2+H_2 \longrightarrow CO+H_2O$。根据文献所载 290～600K 各反应组分标准状态下的恒压热容数据，则用最小二乘法回归获得各反应组分的标准恒压热容与温度的关系式如下：

$$C^{\ominus}_{p,\ H_2}=17.4188+0.092065T-2.70607\times10^{-4}T^2+3.54209\times10^{-7}T^3-1.73041\times10^{-10}T^4,\ J/(mol\cdot K)$$

$$C^{\ominus}_{p,\ CO_2}=17.65878+0.08868T-9.29133\times10^{-5}T^2+5.17214\times10^{-8}T^3-9.77968\times10^{-12}T^4,\ J/(mol\cdot K)$$

$$C^{\ominus}_{p,\ CO}=28.85073+5.49372\times10^{-3}T/K-3.40849\times10^{-5}(T/K)^2+7.78107\times10^{-8}(T/K)^3-4.81813\times10^{-11}(T/K)^4,\ J/(mol\cdot K)$$

$$C^{\ominus}_{p,\ H_2O}=32.85168+27.62135T+1.87496\times10^{-5}T^2-8.21424\times10^{-9}T^3+2.45726\times10^{-13}T^4,\ J/(mol\cdot K)$$

则，$\Delta A=28.85073+32.85168-17.65878-17.4188=26.62483\ [J/(mol\cdot K)]$

$$\Delta B=5.49372\times10^{-3}+27.62135-0.08868-0.092065=27.44609872\ [J/(mol\cdot K^2)]$$

$$\Delta C=-3.40849\times10^{-5}+1.87496\times10^{-5}-(-9.29133\times10^{-5})-(-2.70607\times10^{-4})=3.48185\times10^{-4}\ [J/(mol\cdot K^3)]$$

$$\Delta D=7.78107\times10^{-8}+(-8.21424\times10^{-9})-5.17214\times10^{-8}-3.54209\times10^{-7}=-3.3633394\times10^{-7}\ [J/(mol\cdot K^4)]$$

$$\Delta E=-4.81813\times10^{-11}+2.45726\times10^{-13}-(-9.77968\times10^{-12})-(-1.73041\times10^{-10})=13.4885106\times10^{-11}\ [J/(mol\cdot K^5)]$$

可得，

$$\Delta C^{\ominus}_{p}=26.62483+27.44609872T+3.48185\times10^{-4}T^2-3.3633394\times10^{-7}T^3+13.4885106\times10^{-11}T^4,\ J/(mol\cdot K)$$

各反应组分的标准生成热 $\Delta H^{\ominus}_{f,298.15K}$ 采用下列数据：

$$\Delta H^{\ominus}_{f,\ H_2,298.15K}=0kJ/mol$$

$$\Delta H^{\ominus}_{f,CO,298.15K}=-110.5233kJ/mol$$

$$\Delta H^{\ominus}_{f,\ CO_2,298.15K}=-393.5127\text{kJ/mol}$$

$$\Delta H^{\ominus}_{f,\ H_2O,298.15K}=-241.8264\text{kJ/mol}$$

则　$\Delta H^{\ominus}_{R,298.15K}$=41.163kJ/mol

将上述数据代入下式，获得理想气体状态下逆变换反应的反应热与温度的关系式如下：

$$\Delta H^{\ominus}_{R}=\Delta H^{\ominus}_{R,298.15K}+\Delta A\left(T-298.15K\right)+\frac{\Delta B}{2}\left[T^2-\left(298.15K\right)^2\right]+\frac{\Delta C}{3}\left[T^3-\left(298.15K\right)^3\right]+\frac{\Delta D}{4}$$
$$\left[T^4-\left(298.15K\right)^4\right]+\frac{\Delta E}{5}\left[T^5-\left(298.15K\right)^5\right]=41163+26.62483(T-298.15)+\frac{27.44609872}{2}$$
$$\left(T^2-298.15^2\right)+\frac{3.48185\times10^{-4}}{3}\left(T^3-298.15^3\right)-\frac{3.3633394\times10^{-7}}{4}$$
$$\left(T^4-298.15^4\right)+\frac{13.4885106\times10^{-11}}{5}\left(T^5-298.15^5\right)$$
$$=-1189139.19336+26.62483T+13.72304936T^2+1.16061667\times10^{-4}T^3$$
$$-0.84083485\times10^{-7}T^4+2.69770212\times10^{-11}T^5,\ \text{J/mol}$$

7.2.1.3　加压下真实气体的化学反应热

由于真实气体的焓不仅取决于温度，还与压力有关。因此，不能直接利用式（7-25）计算。由热力学理论可以导出

$$\left(\frac{\partial H_m}{\partial p}\right)_T=V_m-T\left(\frac{\partial V_m}{\partial T}\right)_p \tag{7-29}$$

式中，V_m为气体摩尔体积。因此，只要知道气体的p-V-T的关系，式（7-29）就不难求解。

用状态方程计算压力对反应热影响的计算工作量相当大，一般需要在计算机上进行。工程上将一些常见物质的焓与温度、压力的关系，绘制成焓差图，使用更为简便。但利用普遍化焓差图计算物质的焓或焓差的表格只能于手算时使用，在计算机上运算时，无法利用上述图表，只能基于状态方程来计算焓差。

对于真实气体，以压缩因子$Z=pV_m/RT$代入式（7-29），即得：

$$\left(\frac{\partial H}{\partial p}\right)_T=-\frac{RT}{p}\left(\frac{\partial Z}{\partial T}\right)_p \tag{7-30}$$

式中，R为气体常数，其值为8.3144J/(mol・K)。

当气体在温度T时由压力p_1变至压力p_2时，焓差为

$$H_2-H_1=-RT^2\int_{p_1}^{p_2}\left(\frac{\partial Z}{\partial T}\right)_p \mathrm{d}\ln p$$

引入对比参数$p_r=p/p_c$，$T_r=T/T_c$，上式变为

$$H_2-H_1=-RT_r^2T_c\int_{p_{r1}}^{p_{r2}}\left(\frac{\partial Z}{\partial T_r}\right)_{p_r} \mathrm{d}\ln p_r$$

式中，p_c和T_c分别是组分的临界压力和临界温度。

令初态为一极低的对比压力$p_r^{\ominus}$，此时可看作理想气体，其焓值用符号$H^{\ominus}$表示（省略下标m）；终态为对比压力p_r，焓值为H（省略下标m），最后可得：

$$\frac{H^{\ominus}-H}{RT_c}=T_r^2\int_{p_r^{\ominus}}^{p_r}\left(\frac{\partial Z}{\partial T_r}\right)_{p_r}\mathrm{d}\ln p_r \tag{7-31}$$

式中，$H^{\ominus}-H$ 即为同一温度及压力下理想气体与真实气体的焓差。许多专著中有对 p_r、T_r 标绘的普遍化焓差图，可供查用。

考虑到焓是状态函数，焓差只与状态变化有关，而与具体过程无关。为方便起见，可以设计一个等温变压过程，来计算焓变 ΔH_1、ΔH_2 和 ΔH_R，如图 7-1 所示。

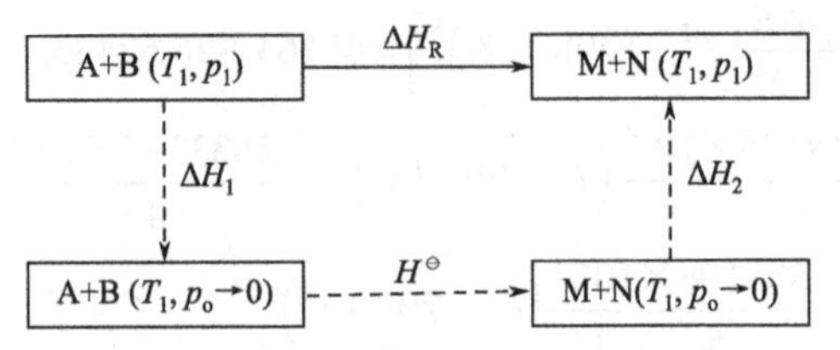

图 7-1　加压下真实气体反应热的计算图

显然，
$$\Delta H_R=\Delta H_1+\Delta H_R^{\ominus}+\Delta H_2 \tag{A}$$

式中，ΔH_1 是各反应物在 T_1 下由压力 p_1 降至理想状态（p→0）时的等温焓差 $\left(\frac{\partial H}{\partial p}\right)_{p,\,t}$ 之和：

$$\Delta H_1=\left(H_0-H_1\right)=\frac{\left(H_0-H_1\right)}{T_c}\cdot T_c=\psi_1\cdot T_c \tag{B}$$

ΔH_2 是各产物在 T_1 下由理想状态（p→0）升至压力 p_1 时的等温焓差之和：

$$\Delta H_2=\left(H_2-H_0\right)=\frac{-\left(H_0-H_2\right)}{T_c}\cdot T_c=-\psi_2\cdot T_c \tag{C}$$

$\Delta H_R^{\ominus}$ 为在 T_1 下的标准反应热，可按式（7-28）计算，也可按下式计算：

$$\Delta H_R^{\ominus}=\Delta H_0=C_p^{\ominus}\left(T_2-T_1\right) \tag{D}$$

将式（B）、式（C）、式（D）代入式（A）得：

$$\Delta H_R=T_c\left(\psi_1-\psi_2\right)+C_p^{\ominus}\left(T_2-T_1\right) \tag{E}$$

上式 $\psi=(H_0-H)/T_c$ 可分别根据状态 1 和状态 2 的对比温度、对比压力由普遍化焓差图（见附录二）查得；$C_p^{\ominus}$ 为理想气体的热容。

为了提高计算的准确度，压缩因子可引入物质的偏心因子 ω 来表示，即

$$Z=Z^{[0]}+\omega Z^{[1]} \tag{7-32}$$

于是得

$$\frac{H^{\ominus}-H}{RT_c}=\left[\frac{H^{\ominus}-H}{RT_c}\right]^0+\omega\left[\frac{H^{\ominus}-H}{RT_c}\right]^1 \tag{7-33}$$

物理化学和化工热力学的附录中载有不同 p_r、T_r 值时的 $\left[\frac{H^{\ominus}-H}{T_c}\right]^0$ 和 $\left[\frac{H^{\ominus}-H}{T_c}\right]^1$ 之值。

【例 7-2】 计算一氧化碳的甲烷化反应 $CO+3H_2 \xlongequal{} CH_4+H_2O$ 于 320℃、2.736MPa 时反应热的校正。

解： 根据图 7-1，先计算反应物系的等温焓差 ΔH_1 和 ΔH_2。查《物理化学》的附录，可得各组分的标准摩尔生成焓和临界参数，计算在 p=2.736MPa，T=593.15K 时的 p_r、T_r；查普遍化焓

差图，所得数据一并列入表 7-1。表中倒数第二栏是按式（7-33）计算的结果。

表 7-1　一氧化碳甲烷化反应的相关计算结果

组分	p_c/MPa	T_c/K	ω	p_r	T_r	$\left(\frac{H^{\ominus}-H}{T_c}\right)^0$	$\left(\frac{H^{\ominus}-H}{T_c}\right)^1$	$\left(\frac{H^{\ominus}-H}{T_c}\right)$	标准摩尔生成焓 /(kJ/mol)
CO	3.496	133	0.041	0.78	4.46	0.08	−0.71	0.05	−110.525
H_2	2.108	41.3	0	1.3	14.36	0	1.13	0	0
CH_4	4.641	190.7	0.013	0.59	3.11	0.29	−0.54	0.28	−74.81
H_2O	22.119	647.4	0.348	0.12	0.92	1.13	1.13	1.52	−241.818

注：表中焓的单位是 cal/mol。

反应物的等温焓差：

$$\Delta H_1=\left[H^{\ominus}-H\right]_{CO}T_c+3\times\left[H^{\ominus}-H\right]_{H_2}T_c$$
$$=0.05\times4.184\times133+3\times0=27.82(J/mol)$$

产物的等温焓差：

$$\Delta H_2=-\left\{\left[H^{\ominus}-H\right]_{CH_4}T_c+\left[H^{\ominus}-H\right]_{H_2O}T_c\right\}$$
$$=-(0.28\times4.184\times190.7+1.52\times4.184\times647.4)=-4340.7(J/mol)$$

根据表中各反应组分的标准摩尔生成焓，则该反应在 593.15K 的标准反应热为

$$\Delta H_R^{\ominus}=\Delta H_{H_2O}^{\ominus}+\Delta H_{CH_4}^{\ominus}-\Delta H_{CO}^{\ominus}-3\Delta H_{H_2}^{\ominus}=-241818-74810+110525-0=-206103(J/mol)$$

将上述各值代入式（A），则得到该反应在 320℃、2.736MPa 时的反应热为：

$$\Delta H_R=\Delta H_1+\Delta H_2+\Delta H_R^{\ominus}=27.82-4340.7-206103=-210416(J/mol)$$

由以上数据可知，由于压力不高，上述气体的性质接近于理想气体，压力校正的 ΔH_R 与按标准反应热计算的 $\Delta H_R^{\ominus}$ 数值接近，压力对焓差的校正可以略去。

7.2.2　平衡常数计算

7.2.2.1　理想气体的标准平衡常数与温度的关系

根据 $\Delta_r G_m^{\ominus}=-RT\ln K^{\ominus}$ 和吉布斯-亥姆霍兹方程，定压下任意化学反应的标准平衡常数 $K^{\ominus}$ 与温度的关系如下：

$$\frac{\partial\ln K^{\ominus}}{\partial T}=\frac{\Delta H_R^{\ominus}}{RT^2} \tag{7-34}$$

将反应热与温度关系式（7-27）代入式（7-34），得到：

$$\int_{\ln K_{f,298.15K}^{\ominus}}^{\ln K_f^{\ominus}}\mathrm{d}\ln K_f^{\ominus}=\int_{298.15}^{T}\frac{\Delta H_R^{\ominus}}{RT^2}\mathrm{d}T=\int_{298.15}^{T}\left[\frac{\Delta H_{298.15}^{\ominus}}{RT^2}+\frac{\Delta A}{RT}+\frac{\Delta B}{2R}+\frac{\Delta CT}{3R}\right]\mathrm{d}T$$

对上式在基准温度 298.15K 与任意温度 T 间进行积分，可得标准平衡常数 $K^{\ominus}$ 与温度的关系式：

$$\ln K_f^{\ominus}=\ln K_{f,298.15K}^{\ominus}-\frac{\Delta H_{298.15K}^{\ominus}}{R}\left(\frac{1}{T}-\frac{1}{298.15K}\right)+\frac{\Delta A}{R}\ln\frac{T}{298.15K}+\frac{\Delta B}{2R}(T-298.15K)+\frac{\Delta C}{6R}[T^2-(298.15K)^2] \tag{7-35}$$

式中，$\ln K_{f,298.15K}^{\ominus}$ 可由参与反应各组分在基准温度 298.15K 下的标准吉布斯生成自由能

$\Delta G^{\ominus}_{f,298.15\mathrm{K}}$ 计算而得，即

$$\ln K^{\ominus}_{f,298.15\mathrm{K}} = \frac{-\Delta G^{\ominus}_{f,298.15\mathrm{K}}}{298.15R} \tag{7-36}$$

$$\Delta G^{\ominus}_{\mathrm{R},298.15\mathrm{K}} = m\Delta G^{\ominus}_{f,\mathrm{M},298.15\mathrm{K}} + n\Delta G^{\ominus}_{f,\mathrm{N},298.15\mathrm{K}} - a\Delta G^{\ominus}_{f,\mathrm{A},298.15\mathrm{K}} - b\Delta G^{\ominus}_{f,\mathrm{B},298.15\mathrm{K}}$$

各种物质的标准吉布斯生成自由能的数值可由有关物理化学教材或物性数据手册查得。

【例 7-3】 计算 290～600K 温度区间逆变换反应的标准平衡常数 $K^{\ominus}_f$ 与温度的关系。

解： 逆变换反应 $CO_2+H_2 \rightleftharpoons CO+H_2O$。[例 7-1]已求得 290～600K 温度区间该反应的标准反应热 $\Delta H^{\ominus}_{\mathrm{R}}$ 与温度的关系式如下：

$$\Delta H^{\ominus}_{\mathrm{R}} = -1189139.19336 + 26.62483T + 13.72304936T^2 + 1.16061667\times10^{-4}T^3 - 0.84083485\times10^{-7}T^4 + 2.69770212\times10^{-11}T^5,\ \mathrm{J/mol}$$

采用下列标准吉布斯生成自由能数据：

$$\Delta G^{\ominus}_{f,\ \mathrm{CO_2},298.15\mathrm{K}} = -394.2156\,\mathrm{kJ/mol}$$

$$\Delta G^{\ominus}_{f,\ \mathrm{H_2O},298.15\mathrm{K}} = -228.5958\,\mathrm{kJ/mol}$$

$$\Delta G^{\ominus}_{f,\ \mathrm{H_2},298.15\mathrm{K}} = 0\,\mathrm{kJ/mol}$$

$$\Delta G^{\ominus}_{f,\ \mathrm{CO},298.15\mathrm{K}} = -137.2758\,\mathrm{kJ/mol}$$

则 $\Delta G^{\ominus}_{f,298.15\mathrm{K}} = -228.5958 - 137.2758 + 394.2156 = 28.344(\mathrm{kJ/mol})$，代入式（7-36），得到

$$\ln K^{\ominus}_{f,298.15\mathrm{K}} = \frac{-\Delta G^{\ominus}_{f,298.15\mathrm{K}}}{298.15R} = \frac{-28344}{298.15\times8.314} = -11.4345$$

将以上数据代入下式，可得：

$$\ln K^{\ominus}_f = \ln K^{\ominus}_{f,298.15\mathrm{K}} - \frac{\Delta H^{\ominus}_{298.15\mathrm{K}}}{R}\left(\frac{1}{T} - \frac{1}{298.15\mathrm{K}}\right) + \frac{\Delta A}{R}\ln\frac{T}{298.15\mathrm{K}} + \frac{\Delta B}{2R}(T - 298.15\mathrm{K})$$
$$+ \frac{\Delta C}{6R}\left[T^2 - (298.15\mathrm{K})^2\right] + \frac{\Delta D}{12R}\left[T^3 - (298.15\mathrm{K})^3\right] + \frac{\Delta E}{20R}\left[T^4 - (298.15\mathrm{K})^4\right]$$
$$= -11.4345 - \frac{41163}{8.314}\left(\frac{1}{T} - \frac{1}{298.15}\right) + \frac{26.62483}{8.314}(\ln T - \ln 298.15) + \frac{27.44609872}{2\times8.314}$$
$$(T - 298.15) + \frac{3.48185\times10^{-4}}{6\times8.314}\left(T^2 - 298.15^2\right) - \frac{3.3633394\times10^{-7}}{12\times8.314}$$
$$\left(T^3 - 298.15^3\right) + \frac{13.4885106\times10^{-11}}{20\times8.314}\left(T^4 - 298.15^4\right) = -505.73858$$
$$- \frac{4951.046}{T/\mathrm{K}} + 3.20241\ln T + 1.6506T + 6.98\times10^{-6}T^2 - 3.37116$$
$$\times10^{-9}T^3 + 8.111926\times10^{-13}T^4$$

$$K^{\ominus}_f = \exp\left(-505.73858 - \frac{4951.046}{T} + 3.20241\ln T + 1.6506T + 6.98\times10^{-6}T^2 - 3.37116\times10^{-9}T^3 + 8.111926\times10^{-13}T^4\right)$$

7.2.2.2 加压下真实气体的平衡常数

由式（7-15）可知，加压下真实气体的平衡常数为

$$K^{\ominus}=K_f(p^{\ominus})^{-\Delta}=K_{\phi}K_y\left(\frac{p}{p^{\ominus}}\right)^{\Delta}$$

式中，$K_f=\dfrac{f_{\mathrm{M}}^m f_{\mathrm{N}}^n}{f_{\mathrm{A}}^a f_{\mathrm{B}}^b}(p^{\ominus})^{-\Delta}$，$f_i=p_i\phi_i=py_i\phi_i$。

因此，加压下真实气体的标准平衡常数 $K^{\ominus}$ 的求取实质上是求取各反应组分的逸度或逸度系数。

由热力学的基本关系式可知，逸度系数可由下式表示：

$$\ln\phi=\frac{1}{RT}\int_0^p\left(V_{\mathrm{m}}-\frac{RT}{p}\right)\mathrm{d}p \tag{7-37}$$

如将真实气体的状态方程代入式（7-37）中的 V_{m}，即可求得逸度系数，详见第四章。

如果将以压缩因子 $Z=pV_{\mathrm{m}}/RT$ 及 $p_{\mathrm{r}}=p/p_{\mathrm{c}}$ 代入式（7-37），则可得：

$$\ln\phi=\int_0^{p_{\mathrm{r}}}(Z-1)\,\mathrm{d}\ln p_{\mathrm{r}} \tag{7-38}$$

采用三参数修正 *R-K* 状态方程，用组分 i 的临界温度 $T_{\mathrm{c},i}$、临界压力 $p_{\mathrm{c},i}$ 和偏心因子 ω_i 三参数计算气体的压缩因子 Z_i，再由式（7-38）计算各组分的逸度系数 ϕ_i。

为了提高计算的准确度，可由引入偏心因子的压缩因子来计算逸度系数。由化工热力学可知，三参数逸度的关联式为

$$\lg\phi=[\lg\phi]^{[0]}+\omega[\lg\phi]^{[1]}$$

或写成

$$\phi=\phi^0(\phi^1)^{\omega} \tag{7-39}$$

式中，上标 0 和 1 分别为状态 0 和 1。

在工程计算中，如同利用普遍化焓差图计算焓值一样，可以采用普遍化逸度系数图来计算 ϕ_i。

在低压力及较高温度下，气体性质接近于理想气体，逸度系数 ϕ_i 值接近于 1，即 $K_f^{\ominus}=K_p^{\ominus}$。在中等压力（如 4MPa）及较高温度（如在 200℃以上）下，逸度系数 ϕ_i 值仍接近于 1，即 $K_f^{\ominus}=K_p^{\ominus}$。在高压（如高于 4MPa）及较低温度下，逸度系数 ϕ_i 值大于 1，按 $K_f^{\ominus}$ 计算平衡常数。例如，在以天然气或轻油作原料，采用蒸汽转化法合成氨原料气的流程中，其中变、低变及甲烷化反应的压力均在 3MPa 以下，而反应温度又在 200℃以上，各反应组分的逸度系数均接近于 1，即 $K_f^{\ominus}=K_p^{\ominus}$。而以渣油为原料时，有一流程的耐硫中变在 8.2MPa 左右的压力下操作，应计算各反应组分的逸度系数值，即 $K_f^{\ominus}\neq K_p^{\ominus}$。

工业上重要化学反应的平衡常数与温度的关系式都已经得到，可从有关手册和专著中查到。例如：

氨合成反应：$N_2+3H_2 \xlongequal{} 2NH_3$

$$\lg K_f=-2.69112\lg T-5.51926\times10^{-5}T+1.84886\times10^{-7}T^2+\frac{2001.6}{T}-2.6899 \tag{7-40a}$$

甲醇合成反应：$CO+3H_2 \xlongequal{} CH_3OH+H_2O$

$$\lg K_p^{\ominus}=\frac{4700}{T}-9.01\lg T+2.95\times10^{-3}T+11.707 \tag{7-40b}$$

煤制合成气反应 1：水煤气反应 $C+H_2O \xlongequal{} CO_2+H_2$

$$\lg K_w = \frac{-2232}{T} - 0.08463\lg T - 2.203\times10^{-4}T + 2.4943 \tag{7-40c}$$

煤制合成气反应 2：甲烷生成反应 $C+2H_2 = CH_4$

$$\lg K_{PM} = \frac{3348}{T} - 5.957\lg T + 1.86\times10^{-3}T - 1.095\times10^{-7}T^2 + 11.79 \tag{7-40d}$$

煤制合成气反应 3：CO_2 还原反应 $C+CO_2 = 2CO$

$$\ln K_p = -\frac{21000}{T} + 21.4 \tag{7-40e}$$

甲烷水蒸气重整反应：$CH_4+H_2O = CO+3H_2$

$$\ln K_p = -\frac{22632.81}{T} + 8.771694\ln T - 5.31482\times10^{-3}T + 5.138576\times10^{-7}T^2 + 4.289387\times10^{-12}T^3 - 29.878849 \tag{7-40f}$$

CO 甲烷化反应：$CO+3H_2 = CH_4+H_2O$

$$K_p^{\ominus} = \exp(\frac{22632.81147}{T} - 8.771694\ln T + 5.314820\times10^{-3}T - 5.138576\times10^{-7}T^2 - 4.289387\times10^{-12}T^3 + 29.878849) \tag{7-40g}$$

CO_2 甲烷化反应：$CO_2+4H_2 = CH_4+2H_2O$

$$\lg K_p^{\ominus} = \frac{7677.4}{T} - 8.216\lg T + 1.4522\times10^{-3}T - 0.0783\times10^{-6}T^2 + 14.052 \tag{7-40h}$$

CO 变换反应：$CO+H_2O = CO_2+H_2$

$$\lg K_p^{\ominus} = \frac{2185}{T} - 0.1102\lg T + 0.6218\times10^{-3}T - 1.0604\times10^{-7}T^2 - 2.218 \tag{7-40i}$$

CO 歧化反应：$2CO = CO_2+C$

$$K_p^{\ominus} = \exp\left(\frac{21000}{T} - 21.4\right) \tag{7-40j}$$

CH_4 裂解反应：$CH_4 = 2H_2+C$

$$\lg K_p^{\ominus} = \frac{-3348}{T} + 5.957\lg T - 1.86\times10^{-3}T + 1.095\times10^{-7}T^2 - 11.79 \tag{7-40k}$$

7.2.2.3 平衡常数的影响因素及应用

求算出平衡常数后，可以用化学反应等温方程式（7-8）来判断实际反应条件下反应进行的方向，亦可分析温度、压力及气体组成对平衡转化率及平衡组成的影响。

为了更好地认识化学反应进行的方向和限度，使反应向有利的方向进行，了解影响反应平衡移动的规律是十分重要的。影响因素包括反应类别、温度、压力、反应系统的原始组成和惰性气体含量等。

（1）温度对平衡常数的影响

温度对平衡组成的影响首先表现在 $K^{\ominus}$ 上。由式（7-34）可知，对于吸热反应，$\Delta H_R^{\ominus} > 0$，$\left(\frac{\partial \ln K_f^{\ominus}}{\partial T}\right)_p > 0$，即当压力及配料比不变时，$K^{\ominus}$ 随温度升高而增大；对于放热反应，$\Delta H_R^{\ominus} < 0$，$\left(\frac{\partial \ln K_f^{\ominus}}{\partial T}\right)_p < 0$，即 $K^{\ominus}$ 随温度升高而降低。

另外，温度对 K_γ 亦有影响，不过如反应温度不是很低，则其影响一般可忽略，除非反应的热效应很小时，温度对 K_γ 的影响就应适当地考虑。

（2）压力对平衡常数的影响

压力对平衡组成的影响首先表现在 p^Δ 上。由标准平衡常数 $K^\ominus$ 与 K_p、K_y 和 K_n 的表达式(7-12)可知：

$$K^\ominus = K_p\left(p^\ominus\right)^{-\Delta} = K_y\left(\frac{p}{p^\ominus}\right)^\Delta = K_n\left(\frac{p}{n_\mathrm{T}p^\ominus}\right)^\Delta$$

当温度及配料比不变时，若不考虑压力对 $K^\ominus$ 的影响，则当 $\Delta<0$ 时，即反应后总摩尔数为减少的反应，当增大压力时，要维持 $K^\ominus$ 不变，K_y 之值必然增大，产物的平衡摩尔分率 y_M、y_N 也必然增大，即平衡转化率必然增大，这就是氨合成反应等采用相当高的压力进行反应的原因。

当 $\Delta>0$ 时，即反应后总摩尔数为增大的反应，增加压力时，K_y 之值必减小，即平衡转化率必然要减小。随着压力的提高，生成物的含量将下降。

当 $\Delta=0$ 时，亦即反应前后系统的分子数不变，则压力的影响就由压力对 K_γ 的影响所决定。若不考虑压力对标准平衡常数 $K^\ominus$ 的影响，则改变压力，并不改变平衡反应率。

压力对 K_γ 的影响，则由反应系统中各组分的逸散性，亦即逸度系数 ϕ_i 的变化所决定。一般气体分子处在以吸引力为主的情况下，随着压力的提高，如生成物的逸散性或 ϕ_i 值较反应物下降得多，则 K_γ 将下降，K_y 将上升，如氨的合成反应即如此。压力对 K_γ 的影响常常表现在压力比较高的情况下，如压力不很高时，其影响常可忽略不计。

（3）反应物原始组成对平衡常数的影响

在一般情况下，当气相反应系统可以认为是理想气体时，达到平衡时的含量 y_A、y_B……可以直接从 K_y 值求出。因为当反应系统的温度、压力一定时，式中的 K_a、K_γ 和 p^Δ 均为定值，它们均与反应系统的组成无关，由此 K_y 亦为定值。但由于 K_y 是反应系统中生成物与反应物含量之比，所以它们又都与反应系统的原始组成有关。

反应系统的原始组成对平衡组成的影响，可以从数学方面得到证明，当反应物的组成符合化学当量比时，则在平衡系统中生成物的含量将会最大。相反，如不符合化学当量比，很明显的例子就是，如反应系统中某一组分的原始含量很高，当系统达到平衡时，某一反应物必将过剩，其结果就使其中生成物的含量降低，这也就是该过剩的反应物起了一个稀释的作用；但反应系统中那些未过剩的反应物就可反应得比较完全，亦即其转化率可以高一些。例如生产中常用过量的 H_2O 与 CO 反应生产 H_2 和 CO_2，这样就可使 CO 的转化率提高，如再将过量的 H_2O 除去，H_2 及 CO_2 的含量亦随之提高。

（4）惰性气体对平衡常数的影响

对气相化学反应，温度和压力一定时，反应体系中的惰性气体往往会改变系统达到平衡时的组成。由式（7-12）可知，在反应体系中充入惰性气体，将使 n_T 增大。如果 $\Delta=0$，n_T 对 K_n 没有影响，如果 $\Delta>0$，n_T 增大，K_n 值必然增大，即产物的物质的量会增大，反应物的物质的量会减少；如果 $\Delta<0$，n_T 增加，而 K_n 值必然随之减小，即产物的物质的量会减少，反应物的物质的量会增大。例如，在氨合成过程中，惰性气体甲烷和氩的物质的量愈累积愈大，必须定期放空才能保证产量。

由此可知，反应系统中含有惰性物质时，这实际上是起了一个稀释作用，亦即降低了反应系统中参加反应的各组分的有效分压。因此，惰性气体对平衡组成的影响与减小系统总压力的效果相同。

综上所述，为求出反应达到平衡时，系统中各组分的平衡含量，则必须知道反应系统的温度、压力及其原始组成，然后根据平衡常数式求平衡转化率，最后由平衡转化率求平衡组成。

【例 7-4】试证明当反应物的组成为反应式的化学计量比时，平衡系统中生成物的含量达到最大。

解：以$\frac{1}{2}N_2+\frac{3}{2}H_2 =\!=\!= NH_3$为例，系统中只含有$N_2$、$H_2$和$NH_3$，不含有其他惰性气体。

设：y为反应系统达平衡时NH_3的摩尔分数；

r为反应系统达平衡时H_2与N_2的摩尔分数之比；

则，反应系统达平衡时，H_2的摩尔分数为$(1-y)\frac{r}{1+r}$；

N_2的摩尔分数为$(1-y)\frac{1}{1+r}$。

当系统总压为p时，各组分之分压为：

$$p_{NH_3}=py$$

$$p_{N_2}=p(1-y)\frac{1}{1+r}$$

$$p_{H_2}=p(1-y)\frac{r}{1+r}$$

将其代入平衡常数关系式中，得：

$$K_p=\frac{p_{NH_3}}{p_{N_2}^{1/2}p_{H_2}^{3/2}}=\frac{py}{p^2(1-y)^2\left(\frac{1}{1+r}\right)r^{3/2}}$$

化简后得：

$$\frac{y}{(1-y)^2}=K_p p\cdot\frac{r^{3/2}}{(1+r)^2}$$

为求得在y值为最大时的r值，可将上式对r求微分，并令$\frac{dy}{dr}=0$，则

$$\left[\frac{1}{(1-y)^2}+\frac{2y}{(1-y)^3}\right]\cdot\frac{dy}{dr}=K_p p\cdot\left[\frac{\frac{3}{2}r^{1/2}}{(1+r)^2}-\frac{2r^{3/2}}{(1+r)^3}\right]$$

则$\frac{dy}{dr}=0$的必然结果是

$$\frac{\frac{3}{2}r^{1/2}}{(1+r)^2}-\frac{2r^{3/2}}{(1+r)^3}=0$$

解之，得$r=3$。即从热力学观点，当反应物原始组成为反应式所示之化学计量比时，所得平衡产物中NH_3的含量为最大。

7.3 平衡组成的计算

计算平衡组成是为了揭示相应工艺条件下的反应极限。在计算平衡组成时列出的方程式有两类，一类是元素守恒方程，其个数应与非关键组分的个数，即限制未知数个数相应；另一类是标准平衡常数的定义式与表达式，其个数应与关键组分个数，即自由未知数个数相同。

7.3.1　单一气相反应的平衡组成计算

已知参与反应的诸物质平衡浓度，可以计算平衡常数。反之，若已知平衡常数可以求得关键反应物的平衡转化率或平衡组成，继而可以计算目的生成物的选择性和平衡收率。转化率、选择性和收率（又称产率）的定义分别是：

$$转化率（x）=\frac{已转化的关键反应物的物质的量}{关键反应物进料的物质的量}$$

$$选择性（S）=\frac{目的产物的物质的量}{已转化的关键反应物的物质的量}$$

$$收率（Y）=\frac{目的产物的物质的量}{关键反应物进料的物质的量}$$

由上述三个式子的关系可知，$Y=xS$。当 $x=1$ 时，$Y=S$，或 $S=1$ 时，$Y=x$。转化率、选择性和收率是反应条件的函数，要标明计算时的反应压力、温度和反应物原始组成等反应条件。

由此可见，平衡收率是以产物的产量来衡量反应进行的限度，平衡转化率则以原料的消耗来表示反应的限度。

【例 7-5】由乙烷裂解制乙烯反应 $C_2H_6(g) \longrightarrow C_2H_4(g)+H_2(g)$ 在 1000K 和 1.5atm（0.152MPa）下，平衡常数 $K^{\ominus}=0.898$。乙烷的投料量是 2mol，试计算反应达平衡时，乙烷平衡转化率、乙烯平衡选择性、平衡收率及平衡组成。

解：设平衡时乙烯的物质的量为 n，平衡时各组分物质的量及摩尔分数如表 7-2 所示。

表 7-2　平衡时的各种数据

项目	C_2H_6	C_2H_4	H_2	总物质的量
反应前组分物质的量	2	0	0	2
平衡时组分物质的量	$2-n$	n	n	$2+n$
平衡时组分摩尔分数(y_i)	$\frac{2-n}{2+n}$	$\frac{n}{2+n}$	$\frac{n}{2+n}$	1

将各组分平衡分压 $p_i=py_i$ 和平衡常数 $K^{\ominus}$ 代入平衡常数表达式，得到

$$K^{\ominus}=\left(\frac{p_{C_2H_4}p_{H_2}}{p_{C_2H_6}}\right)(p^{\ominus})^{-1}=\frac{\left(\frac{n}{2+n}\right)^2 p^2}{\frac{2-n}{2+n}p}\times(p^{\ominus})^{-1}=\frac{1.5n^2}{(2-n)(2+n)}=0.898$$

解上述方程得：$n=1.22(\text{mol})$。则

$$乙烷平衡转化率=\frac{1.22}{2}\times100\%=61\%$$

$$乙烯平衡选择性=\frac{1.22}{2+1.22}\times100\%=37.89\%=H_2选择性$$

$$乙烯平衡收率=\frac{1.22}{2}\times100\%=61\%$$

混合气中各气体的平衡摩尔分数：

$$y_{C_2H_4}=y_{H_2}=\frac{n}{2+n}=\frac{1.22}{2+1.22}=0.3789$$

$$y_{C_2H_6}=\frac{2-n}{2+n}=\frac{2-1.22}{2+1.22}=0.2422$$

本例是在已知平衡常数条件下，按元素衡算方程计算平衡组成的方法。虽然一些重要的化学反应平衡常数（如式 7-40）可以利用，但一般反应在指定条件下的平衡常数需要通过实验测定才能得到，而化学平衡实验需要较复杂的设备和较长的时间，不是任何条件下都能办到的。因此，通常采用基于热力学原理的方法来计算平衡常数。下面以 CO 变换反应为例，说明基于热力学原理来计算平衡常数及其平衡组成的基本方法。

【例 7-6】 变换反应是一氧化碳和水蒸气在催化剂作用下进行反应，生成氢和二氧化碳，这是合成氨、合成甲醇和制氢工业等现代煤化工产业中极为重要的反应。其重要性在于，一是通过变换反应可以避免后续催化剂因一氧化碳而中毒；二是变换反应的产物之一 CO_2 是合成尿素的原料而得到利用，减少温室气体排放；三是调节合成气中 H_2/CO 比例，以便满足生产各种不同化学品对 H_2/CO 比的不同需求，例如生产甲醇需要 H_2/CO 比为 2，生产甲烷为 3，而生产合成氨和制氢工业中，需要将 CO 全部转化。

解：

（1）变换反应的反应热

一氧化碳变换反应是可逆放热反应

$$CO + H_2O \rightleftharpoons H_2 + CO_2$$

变换反应可视为理想气体状态，298.15K 时各物质的标准生成焓和标准吉布斯生成自由能如表 7-3 所示。

表 7-3　各物质的标准摩尔生成焓及标准摩尔生成吉布斯自由能

物质	CO	H_2O	H_2	CO_2
标准生成焓/(kJ/mol)	−110.525	−241.818	0	−393.509
标准生成吉布斯自由能/(kJ/mol)	−137.168	−228.572	0	−394.359

该反应的标准反应热为

$$\Delta H^{\ominus}_{R,298.15} = -393.509 + 110.525 + 241.818 = -41.166(\text{kJ/mol})$$

查表可知，各物质的等压热容与温度的关系分别为

$$C^{\ominus}_{p,H_2} = 26.88 + 4.347\times10^{-3}T - 3.265\times10^{-7}T^2,\ \text{J/(mol·K)}$$

$$C^{\ominus}_{p,CO_2} = 26.75 + 4.2258\times10^{-2}T - 1.425\times10^{-5}T^2,\ \text{J/(mol·K)}$$

$$C^{\ominus}_{p,CO} = 26.537 + 7.6831\times10^{-3}T - 1.172\times10^{-6}T^2,\ \text{J/(mol·K)}$$

$$C^{\ominus}_{p,H_2O} = 29.16 + 1.449\times10^{-2}T - 2.022\times10^{-6}T^2,\ \text{J/(mol·K)}$$

根据式（7-26）：

$$\Delta A = 26.75 + 26.88 - 26.537 - 29.16 = -2.067\ [\text{J/(mol·K)}]$$

$$\Delta B = 4.347\times10^{-3} + 4.2258\times10^{-2} - 7.6831\times10^{-3} - 1.449\times10^{-2} = 2.44319\times10^{-2}\ [\text{J/(mol·K}^2)]$$

$$\Delta C = -3.265\times10^{-7} - 1.425\times10^{-5} + 1.172\times10^{-6} + 2.022\times10^{-6} = -1.13825\times10^{-5}\ [\text{J/(mol·K}^3)]$$

代入式（7-27），并整理为：

$$\Delta H_R = \Delta H^{\ominus}_{R,298.15} + \Delta A(T - 298.15\text{K}) + \frac{\Delta B}{2}\left[T^2 - (298.15\text{K}^2)\right] + \frac{\Delta C}{3}\left[T^3 - (298.15\text{K}^3)\right]$$

$$= -41535.08 - 2.067T + 0.01222T^2 - 3.7942\times10^{-6}T^3,\ \text{J/mol}$$

不同温度下根据上式计算的反应热ΔH_R，见表 7-4。

表 7-4　不同温度下一氧化碳变换反应的反应热

t/℃	25	200	250	300	350
ΔH_R/(kJ/mol)	−41.17	−40.18	−39.82	−39.42	−39.00
t/℃	400	450	500	550	
ΔH_R/(kJ/mol)	−38.55	−38.07	−37.58	−37.07	

由表 7-4 可见，变换反应热随温度增高而减小。当操作压力低于 3MPa 时，压力对反应热的影响很小，可略去。

（2）变换反应的平衡常数

根据式（7-35），

$$\ln K_f^\ominus = \ln K_{f,298.15\mathrm{K}}^\ominus - \frac{\Delta H_{298.15\mathrm{K}}^\ominus}{R}\left(\frac{1}{T}-\frac{1}{298.15\mathrm{K}}\right)+\frac{\Delta A}{R}\left(\ln\frac{T}{298.15\mathrm{K}}\right)+\frac{\Delta B}{2R}(T-298.15\mathrm{K})$$
$$+\frac{\Delta C}{6R}\left[T^2-(298.15\mathrm{K})^2\right]$$

根据表 7-3 的标准吉布斯生成自由能，得到

$$\Delta G_{\mathrm{r},298.15\mathrm{K}}^\ominus = -394.359+228.572+137.168=-28.619(\mathrm{kJ/mol})$$

则
$$\ln K_{f,298.15\mathrm{K}}^\ominus = \frac{28619}{298.15\times 8.3144}=11.545$$

将上述数据代入式（7-35），得到平衡常数与温度的关系：

$$\ln K_{f,298.15\mathrm{K}}^\ominus = 11.545-\frac{-41166.08}{8.3144T}+\frac{-41166.08}{298.15\times 8.3144}+\frac{-2.067}{8.3144}\ln T-\frac{-2.067}{8.3144}\ln 298.15$$
$$+\frac{0.02443}{2\times 8.3144}T-\frac{0.02443}{2\times 8.3144}\times 298.15+\frac{-1.1383\times 10^{-5}}{6\times 8.3144}T^2$$
$$-\frac{-1.1383\times 10^{-5}}{6\times 8.3144}\times(298.15)^2$$

常数项合并并化简，得到

$$\ln K_{f,298.15\mathrm{K}}^\ominus = -5.4557+\frac{4951.2}{T}-0.2486\ln T+1.4691\times 10^{-3}T-2.2818\times 10^{-7}T^2$$

计算结果与式（7-40i）有些误差，这是由于采用的定压热容和标准反应热的数据来源不同所致。

变换反应的$\Delta=0$，故$K_p^\ominus = K_y^\ominus$。当操作压力在 3MPa 以下时，变换反应各反应组分的逸度系数接近于 1，上式中$K_f^\ominus$即为$K_p^\ominus$，当变换反应的操作压力在 3MPa 以上时，此时压力对逸度系数的影响不容忽略，即$K_f^\ominus \neq K_p^\ominus$，详见例题 7-7。

（3）变换反应的平衡组成计算

欲求平衡组成需要先写出平衡常数与反应各组分分压的关系。现以 CO 变换反应为例，先写出反应前后的物料平衡关系，如表 7-5 所示。

一氧化碳变换反应的转化率通常称为变换率，它是变换了的一氧化碳的物质的量与反应前气体中一氧化碳物质的量之比，一般用符号“α”表示。

表 7-5 变换反应的物料衡算

组 分	反应前组分的物质的量	反应后组分的物质的量	反应后组分的摩尔分数	
			湿基 y_i	干基 y_i'
CO	y_{CO}	$y_{CO}^*(1-\alpha)$	$y_{CO}^*(1-\alpha)/(1+n)$	$y_{CO}^*(1-\alpha)/(1+y_{CO}^*\alpha)$
CO_2	$y_{CO_2}^*$	$y_{CO_2}^*+y_{CO}^*\alpha$	$(y_{CO_2}^*+y_{CO}^*\alpha)/(1+n)$	$(y_{CO_2}^*+y_{CO}^*\alpha)/(1+y_{CO}^*\alpha)$
H_2	$y_{H_2}^*$	$y_{H_2}^*+y_{CO}^*\alpha$	$(y_{H_2}^*+y_{CO}^*\alpha)/(1+n)$	$(y_{H_2}^*+y_{CO}^*\alpha)/(1+y_{CO}^*\alpha)$
惰性气体	y_I^*	y_I^*	$y_I^*/(1+n)$	$y_I^*/(1+y_{CO}^*\alpha)$
干基气体	$\sum y_i^*=1$	$1+y_{CO}^*\alpha$		$\sum y_i'=1$
H_2O	$n=Wy_{CO}^*$	$n-y_{CO}^*\alpha=(W-\alpha)y_{CO}^*$	$(n-y_{CO}^*\alpha)/(1+n)$	
湿基混合气	1+n	1+n	$\sum y_i=1$	

取 1mol 干原料气为基础，加入 $n$mol 水蒸气进行变换反应，n 称为汽气比或水气比。如一氧化碳变换率为 α时，反应前后的物料衡算可以清楚地用表 7-5 表示。表中 W 为原料气中水蒸气与 CO 的物质的量之比。

由表 7-5 可见，物料衡算表分别给出了反应前后各组分的物质的量和反应后湿基和干基各组分的摩尔分数及其与变换率的定量关系。反应后干基组成中，CO 的摩尔分数为

$$y_{CO}=\frac{y_{CO}^*(1-\alpha)}{1+y_{CO}^*\alpha}$$

或写成

$$\alpha=\frac{y_{CO}^*-y_{CO}'}{y_{CO}^*(1+y_{CO}')} \tag{7-41}$$

反应达到平衡时的变换率称为平衡变换率，用 α^*表示。达到平衡时，湿基各反应组分平衡摩尔分数之间应同时满足 $K_p^\ominus$ 表达式（若压力不高，逸度系数等于 1）和物料衡算关系式，即

$$K_p=K_y=K_f=\frac{(y_{CO_2}^*+y_{CO}^*\alpha^*)(y_{H_2}^*+y_{CO}^*\alpha^*)}{y_{CO}^*(1-\alpha)(n-y_{CO}^*\alpha^*)} \tag{7-42}$$

由式（7-40i）求得一定温度下的 K_p 后，便可由式（7-42）求得一定初始气体组成的平衡变换率和各组分的平衡摩尔分数。

当其他条件一定时，α^*随 W 或 n 增大而增大。其增大的趋势是先快后慢，最后当 n 或 W 增大到一定限度后，α^*的增大就很慢了。此时水蒸气耗量过大，即吨氨耗能太大，是不经济的。

工业生产中，变换反应器入口气体中的汽气比由制备原料气的工艺条件所决定，一般不再调节。

【例 7-7】 以轻油为原料制合成气的流程中，中温变换反应器入口干气流量 141270m³/h，其中 $y_{H_2}^*=0.5269$，$y_{CO}^*=0.1366$，$y_{CO_2}^*=0.1168$，$y_{N_2}^*=0.2141$，$y_{Ar}^*=0.0026$，$y_{CH_4}^*=0.0030$；水蒸气的入口气量为 97636m³/h，操作压力为 2.736MPa，试求不同温度下的 K_p、平衡变换率 α^*及一氧化碳的平衡摩尔分数 y_{CO}^*。

解： 压力不高，$K_p^\ominus=K_f^\ominus$，故由式（7-40i）求得不同温度下的 $K_p^\ominus$ 值，再由式（7-42）求得

不同温度下的 α^*及 y_{CO}^*之值。

本例中，中温变换反应器入口气体中汽气比 n=97636/141270=0.6911。

求得不同温度下的 $K_p^\ominus$、 α^*及 y_{CO}^*之值如表 7-6 所示。

表 7-6 不同温度下 $K_p^\ominus$、 α^*及 y_{CO}^*的值

t/℃	$K_p^\ominus$	α^*	y_{CO}^*	t/℃	$K_p^\ominus$	α^*	y_{CO}^*
200	237.77	0.9908	0.000745	360	18.87	0.8493	0.008539
220	157.48	0.9861	0.001119	380	15.08	0.8708	0.01044
240	107.87	0.9798	0.001631	400	12.22	0.8448	0.01253
260	76.13	0.9717	0.002290	420	10.03	0.8166	0.01482
280	55.17	0.9613	0.003126	440	8.340	0.7862	0.01727
300	40.94	0.9485	0.004160	460	7.009	0.7541	0.01987
320	31.04	0.9332	0.005400	480	5.949	0.7206	0.02257
340	23.99	0.9150	0.006866	500	5.098	0.6860	0.02537

由例 7-7 可知：其他条件一定时，平衡转换率随温度降低而增大。故从平衡角度出发，为了提高平衡转换率，反应温度低些好，这也就是低温变换中一氧化碳的平衡摩尔分数能够降得很低的原因。

当其他条件一定时，为了达到同样的平衡转换率，如催化剂的活性好，可在较低的温度下进行反应，而所需的汽气比可小些，以节省能耗。

7.3.2 气相复合反应的平衡组成计算

就计算标准平衡常数的方法而言，复合反应与单一反应是相同的。不同的是，在复合反应系统中，首先要确定独立反应数及其相应的独立反应。

气相复合反应的平衡组成计算有两种方法，即平衡常数法和 Gibbs 自由能最小化法。后者无须知道系统中具体的化学反应，计算更为方便，且形成了众多集成软件，应用范围正不断扩大，这些内容将在 7.3.2.3 节介绍。

7.3.2.1 独立反应与关键组分

以甲烷与水蒸气之间的转化反应为例，当有碳析出时，其瞬间组成含 CO、CO_2、CH_4、H_2、H_2O、C6 个组分，可能进行的化学反应如表 7-7 所示。

表 7-7 甲烷与水蒸气反应体系可能发生的主要化学反应

反应类型	化学反应方程式	反应类型	化学反应方程式
R1	$CO+H_2O = CO_2+H_2$	R5	$CH_4+3CO_2 = 4CO+2H_2O$
R2	$CH_4+H_2O = CO+3H_2$	R6	$CH_4 = C+2H_2$
R3	$CH_4+2H_2O = CO_2+4H_2$	R7	$2CO = C+CO_2$
R4	$CH_4+CO_2 = 2CO+2H_2$		

这些反应，可能是真实反应历程的描述。请注意“可能”两字。例如，1mol CO 与 1mol H_2O 反应，生成了 1mol H_2，1mol CO_2。如果化学反应方程式确证与反应机理相同，则称为基元反应。但在大多数情况下，化学反应方程式并不代表反应历程，仅仅体现了反应前后的元素守恒，表述了反应的总结果。如所知，在进行热力学研究时，并不追求反应历程，目标是计算平衡组

成。在这种情况下，若对前三个反应式进行考察，不难发现三个反应式中的任何一个，都可由其余两个线性组合得到；或者说，三个反应式中，有一个是不独立的。如果把不独立方程误认为是独立方程，将无法计算平衡组成。

因此，为了要计算含 CO、CO_2、CH_4、H_2、H_2O、C 六个组分系统的平衡组成，首先要确定其独立反应数和独立反应，以便唯一地确定该系统达到化学平衡时各组分的平衡含量。反之，如果不能确定独立反应数和相应的独立反应，就无法确定平衡组成。由此可见，在复合反应系统中，确定独立反应数在计算平衡组成时的重要性。

确定独立反应数和相应的独立反应的方法有矩阵求秩法和经验法两种。

（1）矩阵求秩法

该法首先写出系统组分可能进行的化学反应方程式，虽不一定全面，但方程式的个数一定要大于独立反应数；然后将化学反应式转换为代数方程，求代数方程系数矩阵的秩，即可确定矩阵行向量组（或列向量组）的极大线性无关部分组，亦即独立反应方程式的数目。

以 6 组分 CO、CO_2、CH_4、H_2、H_2O、C 反应系统为例，将计算原则具体化。R1 到 R7 是七个可能进行的化学反应方程式。令 $CH_4=A_1$，$H_2O=A_2$，$CO=A_3$，$H_2=A_4$，$CO_2=A_5$，$C=A_6$，将七个化学反应方程式转换为代数式，有：

$$A_5+A_4-A_3-A_2=0$$
$$A_3+3A_4-A_1-A_2=0$$
$$A_5+4A_4-A_1-2A_2=0$$
$$2A_3+2A_4-A_1-A_5=0$$
$$4A_3+2A_2-A_1-3A_5=0$$
$$A_6+2A_4-A_1=0$$
$$A_6+A_5-2A_3=0$$

其系数矩阵为

$$\begin{array}{cccccc} A_1 & A_2 & A_3 & A_4 & A_5 & A_6 \end{array}$$
$$\begin{pmatrix} 0 & -1 & -1 & 1 & 1 & 0 \\ -1 & -1 & 1 & 3 & 0 & 0 \\ -1 & -2 & 0 & 4 & 1 & 0 \\ -1 & 0 & 2 & 2 & -1 & 0 \\ -1 & 2 & 4 & 0 & -3 & 0 \\ -1 & 0 & 0 & 2 & 0 & 1 \\ 0 & 0 & -2 & 0 & 1 & 1 \end{pmatrix}$$

经过初等变换得

$$\begin{pmatrix} 1 & 1 & -1 & -3 & 0 & 0 \\ 0 & -1 & -1 & 1 & 1 & 0 \\ 0 & 0 & -2 & 0 & 1 & 1 \\ 0 & 0 & 0 & 0 & 0 & 0 \\ 0 & 0 & 0 & 0 & 0 & 0 \\ 0 & 0 & 0 & 0 & 0 & 0 \\ 0 & 0 & 0 & 0 & 0 & 0 \end{pmatrix}$$

即矩阵的秩为 3，意味着上述系统存在三个独立反应，或者说独立反应数为 3。

从热力学角度看，在 R1 到 R7 的七个方程中，任取哪三个化学反应作为独立反应，其平衡

组成的计算结果总是相同的。但通常在选取独立反应方程式时，总希望它们是真实进行的化学反应，习惯上取下列三个化学反应

$$CH_4+H_2O = CO+3H_2$$
$$CO+H_2O = CO_2+H_2$$
$$CH_4 = C+2H_2$$

为独立反应。但也有反例，例如用 $CH_4+2H_2O = CO_2+4H_2$ 取代上述第一个转化反应。

（2）经验法

史密斯（J.M.Smith）概括出如下经验法则：复合反应系统的独立反应数，通常（不总是）等于系统中，组分由其元素的生成反应数，减去不单独存在于系统的元素数。仍以 CO、CO_2、CH_4、H_2、H_2O、C 六个组分的系统为例。组分由其组成元素生成的反应有 4 个，它们是：

$$C+2H_2 = CH_4$$
$$H_2+\frac{1}{2}O_2 = H_2O$$
$$C+O_2 = CO_2$$
$$C+\frac{1}{2}O_2 = CO$$

不单独存在于系统中的元素为氧，所以独立反应数为 4–1=3。

上述 4 个生成反应的线性组合可以得到多个化学方程式。例如，前三个反应线性组合，可得：

$$CH_4+H_2O = CO+3H_2$$

后三个反应线性组合，又可得：

$$CO+H_2O = CO_2+H_2$$

至于在这些方程式中，选取哪三个作为独立反应，与矩阵求秩法介绍的原则并不一致。

上面讨论了确定复合反应系统独立反应数、独立反应的方法。现在把话题转向关键组分及关键组分的确定，这是在复合反应系统中计算平衡组成时无法回避的问题。

就单一反应而论，只要已知任一组分 i 的转化量，由于化学计量关系的约束，其余组分的转化量均可算出，这是人们所熟知的事。i 组分就称为关键组分，往往系统中的贵重组分，或目标组分被选为关键组分。

与单一反应不同，复合反应的关键组分因系统而定，在数值上等于系统的组分数减去系统中的元素数。

仍以甲烷蒸汽转化系统为例。在不析碳时，系统的组分数为 5，元素数为 3，关键组分数仍为 2。即只有在 2 个组分的转化量已知的条件下，才能确定全系统的组成。当系统有碳析出时，含 6 个组分，它们是 CO、CO_2、CH_4、H_2、H_2O、C，元素数仍为 3 个。此时关键组分数应为 3。这也就是说，关键组分数与独立组分数是相等的。

对单一反应来说，选择哪一个组分作为关键组分，是任意的。但对复合反应，在确定关键组分时，必须使非关键组分包含系统所有元素。就所举实例而言，非关键组分必须包含 C、H、O 三元素。

仍以甲烷蒸汽转化为例，通过分析，以求加深对上述观点的理解。在不析碳时，上述系统焓 CO、CO_2、CH_4、H_2、H_2O 五个组分。记终态与初态组分物质的量的变化为 Δn_{CO} 、 Δn_{CO_2} 、Δn_{CH_4} 、 Δn_{H_2} 、 Δn_{H_2O}。

前已述及，该系统独立反应数为 2，相应地，关键组分数亦为 2。关键组分的变化量由人为

约定，或实验测定，因此被称为自由未知数。剩下的 3 个组分变化量，被称为限制未知数，它们由元素守恒方程来求取。如果用原子矩阵来描述这一约束关系，有下式。

$$\begin{array}{c} \quad CH_4 \quad CO \quad CO_2 \quad H_2 \quad H_2O \\ \begin{matrix} C \\ H \\ O \end{matrix}\begin{pmatrix} 1 & 1 & 1 & 0 & 0 \\ 4 & 0 & 0 & 2 & 2 \\ 0 & 1 & 2 & 0 & 1 \end{pmatrix} \cdot \begin{pmatrix} \Delta n_{CH_4} \\ \Delta n_{CO} \\ \Delta n_{CO_2} \\ \Delta n_{H_2} \\ \Delta n_{H_2O} \end{pmatrix} = \begin{pmatrix} 0 \\ 0 \\ 0 \end{pmatrix} \end{array}$$

原子矩阵的秩为 3，即有三个线性无关的方程，由它们决定了三个非关键组分的变化量，亦即三个限制未知数。既然由元素守恒方程来决定非关键组分的变化量，所以，非关键组分必须包含 C、H、O 三种元素。

概括起来说，如果选择 CO、CO_2 为关键组分，其变化量 Δn_{CO} 、Δn_{CO_2} 由人为约定，那么，CH_4、H_2、H_2O 就是非关键分，它们包含了 C、H、O 三元素，其变化量 Δn_{CH_4} 、Δn_{H_2} 、Δn_{H_2O} 就是三个限制未知数，由元素守恒方程式来求取。

目前，新型煤化工产业蓬勃发展。它是以先进的煤气化技术为龙头的清洁煤基能源化工体系。依靠技术创新，实现石油和天然气资源的补充和部分替代。它与传统煤化工制合成氨和甲醇一样，第一步都是原料气的制备。所用原料是煤炭，也可以是烃类（天然气、石脑油、渣油）和生物质。其反应过程复杂，出口粗原料气组分繁多，平衡组成计算复杂。上述独立反应的概念，为此类极其复杂的反应系统的平衡组成计算带来了极大方便。例如，

① 烃类蒸汽转化系统。

以烃类为原料，用蒸汽转化法制合成气，目前多数厂一、二段炉出口温度分别为 800℃、1000℃左右，压力约为 3.2MPa，即使温度再低些，压力再高些，仍可视为理想气体系统，即 $K_f^{\ominus} = K_p^{\ominus}$。对于工程计算来说，其误差是完全可以接受的。

不论烃类原料的组成和常温常压下的状态如何，即不论是石脑油或天然气，在工业条件范围内，略去出转化炉气体中极微量高级烃、氨等组分，气相中的主要组分是 CO、CO_2、CH_4、H_2、H_2O、N_2、Ar 等，后两者为惰性气体。因此，系统的独立反应数为 2，相应的独立反应通常选：

$$CH_4 + H_2O \longrightarrow CO + 3H_2$$

$$CO + H_2O \longrightarrow CO_2 + H_2$$

② 煤气化系统。

煤的气化技术有固定床（Lurge 炉）、流化床（HTW 炉）和气流床（Texaco 炉），原料煤可以是块煤、粉煤和水煤浆，以氧与水蒸气为气化剂。例如 Lurge 炉气化压力为 3MPa，温度为 900~1050℃。出气化炉的气体中 26.31% CO_2，23.05% CO，40.12% H_2，7.69% CH_4，1.90%（N_2+Ar），0.38% C_mH_n，0.46%（H_2S+COS）。此外，还有酚、氰化氢、蒸汽、氨、焦油等组分。

在固定床（移动床）气化炉中，沿轴向，自下而上其反应可分为氧化区或燃烧区、还原区、干馏区和干燥区。在氧化区中，该区温度最高，以燃烧为主，除含灰分外，几乎都是碳，H、N、O、S 几乎殆尽。因此进行的化学反应可能有：

$$C + O_2 \longrightarrow CO_2$$

$$C + \frac{1}{2}O_2 \longrightarrow CO$$

$$C+H_2O \longrightarrow CO+H_2$$

$$C+CO_2 \longrightarrow 2CO$$

$$CO+\frac{1}{2}O_2 \longrightarrow CO_2$$

$$H_2+\frac{1}{2}O_2 \longrightarrow H_2O$$

与氧化区相毗连的是还原区，它与氧化区合称为气化区。该区的温度稍低，煤的成分与氧化区相同，气相中氧已不复存在。可能进行的化学反应有

$$C+CO_2 \longrightarrow 2CO$$

$$C+H_2O \longrightarrow CO+H_2$$

$$H_2+CO_2 \longrightarrow CO+H_2O$$

$$C+2H_2 \longrightarrow CH_4$$

还原区结束，气体进入干馏区。在该区中，气体与煤进行热交换，煤进行热分解，析出的物质有水分、苯、酚、树脂、一氧化碳、二氧化碳、硫化氢、甲烷、乙烯、氨、氮、氢等，这些组分的元素几乎全部来自煤本身。气体自下而上，出干馏区，进入干燥区。在该区中，气体温度为500℃左右，煤中的水分大部分在该区中挥发。

事实上，人们在进行煤气化的化学平衡探索时，往往把注意力集中到气化区。该区中含C、H、O三元素，反应产物含CO、CO_2、H_2、H_2O、C、CH_4 6种，根据经验方法，可以确定系统的独立反应数为3，通常选取：

$$C+H_2O \longrightarrow CO+H_2$$

$$H_2O+CO \longrightarrow CO_2+H_2$$

$$C+2H_2 \longrightarrow CH_4$$

为独立反应。

7.3.2.2　平衡组成计算——平衡常数法

计算平衡组成是为了揭示相应工艺条件下的反应极限。在计算平衡组成时列出的方程式有两类，一类是元素守恒方程，其个数应与非关键组分的个数，即限制未知数个数相应；另一类是标准平衡常数的定义式与表达式，其个数应与关键组分个数，即自由未知数个数相同。

根据上述分析，在合成气制造中，无论采用的是天然气、石脑油、渣油，还是煤为原料路线，反应后粗合成气中的主要组分都是CO、CO_2、H_2、H_2O、CH_4，它们由C、H、O三元素组成。次要组分如COS、H_2S、NH_3、HCN、HCOOH等，则因原料路线而异，它们除含C、H、O外，还含有S、N两元素。此外，还含有氩，它不参与反应，亦即为惰性组分。既然如此，我们就可以把元素守恒方程写成通式，如果原料中不含有该种元素，或产品中没有某种组分，将其视为零即可。

不论采用什么原料路线，进料系统的物料均取1mol碳为计算基准。在此基准下，记进料的氢碳原子比为m；水碳摩尔比（亦即氧碳原子比）为R；氮碳原子比为n；硫碳原子比为s；氩碳原子比为a。相应的表达式为：

$$m=\frac{H}{C};\ R=\frac{H_2O}{C};\ n=\frac{N}{C};\ s=\frac{S}{C};\ a=\frac{Ar}{C}$$

也就是说，在反应物中不存在游离氧，而是人为地将氧与氢化合成对应量的水，消耗的氢从系统所含非水氢中扣除，生成水计入原料所含水。于是，系统中的元素守恒方程为：

$$\begin{aligned}CH_m+RH_2O+sS+nN+aAr=&x_1CO+x_2CO_2+x_3CH_4+x_4C+x_5H_2O\\&+x_6NH_3+x_7HCN+x_8H_2S+x_9COS+x_{10}N_2+x_{11}HCOOH+x_{12}H_2+aAr\end{aligned} \tag{7-43}$$

这意味着应建立12个方程才能求出12个未知数。前已述及，该系统有7个独立化学反应，当系统达到平衡时，有相应的7个平衡常数表达式；再加C、H、O、N、S五种元素守恒方程，共12个方程，可解12个未知数无疑。

在具体计算中，根据实际情况忽略系统中微量的组分而可作简化。以烃类蒸汽转化系统为例（以烃类为原料，用蒸汽转化法制合成气），在工业条件范围内，在烃类蒸汽转化一、二段炉的出口气相中，HCN、NH_3、COS、H_2S、HCOOH、C等组分，或不存在，或含量极微，可以略去。气相中的主要组分是CO、CO_2、CH_4、H_2、H_2O、N_2、Ar等，后两者为惰性气体。因此，系统的独立反应数为2，相应的独立反应为：

$$CH_4+H_2O \longrightarrow CO+3H_2\ (ms)$$

$$CO+H_2O \longrightarrow CO_2+H_2\ (wgs)$$

于是，该系统的总元素守恒式成为：

$$\begin{aligned}CH_m+RH_2O+sS+nN+aAr=&x_1CO+x_2CO_2+x_3CH_4+x_4H_2O\\&+x_5H_2+x_6N_2+aAr\end{aligned} \tag{7-44}$$

四种元素守恒式如下。

碳平衡：$x_3=1-x_1-x_2$

氧平衡：$x_4=R-x_1-2x_2$

氢平衡：$x_5=3x_1+4x_2-\dfrac{4-m}{2}$

氮平衡：$x_6=\dfrac{1}{2}n$

平衡时，系统总物质的量：$n_T=R+0.5m+2(x_1+x_2)+\dfrac{n}{2}+a-1$

根据标准平衡常数表达式，有：

$$K_{p_{ms}}^{\ominus}=\left(\frac{p}{0.101325n_T}\right)^2\times\frac{(3x_1+4x_2+0.5m-2)^3x_1}{(R-x_1-2x_2)\ (1-x_1-x_2)}=f_1(T) \tag{7-45}$$

式中，$f_1(T)$如式（7-40f）所示。

$$K_{p_{wgs}}^{\ominus}=\frac{(3x_1+4x_2+0.5m-2)\ x_2}{(R-x_1-2x_2)\ x_1}=f_2(T) \tag{7-46}$$

式中，$f_2(T)$如式（7-40i）所示。

不难看出，在上述两式中，m、n_T、R均可由原料的组成算出；压力、温度由人们约定；仅x_1、x_2两个未知变量，解非线性方程组，平衡组成可求无疑。

【例7-8】 天然气蒸汽重整反应的天然气成分与新鲜气成分见表7-8。鉴于有机硫加氢转化之需，工艺约定天然气：返氢=100：5（摩尔比）。进一段转化炉的天然气与水蒸气的摩尔比为3.6869。出转化炉的温度为792℃，压力为3.2363MPa，求该条件下的平衡组成。

解：取100mol为基准，根据题意，返回新鲜气为

$$\frac{5}{0.74047}=6.7524(\text{mol})$$

将100mol天然气与6.7524mol新鲜气混合，其成分见表7-9。

表 7-8 天然气与新鲜气成分 单位：%（摩尔分数）

组 分	CH_4	C_2H_6	C_3H_8	C_4H_{10}	H_2	N_2	CO_2	Ar
天然气	95.75	1.15	0.3	0.10	0.20	2.00	0.50	—
新鲜气	0.988	—	—	—	74.047	24.678	—	0.287

表 7-9 混合气成分 单位：%（摩尔分数）

组 分	CH_4	C_2H_6	C_3H_8	C_4H_{10}	H_2	N_2	CO_2	Ar
混合气	29.7560	1.0773	0.2810	0.0937	4.8710	3.4344	0.4684	0.01815

混合气的氢碳原子比按下式计算：

$$m=\frac{\mathrm{H}}{\mathrm{C}}=\frac{\sum_i m_i y_i+2y_{\mathrm{H_2}}-\left(4y_{\mathrm{CO_2}}+2y_{\mathrm{CO}}+4y_{\mathrm{O_2}}\right)}{\sum_i n_i y_i+y_{\mathrm{CO}}+y_{\mathrm{CO_2}}}$$

式中，m_i为混合气中烃类组分 i 所含氢原子数；n_i为组分 i 所含碳原子数；y_i、$y_{\mathrm{H_2}}$、y_{CO}、$y_{\mathrm{CO_2}}$、$y_{\mathrm{O_2}}$ 分别为下标所示组分的摩尔分数。

将混合气成分分别代入上式，有

$$m=\frac{\mathrm{H}}{\mathrm{C}}=\frac{376.5412}{93.5967}=4.0230$$

相应地，氮碳原子比为 n 及氩碳原子比 a 为：

$$n=\frac{6.8688}{93.5967}=0.07338$$

$$a=\frac{0.01815}{93.5967}=0.00019$$

在 100mol 混合气中含天然气 93.6747mol，相应地，带入系统蒸汽量为：

$$93.6747\times3.6869=345.3693(\mathrm{mol})$$

设想天然气中 CO_2 按下式进行转化

$$\mathrm{CO_2+4H_2 = 2H_2O+CH_4}$$

在计算基准下，生成的水为：

$$93.6747\times0.005\times2=0.9367(\mathrm{mol})$$

反应物的氧碳原子比，亦即水碳比为

$$R=\frac{\mathrm{H_2O}}{\mathrm{C}}=\frac{345.3693+0.9367}{93.5967}=3.7000$$

于是，本题的元素守恒方程在取 1mol 碳为基准时

$$\begin{aligned}&\mathrm{CH_{4.0230}}+3.7000\mathrm{H_2O}+0.07338\mathrm{N}+0.00019\mathrm{Ar}=x_1\mathrm{CO}+x_2\mathrm{CO_2}+\left(1-x_1-x_2\right)\mathrm{CH_4}\\&+\left(3.7000-x_1-2x_2\right)\mathrm{H_2O}+\left(3x_1+4x_2-0.0115\right)\mathrm{H_2}+0.03669\mathrm{N_2}+0.00019\mathrm{Ar}\end{aligned}$$

根据式（7-40f）和（7-40i），算得 792℃时 $K_{p_{\mathrm{ms}}}^{\ominus}=127.6616$，$K_{p_{\mathrm{wgs}}}^{\ominus}=1.0528$，代入式（7-45）、式（7-46），有

$$\left(\frac{3.2363}{0.101325n_{\mathrm{T}}}\right)^2\times\frac{\left(3x_1+4x_2-0.0115\right)^3x_1}{\left(3.7000-x_1-2x_2\right)\left(1-x_1-x_2\right)}=127.6616$$

$$\frac{\left(3x_1+4x_2-0.0115\right)x_2}{\left(3.7000-x_1-2x_2\right)x_1}=1.0528$$

$$n_{\mathrm{T}}=4.7484+2(x_1+x_2)$$

联立求解得：$n_{CO}^{*}=0.3053$，$n_{CO_2}^{*}=0.3627$，$n_{CH_4}^{*}=0.3320$，$n_{H_2O}^{*}=2.6693$，$n_{H_2}^{*}=2.3782$，n_T=6.0844。达到平衡时，其湿基组成如表 7-10 所示。

表 7-10　计算结果

组分	CO	CO_2	CH_4	H_2O	H_2	N_2	Ar
组成（体积分数）/%	5.081	5.961	5.457	43.871	39.087	0.603	0.003

上述例题都是在指定温度、压力和反应物原始组成的条件下，计算特定的平衡组成。下面以合成气制甲烷反应体系为例，在不同温度、压力和反应物原始组成的条件下，计算平衡组成及其温度、压力和反应物原始组成对平衡组成的影响。

【例 7-9】 合成气（CO+H_2）制甲烷反应是一个复杂的反应体系，可能涉及的部分化学反应及其相关热力学参数如表 7-11 所示，其中化学组分有 H_2、CO、CH_4、CO_2、H_2O、C、C_2H_6、C_3H_8 等 8 种，由矩阵求秩法得到该反应体系存在 5 个独立反应。试计算反应条件对该反应平衡组成的影响。

表 7-11　合成气制甲烷反应体系中可能涉及的反应及其相关热力学参数

反应类型	化学反应方程式	$\Delta_r G_{298}$/(kJ/mol)	$\Delta_r H_{298}$/(kJ/mol)	$\Delta_r S_{298}$/[J/(mol·K)]
R1、CO 甲烷化反应	$CO+3H_2 = CH_4+H_2O$	−142.12	−206.10	−214.64
R2、CO 甲烷化反应	$2CO+2H_2 = CH_4+CO_2$	−170.62	−247.30	−256.39
R3、CO_2 甲烷化反应	$CO_2+4H_2 = CH_4+2H_2O$	−113.50	−164.94	−172.60
R4、CO 变换反应	$CO+H_2O = CO_2+H_2$	−28.62	−41.17	−42.04
R5、CO 歧化反应	$2CO = CO_2+C$	−120.02	−171.7	−175.83
R6、CH_4 裂解反应	$CH_4 = 2H_2+C$	−50.72	82.3	49.84
R7、C 制合成气逆反应	$CO+H_2 = H_2O+C$	−91.35	−122.0	133.83
R8、CO_2 析碳反应	$CO_2+2H_2 = 2H_2O+C$	−62.77	−90.1	−91.67
R9、乙烷生成反应	$2CO+5H_2 = C_2H_6+2H_2O$	−215.51	−347.06	−441.20
R10、丙烷生成反应	$3CO+7H_2 = C_3H_8+3H_2O$	−297.41	−497.41	−670.83

解： 图 7-2 给出了合成气制甲烷反应体系中各反应平衡常数（$\lg K_p$）随温度的变化曲线，其中所涉及的相应反应的平衡常数与温度的关系表达式采用式（7-40）。由图 7-2 可知，这 10 个反应中，除 R6 为吸热反应，其平衡常数随温度升高而升高外，其余 9 个反应都为放热反应，其平衡常数随温度升高而降低。

在合成气制甲烷反应体系中，人们除了关注 CO 转化率和 CH_4 选择性外，更关注是否会发生析碳反应。因为该反应体系中有 R5～R8 4 个析碳反应，而一旦发生析碳并沉积在催化剂表面，将严重影响催化剂的使用寿命。通过化学平衡的研究，可以找出抑制析碳反应的工艺条件（温度、压力、反应物原始组成等），为工业生产提供理论依据。

平衡组成计算模型采用化学平衡常数法。假设反应器进口原料气组成（$y_i^{\ominus}$）如表 7-12 所示。

设 1mol C 为计算基准，在此基准下，进料的氢碳比为 m，氧碳比为 R，氮碳比为 n，相应表达式为

$$m=\frac{\mathrm{H}}{\mathrm{C}},\ R=\frac{\mathrm{O}}{\mathrm{C}},\ n=\frac{\mathrm{N}}{\mathrm{C}}$$

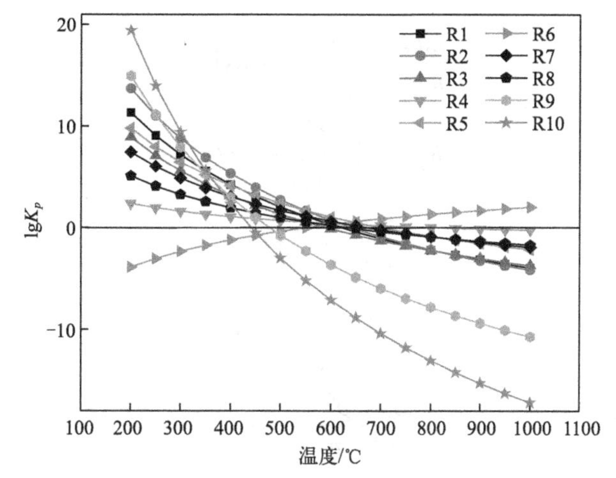

图 7-2　甲烷化中各个反应在不同温度下的平衡常数

表 7-12　原料气组成

进料组分	CO	H_2	CH_4	CO_2	N_2	H_2O
摩尔分数/%	y_{CO}^0	$y_{H_2}^0$	$y_{CH_4}^0$	$y_{CO_4}^0$	$y_{N_2}^0$	$y_{H_2O}^0$

根据表 7-12，求得各参数与进口原料组成的关系表达式为

$$m=\frac{2y_{H_2}^0+2y_{H_2O}^0+4y_{CH_4}^0}{y_{CO}^0+y_{CO_2}^0+y_{CH_4}^0}，\ R=\frac{y_{CO}^0+y_{H_2O}^0+2y_{CO_2}^0}{y_{CO}^0+y_{CO_2}^0+y_{CH_2}^0}，\ n=\frac{2y_{N_2}^0}{y_{CO}^0+y_{CO_2}^0+y_{CH_4}^0} \tag{7-47}$$

如果原料组成中没有某个组分，例如 H_2O，则 $y_{H_2O}^0=0$，其余类推。

系统中的元素守恒方程为

$$\begin{aligned}CH_m+RO+nN=n_1CO+n_2H_2+n_3CH_4+n_4CO_2+n_5H_2O+n_6C\\+n_7C_2H_6+n_8C_3H_8+n_9N_2\end{aligned} \tag{7-48}$$

式中，$n_i(i=1, 2, 3, \cdots, 9)$分别为反应平衡时系统各个组分的物质的量。

由元素守恒可得到四个等式

C 平衡：
$$n_1+n_3+n_4+n_6+2n_7+3n_8=1 \tag{7-49}$$

O 平衡：
$$R=n_1+2n_4+n_5 \tag{7-50}$$

H 平衡：
$$m=4n_3+2n_5+6n_7+8n_8+2n_2 \tag{7-51}$$

N 平衡：
$$n=2n_9 \tag{7-52}$$

系统的总摩尔数为：$N_T=\sum_{i=1}^{9}n_i$

其中，气相总摩尔数为：

$$n_T=\sum_{i=1}^{9}n_i-n_6 \tag{7-53}$$

设系统总压为 p，则各气体组分的分压为：

$$p_i=\frac{n_i}{n_T}p \tag{7-54}$$

设选择反应 R1、R4、R5、R9、R10 为独立反应，则各个独立反应的平衡常数表达式分别是：

R1：
$$K_p^\ominus=\frac{p_{CH_4}^*p_{H_2O}^*}{p_{CO}^*p_{H_2}^{*\,3}}=f_1(T)$$

$$\frac{n_3 n_5}{n_1 n_2^3} n_{\mathrm{T}}{}^2 \left(\frac{p^{\ominus}}{p} \right)^2 = f_1(T) \tag{7-55}$$

R4：

$$K_p^{\ominus} = \frac{p_{\mathrm{CH_2}}^* p_{\mathrm{H_2}}^*}{p_{\mathrm{CO}}^* p_{\mathrm{H_2O}}^*} = f_4(T)$$

$$\frac{n_4 n_2}{n_1 n_5} = f_4(T) \tag{7-56}$$

R5：

$$K_p^{\ominus} = \frac{p_{\mathrm{CO_2}}^*}{p_{\mathrm{CO}}^{*\,2}} = f_5(T)$$

$$\frac{n_4 n_{\mathrm{T}}}{n_1^2} \frac{p^{\ominus}}{p} = f_5(T) \tag{7-57}$$

R9：

$$K_p^{\ominus} = \frac{p_{\mathrm{C_2H_6}}^* p_{\mathrm{H_2O}}^{*\,2}}{p_{\mathrm{CO}}^{*\,2} p_{\mathrm{H_2}}^{*\,5}} = f_9(T)$$

$$\frac{n_7 n_5^2}{n_1^2 n_2^5} n_{\mathrm{T}}^4 \left(\frac{p^{\ominus}}{p} \right)^4 = f_9(T) \tag{7-58}$$

R10：

$$K_p^{\ominus} = \frac{p_{\mathrm{C_3H_8}}^* p_{\mathrm{H_2O}}^{*\,3}}{p_{\mathrm{CO}}^{*\,3} p_{\mathrm{H_2}}^{*\,7}} = f_{10}(T)$$

$$\frac{n_8 n_5^3}{n_1^3 n_2^7} n_{\mathrm{T}}^6 \left(\frac{p^{\ominus}}{p} \right)^6 = f_{10}(T) \tag{7-59}$$

上述各反应的平衡常数 K_p 与温度的关系如图 7-2 所示。

该系统有 5 个独立化学反应，当系统达到平衡时，有相应的 5 个平衡常数表达式；再加 C、H、O、N 四个元素守恒方程，共 9 个方程，可解 9 个未知数无疑。

现采用 Polymath 和 Matlab 软件计算。计算过程中，如果碳的平衡物质的量 $n_6 \geqslant 0$ 时，则由

$$y_i = n_i / n_{\mathrm{T}} \tag{7-60}$$

可以算出系统平衡时，各个气相组分的摩尔分数。

如果 $n_6 < 0$，说明碳不存在，这时可将 4 个生成碳的反应从体系中删去，此时体系中的反应由原来的 10 个变为 6 个，独立反应变为 4 个，取 R1、R4、R9、R10 为独立反应重新计算。

计算时只需令 $n_6=0$，联立式（7-55）、式（7-56）、式（7-58）和式（7-59）可求得 n_i 和 n_{T}（不含 n_6）。再根据式（7-60）可以算出系统平衡时，各个气相组分的摩尔分数。

平衡时，CO 的转化率、CH_4 和 C 的选择性和产率通过下式计算

$$x_{\mathrm{CO}} = \frac{1-n_1}{1} \times 100\% \tag{7-61}$$

$$S_{\mathrm{CH_4}} = \frac{n_3}{1-n_1} \times 100\% \tag{7-62}$$

$$S_{\mathrm{C}} = \frac{n_6}{1-n_1} \times 100\% \tag{7-63}$$

$$Y_{\mathrm{CH_4}} = \frac{n_3}{1} \times 100\% \tag{7-64}$$

$$Y_{\mathrm{C}} = \frac{n_6}{1} \times 100\% \tag{7-65}$$

计算结果与讨论：

（1）压力和温度对平衡组成的影响

在温度 200～1000℃范围内和压力 0.1～10.0MPa 范围内，计算了温度和压力对甲烷化反应体系的影响，结果如图 7-3 和图 7-4 所示。

由图 7-3 可知，CO 转化率随温度升高逐渐降低，在 200～500℃时，几乎能达到 100%。随着压力升高，CO 平衡转化率逐渐升高，因此，甲烷化反应在低温、高压下有利。

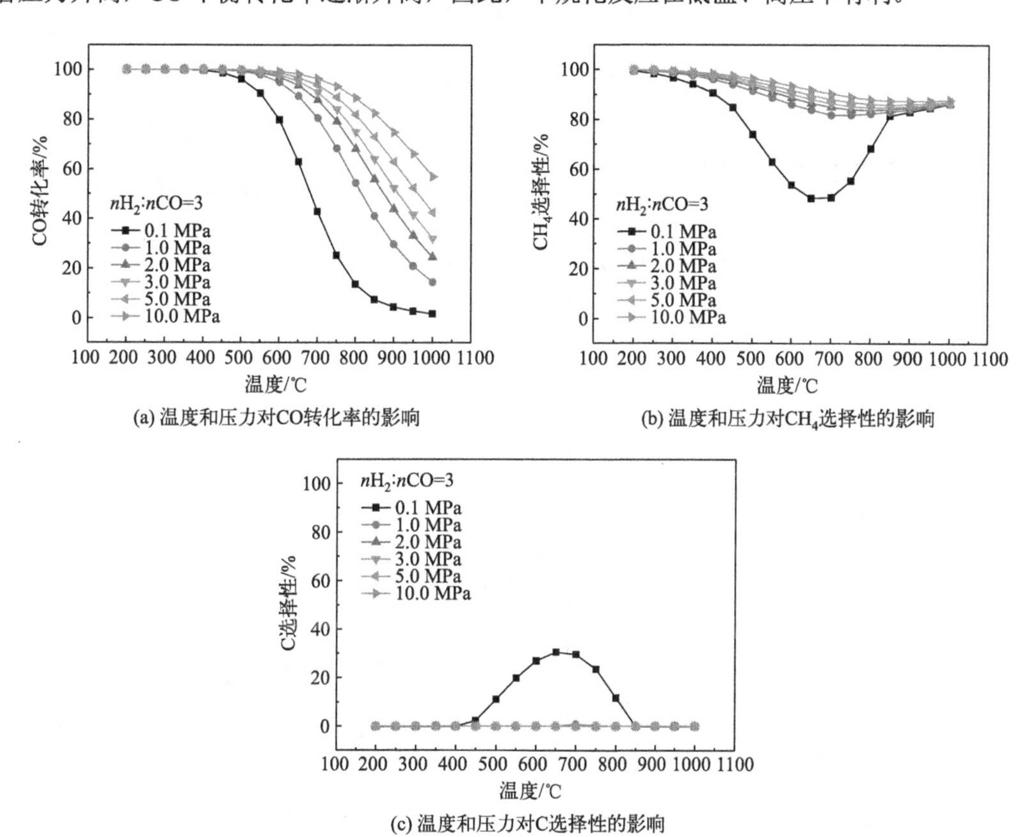

(a) 温度和压力对CO转化率的影响

(b) 温度和压力对CH_4选择性的影响

(c) 温度和压力对C选择性的影响

图 7-3 压力和温度对平衡转化率和选择性的影响

由图可知，甲烷选择性随温度升高缓慢降低，在 700℃后渐趋稳定。在 0.1MPa 时，在 450～850℃范围内，反应体系中有碳生成。当压力高于 1.0MPa 时，碳则不再生成，可见升高压力有利于抑制碳的生成。低温、高压一方面可以提高甲烷收率，另一方面还可以抑制碳的生成，工业上一般在中压下进行。例如，TREMP 工艺选择的压力为 2.0～3.0MPa。

图 7-4 分别给出了在 0.1MPa 和 3.0MPa 下，进料组成为 nH_2∶nCO=3∶1 和不同温度下反应达到平衡时的各组分的平衡组成。由图可知，无论是在 0.1MPa 或是 3.0MPa 下，随着温度升高，因 CO 转化率降低，平衡组成中 CO 和 H_2 的摩尔分数逐渐升高，CH_4 和 H_2O 的摩尔分数逐渐降低，尤其在 0.1MPa 下降得更快。CO_2 的摩尔分数则随着温度的升高先增加后降低。而碳的摩尔分数在 0.1MPa 和 450～850℃范围内随温度的升高先增加后降低，600℃达到最大。但是，在 3.0MPa 时全部温度范围内都不会发生析碳反应。

（2）反应物原始组成（氢碳比）对平衡组成的影响

在氢碳比（H_2/CO）为 1～4 范围内和压力分别为 0.1MPa 和 2.0MPa 条件下，计算了氢碳比对甲烷化反应体系的影响，结果如图 7-5 和图 7-6 所示。

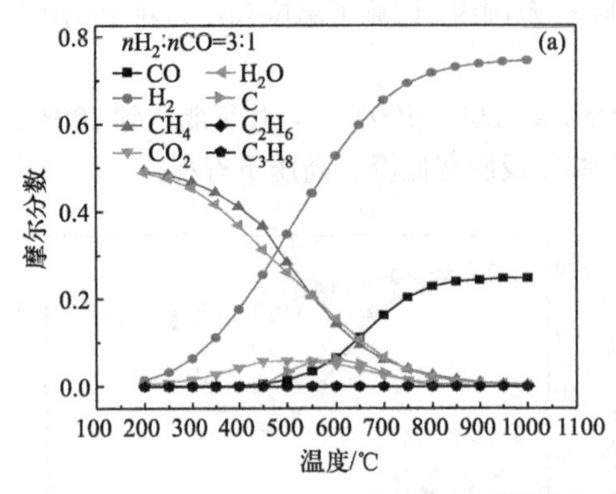

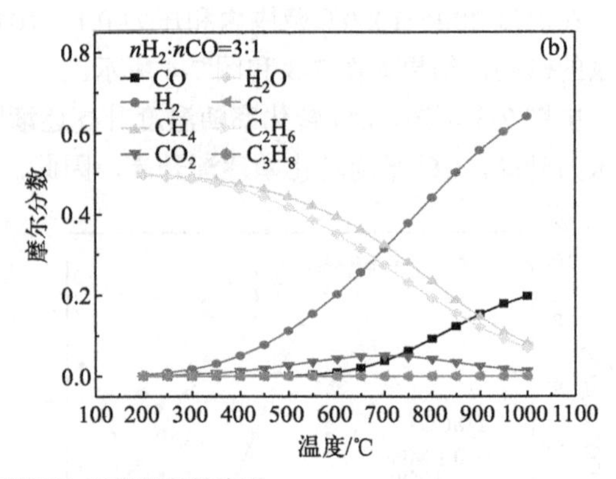

图 7-4　不同压力下平衡组成随温度的变化

（a）0.1MPa；（b）3.0MPa

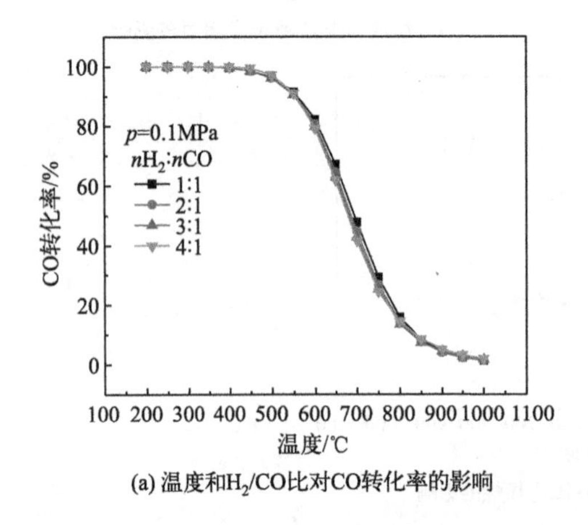

(a) 温度和H_2/CO比对CO转化率的影响

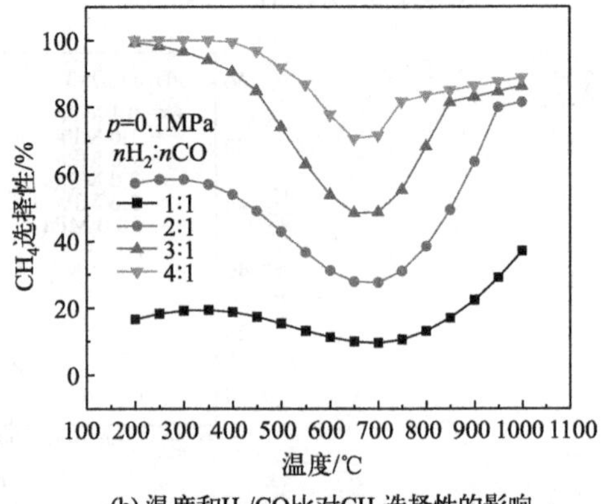

(b) 温度和H_2/CO比对CH_4选择性的影响

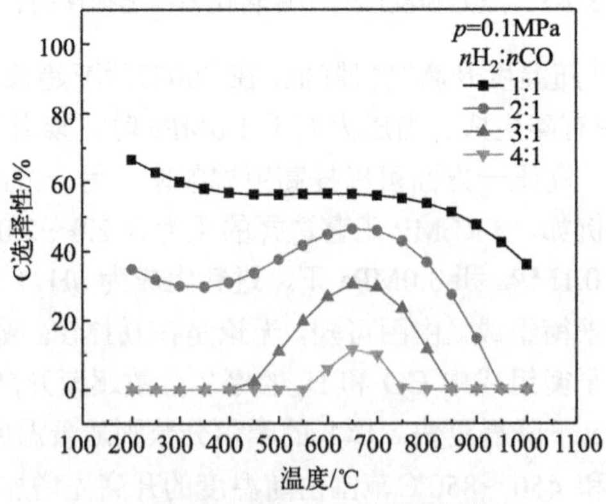

(c) 温度和H_2/CO比对C选择性的影响

图 7-5　0.1MPa 下 H_2/CO 比对 CO 甲烷化的影响

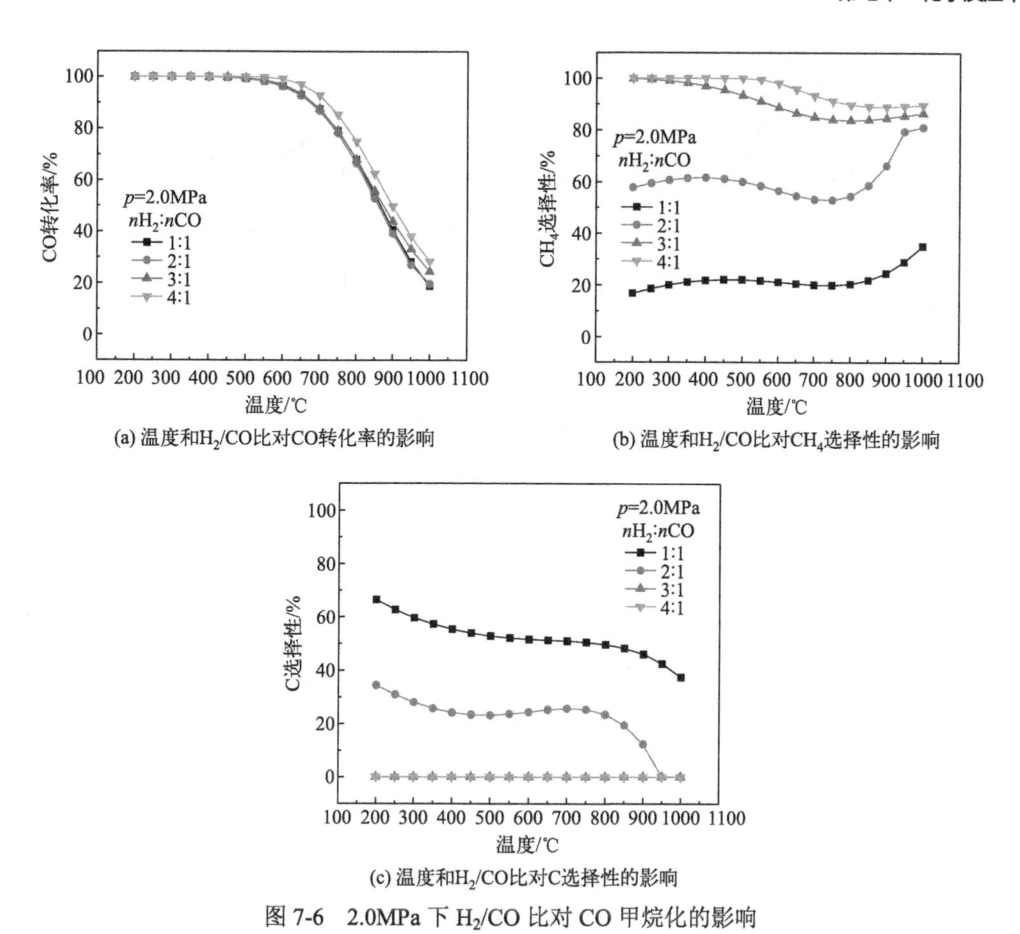

(a) 温度和H_2/CO比对CO转化率的影响

(b) 温度和H_2/CO比对CH_4选择性的影响

(c) 温度和H_2/CO比对C选择性的影响

图 7-6　2.0MPa 下 H_2/CO 比对 CO 甲烷化的影响

由图 7-5（a）和图 7-6（a）可知，氢碳比对 CO 转化率的影响不显著，但提高压力（2.0MPa），则可以提高 CO 转化率，尤其是高温下。例如，在 0.1MPa 时，900℃的转化率几乎降低到零，而在 2.0MPa 时转化率仍在 20%以上。因为甲烷化反应是缩体反应，提高压力有利于反应正向进行。

由图 7-5（b）和图 7-6（b）可知，氢碳比对 CH_4 选择性有显著的影响，且随氢碳比增加 CH_4 选择性显著提高。同时，氢碳比对甲烷的收率具有很大的影响，随氢碳比的增大甲烷的收率明显增加。可以说提高氢碳比是提高甲烷收率的主要因素，其值应该在 3 以上。

由图 7-5（c）和图 7-6（c）可知，氢碳比对碳的选择性有很大影响，且与压力有关。在 0.1MPa 下，在全部所列氢碳比范围内都有碳的生成，但随着氢碳比提高，生成碳的温度范围缩小，碳的生成量减少。在 2.0MPa 下，当氢碳比高于 2 时，不会生成碳。因为除了反应 R6 是扩体吸热反应外，其他析碳反应都是缩体放热反应。因此，提高压力能够抑制碳的生成，与前面所述压力的影响规律一致。

（3）反应物原始组成（汽气比）对平衡组成的影响

由表 7-11 可知，甲烷化反应体系中存在 4 个析碳反应。上述热力学计算结果表明，在一定条件下它们都会不同程度地产生积碳现象，影响催化剂的使用寿命。大量实践表明，水蒸气是有效的消碳剂，能够起到抑制析碳的作用。在汽气比（水蒸气/合成气）0.05～0.4 范围内，计算了水蒸气对甲烷化反应体系的影响，结果如图 7-7 和图 7-8 所示。

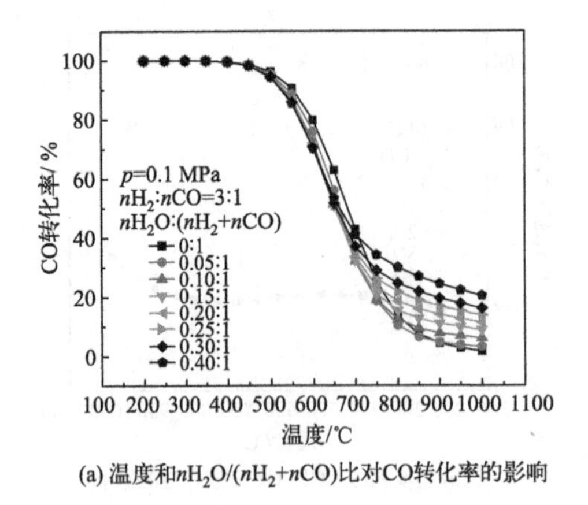

(a) 温度和$nH_2O/(nH_2+nCO)$比对CO转化率的影响

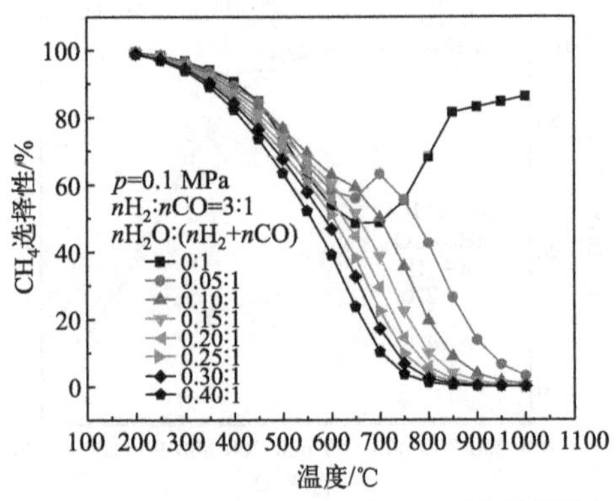

(b) 温度和$nH_2O/(nH_2O+nCO)$比对CH_4选择性的影响

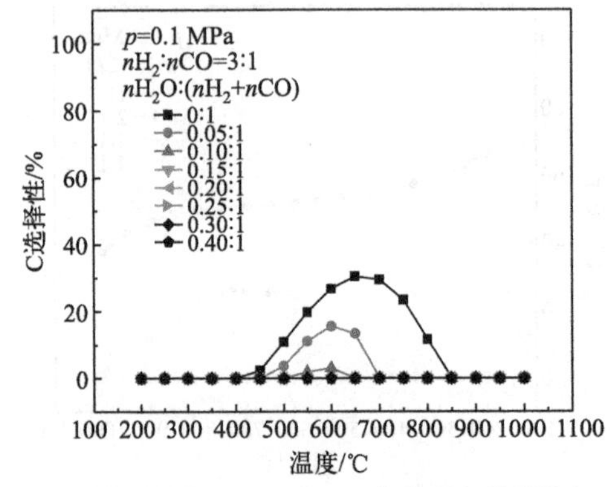

(c) 温度和$nH_2O/(nH_2+nCO)$比对C选择性的影响

图 7-7　0.1MPa 下 $H_2O/(H_2+CO)$比对 CO 甲烷化的影响

由图 7-7（c）和图 7-8（c）可知，汽气比对碳的选择性的影响非常显著。当压力为 0.1MPa，汽气比大于 0.15∶1 时，反应体系碳的选择性已为零，水蒸气的引入能够有效地抑制析碳反应。由表 7-11 可知，水蒸气能够对反应 R7 和 R8 起到抑制作用，使其逆向发生，从而起到降低碳的选择性的效果。由此推理，反应 R7 和 R8 可能是主要的析碳反应。由于高压时反应体系本身就不会发生析碳反应，所以当压力为 2.0MPa 时不会发生析碳反应。

但反应体系中引入水蒸气会同时影响 CO 转化率和甲烷选择性。由图 7-7（a）和图 7-8（a）可知，在低压高温时，向反应体系加入水蒸气能够提高 CO 的转化率，并且随着汽气比的增加而提高；当压力提高至 2.0MPa 时，水蒸气对 CO 的转化率影响不大。图 7-7（b）和图 7-8（b）表明，无论是 0.1MPa 还是 2.0MPa，虽然稍有差别，但当汽气比大于 0.10 后，甲烷的选择性随着汽气比的增大而降低，汽气比越大，下降速率越快。这主要是因为水蒸气促进了 CO 变换反应 R4，导致副产物 CO_2 增多，从而降低了甲烷的选择性，特别是温度高于 650℃时，相比其他反应 R4 具有较大的平衡常数（见图 7-2），此时引入水蒸气 R4 的主导地位就更加明显。

由此可知，向反应体系中加入适量水蒸气能够降低积碳，但如果加入过多则会降低甲烷的收率。

上述计算结果表明，合成气制甲烷反应的适宜工艺条件为低温（200～500℃）、中压（$p \geqslant 2$MPa）和 $H_2/CO \geqslant 3$，加入适量水蒸气可以有效地抑制析碳反应。

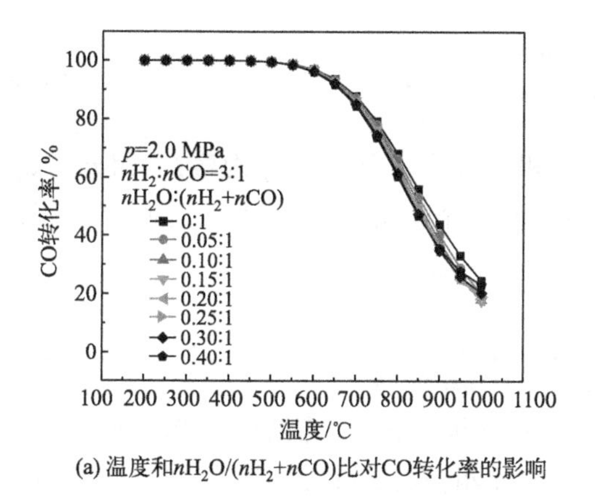

(a) 温度和$nH_2O/(nH_2+nCO)$比对CO转化率的影响

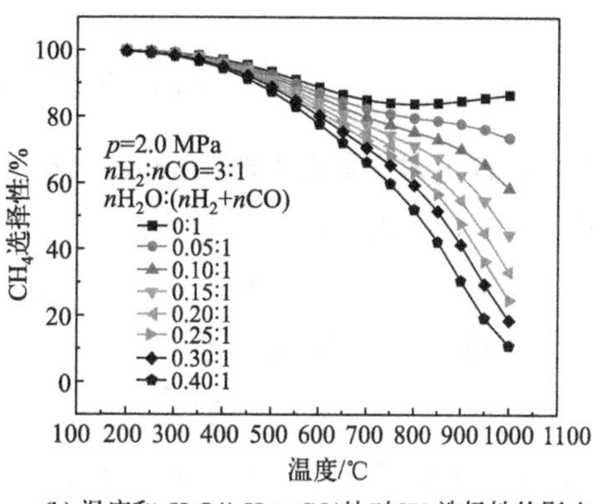

(b) 温度和$nH_2O/(nH_2+nCO)$比对CH_4选择性的影响

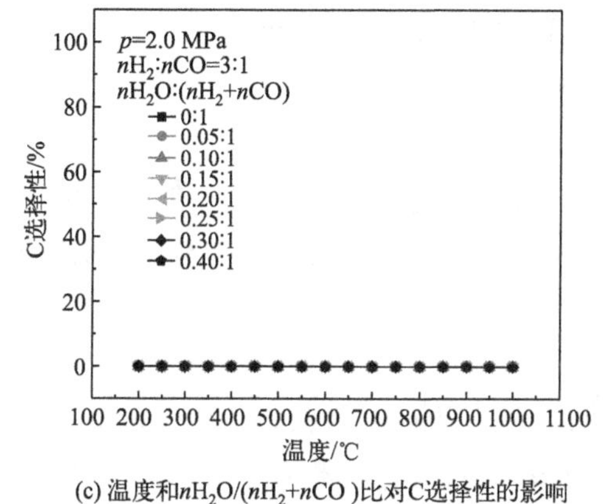

(c) 温度和$nH_2O/(nH_2+nCO)$比对C选择性的影响

图 7-8　2.0MPa 下 $H_2O/(H_2+CO)$比对 CO 甲烷化的影响

7.3.2.3　平衡组成计算——Gibbs 自由能最小化法

对于热化学平衡，当在给定的温度和压力下达到平衡时，根据热力学第二定律，体系的 Gibbs 自由能将达到该状态下的最小值。基于这一原理，将系统的 Gibbs 自由能描述为组成的函数，在各组分遵循物质守恒的条件下，对应于体系 Gibbs 自由能最小值的组成就是平衡组成，因而将问题转化为有约束的最优化问题。正如在平衡常数法中所讨论的，由于不同原料制合成气或合成气制甲烷等化学过程在较高温度、化学反应和传质速率都较快的体系下进行，因此其化学反应过程主要由平衡过程来控制。而且这类化学反应体系十分复杂，而吉布斯自由能法对反应过程的计量方程不作要求，仅需确定体系的反应温度、反应压力及反应物的元素构成，就可直接对反应过程进行最优化的计算。因此，目前吉布斯自由能最小化法是国际上应用最广的热力学平衡分析法，应用范围正不断扩大，并且通过计算机迭代算法可以找到平衡点。目前比较著名的软件有 Aspen Plus、FactSage、Thermo-Calc、HSC Chemistry、pandat、CALPHAD、MTDATA 等。Gibbs 自由能最小化法的优点在于计算化学平衡时无须知道具体的化学反应。

（1）建立模型

在恒温恒压状态下，对整个体系的自由能或自由焓进行最小化求解。达到化学平衡时，体系的吉布斯自由能最小。

吉布斯自由能平衡方程：

$$dG = \sum_{i\alpha} dG_i^{(\alpha)} = \sum_{i\alpha} \left(\frac{\partial G^\alpha}{\partial n_i^\alpha} \right)_{T,p,n_j(j \neq i)} dn_i^\alpha = 0 \tag{7-66}$$

式中，G 为吉布斯自由能，J/mol；α为第 α相；i 为第 i 个组元；j 为第 j 个组分；G_i^α 为第 i 个组元在 α相中的吉布斯自由能，J/mol；n_i 为第 i 个组元的物质的量，mol；T 为反应温度，K；p 为反应压力，MPa；$\partial G^\alpha / \partial n_i^\alpha$ 为第 i 个组元在 α相中的化学势。

由此，建立的数学模型：

$$G = \sum_{j=S}^{S} G_j^\ominus n_j + \sum_{j=S+1}^{C} \sum_{i=1}^{P} G_{ji} n_{ji} \tag{7-67}$$

式中，S 为单独存在的相；$G_j^\ominus$ 为第 j 个组分在标准状态下的吉布斯自由能，J/mol；n_j 为第 j 个组分的物质的量，mol；C 为组分数；G_{ji} 为第 j 个组分第 i 相在温度为 T 时的吉布斯自由能，J/mol；n_{ji} 为第 j 个组分第 i 相的物质的量，mol。

另外，系统还应满足以下约束条件。

① 质量约束条件：

$$b_k = \sum_{j=1}^{S} m_{jk} n_j + \sum_{j=S+1}^{C} \sum_{i=1}^{P} m_{jk} n_{ji}, k = 1,2,3,4,5 \cdots E \tag{7-68}$$

式中，b_k 为第 k 个元素的量，mol；m_{jk} 为第 j 个组分 k 个原子矩阵元素；E 为系统中的元素个数。

② 系统焓平衡的约束条件：

$$\sum_{\alpha=1}^{C} m_\alpha \Delta H_{f\,\text{feed}298\alpha}^\ominus + \sum_{\alpha=1}^{C} m_\alpha H(H_{\text{feed}\alpha}) = \sum_{\alpha=1}^{C} n_\alpha \Delta H_{f\,\text{prod}298\alpha}^\ominus + \sum_{\alpha=1}^{C} n_\alpha H(T_{\text{prod}\alpha}) + Q \tag{7-69}$$

式中，Q 为热损失，J/mol；$\Delta H_{f\ \text{feed}\ 298\ \alpha}^\ominus$和 $H(T_{\text{feed}\ \alpha})$分别为反应物在标准状态下的焓变和在温度为 T 时的焓值，J/mol；$\Delta H_{f\ \text{prod}\ 298\ \alpha}^\ominus$和 $H(T_{\text{prod}\ \alpha})$分别为产物在标准状态下的焓变和在温度为 T 时的焓值，J/mol。

③ 非负约束条件：

$$n_i \geqslant 0 \tag{7-70}$$

以上非线性方程关系式的求解以 Rand 算法应用最为广泛。首先通过 Lagerange 乘子法将有约束最优化问题转化为无约束最优化问题，然后通过 Newton-Raphson 算法求解。

（2）模型验证

为验证上述模型的准确性，用 Aspen Plus 软件对铁基载氧剂化学链燃烧反应机理进行了模拟。在 NiO-CH_4 化学链燃烧还原反应器中存在的化学反应式如下。

还原反应：$4NiO+CH_4 = 4Ni+CO_2+2H_2O$　　ΔH =160kJ/mol

氧化反应：$4Ni+2O_2 = 4NiO$　　ΔH =–962kJ/mol

CH_4 重整反应：$CH_4+H_2O = CO+3H_2$　　ΔH =206.2kJ/mol

水汽变换反应：$CO+H_2O = CO_2+H_2$　　ΔH =–41.1kJ/mol

甲烷化反应：$CO+3H_2 = CH_4+H_2O$　　ΔH =–206.2kJ/mol

碳沉积反应：$CH_4 = C+2H_2$　　ΔH =74.9kJ/mol

$2CO = C+CO_2$　　ΔH =–172.4kJ/mol

焦炭气化反应：$C+H_2O = CO+H_2$　　ΔH =131.3kJ/mol

$C+CO_2 = 2CO$　　ΔH =172.4kJ/mol

定温定压下，多组分系统总 Gibbs 自由能的集合公式如下：

$$G = \sum_{i=1}^{N} n_i \mu_i \tag{7-71}$$

式中，n_i是组分 i 的物质的量，mol；μ_i是组分 i 的化学势。

非理想气体的化学势表示为

$$\mu_i = \mu_i^{\ominus} + RT\ln\frac{f_i}{p^{\ominus}} \text{或} \mu_i = \Delta_f G_i^{\ominus} + RT\ln\frac{f_i}{p^{\ominus}} \tag{7-72}$$

式中，f_i代表组分 i 的逸度，$\Delta_f G_i^{\ominus}$ 和 $p^{\ominus}$ 分别表示标准生成 Gibbs 自由能和标准压力。由于物质 i 的逸度 f_i 等于分压 p_i 与逸度系数 ϕ_i 的乘积（理想气体的逸度系数 ϕ_i =1），而分压 p_i 等于系统总压 p 与气相中组分 i 的摩尔分数 y_i 的乘积，即

$$f_i = p_i\phi_i = Py_i\phi_i \tag{7-73}$$

代入式（7-72）得到化学势与压力的关系

$$\mu_i = \Delta_f G_i^{\ominus} + RT\ln\frac{\phi y_i p}{p^{\ominus}} \tag{7-74}$$

当真实气体可以看作理想气体时，ϕ=1，式（7-74）可以写为

$$\mu_i = \Delta_f G_i^{\ominus} + RT\ln p + RT\ln y_i \tag{7-75}$$

将式（7-75）代入式（7-71），得

$$G(n_i) = \sum_{i=1}^{N} n_i(\Delta_f G_i^{\ominus} + RT\ln p + RT\ln y_i) \tag{7-76}$$

式中，$y_i = n_i/n_T$，$n_T = \sum_{i=1}^{N} n_i$ 。

将 $G(n_i)$在各物质初始估计平衡物质的量 n_1^0、n_2^0、…、n_i^0 附近展开为泰勒级数，并略去二次项以后的高次项，用 $Q(n_i)$表示此近似值：

$$Q(n_i) = G(n_i^0) + \sum_{i=1}^{N}\frac{\partial G}{\partial n_i}(n_i - n_i^0) + \frac{1}{2}\sum_{i=1}^{N}\frac{\partial^2 G}{\partial n_i \partial n_k}(n_i - n_i^0)(n_i - n_k^0) \tag{7-77}$$

根据式（7-76），

$$\frac{\partial G}{\partial n_i} = \mu_i = \Delta_f G_i^{\ominus} + RT\ln p + RT\ln y_i$$

$$\frac{\partial^2 G}{\partial n_i \partial n_k} = RT\left(\frac{\delta_{ik}}{n_i^0} - \frac{1}{n^0}\right) \tag{7-78}$$

式中，$n^0 = \sum_{i=1}^{N} n_i^0$ 。上式中，当 i=k 时，δ_{ik}=1；当 $i \neq k$ 时，$\delta_{ik} = 1 - n_k^0$，代入式（7-77），可得：

$$Q(n_i) = G(n_i^0) + \sum_{i=1}^{N}(\Delta_f G_i^{\ominus} + RT\ln p + RT\ln y_i)(n_i - n_i^0) + \frac{RT}{2}\sum_{i=1}^{N} n_i^0\left(\frac{n_i - n_i^0}{n_i^0} - \frac{(n_T - n^0}{n^0}\right)$$

当系统达到平衡时，Gibbs 自由能达到最小，即可利用拉格朗日待定因数法对上式求 $Q(n_i)$ 的极值。

同时，当系统达到平衡时，还必须满足元素守恒条件，即 n_i 必须满足元素守恒。令：

$$\sum_{i=1}^{N} a_{ij} n_i = A_j \quad j=1,2,3,4,\cdots,k \tag{7-79}$$

和

$$L(n_i)=\frac{Q(n_i)}{RT}+\sum_{j=1}^{k}\lambda_j(\sum_{i=1}^{N}a_{ij}n_i-A_j)$$

式中，λ_j 为拉格朗日因子；a_{ij} 是在 1mol 第 i 个组分中第 j 个元素的原子数；A_j 定义为在反应混合物中第 j 个元素总的原子数。

当系统达到平衡时，则 $\frac{\partial L(n_i)}{\partial n_i}=0$，可得

$$\frac{1}{RT}G(n_i^0)\ln p+\ln\frac{n_i^0}{n^0}+\frac{n_i}{n_i^0}-\frac{n}{n^0}+\sum_{j=1}^{c}\lambda_j a_{ij}=0(i=1,2,3,\cdots,N) \tag{7-80}$$

上面列出了具有 N 个未知数的线性方程组。

上述方程组可以看作一个 i 行的矩阵，采用 Aspen Plus 等软件，应用不同的迭代方法，在式（7-79）的限制条件下可以进行求解，而且得到的 n_i 值必须在 $0\leqslant n_i\leqslant n_T$ 范围内才有意义。

在已知各个物质物性数据的情况下，根据上述计算方法便可以由 n_i 求得在一系列条件下的化学平衡组分，从而获得反应产物组成与温度之间的关系。

【例 7-10】 某渣油成分为：86.51% C，12.20% H，0.24% S，0.60% N，0.38% O；每千克渣油耗氧 0.8m³，而氧气中含 N_2 0.15%，Ar 1.85%，即 O_2 98%；每千克渣油耗蒸汽 0.4 千克。计算以此渣油为原料利用部分氧化法制得的合成气的平衡组成。该系统含 C、H、O、N、S 五种元素，生成 13 种组分，共 9 个化学反应，如式（7-40）所示。

解： 计算在 Cosilab 软件的 Chemical Equilibrium 模块上进行。选择平衡的模式为恒温恒压，压力设定为 3MPa，温度 850℃。计算所涉及的元素及物料以 $CH_{2.31}O_{1.28}N_{0.0075}S_{0.00104}Ar_{0.00917}$ 通式表示。不同于平衡常数法，该方法不需考虑所涉及的反应及其机理。计算过程中所有物种的热力学参数直接采用软件自带的热力学数据库中的数据。计算结果列于表 7-13。平衡常数法计算的结果也列于表中，以作比较。

表 7-13 平衡常数法和 Gibbs 自由能最小化法计算得到的平衡组成（摩尔分率）

产物	平衡常数法	Gibbs 自由能最小化法
CO	0.292	0.319
CO_2	0.137	0.134
CH_4	0.066	0.109
C	0.063	3.118×10^{-27}
H_2O	0.149	0.134
NH_3	3.181×10^{-5}	6.244×10^{-5}
HCN	7.843×10^{-7}	1.027×10^{-6}
H_2S	0.000561	0.000585
COS	1.826×10^{-5}	未计算
N_2	0.00205	0.00206
HCOOH	8.422×10^{-7}	2.235×10^{-6}
H_2	0.287	0.295
Ar	0.00510	0.00516

由表 7-13 可知，两种方法所得到的结果较为一致。细小的数量差别可能来自于计算过程中所采用的反应平衡常数及物料热力学数据的误差。

参考文献

[1] 于遵宏，朱炳辰，沈才大，等编著. 大型合成氨厂工艺过程分析[M]. 北京：中国石化出版社，1993.

[2] 刘俊吉，周亚平，李松林，等编著. 物理化学：上册[M]. 第5版. 北京：高等教育出版社，2010.

[3] 里德RC，普劳斯尼茨JM. 气体和液体性质[M]. 北京：石油工业出版社，1994.

[4] 朱炳辰. 化学反应工程[M]. 第5版. 北京：化学工业出版社，2012.

[5] 郑东晖, 胡山鹰, 李有润，等. 考虑动力学的反应路径多目标优化方法[J]. 化工学报, 2003, 54(6): 770-774.

[6] 李钟华, 李崇嘉. 复杂化学平衡计算方法的对比评价[J]. 哈尔滨工程大学学报, 1995, (1):53-59.

[7] 邸元, 张园. Gibbs自由能最小化法计算二氧化碳-烃-水系统相平衡[J]. 石油学报, 2015, (5).

[8] 汪洋，代正华，于广锁，等. 运用Gibbs自由能最小化方法模拟气流床煤气化炉[J]. 煤炭转化，2004, 4: 27-33.

[9] Tjalling J Ypma. Historical development of the New-Raphson method[J]. SIAM Review, 1995, 37(4): 531-551.

[10] Abbasbandy S. Nonlinear equations by modified adomian decomposition method[J]. Applied Mathematics and Computation, 2003, 145: 887-893.

习题

7-1 已知298K时下列数据：

组分	$H_2O(g)$	$H_2(g)$	$O_2(g)$
$\Delta_f H_m^\ominus$ /(kJ/mol)	−241.83	0	0
$S_m^\ominus$ /[J/(K·mol)]	188.74	130.58	205.03

试求：反应 $H_2O(g) \longrightarrow H_2(g)+1/2O_2(g)$ 在25℃时的标准平衡常数 $K^\ominus$。

7-2 在高温下水蒸气通过灼热的煤层，按下式生成水煤气：$C(s)+H_2O(g) \longrightarrow H_2(g)+CO(g)$。若在1000K及1200K时的 $K^\ominus$ 分别为2.472及37.58，试计算在此温度范围内的平均反应热 $\Delta_r H_m^\ominus$，以及在1100K时反应的平衡常数 $K^\ominus$。

7-3 在1423K、10.0MPa下，甲醇合成反应 $CO(g)+2H_2(g) \longrightarrow CH_3OH(g)$ 的 $K^\ominus=2.35\times10^{-3}$。已知在此条件下，CO、$H_2$ 和 CH_3OH 的逸度系数分别为1.08、1.25和0.56，试求此反应的 K_f。

7-4 某气体混合物含 H_2S 的体积分数为51.3%，其余是 CO_2。在25℃、0.1MPa下，将1750cm^{3}此混合气体通入350℃的管式炉中发生反应，然后迅速冷却。当反应后流出的气体通过盛有氯化钙的干燥器时（吸收水汽用），该管的质量增加了34.7mg。试求反应 $H_2S(g) + CO_2(g) \longrightarrow COS(g) + H_2O(g)$ 的平衡常数 K_p。

7-5 钢铁表面进行渗碳处理时，用甲烷作为渗碳剂，高温下甲烷分解反应：$CH_4 \longrightarrow$ C(石墨)+$2H_2(g)$，该反应的 $\Delta_r G_m^\ominus=90165-109.56T$，J/mol。

求：（1）500℃时此反应的平衡常数。

（2）500℃时 CH_4 的分解率。总压为101.32kPa，并且系统无惰性气体。

（3）500℃时总压为101.32kPa，在分解前甲烷中含50%惰性气体，求 CH_4 分解率。

7-6 试求单一气相反应 $CO+3H_2 \longrightarrow CH_4+H_2O$ 在300～500℃和0.1MPa下的平衡组成。

7-7 氨除了作为化肥原料外，还可作为制冷剂和汽车燃料的载体（制氢）。然而，氨也是可燃性的有毒气体。在过量10%的空气中燃烧，氨主要转化为N_2和水。实验发现，在2000K和2Bar下，得到的混合产物包括NH_3、N_2、O_2、NO、H_2O及OH。利用自由能最小化法计算系统的平衡组成。

7-8 利用平衡常数法计算习题7-7的平衡组成。主要的反应包括：

$$2NH_3+3/2O_2 \longrightarrow 3H_2O+N_2$$

$$NO \longrightarrow 1/2O_2+1/2N_2$$

$$2OH \longrightarrow H_2O+1/2O_2$$

7-9 某渣油成分为：C 86.51%，H 12.20%，S 0.24%，N 0.60%，O 0.38%；每千克渣油耗氧0.8m^3，而氧气中含N_2 0.15%，Ar 1.85%，即O_2 98%；每千克渣油耗蒸汽0.4千克。求在800℃、1MPa条件下的平衡组成。

第八章
多相催化反应动力学

催化科学是一门面向能源、资源、环境、化工、材料，有极其重要应用背景和前景的基础学科。催化是合成新物质、新材料和实现新反应的有效途径。催化作用几乎遍及化学反应的整个领域，在世界范围内，催化被认为是化学工业的基石，是制造燃料、纺织品、食品、药物等的关键科学和技术。据统计，当今化学品生产的60%和化工过程的90%是基于催化作用的化学合成过程。在发达国家，GDP的20%～30%是直接或间接通过催化过程和产品贡献的。催化被认为是解决人类所面临的能源问题、环境问题和人口健康问题的关键共性科学技术。

催化过程可分为多相催化、均相催化和生物（酶）催化，其中多相催化过程又占90%。

多相催化反应动力学是研究有催化剂参与的情况下在催化剂表面进行化学反应的内在规律。由于反应速率是催化反应中的根本所在，所以也可以说动力学研究的是多相催化反应的速率与影响速率诸因素的规律性。研究的方法是寻找出能够代表某一催化反应的速率方程式。而速率方程与反应机理是密切相关的，因此催化反应的本质过程可以从速率方程和反应机理来加以确定。催化反应动力学的结果在工业上则是必不可少的，因为工业装置的物料衡算、最佳反应条件确立、反应器的设计和模拟放大都离不开动力学数据。

为了在催化反应器设计中计算达到给定转化率的时间（间歇体系）或反应器（或催化剂）的体积，我们需要知道反应速率与转化率的函数关系。为此，本章将先简要讨论流动体系化学反应动力学涉及的几个基本概念，以说明化学反应动力学的基本规律和方法。随后介绍固体催化剂的作用及其结构特征，重点讨论多相催化反应宏观动力学、本征动力学的基本规律及其建立动力学方程的方法，为催化反应器设计打下基础。

8.1 几个基本概念

8.1.1 基元反应、反应历程和反应机理

任何一个化学反应，可用一个通式表示为

$$aA + bB = cC + dD \tag{8-1}$$

式（8-1）称为化学反应计量方程式，a、b、c和d称为相应组分的化学计量系数（stoichiometric coefficient）。

但这个反应方程式不能说明化学反应在分子水平上是如何发生的。而催化反应是通过一组基元反应使反应物分子转化为产物分子而催化剂自身又回到原始状态的一系列反应形成的一个闭合循环，称为催化循环(catalytic cycle)。而且，只有催化剂循环一次以上，才能认为该反应是催化反应，否则该反应只能认为是计量的化学反应。同样地，只有已经进行了多次催化循环作用的物质，才可被视为催化剂。

对反应 $A_2+B = C+D$，假如在分子水平上是按下列步骤进行的：

$$(\text{I})\ A_2+{}^* \rightleftharpoons A_2^*$$

$$(\text{II})\ B+{}^* \rightleftharpoons B^*$$

$$(\text{III})\ A_2^*+B^* \rightleftharpoons C^*+D^*$$

$$(\text{IV})\ C^* \rightleftharpoons C+{}^*$$

$$(\text{V})\ D^* \rightleftharpoons D+{}^*$$

$$\text{总反应：}A_2+B = C+D$$

式中“*”表示催化剂表面的活性位（site）。

其中每一步都是基元反应（elementary step）。基元反应是指反应物分子通过化学碰撞一步转化为产物的反应，是反应机理中多个步骤中的一个步骤。对于基元反应，必须按照分子水平上所发生的实际反应来表达，其反应各组分的计量系数不能是小数或分数。例如步骤（Ⅰ）不能写成：

$$\frac{1}{2}A_2+{}^* \rightleftharpoons A^*$$

因为从机理上说，此化学计量方程式没有意义。

组成宏观总反应的基元反应总和，称为反应历程（reaction path or reaction sequence），或称反应机理（reaction mechanism）。由上述一系列基元反应加和而成的总的反应称为总包反应（overall reaction），总包反应中反应物和产物均出现在流体中，是可以通过实验测量的。

8.1.2 质量作用定律

人们发现，基元反应的速率在一定温度下，只与反应物浓度有关。对于基元反应式（8-1），其反应速率方程可表示为

$$r = kc_A^a c_B^b \tag{8-2}$$

这种简单的关系称为质量作用定律。严格而论，质量作用定律只适用于基元反应。简单反应只包含一个基元反应，故可直接应用质量作用定律。但复杂反应方程式不能体现反应物分子直接作用的关系，故质量作用定律不能直接用于复杂反应，但对于构成复杂反应中的任一步基元反应，质量作用定律仍然适用。值得注意的是，有些非基元反应也具有类似基元反应速率方程的幂乘积形式，但符合质量作用定律的不一定就是基元反应。

为了衡量反应物浓度对速率的影响，人们定义了“反应级数”（reaction order）的概念。式（8-2）中浓度项的指数 a、b 分别称为参加反应的 A、B 组分的反应级数，而指数之和 $n=a+b$ 称为总反应的反应级数。它们可以是正数、零或负数。

许多非基元化学反应的速率公式也可表示为式(8-2)的形式，例如：

$$r = kc_A^{\alpha} c_B^{\beta} \tag{8-3}$$

式（8-3）中浓度项的指数 α、β和 $n=\alpha+\beta$的含义与式（8-2）相同，其区别是，式（8-2）是基元反应，其浓度项的指数与反应的计量系数相同；而非基元化学反应式（8-3）中的浓度项指

数 α、β与反应的计量系数不一定相同，而且可能出现分数。一个反应的级数是通过实验确定的。

8.2　催化剂性能表述

催化剂的作用是定向、加速质量和能量的高效转化。用于表述“定向”的指标是催化剂的选择性；用于表述“加速”的指标是化学反应速率；用于表述“高效”的指标是催化剂的转化率。因此，催化剂的性能通常是指催化剂的转化率、选择性和化学反应速率。

转化率和选择性是从热力学角度衡量化学反应的进度，即反应趋近热力学平衡的程度。显然，转化率和选择性越高，催化剂活性越高，意味着反应趋近热力学平衡的程度越高，但无论是转化率还是选择性都会受到热力学平衡的限制。因此，转化率和选择性是催化剂最重要的性质和性能指标。通常所述催化剂的活性就是泛指催化剂的转化率和选择性，特指转化率。

反应速率包括转换频率（TOF）是从动力学角度来衡量化学反应进行的程度，即在一定的反应条件和催化剂作用下生成产物的量。显然，与转化率和选择性不同，反应速率和 TOF 主要决定于反应条件，且不存在如同热力学平衡那样的本征的比较基准。因此，采用反应速率和 TOF 用于比较不同催化剂的性能优劣时，容易引起误导。例如，在原料气流量很大、催化剂用量很少，即使转化率很低的情况下，反应速率也可以很大，因为反应速率与流量（空速）成正比、与催化剂用量（堆密度）成反比。因此，在给出反应速率或 TOF 值的同时，必须给出反应条件，否则就没有意义。

催化剂的稳定性（stability）主要也是动力学性质的一种量度，通常以寿命（life time）来表示。根据催化剂的定义，一个理想的催化剂应该是可以永久地使用下去。然而实际上由于化学和物理的原因，催化剂的转化率和选择性均会随使用时间延长逐渐下降，直到低于某一特定值后就被认为是失活了。催化剂的稳定性是指催化剂在使用条件下，维持一定活性水准的时间（单程寿命），或经再生或多次套用后的累计时间（总寿命），也可以以单位活性位上所能实现的反应转换数来表示。

（1）转化率（conversion）

对于活性的表达方式，最直观的指标是转化率。工业上常用这一参数来衡量催化剂性能。转化率的定义为在一定反应条件下，反应掉的主反应物与其进料量的比率：

$$x=\frac{\text{已转化掉的某一反应物的量}}{\text{某一反应物的进料量}} \tag{8-4}$$

对于连续系统，组分 A 的转化率表达式为：

$$x=\frac{N_{A_0}-N_A}{N_{A_0}} \tag{8-5}$$

式中　N_{A_0}——初始反应混合物中反应物 A 的摩尔流量；

N_A——反应后反应物 A 的摩尔流量或反应物 A 的瞬时摩尔流量。

对于间歇系统，将式（8-5）中的摩尔流量改为物质的量，即可表示反应转化率。

反应转化率有瞬时转化率和总转化率之分。对于间歇系统，瞬时转化率是某一反应瞬时主反应组分的转化率，而总转化率是反应器停止反应时主反应组分的转化率。

对于流动系统的循环过程，除了有瞬时转化率和总转化率之分外，还有单程转化率和总转化率之分。单程转化率(conversion per pass, x_{pp})是指主反应组分一次通过反应器所达到的转化率。然后进行产物的分离，尚未反应的反应物（包括未分离的产物和惰性气体等）返回反应器进口。而总转化率(total conversion, x_t)是反应系统出口处主反应组分的转化率，如图8-1所示。对于单程转化率低，特别是那些平衡转化率受热力学限制的反应，通常需要多次循环，而返回反应器进口的循环气体量 N_c 与进入反应系统的原料气体量 N_f 之比，称为循环比 R（recycle ratio），其值可按下式计算：

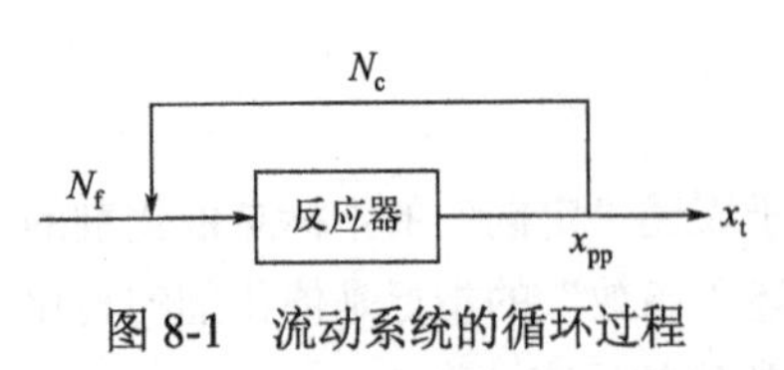

图 8-1　流动系统的循环过程

$$R = \frac{N_c}{N_f} = \frac{x_t - x_{pp}}{x_{pp}} \tag{8-6}$$

例如，氨合成反应单程转化率为25%左右，而总转化率为95%以上，其循环比为2.8左右。

（2）选择性

为了表达已反应的主反应组分有多少生成目的产物，常用选择性的概念，以 S 表示，其定义可表达如下：

对于间歇系统

$$S = \frac{\text{生成目的产物所消耗的主反应组分的物质的量}}{\text{已转化的主反应组分的物质的量}} \tag{8-7}$$

对于连续系统

$$S = \frac{a}{c} \cdot \frac{\text{目的产物摩尔流量的增量}}{\text{已转化的主反应组分的摩尔流量}} \tag{8-8}$$

由上述可见，反应转化率是以原料的消耗来表示主反应组分的反应（或转化）程度，而选择性则表示主反应与副反应的相对大小；收率是以产物的产量，即目的产物的相对生成量来衡量反应进行的进度。催化剂的选择性与常用的收率有关。

（3）收率

当单一反应的反应物转化率确定后，其产物的收率也随之确定。如前所述，转化率表示化学反应进行的程度，也可以说明产物收率的高低。对于复杂反应则不然，由于有副反应进行，只有反应物的转化率的概念并不能说明其中有多少反应物生成主要的产物，又有多少反应物生成不需要的副产物。所以，必须引进主要产物或目的产物的收率的概念。

如同转化率分为单程转化率和总转化率，收率也有单程收率和总收率的区别。

① 单程收率。定义为反应物一次通过催化反应床层所得到的目的产物的量：

对于间歇系统

$$Y = \frac{\text{生成目的产物所消耗的主反应组分的物质的量}}{\text{初始组成反应混合物中主反应组分的物质的量}} \tag{8-9}$$

对于连续系统

$$Y = \frac{\text{主反应组分生成目的产物的摩尔流量的变化}}{\text{初始组成反应混合物中主要反应组分的摩尔流量}} \tag{8-10}$$

如以 a 及 c 分别表示主反应组分A及目的产物C的化学计量系数，则收率又可表示如下：

对于间歇系统

$$Y=\frac{a}{c}\times\frac{\text{生成目的产物的物质的量}}{\text{初始组成反应混合物中主反应组分的物质的量}} \tag{8-11}$$

对于连续系统

$$Y=\frac{a}{c}\times\frac{\text{目的产物摩尔流量的增量}}{\text{初始组成反应混合物中主反应组分的摩尔流量}} \tag{8-12}$$

单程收率有时也称得率，与转化率和选择性有如下关系：

$$Y=xS \tag{8-13}$$

当 x=1 时，Y=S，或 S=1 时，Y=x。

② 总收率。当反应物一次通过催化剂反应床层后，反应物没有完全反应，再循环回催化剂床层，直至完全转化，所得到的产物总量称为总收率。根据该定义，其数学表达式是与单程收率相同的。

③ 时空收率（space time yield，常记为 STY）。在工业上，常用时空收率来表示催化剂的反应性能。时空收率的定义是单位时间单位反应体积或单位催化剂质量所得到的产物的量。由于工业反应器的催化剂体积或装填的催化剂质量是确定的，只要知道反应器出口单位时间的产量，就可计算出时空收率，因此，该量使用方便、直观，虽然不十分确切。

要注意，时空收率与上述定义的收率是不同的概念，前者的单位是 $kmol/(m^3 \cdot h)$或 $kmol/(t \cdot h)$，后者是无量纲的摩尔分数或质量分数。

特别需要提醒的是，上述转化率、选择性、收率和时空收率都是反应条件的函数，提供数据的同时，必须标明实际的反应温度、压力、流量（空速）和反应物原始组成等反应条件，否则该数据是没有意义的。

8.3 流动体系化学反应速率表达方式

8.3.1 化学反应速率的定义

在物理化学和化学动力学教材中已对化学反应速度进行过详细的讨论。通常采用以化学反应的进度（degree of reaction）随时间的变化率来定义反应速度，即

$$r=\frac{d\xi}{dt} \tag{8-14}$$

式中，ξ为反应进度，其定义为

$$d\xi=\frac{dn_i}{\nu_i} \tag{8-15}$$

则反应速率可表示为

$$r_i=\frac{dn_i}{\nu_i dt} \tag{8-16}$$

式中，n_i 为参加反应的物种或组分（反应物或生成物）i 的物质的量；t 为时间；ν_i 为化学反应方程式中物种 i 的计量系数，对反应物取“−”号，生成物取“+”号。

对于任意反应 $aA+bB = cC+dD$，各组分的反应速率与化学计量系数之间存在着下列关系：

$$r_A : r_B : r_C : r_D = a : b : c : d$$

或

$$\frac{r_A}{a}=\frac{r_B}{b}=\frac{r_C}{c}=\frac{r_D}{d} \tag{8-17}$$

由此即得

$$-\frac{1}{a}\frac{\mathrm{d}n_{\mathrm{A}}}{\mathrm{d}t}=-\frac{1}{b}\frac{\mathrm{d}n_{\mathrm{B}}}{\mathrm{d}t}=\frac{1}{c}\frac{\mathrm{d}n_{\mathrm{C}}}{\mathrm{d}t}=\frac{1}{d}\frac{\mathrm{d}n_{\mathrm{D}}}{\mathrm{d}t} \tag{8-18}$$

在科学研究中，一般需要从分子水平考察反应速率。相同表面积的催化剂表面上活性位浓度（或密度）可能并不一样，因此根据活性位数来表征反应速率似乎更能接近催化剂的本征速率。借用酶化学中转换数的概念，在催化中引入了转换数（turnover number，TON）和转换频率（turnover frequency，TOF）或转换速率的概念。

通过催化循环发生的总包反应次数称为转换数。在催化剂失活之前，其转换数显然可以作为催化剂寿命的最恰当的定义。

TOF 又称转换速率（turnover rate），是指某反应在给定温度、压力、反应物比率及一定反应度的条件下，在单位时间内单位活性位上发生的转换数，其单位为时间秒的倒数 s^{-1}。此外，TOF 不是速率常数，它依然与反应条件有关。因此，在报道 TOF 值时，必须同时给出所有反应条件。

$$\mathrm{TOF}=\frac{1}{S}\frac{\mathrm{d}n}{\mathrm{d}t} \tag{8-19}$$

式中，S 为催化剂表面活性位数。

式（8-19）与式（8-16）结合，得到转换频率（TOF）与反应速率 r_m 的关联式：

$$\mathrm{TOF}=\frac{r_m}{3600S}=\frac{M}{3600}\left(\frac{r_m}{f_m D}\right)f_{\mathrm{AS}} \tag{8-20}$$

式中，r_m 为质量反应速率，mol/(g・h)；M 为活性金属原子量；f_m 为活化态催化剂中活性组分的质量分数；D 为活性金属表面暴露分数；f_{AS} 为表面起活性位作用的那一部分原子的分数。

在催化反应中，诱导期的时间长短在数量级上应该就是转换时间即转换速率的倒数。通常转换速率的数量级为 $1\mathrm{s}^{-1}$。对于这种情况，诱导期应该是很短的。

8.3.2 间歇反应系统反应速率表达式

在间歇反应过程中，反应速率表示为单位时间内单位反应混合物体积中组分 i 的反应量，即

$$r_i=\frac{1}{V}\frac{\mathrm{d}n_i}{\mathrm{d}t} \tag{8-21}$$

式中 V——反应混合物体积，m^3；

n_i——组分 i 的瞬时量，kmol；

t——反应时间，s 或 h。

式中 i 为反应物，V 取负值；若 i 为产物，则 V 取正号。

间歇反应器主要用于液相反应，在此情况下，反应过程中反应混合物的体积变化可忽略，即反应是在恒容情况下进行。因此，经典的化学动力学常以单位时间内反应物或产物的浓度变化来表示化学反应速率，即

$$\mathrm{d}c_i=\mathrm{d}\left(\frac{n_i}{V}\right)=\frac{1}{V}\mathrm{d}n_i$$

代入式（8-21）

$$r=\pm\frac{\mathrm{d}c_i}{\mathrm{d}t} \tag{8-22}$$

式中，c_i为组分i的浓度，以 kmol/m³ 表示。对于反应物，取负号；对于产物，取正号。

8.3.3 连续系统反应速率表达式

在连续反应系统中，反应物不断流入反应器，而产物不断地从反应器流出，反应物和产物均处于连续流动状态。当系统达到稳定状态后，物料在反应器内没有积累，系统中的浓度、温度和压力等参数在一定位置上是定值，即各参数在某一位置不随时间而变化，但各参数随反应器位置变化而变化。

考虑到在连续系统中发生多相反应，反应速率还与催化剂的体积、质量或表面积有关。化学反应速率可表示为单位反应体积或单位固体质量或单位催化剂表面积上某一反应产物摩尔流量的变化，也称之为反应比速率，则：

体积反应比速率（volumic rate）：$r_V = \pm\dfrac{dn_i}{dV_R}$，kmol/(m³・h)　（8-23a）

质量反应比速率（specific rate）：$r_m = \pm\dfrac{dn_i}{dW}$，kmol/(kg・h)　（8-23b）

面积反应比速率（areal rate）：$r_S = \pm\dfrac{dn_i}{dS}$，kmol/(m²・h)　（8-23c）

式中　n_i——反应物i或产物i的摩尔流量，kmol/s 或 kmol/h；

V_R——反应体积，m³；

W——固体或催化剂质量，kg；

S——反应表面积，m²。

对于反应物，反应速率表示式右端取负号，对于产物，取正号。

对于均相反应，反应体积是指实际操作中反应混合物在反应器中所占据的体积，不是指反应器的总体积。对于气-固相催化反应，反应体积是指反应器中催化剂或固体颗粒的床层体积，它包括催化剂颗粒或固体颗粒本身的体积和颗粒之间可供流体通过的空隙体积。

式（8-23a）就是前面所述的时空收率（space time yield，STY）的表达式。时空收率的定义是单位时间、单位反应体积所得到的产物的量。由于反应器的催化剂体积是确定的，只要知道反应器出口单位时间的产量，就可计算出时空收率。因此，时空收率使用方便、直观。在工业上，常用时空收率来表示高压反应器的生产强度。

反应速率的单位与工业上常用的时空收率的单位相同。因此，时空收率具有平均反应速率的含义。

式（8-23）所定义的反应速率是瞬时反应速率，要求知道各组分的瞬时摩尔流量，但是实测各组分任一瞬时的摩尔流量往往是困难的。因此，反应速率通常转化为反应转化率的函数形式。

由式（8-5）可知，在整个系统中组分 A 反应了的摩尔流量为$x_A N_{A_0}$，故得

$$N_A = N_{A_0}(1 - x_A)$$

将上式微分，可得

$$dN_A = -N_{A_0} dx_A$$

代入式（8-23a）可得

$$r_A = -N_{A_0}\frac{dx_A}{dV_R} \tag{8-24a}$$

或

$$\frac{V_{\mathrm{R}}}{N_{\mathrm{A}_0}}=\int_0^x\frac{\mathrm{d}x_{\mathrm{A}}}{r_{\mathrm{A}}} \tag{8-24b}$$

式中，r_A是转化率的函数，需列出化学反应计量方程，通过物料衡算，找出各组分的瞬时浓度或分压与转化率x的函数关系。

式（8-24）是工业上常用的反应速率表达式。由该式可根据工艺要求求出达到给定转化率所需要的催化剂体积（或质量），式中分母的反应体积按实际需要可用单位固体催化剂质量或单位催化剂表面积代替。

在工业生产中，催化剂的生产能力大多数是以催化剂单位体积为基准，并且催化剂的用量通常都比较大，所以这时反应速率应当以单位容积表示。在某些情况下，用催化剂单位质量作为基准，表示催化剂的活性比较方便。当比较固体物质的固有催化剂性质时，应当以催化剂单位面积上的反应速率作为标准，因为多相催化反应仅在固体的表面上发生。

对比式（8-24b）与式（8-16）可知，在连续流动反应系统中，是用空速S_V来表示时间的。因为式（8-24）左边$V_R/N_{A_0}=V_R/22.414V_{A_0}$，而$V_R/N_{A_0}=1/S_V$，即空速$S_V$的倒数。

对比式（8-23）与式（8-14）可知，反应速率与反应速率的概念是有区别的。反应速率是单位时间或单位质量或体积或面积上生成的产物的量，而反应速度则仅仅是单位时间内生成的产物的量。

8.3.4 复杂反应体系的反应速率模型表达式

如果一组特定的反应物形成几组不同的产物，即进行几组不同的反应，这个系统称为复杂反应或多个反应。

复杂反应按其各个反应间的相互关系，可分为可逆反应、同时反应、平行反应、连串反应和连串-平行反应。一般将形成所需产物的反应，或某一产物的反应速率较快而产量也较多的反应称为主反应，其他的称为副反应。

对于可逆反应$A+B \rightleftharpoons C+D$，如果反应组分A的吸附为速率控制步骤，则总反应速率r_A为反应物A的化学吸附净速率，即

$$r_{\mathrm{A}}=r_{\mathrm{a}}(\mathrm{A})-r_{\mathrm{d}}(\mathrm{A}) \tag{8-25}$$

式中，$r_a(A)$、$r_d(A)$分别是反应物A的吸附和脱附速率。当反应速率与吸附速率和/或脱附速率可以比较时，动力学方程就要复杂得多。

反应系统中同时进行两个或两个以上的、反应物与产物均不相同的反应称为同时反应，如：

$$A\xrightarrow{r_1}C$$

$$B\xrightarrow{r_2}D$$

一种反应物同时形成多种产物，称为平行反应，如：

$$(\text{副产物})\ C\xleftarrow{r_2}A\xrightarrow{r_1}B\ (\text{目的产物})$$

反应物A的反应速率为

$$r_{\mathrm{A}}=-r_1-r_2 \tag{8-26a}$$

目的产物B的生成速率为

$$r_{\mathrm{B}}=r_1 \tag{8-26b}$$

可以利用关系$r_1/r_2=k_1/k_2$对平行反应进行判断。

如果反应物先形成某种中间产物，中间产物又继续反应形成最终产物，称为连串反应，如：

$$A\xrightarrow{r_1}B\xrightarrow{r_2}C$$

我们有

$$r_A = -r_1 = -k_1\theta_A \quad (8\text{-}27a)$$

$$r_B = r_1 - r_2 = k_1\theta_A - k_2\theta_B \quad (8\text{-}27b)$$

$$r_C = r_2 = k_2\theta_B \quad (8\text{-}27c)$$

式中θ_i为组分 i 的覆盖度，且 $\theta_A + \theta_B + \theta_C = 1$，而

$$\theta_i = \frac{b_i p_i}{1 + \sum_{j=1}^{NC} b_j p_j}$$

连串反应可以通过实验数据得以判别：中间产物 B 的浓度随反应进行是先增加然后下降，也即在时间-浓度曲线上它会显示有最大值。

8.3.5　空间速度与接触时间

空间速度（space velocity），简称空速，对于气固反应，空速（gas hour space velocity）简写为 GHSV。空速是以单位反应体积所能处理的反应混合物的体积流量表示的。反应混合物进入反应器时的空间速度越大，即单位反应体积所能处理的反应混合物的体积流量越大，同时也表明反应器的生产强度也越大。

对于不同性质的反应混合物，体积流量表示的方式有所不同。例如，所处理的反应混合物以液体状态进入反应器，常以某一温度下液体体积流量来表示空间速度，称为液空速（liquid hour space velocity，LHSV）。如果所处理的气体混合物中含有水蒸气，称为湿空速，其中水蒸气不计时，称为干空速。

在反应过程中，气体混合物的体积流量是随压力、温度等操作状态而变化的；在某些反应中也随反应前后气体混合物的摩尔系数的变化而变化。因此，一般采用不含产物的反应混合物组成为基准来计算体积流量，称之为初始体积流量。这样，反应混合物在反应温度和压力下的初始体积流量就与反应过程中的总摩尔系数变化无关。

对于循环过程，例如氨的合成反应，因为有部分未被分离的产物氨返回到反应器进口，故需将进口混合气体中所含的氨全部分解为氢与氮的状态，称为“氨分解基”状态，而反应气体的初始体积流量就称为“氨分解基”体积流量，并以此流量计算空速。

如以 N_{T_0} 表示氨分解基混合气体的摩尔流量（kmol/s），N_T 表示含氨 y_{NH_3}（摩尔分数）的混合气体的摩尔流量（kmol/s），由氨合成的化学反应式 $3H_2+N_2 = 2NH_3$ 可知，1mol 的氨相当于 2mol 的 3∶1 的氢氮混合气，由物料衡算得知

$$N_{T_0} = N_T(1 + y_{NH_3})$$

从而得出氨分解基体积流量（或初始体积流量）V_0 如下

$$V_0 = V_0(1 + y_{NH_3})$$

式中，V_0 及 V 分别为操作条件下按瞬时组成计算的混合气体的体积流量。

在连续系统中，如不考虑反应混合物流经催化床的压力降，则可视为恒压过程；但在催化床中不同部位反应混合物的温度往往是不相同的。为了比较和计算方便，将操作条件下反应混合物的初始体积流量 V_0 换算成标准状态下初始体积流量 V_s^0 来计算空间速度：

$$S_V = \frac{V_s^0}{V_R} \quad (8\text{-}28)$$

式中　S_V——空间速度，h^{-1} 或 s^{-1}；

V_s^0——标准状态下混合气体的初始体积流量，m³/h 或 m³/s；

V_R——催化剂体积，m³。

当反应混合物为气体时，采用 0.101325MPa 和 0℃作为标准状态；如为液体，则采用 0.101325MPa 和 25℃作为标准状态。

如果不按初始体积流量而按某一气体组成的体积流量来计算空间速度，则应说明按哪一种反应状态的气体组成来计算。例如，按进入反应器的气体组成计算，称为反应器入口空速。

空间速度的倒数定义为接触时间。

$$\tau_0 = \frac{1}{S_V} = \frac{V_R}{V_s^0} \tag{8-29}$$

式中，τ_0 称为标准接触时间。

如果采用操作条件下反应气体的初始体积流量 V_0 计算，则

$$\tau = \frac{V_R}{V_0} \tag{8-30}$$

式中，τ 称为接触时间或实际接触时间。由于在反应过程中，反应气体混合物的温度和摩尔流量可能有变化，因此，实际接触时间 τ 是变化的，而标准接触时间 τ_0 是不变的。所以工程设计一般采用标准状态下初始体积流量 V_s^0 来计算空间速度和标准接触时间。τ_0 与 τ 的关系为

$$\tau_0 = \frac{ZT \times 0.101325}{p \times 273.15}\tau \tag{8-31}$$

式中 p——操作压力，MPa；

T——反应温度，K；

Z——p、T 状态下的压缩因子。

对于气-固或液-固催化反应来说，反应器的容积有一部分被催化剂充填，物料只能在催化剂颗粒之间的缝隙和内部空隙里流过。此时平均接触时间或停留时间由反应器内自由空间体积和物料在标准状态下的体积流量来决定：

$$\bar{\tau} = \frac{\varepsilon V}{V_0} \tag{8-32}$$

式中，ε 为催化剂床层空隙率。如果不采用空隙率对体积进行校正，即按式（8-29）、式（8-30）计算的接触时间称为虚拟接触时间。

8.4 流动体系动力学方程的表达式

8.4.1 动力学方程的表达式

化学反应速率与相互作用的反应物系的性质、反应系统的压力、温度及各反应组分的浓度等因素有关；对于气-固相催化反应，还与催化剂的性质有关。就特定反应来说，在一定压力和温度条件下，化学反应速率便成了各反应组分的浓度的函数，这种函数关系式称为动力学方程或速率方程。一般用浓度来表示动力学方程中反应物系的组成，对于气相反应还可采用摩尔分数或分压来表示；加压下的气相反应，采用各组分在气相中的逸度来表示。由给定反应历程（机理）推导得到的反应速率表达式称为动力学方程（机理模型），相应由实验数据拟合得到的反应速率表达式称为速率方程（经验模型）。

基元反应的动力学方程可以根据质量作用定律直接写出。然而，大多数化学反应是由若干

基元反应综合而成，称为总包反应。总包反应动力学方程不能直接用质量作用定律写出，需要用实验确定。

如果反应 $aA+bB═══cC+dD$ 是均相反应，其动力学方程可用幂函数形式的通式表示如下：

$$r_A = k_c c_A^a c_B^b c_C^c c_D^d - k_c' c_A^{a'} c_B^{b'} c_C^{c'} c_D^{d'} \tag{8-33}$$

式中，幂指数 a、b、c、d 分别称为正反应速率式中反应组分 A、B、C、D 的反应级数；a'、b'、c'、d'分别称为逆反应速率式中反应组分 A、B、C、D 的反应级数。幂指数之和 $n=a+b+c+d$ 及 $n'=a'+b'+c'+d'$称为正反应及逆反应的总级数。它们可以是正数或负数，整数或分数。

式（8-33）中 k_c、k_c'为以浓度表示的正、逆反应速率常数，其取值取决于反应物系的性质及反应温度，与反应组分的浓度无关。反应速率常数的单位取决于反应物系组成的表示方式和反应级数。由于反应速率的单位用 $kmol/(m^3 \cdot h)$表示，浓度的单位用 $kmol/m^3$ 表示，对于 n 级反应，k_c 的单位为$(kmol/m^3)^{1-n}/h$。

如果反应 $aA+bB═══cC+dD$ 是基元反应，则正反应速率式中 c_A、c_B 的指数分别为 a、b；c_C、c_D 的指数分别为 0，即正反应速率与产物无关；逆反应速率式中 c_A、c_B 的指数为 0；c_C、c_D 的指数为 c、d，即逆反应速率与反应物无关。

如果反应 $aA+bB═══cC+dD$ 是气-固相催化反应，动力学方程一般也可用通式（8-33）的幂函数表示，以幂指数形式出现的参数 a、b、c、d 及 a'、b'、c'、d'可以是正数或负数，整数或分数。

根据表面吸附理论，气-固相催化反应的动力学方程一般可采用双曲线函数形式表示。其通式如下

$$r_A = \frac{k_1 c_A^a c_B^b - k_2 c_C^c c_D^d}{(1+\sum b_i c_i)^q} \tag{8-34}$$

式中，i 泛指反应物、产物及惰性组分；b_i 是吸附平衡常数；动力学参数 q 是正整数。

8.4.2　反应速率常数

上述动力学方程式中的常数项称为反应速率常数，可理解为反应物系各组分的浓度为 1 时的反应速率。反应速率常数的单位与化学反应速率的表达方式有关。采用以反应体积、反应表面积或固体质量为基准时的化学反应速率表示式的反应速率常数分别称为体积反应速率常数 k_V、表面反应速率常数 k_s 或质量反应速率常数 k_w，三者之间的关系如下：

$$k_V = k_s S_R = k_w \rho_b \tag{8-35}$$

式中　S_R——单位反应体积的反应表面积；

ρ_b——单位反应体积中固体催化剂的堆密度。

上述三种反应速率常数的单位还随反应混合物组成的表示方法而定。通常以浓度 c、分压 p、转化率 x 或摩尔分数 y 来表示气相反应物系的组成。相应的反应速率常数分别为 k_c、k_p 或 k_y。如果气相反应混合物遵从理想气体定律，则存在下列关系：

$$k_c = (RT)^n k_p = \left(\frac{RT}{p}\right)^n k_y \tag{8-36}$$

式中，n 是反应总级数。

8.4.3　反应速率常数和平衡常数的关系

对任意的可逆化学反应，其动力学方程可写成如下一般形式：

$$r_A = k_1 f_1(p) - k_2 f_2(p) \tag{8-37}$$

当该反应达到平衡时，r_A=0，则

$$\frac{k_1}{k_2} = \frac{f_2(p)}{f_1(p)} = K_p \tag{8-38}$$

式中，k_1、k_2分别为正、逆反应速率常数；$f_1(p)$、$f_2(p)$分别为正、逆反应的反应物和产物的压力商；K_p为反应平衡常数。

式（8-38）具有重要的物理意义，即正逆反应速率常数之比等于平衡常数，它把化学热力学和化学动力学联系起来了。由该式可以推理得到一个对催化剂研究十分重要的结论：因为在一定温度下化学反应的平衡常数是一定的，因此，一个好的正向反应的催化剂，也必定是一个好的逆向反应的催化剂，称之为微观可逆原理。

要注意的是，式中正逆反应速率常数之比与平衡常数的关系，决定于动力学方程的形式及平衡常数的表达方式，即与化学反应方程式的写法有关。

例如，对于基元反应 $aA+bB \Longrightarrow cC+dD$，达到平衡时，反应速率为零，此时

$$\frac{k_1}{k_2} = \frac{(p_C^*)^c (p_D^*)^d}{(p_A^*)^a (p_B^*)^b} = K_p \tag{8-39}$$

则 $k_1/k_2=K_p$。

对于非基元反应，达到平衡时

$$\frac{k_1}{k_2} = \frac{(p_C^*)^{\Delta c} (p_D^*)^{\Delta d}}{(p_A^*)^{\Delta a} (p_B^*)^{\Delta b}} = K_p^{\Delta} \tag{8-40}$$

此时 $k_1/k_2 = K_p^{\Delta}$，其中$\Delta=(\Delta c+\Delta d)-(\Delta a+\Delta b)$，为无量纲参数。

【例 8-1】对于氨合成反应，若按生成 1mol 氨来表达化学反应式，即

$$\frac{3}{2}H_2 + \frac{1}{2}N_2 \Longrightarrow NH_3$$

则平衡常数

$$\frac{k_1}{k_2} = \frac{p_{NH_3}^*}{\left(p_{H_2}^*\right)^{1.5}\left(p_{N_2}^*\right)^{0.5}} = K_{p1}$$

则 $k_1/k_2=K_p$。

如果将化学反应方程式写成 $N_2+3H_2 \Longrightarrow 2NH_3$，即按生成 2mol 氨来写化学反应方程式，则

$$\frac{k_1}{k_2} = \frac{\left(p_{NH_3}^*\right)^2}{\left(p_{H_2}^*\right)^3\left(p_{N_2}^*\right)} = K_{p2} \quad 或 \quad \frac{k_1}{k_2} = \left[\frac{\left(p_{NH_3}^*\right)}{\left(p_{H_2}^*\right)^{1.5}\left(p_{N_2}^*\right)^{0.5}}\right]^2 = (K_{p1})^2$$

在此情况下，Δ=2。显然，$K_{p2} = \left(K_{p1}\right)^2$。

8.4.4 温度对反应速率的影响

反应速率常数是温度的函数，在一般情况下，反应速率常数 k 与绝对温度 T 之间的关系可以用阿伦尼乌斯(Arrhenius)经验方程来表示：

$$k = k_0 \exp\left(-\frac{E}{RT}\right) \tag{8-41}$$

式中 k_0——频率因子，或称为指前因子，决定于物系的本质，其单位与反应速率常数相同；

R——气体常数，其值为 8.314J/(mol·K)或 8.314kJ /(kmol·K)；

E——化学反应活化能，J/mol 或 kJ/mol；

T——温度，K。

对于可逆化学反应，将式（8-38）代入式（8-37），得到

$$r_A = k_1\left[f_1(p) - \frac{f_2(p)}{K_p}\right] \tag{8-42}$$

这也是一个重要的关联化学热力学和化学动力学的表达式。它提供一个重要启示：在考察温度对可逆化学反应速率的影响时，要从温度对反应速率常数和反应平衡常数的影响两个方面来考察。也就是说，反应速率不仅受到动力学的影响，而且同时受到热力学的影响。

首先，考察温度对反应速率常数的影响。根据 Arrhenius 方程式：

$$\left(\frac{\partial \ln k}{\partial T}\right)_p = \frac{E_a}{RT^2} \tag{8-43}$$

温度升高，反应速率常数呈指数增大（指数定律）。这个规律与反应类型无关。

然后，考察温度对反应平衡常数的影响。根据 Gibbs-Helmholtz 公式：

$$\left(\frac{\partial \ln K_p}{\partial T}\right)_p = \frac{\Delta H_R^0}{RT^2} \tag{8-44}$$

由于反应热与反应类型有关，因此这个规律与反应类型有关。

吸热反应：$\Delta H_R^0 > 0$，$\left(\frac{\partial \ln K_p}{\partial T}\right)_p > 0$，平衡常数 K_p 随温度升高而增大，反应速率增大；

放热反应：$\Delta H_R^0 < 0$，$\left(\frac{\partial \ln K_p}{\partial T}\right)_p < 0$，平衡常数 K_p 随温度升高而减小，反应速率降低。

因此，化学反应类型不同或化学反应性质不同，温度对反应动力学的影响不同。结合式(8-41)、式（8-43）和式（8-44），可以分析温度对不同类型和性质的化学反应动力学的影响。

① 不可逆反应。一般指正反应平衡常数非常大的反应，式（8-42）中右边第二项不存在或极小，也不存在温度对平衡常数的影响。因为不可逆反应（无论吸热还是放热反应）不存在反应平衡的概念，故不存在反应平衡的限制，反应速率只决定于动力学。温度升高，反应速率常数增大，可获得较大的产率，但反应温度受材料、热量供应和催化剂耐热温度的限制，对复合反应系统还要考虑反应的选择性。

② 可逆吸热反应。式（8-42）中右边第一项，反应速率常数随温度升高而增大；第二项平衡常数 K_p 也增大，但其值减小，使反应速率也增大。因此温度升高对可逆吸热反应的平衡和速率都有利，此类反应应尽可能在高温下进行。当然同样要考虑材料、热源和催化剂耐热温度的限制。

③ 可逆放热反应。式（8-42）中右边第一项，反应速率常数随温度升高而增大；第二项平衡常数 K_p 随温度升高而降低，但其值增大，使反应速率降低。当温度升高到某一数值时，$\left(\frac{\partial r_A}{\partial T}\right)_y = 0$，此时反应速率达到最大值，这个温度称为该组成下的最适宜反应温度。

8.4.5 最适宜反应温度

由式（8-42）可知，在较低温度范围内，平衡常数 K_p 很大。此时温度对反应速率常数 k_1 的

影响显著，反应速率随温度升高而增大。但随着温度升高，可逆放热反应平衡常数K_p降低，上式方括号中数值减小，反应速率随温度增加量变小。当温度到达某一数值时，反应速率随温度增加量为零。再继续升高温度，温度对平衡常数的影响成为矛盾的主要方面，反应速率随温度升高而减小，即在反应混合物组成不变时，在较低温度范围内，$\left(\frac{\partial r_{\mathrm{A}}}{\partial T}\right)_y > 0$；当温度升高到某一数值时，$\left(\frac{\partial r_{\mathrm{A}}}{\partial T}\right)_y = 0$，此时反应速率达到最大值，这个温度称为这个组成下的最适宜温度。此后再继续升高温度，$\left(\frac{\partial r_{\mathrm{A}}}{\partial T}\right)_y < 0$，并且其值逐渐增大。

在反应受动力学控制时，没有副反应的可逆放热反应的最适宜温度曲线，可由式（8-41）代入动力学方程式（8-37），得到

$$r_{\mathrm{A}} = k_1 k f_1(y) - k_2 k f_2(y) = k_{10}\exp\left(-\frac{E_1}{RT}\right) f_2(y) - k_{20}\exp\left(-\frac{E_2}{RT}\right) f_2(y) \tag{8-45}$$

式中 E_1，E_2——分别为正、逆反应活化能，kJ/mol;

k_{10}，k_{20}——分别为正、逆反应速率常数的指前因子。

在反应混合物组成不变时，将r_{A}对T求导数，以T_{m}表示最适宜温度，可得

$$f_1(y)k_{10}\left(\frac{E_1}{RT_{\mathrm{m}}^2}\right)\exp\left(-\frac{E_1}{RT_{\mathrm{m}}}\right) - f_2(y)k_{20}\left(\frac{E_2}{RT_{\mathrm{m}}^2}\right)\exp\left(-\frac{E_2}{RT_{\mathrm{m}}}\right) = 0$$

即

$$\frac{E_1}{E_2}\exp\left(\frac{E_2 - E_1}{RT_{\mathrm{m}}}\right) = \frac{f_2(y)k_{20}}{f_1(y)k_{10}}$$

另外，当反应达到平衡状态时，r_{A}=0，相应的平衡温度为T_{e}，则

$$f_1(y)k_{10}\exp\left(-\frac{E_1}{RT_{\mathrm{e}}}\right) = f_2(y)k_{20}\exp\left(-\frac{E_2}{RT_{\mathrm{e}}}\right)$$

合并以上两式

$$\frac{E_1}{E_2}\exp\left(\frac{E_2 - E_1}{RT_{\mathrm{m}}}\right) = \exp\left(\frac{E_2 - E_1}{RT_{\mathrm{e}}}\right)$$

化简得到

$$\left(\frac{E_2 - E_1}{R}\right)\left(\frac{1}{T_{\mathrm{m}}} - \frac{1}{T_{\mathrm{e}}}\right) = \ln\left(\frac{E_1}{E_2}\right)$$

由此得到最适宜反应温度T_{m}的数学表达式

$$T_{\mathrm{m}} = \frac{T_{\mathrm{e}}}{1 + \frac{RT_{\mathrm{e}}}{E_2 - E_1}\ln\frac{E_2}{E_1}} \tag{8-46}$$

式中，$E_2 - E_1 = (-\Delta H_{\mathrm{R}})$为反应热，kJ/mol。

由式（8-46）可知，最适宜反应温度T_{m}与平衡温度T_{e}、催化剂正逆反应活化能E_1、E_2或反应热有关；反应时的压力和惰性气体含量影响平衡温度，故亦间接地影响最适宜反应温度。

由式（8-46）可以计算给定的催化剂在某一气体组成下最适宜温度和平衡温度的关系。图

8-2 给出了在 A301 催化剂上氨合成反应的最适宜温度曲线。图中自左至右的曲线为操作线。

由于可逆放热反应存在着最适宜温度，如果整个反应过程能够按照最适宜温度曲线进行，则反应速率最大，为达到一定产量所需催化剂用量最小，转化率最高，生产能力最大，产量最高。因此，催化反应器的床层温度按最适宜反应温度分布是设计反应器的基本要求，是评价反应器优劣的重要标志之一。但在实际生产中，要完全实现这一要求几乎是不可能的，因为反应初期反应速率很快，受外部条件的限制，不可能也不要求实现反应温度最佳化。随着反应的进行，产物含量增加，在接近平衡含量时，要求实现反应温度的最佳化又是十分困难的。所以，必须通过工艺条件和反应器结构的适宜设计，尽量接近这一要求。

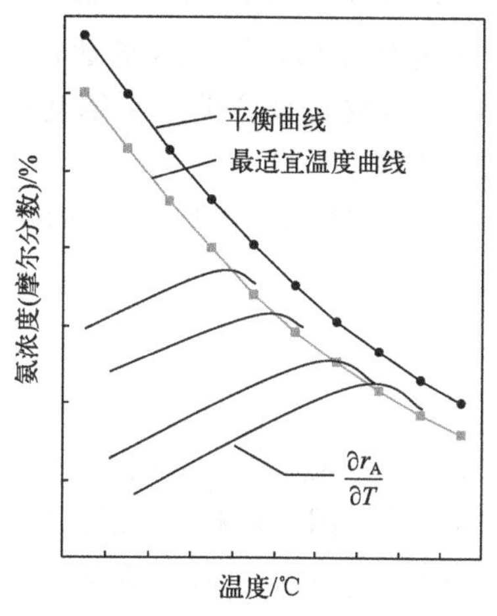

图 8-2 氨合成反应的最适宜温度曲线

8.4.6 反应速率常数的计算

前面详细讨论了反应速率常数对催化反应速率的影响，特别是温度对反应速率常数的影响。但最终还是要计算出反应速率常数，才能得到完整的动力学方程，才能定量地考察温度对催化反应速率的影响。

根据连续流动系统的反应速率表达式

$$\frac{V_R}{N_{A_0}}=\int_0^x\frac{dx_A}{r_A} \tag{8-24b}$$

式中 r_A 为以组分 A 的转化率表示的速率表达式，故需列出化学反应计量方程，找出组分 A 的瞬时浓度或分压 p 与转化率 x 的关系。

为了与式（8-16）一致，可将式（8-37）改为转化率的函数式

$$r_A=k_1f_1(x)-k_2f_2(x) \tag{8-47}$$

将式（8-38）代入式（8-47），得到：

$$r_A=k_1\left[f_1(x)-\frac{f_2(x)}{K_p}\right] \tag{8-48}$$

将式（8-48）代入式（8-16），得到

$$k_1=\int_0^x\frac{dx_A}{\frac{V_R}{N_{A_0}}\left[f_1(x)-\frac{f_2(x)}{K_p}\right]}$$

由于 $N_{A_0}=22.414V_{A_0}$，而 $V_{A_0}/V_R=S_V$，并令

$$k=22.414k_1$$

$$F(x)=f_1(x)-\frac{f_2(x)}{K_p}$$

上三式代入，得到

$$k=S_V\int_0^x\frac{dx_A}{F(x)} \tag{8-49}$$

积分上式就得到正反应速率常数。根据式（8-40）：$k_1/k_2=K_p^{\Delta}$，则可求出逆反应速率常数。

上述 $F(x)$就是反应速率表达式（8-48）中除了 k_1 之外的部分。如果 r_A 为组分 A 的瞬时浓度即摩尔分数 y_A 或分压 p_A 或逸度 f_A（也是摩尔分数的函数）的函数式，则计算方法相同，详见【例 8-2】。

然后，根据阿伦尼乌斯(Arrhenius)方程式（8-41）：

$$k=k_0\exp\left(-\frac{E_a}{RT}\right)$$

或

$$\ln k=\ln k_0-\frac{E_a}{RT}$$

式中，R=8.314J/(mol・K)。然后，根据实验数据，由 ln$k$ 对 1/T 作图，或通过线性回归程序，求得指前因子 k_0 和表观活化能 E_a。

由上面的讨论可知，反应速率常数的计算一是与反应速率 r_A 的表达式有关，因为 r_A 可以为转化率或某一组分的瞬时浓度（分压或摩尔分数）的函数式；二是与化学反应计量方程式的写法有关；三是对于可逆反应，还与是计算正反应速率常数抑或逆反应速率常数有关，如【例 8-2】中式（8-52）是氨合成反应动力学方程的逆反应速率常数的计算式，其中 K_f 为以逸度表示的反应平衡常数，且 $K_f^2=k_1/k_2$。因此，在反应速率常数的计算中，要特别注意这些细节，但计算过程与此处所述是相同的。

8.4.7 实用动力学方程的转换

动力学方程中各组分的浓度（分压或摩尔分数）在间歇反应器中随反应时间而变，在稳定的连续反应器中则随空间位置而变。但当反应物系的初始组成一定时，根据反应的物料衡算关系，各组分的瞬时浓度均可换算成某一组分瞬时浓度或反应转化率的函数。因此，可将动力学方程转换成反应转化率或某一组分的瞬时浓度（分压或摩尔分数）的函数关系式，以便进行积分运算。

【例 8-2】 氨合成反应捷姆金动力学方程的转换。

捷姆金推导（附录四）得到氨合成反应的动力学方程如下：

$$r_{NH_3}=k_1p_{N_2}\left(\frac{p_{H_2}^3}{p_{NH_3}^2}\right)^{\alpha}-k_2\left(\frac{p_{NH_3}^2}{p_{H_2}^3}\right)^{1-\alpha}$$

式中 r_{NH_3}——催化剂单位内表面上氨合成反应速率，kmol/(m^2・s)；

k_1——正反应速率常数，kmol/(m^2・s・MPa$^{1.5}$)；

k_2——逆反应速率常数，kmol・MPa$^{0.5}$/(m^2・s)；

α——反应级数，实验得到 α=0.5。

试将上述动力学方程转换成以氨分解基气体混合物中氢及氮的摩尔分数 $y_{H_2^0}$ 及 $y_{N_2^0}$ 和氨的瞬时摩尔分数 y_{NH_3} 表示的表达式。

解：首先，高压下的反应要将压力表示的捷姆金动力学方程转换为逸度表示的形式：

$$r_{NH_3}=k_1f_{N_2}\left(\frac{f_{H_2}^3}{f_{NH_3}^2}\right)^{\alpha}-k_2\left(\frac{f_{NH_3}^2}{f_{H_2}^3}\right)^{1-\alpha} \tag{8-50}$$

将式右边的 k_2 提出来，得到

$$r_{NH_3}=k_2\left[K_f^2 f_{N_2}\left(\frac{f_{H_2}^3}{f_{NH_3}^2}\right)^{\alpha}-\left(\frac{f_{NH_3}^2}{f_{H_2}^3}\right)^{1-\alpha}\right]$$

式中，K_f为以逸度表示的反应平衡常数。当 α=0.5 时，即 $K_f^2=k_1/k_2$。

r_{NH_3} 是瞬时反应速率，可定义为单位催化剂表面上瞬时合成的氨的数量，例如表示为 kmol/(m^2·h)，即

$$r_{NH_3}=\frac{dn_{NH_3}}{dS}$$

式中，n_{NH_3} 为单位时间内合成的氨的物质的量，kmol/h；S 为单位催化剂体积的有效表面积，m^2/m^3。

为了统一物料基准，采用氨分解基标准摩尔流量 N_0(kmol/h)和标准体积流量 V_0[m^3(标)/h]。因为氨合成反应为缩体反应，根据物料衡算，$N_0=N\left(1+y_{NH_3}\right)$，则有：

$$n_{NH_3}=Ny_{NH_3}=\frac{N_0 y_{NH_3}}{1+y_{NH_3}}=\frac{V_0 y_{NH_3}}{22.4\left(1+y_{NH_3}\right)}$$

对该式进行微分，可得：

$$dn_{NH_3}=\frac{V_0 dy_{NH_3}}{22.4\left(1+y_{NH_3}\right)^2}$$

又因单位催化剂体积的有效表面积 $S=\sigma V_R$（σ为比表面积，m^2/m^3；V_R为催化剂堆积体积，m^3），微分得：

$$dS=\sigma dV_R$$

由上述各式可得：

$$r_{NH_3}=\frac{dn_{NH_3}}{dS}=\frac{V_0}{\left(1+y_{NH_3}\right)^2}\times\frac{dy_{NH_3}}{22.4\cdot\sigma dV_R}=\frac{1}{\left(1+y_{NH_3}\right)^2}\times\frac{dy_{NH_3}}{22.4\cdot\sigma d\tau_0}$$

与式（8-50）联合，并积分可得：

$$\frac{dy_{NH_3}}{d\tau_0}=k_T\left(1+y_{NH_3}\right)^2 F_A \tag{8-51}$$

式中

$$k_T=22.4\sigma k_2=S_V\int\frac{1}{\left(1+y_{NH_3}\right)^2 F_A}dy_{NH_3} \tag{8-52}$$

$$F_A=K_f^2 f_{N_2}\left(\frac{f_{H_2}^3}{f_{NH_3}^2}\right)^{\alpha}-\left(\frac{f_{NH_3}^2}{f_{H_2}^3}\right)^{1-\alpha} \tag{8-53}$$

式（8-51）为工业反应器设计的实用反应速率方程；式中，k_T 为反应速率常数，MPa^{1-m}/h，并按式（8-52）计算；τ_0为虚拟接触时间，h；S_V为空速（V_0/V_R），h^{-1}。

上述各式中，逸度与氨浓度关系的计算方法如下。取 N_0摩尔的氨分解基气体作基准，氨分解基气体混合物中氢、氮、氨、甲烷、氩的摩尔分数分别用 $y_{H_2,0}$、$y_{N_2,0}$、$y_{NH_3,0}$、$y_{CH_4,0}$、$y_{Ar,0}$ 来表示。反应后，当混合气体中氨的瞬时摩尔分数为 y_{NH_3} 时，根据物料平衡，混合气体中氢、氮、甲烷、氩的瞬时摩尔分数分别为：

$$y_{H_2} = y_{H_2,0}\left(1+y_{NH_3}\right)-1.5y_{NH_3}$$

$$y_{N_2} = y_{N_2,0}\left(1+y_{NH_3}\right)-0.5y_{NH_3}$$

$$y_{CH_4} = y_{CH_4,0}\left(1+y_{NH_3}\right)$$

$$y_{Ar} = y_{Ar,0}\left(1+y_{NH_3}\right)$$

任一组分的分压、逸度及其与氨的摩尔分数的关系可分别表示为：

$$p_{NH_3} = p_t y_{NH_3}$$

$$p_{H_2} = p_t y_{H_2}$$

$$p_{N_2} = p_t y_{N_2}$$

$$f_{NH_3} = p_t \phi_{NH_3} y_{NH_3}$$

$$f_{N_2} = p_t \phi_{N_2}\left(\frac{a}{3\gamma}\right)\left(1-b_2 y_{NH_3}\right)$$

$$f_{H_2} = p_t \phi_{H_2} a\left(1-b_1 y_{NH_3}\right)$$

式中，p_t为混合气体的总压力，p_i、f_i和ϕ_i分别为各组分的分压、逸度和逸度系数，其中：

$$a=\left(\frac{3\gamma}{1+3\gamma}\right)\left(1-y_{CH_4+Ar}\right)$$

$$b_1=\frac{y_{CH_4+Ar}+0.5+\dfrac{0.5}{\gamma}}{1-y_{CH_4+Ar}}$$

$$b_2=\frac{y_{CH_4+Ar}+0.5+1.5\gamma}{1-y_{CH_4+Ar}}$$

式中，y_{CH_4+Ar}为混合气体中惰性气体的摩尔分数，3γ为氢与氮在完全分解情况下的比例。

要计算各组分的逸度$f_i=p\cdot y_i\cdot \phi_i$，除了要得知各组分的摩尔分数$y_i$外，还要计算各组分的逸度系数$\phi_i$。各组分的逸度系数$\phi_i$可从有关专业手册中查到，或可用贝蒂-布里奇曼状态方程计算。

求出上述参数后，采用辛普生变步长积分法，求出式（8-51）中的积分项和反应速率参数，再按式（8-41）通过线性回归，求得指前因子k_0和表观活化能E_a，即得到式（8-50）所示动力学方程。

8.5 固体催化剂

气固催化反应发生在固体催化剂表面。一般来说，固体催化剂有下列特征：

① 生成中间产物，改变反应途径及降低活化能。在催化反应中，催化剂与反应物形成中间物，然后中间物再反应生成目的产物，同时从催化剂脱附。由于催化剂参与了反应过程，改变了反应途径，使得反应分成了几个阶段，其中每个单独阶段的活化能都比较低，所以增大了反应的速率。

② 催化剂的作用是改变反应速率而不能改变平衡状态。既然催化剂不能改变平衡常数，那么催化剂应同时加速正反应和逆反应，而且增加相同的倍数。因此正反应的催化剂也必然是逆反应的催化剂。

③ 催化剂具有选择性，当反应物能按照热力学上可能的方向同时发生几种不同的反应时，某种催化剂只能加速某一特定的反应，而不能加速所有反应。例如：一氧化碳加氢使用铜基催化剂可以合成甲醇，而使用镍基催化剂则可以转换成甲烷和水蒸气。

固体催化剂通常由主要活性组分（或称主催化剂）、助催化剂（或称促进剂）和载体组成。

① 主要活性组分或主催化剂。是催化剂中产生活性的部分，没有它催化剂就不能产生催化作用。

② 助催化剂。本身没有活性或活性很低，少量助催化剂加到催化剂中，与活性组分产生作用，从而显著改善催化剂的活性和选择性等。

③ 载体。主要对催化活性组分起分散和机械承载作用，并增加有效催化反应表面，提供适宜的孔结构；提高催化剂的热稳定性和抗毒能力；减少催化剂用量，降低成本等。

催化剂的形状通常是打片成型的圆柱或挤条后切断的直径一致的长短不一的条状物或不规则的块状物。为了降低反应气体通过催化剂床层的压力降，将催化剂制成环柱形或者车轮状，同时也增加了内扩散效率因子。

催化剂的催化性能取决于它的化学组成和物理结构。

8.5.1　固体催化剂的宏观物理结构

（1）颗粒度和颗粒的形状系数（φ_S）

颗粒的大小或尺寸称为颗粒度，它是在反应器中操作条件下不可再人为分开的最小基本单元。因此，其含义和大小因反应器的要求而不同，可以是颗粒（二次粒子）的大小，也可以是颗粒集合体的大小。一般来说，工业催化剂的颗粒度大多是颗粒集合体的大小。但是，无论是颗粒还是颗粒集合体，都是反应器中催化剂实际存在的形状和大小，也是某些物理特性（如堆积密度、颗粒密度、床层空隙率、形状系数等）测定和计算的基本单元。因此，本书把在反应器中催化剂实际存在的颗粒或颗粒集合体统称为颗粒。

单颗粒的颗粒度用颗粒粒径表示，也称为颗粒直径。负载型催化剂所负载的金属或化合物粒子是晶粒或二次粒子，它们的尺寸符合颗粒度的正常定义。球形颗粒的粒径就是球直径，非球形不规则颗粒粒径用各种测量技术测得的“等效球直径”表示，成型后粒团的非球形不规则颗粒粒径用“相当直径”表示，即用与颗粒体积相等的球体的直径来表示颗粒的相当直径。若颗粒的体积为 V_p，按等体积的圆球直径计算的颗粒的相当直径 d_p 可表示如下：

$$d_p=\left(\frac{6V_p}{\pi}\right)^{\frac{1}{3}} \tag{8-54}$$

再以 S_S 表示与颗粒等体积的圆球的外表面积，则

$$S_S=\pi d_p^2 \tag{8-55}$$

非球形颗粒的外表面积 S_p 一定大于等体积圆球的外表面积 S_S。因此引入一个无量纲校正系数φ_S，称为颗粒的形状系数，其值如下

$$\varphi_S=\frac{S_S}{S_p}=\frac{d_S}{d_p} \tag{8-56}$$

对于球形颗粒，$\varphi_S=1$；对于非球形颗粒，$\varphi_S<1$。形状系数说明了颗粒与圆球的差异程度，有时

也称球形系数。式（8-55）和式（8-56）只适用于非中空颗粒，对于环柱状中空颗粒则不适用。

形状系数是催化剂颗粒的一个基础参数，是进行床层压力降、热导率计算的基础。φ_S可由颗粒体积及外表面积算得。对于规则颗粒的催化剂，其形状系数可直接由形状系数的定义式计算，对于非规则形催化剂，其形状系数无法直接得到，一般可通过测定待测颗粒所构成的床层压力降来确定。

（2）催化剂密度

催化剂和催化剂载体因其化学组成、晶体结构、制备及处理方式的不同而有不同的孔隙结构。因此密度、孔隙率以及与此有关的表面积、孔体积和孔径分布都是研究和使用催化剂所必知的物性指标。

单位体积催化剂的质量定义为催化剂密度，以V表示体积，m表示质量，则密度ρ为

$$\rho=\frac{m}{V} \tag{8-57}$$

实际催化剂是多孔性物质，当催化剂装填在容器（反应器）中处于堆积状态时，它的体积包括固体骨架体积V_{sk}、内孔隙体积V_{po}和容器（反应器）与催化剂颗粒以及各颗粒之间的空隙体积V_{sp}。所以处于堆积状态的催化剂占有的总堆积体积V_c应为

$$V_c=V_p+V_{sp}=V_{sk}+V_{po}+V_{sp} \tag{8-58}$$

以不同含义的体积代入式（8-57）的V项时会有不同含义的密度。此外，催化剂颗粒间的空隙堆积松紧程度不同，含V_{sp}项的密度值也会有差异。各种密度的测试实际上就是各种含义的体积的测量。

① 堆积密度（compacted packing density）。表示反应器中密实堆积的单位体积催化剂的质量，常以符号ρ_c表示，即

$$\rho_c=\frac{m}{V_c}=\frac{m}{V_{sk}+V_{po}+V_{sp}} \tag{8-59}$$

堆积密度通常采用振动法和机械敲击法测定。测定ρ_c必须在振动密实的条件下，甚至是在有一定流速的气流条件下进行，否则只能称作松装密度（apparent bulk density），而不是真正的堆积密度。同时要注意，堆积密度与颗粒粒度大小有关，并随粒度变小而变小。

② 颗粒密度（pellet density，ρ_p）。颗粒密度为单颗粒催化剂的质量与其几何体积之比。实际上很难做到准确测量单颗粒催化剂的几何体积。一般是通过精确测量一定堆积体积（V_c）的催化剂颗粒间空隙体积（V_{sp}）后按下式计算求得

$$\rho_p=\frac{m}{V_p}=\frac{m}{V_{sk}+V_{po}}=\frac{m}{V_c-V_{sp}} \tag{8-60}$$

测定堆积的颗粒之间空隙体积常采用汞置换法，这是因为在大气压下汞会充满颗粒间自由空间而不会进入颗粒内微孔。汞置换法测得的颗粒密度也叫作颗粒假密度。

③ 骨架密度（skeletal density，ρ_s）。又叫真密度（true density，ρ_t）是指单位体积催化剂的实际固体骨架质量。

$$\rho_s(\rho_t)=\frac{m}{V_{sk}}=\frac{m}{V_c-(V_{po}+V_{sp})} \tag{8-61}$$

氦分子直径＜0.2nm，并且几乎不被样品吸附，用以置换测定催化剂的内孔隙和颗粒间堆积空隙二者的总体积最为理想。测试设备为常规静态容量气体吸附装置，测量样品导入氦气前后得到的压力差，通过气体定律算出样品的V_{sk}，从而求出骨架密度。

④ 视密度（apparent density，ρ_a）。如果测定骨架密度时选用的置换介质不是氦而是苯、异丙醇等物质，因为它们的分子直径较大，不能完全进入催化剂内孔隙（特别是微孔），由此得到的骨架体积是一近似值，所以用苯、异丙醇等介质测定的骨架密度不能认为是真密度，可称为视密度。

（3）固定床的空隙率（ε）

催化剂床层的空隙率与床层阻力降密切相关，是重要的工程参数。空隙率是指单位质量催化剂颗粒间的空隙体积与总堆积体积之比

$$\varepsilon = \frac{V_{sp}}{V_c} \tag{8-62}$$

ε随催化剂颗粒的大小、形状及其堆积松密程度而变化，与孔隙结构没有直接关系。空隙率可以由催化剂的堆积密度（ρ_c）和颗粒密度（ρ_p）计算得到

$$\varepsilon = \left(\frac{1}{\rho_c} - \frac{1}{\rho_p}\right)\rho_c = 1 - \frac{\rho_c}{\rho_p} \tag{8-63}$$

式中，ρ_p与粒度大小无关，ρ_c与颗粒大小有关。空隙率随所填装的催化剂粒度的增大而稍有降低。催化剂床层阻力降Δp与（$1-\varepsilon$）/ε^3成正比，与粒径成反比。虽然粒度增大因ε降低而使Δp增大，但仍不能抵消因粒径增大而使Δp降低。因此，使用大粒度催化剂有利于降低床层阻力降。

8.5.2 固体催化剂的比表面积和孔结构

固体催化剂的比表面积和孔结构属于其最基本的宏观物理性质。孔道及其表面是多相催化反应发生的空间，催化剂比表面积的大小直接影响催化剂活性的高低。如果催化剂的表面性质是均匀一致的，则其活性就直接与比表面积成正比。在生产条件下，催化反应常常受到气体在孔道中扩散的影响，这时，催化剂的活性、选择性和寿命等几乎所有的性能便与催化剂的这两大宏观性质相关。表面积是反映催化剂性能好坏的一个直观物理量，是催化剂制备的重要控制指标。

因此不难理解，关于比表面积的测定和孔结构的表征已深入到纳米级微粒及分子通道和孔笼中，其研究工作也进入了更新的发展阶段。

对于普通工业催化剂，比表面积和孔结构的主要测定方法主要有物理吸附法和压汞法两种。

（1）比表面积

比表面积及孔容、孔径等孔结构的测定都是建立在气体在固体表面的吸附现象及其理论的基础上，其关键都在于气体吸附量的测定。1918年Langmuir提出的著名的单分子层吸附理论是多相催化中支撑表面催化动力学的一根台柱。其他吸附理论都是对Langmuir吸附理论的修正和补充。例如，由Brunauer、Emmett和Teller三人于1938年提出的多分子层吸附模型是对朗格缪尔单分子层吸附理论的重大修正，并用他们的名字命名。BET吸附理论成功地解释了各种类型的吸附等温线，在这个理论的基础上发展了一种实验测定催化剂比表面积的方法，使催化剂的研究进入了一个新的阶段。

按不同吸附理论（Langmuir，BET两常数、三常数公式等）都可以测定气体吸附量，目前实际常用的是BET两常数公式：

$$\frac{p}{V(p_0 - p)} = \frac{1}{V_m C} + \frac{(C-1)}{V_m C} \times \frac{p}{p_0} \tag{8-64}$$

式中，V为吸附量；V_m为单分子层饱和吸附量；p_0为吸附温度下吸附质的饱和蒸气压；C为常数。

若由实验测得一系列p与V对应的数值，以$\frac{p}{V(p_0-p)}$对$\frac{p}{p_0}$作图，应得一条直线。从直线的斜率$m=\frac{(C-1)}{V_mC}$和截距$b=\frac{1}{V_mC}$可以得到C和V_m。

$$V_m=\frac{1}{m+b} \tag{8-65}$$

如果每个吸附质分子的截面积是A_m，则

$$S=A_mV_m\frac{N_A}{22414} \tag{8-66}$$

式中，S为比表面积；N_A为阿伏伽德罗常数。

在−195.8℃液氮沸点温度条件下，N_2分子在表面上占据的面积A_m为

$$A_m=0.162nm^2$$

则

$$S=4.36V_m\left(m^2\right)$$

常见测定气体吸附量的方法有容量法、重量法和色谱法。目前催化剂比表面积的测定和计算已经仪器化、规格化。在运用这些仪器测定时要特别注意的是，表面积的测定是利用吸附质的物理吸附性质，所以必须避免一切化学吸附现象的发生。在实验上必须采用低温和惰性吸附质的条件。另一个限制是根据实验经验，BET 的实验压力范围或按 BET 作图时的直线范围一般是在p/p_0在 0.05～0.35 之间。

由 BET 实验测定的催化剂比表面积包括颗粒几何外表面积和孔道的内表面积之和。对于多孔的催化剂来说，简单计算就可知道，其颗粒几何外比表面积是可以忽略的。例如，假设颗粒为球形，其几何外比表面积为：

$$S_{out}=\frac{6}{d_p\rho}$$

以活性炭为例，设其球形颗粒直径d_p=1mm，颗粒密度为 600kg/m^3，代入求得S_{out}=0.01m^2/g。而一般活性炭的 BET 比表面积在 1000～1500m^2/g，几乎全部是其颗粒内孔道的表面积。

因此，有的仪器就把能够与气体接触的表面都称作外表面（external surface area），那就不存在内表面。但是，要注意的是，催化研究者关注的只是催化剂的孔结构及其内表面。

（2）孔体积

每克催化剂的内孔体积定义为比孔体积，或比孔容，亦称孔体积或孔容，以V_g表示。由前述密度的讨论已知，V_g就是每克催化剂的V_{po}，由于$V_{po}=V_p-V_{sk}$，而V_p和V_{sk}分别是颗粒密度和骨架密度的倒数，所以孔体积等于它们的差：

$$V_g=\frac{1}{\rho_p}-\frac{1}{\rho_{sk}} \tag{8-67}$$

由于孔体积与孔径大小有关，故孔体积又可分为总孔体积、中孔或介孔体积和微孔体积。它们可以由比表面积测定仪直接测定给出，而式（8-67）给出的是总孔体积。

（3）孔隙率

孔隙率为每克催化剂内孔体积与颗粒总体积之比，以θ表示

$$\theta=\frac{V_{\mathrm{po}}}{V_{\mathrm{p}}}=\frac{V_{\mathrm{p}}-V_{\mathrm{sk}}}{V_{\mathrm{p}}}=\frac{\rho_{\mathrm{sk}}-\rho_{\mathrm{p}}}{\rho_{\mathrm{sk}}} \tag{8-68}$$

式（8-67）代入上式后变为

$$\theta=\frac{\left(1/\rho_{\mathrm{p}}-1/\rho_{\mathrm{t}}\right)}{1/\rho_{\mathrm{p}}}=V_{\mathrm{g}}\rho_{\mathrm{p}} \tag{8-69}$$

因此，测出颗粒密度与孔体积或以置换法测出真、假密度后，就可算出孔隙率。

孔隙率与催化剂颗粒内部粒子间的几何堆积方式有关。假如颗粒内粒子的堆积方式呈理想的晶体结构状，则由格拉顿-弗拉塞（Graton-Fraser）模型看到不同粒子堆积的孔隙率变化。

（4）平均孔径

假设所有的孔都是具有同样尺寸的圆柱形孔，并且孔的表面积比外表面积大得多，则所测定的表面积为所有孔内表面积之和

$$S=n\cdot 2\pi r\cdot L$$

而孔的体积为

$$V_{\mathrm{g}}=n\cdot \pi r^{2}\cdot L$$

两式相除，得到平均孔半径

$$r=2V_{\mathrm{g}}/S \tag{8-70}$$

式中，n为孔口数；r为孔半径；L为孔长度；S为总表面积；V_{g}为孔的体积。

在实际催化剂的情况下，孔的情况十分复杂，与上述计算平均孔径的假设有两个显著的差别。

① 实际的孔的形状不一。不都是圆柱形孔，而是各式各样的；也不一定是直孔，可能是弯弯曲曲的，像迷宫。这种孔的形状会影响气体扩散和流体力学。固体催化剂的这一宏观性质通常采用曲折因子或迷宫因子来表征。

曲折因子或迷宫因子是固体催化剂的一个重要参数，对于气固相催化反应宏观速率、反应器的生产强度和催化剂的效率等有着重要的影响。曲折因子的测定有定态法和动态法，详见有关参考书。

② 实际的孔大小不一。不同的催化剂具有不同的孔分布情况。有时具有相近平均孔径的催化剂的活性有很大的差异，就是因为它们具有不同的孔分布。因此，固体催化剂另一个重要的参数就是孔径分布数据。

（5）孔分布及其计算

多相催化剂的内表面主要分布在晶粒堆积的孔隙及其晶内孔道，况且反应过程中的扩散传质又直接取决于孔隙结构，当反应在内扩散区进行时，孔内传质速率比较慢，孔径大小与反应中催化剂的表面利用率有关。当目的产物是不稳定的中间物时，孔径大小还会影响反应的选择性。所以在开发一种催化剂时，对于给定的反应条件和催化剂组成，应该使催化剂具有合适的孔径分布。所以孔大小和孔体积有时是比表面积更为重要的孔结构信息。

孔分布分析除了和研究表面积一样要测定吸附等温线外，主要是以热力学的气-液平衡理论研究吸附等温线的特征，采用不同的适宜孔形模型进行孔分布计算。

孔结构测定的实验方法至今一直由蒸汽物理吸附法和压汞法两种技术主宰，与其理论基础的合理和不断完善，尤其是物理吸附法的各种模拟计算技术的不断发展有关，同时，与其实验仪器易于自动化、简易化和小型化也有关。

Kelvin 由热力学推导得到，半球形（凹形）液体弯月面的曲率半径 r_k 和液面上达到平衡的蒸气压 p 之间有下列关系：

$$\ln\frac{p}{p_0}=-\frac{2\sigma V_M\cos\theta}{r_k RT} \tag{8-71}$$

式中，p_0 通常是平液面上的饱和蒸气压；σ 为吸附质液体的表面张力，$\times10^{-5}$N/cm；V_M 为吸附质液体的摩尔体积，mL/mol；θ 为弯曲面与固体壁的接触角，通常在液体可以润湿固体表面时 θ 取零度。

表 8-1 列出了国内主要型号氨合成催化剂的物理参数和催化性能。

表 8-1　国内主要型号氨合成催化剂的物理参数和催化性能

指　标	A110-1	A110-2	A301	ZA-5
颗粒外形	不规则形	不规则形	不规则形	不规则形
颗粒尺寸/mm	2.2～20	2.2～20	2.2～20	2.2～20
磁性（氧化态）	铁磁性	铁磁性	非铁磁性	非铁磁性
堆积密度/（g/m³）	2.7～2.9	2.7～2.9	3.0～3.2	3.0～3.21
颗粒密度①/（g/m³）	3.5～3.6	3.6	4.32	4.33
骨架密度①/（g/m³）	6.5～6.7	7.4	6.85	6.86
孔隙率①/%	46	46.42	36.93	37.00
孔容积①/（cm³/g）	0.129	0.1089	0.0855	0.086
总比表面积①/（m²/g）	13	13.31	13.34	13.92
铁比表面积①/（m²/g）	—	4.092	3.747	3.955
铁覆盖率①/%	—	30.75	28.10	28.41
碱比表面积①/（m²/g）	5.2	4.868	4.535	4.596
碱覆盖率①/%	40	36.58	34.00	33.02
主要孔半径分布范围①/nm	10～40	4～25	4～30	4～30
平均孔半径①/nm	12.8	16.36	12.85	12.85
α-Fe 晶粒度①/nm	28	25.2	25.3	25.3
α-Fe 晶格参数①/nm	0.28650	0.28666	0.28662	0.28661
起始还原温度/℃	300～320	300～320	300～320	300～320
最终还原温度/℃	约 500	约 500	约 475	约 475
使用温度范围/℃	370～510	370～510	325～480	325～480
活性（出口 NH_3）/%②	≥13.5（425℃）	≥13.5（425℃）	≥14.5（425℃）	≥17.5（425℃）
耐热稳定性（出口 NH_3）/%③	≥13.5（425℃）	≥13.5（425℃）	≥14.5（425℃）	≥17.5（425℃）

① 还原态催化剂。

② 测定条件：粒度为 1～1.4mm，空速为 30000h^{-1}，压力为 15MPa，H_2 75 %，N_2 25 %。

③ 活性测定后分别升温到 500℃恒温处理 20 小时，再各自回到 425℃、400℃测定活性。

注：A110-1 数据摘自向德辉、刘惠云，化肥催化剂实用手册，化学工业出版社，1992；A110-2、A301 和 ZA-5 系笔者实验室测定数据。

通常以各种孔径的孔体积占总孔体积的多少来表示多孔物质的孔分布。根据 1972 年 IUPAC 的定义，孔的大小可以分为大孔（macropore，孔半径在 50nm 以上的孔）、中孔（又称介孔，mesopore，孔半径为 2～50nm 的孔）和微孔（micropore，孔半径在 2nm 以下的孔）三类。

孔分布一般是按脱附分支进行计算的，脱附分支是一个蒸气平衡压力递降、吸附量逐步减小的脱附过程。吸附量对孔半径的微分量与孔径的关系就是所谓的孔分布曲线，由测定仪器直接提供。

8.6 气-固相催化反应宏观动力学

在多孔催化剂上进行的气-固相催化反应由下列几个步骤所组成（图 8-3）：

① 反应物从气流主体扩散到固体催化剂颗粒的外表面；

② 反应物从颗粒外表面扩散到内表面；

③ 反应物在内表面上吸附；

④ 反应物在内表面上进行催化反应；

⑤ 产物从内表面上脱附；

⑥ 产物从内表面扩散到外表面；

⑦ 产物从颗粒外表面扩散到气流主体。

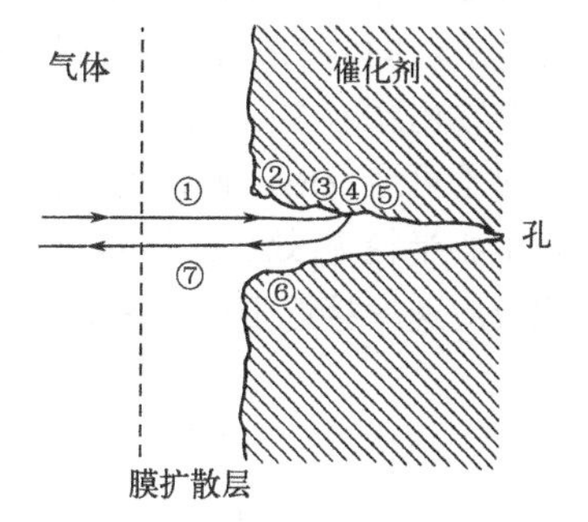

图 8-3　多相催化反应的机理示意图

其中，第①和第⑦为外扩散过程，第②和第⑥为内扩散过程，外扩散和内扩散过程总称为物理传递过程；第③、④和⑤为化学动力学过程。

在整个气-固相催化反应过程中必定存在着气-固相之间的质量传递过程和固相内的质量传递过程。由于催化反应的热效应和固体催化剂与气流主体之间存在着温度差，气-固相两者之间和固相内产生了热量传递。气-固两相之间的传质系数和给热系数决定于流动气体的雷诺数和普朗特数，即决定于气体的流动状况和物理性质。固体催化剂内的传质和传热过程是与内表面上的催化反应过程同时进行的，这又涉及反应物和产物在催化剂颗粒内的扩散系数和催化剂颗粒的热导率。由此可见，整个气-固相催化反应过程的速率除了被催化剂表面上进行的化学反应所决定外，还与反应气体的流动状况、传质及传热等物理过程密切相关。通常把包括物理过程对催化反应速率影响的动力学称为宏观动力学；而把不包括物理过程对催化反应速率影响的动力学称为本征动力学。

在已经提出的许多催化理论中，活性中心理论应用较为广泛。这个理论认为，在组成多孔固体催化剂的微晶的棱、角或突起部位上，由于价键不饱和而具有的剩余力场，能将周围气相中的分子或原子吸引到这些被称为活性中心的部位，这就是活性吸附。

本征动力学由吸附、表面化学反应和脱附三个连串的步骤所组成。若其中某一步骤的阻滞作用最大，则总的催化反应过程速率决定于这个步骤的速率，或称本征反应过程被这一步骤所控制。如反应物的化学吸附过程的阻力最大，称为吸附控制；如催化剂表面化学反应过程的阻力最大，称为表面化学反应控制；如脱附过程的阻力最大，称为脱附控制。

因此，多相催化过程的解析比均相过程要多考虑一个物理传输和吸附、脱附问题。在研究催化反应速率时，应该了解每一个步骤的规律性，比较各个步骤对整个反应进程影响的程度，找出最慢的步骤。这个最慢的步骤决定着整个反应进程的速率，通常叫作速率控制步骤。

本节分别讨论气-固相催化反应的宏观过程和本征动力学的基本规律。

8.6.1 气-固催化反应宏观过程中反应组分的浓度分布

现以球形催化剂颗粒为例，说明催化反应宏观过程中反应物的浓度分布，如图 8-4 所示。

反应物从气流主体扩散到颗粒外表面是一个单纯的物理过程，在球形颗粒外表面周围包有一层滞留边界层。反应物在气流主体中的浓度是 c_{Ag}，通过边界层，它的浓度由 c_{Ag} 递减到颗粒外表面上的浓度为 c_{As}，在浓度-径向距离图上边界层中反应物的浓度分布是一根直线，或者说，此处反应物的浓度梯度是常量。浓度差 $c_{Ag}-c_{As}$ 就是外扩散过程的推动力。

反应物由颗粒外表面向内部扩散的同时，就在内表面上进行催化反应，消耗了反应物。距离外表面越近，反应物的浓度越大，单位内表面上的催化反应速率也越大，越深入到颗粒内部，反应物消耗的量越多，其浓度越低，单位内表面上的催化反应速率也越低。因此，颗粒内部反应物的浓度梯度并不是常量，也就是说，在浓度-径向距离图上边界层中反应物的浓度分布是曲线，浓度差 $c_{As}-c_{Ac}$ 是内扩散过程的推动力。催化剂的活性越大，即单位时间内表面上所反应的组分越多，向内部扩散的反应物浓度就降低得越多。

产物由颗粒中心向外表面扩散，其浓度分布的趋势则与反应物相反。

对于可逆反应，催化剂颗粒中反应物可能的最小浓度是颗粒温度下的平衡浓度 c_A*。如果在距中心半径 R_d 处反应物的浓度已经接近于平衡浓度 c_A*，此时，在半径为 R_d 的球形颗粒内，催化反应速率接近于零，这部分区域就称为“死区”，见图 8-5。

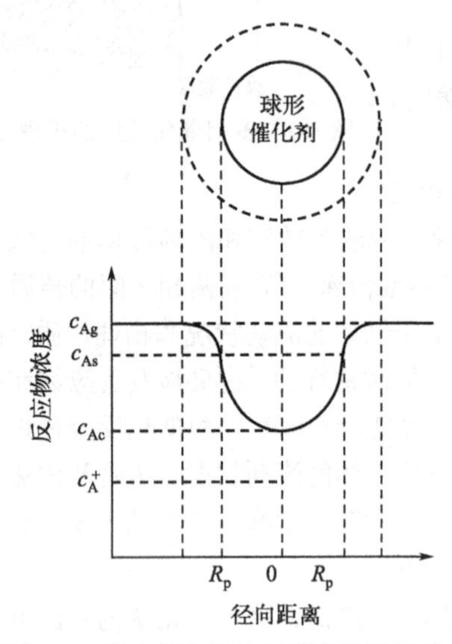

图 8-4　球形催化剂中反应物的浓度分布

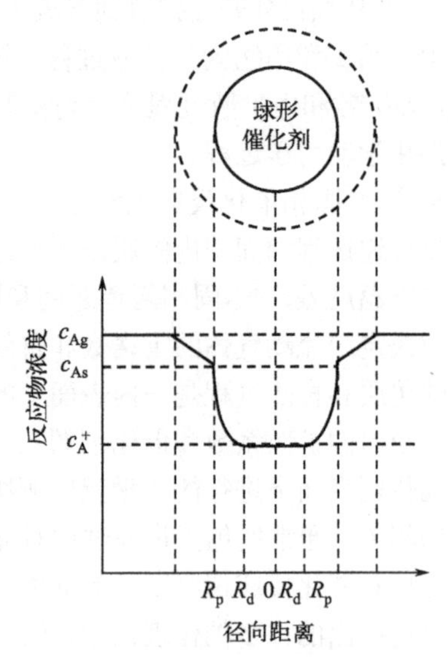

图 8-5　球形催化剂中存在“死区”时，反应物 A 的浓度分布

8.6.2　外扩散

根据 Fick 第一扩散定律，在界面层中的扩散速度 v_D，即单位时间通过外表面 S 的反应物的量，由下式表示

$$v_D = -DS\frac{dc}{dL} = DS\frac{c_0 - c_s}{L} \tag{8-72}$$

式中，D 为反应物的扩散系数。

而表面化学反应的反应速率 v 与反应物的表面浓度 c_s 成正比，若反应为简单的一级反应，则

$$v = k_s S c_s \tag{8-73}$$

式中，k_s 为单位外表面积上的反应速率常数。由于反应受外扩散控制，当体系达到稳定状态时，v_D=v。由式（8-72）及式（8-73）可得

$$v = k_s S\frac{c_0}{1 + k_s L / D} = k_s S C_0 \zeta \tag{8-74}$$

式中，$\zeta=\dfrac{1}{1+k_sL/D}$。

与无外扩散效应时相比较，两者相差ζ倍。因为纯属外扩散引起，ζ又可称为扩散因素。ζ值越小，扩散越占优势，反之表面反应占优势。当$\dfrac{k_sL}{D}\ll 1$，即$k_s\ll\dfrac{D}{L}$，则ζ接近于1，表明扩散效应可以忽略。因此要消除外扩散效应的话，务必要使k_s和L的数值减小，D的数值要增大。

根据上述讨论，可以采用下列两种方法来判断和消除外扩散效应。

第一种方法，减小界面层的气膜厚度（L）。在相同的条件下，观察反应物不同的流动线速度（流动体系）或搅拌速度（静态体系）对反应速率的影响。图8-6表明反应速率随线速度增大而增大。当线速度大于v_0值时，反应速率不再增加，此时外扩散效应已经被消除。

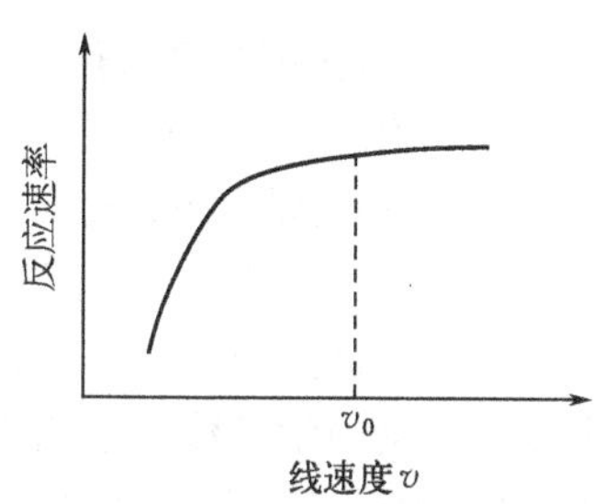

图8-6　反应速率与线速度示意图

采用增大气体线速度的方法消除外扩散时，应当注意必须在保持V_0/V_{cat}值，即空速不变的情况下进行。因为随着空速增加，物料与催化剂的接触时间将减少，因而转化率也可能下降。因此，应固定接触时间或空速不变，通过增加催化剂体积V_{cat}而增大原料气流量，以维持相同的接触时间，这样才能获得正确结果。

第二种方法，在相同的条件下，改变反应的温度，观察反应速率随温度的变化。由于反应速率常数k_s和扩散系数D与温度的依赖关系不同，$k_s\propto e^{-E/RT}$，$D\propto T^{3/2}$，因此，降低温度造成k_s值的变化比D值的变化要大得多。若观察到因温度变化引起的反应速率变化不大，且活化能也小于20kJ/mol，则表示反应在外扩散区进行。此时可进一步降低反应温度，使反应速率常数降得更快些，以调节到反应速率不再受外扩散影响为止，也即$k_s\ll D/L$，以达到ζ接近1的目的。

8.6.3　内扩散

反应物分子在催化剂孔内的扩散过程有多种形式，主要有分子扩散、Knudsen扩散等。

（1）分子扩散

当孔半径远大于气体分子运动的平均自由程λ时，孔中的扩散即为分子扩散。这时分子进入孔内，分子间碰撞概率大于分子与孔壁碰撞的概率，传递过程的阻力来自于分子之间的碰撞，与孔的内径无关。对孔径较大（大于10^{-4}cm，因在101.3kPa下，一般气体的λ为10^{-6}cm），气体压力高的体系，主要起作用的是分子扩散。

分子扩散的扩散系数D_{Am}为

$$D_{Am}=\frac{1}{3}\tilde{v}\lambda \tag{8-75}$$

式中　$\tilde{v}$——分子运动的平均速度；

λ——分子的平均自由程。

由理想气体分子运动论可知

$$\tilde{v}=\sqrt{\frac{8RT}{\pi M}},\ \lambda=\frac{kT}{\sqrt{2}\pi d^2 p}$$

代入式（8-75）后得

$$D_{Am} \propto \frac{T^{3/2}}{p}$$

上式表明 D_{Am} 与 $T^{3/2}$ 成正比，与气体总压力成反比，而与孔的内径无关。

（2）Knudsen 扩散

当孔半径远小于气体分子运动的平均自由程时，气体分子之间碰撞之前需先碰到孔壁，此时孔中的扩散属于 Knudsen 扩散。在孔径小、气体压力低时，Knudsen 扩散起主要作用。

在平直的圆形微孔中，组分 A 的 Knudsen 扩散的扩散系数 D_{Ak}（m^2/s）为

$$D_{Ak} = 9700r\sqrt{\frac{T}{M_A}} \tag{8-76}$$

式中 r——催化剂的平均孔半径，cm；

M_A——组分 A 的分子量；

T——热力学温度，K。

由式（8-76）可知，D_{Ak} 与气体总压力无关，而与平均孔半径 r 和 $T^{1/2}$ 成正比。

影响内扩散的因素很多，诸如催化剂的颗粒大小、孔径的大小、扩散系数、温度、压力以及其他反应动力学参数。这些因素中影响最显著而又最容易被调整的是催化剂颗粒的大小和反应的温度。因此常用减小催化剂粒径或适当降低反应温度的方法进行内扩散效应的判断和消除。

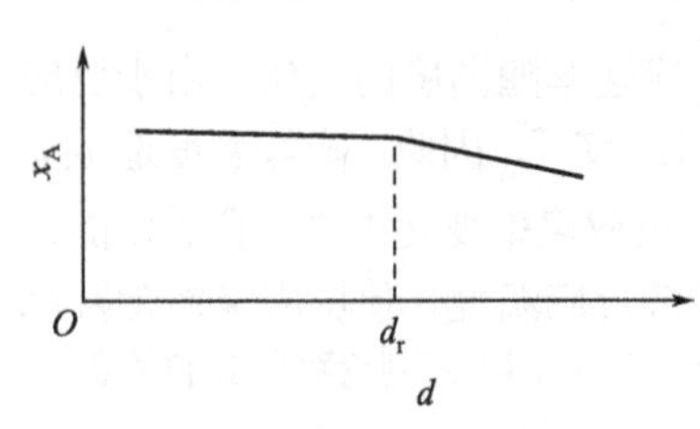

图 8-7 内扩散影响的检验

第一种方法，当其他条件不变时，减小催化剂粒径，使催化剂内部的微孔长度变小，这样就增加了内表面的利用率而使反应速率增加，转化率提高。图 8-7 示出了在原料气线速度一定时反应速率或转化率与催化剂粒径的关系曲线。由图 8-7 看出，当粒径大于 d_r 时，x 随 d_r 的增大而下降，表明存在内扩散影响。当粒径小于 d_r 时，转化率不随粒度减小而改变，表明内扩散已消除。

第二种方法，前面提到，k 和 D 与反应温度的关系不同，适当降低反应温度，k 值下降要比 D 值下降显著得多，结果是表面反应速率大幅度降低而相对地提高了扩散速率，从而有可能消除内扩散效应。

判断是分子扩散为主，还是 Knudsen 扩散为主，由分子运动的平均自由程 λ 和孔半径 r 的相对大小来决定。当孔半径远小于气体分子运动的平均自由程时，过程属于 Knudsen 扩散控制，反之则为分子扩散；当孔半径为中间值时，过程属于二者的过渡区，此时组分 A 的扩散系数由分子扩散系数 D_{Am} 与 Knudsen 扩散系数 D_{Ak} 组合而成，称为综合扩散系数 D_{Ae}。按照分子扩散通量与 Knudsen 扩散通量串联原理，对多组分系统，如在孔内进行的是等物质的量逆向扩散时，则

$$\frac{1}{D_{Ae}} = \frac{1}{D_{Am}} + \frac{1}{D_{Ak}} \tag{8-77}$$

在实际催化剂的情况下，孔的情况十分复杂。实际的孔形状不一，由一系列相互交联、内壁不光滑、经常改变孔径及形状的孔道组成，像迷宫一样。这种孔的形状会影响气体扩散和流体力学,故引入了一个叫作曲折因子或迷宫因子（tortuosity factor）的量来校正，以符号 δ 表示，其值由实验测定,这种模型称为平行交联孔模型。在这种模型中，组分 A 在催化剂内的有效扩散系数为

$$D_{eff,A} = \frac{\theta}{\delta} D_{Ae} \tag{8-78}$$

式中，θ为催化剂孔隙率。曲折因子之值与催化剂的组成及制备方法有关。例如，A301 型 $Fe_{1-x}O$ 基氨合成催化剂测得$\theta = 0.36$，平均孔半径为 16 nm，曲折因子$\delta = 3.28$。

8.6.4　催化剂的内扩散效率因子

物理过程对反应动力学的影响因素中，最重要的是催化剂内扩散，亦即内扩散效率因子，又称内表面利用率的影响。内扩散效率因子定义为：内扩散对反应过程有影响时的实际反应速率与扩散对反应过程无影响时的本征反应速率之比，以符号ζ表示。内扩散效率因子表示内扩散对过程的影响程度，内扩散效率因子越小，说明内扩散的影响越严重。

由于内扩散与内表面上的催化反应同时进行，催化剂内各部分的反应速率并不一致。越接近于颗粒外表面，反应物的浓度越大，而产物的浓度越小。当颗粒处于等温时，单位时间内整个颗粒中实际反应量恒小于按颗粒外表面上反应组分浓度及颗粒的内表面积计算的反应量，即不计入内扩散影响的反应量，二者的比值称为内扩散效率因子或内表面利用率，即

$$\zeta = \frac{f_{0i}^{S} k_s f\left(c_A\right) dS}{k_1 f\left(c_{As}\right) S_i} \tag{8-79}$$

式中　k_s——按单位内表面积计算的反应速率常数；

$f\left(c_{As}\right)$——按颗粒外表面上反应组分浓度 c_{As} 计算的动力学方程中的浓度函数；

$f\left(c_A\right)$——按颗粒内反应组分浓度 c_A 计算的动力学方程中的浓度函数；

S_i——单位体积催化床中催化剂的内表面积。

在稳定情况下，单位时间内从催化剂颗粒外表面由扩散进入催化剂内部的反应组分的量与单位时间内整个催化剂颗粒中实际反应的反应组分的量相等。换言之，内扩散效率因子亦可表示如下

$$\zeta = \frac{\text{按反应组分在外表面上的浓度梯度计算的扩散速率}}{\text{按反应组分在外表面上的浓度及内表面积计算的反应速率}} \tag{8-80}$$

如果外扩散过程的影响可以略去，而内扩散效率因子之值等于或接近于 1 时，过程为化学动力学（或本征动力学）控制。此时颗粒中心与外表面处反应组分的浓度差甚小。若内扩散影响严重，则效率因子之值远小于 1。此时，颗粒中心与外表面处反应组分的浓度差甚大。

大多反应动力学方程为幂函数型，多组分参与反应，又是可逆反应，过程比较复杂。为了简化计算，工程上常将多组分扩散模型简化为关键组分的单组分扩散模型，并用近似简化为一级反应的方法求取内表面利用率的近似解（图 8-8）。现以氨合成催化剂为例，介绍内表面利用率的计算方法。

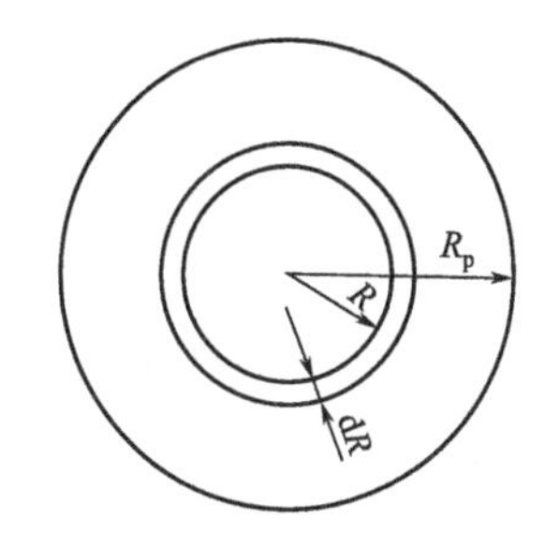

图 8-8　球形催化剂微元图

关键单组分模型的特点如下：①只选取关键组分建立催化剂颗粒内同时反应与扩散的物料衡算式，其余反应组分摩尔分数的变化则按反应的化学计量式与关键组分建立关系；②略去有效扩散系数随催化剂内气体组分的变化，按催化剂外表面气体组分计算关键组分在气体混合物中的分子扩散系数，并按平均孔径计算关键组分的克努森扩散系数以及有效扩散系数。

对氨合成反应，由于氨的分子量最大，因而分子扩散系数最小，它成为孔扩散中的关键组分,故催化剂内氨合成反应的微分方程式为

$$D_{\text{eff}}=\left(\frac{\text{d}^2c_{\text{NH}_3}}{\text{d}R^2}+\frac{2}{R}\frac{\text{d}c_{\text{NH}_3}}{\text{d}R}\right)=\left(\frac{S_\text{s}}{1-\varepsilon}\right)r_{\text{NH}_3} \tag{8-81}$$

式中　S_s——单位容积催化床中催化剂的内表面积，m^2/m^3。

将 $x=R/R_\text{p}$，$c_{\text{NH}_3}=py_{\text{NH}_3}/ZRT$ 代入，即得

$$\frac{\text{d}^2y_{\text{NH}_3}}{\text{d}x^2}+\frac{2}{x}\frac{\text{d}y_{\text{NH}_3}}{\text{d}x}=-\left(\frac{ZRT}{p}\right)\left(\frac{S_\text{s}}{1-\varepsilon}\right)\frac{R_\text{p}^2}{D_{\text{eff}}}r_{\text{NH}_3} \tag{8-82}$$

式中　p——系统总压；

Z——混合气的压缩因子。

按照捷姆金-佩捷夫方程式

$$r_{\text{NH}_3}=\frac{\text{d}N_{\text{NH}_3}}{\text{d}S}=k_1\frac{p_{\text{N}_2}p_{\text{H}_2}^{1.5}}{p_{\text{NH}_3}}-k_2\frac{p_{\text{NH}_3}}{p_{\text{H}_2}^{1.5}}=k_1p^{1.5}\frac{y_{\text{N}_2}y_{\text{H}_2}^{1.5}}{y_{\text{NH}_3}}-k_2p^{-0.5}\frac{y_{\text{NH}_3}}{y_{\text{H}_2}^{1.5}}$$

将上式代入式（8-82），整理得

$$\frac{\text{d}^2y_{\text{NH}_3}}{\text{d}x^2}+\frac{2}{x}\frac{\text{d}y_{\text{NH}_3}}{\text{d}x}=-M\varphi\left(y_{\text{NH}_3}\right) \tag{8-83}$$

式中

$$M=\frac{ZRTk_2S_\text{i}R_\text{p}^2}{p^{1.5}(1-\varepsilon)D_{\text{eff}}}=\frac{ZRTkR_\text{p}^2(3/4)^{1.5}}{22.4p^{1.5}(1-\varepsilon)D_{\text{eff}}}$$

$$\varphi\left(y_{\text{NH}_3}\right)=\frac{K_p^2p^2y_{\text{N}_2}y_{\text{H}_2}^{1.5}}{y_{\text{NH}_3}}-\frac{y_{\text{NH}_3}}{y_{\text{H}_2}^{1.5}}$$

M 和 $\varphi\left(y_{\text{NH}_3}\right)$ 均是无量纲参数。

式（8-83）的一种近似解法是将 $\varphi\left(y_{\text{NH}_3}\right)$ 在颗粒外表面上的 $y_{\text{NH}_3,\text{s}}$ 处按泰勒级数展开，即

$$\varphi\left(y_{\text{NH}_3}\right)=\varphi\left(y_{\text{NH}_3,\text{s}}\right)+\varphi'\left(y_{\text{NH}_3,\text{s}}\right)\left(y_{\text{NH}_3}-y_{\text{NH}_3,\text{s}}\right)+\varphi''\left(y_{\text{NH}_3,\text{s}}\right)\times(y_{\text{NH}_3}-y_{\text{NH}_3,\text{s}})^2/2!+\cdots\cdots$$

略去二阶以上高阶项，化简为

$$\varphi\left(y_{\text{NH}_3}\right)=\varphi\left(y_{\text{NH}_3,\text{s}}\right)+\varphi'\left(y_{\text{NH}_3,\text{s}}\right)\left(y_{\text{NH}_3}-y_{\text{NH}_3,\text{s}}\right)$$

上式是变量 y_{NH_3} 的一次幂函数，一级反应。令 $\mu=y_{\text{NH}_3,\text{s}}-y_{\text{NH}_3}-\varphi\left(y_{\text{NH}_3,\text{s}}\right)/\varphi'\left(y_{\text{NH}_3,\text{s}}\right)$

则

$$\frac{\text{d}\mu}{\text{d}x}=-\frac{\text{d}y_{\text{NH}_3}}{\text{d}x}$$

$$\frac{\text{d}^2\mu}{\text{d}x^2}=-\frac{\text{d}^2y_{\text{NH}_3}}{\text{d}x^2}$$

而

$$-\mu\varphi'\left(y_{\text{NH}_3,\text{s}}\right)=\varphi\left(y_{\text{NH}_3,\text{s}}\right)+\left(y_{\text{NH}_3}-y_{\text{NH}_3,\text{s}}\right)\varphi'\left(y_{\text{NH}_3,\text{s}}\right)=\varphi\left(y_{\text{NH}_3}\right)$$

于是可得

$$\frac{\text{d}^2\mu}{\text{d}x^2}+\frac{2}{x}\frac{\text{d}\mu}{\text{d}x}=-M\varphi'\left(y_{\text{NH}_3,\text{s}}\right)\mu \tag{8-84}$$

上式变成球形颗粒内进行等温一级不可逆反应时的微分方程式。

令

$$\psi_\text{s}=\frac{1}{3}\sqrt{-M\varphi'\left(y_{\text{NH}_3,\text{s}}\right)} \tag{8-85}$$

则式（8-84）变成

$$\frac{d^2\mu}{dx^2}+\frac{2}{x}\frac{d\mu}{dx}=9\psi_s^2\mu$$

按一级不可逆反应求解，得内表面利用率为

$$\zeta=\frac{1}{\psi_s}\left[\frac{1}{th(3\psi_s)}-\frac{1}{3\psi_s}\right] \tag{8-86}$$

式中　ψ_s——Thiele（蒂勒）模数；

　　th——双曲正切函数。

使用氨合成动力学方程式和反应速率常数的数值，就不难算出催化剂在各种反应状态下的内表面利用率。

在实验室研究中，可采用消除了外扩散效应的气体流速和消除了内扩散效应所相应的粒度，在给定条件下测定反应速率，以 r_a 表示；然后采用真实粒度在同样条件下测定反应速率，以 r_t 表示。把这两个反应速率的比值视为该条件下的内表面利用率：

$$\zeta=\frac{r_t}{r_a} \tag{8-87}$$

图 8-9 是按上述方法得到的 A301 催化剂的内扩散效率因子与颗粒大小的关系。从图 8-9 可以看到，颗粒大小是影响内扩散效率因子的最主要因素，内表面利用率随颗粒度增大而明显降低。但要注意到，图中有些曲线是相交的，说明反应温度不同，颗粒度对反应速率的影响程度是不同的。由此可见，内扩散效率因子不仅与颗粒大小有关，而且与反应温度和催化剂效率也有关。

图8-10给出了催化效率与内表面利用率的关系。由图可知，内表面利用率对催化效率有很大的影响。由式（8-86）可知，Thiele 模数越小，内表面利用率越大，催化效率越高。

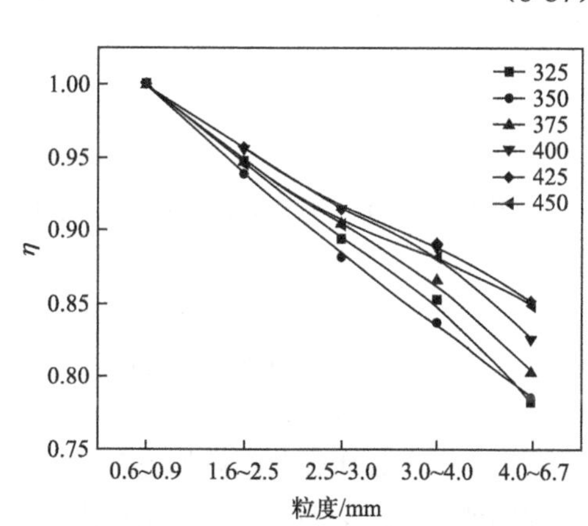

图 8-9　A301 催化剂的内表面利用率与颗粒度的关系

（p=7MPa，S_V=6000h^{-1}，V_k=20mL，H_2/N_2=3）

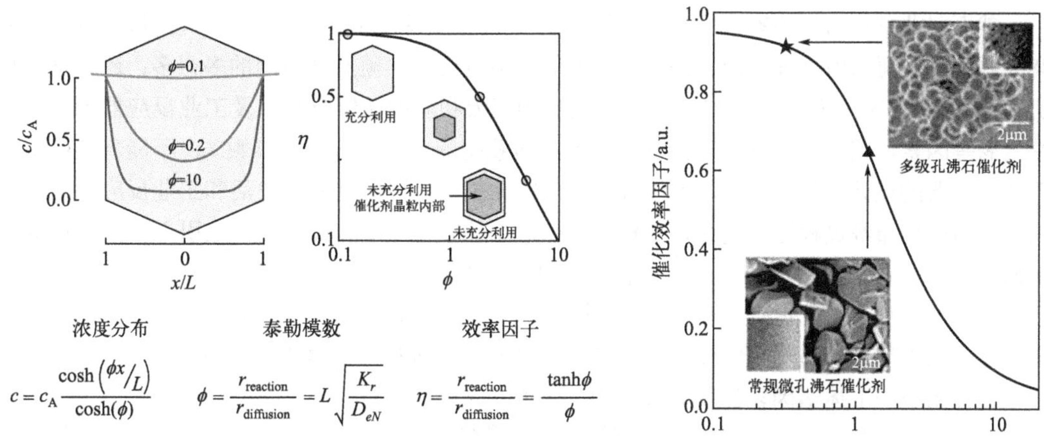

(a) 催化效率理论模型

(b) 实验测定催化效率

图 8-10　催化效率与内表面利用率的关系

8.6.5 宏观反应动力学方程

对于整个气-固相催化反应过程，在温度恒定的情况下，单位时间内从气流主体扩散到催化剂外面的反应组分量也必等于催化剂颗粒内实际反应量，即

$$r_A = k_g S_e \left(c_{Ag} - c_{As}\right) = k_s S_i f\left(c_{As}\right)\zeta \tag{8-88}$$

式中 r_A——组分 A 的宏观反应速率；

k_g——外扩散传质系数；

S_e——单位体积催化剂床层中颗粒的外表面积；

S_i——单位体积催化剂床层中颗粒的内表面积；

$f(c_{As})$——按颗粒外表面上反应组分浓度计算的浓度函数。

式（8-88）是将传质过程的影响考虑在内的催化反应宏观动力学方程。

若催化反应是一级可逆反应，动力学方程中的浓度函数可表示为

$$f\left(c_A\right) = c_A - c_A^* \tag{8-89}$$

则宏观动力学方程可改为下列形式

$$r_A = \frac{c_{Ag} - c_A^*}{\dfrac{1}{k_g S_e} + \dfrac{1}{k_s S_i \zeta}} \tag{8-90}$$

在稳定情况下，单位时间催化剂内表面上实际反应量所产生的热效应必等于催化剂颗粒外表面与气流主体间的传热量，即

$$r_A\left(-\Delta H_R\right) = k_s S_i f\left(c_{As}\right)\zeta\left(-\Delta H_R\right) = \alpha_s S_e\left(T_s - T_g\right) \tag{8-91}$$

式中 T_s——催化剂颗粒外表面温度；

T_g——气流主体温度；

α_s——气流主体与颗粒外表面间的给热系数。

对于吸热反应，反应热ΔH_R是正值，催化剂颗粒外表面温度低于气流主体温度。对于放热反应，ΔH_R是负值，催化剂颗粒外表面温度高于气流主体温度。

在实验室研究动力学时，是以小颗粒催化剂在实验室条件下测得的活性数据按本征动力学方程式整理而获得反应速率常数与温度的关系，以此作为工业反应器催化剂用量计算的基准。

然而工业条件与实验室条件，在许多方面大相径庭。除了催化剂颗粒大小可以按上述式（8-88）通过内表面利用率进行校正外，还有催化剂用量要较实验室试验用的多得多；还原条件与实验室不同；工业反应器由于结构因素所造成的气流和温度两维分布以及工业反应器中存在活性衰老等因素。因此，上述由实验室活性数据所获得的本征反应速率常数 k，不能直接应用于工业反应器的设计计算。然而，大颗粒催化剂的孔扩散、还原过程的失活和工业反应器的两组气流和温度分布等过程过于复杂，工程上直接应用比较困难。为此，工程上引入“活性系数”的概念。它是在如上所述的实验室本征反应速率常数或式（8-88）前面乘一个“活性系数”。活性系数的大小，除了包含催化剂内表面利用率外，还包括大颗粒催化剂还原过程在内的失活、还原操作的不理想、催化床气流和温度两维分布和使用过程中的衰老、中毒等情况。

活性系数与上述诸因素的关系可以用下式表达，即

$$C_{or} = C_P C_R C_b C_d \tag{8-92}$$

式中 C_{or}——活性系数，一般均为小于 1 的数值；

C_P——大颗粒催化剂还原活性系数；

C_R——由于还原条件不同所造成的校正因子；

C_b——反应器床层结构因素造成的气流和温度分布不均的校正因子；

C_d——衰老和中毒的校正因子。

因此，工程上实际使用的宏观动力学方程可表示为

$$r_s = C_{or} \cdot \zeta \cdot r_e \tag{8-93}$$

式中，r_e为依据实验室条件下测得的活性数据，按本征动力学方程式整理而获得的反应速率方程。

不同类型反应器内不同位置处催化剂的活性系数，可以通过对工业生产条件下反应器的操作数据利用类似于式（8-94）所示的氨合成反应器设计计算方程式进行反算得到。

$$\frac{dy_{NH_3}}{dL} = \zeta \cdot C_{or} \cdot \frac{A}{22.4N_{T_0}} \cdot \frac{dy_{NH_3}}{d\tau_0} \tag{8-94}$$

式中 y_{NH_3}——混合气中 NH_3 的摩尔分数；

ζ——催化剂内表面效率因子；

A——气体流通的截面积，m^2；

L——床层高度，m；

C_{or}——催化剂活性校正系数。

上述活性系数校正的方法，是将复杂的真实动力学行为简化处理，具有十分简便的形式，但不能揭示过程的本质。用本征动力学方程乘以一个包括多种因素的活性系数，不能反映宏观动力学中扩散阻滞所造成的表观活化能的降低，因而它不是真实的。

8.6.6 催化反应控制阶段的判别

由于宏观动力学方程包括外扩散、内扩散和化学动力学过程，由式（8-88）可见，若不考虑催化剂颗粒内的变化，当 k_g、S_e、k_s、S_i 及ζ为不同数值时，过程可以处于外扩散控制、内扩散控制或化学动力学控制，所得到的宏观动力学方程将有所不同。现将其特征分述如下：

（1）化学动力学控制

当$\frac{1}{k_g S_e} \ll \frac{1}{k_s S_i \zeta}$，而内表面利用率$\zeta$趋近于 1，内外扩散过程的影响均可略去时，式(8-88)变成下列形式

$$r_A = k_s S_i \left(c_{Ag} - c_A^*\right) = k_s S_i f\left(c_{As} - c_A^*\right) \tag{8-95}$$

此时的浓度分布体现在图 8-4 中为 $c_{Ag} \approx c_{As} \approx c_{Ac}$，而 $c_{Ac} \gg c_A^*$。

这种情况发生在外扩散传质系数 k_g 相对较大，而催化剂颗粒又相当小的时候，也就是消除了内外扩散影响的本征动力学。

（2）内扩散影响严重

当$\frac{1}{k_g S_e} \ll \frac{1}{k_s S_i \zeta}$，而 $\zeta \ll 1$，即外扩散过程的阻滞作用可以略去时，则 $c_{Ag} \approx c_{As}$，而内扩散过程对宏观反应速率具有严重影响，式（8-88）变成

$$r_A = k_s S_i \left(c_{Ag} - c_A^*\right)\zeta \tag{8-96}$$

此时的浓度分布体现在图 8-4 中为$c_{Ag} \approx c_{As} \gg c_{Ac}$，而$c_{As} \gg c_A^*$。

这种情况发生在催化剂颗粒相当大、外扩散传质系数也相当大的时候。

（3）外扩散控制

当$\frac{1}{k_g S_e} \gg \frac{1}{k_s S_i \zeta}$，即外扩散过程的阻滞作用占过程总阻力的主要部分时，式（8-88）变成

$$r_A = k_g S_e \left(c_{Ag} - c_{As}\right) = k_g S_e \left(c_{Ag} - c_A^*\right) \tag{8-97}$$

此时的浓度分布体现在图 8-4 中为$c_{Ag} \gg c_{As} \approx c_{Ac} \approx c_A^*$。

这种情况比较少见，一般发生在催化剂颗粒相当小、外扩散传质系数相对较小而反应速率常数又相对较大的时候。如果所用的催化剂是无孔的网状物，如氨氧化用的铂网，或者活性组分只分布在颗粒外表面的薄层时，往往会发生这种情况。

当外扩散控制时，n级反应的宏观反应速率变成了一级反应，温度对宏观反应速率常数的影响服从温度对外扩散传质系数影响的规律，比原来以化学反应活化能的形式表现出来的温度影响大为降低。

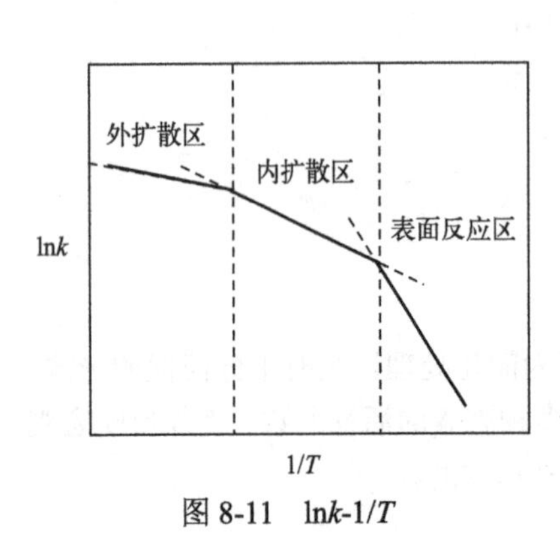

图 8-11 ln$k$-1/T

温度对不同控制阶段反应速率的影响如图 8-11 所示。由图可知，温度对表面化学反应控制的反应速率的影响最大，对外扩散控制的影响很小，而内扩散控制的影响介于两者之间。

大型工业催化反应过程，绝大多数属于内扩散影响相当大的过程，而外扩散过程的影响大多可略去，但外扩散过程对甲烷化反应具有一定的影响。

8.7 气-固相催化反应动力学

8.7.1 物理吸附和化学吸附

发生气-固相催化反应的必要条件是至少有一个反应物在催化剂表面被吸附。气体在固体表面上的吸附可以分为物理吸附和化学吸附。

物理吸附是分子之间的引力而引起的。由于吸附剂与被吸附物质之间普遍存在着分子之间的引力，而且物理吸附一般是没有明显选择性，例如活性炭可以吸附氯、二氧化硫和硫化氢等，但是由于不同分子之间的作用力不同，因而吸附量也不同。催化作用都有高度的选择性，某些反应只能被某些特定的催化剂所影响。由此可知，较为有效的吸附剂不一定就是很有效的催化剂。

物理吸附可以是单分子层吸附，也可以是多分子层吸附，吸附速率较高，脱附也较为容易，是可逆的。吸附剂表面与被吸附物质之间很快达到平衡。物料吸附的热效应小，约为 2～20kJ/mol。物理吸附量随着温度的升高而迅速减小，并与表面积的大小成比例关系，一般只在较低温度下进行。

化学吸附是催化剂表面与吸附分子间的化学键力而引起的。这类吸附总是单分子层的，这是化学吸附的一个重要特征。一般情况下，当活性表面都充满气体分子时，吸附量就不能再提高了。化学吸附有显著的选择性。吸附放出的热量跟化学反应在同一数量级，约为 80～400kJ/mol。从化学吸附的能量变化大小考虑，被吸附分子的结构发生了变化，成为活性吸附态分子，活性

显著提高。由于化学吸附分子所需要的反应活化能比自由分子的反应活化能低，从而加快了反应速率。由此可用化学吸附解释固体表面的催化作用。化学吸附宜在较高温度下进行。

低温时物理吸附占优势，高温时化学吸附占优势。因为大多数气-固催化反应过程是在高温下进行的，所以在这过程中起作用的应是化学吸附。

8.7.2　吸附等温式

对于一定的吸附系统，平衡时的化学吸附量 a 仅与温度 T 和气相中被吸附组分 A 的分压 p_A 有关，即 $a=f(T,p_A)$。在恒温下测得的吸附量与分压的关系，称为吸附等温式或吸附等温线。

化学吸附速率可以通过气体分子与固体表面的碰撞过程的四种因素来建立，即

① 单位表面上的气体分子碰撞数。气体分子对固体表面的碰撞频率越大，则吸附速率也越大。根据分子运动论可知，气相中组分 A 在单位时间内对单位表面的碰撞数与气相中组分 A 的分压 p_A 成正比，其值为 $p/\sqrt{2\pi MKT}$ 。

② 吸附活化能。由于化学吸附时需要活化能 E_a，因而只有能量超过 E_a 时，气体分子才有可能被吸附，这种分子只占分子总数的一部分，由 Boltzmann 因子 $\exp(-E_a/RT)$ 给出。

③ 在能量超过 E_a 的分子中，也只有一部分可能碰上空白的活性中心，用 θ_A 表示被组分 A 覆盖的活性中心占活性中心总数的分数，称为表面覆盖率，则这个碰撞的概率为 $f(\theta_A)$。

④ 凝聚系数 S^*，即能量大于 E_a 的分子中，吸附上去者所占的分数。

吸附速率与上述 4 项的乘积成正比：

$$r_a = p/\sqrt{2\pi mKT}\cdot f(\theta)\cdot S^*\cdot\exp(-E_a/RT)$$

令

$$k_a = S^*/\sqrt{2\pi mKT}\ \cdot\ \exp(-E_a/RT) = k_{a,0}\ \cdot\ \exp\left(\frac{-E_a}{RT}\right)$$

则

$$r_a = k_a p f(\theta) \tag{8-98}$$

式中，k_a 为吸附速率常数。

影响脱附速率的因素有两种，即

① 与表面覆盖度有关，即已被吸附分子占据的表面吸附位的一个函数 $f'(\theta)$ 。

② 与脱附活化能 E_d 有关，体现在脱附速率常数 $k_d = k_{d,0}\exp(-E_d/RT)$ 中。

则脱附速率 r_d 可写成：

$$r_d = k_d\ \cdot\ f'(\theta) \tag{8-99}$$

吸附是可逆的，净吸附速率 r 为

$$r = r_a - r_d = p\cdot f(\theta)\cdot k_{a,0}\cdot\exp(-E_a/RT) - f'(\theta)\cdot k_{d,0}\cdot\exp(-E_d/RT) \tag{8-100}$$

在平衡时，根据微观可逆性原理：吸附和脱附的速率相等，净吸附速率为零，即 $r_a = r_d$，则由式（8-100）得到

$$p = \frac{k_d f'(\theta)}{k_a f(\theta)} = \frac{1}{b}\frac{f'(\theta)}{f(\theta)} \tag{8-101}$$

$$b = \frac{k_a}{k_d} = b_0\exp\left(\frac{E_d - E_a}{RT}\right) = b_0\exp\left(\frac{q}{RT}\right) \tag{8-102}$$

式中，b 为吸附平衡常数，b 值的大小表示固体表面吸附气体能力的强弱程度；q 为吸

附热。

现在的问题就在于$\dfrac{f'(\theta)}{f(\theta)}$的求解。$\dfrac{f'(\theta)}{f(\theta)}$决定于吸附性质。

有两类模型用来描述吸附等温式的规律，即①理想吸附模型或称朗格缪尔（Langmuir）均匀表面吸附模型；②真实吸附模型，或称不均匀表面吸附模型。下面讨论这两种模型。

8.7.3 理想表面吸附等温式

1918年朗格缪尔（Langmuir）提出了著名的单分子层吸附理论。朗格缪尔吸附理论是多相催化中支撑表面催化动力学的一根台柱。其他吸附理论都是对朗格缪尔吸附理论的修正和补充。因此，对此做一简单的回顾。

Langmuir单分子层吸附模型的基本要点：

① 吸附表面是均匀的，即整个催化剂表面有着均匀的吸附能力。每个活性中心都有相同的吸附热和吸附活化能。

② 吸附分子之间没有相互作用。

③ 吸附是单分子层的。

④ 在一定的条件下，吸附和脱附可以建立动态平衡。

理想吸附层模型的核心是表面具有均匀的吸附能力，具有相同的吸附热和吸附活化能，因此又称为均匀表面朗格缪尔吸附模型，其参数q、E_a、E_d与覆盖度θ无关。表面覆盖度θ的定义：

$$\theta=\frac{N}{N_s} \tag{8-103}$$

式中 N——单位表面上被吸附物占据的活性位数；

N_s——单位表面上总的活性位数。

根据不同的吸附性质分以下几种情况：

Ⅰ简单的Langmuir吸附等温式:这时$f(\theta)$是空位所占的分数，$f'(\theta)$是被占据的位置所占的分数，即

$$f(\theta)=1-\theta\,,\quad f'(\theta)=\theta$$

代入式（8-101）：

$$p=\frac{\theta}{b(1-\theta)}$$

即

$$\theta=\frac{bp}{1+bp} \tag{8-104}$$

这就是著名的Langmuir单分子层吸附等温式。

Ⅱ解离吸附的Langmuir等温式：被吸附分子被解离成两个原子$A_2+2^*=\!=\!=2A^*$。此时，吸附分子必须同时找到两个空位才能被解离，而同时找到两个空位的概率是$(1-\theta)^2$；同样地，两个吸附粒子必须碰在一起才能形成脱附分子，而碰到一起的概率正比于每个粒子的浓度，因此

$$f(\theta)=(1-\theta)^2\,,f'(\theta)=\theta^2$$

代入式（8-101），得：

$$p=\frac{1}{b}\left(\frac{\theta}{1-\theta}\right)^2$$

解得：

$$\theta=\frac{\sqrt{bp}}{1+\sqrt{bp}} \tag{8-105}$$

Ⅲ竞争吸附的 Langmuir 等温式：气相组分中 A、B 两种物质同时在同一吸附位上吸附，称为竞争吸附。若 A、B 的表面覆盖度分别为θ_A及θ_B，则表面空位的分数为（$1-\theta_A-\theta_B$），即

$$f_A(\theta)=1-\theta_A-\theta_B \text{ ,} f_A'(\theta)=\theta_A$$

$$f_B(\theta)=1-\theta_A-\theta_B \text{ ,} f_B'(\theta)=\theta_B$$

分别代入式（8-101），并联解，可得：

$$\theta_A=\frac{b_A p_A}{1+b_A p_A+b_B p_B} \tag{8-106a}$$

$$\theta_B=\frac{b_B p_B}{1+b_A p_A+b_B p_B} \tag{8-106b}$$

同理，若有 n 种气体分子在同一催化剂的吸附位上发生竞争吸附，其中第 i 组分子的表面覆盖度为θ_i，平衡分压为 p_i，则：

$$\theta_i=\frac{b_i p_i}{1+\sum_{i=1}^{n} b_i p_i} \tag{8-107}$$

这是 Langmuir 吸附等温式的通式。

分析多相催化反应动力学时，经常涉及各种形式的 Langmuir 吸附等温式。因此应该能够根据各种具体情况熟练地导出相应的 Langmuir 吸附等温式。书写 Langmuir 吸附等温式的简单规则就是这个通式，其中 $b_i p_i$ 称为 i 分子的吸附项。如果其中有些气体发生解离吸附，则只需将该气体的吸附项取其平方根。

8.7.4　真实表面吸附等温式

婕姆金（Temkin）、弗劳德里希（Freundlich）等对朗格缪尔吸附理论第一个基本假设进行了重大修正，即固体表面上各个吸附位从能量角度而言都是不等同的，吸附时放出的吸附热也是不相同的，即表面是不均匀的。

婕姆金认为在实际的不均匀表面上，起始的吸附强度要比后来的强度大，吸附时放出的吸附热是随着覆盖度的增加而线性下降的：

$$q=q_0(1-\alpha\theta) \tag{8-108}$$

式中　q_0——覆盖度为 0 时的吸附热；

　　α——常数。

弗劳德里希（Freundlich）认为，吸附热随着覆盖度的增加不是线性下降而是对数关系：

$$q=q_0(1-\beta\ln\theta) \tag{8-109}$$

其中

$$q=E_d-E_a$$

如果吸附活化能 E_a 随覆盖度θ线性增加，而脱附活化能 E_d 随覆盖度θ线性减小，则

$$E_a=E_a^0+\gamma\theta \tag{8-110}$$

$$E_d=E_d^0-\eta\theta \tag{8-111}$$

式中　E_a^0，E_d^0——分别表示覆盖度为零（θ=0）时的吸附和脱附活化能；

　　γ，η——常数。

将式（8-110）、式（8-111）代入式（8-98）、式（8-99），得到：

$$r_a = p \cdot f(\theta) \cdot k_{a,0} \cdot \exp\left(-\frac{E_a^0}{RT} - \frac{\gamma\theta}{RT}\right)$$

$$r_d = f'(\theta) \cdot k_{d,0} \cdot \exp\left(-\frac{E_d^0}{RT} + \frac{\eta\theta}{RT}\right)$$

当θ在中等覆盖度的范围内变化时，对 $f(\theta)$ 和 $f'(\theta)$ 的影响比对指数项的影响小得多，可将其近似地并到常数项中去。由此得到

$$r_a = k_a p e^{-g\theta} \tag{8-112}$$

$$r_d = k_d e^{h\theta} \tag{8-113}$$

则，净吸附速率 r 为

$$r = r_a - r_d = k_a p e^{-g\theta} - k_d e^{h\theta} \tag{8-114}$$

式中，$k_a = f(\theta) \cdot k_{a,0} \cdot \exp\left(-\frac{E_a^0}{RT}\right)$

$$g = \frac{\gamma}{RT}$$

$$k_d = f'(\theta) \cdot k_{d,0} \cdot \exp\left(-\frac{E_d^0}{RT}\right)$$

$$h = \frac{\eta}{RT}$$

当吸附达到平衡时，由式（8-114）可得

$$k_a p_A^* e^{-g\theta_A} = k_d e^{h\theta_A}$$

或

$$\frac{k_a p_A^*}{k_d} = e^{(g+h)\theta_A}$$

令

$$f = g + h$$

$$b_0 = k_a / k_d$$

则

$$b_0 p_A^* = e^{f\theta_A}$$

或

$$\theta_A = \frac{1}{f}\ln(b_0 p_A^*) \tag{8-115}$$

式（8-115）是著名的Temkin不均匀表面吸附等温式，适用于中等覆盖度的真实表面。

令

$$\alpha = g / f$$

则

$$h = f - g = (1-\alpha) f$$

式（8-112）～式（8-114）又可分别写成

$$r_a = k_a p e^{-\alpha f \theta_A} \tag{8-116}$$

$$r_d = k_d p e^{(1-\alpha) f \theta_A} \tag{8-117}$$

$$r = k_a p e^{-\alpha f \theta_A} - k_d p e^{(1-\alpha) f \theta_A} \tag{8-118}$$

式（8-116）～式（8-118）是Elovich真实表面吸附速率方程，该方程式已被广泛地用来描述化学吸附速率。式（8-112）表明当θ增加时，吸附速率按指数减小。Langmuir曾提出过类似的方程式来解释当θ减小时脱附速率按指数减小的现象。Elovich 方程式和 Langmuir 方程式的实例

是 N_2 在铁催化剂上的吸附和氮从钼上的脱附。

再将式（8-115）代入式（8-118），可得

$$r=\frac{k_a p_A}{(b_0 p_A^*)^\alpha}-\frac{k_d b_0 p_A^*}{(b_0 p_A^*)^\alpha}=\frac{k_a p_A-k_d b_0 p_A^*}{(b_0 p_A^*)^\alpha} \tag{8-119}$$

对于多组分真实表面吸附，组分 A 的吸附及脱附净速率可写成

$$r=\frac{k_a p_A}{\left(\sum_{i=1}^{n} b_{0,i} p_i^*\right)^\alpha}-\frac{k_d b_{0,A} p_A^*}{\left(\sum_{i=1}^{n} b_{0,i} p_i^*\right)^\alpha}=\frac{k_a p_A-k_d b_{0,A} p_A^*}{\left(\sum_{i=1}^{n} b_{0,i} p_i^*\right)^\alpha} \tag{8-120}$$

式（8-116）～式（8-118）是 Temkin 吸附等温式与 Elovich 吸附速率方程相结合的真实表面吸附速率方程，适用于中等覆盖度的真实表面。

同样地，由式（8-109）可以得到弗劳德里希吸附等温式

$$\theta=C_0 p^{1/n} \tag{8-121}$$

式中，C_0 为常数，与温度和吸附体系性质有关；n 为常数，且 $n>1$，与温度有关。弗劳德里希吸附等温式最初是从实验中总结出来的，更适合用来作数据的拟合和内插。此式经常应用于溶液中的吸附，气相吸附中则应用较少。

8.8 建立多相催化反应动力学方程的基本理论和方法

8.8.1 反应动力学方程的近似处理方法

多相催化反应通常是由一系列基元步骤按一定顺序连续地进行的。在稳态条件下，各步骤只能以统一的速率进行，而总反应速率是由这些步骤中速率常数最小的，即阻力最大的步骤所决定。这个步骤称为速率控制步骤（rate determination step,RDS）。速率控制步骤的概念对理想表面和真实表面都是适用的。基于速率控制步骤的概念，人们提出了三种近似处理催化反应动力学方程的方法。

① 平衡浓度法或平衡态近似（equilibrium concentration method or equilibrium state approximation）。平衡浓度法的基本假定：

a.只有一个速率控制步骤；

b.其他步骤处于近似平衡态；

c.总速率取决于速率控制步骤。

采用平衡浓度法可以获得总包催化反应速率表达式。

② 准稳态浓度法(quasi-stationary state approximation)。对于没有确定的速率控制步骤的催化反应，采用 Bodenstein 的准稳态近似理论来处理。准稳态近似理论的基本要点是：

a.在稳态时，表面中间物浓度对时间的导数等于零：$\frac{d\theta}{dt}=0$（此式不可以积分）；

b.在反应的主要阶段，表面中间物的稳定浓度与稳定的反应物及产物的浓度相比总是很小的；

c.各个基元步骤的反应速率均相等，即总反应速率等于任一基元步骤的净速率。

③ 二步序列法。对于一个反应机理还不完全了解的含多基元步骤的总包反应，如果存在一速率决定步骤，则采用二步序列法处理，即把平衡浓度法中的“其他步骤”写成一个反应式。所以，二步序列法是平衡浓度法的一种简便方法，即使对一个反应机理了解还不完全，也可能给出一个较好的速率表达式。

所谓二步序列法是指即使对于一个多步骤的反应，也只需要两个关键的步骤就可导出反应速率方程的表达式。在导出的表达式中，只出现这两个关键步骤的速率常数（或平衡常数），因此都具有明确的物理意义。

为了确定反应中的关键步骤，必须引入“最丰反应中间体”（most abundant reaction intermediate，MARI）的概念。MARI是指在所有参与反应的中间体中，浓度大大超过其他中间体的物种，相比之下，其他中间体的浓度都可忽略。

根据关键步骤和最丰反应中间体两个概念，许多多步反应都可以简化为两步反应序列导出催化反应的速率方程，并提出了处理多相催化反应两步序列法的三条规则。

第一条规则是，如果在一反应序列中，其反应速率决定步骤产生或破坏最丰反应中间体，则此序列可归结为两步，即吸附平衡和速率决定步骤，所有其他步骤都没有动力学的意义。

第二条规则是，假如所有步骤实际上是不可逆的，并且存在一最丰反应中间体，则仅有两步是必须考虑的：吸附步骤和最丰反应中间体的反应（或脱附）步骤。所有其他步骤都没有动力学意义，事实上，这些其他步骤可以是部分或全部可逆的。

第三条规则是，如所有的平衡步骤在某个生成最丰反应中间体的速率决定步骤之后，则这些平衡步骤可合并计入一个总的平衡反应中。与此类似，如所有平衡步骤先于一个消耗最丰反应中间体的速率决定步骤，则这些平衡步骤可用一总的平衡反应来表示。

总之，可采用两种通用的方法：第一，假如速率决定步骤消耗最丰反应中间体，后者的浓度可从已有的平衡关系式和活性位浓度平衡求得；第二，假如两步序列的各步实际上是不可逆的，由准稳态近似法可得到解答。

根据化学计算数（stotchiometric number）的概念，可以判别反应机理。因为化学计算数是指总反应发生一次时，在构成该总反应的一系列基元步骤中某一基元反应必须发生的次数，以σ表示。σ对确定哪一步是速率控制步骤非常有效，既可用来判断反应机理，也可由正反应速率推算逆反应速率。

例如，对于氨合成反应$N_2+3H_2 \rightleftharpoons 2NH_3$，完成一次反应需经过5个步骤，各步骤的化学计算数$\sigma$分别为：

步骤		σ_i
1	$N_2+2^* \rightleftharpoons 2N^*$	1
2	$N^*+H^* \rightleftharpoons NH^*+{}^*$	2
3	$NH^*+H^* \rightleftharpoons NH_2^*+{}^*$	2
4	$NH_2^*+H^* \rightleftharpoons NH_3+2^*$	2
5	$H_2+2^* \rightleftharpoons 2H^*$	3
	$N_2+3H_2 \rightleftharpoons 2NH_3$	

如果氮的解离吸附是产生最丰反应中间体N^*的速率决定步骤，则两步序列法认为，可将这一步骤之后所有的平衡步骤合并计入一个总的平衡反应中。于是两步序列法的反应机理为

$$\text{①}\quad N_2+2^* \xrightarrow{k_1} 2N^*$$

$$\text{②}\quad N_2^*+\frac{3}{2}H_2 \xrightarrow{k_2} NH_3+{}^*$$

第二步已不是基元步骤，式中有一个非机理的化学计量系数3/2可作证明。

为简化起见，假定反应是远离平衡进行的，以致其逆向反应速率可以忽略不计。

于是氨合成反应速率为

$$r = k_1 p_{N_2} [^*]^2 [N_S]^{-1}$$

其中
$$[N_s] = [^*] + [N^*]$$

和
$$K_2 = \frac{[N^*] p_{H_2}^{3/2}}{[^*] p_{NH_3}}$$

由此得到
$$[^*] = \frac{[N_s]}{1 + \dfrac{K_2 p_{NH_3}}{p_{H_2}^{3/2}}}$$

因此氨合成反应速率为

$$r = \frac{k_1 p_{N_2}}{[1 + K_2 p_{NH_3} / p_{H_2}^{3/2}]^2} \cdot [N_s]$$

催化反应特性的三种模型：在多相催化反应的表面化学过程中包括吸附、表面反应和脱附三个步骤的速率，可能出现三种情况：

① 吸附或脱附是速率控制步骤；

② 表面反应是速率控制步骤；

③ 当三个步骤的速率相差不大时，不存在速率控制步骤。

前两种情况用平衡浓度法或二步序列法处理，后一种情况用稳态浓度法处理。

8.8.2 表达多相催化反应动力学的两种方法

推导表面催化反应速率方程有两种方法：

① L-H 法。用表面覆盖度θ来表达反应速率，然后用 Langmuir 吸附等温式（对理想表面）或 Temkin 吸附等温式（对真实表面）把θ与流动相中反应物浓度（或分压）相关联。这种表达方式由 Hinshol Wood 提出，被称为 Langmuir-Hinsholwood（L-H）法。

② H-W 法。用吸附物和空吸附位的表面浓度表述反应速率，然后用 Langmuir 吸附等温式（对理想表面）或 Temkin 吸附等温式（对真实表面）求出表面浓度与流动相中反应物浓度（或分压）之关系。这种方法由 Hongen 和 Watson 提出，称为 Hougen-Watson（H-W）法。

这两种方法的差别在于表达反应物表面浓度的方法不同，但所得结果在形式上无显著不同，所以有的就合称 LH-HW 方法。但从概念上推敲，H-W 法更为清晰，且使用范围更广。

8.8.3 双分子反应的两种反应机理

对于双分子反应有两种情况，一是两种被吸附物在表面发生反应，称为 Langmuir-Hinsholwood 机理，又称双位吸附反应机理，用 L-H 法处理；二是一种被吸附物与一种气相反应物发生反应，称为 Eley-Rideal 机理，又称单位吸附反应机理，用 E-R 法处理。

① 双位吸附反应机理——L-H 法。在总包反应 A+B══C+D 的基元步骤中，已吸附的两种相邻反应物分子 A 与 B 之间进行的基元反应（Ⅲ）为表面化学反应速率控制步骤。

$$(\text{I})\ A + {}^* \rightleftharpoons A^*$$

$$(\text{II})\ B + {}^* \rightleftharpoons B^*$$

$$(\text{III})\ A^* + B^* \underset{k_{-3}}{\overset{k_3}{\rightleftharpoons}} C^* + D^*$$

$$(\text{IV})\ C^* \rightleftharpoons C + {}^*$$

$$(\text{V})\ D^* \rightleftharpoons D + {}^*$$

② 单位吸附反应机理——E-R 法。在总包反应 A+B ══ C+D 的基元步骤中，已吸附的反应物 A 与气相中的反应物 B 进行的基元反应（Ⅲ）为表面化学反应速率控制步骤：

$$(\text{I})\ \mathrm{A} + {}^{*} \rightleftharpoons \mathrm{A}^{*}$$

$$(\text{III})\ \mathrm{A}^{*} + \mathrm{B} \underset{k_{-3}}{\overset{k_3}{\rightleftharpoons}} \mathrm{D}^{*} + \mathrm{C}$$

$$(\text{V})\ \mathrm{D}^{*} \rightleftharpoons \mathrm{D} + {}^{*}$$

各式中，*代表催化剂表面活性位。

要注意，催化剂（吸附位*）浓度要作为一个反应物包括在反应方程式及其动力学方程式中，并且反应方程式左右要平衡。

上述每种反应机理可以用两种方法来求，而每种方法也可运用于两种机理。下面就上述几种机理的推导做简要的阐述。

8.8.4 建立或推导多相催化反应动力学方程的基本步骤

① 根据催化反应研究结果，写出基元反应步骤；

② 根据催化反应特性的三种模型，确定哪一步是速率控制步骤（RDS），总反应速率等于 RDS 速率式；如没有速率控制步骤，采用稳态浓度法处理，总速率等于任一基元步骤的净速率；

③ 选择 L-H 法或 H-W 法，用质量作用定律写出基元步骤速率表达式；

④ 根据吸附表面性质，将相应吸附等温式代入速率表达式；

⑤ 用其余各步求出速率表达式中的未知数，得到动力学方程；

⑥ 对得到的动力学方程进行必要的分析和化解。

表 8-2 列出了建立多相催化反应动力学方程的基本方法。

表 8-2 建立多相催化反应动力学方程的基本方法

类型		理想表面	真实表面
吸附模型	基本吸附等温式	$\theta_i = \dfrac{b_i p_i}{1+\sum_{i=1}^{n} b_i p_i}$	$\theta_{\mathrm{A}} = \dfrac{1}{f}\ln(b_0 p_{\mathrm{A}}^{*})$
	吸附速率方程	$r_{\mathrm{a}} = k_{\mathrm{a}} p_{\mathrm{A}}\left(1-\sum_{i=1}^{n}\theta_i\right)$	$r_{\mathrm{a}} = k_{\mathrm{a}} p_{\mathrm{A}} \mathrm{e}^{-\alpha f \theta_{\mathrm{A}}}$
	脱附速率方程	$r_{\mathrm{d}} = k_{\mathrm{d}}\theta_{\mathrm{C}}$	$r_{\mathrm{d}} = k_{\mathrm{d}} \mathrm{e}^{(1-\alpha) f \theta_{\mathrm{A}}}$
	净吸附速率方程	$r_{\mathrm{A}} = r_{\mathrm{a}} - r_{\mathrm{d}}$	$r_{\mathrm{A}} = r_{\mathrm{a}} - r_{\mathrm{d}}$
动力学模型	反应物吸附控制 A+* ══ A*	$r_{\mathrm{A}} = r_{\mathrm{a}}(\mathrm{A}) - r_{\mathrm{d}}(\mathrm{A}) = k_{\mathrm{a}} p_{\mathrm{A}}\left(1-\sum_{i=1}^{n}\theta_i\right) - k_{\mathrm{d}}\theta_{\mathrm{A}}$	$r_{\mathrm{A}} = r_{\mathrm{a}} - r_{\mathrm{d}} = k_{\mathrm{a}} p_{\mathrm{A}} \mathrm{e}^{-\alpha f \theta_{\mathrm{A}}} - k_{\mathrm{d}} \mathrm{e}^{(1-\alpha) f \theta_{\mathrm{A}}}$
	产物脱附控制 C* ══ C+*	$r_{\mathrm{c}} = r_{\mathrm{d}}(\mathrm{C}) - r_{\mathrm{a}}(\mathrm{C}) = k_{\mathrm{d}}\theta_{\mathrm{C}} - k_{\mathrm{a}} p_{\mathrm{C}}\left(1-\sum_{i=1}^{n}\theta_i\right)$	$r_{\mathrm{C}} = r_{\mathrm{d}} - r_{\mathrm{a}} = k_{\mathrm{d}} \mathrm{e}^{(1-\alpha) f \theta_{\mathrm{C}}} - k_{\mathrm{a}} p_{\mathrm{A}} \mathrm{e}^{-\alpha f \theta_{\mathrm{C}}}$
	表面反应控制	单分子反应：A+* ══ A*，A* ══ C+* $r = k_{\mathrm{a}} p_{\mathrm{A}}(1-\theta_{\mathrm{A}}) - k_{\mathrm{d}}\theta_{\mathrm{A}}$	$r_{\mathrm{A}} = r_{\mathrm{a}} - r_{\mathrm{d}} = \dfrac{k_{\mathrm{a}} p_{\mathrm{A}} - k_{\mathrm{d}} b_0 p_{\mathrm{A}}^{*}}{(b_0 p_{\mathrm{A}}^{*})^{\alpha}}$
		双分子反应 L-H 机理：A*+B* ══ C*+D* $r = k_{\mathrm{a}}\theta_{\mathrm{A}}\theta_{\mathrm{B}} - k_{\mathrm{d}}\theta_{\mathrm{C}}\theta_{\mathrm{D}}$	$r_{\mathrm{A}} = r_{\mathrm{a}} - r_{\mathrm{d}} = k_{\mathrm{a}} p_{\mathrm{A}} \mathrm{e}^{-\alpha f \theta_{\mathrm{A}}} - k_{d} \mathrm{e}^{(1-\alpha) f \theta_{\mathrm{A}}}$
		双分子反应 E-R 机理： $\mathrm{A}^{*}+\mathrm{B} \underset{k_{-}}{\overset{k_{+}}{\rightleftharpoons}} \mathrm{C}+{}^{*}$	$r = \dfrac{k_{+} p_{\mathrm{C}} / K_p - k_{-} p_{\mathrm{C}}}{(b_0 p_{\mathrm{C}} / p_{\mathrm{B}} K)^{\alpha}}$
	无速率控制步骤	A+* ══ A*，A* ══ C+*，机理：$\dfrac{\mathrm{d}\theta_{\mathrm{A}}}{\mathrm{d}t} = 0$	$r_{\mathrm{A}} = k_{\mathrm{a}} p_{\mathrm{A}}(1-\theta_{\mathrm{A}}) - k_{\mathrm{d}}\theta_{\mathrm{A}}$

8.9 理想表面催化反应动力学

8.9.1 表面化学反应为速控步骤的动力学方程

8.9.1.1 双分子反应双位吸附反应机理

设反应 $A^*+B^* \underset{k_{-3}}{\overset{k_3}{\rightleftharpoons}} C^*+D^*$基元反应为速控步骤 RDS，则总反应速率 r 为 RDS 的净速率。现分别采用 L-H 法和 H-W 法推导该反应动力学方程。

（1）L-H 法

用θ表达反应物表面浓度，根据基元反应表面质量作用定律可直接写出 RDS 的速率表达式：

$$r=k_3[\theta_A][\theta_B]-k_{-3}[\theta_C][\theta_D] \tag{8-122}$$

将 Langmuir 吸附等温式（8-107）代入上式：

$$r=\frac{k_3 b_A b_B p_A p_B - k_{-3} b_C b_D p_C p_D}{(1+b_A p_A + b_B p_B + b_C p_C + b_D p_D)^2}$$

或

$$r=\frac{k_1 p_A p_B - k_2 p_C p_D}{(1+b_A p_A + b_B p_B + b_C p_C + b_D p_D)^2} \tag{8-123}$$

式中，$k_1=k_3 b_A b_B$，$k_2=k_{-3} b_C b_D$。

（2）H-W 法

用$[N_s]$、$[N_0]$和$[N_i]$分别表示催化剂活性位的总浓度、空位浓度和已被吸附物占有的活性位浓度，并存在下述关系：

$$[N_s]=[N_0]+\Sigma[N_i] \tag{8-124}$$

H-W 法表述的活性位浓度$[N]$与 L-H 法表述的表面浓度θ之间的关系为：

$$\theta_i=\frac{[N_i]}{[N_s]}, \quad \theta_0=\frac{[N_0]}{[N_s]} \tag{8-125}$$

根据质量作用定律写出用吸附物和空位浓度表达的反应速率：

$$r=k_3[N_A][N_B]-k_{-3}[N_C][N_D] \tag{8-126}$$

根据平衡浓度法，除第Ⅲ步基元反应外，其余各步处于平衡态，故由Ⅰ、Ⅱ、Ⅳ、Ⅴ步可得到：

$$b_i=\frac{[N_i]}{p_i[N_0]}, \text{ 或 } [N_i]=b_i p_i[N_0] \tag{8-127}$$

式中，i 代表组分 A、B、C、D。

将式（8-127）代入式（8-126）：

$$r=[N_0]^2 k_3 b_A b_B p_A p_B - k_{-3} b_C b_D p_C p_D [N_0]^2 \tag{8-128}$$

式（8-127）代入式（8-124）：

$$[N_s]=[N_0](1+b_A p_A + b_B p_B + b_C p_C + b_D p_D) \tag{8-129}$$

或
$$[N_0]^2=\frac{[N_s]^2}{[1+\sum b_i p_i]^2} \tag{8-130}$$

式（8-129）代入式（8-128）：

$$r=[N_s]^2\frac{k_3 b_A b_B p_A p_B-k_{-3}b_C b_D p_C p_D}{(1+b_A p_A+b_B p_B+b_C p_C+b_D p_D)^2} \tag{8-131}$$

若$[N_s]$保持不变，则令$k_3[N_s]^2 b_A b_B=k_1$，$k_{-3}[N_s]^2 b_C b_D=k_2$，则：

$$r=\frac{k_1 p_A p_B-k_2 p_C p_D}{(1+b_A p_A+b_B p_B+b_C p_C+b_D p_D)^2} \tag{8-132}$$

比较式（8-123）和式（8-132）可知，分别由 L-H 法和 H-W 法所得结果在形式上是基本相同的。

对式（8-123）或式（8-132），根据不同的吸附状态，可以进行必要的简化与讨论。

① 若为不可逆反应：

$$r=\frac{k_1 p_A p_B}{(1+b_A p_A+b_B p_B+b_C p_C+b_D p_D)^2}$$

② 若产物 C、D 为弱吸附：$1+b_A p_A+b_B p_B \gg b_C p_C+b_D p_D$：

$$r=\frac{k_1 p_A p_B}{(1+b_A p_A+b_B p_B)^2}$$

③ 若反应物 A、B 和产物 C、D 都为弱吸附：$b_A p_A+b_B p_B+b_C p_C+b_D p_D \ll 1$：

$$r=kp_A p_B$$

④ 若 B 为强吸附：$b_B p_B \gg 1+b_A p_A+b_C p_C+b_D p_D$：

$$r=k\frac{p_A p_B}{(b_B p_B)^2}=k\frac{p_A}{p_B {b_B}^2}=k'\frac{p_A}{p_B}$$

⑤ 如果反应混合物中不参加反应的惰性组分 I 也能被吸附，则应该在上式中加入 I 组分的表面覆盖度，即在分母中增加$[b_I p_I]$一项：

$$r=\frac{k_1 p_A p_B-k_2 p_C p_D}{(1+b_A p_A+b_B p_B+b_C p_C+b_D p_D+b_I p_I)^2} \tag{8-133}$$

⑥ 若组分 A_2 为解离吸附，则根据式（8-105），

$$\theta_A=\frac{\sqrt{b_A p_A}}{1+\sqrt{b_A p_A}}$$

将其代入式（8-123），得到 A_2 为解离吸附的反应动力学方程：

$$r=\frac{k_1 p_B\sqrt{b_A p_A}-k_2 p_C p_D}{(1+\sqrt{b_A p_A}+b_B p_B+b_C p_C+b_D p_D)^2} \tag{8-134}$$

8.9.1.2 双分子反应单位吸附反应机理——E-R 机理

设单位吸附双分子反应的速率控制步骤为 $A^*+B \underset{k_{-3}}{\overset{k_3}{\rightleftharpoons}} D^*+C$，反应速率表达式为

$$r=k_3[\theta_A]p_B-k_{-3}[\theta_D]p_C \tag{8-135}$$

将式（8-107）代入上式，得到：

$$r=\frac{k_3 p_A p_B-k_{-3} p_C p_D}{1+b_A p_A+b_D p_D} \tag{8-136}$$

这是 E-R 机理，即双分子反应单位吸附机理的反应动力学方程。

比较式（8-132）和式（8-136）可知，双位吸附机理和单位吸附机理得到的动力学方程的分子是相同的，不同的是分母，前者是 2 次方，后者是一次方，因为其速率表达式（8-135）中只有一个θ。由此可知，如果已知某双分子反应的动力学方程，则可从其分母判断其反应机理。

如果是单分子反应速率控制步骤为 $A^* \underset{k_{-3}}{\overset{k_3}{\rightleftharpoons}} D^*$，则其动力学方程可由式（8-136）改写而成：

$$r = \frac{k_3 p_A - k_{-3} p_D}{1 + b_A p_A + b_D p_D} \tag{8-137}$$

【例 8-3】 试分别用 L-H 机理和 E-R 机理推演理想表面一氧化碳变换反应动力学方程。

解：

① 根据双位吸附 L-H 机理，若一氧化碳变换反应被吸附在催化剂表面上的一氧化碳、水蒸气及二氧化碳、氢之间的表面化学反应所控制：

$$CO^* + H_2O^* \underset{k'}{\overset{k}{\rightleftharpoons}} CO_2^* + H_2^*$$

RDS 的速率表达式为

$$r = k\left[\theta_{CO}\right]\left[\theta_{H_2O}\right] - k'\left[\theta_{CO_2}\right]\left[\theta_{H_2}\right]$$

由式（8-132）可得

$$r_{CO} = \frac{k_1 p_{CO} p_{H_2O} - k_2 p_{CO_2} p_{H_2}}{\left(1 + b_{CO} p_{CO} + b_{H_2O} p_{H_2O} + b_{CO_2} p_{CO_2} + b_{H_2} p_{H_2}\right)^2} \tag{8-138}$$

式中，$k_1 = k b_{CO} b_{H_2O}$，$k_2 = k' b_{CO_2} b_{H_2}$。

② 根据单位吸附 E-R 机理，若一氧化碳变换反应被吸附在催化剂表面上的水蒸气和二氧化碳与气相一氧化碳和氢之间的表面化学反应所控制：

$$H_2O^* + CO \underset{k'}{\overset{k}{\rightleftharpoons}} CO_2^* + H_2$$

RDS 的速率表达式为

$$r_{CO} = k\theta_{H_2O} p_{CO} - k'\theta_{CO_2} p_{H_2}$$

由式（8-136）可得

$$r_{co} = \frac{k_1 p_{H_2O} p_{CO} - k_2 p_{CO_2} p_{H_2}}{1 + b_{H_2O} p_{H_2O} + b_{CO_2} p_{CO_2}} \tag{8-139}$$

式中，$k_1 = k b_{H_2O}$，$k_2 = k' b_{CO_2}$。

8.9.2 反应物吸附为速控步骤的动力学方程

下面讨论反应：$aA + bB \rightleftharpoons cC + dD$。当过程被反应物 A 的化学吸附 $A + {}^* = A^*$所控制，则总反应速率 r_A 即为反应物 A 的化学吸附净速率，即

$$r_A = r_a(A) - r_d(A) = k_a p_A \left(1 - \sum_{i=1}^{n} \theta_i\right) - k_d \theta_A \tag{8-140}$$

式中，$\sum_{i=1}^{n} \theta_i$ 是反应物 A、B 和产物 C、D 所占据的表面覆盖度，而$1 - \sum_{i=1}^{n} \theta_i$ 为表面空活性位。

根据式（8-107）：

$$\theta_i = \frac{b_i p_i}{1 + \sum_{i=1}^{n} b_i p_i}$$

则 $$1-\sum_{i=1}^{n}\theta_i=1-\frac{\sum_{i=1}^{n}b_i p_i^*}{1+\sum_{i=1}^{n}b_i p_i^*}=\frac{1}{1+\sum_{i=1}^{n}b_i p_i^*}=\frac{1}{1+b_A p_A^*+b_B p_B^*+b_C p_C^*+b_D p_D^*}$$

代入上式可得：

$$\theta_A=\frac{b_A p_A^*}{1+b_A p_A^*+b_B p_B^*+b_C p_C^*+b_D p_D^*} \tag{8-141}$$

由于反应过程属反应物 A 的吸附控制，催化剂表面上吸附态的反应物 B 和产物 C、D 的吸附平衡分压 p_B^*、p_C^*、p_D^* 分别与气相中的分压 p_B、p_C、p_D 相等，并且催化剂表面上吸附态的反应物和产物达到化学平衡，因此：

$$\frac{(p_C^*)^c(p_D^*)^d}{(p_A^*)^a(p_B^*)^b}=\frac{p_C^c p_D^d}{p_A^a p_B^b}=K_p$$

则 $$p_A^*=\left(\frac{p_C^c p_D^d}{K_p p_D^d}\right)^{1/a}$$

以上述诸式代入式（8-140），可得：

$$r_A=\frac{k_{aA}p_A-k_{dA}b_A\left(\frac{p_C^c p_D^d}{K_p p_D^d}\right)^{1/a}}{1+b_A\left(\frac{p_C^c p_D^d}{K_p p_D^d}\right)^{1/a}+b_B p_B+b_C p_C+b_D p_D}$$

由于 $k_{dA}b_A=k_{aA}$，并令 $k_{aA}=k$，最后可得到反应物 A 吸附控制时催化反应动力学方程表达式:

$$r_A=k\frac{p_A-\left(\frac{p_C^c p_D^d}{K_p p_D^d}\right)^{1/a}}{1+b_A\left(\frac{p_C^c p_D^d}{K_p p_D^d}\right)^{1/a}+b_B p_B+b_C p_C+b_D p_D} \tag{8-142}$$

【例 8-4】若一氧化碳变换反应速率被一氧化碳的吸附控制，试推演理想表面反应动力学方程。

解：一氧化碳变换反应为 $CO+H_2O\underset{}{\overset{k}{\rightleftharpoons}}CO_2+H_2$，而 CO 吸附反应式为

$$CO+{}^*\rightleftharpoons CO^*$$

若反应过程被一氧化碳吸附速率控制，则反应过程总速率表达式为

$$r_A=r_a(CO)-r_d(CO)=k_a p_{CO}(1-\Sigma\theta_i)-k_d\theta_{CO}$$

此时，催化剂表面上一氧化碳的吸附平衡分压可表示如下

$$p_{CO}^*=\frac{p_{CO_2}p_{H_2}}{K_p p_{H_2O}}$$

式中，p_{CO_2}、p_{H_2} 及 p_{H_2O} 分别为二氧化碳、氢及水蒸气在气相中的分压；K_p 是变换反应的平衡常数。由式（8-141）可得

$$r_{CO}=\frac{k\left(p_{CO}-\frac{p_{CO_2}p_{H_2}}{K_p p_{H_2O}}\right)}{1+b_{CO}\left(\frac{p_{CO_2}p_{H_2}}{K_p\cdot p_{H_2O}}\right)+b_{H_2O}p_{H_2O}+b_{CO_2}p_{CO_2}+b_{H_2}p_{H_2}}$$

8.9.3 产物脱附为速控步骤的动力学方程

对于反应 $A+B \xrightleftharpoons{k} C+D$，如果过程被产物 $C^* \rightleftharpoons C+^*$ 的脱附所控制，则反应速率表达式为

$$r_C = r_d(C) - r_a(C) = k_d\theta_C - k_a p_C\left(1-\sum_{i=1}^{n}\theta_i\right)$$

如同式（8-141），同样地可得

$$\theta_C = \frac{b_C p_C^*}{1+b_A p_A^* + b_B p_B^* + b_C p_C^* + b_D p_D^*}$$

$$1-\theta_i = 1-\frac{\sum_{i=1}^{n} b_i p_i^*}{1+\sum_{i=1}^{n} b_i p_i^*} = \frac{1}{1+\sum_{i=1}^{n} b_i p_i^*} = \frac{1}{1+b_A p_A^* + b_B p_B^* + b_C p_C^* + b_D p_D^*}$$

由于反应过程被产物 C 的脱附控制，催化剂表面上吸附态的反应物 A、B 和产物 D 的吸附平衡分压 p_A^*、p_B^*、p_D^*分别与气相中的分压 p_A、p_B、p_D 相等，并且催化剂表面上吸附态的反应物与产物达到化学平衡，因此：

$$K_p = \frac{(p_C^*)^c (p_D^*)^d}{(p_A^*)^a (p_B^*)^b} = \frac{p_C^c p_D^d}{p_A^a p_B^b}$$

$$p_C^* = \left(\frac{K_p p_A^a p_B^b}{p_D^d}\right)^{1/c}$$

最后可得到产物 C 的脱附控制时的催化反应动力学表达式：

$$r_C = k\frac{\left(\dfrac{K_p p_A^a p_B^b}{p_D^d}\right)^{1/c} - p_C}{1+b_A p_A + b_B p_B + b_C\left(\dfrac{K_p p_A^a p_B^b}{p_D^d}\right)^{1/c} + b_D p_D} \tag{8-143}$$

【例 8-5】 若某催化剂上氨合成反应 $0.5N_2 + 1.5H_2 \xrightleftharpoons[k_-]{k_+} NH_3$ 的反应速率由氨脱附所控制，并设吸附态有氨和氮，试推演理想表面反应动力学方程。

解： 氨的脱附反应式为 $NH_3^* \xrightleftharpoons[k_a]{k_d} NH_3 + ^*$

当过程由氨脱附所控制，则由式（8-137）：

$$r_{NH_3} = k_d\theta_{NH_3} - k_a p_{NH_3}(1-\Sigma\theta_i) \tag{A}$$

由于题设吸附态有氨和氮，但只有氨脱附为控制步骤。因此，催化剂表面上氮吸附的平衡分压应与气相中的分压相等，且催化剂表面上化学反应达到平衡，即

$$p_{NH_3}^* = K_p p_{N_2}^{0.5} p_{H_2}^{1.5} \tag{B}$$

$$1-\Sigma\theta_i = \frac{1}{1+b_{N_2}p_{N_2} + b_{NH_3}p_{NH_3}^*} \tag{C}$$

$$\theta_{NH_3} = \frac{b_{NH_3}p_{NH_3}^*}{1+b_{N_2}p_{N_2} + b_{NH_3}p_{NH_3}^*} \tag{D}$$

将式（B）、式（C）及（D）代入式（A），即得

$$r_{NH_3}=\frac{k_d b_{NH_3}K_p p_{N_2}^{0.5}p_{H_2}^{1.5}-k_a p_{NH_3}}{1+b_{N_2}p_{N_2}+b_{NH_3}K_p p_{N_2}^{0.5}p_{H_2}^{1.5}}$$

由于 $k_d b_{NH_3}=k_a$，并令 $k=k_a$，则得到

$$r_{NH_3}=k\frac{K_p p_{N_2}^{0.5}p_{H_2}^{1.5}-p_{NH_3}}{1+b_{N_2}p_{N_2}+b_{NH_3}K_p p_{N_2}^{0.5}p_{H_2}^{1.5}} \tag{8-144}$$

以上讨论了几种典型的理想吸附层均匀表面吸附动力学方程。对于同一反应，可以有多种可能的均匀表面吸附动力学方程。例如，对于氨合成反应费拉里斯（Ferraris）设想了大量的均匀表面吸附的双曲线型方程，并对同一套数据用电子计算机进行判别，结果发现有 22 个双曲线型方程的平均误差与捷姆金根据不均匀表面吸附理论推导的氨合成动力学方程

$$r_{NH_3}=k_1 p_{N_2}p_{H_2}^{1.5}/p_{NH_3}-k_2 p_{NH_3}/p_{H_2}^{1.5} \tag{8-145}$$

相似，误差都在 6%～8%。

8.10 真实表面的催化反应动力学方程

在一般情况下，理想表面的催化反应动力学方程与实际情况偏差不大。但实验表明，真实表面的不均匀性和吸附粒子间的相互作用导致的吸附热和活化能随表面覆盖度变化这一事实，对一部分情况必须加以考虑，否则难以解释实验所得的某些结果。这种真实表面的催化反应动力学方程的推导，其方法与理想表面相似，只是速率方程中涉及的表面覆盖度（或表面浓度）θ不用 Langmuir 吸附等温式，而应该用真实表面 Temkin 吸附等温式（8-115）和 Elovich 吸附速率方程式（8-116）～式（8-118）表示。

下面讨论几种典型的真实以表面吸附理论为基础的动力学方程。

8.10.1 反应物的吸附为速控步骤的动力学方程

对于反应 $aA+bB\xrightleftharpoons{k}cC+dD$，如果过程被反应物 A 的吸附所控制，则按照二步序列法，其反应机理可写为以下两步

（Ⅰ）$A+^*\underset{k_d}{\overset{k_a}{\rightleftharpoons}}A^*$

（Ⅱ）$A^*+B\underset{k_-}{\overset{k_+}{\rightleftharpoons}}C+D+^*$

由于反应物 A 的吸附为速控步骤，故总反应速率等于反应物 A 的吸附净速率，即 $r=r_a-r_d$，则动力学方程可用 Elovich 吸附速率方程式（8-118）表示：

$$r=r_a-r_d=k_a p_A e^{-\alpha f\theta_A}-k_d e^{(1-\alpha)f\theta_A}$$

当θ的变化在中等覆盖度的范围内时，θ与 p 的关系符合 Temkin 吸附等温式（8-115）：

$$\theta_A=\frac{1}{f}\ln b_0 p_A^*$$

式中，p_A^* 不是气相中 A 的分压，而是与θ_A相适应的平衡分压，其值可通过步骤Ⅱ的平衡求出：

$$K_p=\frac{p_C p_D}{p_B p_A^*} \quad 或 \quad p_A^*=\frac{p_C p_D}{p_B K_p}$$

上式代入式（8-118）得到

$$r = k_a p_A \exp\left(-\alpha \ln \frac{b_0 p_C p_D}{p_B K_p}\right) - k_d \exp\left[(1-\alpha)\ln \frac{b_0 p_C p_D}{p_B K_p}\right]$$

$$r = k_1 p_A \left(\frac{p_B}{p_C p_D}\right)^{\alpha} - k_2 \left(\frac{p_C p_D}{p_B}\right)^{(1-\alpha)} \quad (8\text{-}146)$$

式中，$k_1 = k_a\left(K_p / b_0\right)^{\alpha}$，$k_2 = k_d\left(b_0 / K_p\right)^{1-\alpha}$。

【例 8-6】 在铁催化剂上氨合成反应是一个含有多基元步骤的反应，可按照二步序列法来推导其动力学方程。设该反应由下列两个步骤所代表：

$$N_2 + 2^* \underset{k_d}{\overset{k_a}{\rightleftharpoons}} 2N^*$$

$$N^* + \frac{3}{2}H_2 \rightleftharpoons NH_3 + ^*$$

第一步氮的吸附是速率控制步骤，而第二步已不是基元步骤。总反应速率等于氮的吸附净速率，即

$$r = r_a - r_d = k_a p_{N_2} e^{-\alpha f \theta_{N_2}} - k_d e^{(1-\alpha) f \theta_{N_2}}$$

$$\theta_{N_2} = \frac{1}{f} \ln b_{N_2,0} p_{N_2}^*$$

根据二步序列法原则，第二步表面化学反应达到平衡，即催化剂上吸附态氮的平衡分压 $p_{N_2}^*$ 应与气相中 p_{H_2}、p_{NH_3} 达到化学平衡，即

$$K_p = \frac{p_{NH_3}}{(p_{N_2}^*)^{0.5}(p_{NH_3}^*)^{1.5}}$$

或

$$p_{N_2}^* = p_{NH_3}^2 / \left(K_p^2 p_{H_2}^3\right)$$

上述诸式代入式（8-118），得到氮吸附为速率控制步骤的合成氨反应动力学方程

$$r = k_1 p_{N_2} \left(\frac{p_{H_2}^3}{p_{NH_3}^2}\right)^{\alpha} - k_2 \left(\frac{p_{NH_3}^2}{p_{H_2}^3}\right)^{(1-\alpha)} \quad (8\text{-}147)$$

式中，$k_1 = k_{a,N_2}(b_{0,N_2} K_p^{-2})^{-\alpha}$，$k_2 = k_{d,N_2}(b_{0,N_2} K_p^{-2})^{1-\alpha}$。

由实验确定 α=0.5，则

$$r = k_1 p_{N_2} \left(\frac{p_{H_2}^{1.5}}{p_{NH_3}}\right) - k_2 \left(\frac{p_{NH_3}}{p_{H_2}^{1.5}}\right)$$

8.10.2 表面化学反应为速控步骤的动力学方程

若过程被下式表达的表面反应控制

$$A^* + B \underset{k_-}{\overset{k_+}{\rightleftharpoons}} C + ^*$$

该反应为单位吸附双分子反应。由于反应物为表面吸附态，根据真实表面吸附理论，将式（8-115）代入式（8-118）得到表面化学反应为速控步骤的动力学方程

$$r = \frac{k_+ p_A^* p_B - k_- p_C}{(b_0 p_A^*)^{\alpha}}$$

式中，p_A^* 应与气相中 p_B 和 p_C 建立化学平衡，即

$$K_p = p_C / \left(p_A^* p_B\right)$$

或
$$p_A^* = p_C / \left(p_B K_p\right)$$

代入上式

$$r = \frac{k_+ p_C / K_p - k_- p_C}{\left(b_0 p_C / p_B K_p\right)^{\alpha}} \tag{8-148}$$

式中 α 由实验测定。

【例 8-7】 若一氧化碳变换反应由下列步骤所组成

（1）水分解及氧吸附　$H_2O + {}^* \rightleftharpoons \frac{1}{2}O_2^* + H_2$

（2）表面化学反应　$\frac{1}{2}O_2^* + CO \rightleftharpoons CO_2 + {}^*$

而第（2）步表面化学反应是控制步骤，试推演真实表面吸附的动力学方程。

解： 根据真实表面吸附理论，相应的符号代入式（8-119），可得表面化学反应控制的一氧化碳变换反应动力学方程为

$$r = \frac{k_1'(p_{O_2}^*)^{0.5} p_{CO} - k_2' p_{CO_2}}{(b_{O_2} p_{O_2}^*)^{\alpha}} \tag{A}$$

由于水分解反应为非速率控制步骤，根据平衡态近似法，式中 $p_{O_2}^*$ 应与气相中 p_{H_2} 和 p_{H_2O} 建立化学平衡，即

$$K_{p1} = p_{H_2} (p_{O_2}^*)^{0.5} / p_{H_2O}$$

或
$$(p_{O_2}^*)^{0.5} = K_{p1} p_{H_2O} / p_{H_2} \tag{B}$$

将式（B）代入式（A），可得

$$r = \left[k_1' p_{CO}\left(\frac{K_{p1} p_{H_2O}}{p_{H_2}}\right) - k_2' p_{CO_2}\right] \Bigg/ \left[b_{O_2}\left(\frac{K_{p1} p_{H_2O}}{p_{H_2}}\right)\right]^{\alpha}$$

令
$$k_1 = k_1' K_{p1} / (b_{O_2} K_{p1})^{1-\alpha}\text{，}\quad k_2 = k_2' / (b_{O_2} K_{p1})^{\alpha}$$

则
$$r = k_1 p_{CO}\left(\frac{p_{H_2O}}{p_{H_2}}\right)^{1-\alpha} - k_2 p_{CO_2}\left(\frac{p_{H_2}}{p_{H_2O}}\right)^{\alpha} \tag{8-149}$$

由实验测得 α=0.5，最后可得

$$r = k_1 p_{CO}\left(\frac{p_{H_2O}}{p_{H_2}}\right)^{0.5} - k_2 p_{CO_2}\left(\frac{p_{H_2}}{p_{H_2O}}\right)^{0.5}$$

8.10.3 产物脱附为速控步骤的动力学方程

当单组分产物 C 的脱附为速控步骤时，根据真实表面速率式（8-119），其反应动力学方程为：

$$r = r_d - r_a = \frac{k_d b_{0,C} p_C^* - k_a p_C}{(b_{0,C} p_C^*)^{\alpha}} \tag{8-150}$$

式中，p_C^* 为产物 C 的吸附平衡分压。

【例 8-8】 若氨分解反应被氮脱附控制，试推演真实表面反应动力学方程。

解：氨分解反应 $NH_3 = 0.5N_2 + 1.5H_2$ 被下列步骤所组成

$$NH_3 + 0.5^* \rightleftharpoons 0.5N_2^* + 1.5H_2$$

$$N_2^* \rightleftharpoons N_2 + ^*$$

若后一步氮的脱附为反应的速率控制步骤，则动力学方程式可按式（8-131）写为

$$r_{N_2} = \frac{k_{d,N_2} b_{0,N_2} p_{N_2}^*}{(b_{0,N_2} p_{N_2}^*)^{\alpha}} - \frac{k_{a,N_2} p_{N_2}}{(b_{0,N_2} p_{N_2}^*)^{\alpha}} \tag{A}$$

由于前一步骤表面反应达到平衡，可得

$$K_p = (p_{N_2}^*)^{0.5} (p_{H_2})^{1.5} / p_{NH_3}$$

或

$$p_{N_2}^* = (K_p)^2 p_{NH_3}^2 / p_{H_2}^3 \tag{B}$$

将式（B）代入式（A）可得

$$r_{N_2} = \frac{k_{d,N_2} b_{0,N_2} K_p^2 p_{NH_3}^2 / p_{H_2}^3}{(b_{0,N_2} K_p^2 p_{NH_3}^2 / p_{H_2}^3)^{\alpha}} - \frac{k_{a,N_2} p_{N_2}}{(b_{0,N_2} K_p^2 p_{NH_3}^2 / p_{H_2}^3)^{\alpha}}$$

或

$$r_{N_2} = k_{d,N_2} (b_{0,N_2} K_p^2)^{1-\alpha} \left(\frac{p_{NH_3}^2}{p_{H_2}^3} \right)^{1-\alpha} - \frac{k_{a,N_2}}{(b_{0,N_2} K_p^2)^{\alpha}} p_{N_2} \left(\frac{p_{H_2}^3}{p_{NH_3}^2} \right)^{\alpha}$$

令

$$k_1 = k_{d,N_2} (b_{0,N_2} K_p^2)^{1-\alpha}$$

$$k_2 = k_{a,N_2} / (b_{0,N_2} K_p^2)^{\alpha}$$

代入上式，可得

$$r_{N_2} = k_1 \left(\frac{p_{NH_3}^2}{p_{H_2}^3} \right)^{1-\alpha} - k_2 p_{N_2} \left(\frac{p_{H_2}^3}{p_{NH_3}^2} \right)^{\alpha} \tag{8-151}$$

式（8-151）是氨合成反应动力学方程式（8-147）逆向书写的形式。

由以上讨论可知，以真实表面吸附理论为基础的动力学方程，除了过程被表面吸附态多组分之间的化学反应控制，对于单组分吸附或单组分脱附控制的情况，均可化成幂函数型，所以这类方程又称为幂函数型动力学方程。

8.11 氧化还原反应动力学方程

Eley-Rideal 机理还有一变体，即 Mars-Van Krevelen 提出的氧化还原机理，主要应用于烃类氧化反应。它利用稳态浓度法求出表面中间物浓度与体系组分分压间的关系，从而导出反应速率方程。由于烃类催化氧化是一类重要的反应，故对此机理作一介绍。

设烃类的氧化反应由下列基元步骤组成：

① 气相的烃类分子 A_1 与催化剂表面上的晶格氧 $A_2 \cdot \sigma$（或吸附在催化剂上的氧）作用生成吸附态的产物 $A_3 \cdot \sigma$（这里的吸附位是晶格氧吸附位，与前面所述的不同，故使用不同的符号，以示区别）：

$$\underset{p_1}{A_1} + \underset{\theta_2}{A_2 \cdot \sigma} \underset{k_{-1}}{\overset{k_1}{\rightleftharpoons}} \underset{\theta_3}{A_3 \cdot \sigma}$$

② 产物 A_3 的脱附：

$$\underset{\theta_3}{A_3 \cdot \sigma} \underset{k_{-2}}{\overset{k_2}{\rightleftharpoons}} \underset{p_3}{A_3} + \underset{\theta_0}{\sigma}$$

③ 还原了的活性位（σ）被气相中的氧分子 A_2 再氧化，生成晶格氧 $A_2 \cdot \sigma$（也可以是氧吸附到催化剂表面）

$$\underset{p_2}{A_2} + \underset{\theta_0}{\sigma} \underset{k_{-3}}{\overset{k_3}{\rightleftharpoons}} \underset{\theta_2}{A_2 \cdot \sigma}$$

根据稳态浓度法，当体系达到稳定态时，

$$\frac{d[A_2 \cdot \sigma]}{dt} = \frac{d[A_3 \cdot \sigma]}{dt} = 0$$

对烃类氧化反应，除第②步骤，其余两步均为不可逆反应，则反应速率为：

$$r = k_1 p_1 \theta_2 \tag{8-152}$$

由 $\dfrac{d[A_2 \cdot \sigma]}{dt} = k_3 p_2 \theta_0 - k_1 p_1 \theta_2 = 0$ 得：

$$\theta_2 = \frac{k_3 p_2 \theta_0}{k_1 p_1}$$

由 $\dfrac{d[A_3 \cdot \sigma]}{dt} = k_1 p_1 \theta_2 + (k_{-2} p_3 \theta_0 - k_2 \theta_3) = 0$ 得：

$$\theta_3 = \frac{k_1 p_1 \theta_2 + k_{-2} p_3 \theta_0}{k_2}$$

因 $\theta_0 + \theta_2 + \theta_3 = 1$，故 $\theta_3 = 1 - \theta_0 - \theta_2$，则

$$\frac{k_1 p_1 \theta_2 + k_{-2} p_3 \theta_0}{k_2} = 1 - \theta_0 - \theta_2$$

解出

$$\theta_0 = \frac{k_2 - k_1 p_1 \theta_2 - k_2 \theta_2}{k_{-2} p_3 + k_2}$$

将上式代入得：

$$\theta_2 = \frac{k_3 p_2}{k_1 p_1}\left[\frac{k_2 - k_1 p_1 \theta_2 - k_2 \theta_2}{k_{-2} p_3 + k_2}\right]$$

解出

$$\theta_2 = \frac{k_2 k_3 p_2}{k_1 k_3 p_1 p_2 + k_2 k_3 p_2 + k_1 k_2 p_1 + k_1 k_2 p_1 p_3}$$

代入速率表达式（8-152）得：

$$r = \frac{k_1 k_2 k_3 p_1 p_2}{k_1 k_3 p_1 p_2 + k_2 k_3 p_2 + k_1 k_2 p_1 + k_1 k_{-2} p_1 p_3} \tag{8-153}$$

【例 8-9】 在微分反应器中研究了甲醇在 V_2O_5 催化剂上氧化为甲醛的反应：

$$CH_3OH(g) + 1/2O_2(g) \longrightarrow HCHO(g) + H_2O(g)$$

控制转化率在 5%左右，反应在温度为 281℃，压力为 1atm 下进行。

试利用流动系统反应速率的表达式（8-14），算出反应速率 r，并用实验验证。

$$\frac{V_R}{N_0} = \int_0^x \frac{dx_i}{r}$$

式中，N_0为反应物i的进料流量，mol/s；V_R为反应的体积，mL；x为反应物i的转化率。

实验时，先维持氧分压p_{O_2}不变，做出反应速率与甲醇分压p_{C_1-OH}间的关系曲线，然后维持p_{C_1-OH}不变，做出反应速率与p_{O_2}间的关系曲线。结果表明，在p_{O_2}和p_{C_1-OH}较低时，r几乎与p_{O_2}或p_{C_1-OH}成正比，然后缓慢地趋向于一极限值。因此认为反应按 Eley-Rideal 机理进行，即气相甲醇分子与催化剂晶格氧作用生成甲醛。反应分两步进行：

① 气相甲醇与晶格氧作用生成甲醛和水：

$$CH_3OH(g) + O \cdot \sigma \xrightarrow{k_1} HCHO(g) + H_2O(g) + \sigma$$

式中，σ表示可以吸附氧的空位。

② 空位吸附氧成为晶格氧 $O \cdot \sigma$：

$$\sigma + 1/2O_2 \xrightarrow{k_2} O \cdot \sigma$$

反应速率为：

$$r = k_1 p_{C_1-OH}\theta$$

式中，θ为氧的覆盖度，可通过稳态浓度法求得。

当体系到达稳态时，晶格氧的消失速率与其生成速率相等，即

$$\frac{d\theta}{dt} = -\upsilon_0 k_1 p_{C_1-OH}\theta + k_2 p_{O_2}(1-\theta) = 0$$

式中，υ_0表示转化一个CH_3OH分子需要的O_2分子数。实验发现几乎无副反应，故υ_0=1/2，由上式得：

$$\theta = \frac{k_2 p_{O_2}}{k_2 p_{O_2} + \frac{1}{2}k_1 p_{C_1-OH}}$$

代入r表达式得：

$$r = k_1 p_{C_1-OH}\theta = \frac{k_1 k_2 p_{C_1-OH} p_{O_2}}{k_2 p_{O_2} + \frac{1}{2}k_1 p_{C_1-OH}}$$

上式可改写为：

$$\frac{1}{r} = \frac{1}{k_1 p_{C_1-OH}} + \frac{1}{2k_2 p_{O_2}}$$

这是由假定的机理出发得到的速率方程。如果合理的话，则当p_{O_2}维持不变时，将$1/r$对$1/p_{C_1-OH}$作图应得一条直线；而当p_{C_1-OH}维持不变时，$1/r$对$1/p_{O_2}$作图亦应为一直线，从斜率和截距可求出k_1和k_2。实验结果确实分别为一直线，并求得速率常数：

$$k_1 = 1.55\times10^{-3}(s \cdot mol \cdot atm)^{-1}$$

$$k_2 = 1.1\times10^{-4}(s \cdot mol \cdot atm)^{-1}$$

因此，可以认为CH_3OH在V_2O_5催化剂上的氧化反应是以氧化还原机理进行的，其速率方程为：

$$r = \frac{2k_1 k_2 p_{C_1-OH} p_{O_2}}{2k_2 p_{O_2} + k_1 p_{C_1-OH}} \tag{8-154}$$

该方程是否正确，还需进一步验证。

设甲醇的摩尔分数为y，甲醇的转化率为x，将上式代入式（8-14）

$$\frac{V_R}{N_0}=\frac{V_R}{Ny}=\int_0^x \frac{dx}{r}$$

得到：

$$\frac{V_R}{Ny}=\int_0^x\left(\frac{1}{k_1 p_{C_1-OH}}+\frac{1}{2k_2 p_{O_2}}\right)dx \tag{8-155}$$

为了找出分压p与转化率x间的关系，需列出化学反应计量方程：

$$\begin{array}{cccc} CH_3OH & +1/2O_2 \longrightarrow & HCHO & +H_2O \\ N_0(1-x) & N_0(\alpha-\frac{1}{2}x) & N_0x & N_0x \end{array}$$

式中N_0为原料甲醇的摩尔流量，α为O_2/CH_3OH摩尔比，时间为t时，体系的总摩尔数为$N_0(1+\alpha+\frac{1}{2}x)$，已知总压$p$=1atm，因此

$$p_{C_1-OH}=\frac{N_0(1-x)}{N_0\left(1+\alpha+\frac{1}{2}x\right)}p=\frac{1-x}{1+\alpha+\frac{1}{2}x}$$

同理

$$p_{O_2}=\frac{\alpha-\frac{1}{2}x}{1+\alpha+\frac{1}{2}x}$$

代入式（8-155）得：

$$\frac{V_R}{Ny}=\int_0^x\left[\frac{1+\alpha+\frac{x}{2}}{k_1(1-x)}+\frac{1+\alpha+\frac{x}{2}}{2k_2\left(\alpha-\frac{x}{2}\right)}\right]dx$$

由于控制转化率x<0.05，故$1+\alpha+\frac{x}{2}\approx 1+\alpha$，根据$y$的定义，$y=\frac{N_0}{N_0+\alpha N_0}=\frac{1}{1+\alpha}$，将此两结果代入上式得：

$$\frac{V_R}{N}=\int_0^x\left[\frac{1}{k_1(1-x)}+\frac{1}{2k_2\left(\alpha-\frac{x}{2}\right)}\right]dx=-\frac{1}{k_1}\ln(1-x)+\frac{1}{k_2}\ln\frac{2\alpha}{2\alpha-x} \tag{8-156}$$

在给定的反应温度、反应（催化剂）体积V_R和氧醇摩尔比α值时，测定一系列不同的V_R/N时的转化率x，再将x、α、k_1、k_2值代入上式，计算出相应的V_R/N值，结果如表8-3所示。

表8-3　V_R/N的结果

V_R/N（实验值）	V_R/N（计算值）
0.896	0.849
0.448	0.432
0.299	0.308
0.199	0.200
0.149	0.139

结果表明，两者很接近，说明上述假设的机理是可能的。

8.12 经验反应速率方程的确定

上面分别讨论了以表面反应、反应物吸附和产物脱附为控制步骤以及无控速步骤时反应速率方程的建立。由于是根据已知反应机理或事先假定的反应机理进行推导得到的，故称为机理性速率方程，其中包含的常数项由实验测定。除此之外，还有一种反应速率方程是由实验数据直接整理得到的，称为经验速率方程。

由实验数据直接整理得到催化反应的速率方程是指直接用幂函数形式的经验式，对于可逆反应，幂式方程通式为：

$$r = k\prod_i p_i^{\alpha_i} - k'\prod_i p_i^{\omega_i} \tag{8-157}$$

式中，α_i 和 ω_i 可为正数、负数、整数或分数，其值可以采用①直接搜索法，如 Simplex 法和 Powell 法等；②基于 Taylor 展开式（只取线性部分）的导数法，如 Gauss-Newton 法和 Marquardt 法以及 Runge-Kutta 公式解常微分方程等优化方法得到。例如，实验给出的在铁催化剂上合成氨反应的速率方程为：

$$r = k_1 \frac{p_{N_2} p_{H_2}^{1.5}}{p_{NH_3}} - k_2 \frac{p_{NH_3}}{p_{H_2}^{1.5}}$$

还有不少催化反应的动力学数据符合式（8-157）所示的幂式速率方程。

如果反应是不可逆的，则可用

$$r = k p_A^{\alpha} p_B^{\beta} p_C^{\gamma} \cdots \tag{8-158}$$

的形式来关联动力学研究结果。式中，p_A、p_B、p_C 等分别为参加反应的各物质分压（或浓度）；α、β、γ 等分别是其反应级数。

实验可以直接测定在总压力和其他条件下各物质的分压 p_A、p_B、p_C（或浓度）及其反应速率 r 值，其中还有 k、α、β、γ 等 4 个未知数有待求解。因此至少要进行 4 组实验。然后，对于上面形式的经验式取对数，写成

$$\ln r = \ln k + \alpha \ln p_A + \beta \ln p_B + \gamma \ln p_C \tag{8-159}$$

的线性化方程，然后用作图法或最小二乘法定出各常数。

幂式经验速率方程常被人们采用，这是因为：①其准确性不比机理性方程差；②要提出一个反应机理需经过多种实验方法考证，这不仅费时，而且难度高。从实用角度考虑，如果能获得一个在比较宽广的温度、压力、浓度范围内适用的经验速率方程，及时满足反应工程上的需要，即使暂时不明其反应机理，也无多大妨碍。这样就可节省工程上马的时间。鉴于速率方程的测定和计算比较简便，故常被自控方面采用。

催化反应的速率方程是表达表面化学过程的动力学规律的。因此，在用实验测定 r、p_A、p_B…时，应排除扩散因素的影响，排除方法在前面已有讨论。实验依据反应体系性质的不同可采用积分或微分反应器。根据实验数据求 k、α、β、γ 之值时，可用积分法或微分法，还可用数理统计法。

参考文献

[1] 刘化章. 氨合成催化剂——实践和理论[M]. 北京：化学工业出版社，2007.
[2] 于遵宏. 大型氨合成厂工艺过程分析[M]. 北京：中国石化出版社，1993.

[3] 陈诵英. 催化反应动力学[M]. 北京：化学工业出版社，2007.
[4] 李作俊. 多相催化反应动力学基础[M]. 北京：北京大学出版社，1990.
[5] 张廷安. 宏观动力学研究方法[M]. 北京：化学工业出版社，2014.
[6] Laidler K. Chemical Kinetics[M]. Pearson Higher Isia Education: Prentice Hall, 3rd Ed, 1987.
[7] Masel R I. Chemical Kinetics and Catalysis [M]. New York: Wiley, 2001.
[8] Boudart. Kindtics of Heterogeneous Catalytic Reactions[M]. Princeton Univ. Press, 1984.
[9] van Santen R A. Catalysis: An Integrated Approach[C]. Elsevier, 2nd Ed, 1999.
[10] Djégà-Mariadassou G. Classic Kinetics of Catalytic Reactions [J]. J. Catal., 2003, 216: 89-97.
[11] Bond G C. The Use of Kinetics in Evaluating Mechanisms in Heterogeneous Catalysis[J]. Catal Rev, 2008, 50:532-567.
[12] 辛勤. 现代催化研究方法新编[M].北京：科学出版社，2018.

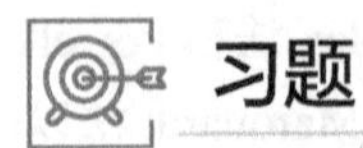

习题

8-1　对反应 $SO_2+1/2O_2 = SO_3$，催化剂为 Pt/Al_2O_3，动力学数据如表 8-4 所示，依据可能的反应机理建立催化反应动力学方程。

表 8-4　反应动力学数据

速率/[mol/(h · g)]	p_{SO_3} /kPa	p_{SO_2} /kPa	p_{O_2} /kPa
0.02	4.33	2.58	18.8
0.04	3.35	3.57	19.2
0.06	2.76	4.14	19.6
0.08	2.39	4.49	19.8
0.10	2.17	4.70	19.9
0.12	2.04	4.82	20.0

提示：设想反应按 Eley-Rideal 机理进行，O_2 分子的解离吸附用 Langmuir 模型处理，建立反应动力学方程，并用实验数据进行验证。

8-2　常压下正丁烷在镍铝催化剂上进行脱氢反应。已知该反应为一级不可逆反应。在 500℃时，反应的速率常数为 $k=0.94\text{cm}^3/(\text{s} \cdot \text{g}_{\text{cat}})$，若采用直径为 0.32 cm 的球形催化剂，其平均孔径 $d_o=1.1\times10^{-8}$m，孔容为 $0.35\text{cm}^3/\text{g}$，孔隙率为 0.36，曲折因子等于 2.0。试计算催化剂的效率因子。

8-3　假定甲醇合成反应机理为：

（1）$CO+{}^* = CO^*$

（2）$H_2+{}^* = H_2^*$

（3）$CO^*+2H_2^* = CH_3OH^*+2^*$

（4）$CH_3OH^* = CH_3OH+{}^*$

试用理想吸附模型推导当速率控制步骤分别为（1）、（3）、（4）时的反应动力学方程。

8-4　设【例 8-9】甲醇氧化为甲醛的反应机理为气相甲醇分子与吸附的氧作用生成甲醛：

$$CH_3OH+1/2O_2^* \longrightarrow HCHO+H_2O+{}^*$$

试推导真实表面单位吸附双分子反应动力学方程。

第九章
化工过程工艺设计基础

化工设计对大多数高校化工类学生来说，无论毕业后是否在设计单位工作，都具有重要影响。化学工程技术人员在实际工作中会遇到与化工设计基本知识有关的各种问题，在高年级时学习化工设计的基本知识和方法，将有助于他们迅速地适应工作岗位的需要。学好化工设计对提高综合运用已学过的化工原理、物理化学、化工热力学、反应工程、分离工程、化工工艺学和机械制图等方面知识的能力，以及提高计算能力和解决问题、分析问题的能力，均会起到重要作用。

设计是工程建设的灵魂，对工程建设起着主导和决定性作用。全国设计人员每年要承担和完成数万亿投资的工程设计，决定着中国工业现代化水平。设计是科研成果转化为现实生产力的桥梁和纽带，工业科研成果只有通过工程化——工程设计，才能转化为现实生产力。

化工（包括无机、有机和石油化工等领域）设计每年要承担和完成中国化工领域数千亿元投资的工程设计，起着无数化工科研成果转化为现实生产力的桥梁和纽带作用，同样也在一定程度上决定着中国未来化工建设的水平。

一部工程设计成品，是一项集体劳动的结晶。化工设计的主体是化工工艺人员，但必须有其他专业人员配合，才能很好地完成整个化工设计。因而对一个化工工艺设计人员，不但要求其敬业并精通化工工艺，而且要求其具备较广泛的其他工程知识，并善于组织各专业人员共同完成整个化工设计工作。通过化工设计这一章，开始学习综合运用已学到的各专业知识，无疑是一个重要的开端。

9.1 化工工艺设计内容

一个化工厂的设计包括很多方面的内容，其核心内容是化工工艺设计。工艺设计决定了整个设计的概貌，是化工厂设计的龙头。除工艺设计外，还有总图设计、土建设计、公用工程（包括供热、供电、给排水、采暖和通风）设计、机电维修等辅助车间设计、外管设计、工程概算和预算等非工艺设计项目。

化工工艺设计内容，主要包括：

① 原料路线和技术路线的选择。

② 工艺流程设计。

③ 物料计算。

④ 能量计算。

⑤ 工艺设备的设计和选型：在物料计算和热量计算的基础上，根据工艺要求的参数（流量、压力、换热面积、容积等），如有标准设备可供选型则选出符合工艺要求的标准设备，如没有标准设备可供选型或选不到合适型号的标准设备，工艺设计人员可向设备设计人员提出设计条件，由设备设计人员进行设备设计。

⑥ 车间布置设计：包括车间平面布置和立面布置。

⑦ 化工管路设计。

⑧ 非工艺设计项目的考虑，即由工艺设计人员提出非工艺设计项目的设计条件。

⑨ 编制设计文件：包括设计说明书、附图（流程图、布置图和设备图等）和附表（设备一览表和材料汇总表等）。

上面叙述的是工艺设计的各项内容的汇总。实际上，在设计的不同阶段，所要求进行的内容和深度各不相同。例如，物料计算和能量计算一般是在初步设计阶段进行，而管路设计则是在施工图阶段才能进行。图 9-1 表示工艺初步设计阶段的内容和程序，图右边的方框表示该步的设计成品。

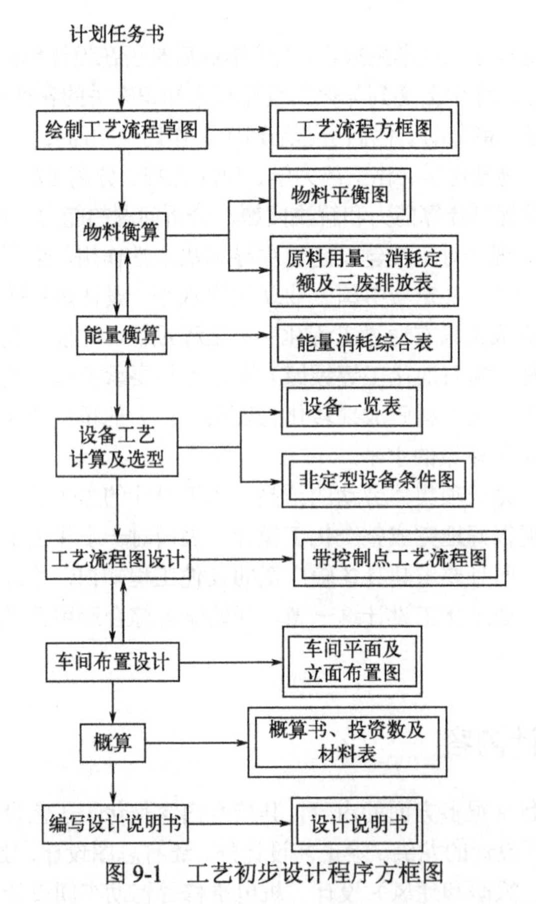

图 9-1　工艺初步设计程序方框图

本章限于篇幅，仅介绍工艺流程设计概念、物料和能量计算，其余请参考有关专著[1,2]。

9.2 工艺流程设计

鉴于化工工艺流程的多样性，难以对各种具体的工艺流程设计一一作出解释，即使对同一工艺流程也有各种不同的设计思路。例如，现代大型合成氨装置是目前工业上最为庞大复杂的代表性工业装置之一（图 9-2）。我国海南建设的一套节能型工艺装置设备总台数为 312 台，其中机泵类 75 台，压力容器类 137 台，其它 100 台；工艺管线总长度达 40888m，其中绝大部分为高压、高温管道；各类阀门总数达 5645 台/套，仪表总数达 2747 台/套，动力设备总装机容量达 38783kW。整套装置由 DCS 集散控制系统和 PLC 逻辑控制系统进行集中控制和运行。现代大型合成氨装置是一系列高新技术的集群装置，其中包含了一系列现代高新技术成果，涉及化工、能源、材料、环保领域一系列共性关键技术。在工艺设计中，应尽可能地采用这些高新技术成果。

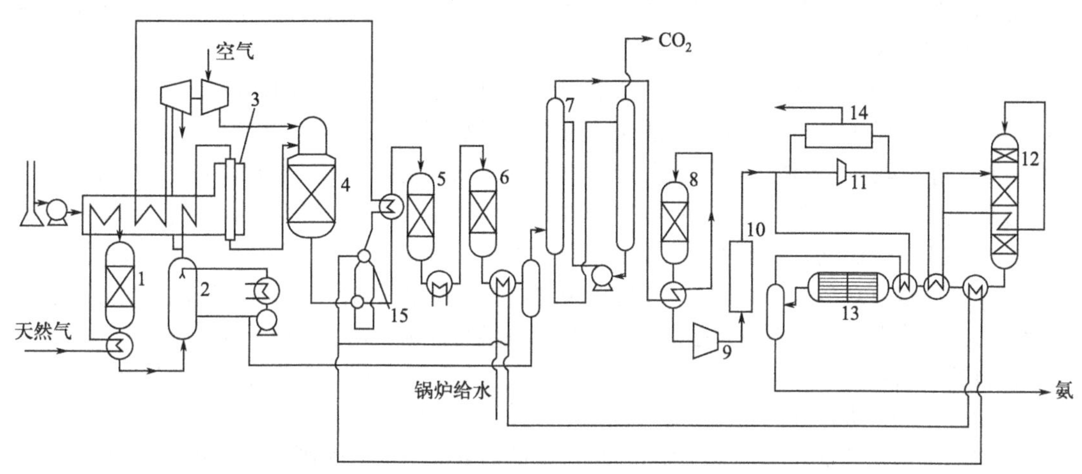

图 9-2　典型的以天然气为原料的 1000t/d 现代大型合成氨装置工艺流程

1—脱硫器；2—饱和器；3—一段转化炉；4—二段转化炉；5—高温变换炉；6—低温变换炉；7—脱 CO_2 系统；8—甲烷化炉；9—合成压缩机；10—冷却和干燥系统；11—循环压缩机；12—氨合成塔；13—氨冷器；14—深冷分离系统；15—高压废热锅炉

对于这样一个庞大复杂的工业装置，其工艺流程的设计和构筑是相当复杂的，而其设计是否先进、合理又关系重大。因此，现以合成氨工艺过程为例，仅从方法论的角度讨论工艺流程的设计及构筑的思路和理念。熟悉过程合成的方法论，可从根本上驾驭工艺过程，进而理解工艺过程的合成和设计没有唯一解，或没有固定解，而有多种解，从而可解释工艺过程的多样性。诸多方案可能都是问题的解，但它们之间有好坏优劣之分。

（1）推论分析合成[3]

在化工系统工程的语言中，合成与综合是同义的。其内涵是把具有特定功能，例如能实现物质和能量转换、输送、贮存的设备、机械按一定的方式联结起来构成一个系统，而该系统，习惯上称为工艺流程，具有实现物质和能量转换的整体功能。而分析与综合则是反义的，分析是为了了解一个复合体的性质，通过将整体分解成若干基本组成部分，亦即单元，从而达到便于观察、研究的目的。不难理解，分析是将已有的过程或问题分解成单元加以研究，综合或合成是将各个单元组合成一个整体，从而产生一个过程。可见分析与综合是相互作用、相互补充、相互促进、相互制约的。

文献[3]引用鲍利（Polya）虚构的一个例子，通俗而深刻地帮助我们理解分析与综合的含义和过程。一个原始人想过一条小河，由于河水上涨，涉水过河归于无效。因此，过河就成为问题的焦点。此人想起，他曾经（直接经验）或看到别人曾经（间接经验）沿着一棵横跨在河上的树爬过小河。于是他便在附近寻找倒下的树干。他没有找到合适的倒下的树干，但他发现河边有大量的树，他设法使树倒下，再设法使树干横跨到河上。上述发生在原始人脑海中的思维活动就是推论分析。

从该例中得到启迪。原始人的目标是过河，被认为是合理的，是可以实现的，这就是把问题的要求看成结果。为了使过河成为现实，应当有一棵横跨河的树干作为前提，这是寻求实现结果的前提。为了使树倒下，原始人应成为斧或锯子的发明者。这是把前提（树倒下）视为结果，再寻求实现该结果的前提（斧子或锯）。如此循环不已，如果最后找到公认的起点或已知的起点，例如树、斧子，沿分析的路径返回，即把树砍倒，架到河上，这叫作过程合成或过程综合，原始人过河无疑。相反，如果推论分析最终找不到已知或公认的起点，过河的要求不会变成现实，即问题无解。

同样地，对合成氨过程来说，把合成氨视为问题的要求，是合理的，是可以实现的。接下来是寻求实现该结果的前提，在合成法这一约定下，这些前提是：反应器、压力、温度、相态、组成、流量等。再把这些前提视为结果，下一步是寻求实现这些结果的前提。这些前提应当是：反应器的具体型式、合适的催化剂；能生产氢氮混合气的工艺与原料等。最终找到已知或公认的起点是：煤、天然气、石脑油、渣油及其气化工艺；脱硫、变换、脱二氧化碳、最终净化的工艺与设备；以及众所周知的输送、压缩、换热、贮存等单元操作、设备与机械。沿分析的路径返回，把基本单元有机地组合起来，辅以信息交换与控制，定可实现目标无疑。

用推论分析进行过程综合是人们常用的方法之一，只不过存在有意与无意之分罢了。归纳起来，用推论分析进行过程综合的工作框图示于图 9-3。以目的产物的反应过程为核心，分析进反应器的原料来源及其前处理，以及反应产物的后处理，直至找到确有把握驾驭的设备、机械、原料、材料、工艺，以此作为起点，就可实现过程综合，而合成的过程具有预期的功能。

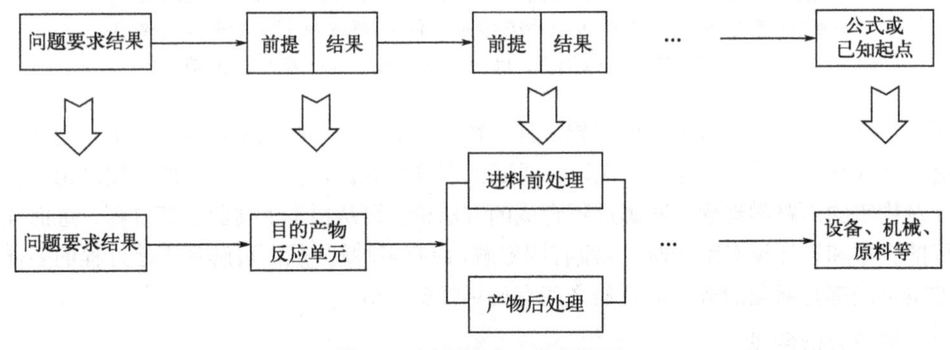

图 9-3　过程综合工作框图[3]

显然，用推论分析法找到了把具有不同功能的单元沿物料流动方向组合起来的依据。对合成氨工业来说，实现制氢、净化、合成（分氨）的方法有多种（详见功能分析），即有多个起点，这就是目前合成氨工业工艺流程众多的原因所在，但原料路线起主导作用，见形态分析。

（2）功能分析[3]

前已述及，推论分析是一种方法论。该方法能将具有不同功能的单元进行逻辑组合，形成一个系统。该系统具有整体功能，例如将原料转化为产品。如果用经济、技术指标对系统进行评价，可以想见，系统的功能有好坏优劣之分。其原因是多方面的，可能与原材料有关，与单元的组合次序有关，显然还与单元的功能有关。为了拓宽视野，寻求实现某一功能的多种方案及其新组合，从而获得效益优良的整体功能，功能分析应运而生。

一个日常生活中的例子有助于对功能分析的理解。对铅笔进行细致考察后，会意识到它由四个单元或称要素组成，且各具功能。笔芯用于标记；不同硬度的铅芯用于调节标记；铅芯的长度用于保持标记；而木杆则为握持方便。在对铅笔作了上述功能分析之后，视野就会拓宽，不难发现还有多种方案同样具有上述功能。例如，塑料微管、毛毡、硬尖、滚球、分裂的金属片都具有标记的能力；孔径、间隙、黏度都具有调节标记的能力；泡沫塑料、橡胶管、塑料管都有保持标记的能力；塑料杆、金属杆、竹竿都具有握持的功能。如果将上述功能进行组合，就会派生出日常所见的诸多书写工具。当人们注意到一个湿球沿干地板滚动而留下一条痕迹时，如果他记住这一点，并作为一种标记能力的选择方案时，他应当成为圆珠笔的发明者。

基于上述的例子，就不难理解功能分析的含义，它是把一个过程（整体）分解成若干单元（基本部分），缜密地研究其基本功能和基本属性，在此基础上分别考虑能够实现这些基本功能可供选择的其他方案，并寻求这些新方案的可能组合，达到创新的目的。

通过功能分析合成新的工艺流程在合成氨工业中用得相当普遍。虽然合成氨工艺流程很长，但它由三个基本部分组成，系统工程的语言称之为三个过程级，即原料气制备、净化和氨合成。此工艺流程问世至今虽有100年，但比哈伯时代已有了较大的发展，究其细节，只不过是具有同功能单元或过程级的取代。例如，把大型氨厂有代表的同功能工艺过程进行归纳，列于表9-1。它们之间的不同组合就构成了风格各异的众多合成氨流程。

表9-1　合成氨典型同功能工艺技术一览表

工序（过程级）		同功能工艺
原料气制备		天然气水蒸气转化、石脑油蒸汽转化、渣油部分氧化法：Lurgi法、Texaco、Shell水煤浆气化法；航天炉、晋华炉、多喷嘴对置式气化炉等。单炉煤处理量4000吨/日。我国是世界上最大的煤气化炉市场
原料气净化	脱砷	硅酸铝脱砷
	脱硫	一乙醇胺、活性炭、钴钼加氢转化-氧化锌脱硫、低温甲醇洗
	变换	高温变换、高温耐硫变换、低温变换、低温耐硫变换
	脱碳	本菲尔法、氨基乙酸法、低温甲醇洗、谢列克索（Selexol）法
	最终净化	低温液氮洗、甲烷化、变压吸附
氨合成		凯洛格流程、托普索流程、布朗流程、AMV流程

（3）形态分析[3]

如果说功能分析是为了产生比较方案以供选择，那么形态分析就是对每种可供选择的方案进行精确的分析和评价，选出最优解。在方法论上，形态分析提供了一种逻辑结构，以取代随机想法，防止遗漏。对可供选择的方案进行综合，就可产生新过程。

先将研究对象分解。如果研究对象是合成氨流程，则可分解为三个过程级，即原料气制备、原料气净化和氨合成。针对每一个过程级，运筹的第一步是分支，即产生可供选择的方案；第二步是确定判据，对方案进行评价；第三步是收敛，即择优汰劣。形态分析示意图如图9-4所示。这是其中的一个过程级，A、B、C是判据，它是根据所讨论问题的实际情况确定的。该过程级有4个方案。方案1通过了A、B、C三个判据，是问题的解。方案2、3、4分别因判据A、B、C的约束而淘汰。如果所有方案被淘汰，问题无解；多个方案通过，则问题有多解。各个过程级的解组合起来，

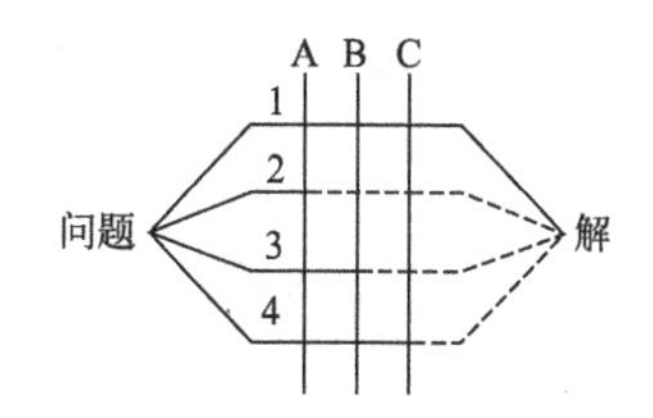

图9-4　形态分析示意图

则成为过程的解。

判据是针对具体问题拟定的。对合成氨厂而言，这些判据是：

① 经济指标，例如吨氨能耗、投资额等；

② 技术资料的完整性与可信程度；

③ 过程级之间的匹配，即前一工序的输出是下一工序的前提；

④ 原料来源与供应；

⑤ 设备材质性能；

⑥ 催化剂活性，温度范围，抗毒性能；

⑦ 吸收剂的吸收能力与净化指标；

⑧ 环境、安全、法律。

在明确了形态分析的含义之后，讨论转向大型氨厂的过程合成。用这种方法得到的流程，至少能达到具有丰富经验的工程师提出的方案的水平；通过不断地优化，应当产生出全新的工艺流程。例如，当今以能耗低著称的凯洛格节能型流程，就是不断使用功能分析、形态分析的产物。

例如，原料路线是大型氨厂技术路线的基础，是带全局性的战略决策。既要有战略眼光，考虑国内的能源结构；又要有现实性，计算经济效益与社会效益。

在功能分析中已经提到，煤、渣油、天然气、石脑油均可作为合成氨的原料，而且都有日产千吨氨的大厂先例。用形态分析的语言讲，有四个分支。判据不同，解亦迥异。

综合投资额、资金回收率、能源结构三项判据，规划合成原料路线的策略是：充分利用天然气资源。因为该路线投资最少，返本期最短，能耗和产品成本最低，符合国家节能减排政策。适当发展渣油路线。我国石油化工产品匮乏，原油产量又较少，且逐渐变重。照理，渣油应延迟焦化，进行深度加工。更兼渣油比天然气在运输方面有更大的灵活性，投资及经济效益均可接受。不再建设新的石脑油制氨装置。其原因是明显的，应通过芳烃联合装置将石脑油深度加工，以提高其利润。密切关注煤的气化技术发展。我国煤的资源丰富，制氨原料路线理应以煤为主。水煤浆气化技术与渣油投资相差不远，利润见好。因此，应密切注意其使用效果及技术上的新开拓，为化肥的长远发展，打下坚实的原料基础。

总的来讲，大型氨厂的原料和与之相应的制气方法有多种解。以经济效益为判据，天然气方案最优；以国内能源现状、化肥厂均布，运输方便为判据，渣油气化最好；以能源结构和长远利益为判据，水煤浆气化方案最宜。

其他如原料气净化、氨合成等，按照形态分析的方法，拟定判据，作出合理的分析。

（4）调优设计[3]

调优设计是过程合成、老厂改造的常用方法。其工作框图见图 9-5。首先提出一个目标函数，例如能耗最低。设想一个过程，或现有的生产过程，对其进行过程结构与工艺条件分析，发现存在的问题，调动工艺、工程措施加以改进，产生一个新方案，再对新方案进行分析，多次循环，逐步完善，直至满足目标函数为止。

例如，凯洛格公司以降低吨氨能耗为目标，针对老厂改进，对转化工序进行三步调优设计，内容包括：

① 一段转化炉消耗的能量占氨合成总能量的半数以上。以节能为目标函数，着眼点自然首先放在考察散失到环境中能量的可回收性。原有生产厂的排烟温度曾为 250℃，而助燃空气则是室温。如果排烟温度降到 120℃，将这部分热量用来预热空气，则吨氨可节能 1.17GJ。

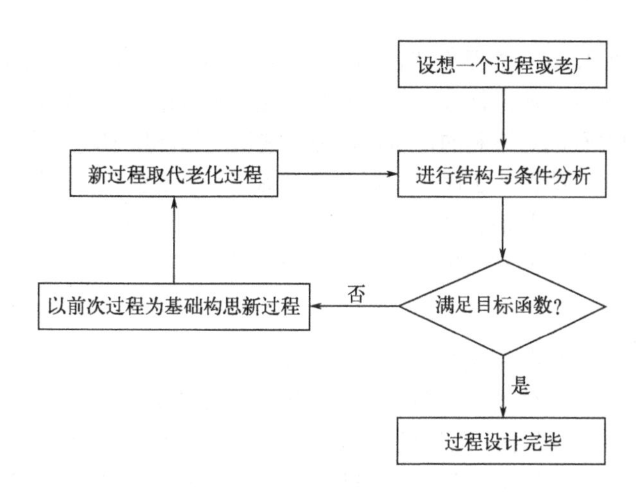

图 9-5　调优设计工作框图

② 传统的凯洛格合成气压缩机的驱动机是用一台能抽气的两级透平，动力蒸汽的参数是 10.3MPa，过热温度为 441℃。如果在对流段蒸汽过热器处加过热烧嘴，使过热蒸汽的压力提高到 12.3MPa，温度提高到 510℃，不仅增加了过热蒸汽的温度控制手段，而且有 0.16GJ 节能效果。

③ 第二步调优是提高转化压力，把原有厂一段转化出口压力由 3.1MPa 提高到 3.45MPa，与此同时，进一段转化的混合气由 510℃提高到 590～620℃；进二段炉的工艺空气由传统的 510℃提高到 816℃。吨氨的总能耗为 29.3～30.6GJ，与传统流程相比，能耗降低 20%。

凯洛格公司对第二次调优结果进行考察，认为每吨氨消耗的天然气所相应的能量已趋近极限，并无太大潜力。进一步节能的方向在燃烧。于是，工艺空气压缩机改用燃气透平，尾气作燃料，热效率从 25%～34%提高到 45%。

调优结果使吨氨能耗从 38.6GJ 降低到 28GJ；原料能耗几乎不变；燃料能耗从占总能耗 44% 降低到 25%。根据调优结果，提出了设想中的改良低能耗方案，形成了现在的 Kellogg 公司的低能耗合成氨工艺。

（5）系统的整体性[3]

合成氨系统既庞大又复杂，由原料气制备、净化、压缩、合成、公用工程等过程级或称子系统构成。每一个子系统都有自己的给定任务。各子系统之间应协调地、有条不紊地工作，而不能强调自己，各行其是。也就是说，子系统必须在系统的约束条件下进行自身优化，以实现整个系统最优化为目的。在设计与操作时，应当确立这样的观点：子系统局部最优的简单加和不等于整体系统最优；而整体系统最优时，其组成的各子系统必定是最优的。

系统的约束条件是指：原料和燃料的温度、压力、组成；产品的产量、规格；设备材质的耐温、强度、耐腐蚀；催化剂的活性温度范围、耐毒物情况；吸收剂的化学与物理性质；设备的性能，例如压缩机的压力、流量、喘振、效率；环境的状态等。各子系统可能自行其是的条件指：温度、压力、组成、流量、流向。在确定这些参数时，必须有整体观念。往往会出现这种情况，某种参数的水平对局部是不利的，但对全局是有利的。在这种情况发生时，则应牺牲局部，来保护全局，以实现全系统最优为目标。合成氨能耗大幅度降低的原因之一，正是这种系统整体性正确的运用。

例如，现代大型氨厂工艺气大体上有两个压力级别，或称水平。一个是自原料气制备到最终净化（布朗流程例外），另一个是合成回路，压力水平的跳跃是靠压缩机来实现的。提高压力对蒸汽转化制气是不利的，衡量标准当然是局部利益，即转化气中甲烷含量高，完成既定任务的单耗高。降低压力对合成是不利的，衡量指标是吨氨的循环压缩功、冷冻功增加。但在适当范围内提高前工序压力，降低后工序压力对全局指标——吨氨总能耗则是很有利的，氢氮气压缩机几乎减少一半功耗，吨氨能耗降低约 0.6GJ。正因为如此，ICI 的 AMV 流程、布朗流程、凯洛格改良低能耗流程都不同程度地沿用这一措施，成为当今令人瞩目的低能耗制氨流程。

（6）工艺流程图简介

化工过程设计就是根据某一化学工业生产的设计要求和目标，提出各种可行的工业化方案，经过多次筛选比较，确定最佳的原料和工艺技术路线、工艺条件、设备选型等相关内容，并形成文件资料。通常设计目标包括：项目投资、技术先进性、产品质量和产率、物料和能量消耗、环保、流程的易操作性和安全可靠性。化工设计是一项复杂而细致的工作，以工艺专业为主体，包括总图、土建、设备、给排水、暖通、电气、控制、仪表、公用工程等多个专业的密切合作。工艺设计是整个化工工程设计的关键，因为任何化工过程的设计都从工艺设计开始，由浅入深、由定性到定量逐步进行，以工艺设计结束，其他专业要服从工艺设计，为工艺服务，同时工艺专业要接纳其他专业的意见。

化工过程自动控制系统设计是化工过程设计的主要内容之一。仪表和计算机自动控制系统在化工生产过程中发挥重要作用，可以提高化工工艺参数的操作控制精度，使化工过程严格按照工艺优化操作条件长期安全、稳定、自动地运行，提高产品质量和收率，保证产品质量的稳定性和重现性；降低工人的劳动强度，改善工作环境，减少了人为因素对过程操作和产品质量、收率等的影响。

工艺设计的主要任务包括两个方面：一是确定生产流程中各个基本化工单元操作的形式（如反应、精馏、精制结晶等）、设备和优化操作条件，并将它们优化组合为完整的流程，达到加工原料以制得所需产品的目的；二是绘制工艺流程图，以图解的形式表示生产过程中，当物料经过各个单元操作过程制得产品时，物料和能量发生的变化及其流向。此外，还要求通过图解形式表示出化工管道和检测、控制流程。

一个化工新产品或新工艺的开发从实验研究至工业化生产的全过程，需进行两大类设计，首先是在化工新技术新过程的实验研究阶段需完成的设计，按照其进程可分为概念设计、中试设计和基础（或工艺包）设计。通常这些工作由化工研究单位的工程技术研发部门负责，此阶段的基础或工艺包设计也由研究或工程设计单位合作完成。在此基础上，由化工设计单位完成工程设计。通常化工工程项目规模和投资较大，流程复杂，安全、环保和技术方面要求严格，工程设计工作一般也分为两个阶段完成，即由研究单位提供工艺包后由工程设计单位完成基础工程设计及详细工程设计。

在设计进行的不同阶段，工艺流程图的深度也有所不同，可分为以下几类流程图。

① 工艺流程框图。在设计的初始阶段绘制流程框图，不编入设计文件，扼要地表示出整个化工流程，多用于项目可行性研究报告，说明工程的总体情况，框图可详可略。此外，它为将要进行的物料衡算、能量计算以及部分设备的工艺计算提供依据。由于此时尚未进行定量计算，只能定性地标出物料由原料转化为产品的变化、物料流向以及所采用的各个化工单元操作及设备。工艺流程框图一般用矩形框图表示，主要物料流股用粗实线标示，物料流向用箭头标示，可加入一些文字说明。工艺流程框图看起来简单，但它反映出整个化工过程的基本流程，可以对技术、原料和产品要求、三废处理甚至土建和设备做出预估，为有关决策部门提供参考。

② 工艺物料流程图。在工艺实验和计算完成后就开始绘制工艺物料流程图，它以图形和表格相结合的形式来反映各个单元操作和流程总体的物料衡算的结果。它表示出该化工流程中主要设备的进出口物料状态，如温度、压力、流量和组成等。它的作用是为设计审查提供资料，并且作为进一步设计的重要依据，还可作为日后生产操作的参考。

③ 带控制点的工艺流程图。带控制点的工艺流程图也称为管路仪表流程图，简称 PID（piping and instrumentation diagram）图。它全面地表示出整个工艺流程中全部工艺设备、管路和阀件的大小、数量、材质，包括公用工程（水、电、气、蒸汽等）在内的各种物料在设备间的流向、状态，在适宜的位置标注必要的工艺检测点仪表、控制部件的图例、符号等。征求设备设计、控制系统设计等专业的意见，作出必要修改，确定带控制点的工艺流程图。在其后的车间布置设计中，对流程图可能会进行一些修改，最后得到正式的带控制点的工艺流程图，作为设计的正式成果，编入初步设计阶段的设计文件中。带控制点的工艺流程图的一个例子见图 9-6。

带控制点的工艺流程图是化工工艺设计中最重要最基础的文件，其他各专业均以此图为依据进行设计，是化工厂设计、施工、安装、调试和生产的基础文件资料。带控制点的工艺流程图图例见表 9-2。

表 9-2 检测仪表的图形符号

序号	名称	符号	序号	名称	符号
1	变送器	⊗	4	控制室仪表	⊖
2	就地安装仪表	○	5	孔板流量计	⊣⊢
3	机组盘装仪表	⊖	6	转子流量计	▽

自控参量代号：T—温度　F—流率　P—压力或真空度　C—浓度　pH—氢离子浓度
L—物位　A—分析　M—搅拌转速　V—黏度
自控功能代号：I—指示　C—控制　Q—累积　J—记录　X—信号
T—调节　L—联锁　A—报警　R—人工遥控

如 $\frac{\text{FIC}}{101}$ 表示将位号为 101 的流率信号引入计算机自控系统，显示并控制该值。$\frac{\text{TI}}{101}$ 表示在设备附近就地加装仪表显示 101 的温度，而不引入计算机自控系统。

④ 施工图。施工图是化工项目施工建设的依据，包括建筑体的平面布置和立面布置等，是基建、设备和管路布置设计的基本资料，也是测量仪表和控制调节器安装的指导性文件。它与带控制点的工艺流程图的主要区别在于：它着重表达所有设备及全部管路的连接关系、材质、等级、数量、尺寸，以及测量、控制及调节的全部手段。部分阀门和管件的符号见表 9-3、表 9-4。

表 9-3 阀门的图形符号

序号	名称	符号	序号	名称	符号
1	闸门阀	⋈	6	常闭阀	⧓
2	截止阀	⋈	7	止回阀	⧒
3	气开式调节阀	⋈	8	减压阀	▭
4	气闭式调节阀	⋈	9	球阀	─○─
5	隔膜阀	⋈	10	取样阀	─●─

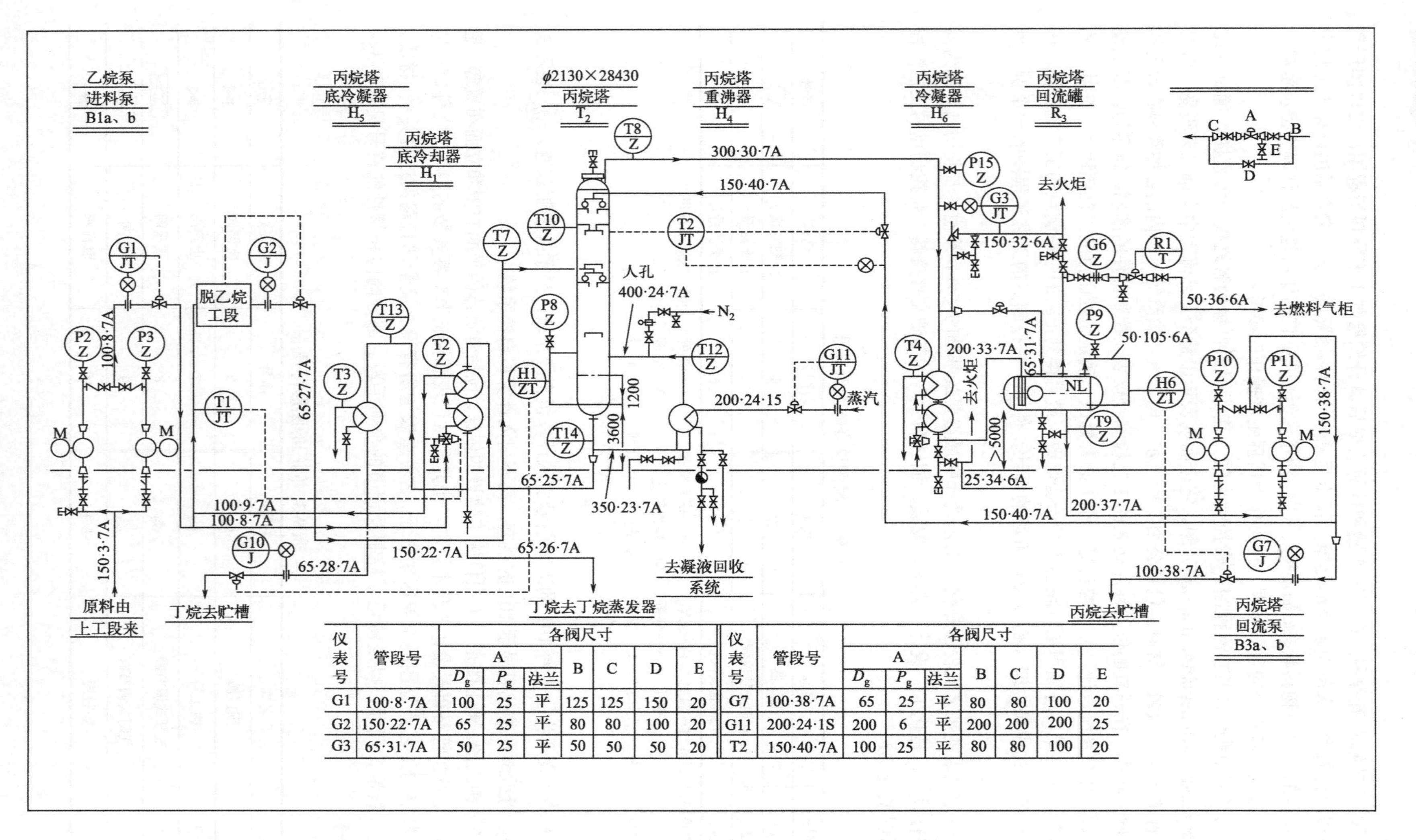

仪表号	管段号	各阀尺寸						
		A			B	C	D	E
		D_g	P_g	法兰				
G1	100·8·7A	100	25	平	125	125	150	20
G2	150·22·7A	65	25	平	80	80	100	20
G3	65·31·7A	50	25	平	50	50	50	20
G7	100·38·7A	65	25	平	80	80	100	20
G11	200·24·1S	200	6	平	200	200	200	25
T2	150·40·7A	100	25	平	80	80	100	20

图 9-6 丙烷、丁烷回收装置带控制点的工艺流程图示例

表 9-4　管件的图形符号

序号	名称	符号	序号	名称	符号
1	法兰		5	疏水器	
2	大小头		6	Y 形过滤器	
3	偏心大小头		7	软管活接头	
4	盲板		8	8 字盲板	

9.3　物料衡算

物料衡算与热量衡算是化工过程设计中最基本的运算之一。当流程选定后只有完成物料衡算与热量衡算，才能进行设备设计等大系统的其他方面的计算，完成过程设计。

化工过程与其他过程的重要区别之一是具有很多的输入与输出流股（物料流、能量流与信息流），本节内容是讨论与研究确定这些流股分布的策略与方法。对于化学工程师，物料衡算与热量衡算是最基本的也是接触最频繁的计算。按化工过程状态分类，可分为稳态过程（如石油炼制与烃加工的连续生产过程）与批处理过程（如精细化工间歇生产过程等）。这两类过程的物料与能量衡算在原则上没有不同，只是在计算基准（连续过程常以单位时间为基准，批处理过程常以批次为基准）上不一样，在运算时要予以注意。

一个完整的物料衡算是进行工艺设计的基础，尤其在开发新的工艺流程中，完整的物料衡算常可帮助查找出丢失物料的去向（如对于有些催化反应的物料衡算，常可借以查找出有无微量积碳的副反应等）。因此，在工艺设计中应尽量做到进出物料的平衡。

为了掌握复杂的化工过程的衡算，首先由基本概念、简单的物料与热量衡算开始讨论，进而介绍带化学反应的复杂物系和复杂系统（如有物料或能量循环流）衡算以及物料衡算和热量衡算的联合计算；并以例题阐明基本计算的原理及方法和计算机辅助计算的原理及方法。

9.3.1　物料衡算的基本方法

9.3.1.1　物料衡算的步骤

① 画出物料衡算方框图。例如对某反应系统，可画出物料衡算方框图如图 9-7 所示。

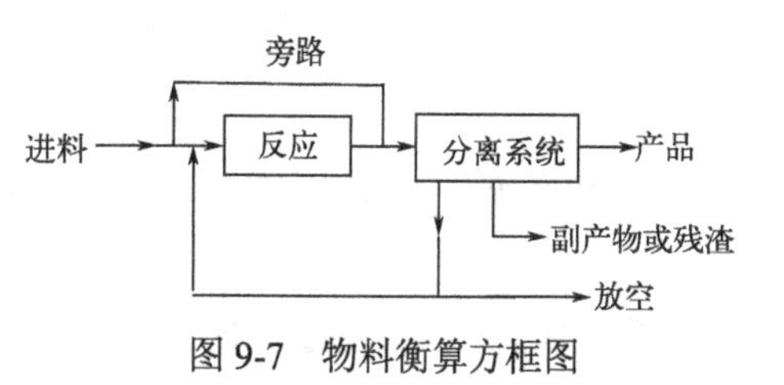

图 9-7　物料衡算方框图

② 写出化学反应方程式(包括主反应和副反应)。

③ 写明年产量、年工作日或每日生产能力、产率、产品纯度等要求。

④ 选定计算基准。

⑤ 收集计算需要的数据。

⑥ 进行物料衡算。

⑦ 将物料衡算结果列成物料平衡表，画出物料平衡图。

9.3.1.2 物料衡算式

物料衡算的基础是质量守恒定律。根据质量守恒定律可以写出：

进入系统的物料质量 = 输出系统的物料质量+系统内积累的物料质量

对连续生产过程，系统内无物料的积累，上式变为：

进入系统的物料质量 = 输出系统的物料质量

对包含化学反应的过程，由于反应过程中分子的物质的量可能会发生变化，进入系统的总分子的物质的量不一定等于系统输出的总分子的物质的量。但以原子的物质的量进行衡算时，上式仍恒等。对物理过程，用总质量恒等和总分子物质的量恒等来计算都是可以的。

9.3.1.3 物料衡算的基准

物料衡算的基准选择很重要，基准选择得当可使计算简化。对一个系统，究竟采用什么作基准要看具体情况，不宜硬性规定，但可作如下建议：

① 已知进料或出料的组成，则用质量分数表示，如用 100kg 或 100g 物料为基准，若物料组成用摩尔分数表示，则用 100kmol 或 100mol 物料作基准。

② 以 1t 产品为基准。

③ 以 1kmol 某反应物为基准。

④ 在进行设备和管道设计时，物料量的基准单位为 kg/h、kmol/h 或 kg/s、kmol/s 等，这时，要把用其他基准表示的物料衡算结果换算为上述单位。

9.3.2 物料计算基本物理量

（1）流体的流量和流速

化工生产大部分是连续操作，工程设计中最常遇到的是流动系统，因而流体的流量和流速是一个基本的设计参数。

①流体的流量可以用体积流量 Q（单位为 m^3/h、m^3/min、m^3/s 等）；质量流量 W（单位为 kg/h、kg/min、kg/s 等）和摩尔流量 F（单位为 kmol/h、kmol/min、kmol/s 等）来表示。

② 流体的线速度是流体单位时间在流动的方向上所流经的距离，单位常用 m/s 表示。工程上，一般用流体的体积流量 Q 除以截面积 A 所得的商表示流体通过该截面的线速度 u。

$$u=\frac{Q}{A}$$

而单位时间流过管道或设备的单位横截面积的流体的质量 W 称为质量流速 G，单位为 $kg/(m^2 \cdot h)$、$kg/(m^2 \cdot min)$或 $kg/(m^2 \cdot s)$等。质量流速计算公式为

$$G=\frac{W}{A}$$

③ 质量流量、体积流量和线速度之间的关系，可用下式表示：

$$W=Q\rho=uA\rho$$

（2）摩尔分数和质量分数

① 摩尔分数。混合物中某组分的物质的量与混合物的物质的量之比称为该组分的摩尔分数。气体混合物中 i 组分的摩尔分数用 y_i 表示，而液体混合物中 i 组分的摩尔分数一般用 x_i 表示，即

$$y_i=\frac{n_i}{n_t} \quad 或 \quad x_i=\frac{n_i}{n_t}$$

对于流动物系，摩尔分数为：

$$y_i=\frac{F_i}{F_t} \quad 或 \quad x_i=\frac{F_i}{F_t}$$

对于混合气体，i 组分的摩尔分数和体积分数相等。

② 质量分数。混合物中，某组分的质量与混合物质量之比为该组分的质量分数，用 ω_i 表示。

$$\omega_i=\frac{i组分的质量}{混合物的质量}$$

对流动物系则有：

$$\omega_i=\frac{i组分的质量流量}{混合物的质量流量}=\frac{W_i}{W_t}$$

和

$$\omega_i=\frac{i组分的质量流速}{混合物的质量流速}=\frac{G_i}{G_t}$$

质量分数和摩尔分数可以相互换算，前提条件是已知混合物中各组分的分子量。

（3）气体的体积

工程计算中，一般操作压力在 1MPa 以下时，气体可按理想气体对待，按照理想气体状态方程 $pV=nRT$ 计算。对混合气体，式中 n 按混合气体平均分子量计算。式中通用气体常数 R 的具体数值因单位而异，计算时需要注意。

当操作压力在 1MPa（10 atm）以上时，在工程计算中气体应按真实气体对待。在计算高压下的气体体积的各种计算方法中，以压缩因子法为最方便，即用压缩因子 Z 作为一个校正系数，来校正理想气体状态方程式，用来计算真实气体的体积，其数学形式为：

$$pV=ZnRT \tag{9-1}$$

Z 是对比压力 p_r、对比温度 T_r 的函数，其值可由 T_r、p_r 计算或查压缩因子图得到。

对比压力和对比温度的定义式

$$p_r=\frac{p}{p_c}，T_r=\frac{T}{T_c} \tag{9-2a}$$

对氮、氦、氖三种气体，按下面的式子计算 p_r 和 T_r 所求得的 Z 值更符合实际情况：

$$p_r=\frac{p}{p_c+8}，T_r=\frac{T}{T_c+8} \tag{9-2b}$$

式中，压力单位是 atm（1atm=0.101325MPa）。

真实气体混合物的体积仍用压缩因子法计算，压缩因子的值可用混合气体的对比压力和对比温度由附录中的普遍化压缩因子图查出，混合气体的对比压力和对比温度的定义是

$$p_r=p/p_c' 和 T_r=T/T_c'$$

p_c' 和 T_c' 由各组分的临界压力和临界温度按摩尔分数加权平均得到，即

$$p_c'=x_1p_{c1}+x_2p_{c2}+\cdots+x_np_{cn}=\sum x_ip_{ci} \quad 和 \quad T_c'=x_1T_{c1}+x_2T_{c2}+\cdots+x_nT_{cn}=\sum x_iT_{ci}$$

（4）气体的密度

由于气体的体积受压力和温度的影响很大，因而气体密度受压力和温度的影响也很大。

① 一般压力、温度下气体的密度。在工程计算中，压力在 1MPa（10atm）以下时气体可按理想气体对待，$n$kmol 气体的质量为（nM）kg，其体积为$\left(22.4n\times\dfrac{273+t}{273}\times\dfrac{0.1013}{p}\right)\text{m}^3$，则得到一般压力、温度下气体的密度计算公式如下：

$$\rho_{\text{g}}=\frac{M}{22.4\times\dfrac{273+t}{273}\times\dfrac{0.1013}{p}} \tag{9-3}$$

也可以用下面的方法推导气体的密度计算公式：$n$kmol 气体的质量为（nM）kg，其体积为$(nRT/p)\text{m}^3$，根据密度的定义得

$$\rho_{\text{g}}=\frac{Mp}{RT} \tag{9-4}$$

计算一般压力、温度下的混合气体的密度时，只需把式（9-3）和式（9-4）中的分子量 M 用混合气体平均分子量 $\overline{M}$ 代替即可。

② 高压下的气体密度。当操作压力大于 1 MPa 时，工程计算中用式（9-5）计算气体的密度

$$\rho_{\text{g}}=\frac{Mp}{ZRT} \tag{9-5}$$

③ 高压下混合气体的密度。计算高压下（压力大于 1 MPa）的混合气体的密度时需把式（9-5）中的分子量 M 用混合气体的平均分子量 $\overline{M}$ 代替，压缩因子 Z 用混合气体压缩因子 Z_{mix} 代替。Z_{mix} 的值按高压下混合气体压缩因子的求法计算得到。

【例 9-1】试求 t=300℃和 p=20.265MPa（200atm）时，3kmol 甲醇气体的体积。

解：查得甲醇的临界温度 t_{c}=239.4℃，临界压力 p_{c}=8.096MPa。题给 300℃及 20.265MPa 时甲醇的对比温度和对比压力为

$$T_{\text{r}}=\frac{273+300}{273+239.4}=1.118$$

$$p_{\text{r}}=\frac{20.265}{8.096}=2.5$$

从压缩因子图查得 $Z=0.45$，因此

$$V=\frac{ZnRT}{p}=\frac{0.45\times3\times8.314\times10^{-3}\times(300+273)}{20.265}=0.317(\text{m}^3)$$

（5）液体的密度

在一般压力下，液体的密度随压力的变化不大，但随温度的变化较显著。在一般手册和有关书籍中，常根据实验结果列出液体的密度与温度变化的数据表，或绘出相应的图线，也可以把密度和温度的实验数据整理成公式，下面就是公式的一种：

$$\rho_{\text{l}}=\rho_0+\alpha t+\beta t^2+\gamma t^3$$

一般来说，常压、常温下的液体密度是最容易测定或查到的。因此，需要有一个方法，从常压、常温下的液体密度推算其他压力、温度下的液体密度。此时，最简便的方法是使用对应状态原理，但不是使用压缩因子，而是使用对比密度。对比密度的定义是

$$\rho_r = \frac{\rho}{\rho_c} \tag{9-6a}$$

因临界密度ρ_c不随温度、压力条件而变，所以对同一物质有：

$$\rho_2 / \rho_1 = \rho_{r2} / \rho_{r1} \tag{9-6b}$$

式中，ρ_1、ρ_{r1}分别为T_1、p_1下液体的密度和对比密度；ρ_2、ρ_{r2}分别为T_2、p_2条件下液体的密度和对比密度。根据对应状态原理，有下列关系：

$$K = \rho_r Z_c^{0.77} = \rho_r \left(\frac{\rho_c R T_c}{p_c M} \right)^{0.77}$$

从上式可以看出，K是与ρ_r成正比的数值，即

$$\rho_{r2} / \rho_{r1} = K_2 / K_1$$

结合式（9-6b）可得

$$\rho_2 / \rho_1 = K_2 / K_1$$

上式中K的数值可以根据对比压力和对比温度从图 9-8 查出。因此，可以由一个已知的液体密度ρ_1推算其他压力、温度下的液体密度ρ_2。

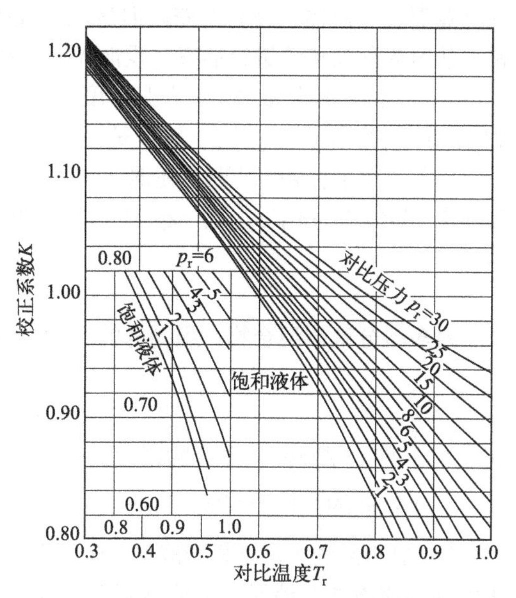

图 9-8　对比温度和对比压力对液体密度的影响

【例 9-2】已知液体乙醇在常压及 20℃下的密度为 0.7893g/cm^3，求乙醇在 12.2MPa 和 120℃下的密度。

解：查得乙醇的临界温度为 240℃，临界压力为 6.148MPa，在常压、20℃下的对比压力和对比温度为

$$\rho_{r1} = \frac{0.1013}{6.148} = 0.0165$$

$$T_{r1} = \frac{273+20}{273+240} = 0.57$$

从图 9-8 查得 $K_1 = 1.02$

在 120℃、12.2MPa 下的对比压力和对比温度为

$$\rho_{r2} = \frac{12.2}{6.148} = 1.984$$

$$T_{r2} = \frac{273+120}{273+240} = 0.766$$

由图 9-8 查得 $K_2 = 0.90$

$$\therefore \rho_2 = \rho_1 \frac{K_2}{K_1} = 0.7893 \times \frac{0.90}{1.02} = 0.6964 (\mathrm{g/cm^3})$$

工业上经常遇到各种液体混合物，它们的密度除了与温度、压力有关外，还与混合物的组成有关。某些液体混合物如甲醇、乙醇、甲醛、乙酸、硫酸、氨、碳酸铁等的水溶液，它们的组成与密度的关系已通过实验测得，并用图或表的方式表示出来，在有关的手册中不难查到，但更多的液体混合物还缺乏这类实验数据，因此，在工程计算中，当缺乏实验数据时，在一定

情况下常根据混合液中各液体组分的纯态密度和混合液的组成进行粗略估算。

两种体积分别为 V_1 和 V_2 的液体混合后的总体积严格地说不等于 V_1+V_2，所以用体积加和法计算混合液总体积会有误差。但是，一般情况下，误差并不大。因此，在缺乏实际数据时，常可使用体积加和法进行估算。设液体混合物由 1 和 2 两个组分组成，组分 1 的质量分数为 ω_1，组分 2 的质量分数为 ω_2，在某温度、压力下混合物的密度用 ρ 表示，同样条件下纯液体 1 和 2 的密度分别用 ρ_1 和 ρ_2 表示。密度是单位体积物质的质量，那么，密度的倒数 $1/\rho$ 就是单位质量的物质所具有的体积。若取上述混合液体 1kg，其中有 $\omega_1$kg 纯液体 1，其体积为 ω_1/ρ_1；$\omega_2$kg 纯液体 2，其体积为 ω_2/ρ_2，而 1kg 混合液体的体积是 $1/\rho$，按照体积加和近似规则得

$$\frac{1}{\rho}=\frac{\omega_1}{\rho_1}+\frac{\omega_2}{\rho_2}$$

对多组分液体混合物，用同样的道理可推导出

$$\frac{1}{\rho}=\sum\frac{\omega_i}{\rho_i} \tag{9-7}$$

式（9-7）就是求算液体混合物密度的公式。

（6）物质的饱和蒸气压

① 饱和蒸气压。对某一液体，在一定温度下都有相应的气液平衡状态和蒸气压力，这个压力称为该液体在该温度下的饱和蒸气压。液体的饱和蒸气压是表示液体挥发能力大小的一个属性。

一般来说，影响纯液体饱和蒸气压的唯一因素是温度。随着温度升高，液体的饱和蒸气压增大；在同一温度下不同物质的饱和蒸气压不同，见表 9-5。同一温度下，液体的饱和蒸气压愈大，表示它的蒸发能力愈强。从表 9-5 可知，这几种液体的挥发能力次序是氯仿>乙醇>水>氯苯。

表 9-5　一些液体的饱和蒸气压

温度/℃	饱和蒸气压/kPa				温度/℃	饱和蒸气压/kPa			
	水	乙醇	氯苯	氯仿		水	乙醇	氯苯	氯仿
0	0.6105	1.627	—	—	60	19.92	47.02	8.738	98.61
20	2.333	5.853	1.168	21.28	80	47.34	108.3	19.30	—
40	7.373	18.04	3.466	48.85	100	101.3	—	39.03	—

纯液体的饱和蒸气压仅是温度的函数，与液体表面及此表面的运动情况无关，但在容器中液体表面大，或剧烈搅动使表面增大，都可以使蒸发更快地达到饱和（即达到蒸发-凝结的动态平衡）。

上面所讲是密闭容器的情况，对于化工生产中的连续操作，由于有出口物流，蒸气分子可以不断地从出口逃逸，单位时间内有可能使凝结的物质的量比蒸发的物质的量少，这样的蒸气与该液体接触时，尚有容纳这种液体物质的蒸气分子的能力，因此是不饱和蒸汽，设计上，用一个饱和度的概念来描述这种情况。在这种情况下，气相中该液体的蒸气分压等于该液体在该温度下的饱和蒸气压乘以饱和度，饱和度是一个小于 1 的数值。

【例 9-3】空气从填料塔底部进入，从塔顶排出，塔顶用 130℃的热水自上而下喷淋，从塔顶排出的温度为 125℃的空气中含有大量水蒸气，若饱和度为 95%，求塔顶排出的空气中，水蒸气的分压是多少。

解：从饱和水蒸气的物理参数表中查得，125℃下的饱和水蒸气压力为233.9kPa，由于是流动系统，空气未被水蒸气饱和，所以，出塔空气中水蒸气的分压为

$$p_{H_2O} = 0.95 \times 233.9 = 222.2(\text{kPa})$$

② 液体的饱和蒸气压与温度的关系式，可以表示成下面两种方程式：

$$\lg p^0 = A - B/T \tag{9-8}$$

$$\lg p^0 = A - B/(t+C) \tag{9-9}$$

式中　A，B，C——常数，因物质而异，可查手册得到；

p^0——饱和蒸气压，mmHg（1mmHg=133.322Pa）；

T——温度，K；

t——温度，℃。

式（9-8）给出的$\lg p^0$与$1/T$是直线关系，形式简单但准确度稍差，式（9-9）准确度尚好，适用于手算和计算机运算。因此式（9-9）在工程计算中更为常用。

例 9-4 中所讲的是使用饱和蒸气压来确定蒸馏塔塔顶冷凝器在规定的操作压力下的冷凝温度。

【例 9-4】苯乙烯真空蒸馏塔，塔顶冷凝器的操作压力为3.333×10^{-3} MPa，塔顶蒸气几乎全部为苯乙烯，故可按苯乙烯计算。问：

a.冷凝温度是多少?

b.塔顶冷凝器选用何种冷却剂?

c.如果把冷凝器的操作压力降低到原来的一半，即1.666×10^{-3} MPa，求冷凝温度并选择塔顶冷凝器的冷却剂。

解：

a.从有关手册查得苯乙烯的饱和蒸气压公式为

$$\lg p^0 = A - \frac{B}{t+C}$$

式中各常数的值为A=7.2788，B=1649.6，C=230.0，代入上面的式子得到

$$\lg p^0 = 7.2788 - \frac{1649.6}{t+230.0}$$

已知冷凝压力为3.333×10^{-3}MPa，即25mmHg，将p^0=25mmHg代入苯乙烯的饱和蒸气压公式得

$$\lg 25 = 7.2788 - \frac{1649.6}{t+230.0}$$

解得t=50.5℃，即塔顶冷凝器的冷凝温度为50.5℃。

b.因冷凝器的冷凝温度为50.5℃，所以应使用厂区循环水作为塔顶冷凝器的冷却剂。

c.当冷凝器的操作压力降低到p^0=1.666×10^{-3}MPa =12.5mmHg时

$$\lg 12.5 = 7.2788 - \frac{1649.6}{t+230.0}$$

解得t=36.84℃。

在此操作压力下，冷凝温度为36.84℃。若建厂地区在南方，夏季生产中，用循环水作为冷却剂可能难以保证冷凝所要求的温度。在这种情况下，采用深井水作为塔顶冷凝器的冷却剂更为稳妥可靠。

（7）溶液上方蒸气中各组分的分压

① 理想溶液。由化学结构非常相似，分子量又相近的组分所形成的溶液，一般可以视为理想溶液，例如苯-甲苯、甲醇-乙醇、乙烯-乙烷、丙烯-丙烷、正氯丁烷-正溴丁烷、酚-对甲酚、水-乙二醇、正庚烷-正己烷等。

对理想溶液，根据拉乌尔定律，在某温度下溶液上方的蒸气中任一组分的分压等于此纯组分在该温度下的饱和蒸气压乘以该组分在溶液中的摩尔分数，即

$$p_i = p_i^0 x_i \tag{9-10}$$

在设计中，常常遇到蒸馏系统的物料计算和操作条件确定。如果蒸馏系统属于理想溶液，或可视为理想溶液（即与理想溶液的偏差不大），在计算时可以使用拉乌尔定律的关系，下面举例说明。

【例 9-5】苯-甲苯二组分精馏塔的操作压力为 99.5kPa，塔釜温度为 107℃，试计算釜液组成。

解：查得 5.53～194℃温度范围内，苯的饱和蒸气压数据如下：

$\lg p^0 = A - \dfrac{B}{t+C}$，式中 p^0 的单位是 mmHg（1mmHg=133.322Pa），各常数的值为 A=6.9121，B=1214.645，C=211.205。

$$\therefore \lg p^0 = 6.9121 - \frac{1214.645}{t+221.205}$$

甲苯在–30～200℃温度范围内的饱和蒸气压数据如下：

$\lg p^0 = A - \dfrac{B}{t+C}$，式中 p^0 的单位是 mmHg，各常数的值为 A=6.95508，B=1345.087，C=219.516：

$$\therefore \lg p^0 = 6.95508 - \frac{1345.087}{t+219.516}$$

分别用下标 A 和 B 代表甲苯和苯。107℃下，苯的饱和蒸气压：

$$\lg p_B^0 = 6.9121 - \frac{1214.645}{107+221.205}$$

解得
$$p_B^0 = 1626.4\text{mmHg} = 216.8\text{kPa}$$

107℃下甲苯的饱和蒸气压：

$$\lg p_A^0 = 6.95508 - \frac{1345.087}{107+219.516}$$

解得
$$p_A^0 = 684.8\text{mmHg} = 91.3\text{kPa}$$

苯和甲苯所组成的溶液为理想溶液，服从拉乌尔定律。根据拉乌尔定律有：

$$p_B = p_B^0 x_B$$

$$p_A = p_A^0 x_A = p_A^0 (1 - x_B)$$

p_A 和 p_B 是塔釜上方气相空间中甲苯和苯的蒸气分压，因是二组元溶液，p_A 和 p_B 之和应等于塔的操作压力 p，即

$$p_A^0 (1 - x_B) + p_B^0 x_B = p$$

已知 p=99.5kPa，代入有关数据得

$$91.3(1 - x_B) + 216.8 x_B = 99.5$$

解得

$$x_B = 0.0653$$

$$\therefore x_A = 1 - x_B = 1 - 0.0653 = 0.9347$$

② 非理想溶液。不符合拉乌尔定律的溶液称为非理想溶液，非理想溶液上方各组分的分压 p_i 与其在液相中的摩尔分数 x_i 间的关系表示为：

$$p_i = r_i p_i^0 x_i \tag{9-11}$$

式（9-11）只是在拉乌尔定律的基础上引入了一个校正系数 r，此系数称为活度系数，定义为：

$$r_i = \frac{a_i}{x_i} \tag{9-12}$$

对理想溶液，$r_i = 1$，因而 $a_i = x_i$。

显然，引入活度系数 r_i 和活度 a_i 后，可以使非理想溶液气液平衡的计算仍沿用理想溶液所使用的简单关系式——拉乌尔定律，而把一切与理想溶液的偏差均归于活度系数之中，这样，在非理想溶液的计算中，主要的问题是如何求出活度系数 r_i。

已有不少关联活度系数与浓度的定量关系式，范拉尔方程则是比较简单且应用较广的关系式。不同的物系，体现在范拉尔方程式中就是常数的值不相同。对于偏离理想溶液较大的系统，应用威尔逊方程式比应用范拉尔方程式的结果要好。威尔逊方程比范拉尔方程式复杂，因此多在用计算机运算时被采用。范拉尔方程式和威尔逊方程式以及有关系数的值，可参阅有关资料。

（8）气液平衡常数

当一个液体与其蒸气达到相平衡时，组分 i 在液相中的摩尔分数为 x_i，在气相中的摩尔分数为 y_i，y_i 与 x_i 之比称为组分 i 的气液平衡常数 K_i，即

$$K_i = \frac{y_i}{x_i}$$

有四类不同的气液平衡情况，其气液平衡常数的求法是不相同的，分述如下。

① 完全理想体系。气相是理想气体混合物，液相是理想溶液，由这样的气液两相所组成的体系称为完全理想体系。严格地说，这种体系是没有的。但在低压下的组分分子结构十分相似的溶液，例如低压下的异构体混合物和低压下同系物的混合物就接近于这种体系。工业实际物系如低压下的苯-甲苯、苯-甲苯-邻二甲苯、轻烃混合物、3-氯丙烯-1,2 二氯丙烷-1,3-二氯丙烯、甲醇-乙醇、乙烯-乙烷、丙烯-丙烷、正己烷-正庚烷、1,1-二氯乙烷-1,1,2-三氯乙烷等，都可按完全理想体系处理。

因气相为理想气体混合物，依道尔顿分压定律，对组分 i 有

$$p_i = y_i p$$

又因液相为理想溶液，服从拉乌尔定律，对组分 i 有

$$p_i = p_i^0 x_i$$

气液两相达平衡时，$y_i p = p_i^0 x_i$

$$\therefore y_i = \frac{p_i^0}{p} x_i \tag{9-13}$$

而根据气液平衡的定义有

$$y_i = K_i x_i \tag{9-14}$$

对比式（9-13）和式（9-14）得

$$K_i = \frac{p_i^0}{p} \tag{9-15}$$

由式（9-15）可知，完全理想体系中任一组分 i 的气液平衡常数只与总压及该组分的饱和蒸气压有关，而组分的饱和蒸气压又直接由温度所决定，故气液平衡常数只与总压和温度有关。

② 理想体系。气相不是理想气体混合物而液相是理想溶液，由这样的气液两相所组成的体系称为理想体系，中压（低于 2.0MPa）的理想溶液（轻烃混合物、异构体混合物、同系物混合物）属于此类。

因气相不能视为理想气体，用逸度 f 代替压力，即用 $f_{i.l}^0$ 代替拉乌尔定律中的饱和蒸气压 p_i^0，用 $f_{i.g}^0$ 代替分压定律中的总压，经推导得到

$$K_i = \frac{f_{i,l}^0}{f_{i,g}^0} \tag{9-16}$$

a.求 $f_{i.g}^0$。先根据 $p_r=p/p_c$ 和 $T_r=T/T_c$ 求出对比压力 p_r 和对比温度 T_r，然后从附录中的普遍化逸度系数图读出相应的逸度系数 ν_i，由 $f_{i,g}^0 = \nu_i p$ 便可以求出 $f_{i.g}^0$ 的值。

b. 求 $f_{i.l}^0$。先根据系统的温度 T 确定纯组分 i 在该温度下的饱和蒸气压 p_i^0，然后按 $p_r=p/p_c$ 和 $T_r=T/T_c$ 求出对比压力 p_r 和对比温度 T_r，由附录读出相应的逸度系数 ν_i 便可由 $f_{i,g}^0 = \nu_i p_i^0$ 求出 $f_{i.l}^0$ 的值。

如果操作总压 p 与饱和蒸气压 p_i^0 的值相差不大，用上面的方法求得的纯液体的逸度 $f_{i.l}^0$ 是可用的，但当 p 和 p_i^0 相差较大时，用上面的方法求出的 $f_{i.l}^0$ 的值应乘以一个校正系数 $l^{V_1(p-p_i^0)/RT}$，V_1 为组分 i 的液相摩尔体积。

③ 其他情况。一般情况是气相为理想气体混合物而液相为非理想溶液，在低压下的许多非烃类体系如水与乙醇、醛、酮等所组成的体系属于此类；另一种情况是气液两相都是非理想的，在高压下的轻烃类混合物及其他化学结构不相似的物质所组成的体系均属之，此类体系最普遍，气液平衡关系亦最复杂。以上所说的两种情况的气液平衡常数的求法，读者可参阅有关书籍，此处从略。但值得一提的是对石油化工行业很有实用价值的轻烃混合物的气液平衡常数，已提出了多种计算方法，现已有若干烃类的 p-T-K 列线图，可直接从列线图中查出不同温度、不同压力下烯烃和烷烃的气液平衡常数 K 值。

【例 9-6】乙烷-乙烯精馏塔的操作压力为 2.128MPa，塔中某截面的温度为−18℃，求此温度、压力条件下乙烷和乙烯的气液平衡常数。已知−18℃乙烯的饱和蒸气压 p^0=2.663MPa，乙烷的饱和蒸气压 p^0=1.489MPa。

解：乙烷-乙烯的液相混合物为理想溶液，但操作压力并不低，气相不能视为理想气体，属于理想体系的情况，用式（9-16）求气液平衡常数。

用下标 1 和 2 分别代表乙烯和乙烷。

① 求纯气体逸度 $f_{i.g}^0$

查得乙烯的临界参数：$T_{c1} = 282.4\text{K}, p_{c1} = 5.039\text{MPa}$

乙烷的临界参数：$T_{c2} = 305.4\text{K}, p_{c2} = 4.872\text{MPa}$

乙烯的对比温度和对比压力为

$$T_{r1} = \frac{T_1}{T_{c1}} = \frac{273-18}{282.4} = 0.903\text{，}\quad p_{r1} = \frac{p_1}{p_{c1}} = \frac{2.128}{5.039} = 0.42$$

由附录查得乙烯的逸度系数 ν_1=0.8，因此

$$f_{1,g}^0=\nu_1 p=0.8\times 2.128=1.702(\text{MPa})$$

乙烷的对比温度和对比压力为

$$T_{r2}=\frac{T_2}{T_{c2}}=\frac{273-18}{305.4}=0.835\text{，}p_{r2}=\frac{p_2}{p_{c2}}=\frac{2.128}{4.872}=0.437$$

由附录查得乙烷的逸度系数 ν_2=0.75，因此

$$f_{2,g}^0=\nu_2 p=0.75\times 2.128=1.596(\text{MPa})$$

② 求纯液体逸度 $f_{i.1}^0$

−18℃下，乙烯和乙烷的饱和蒸气压与总压相差不大。−18℃乙烯的饱和蒸气压 p_1^0=2.663MPa，其对比温度和对比压力为

$$T_{r1}=\frac{T_1}{T_{c1}}=\frac{273-18}{282.4}=0.903\text{，}p_{r1}=\frac{p_1^0}{p_{c1}}=\frac{2.663}{5.039}=0.528$$

由附录查得，ν_1=0.75，因此

$$f_{1.1}^0=\nu_1 p_1^0=0.75\times 2.663=1.997(\text{MPa})$$

−18℃下乙烷的饱和蒸气压为 p_2^0=1.489MPa，其对比温度和对比压力分别为

$$T_{r2}=\frac{T_2}{T_{c2}}=\frac{273-18}{305.4}=0.835\text{，}p_{r2}=\frac{p_2^0}{p_{c2}}=\frac{1.498}{4.872}=0.306$$

查得 ν_2=0.81，因此

$$f_{2,1}^0=\nu_2 p_2^0=0.81\times 1.489=1.206(\text{MPa})$$

③ 求该温度、压力下乙烯和乙烷的气液平衡常数

乙烯的气液平衡常数

$$K_1=\frac{f_{1,1}^0}{f_{1,g}^0}=\frac{1.997}{1.702}=1.173$$

乙烷的气液平衡常数

$$K_2=\frac{f_{2,1}^0}{f_{2,g}^0}=\frac{1.206}{1.596}=0.756$$

（9）转化率、选择性和收率

① 转化率。一个化学反应进行的程度常用转化率来表示，所谓转化率是指某一反应物转化为产物的百分数，其定义为：

$$X=\frac{\text{某反应物的转化量}}{\text{某反应物的起始量}} \tag{9-17}$$

由此可知，转化率是针对反应物而言的。如果反应物不止一种，又不按反应计量系数来配比，在这种情况下，根据不同反应物计算所得的转化率数值可能不同，但它们反映的是同一客观事实。虽然用哪种反应物来计算转化率都可以，但是还存在按哪一个反应物计算更为方便和获得更多有用信息的问题。

工业反应过程所用的原料中，各反应物组分之间的比例往往是不符合化学计量关系的。如果使用不符合化学计量关系的那个反应物来计算转化率，其值绝不可能达到 100%，即使不过量的那个反应物已全部转化，以过量的那个反应物计算的转化率也会小于 100%。这样在计算上不方便。因此，通常选择符合化学计量关系的关键组分计算转化率，这个关键组分需要符合

化学计量关系和在各组分中价值最高这两个条件。按关键组分计算的转化率，其最大值为100%，其转化率的高低直接影响反应过程的经济效果，对反应过程的评价提供更直观的信息。这里需要指出，如果原料中各反应物间的比例符合化学计量关系，则无论按哪一种反应物来计算转化率，其数值都是相同的，但一般仍然选择关键组分来计算转化率。

计算转化率还有一个起始状态的选择问题，即定义式（9-17）右边的分母起始量的选择。对于连续反应器，一般以反应器进口处原料的状态作为起始状态；而间歇反应器则以反应开始时的状态作为起始状态。当数个反应器串联使用时，往往以进入第一个反应器的原料组成作为计算基准，这样做有利于计算和比较。

【例 9-7】合成聚氯乙烯所用的单体氯乙烯，多是以氯化汞为催化剂由乙炔和氯化氢合成得到，反应式如下：

$$C_2H_2 + HCl \longrightarrow CH_2{=}CHCl$$

由于乙炔价格高于氯化氢，通常使用的原料混合气中氯化氢是过量的，设其过量10 %。若反应器出口气体中氯乙烯含量为90%（摩尔分数），试计算乙炔的转化率。

解：当进入反应器的乙炔为1 mol时，设反应掉的乙炔为 x mol，则物料衡算如表9-6所示。

表 9-6　物料衡算关系

物料	反应器进口	反应器出口
C_2H_2	1	$1-x$
HCl	1.1	$1.1-x$
$CH_2{=}CHCl$	0	x
合计	2.1	$2.1-x$

题给反应器出口气体中氯乙烯含量为90 %，即

$$\frac{x}{2.1-x}=0.9$$

解得乙炔转化率为：　　$x=0.9947$

② 选择性和收率。对于一个复杂反应系统，由于同时进行多个反应（包括副反应），只用转化率是不能全面描述这些复杂反应的。例如在银催化剂上乙烯环氧化反应，它由下列三个反应组成：

$$C_2H_4 + 0.5O_2 \longrightarrow (CH_2)_2O$$
$$C_2H_4 + 0.5O_2 \longrightarrow CH_3CHO$$
$$C_2H_4 + 3O_2 \longrightarrow 2CO_2 + 2H_2O$$

乙烯的转化率只说明三个反应的总结果，而不能说明有多少转化成目的产物环氧乙烷，又有多少转化成不希望的乙醛和无用的CO_2。所以需要再增加一个反应变量，比如说环氧乙烷的收率，才能对该反应系统作完整的描述和进行反应物料组成的计算。

收率 Y 的定义如式（9-18a）所示

$$Y=\frac{\text{生成目的产物所消耗的关键组分量}}{\text{关键组分的起始量}} \tag{9-18a}$$

在评价复杂反应时，除了采用转化率和收率外，还有产物选择性这一概念，其定义如式(9-19a)所示，式中 S 表示产物选择性。

$$S=\frac{\text{生成目的产物所消耗的关键组分量}}{\text{已转化关键组分量}} \tag{9-19a}$$

对比式（9-17）、式（9-18a）和式（9-19a）不难看出，转化率是对反应物而言的，而收率和选择性是对产物而言的。

由于复杂反应中副反应的存在，转化了的反应物不可能全都变为目的产物，目的产物的选择性恒小于1。目的产物的选择性说明了获得目的产物的程度。结合式（9-17）、式（9-18a）和式（9-19a）可得到转化率、收率和选择性三者之间的关系：

$$Y=SX \tag{9-20}$$

要注意的是，在实验室研究中，对于一些含有液相副产物的复杂反应，其选择性通常是指气相产物中目的产物的量与已转化关键组分的量的比值，其表达式为：

$$S=\frac{\text{气相产物中目的产物的量}}{\text{已转化关键组分的量}} \tag{9-19b}$$

此时，式（9-20）不适用，其收率需按下式计算：

$$Y=\frac{\text{气相产物中目的产物的量}}{\text{反应物的起始总量}} \tag{9-18b}$$

【例 9-8】 苯与乙烯烷基化反应制取乙苯的反应如下：

$$C_6H_6+C_2H_4 \longrightarrow C_6H_5C_2H_5$$

$$C_6H_6+2C_2H_4 \longrightarrow C_6H_4(C_2H_5)_2$$

反应器进口原料苯和乙烯的摩尔比为 1∶0.6，若反应器出口混合液的流量为 250kg/s，混合液的组成列于表 9-7。求

a.原料乙烯和苯的进料流量；

表 9-7 出口混合液的组成

单位	苯	乙苯	二乙苯	合计
%（质量分数）	44	40	16	100
分子量	78	106	134	

b.乙烯的转化率；

c.乙苯的收率；

d.乙苯的选择性。

解： 以乙烯为关键组分。

a.原料苯和乙烯的进料量

反应器出口混合液中含有：苯 $250\times0.44=110(\text{kg/s})$

乙苯 $250\times0.40=100(\text{kg/s})$

二乙苯 $250\times0.16=40(\text{kg/s})$

转化为乙苯的苯的量$=\frac{100}{106}(\text{kmol/s})$

转化为二乙苯的苯的量$=\frac{40}{134}(\text{kmol/s})$

∴苯的进料量$=\frac{110}{78}+\frac{100}{106}+\frac{40}{134}=2.652(\text{kmol/s})=206.8(\text{kg/s})$

乙烯的进料量$=0.6\times2.652=1.591(\text{kmol/s})=44.55(\text{kg/s})$

b.乙烯的转化率

$$乙烯的转化量=转化为乙苯的乙烯量+转化为二乙苯的乙烯量$$

$$=\frac{100}{106}+2\times\frac{40}{134}=1.54(\text{kmol/s})$$

∴乙烯的转化率为

$$X=\frac{转化的乙烯}{加入反应器的乙烯}=\frac{1.54}{1.591}\times100\%=96.8\ \%$$

c. 乙苯的收率

$$Y=\frac{转化为乙苯的乙烯}{加入反应器的乙烯}=\frac{\frac{100}{106}}{1.591}\times100\%=59\%$$

d. 乙苯的选择性

$$S=\frac{Y}{X}=\frac{0.59}{0.968}\times100\%=61\%$$

9.3.3 简单的物料衡算

物料衡算的基本准则是质量守恒定律。以稳态过程为例，该定律规定了进入系统的所有物流的总质量或原子总数等于所有引出物流的总质量或原子总数。若没有化学反应发生，则所有进入过程的任一化合物的摩尔流量必然等于离开该过程的同一化合物的摩尔流量。

对于任一流程，求解物料衡算的主要步骤如下：

① 分析并确定求解问题的实质与求解的系统；

② 画出该过程的物流示意图；

③ 圈出求解系统在流程图中的边界；

④ 对于复杂的过程问题，需列表进行自由度分析，检查给定的数据条件与求解的变量数目是否相符，确定求解的步骤；

⑤ 选定计算基准；

⑥ 对于简单的衡算问题，可不做自由度分析，列表给出进口、出口流股，其后直接求解；

⑦ 列出衡算的数学模型，并进行求解计算。

下面首先研究几种基本操作物料衡算的数学模型。任一复杂过程皆可用这几个基本模型组合出的数学模型进行描述。

9.3.3.1 简单的物料衡算模型

对于任意系统皆可简化为下述具有 NI 个进入流股及 $NT-NI$ 个引出流股的简化示意图，如图 9-9 所示。对于该示意流程图，可写出如下一组物料衡算通式。

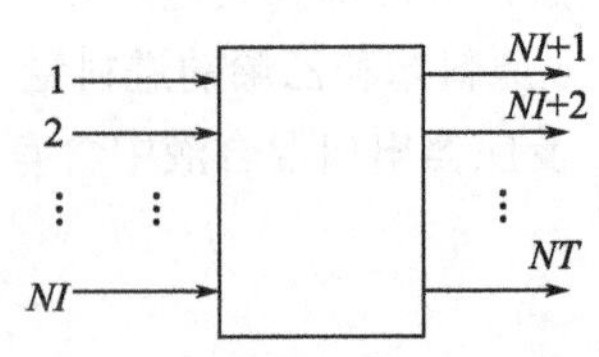

图 9-9 简单衡算系统示意图

总体的物料衡算：

$$\sum_{i=1}^{NI}F_i=\sum_{i=NI+1}^{NT}F_i \qquad (9\text{-}21)$$

组分的物料衡算：

$$\sum_{i=1}^{NI}F_iZ_{i,j}=\sum_{i=NI+1}^{NT}F_iZ_{i,j}\quad (j=1,2,\cdots,NC) \qquad (9\text{-}22)$$

组成的约束条件：

$$\sum_{j=1}^{NC}Z_{i,j}=1.0\quad (i=1,2,\cdots,NT) \qquad (9\text{-}23)$$

简单衡算模型中的符号含义见表 9-8。

表 9-8　简单衡算模型中的符号明细表

符号	意义	符号	意义
$A_{i,j}$	在第 i 个组分中第 j 个化学元素的原子数目	NI	进入流股的数目
F_i	第 i 流股的总流量	NT	物质流股的总数
F_j^i	第 i 个流股中 j 组分的流量	Q	流动系统中传递的热量
H_i	第 i 流股的焓	v_j	在反应中第 j 个组分的化学计量系数，对于反应物为负值；对于产物为正值
M_i	第 i 组分的分子量		
NC	组分的数目	W	由流动系数中所得到的功
NE	化学元素的数目	$Z_{i,j}$	在第 i 个流股中 j 组分的组成

9.3.3.2　混合器和分离器的物料衡算

（1）简单混合

简单混合是指若干不同流股在一容器内混合为一个流股而流出，如图 9-10 所示。系统的物料衡算通式为

$$(F_i Z_{i,j})_{i=NT} = \sum_{i=1}^{NT-1}(F_i Z_{i,j}) \quad (j=1,2,\cdots,NC) \tag{9-24}$$

$$F_{NT} = \sum_{i=1}^{NT-1} F_i \tag{9-25}$$

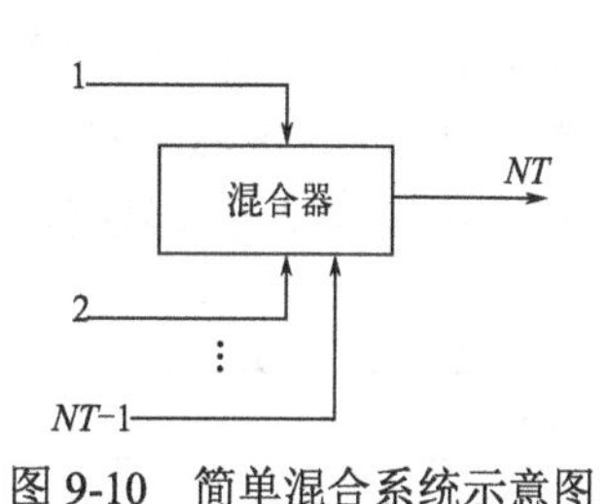

图 9-10　简单混合系统示意图

【例 9-9】将含有 40%（质量分数，下同）硫酸的废液与 98 %浓硫酸混合生产 90%硫酸，产量为 1000kg/h。各溶液的第二组分为水，试完成其物料衡算。

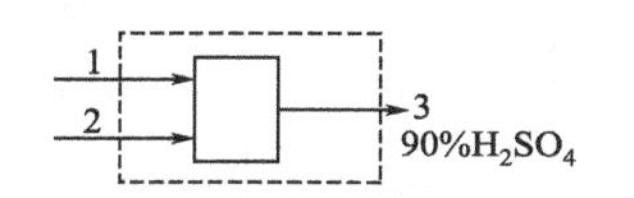

图 9-11　例 9-9 简单混合系统示意图

解：（1）求解系统为简单的混合系统，简化流程如图 9-11 所示。以虚线圈出系统边界，进两个流股，出一个流股。

（2）计算基准：1h。

（3）列出进出流股表。

（4）应用通式可列出衡算式。

水的平衡：$0.60F_1 + 0.02F_2 = 100$

总体衡算：$F_1 + F_2 = F_3 = 1000$

以上二式联解得：F_1=138kg/h，F_2=862kg/h

最后用 F_1、F_2 及已知组成计算出各流股、各组分的量，并逐项填写在表 9-9 中，于是该表就成为一份完整的物料衡算表。

表 9-9　例 9-9 的物料衡算表

流股	1		2		3	
组分	40%硫酸		98%硫酸		90%硫酸	
	/kg	质量分数	/kg	质量分数	/kg	质量分数
H_2SO_4	55.2	0.40	844.8	0.98	900.0	0.90
H_2O	82.8	0.60	17.2	0.02	100.0	0.10
总计	138.0	1.00	862.0	1.00	1000.0	1.00

（2）简单分离

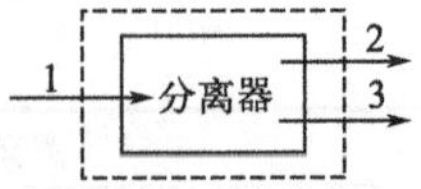

流程如图 9-12 所示，其物料衡算通式为

$$F_1 = F_2 + F_3 \tag{9-26}$$

$$F_2 = \frac{F_1 Z_{1,j} - F_3 Z_{3,j}}{Z_{2,j}} \tag{9-27}$$

1 分离器 2 3

图 9-12　简单分离系统示意图

$$F_3 = \frac{F_1 Z_{1,j} - F_2 Z_{2,j}}{Z_{3,j}} \tag{9-28}$$

【例 9-10】 将一个含有 20 %（摩尔分数，下同）丙烷（C_3）、20 %异丁烷（i-C_4）、20 %异戊烷（i-C_5）和 40 %正戊烷（n-C_5）的混合物引入精馏塔分离。塔顶馏分为含 50%C_3、44%i-C_4、5% %n-C_5 的混合物，塔底引出流股中仅含 1%的 C_3。试完成其物料衡算。

解： 由图 9-12 可知，该系统有一个流入流股，两个引出流股。计算基准：100 kmol/h 进料。

按简单分离物料衡算通式写出

C_3 组分衡算式：$0.05F_2 + 0.01F_3 = 20$ kmol/h

总体衡算式：$F_2 + F_3 = 100$ kmol/h

则可解出：　F_2=38.8kmol/h，F_3=61.2kmol/h

用 F_2 和 F_3 以及已知数据求出塔底流股的未知组成及各流股的衡算数据，依次填入表 9-10 中。

表 9-10　衡算结果

流股	1		2		3	
组分	进料		馏分		塔底流	
	/(kmol/h)	组成	/(kmol/h)	组成	/(kmol/h)	组成
C_3	20	0.2	19.4	0.50	0.6	0.01
i-C_4	20	0.2	17.1	0.44	2.9	0.05
i-C_5	20	0.2	1.9	0.05	18.1	0.30
n-C_5	40	0.4	0.4	0.01	39.6	0.64
合计	100	1.00	38.8	1.00	61.2	1.00

9.3.3.3　具有化学反应的物料衡算

按照质量守恒定律，对于化学反应

$$\nu_1 A + \nu_2 B + \nu_3 C = \nu_4 D + \nu_5 E \tag{9-29}$$

其物料衡算式

$$\sum_{j=1}^{NC} M_j \nu_j = 0 \tag{9-30}$$

【例 9-11】 在催化剂作用下，甲醇借助空气氧化可以制取甲醛流程如图 9-13 所示。为了保证甲醇有足够的转化率，

$$F_2 \sum_{j=1}^{NC} Z_{2,j} a_{j,k} = F_1 \sum_{j=1}^{NC} Z_{1,j} a_{j,k} \quad (k = 1, 2, \cdots NE)$$

按上述模型求出的解列于表 9-11。

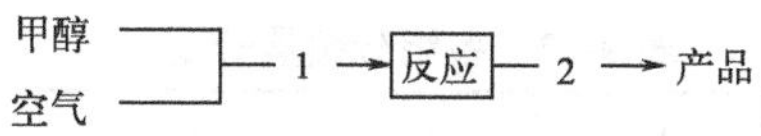

甲醇 ─┐
空气 ─┘─ 1 → 反应 ─ 2 → 产品

图 9-13　例 9-11 简化流程图

表 9-11　例 9-11 计算结果

项目	CH_3OH	O_2	惰性组分	HCHO	H_2O
	$CH_3OH+0.5O_2 = HCHO+H_2O$				
按化学计算式计算需求量/(kmol/h)	100.0	50.0		100.0	100.0
过量 50 %空气，试剂量/(kmol/h)	100.0	75.0	282.1		
甲醇转化率为 75 %时转化掉的物质/(kmol/h)	75.0	37.5			
生成的物质/(kmol/h)				75.0	75.0
未转化物质/(kmol/h)	25.0	37.5	282.1		
总计/(kmol/h)					
进入气体/(kmol/h)	100.0	75.0	282.1		
引出气体/(kmol/h)	25.0	37.5	282.1	75.0	75.0
引出气体的组分分析（摩尔分数）/%	0.05	0.08	0.57	0.15	0.15

9.3.3.4　简单过程的物料衡算

含有惰性组分的过程是常见的简单化工过程之一。所谓惰性组分即在整个过程中含量始终不变的组分。下例中的氮就是惰性组分。

【例 9-12】 今有一油分，经质量分析得知，其中含有 84 %的碳和 16 %的氢。现以 100 kg/h 的油分、3.6 kg/h 的水蒸气和空气混合燃烧。分析燃烧尾气，其中含有 9.5 %的 CO_2（体积分数）。试求供给燃烧炉的空气过剩量是多少。

解： 该燃烧过程的反应为

$$C_nH_m + RO_2 \longrightarrow nCO_2 + 0.5mH_2O$$

式中 $R=n+0.25m$。

该反应亦可分解为 C 与 H_2 的燃烧反应，即

$$C + O_2 \longrightarrow CO_2$$

$$H_2 + 0.5O_2 \longrightarrow H_2O$$

（1）计算基准：1h。

（2）估算输入流量

$$84\text{ kg C} = \frac{84}{12} = 7(\text{kmol})$$

$$16\text{ kg } H_2 = \frac{16}{2} = 8(\text{kmol})$$

$$3.6\text{ kg } H_2O = \frac{3.6}{18} = 0.2(\text{kmol})$$

（3）用分解反应做反应物质的物料衡算，各组分在各个步骤中的数量分配列于表 9-12 中，表中 x 表示过剩的氧气量，y 表示进料中的氮。

表 9-12 各组分数量分配 单位：kmol

项目	H_2	C	O_2	CO_2	H_2O	N_2
反应1 $C+O_2 \longrightarrow CO_2$						
消耗		7	7			
产生				7		
反应2 $H_2+0.5O_2 \longrightarrow H_2O$						
消耗	8		4			
产生					8	
未变组分			x		0.2	y
出口尾气			x	7	8.2	y

（4）计算过剩的空气量

按化学计量式所需 O_2 为 4+7=11(kmol)

实际供应氧气量为 11 +x kmol

氮气进出总量不变，按大气组成计算

$$y=(11+x)\times\frac{0.79}{0.21}=41.38+3.76x$$

全部引出的气体量为 15.2+x+y=56.58+4.76x

按题给条件在出口气体中 CO_2 占 9.5%，即

$$\frac{7}{56.58+4.76x}=0.095$$

解得 x=3.59(kmol)

实际供氧量为： 11+x=11+3.59=14.59(kmol)

所以过剩空气量与反应所需空气量的百分比 p 等于其相应的氧气量的比，即

$$p=\frac{\text{出口流中O}_2}{\text{化学计量中的O}_2}\times100\%$$

$$=\frac{3.59}{11.00}\times100\%=32.6\%$$

【例 9-13】应用惰性组分的特征可简化过程的物料衡算，例 9-12 已经说明了这一点，本例题亦可运用这一概念简化运算。

将一股流量为 50kmol/h，含有 15%（摩尔分数，下同）CO_2 和 5% H_2O 的气流送入吸收塔，用新鲜水吸收 CO_2。吸收后的气体中含 1%CO_2 和 3%H_2O。新鲜水的流量为 500kmol/h。试求出口流股组成与流量。

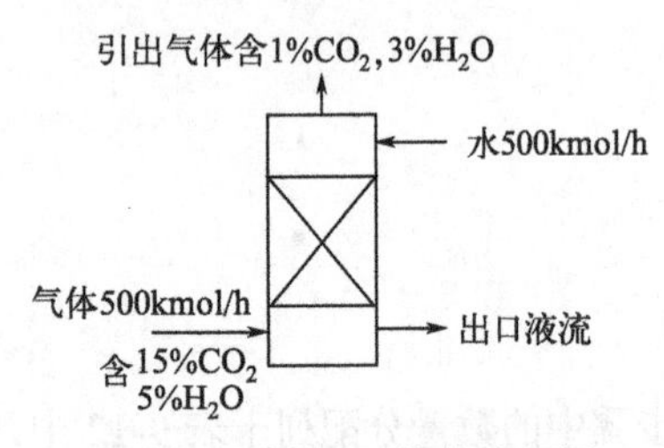

图 9-14 例 9-13 简化流程图

解：按题意绘出图 9-14 所示的简化流程图。按题给条件得知吸收过程中惰性物质的流量为：50×（1–0.15–0.05）= 40kmol/h，惰性物质入塔气体及引出气体中的组成分别为：80%（100%–15%–5%）及 96%（100%–1%–3%）。

利用上述数据及已知数据对各个组分做物料衡算，将得到的全塔物料衡算结果列于图 9-15 中，该图称为全塔的物料平衡图。

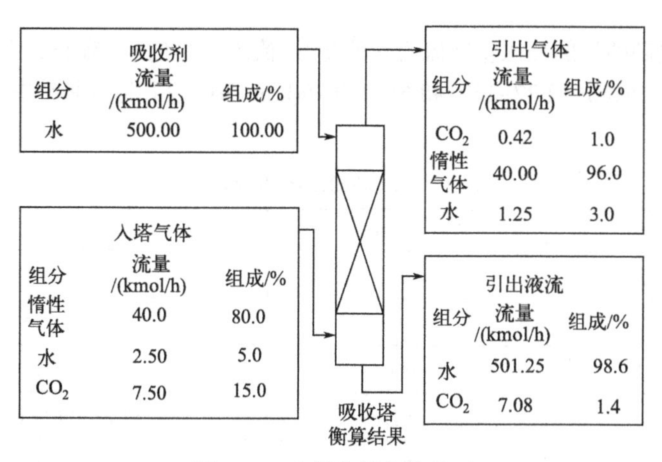

图 9-15　全塔物料衡算结果

【例 9-14】制取硝酸的物料衡算。

图 9-16 给出了由氨氧化制硝酸的主要步骤，各步骤的主要化学反应为

在转化器中：$NH_3 + 1.25O_2 = NO + 1.5H_2O$

在氧化器中：$NO + 0.5O_2 = NO_2$

在硝酸塔中：

$2NO_2 + 0.5O_2 + H_2O = 2HNO_3$

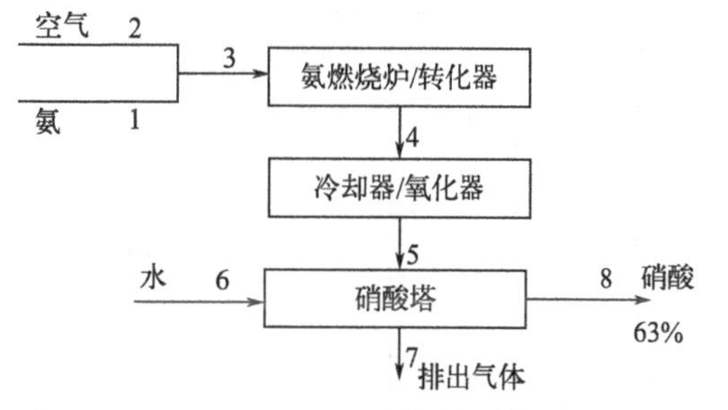

图 9-16　例 9-14 简化流程

已知数据如下：

① 供给系统的氨量为 100kmol/h；

② 由空气供给的氧量为 225kmol/h，氮为 846.43kmol/h；

③ 在氨的燃烧炉和转化器中生成一氧化氮，98 %的 NH_3 转化为一氧化氮，同时有 2%的 NH_3 分解为 H_2 继而被氧化为水，所以全部反应为：

$$NH_3 + 1.24O_2 = 0.98NO + 0.01N_2 + 1.5H_2O$$

④ 在冷却器/氧化器中，99%的一氧化氮转化为二氧化氮；

⑤ 在硝酸塔中，所有的二氧化氮被吸收而且氧化生成 63%（质量分数）的硝酸；

⑥ 硝酸塔排出气体中有氮、氧和一氧化氮，该排出气体被 35℃的水蒸气所饱和，塔压为 4atm。在此条件下水蒸气压力为 42mmHg。试求加入硝酸塔的水量，并列出全系统的物料衡算表。

解：① 计算基准：1h。

② 流股 1 氨气和流股 2 空气混合组成流股 3，进入转化器进行氧化反应后得到流股 4。流股 4 进入氧化器反应后生成流股 5。这几个流股的计算比较简单，硝酸塔中的物料衡算结果列于表 9-13 中。全系统流量的计算结果列于表 9-14 中。

流股 7 由 NO、O_2、N_2 及水蒸气组成，假设流股 7 混合物为理想气体，则有

流股 7 中水的摩尔分数=42/（4×760）=0.0138

流股 7 中 NO、O_2 及 N_2 的总流量为：0.98+28.24+847.43=876.65(kmol/h)

流股 7 中水分量为：876.65×0.0138/（1−0.0138）=12.27(kmol/h)

最后可计算出硝酸塔的加入量（流股 6 的量）：流股 6 中的水=流股 8 中的水+流股 7 中的水-出口流中的水=199.68+12.27−150+48.51=110.46(kmol/h)，最后将全系统中各流股各组分的流量列于表 9-14 中。

表 9-13　例 9-14 硝酸塔中的物料衡算结果

化学计量式系数		流股 5/(kmol/h)	出口流(流股 7+流股 8)/(kmol/h)
HNO_3	2	0	97.02
NO_2	−2	97.02	0
NO	0	0.98	0.98
O_2	−0.5	52.49	52.49−97.02×(0.5/2)=28.24
N_2	0	847.43	847.43
H_2O	−1	150.00	150.00−97.02×[−1/(−2)]=101.49

表 9-14　各流股各组分的流量　　单位：kmol/h

流股	1	2	3	4	5	6	7	8
NH_3	100	0	100	0	0	0	0	0
HNO_3	0	0	0	0	0	97.0	0	97.0
NO_2	0	0	0	0	97.0	0	0	0
NO	0	0	0	98.0	1.0	0	1.0	0
O_2	0	225.0	225.0	101.0	52.5	0	28.2	0
N_2	0	847.43	847.43	847.43	847.43	0	847.43	0
H_2O	0	0	0	150.0	150.0	110.46	12.27	199.68

9.3.4　不带化学反应的化工流程的物料衡算

下面以一个例题来说明不带化学反应的化工流程的物料衡算过程，然后，我们将介绍对于同样的例题，采用计算机辅助设计的化工过程的求解过程。

【例 9-15】一个由四个精馏塔和一个分流器组成的化工流程示意图如图 9-17 所示。流程中无化学反应，所有组成均为摩尔分数。要求从塔 2 底部出来的流股流量有 50%回流到塔 1，试计算确定流程中所有未知的流股流量和组成。

解：在图 9-17 中，一些流股的部分或全部流股变量已经由设计条件给出，但仍然有一些流股变量未知。由于该例题要求确定流程中所有未知的流股变量，所以，其物料衡算范围应该是全部流程。

该流程虽然只牵涉到 4 种组分，但由于牵涉到 5 个单元设备、11 个流股，所以其物料衡算计算相对一个单元操作的物料衡算要复杂一些。为了确定物料衡算计算的顺序，先进行该流程的物料衡算自由度分析，这样还可以对设计条件（数据）充分与否进行校验。

在做该流程的自由度分析之前，应该根据流程的特点和流股与单元设备的联系确定流程中所有过程可能含有的组分种类。在本例题中，1、4、5、6、7、9、10、11 号流股的组分种类已经十分明显了，但 2、3、8 号流股的组分种类就需要根据流程的特点和流股与单元设备的联系

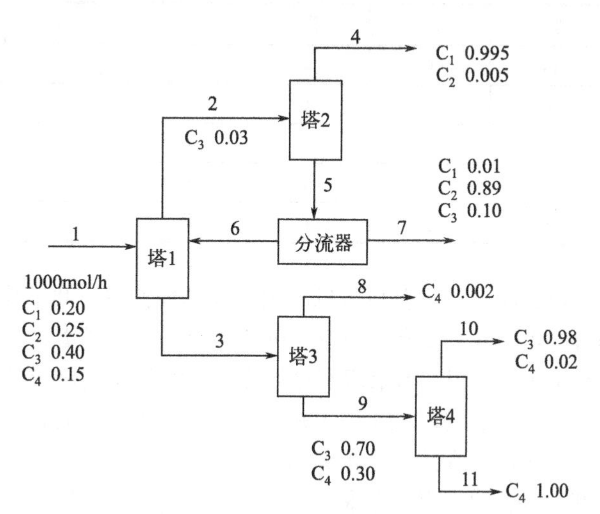

图 9-17　不带化学反应的精馏塔群流程示意图

来进行分析判断。本例题中，由于塔 2 的输出流股中含有 3 种组分，所以 2 号流股就必然含有 3 种组分（C_1、C_2、C_3），同理可以判断出 3 号流股和 8 号流股含有 3 种组分（C_2、C_3、C_4）。还应该注意，本例题中 5、6、7 三个流股是直接与分流器相连接的流股，它们的组成应该完全相同。

同时，由于本例题只要求做物料衡算。各流股的温度可以不当作流股变量。应该说明的是，这种情况在真实的化工流程设计中非常少见。

流程自由度分析说明以下几点：

① 塔 1 的流股变量总数为 13，因为塔 1 牵涉到 1、2、3、6 共四个流股，由 1 号流股 4 个流股变量，2 号流股、3 号流股和 6 号流股各 3 个流股变量组成。塔 1 共牵涉到 4 种组分，所以可以列出 4 个独立的物料衡算方程。

② 本例题的分流器虽然牵涉到 3 种组分，但其只能列出 1 个独立的物料衡算方程。而且其流股变量总数只有 5 个，分别是 5 号流股的流量、6 号流股的流量、7 号流股的流量以及任意两种组分的组成含量。

③ 自由度分析表中的过程自由度分析时，应该注意其流股变量总数包括了流程中所有流股（包括进出流程的流股和中间流股）的流股变量之和。其物料衡算方程数一般等于所有单元（不包括整体这个虚拟单元）物料衡算方程数之和。

④ 自由度分析表中整体的自由度分析时，应该注意流程整体这个虚拟单元的特性，它与过程的自由度分析不同。整体计算时，衡算范围边界线只穿过流程系统的进出流股，本例题可以将整体看作 1 号流股进，4、7、8、10、11 号流股出的一个虚拟精馏塔，整体的物料衡算只与这些进出系统的流股有关，而与其他中间流股无关。

由以上自由度分析（表 9-15）可以看出，由于各单元（包括整体）的自由度均大于或等于零，而且流程过程的自由度等于零，所以该流程设计给定的数据条件与求解的变量数目是相符的，其物料衡算计算可以得到唯一的确定解。

表 9-15　例 9-15 流程的自由度分析

项目	塔 1	塔 2	塔 3	塔 4	分流器	过程	整体
总流股变量数	13	8	8	5	5	25	15
MB 方程数	4	3	3	2	1	13	4
已知流股变量数	6	4	2	2	2	10	8
已知附加方程数	0	0	0	0	1	1	0
自由度	2	1	3	1	1	0	2

对于本例题，从流程过程自由度分析可以看出，其物料衡算总共牵涉到 25 个变量，其中有 11 个已知，相当于有 14 个未知变量，相应地可以列出 1 个物料衡算方程和 1 个设计约束的附加方程，总共 14 个独立的方程。本章后面将要介绍计算机辅助化工过程设计计算的联立方程法，就是用这 14 个方程联立求解出 14 个未知变量。但对于计算而言，联立方程求解的计算工作量是巨大的，所以，在此先介绍单个单元的逐个求解。

从本例题的自由度可以看出，应该先求解自由度最小的单元，然后求解与其相邻的自由度相对较小的单元，直到计算完所有的流程单元，求解出流程中所有的未知流股变量。具体求解过程如下。

塔 2 的 3 个独立的物料衡算方程为

$$F_2 = F_4 + F_5$$
$$0.03F_2 = 0.10F_5$$
$$X_{2,C_1}F_2 = 0.995F_4 + 0.01F_5$$

3 个方程、4 个未知变量，所以自由度为 1，与其自由度分析结果相符，只能部分求解。

解得

$$X_{2,C_1} = 0.6995，\ X_{2,C_2} = 0.2705，\ X_{2,C_3} = 0.03$$
$$F_5 = 0.3F_2$$
$$F_4 = 0.7F_2$$

分流器的物料衡算

$$F_5 = F_6 + F_7$$
$$F_6 = 0.5F_5$$

对于分流器而言，有 3 个未知变量，只有 2 个方程，表明其自由度为 1。同样只能部分求解。

解得

$$F_6 = 0.15F_2$$
$$F_7 = 0.15F_2$$

塔 1 的物料衡算

$$1000 + F_6 = F_2 + F_3$$
$$200 + 0.01F_6 = X_{2,C_1}F_2$$
$$250 + 0.89F_6 = (1 - 0.03 - X_{2,C_1})F_2 + X_{3,C_2}F_3$$
$$400 + 0.10F_6 = 0.03F_2 + X_{3,C_2}F_3$$

以上 4 个方程中，有 6 个未知变量，自由度为 2。将塔 2 和分流器衡算方程部分求解的结果代入塔 1 的方程组中，塔 1 的物料衡算方程变为

$$1000 + 0.15F_2 = F_2 + F_3$$
$$200 + 0.0015F_2 = 0.6995F_2$$

$$250+0.1335F_2=0.2705F_2+X_{3,C_2}F_3$$

$$400+0.015F_2=0.03F_2+X_{3,C_3}F_3$$

以上 4 个方程组可完全求解，解得

$$F_2=286.53,\ F_3=756.45$$

$$X_{3,C_2}=0.2786,\ X_{3,C_3}=0.5231,\ X_{3,C_4}=0.1983$$

将上述结果回代入塔 1 和分流器的部分求解结果中，得

$$F_5=85.959,\ F_4=200.5711$$

$$F_6=42.9795,\ F_7=42.9795$$

至此，与塔 1、塔 2 和分流器有关的流股变量已经通过衡算全部确定。虽然塔 2 和分流器的衡算是部分求解，但解到塔 1 后，其结果变成能全部求解。有经验的化学工程师很容易发现本例题流程的特点，即全流程系统可以分成由塔 1、塔 2 与分流器组成的子系统和由塔 3、塔 4 组成的子系统两个相对独立的部分，而且两个子系统只通过一个流股（3 号流股）相连。那么，物料衡算计算时，很容易使人产生将这两个子系统分开计算的意图，而这种意图将使衡算计算变得相对简单。而且对由塔 1、塔 2 与分流器组成的子系统进行过程自由度分析可以发现，该子系统过程的自由度恰好为零。这也是塔 2、分流器的衡算是部分求解，但解到塔 1 后就变成能完全求解的原因所在。

很明显，通过全流程的特点可以看出，下一步应该求解塔 3 的物料衡算。

塔 3 的物料衡算

$$F_3=F_8+F_9$$

$$X_{3,C_2}F_3=X_{8,C_2}F_8$$

$$X_{3,C_4}F_3=0.002F_8+0.3F_9$$

解得

$$F_8=258.17,\ X_{8,C_2}=0.81616,\ X_{8,C_3}=0.18184,\ X_{8,C_4}=0.002$$

$$F_9=258.17,\ X_{9,C_3}=0.70,\ X_{9,C_4}=0.30$$

塔 4 的物料衡算

$$F_{10}+F_{11}=F_9$$

$$X_{9,C_3}F_9=0.98F_{10}$$

解得

$$F_{10}=355.914,\ F_{11}=142.366$$

至此，全部未知的流股变量已经解出，将计算结果以流程的物料衡算结果一览表的形式给出（见表 9-16）。

表 9-16　流程的物料衡算结果一览表

流量及组成	流股号						
	1	2	3	4	……	10	11
总流量/(mol/h)	1000	286.53	756.45	200.57		355.914	142.366
C_1 分流量/(mol/h)	200	200.428	0	199.567		0	0
C_2 分流量/(mol/h)	250	77.506	210.747	1.0029		0	0
C_3 分流量/（mol/h）	400	8.596	395.699	0		348.795	0
C_4 分流量/(mol/h)	150	0	150	0		7.1183	142.366
X_{C_1} (摩尔分数)	0.20	0.6995	0	0.995		0	0

续表

流量及组成	流股号						
	1	2	3	4	……	10	11
X_{C_2} (摩尔分数)	0.25	0.2705	0.2786	0.005		0	0
X_{C_3} (摩尔分数)	0.40	0.03	0.5231	0		0.98	0
X_{C_4} (摩尔分数)	0.15	0	0.1983	0		0,02	1.0

该例题如上所述，是一个先进行部分衡算求解，然后进行完全求解的计算过程。针对本例题流程，不妨先将 F_1 =1000mol/h 这个流量计算基准假设为未知，将该流程改为弹性设计流程，采用变量置换法重新挑选一个流股的流量作为计算基准，这样做将大大简化该流程的物料衡算计算。具体求解过程如下。

首先假设 F_1 =1000mol/h 这个流量计算基准设为未知，做流程自由度分析，然后选择 F_4 =1000mol/h 为新的物料衡算计算基准，重新做流程的自由度分析（表 9-17）。

表 9-17　例题 9-15 假设 F_1 未知时流程的自由度分析

项目	塔 1	塔 2	塔 3	塔 4	分流器	过程	整体
总流股变量数	13	8	8	5	5	25	15
MB 方程数	4	3	3	2	1	13	4
已知流股变量数	6	4	2	2	2	10	8
已知附加方程数	0	0	0	0	1	1	0
原自由度	3	1	3	1	1	1	3
新计算基准		–1				–1	–1
新自由度	3	0	3	1	1	0	2

然后在以上自由度分析表的指导下，开始流程物料衡算计算，从塔 2→分流器→塔 1→塔 3→塔 4 顺序计算，将发现衡算计算变成了一个每个单元都能完全求解的计算序列，衡算计算变得十分简单。这样求解的结果，各流股的组成将与变量置换前的计算结果相同，只需将各流股的流量按原 F_1 流量与变量置换后计算出的 F_1 流量之间的比例换算一下即可。这就是在流程物料衡算中为简化计算使用的变量置换法。

9.3.5　带化学反应的化工流程的物料衡算

对有化学反应存在的化工流程进行物料衡算时，与不带化学反应的化工流程物料衡算相比，其最大区别在于，带化学反应流程的物料衡算，必须在衡算计算过程中引入描述化学反应程度的变量（如反应速率、反应转化率、反应选择性等）作为反应器的单元变量。而且，一个流程或一个反应器带有几种独立的化学反应，就应该相应引入几个反应单元变量。关于如何判断反应器内独立化学反应的数量，可以参考本教材第七章的内容，或有关化学反应工程方面的著作。下面以一个两反应器串联的流程来说明存在化学反应时化工流程的物料衡算过程。

【**例 9-16**】有一个水煤气变换工业流程，设计要求及已知条件如下：

① 反应器 1 的水蒸气摩尔流量是另外两股干气进料摩尔流量之和的 2 倍；

② CO 在反应器 1 中的转化率为 80%；

③ 反应器 2 出口气流中 H_2 和 N_2 的分摩尔流量比等于 3。

所有组成均为摩尔分数，已知反应器 1 和反应器 2 中分别有一个化学反应：$CO+H_2O \longrightarrow CO_2+H_2$，流程中部分流股的流量及组成标注在其流程示意图 9-18 中。试做该流程的物料衡算计算。

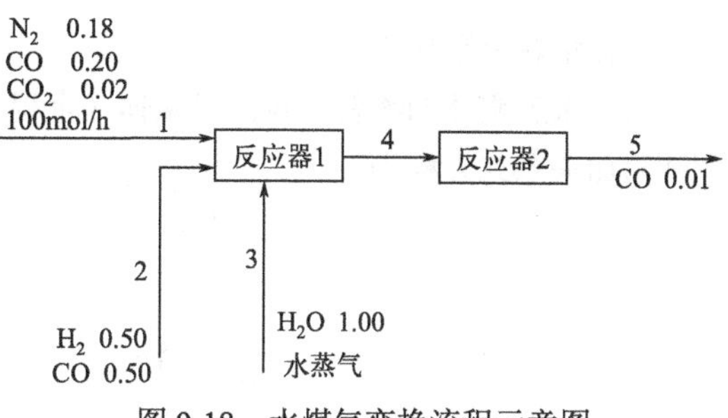

图 9-18　水煤气变换流程示意图

解：从流程的特点和流股出发，应该判断出流程中 4 号、5 号流股分别含有 N_2、H_2、H_2O、CO_2、CO 五种组分。而且直观可以看出，流程有惰性组分 N_2 进出，可以优先考虑整体物料衡算。为了说明带化学反应的流程物料衡算的特点，首先来进行该流程的自由度分析，结果见表 9-18。

表 9-18　流程自由度分析

项目	反应器 1	反应器 2	过程	整体
流股变量总数	11	10	16	11
单元变量总数	1	1	2	1
衡算方程式数	5	5	10	5
已知流股变量数	4	1	5	5
已知单元变量数	1	0	1	0
已知附加关系式数	1	1	2	2
自由度	1	4	0	0

在上述流程自由度分析中，应注意反应单元变量的意义，反应器 1 和反应器 2 因为分别存在一个化学反应，所以需要一个反应单元变量，但这个反应变量描述的是反应器 1 或反应器 2 中的单程反应程度。而该流程的整体相当于一个存在一种化学反应的虚拟反应器，需要描述整体反应程度的一个反应单元变量，但这个反应单元变量的意义与反应器 1 或反应器 2 不同，该整体反应单元变量描述的是流程全程的反应程度。

由流程自由度分析表可以看出，该流程过程的物料衡算自由度为零，表明该流程问题描述正确。同时，整体自由度为零，表明第一步应优先求解整体的物料衡算，而且整体的物料衡算能完全求解。完全求解完整体的物料衡算后，意味着与整体相关的流股的所有流股变量（即所有进出流程的流股变量）能全部解出来，然后再来看解完整体后，反应器 1 和反应器 2 的更新自由度分析情况。

由上述更新自由度分析表 9-19 可以看出，求解完整体的物料衡算后，应该接着做反应器 1 的物料衡算，而且反应器 1 的物料衡算是完全求解，可以求解出 4 号流股的所有流股变量。最后，通过 4 号流股和 5 号流股的关系，计算出反应器 2 的反应单元变量。也就是说，通过自由度分析在详细物料衡算计算之前，就可以确定物料衡算的计算步骤。

表 9-19　例 9-16 完全求解整体物料衡算后两个反应器单元的自由度分析

项目	反应器 1	反应器 2	项目	反应器 1	反应器 2
流股变量总数	11	10	已知单元变量数	1	0
单元变量总数	1	1	已知附加关系式数	0	0
衡算方程式数	5	5	自由度	0	1
已知流股变量数	6	5			

具体求解过程如下：

（1）求解整体的物料衡算。设整体（全程）基于 CO 的反应速率为 r，则整体物料衡算方程和附加关系式方程为

$$F_{5,N_2}=0.78\times100=78(\text{mol/h})$$

$$F_{5,H_2}=0.5F_2+r$$

$$F_{5,H_2}=3F_{5,N_2}=3\times78=234(\text{mol/h})$$

$$F_{5,CO}=100\times0.2+0.5F_2-r$$

$$F_{5,CO_2}=100\times0.02+r$$

$$F_{5,H_2O}=F_3-r$$

$$F_3=2\times(F_1+F_2)$$

$$\frac{F_{5,CO}}{F_{5,CO}+F_{5,CO_2}+F_{5,H_2}+F_{5,H_2O}+F_{5,N_2}}=0.01$$

解得　　$r=122.1443\text{mol/h}$，$F_2=233.7113\text{mol/h}$，$F_3=647.4226\text{mol/h}$，

$F_{5,CO}=9.7113\text{mol/h}$，$F_{5,CO_2}=124.1443\text{mol/h}$，$F_{5,H_2O}=525.2783\text{mol/h}$，

$F_{5,N_2}=78\text{mol/h}$，$F_{5,H_2}=234\text{mol/h}$

（2）紧接着求解反应器 1 的物料衡算，设反应器 1 中基于 CO 的反应速率为 r_1，则

$$r_1=(0.2\times100+0.5\times223.7113)\times80\%=105.4845(\text{mol/h})$$

通过反应器 1 的物料衡算方程式，可计算得

$$F_{4,N_2}=100\times0.78=78(\text{mol/h})$$

$$F_{4,CO}=(100\times0.2+223.7113\times0.5)\text{mol/h}-r_1=26.3712\text{mol/h}$$

$$F_{4,H_2O}=F_3-r_1=647.4226-105.4845=541.9381(\text{mol/h})$$

$$F_{4,CO_2}=0.02\times100\text{mol/h}+r_1=107.4845\text{mol/h}$$

$$F_{4,H_2}=0.5\times223.7113\text{mol/h}+r_1=217.3402\text{mol/h}$$

（3）最后，通过 4 号流股和 5 号流股的流股变量，可以计算出 CO 在反应器 2 中的反应速率 r_2 为

$$r_2=F_{4,CO}-F_{5,CO}=26.3712-9.7113$$

所以，$r_2=16.66\text{mol/h}$

至此，就完成了本例题流程的物料衡算，其流程物料衡算结果见表 9-20。

表 9-20　例 9-16 物料衡算结果

流量及组成/(mol/h)	流股号				
	1	2	3	4	5
总流量	100	223.7113	647.4226	971.1342	971.1342
N_2 分流量	78	0	0	78	78
H_2 分流量	0	111.8577	0	217.3403	234
CO 分流量	20	111.8577	0	26.3713	9.7113

续表

流量及组成/(mol/h)	流股号				
	1	2	3	4	5
CO_2分流量	2	0	0	107.4845	124.1443
H_2O分流量	0	0	647.4226	541.9381	525.2783
CO 在反应器 1 内的反应速率为 105.4845mol/h					
CO 在反应器 2 内的反应速率为 16.66mol/h					

9.3.6 带有物料循环过程的物料衡算

一般的循环问题是在过程中存在一股定值的循环流股，它可约束另外一流股中某一组分的浓度。

【例 9-17】合成氨厂氩清除问题的物料衡算。

某合成氨厂的进料为氮、氢及氩的混合气体，氢及氮的进料量为 100kmol/h，氩的进料量为 0.2kmol/h。氮、氢含量可按化学计量式配比计算，在反应器中以 25%的一次转化率转化为氨。来自反应器的混合气体进入冷凝器，分离出来的不凝气循环使用，与进料混合进入反应器。为了限制氩的累积，不凝气只做部分循环，另一部分进入支流。若要求反应器进口流股中的氩与氮和氩总量的摩尔比为 0.05，试求支流与循环流的流量比。

解：首先按题意绘出过程示意图，如图 9-19 所示。

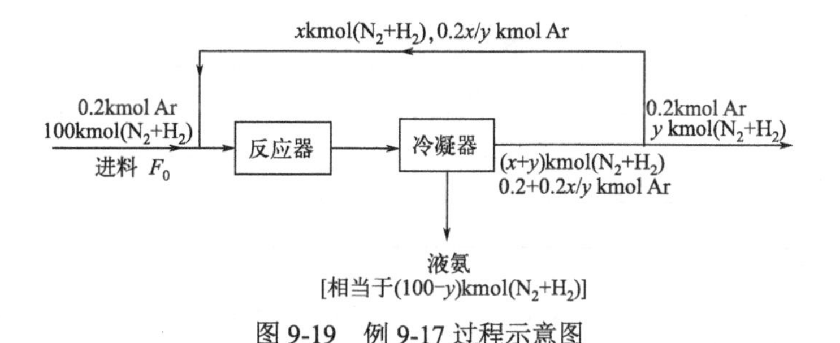

图 9-19 例 9-17 过程示意图

计算基准：1h。

① 方法 1：设在支流中引出 y kmol 的（N_2+H_2），则必然同时引出 0.2kmol 氩。设循环流为含 x kmol 的（N_2+H_2）混合气体。

则在反应器入口，氩的浓度为

$$\frac{0.2\left(1+\dfrac{x}{y}\right)}{100+x}=0.05$$

又因

$$\frac{100-y}{100+x}=0.25$$

或

$$\frac{x+y}{100+x}=0.75$$

于是解得

$$x=288, y=3$$

引出的支流量与循环流量的比为

$$\frac{y+0.2}{x+0.2\dfrac{x}{y}}=0.01$$

② 方法 2：上述解法比较简单，但不是典型解法。一般计算通常需要先假设进入反应器的总流股的速率 F_1 与支流移除分率。设进入反应器的氢及氮的流率 F_1 为 100kmol/h。s 的定义为支流移除的气体量与出冷凝器的气体总量的比率。按 F_1 与 s 的假设值列出流股衡算表，见表 9-21。

表 9-21　流股衡算

项目	N_2/(kmol/h)	H_2/(kmol/h)	NH_3/(kmol/h)	Ar/(kmol/h)
反应进料 F_1	25	75		5
反应器出料	18.75	56.25	12.5	5
引出支流	18.75s	56.25s		5s
循环气体流	18.75×(1−s)	56.25×(1−s)		5×(1−s)

在循环气体和进料混合点做组分的物料衡算（见表 9-22）。

进入反应器的氮：$0.2495F_0+18.75(1-s)=25$

进入反应器的氩：$0.0020F_0+5(1-s)=5$

联解以上两式得：$s=0.01$

应用因子（$100.2/F_0$）可得出实际流股速率。

表 9-22　衡算结果

组成	流率/(kmol/h)	摩尔分数
N_2	25	0.2495
H_2	75	0.7485
Ar	0.2	0.0020

重新计算并调整数据，直至进入反应器的氢及氮的流股流量为 100kmol/h 为止。

以上介绍了计算过程物料衡算的基本方法及其原理。显而易见，对于较大系统的物料衡算，尤其是非线性条件存在时，必须用迭代法求解，计算冗繁，应该选用计算机辅助计算方法。联立方程法构造简单，使用有弹性，适用于多种约束条件，但是要求解很大的线性与非线性联立方程，存在储存大等缺点。序贯模块法应用了流程的自然结构顺序计算，但一般需要在一股或多股流切断点处迭代求解，比较复杂，对于求解复杂的大系统的物料衡算问题，这两种方法皆有不足之处。目前，已出现两者结合的“面向方程法”。关于该方法的详尽讨论已超出了本书范围，有兴趣的读者请参阅本章参考文献[4]。这是一个具有前途的系统工程的求解方法，目前小型和较大型化工应用软件的物料衡算部分主要使用的还是上述两种计算方法。

9.4 热量衡算

9.4.1 热量衡算在化工设计中的意义

能量衡算在物料衡算结束后进行。能量衡算的基础是物料衡算，而物料衡算和能量衡算又是设备计算的基础。

全面的能量衡算应该包括热能、机械能、动能、电能、化学能和辐射能等。但在许多化工操作中，经常涉及的能量是热能，所以化工设计中的能量衡算主要是热量衡算。

在化工设计中，通过热量衡算可以得到下列设计参数。

① 换热设备的热负荷。这些换热设备包括热交换器、加热器、冷却器、汽化器、冷凝器、蒸馏塔塔顶冷凝器、蒸馏塔再沸器等。

② 反应器的换热量。这些反应器包括间歇釜式反应器、连续釜式反应器、换热式固定床反应器、中间间接换热式多段绝热固定床反应器、流化床反应器、带有冷却或加热套管的管式反应器、内设换热装置的鼓泡式反应器等。

③ 吸收塔、冷却装置的热负荷。对一些热效应比较大的吸收过程（多见于化学吸收），吸收塔内设置冷却装置（制碱工业的碳化塔就是设有很多冷却水箱的吸收塔）。冷却装置的热负荷就是通过作吸收塔热衡算得到的。

④ 加热蒸汽、冷却水、冷冻盐水的用量。这些量是其他工程如供热、供排水、冷冻站等的设计依据。

⑤ 有机高温热载体（如联苯、导热媒等）和熔盐的循环量。工业上使用这些高温热载体时一般都设计成循环系统（例如邻二甲苯氧化工段就有熔盐循环系统），循环流程中有贮罐、换热器或废热锅炉、循环泵等设备，这些设备的重要设计参数是热载体的循环量，而热载体的循环量则是通过热量衡算确定的。

⑥ 冷冻系统的制冷量和冷冻剂循环量。化工生产中常用液态氨、液态乙烯、液态丙烯、氟利昂等作为冷冻剂，通过热量衡算可确定冷冻系统制冷量和冷冻剂的循环量，作为设计冷冻系统的基本参数。

⑦ 换热器冷、热支路的物流比例。在化工生产流程中，常设置不经过换热器的冷支路以调节物料温度，通过热量衡算可确定进换热器和进冷支路的物流比例。

⑧ 设备进、出口的各股物料中某股物料的温度（已知其他各股物料温度）。最常见的例子是求算吸收塔塔底吸收剂的温度，因为塔底吸收剂的温度是计算塔底吸收推动力的必备条件。

9.4.2　热量衡算的基本方法

9.4.2.1　热量衡算的基本关系式

热量衡算是能量守恒定律的应用。连续流动系统的总能量衡算式是

$$Q+W=\Delta H+g\Delta Z+\frac{\Delta u^2}{2}$$

在进行设备的热量衡算时，位能变化、动能变化、外功等相对较小，可忽略不计，因此流动系统总能量衡算式可简化为

$$Q=\Delta H \tag{9-31}$$

式（9-31）为热量衡算基本关系式，式中 Q 是两部分热量之和：

$$Q=Q_1+Q_2$$

式中　Q_1——热载体取出的热；

Q_2——热损失，此值应为负值。

$$\therefore \quad \Delta H=Q_1+Q_2$$

ΔH 是过程总焓变，即　$\Delta H=H_{in}-H_{out}$

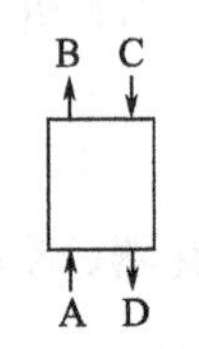

图 9-20 热衡算示意图

如将$\Delta H = H_{in} - H_{out}$应用于一般的吸收、萃取、增湿等设备（见图9-20）时，因这类设备有两股进口物料 A、C 和相应的出口物料 B、D，所以ΔH应写成：

$$\Delta H = (H_B + H_D) - (H_A + H_C) \tag{9-32}$$

式（9-32）只限于连续操作过程使用，不适用于间歇过程，且没有包括化学反应热。

除利用式（9-31）作热量衡算外，还可以使用下面形式的热衡算方程：

$$Q_1 + Q_2 + Q_3 = Q_4 + Q_5 + Q_6 + Q_7 \tag{9-33}$$

式中 Q_1——物料带入热量，如有多股物料进入，应是各股物料带入热量之和；

Q_2——过程放出的热量，包括反应放热、冷凝放热、溶解放热、混合放热、凝固放热等；

Q_3——加热介质提供的热量；

Q_4——物料带出热量，如有多股物料带出，应是各股物料带出热量之和；

Q_5——冷却介质带出的热量；

Q_6——过程吸收的热量，包括反应吸热、汽化吸热、溶解吸热、解吸吸热、熔融吸热等；

Q_7——热损失。

9.4.2.2 热量的计算方法

① 等压条件下，在没有化学反应和聚集状态变化时，物质温度从 T_1 变化到 T_2 时，过程放出或吸收的热按下式计算：

$$Q = n\int_{T_1}^{T_2} C_{p,m} \mathrm{d}T \quad 或 \quad Q = n\int_{T_1}^{T_2} \overline{C_p} \mathrm{d}T \tag{9-34}$$

Q 也可以用 T_1～T_2 温度范围的平均摩尔热容计算，计算式为：

$$Q = n\overline{C}_{p,m}(T_2 - T_1) \tag{9-35}$$

使用平均热容计算热量虽然省去了积分运算，但准确度不如积分法。

② 通过计算过程的焓变求出放出或吸收的热。根据 $Q=\Delta H$，如果能求出过程的焓变，则 Q 可求得。计算过程的焓变可用状态函数法。因为焓是状态函数，过程焓变只与始态和终态有关，与过程无关，所以在计算时，应假设那些能够方便地计算出焓变的途径来获得焓变值。

9.4.2.3 热量衡算的基准

热量衡算也要确定计算基准。计算基准包括两方面，一指数量上的基准，二指状态的基准（亦称为基准态）。

关于数量上的基准，指从哪个量出发来计算热量。可先按 lkmol 或 lkg 物料为基准计算热量，然后再换算为以小时作基准的热量。也可以直接用设备的小时进料量来计算热量。后者更为常用。

在热量衡算中之所以要确定基准态，是因为在热量衡算中广泛使用焓这个热力学函数。焓没有绝对值，只有相对于某一基准态的相对值，从焓表和焓图中查到的焓值，其实是与所在焓图或焓表的基准态的焓差，而各种焓图和焓表所采用的基准态不一定是相同的，所以在进行热量衡算时需要规定基准态。基准态可以任意规定，不同物料可使用不同的基准，但对同一种物料，其进口和出口的基准态必须相同。

9.4.3 热量衡算中使用的基本热力学数据

热量衡算中使用的基本热力学数据是热容和焓。在工程计算中，经常使用热力学性质图和表以及普遍化热力学性质图和表，使用简便。常用的热力学性质图表有焓温（H-T）图、温熵（T-S）图、焓熵（H-S）图、焓浓图等；常用的普遍化热力学性质图表有普遍化焓差图、熵差图、等压容差图以及压缩因子图和逸度系数图等。这些图表的应用在第一章已有讨论，此处将在下列热力学数据的计算中，结合这些图表的应用。

（1）热容

热容与温度的关系以及在工程计算中常使用物质的平均摩尔定压热容等在第一章和第七章等已有讨论。此处通过例题补充说明以下几种情况。

① 有时从资料中查到的是物质 0～t℃的平均热容数据，但工业生产中遇到的温度变化范围是千变万化的，起始温度并非是 0℃，所以就需要利用找到的 0～t℃的平均热容数据，根据焓变不随途径而变的特性计算出各种温度范围的平均热容以满足热量计算的需要，例 9-18 说明这种方法。

【例 9-18】 已知常压下气体甲烷 0～t℃的平均摩尔定压热容 $\overline{C}_{p,\mathrm{m}}$ 数据如表 9-23 所示。

表 9-23　常压下甲烷的平均定压摩尔热容

t / ℃	100	200	300	400	500	700	800
$\overline{C}_{p,\mathrm{m}}$ / [kJ / (kmol · K)]	36.53	39.66	45.52	48.24	50.84	53.31	55.56

试求常压下甲烷在 200～800℃温度范围的平均摩尔定压热容，并计算 15kmol 甲烷在常压下从 800℃降温到 200℃所放出的热量。

解： 假设如下热力学途径（见图 9-21）：

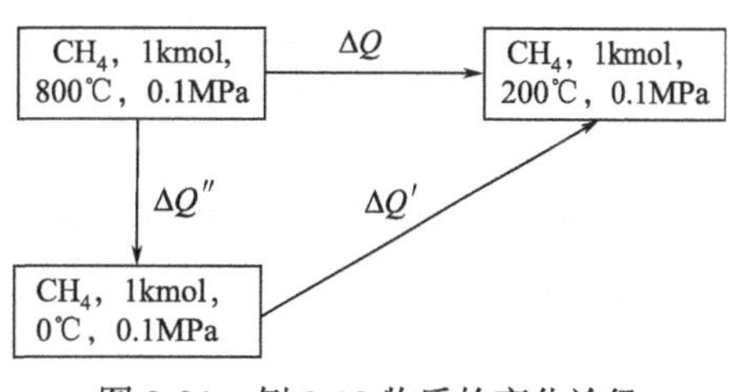

图 9-21　例 9-18 物质的变化途径

令 $\overline{C}_{p,\mathrm{m}}$ 代表常压下甲烷在 200～800℃的平均摩尔定压热容，$\overline{C}'_{p,\mathrm{m}}$ 代表常压下甲烷在 0～200℃的平均摩尔热容，$\overline{C}''_{p,\mathrm{m}}$ 为常压下甲烷在 0～800℃的平均摩尔定压热容。

$$\Delta Q = \Delta Q'' - \Delta Q' \tag{A}$$

而

$$\Delta Q = n\overline{C}_{p,\mathrm{m}}(800-200) = 600n\overline{C}_{p,\mathrm{m}} \tag{B}$$

$$\Delta Q' = n\overline{C}_{p,\mathrm{m}}(200-0) = 200n\overline{C}'_{p,\mathrm{m}} \tag{C}$$

$$\Delta Q'' = n\overline{C}''_{p,\mathrm{m}}\ (800-0) = 800n\overline{C}''_{p,\mathrm{m}} \tag{D}$$

式（B）、（C）、（D）代入（A）得

$$600\overline{C}_{p,\mathrm{m}} = 800\overline{C}''_{p,\mathrm{m}} - 200\overline{C}'_{p,\mathrm{m}} \tag{E}$$

从题给 $\overline{C}_{p,\mathrm{m}}$ -t 表中查得

$$\overline{C}''_{p,\mathrm{m}} = 55.56\mathrm{kJ/(kmol \cdot K)}$$

$\overline{C}'_{p,\mathrm{m}} = 39.66\mathrm{kJ/(kmol \cdot K)}$ 代入式（E）得：$600\overline{C}_{p,\mathrm{m}} = 800\times55.56 - 200\times39.66 = 36516$

∴ $$\overline{C}_{p,\mathrm{m}} = 60.86\ \mathrm{kJ/(kmol \cdot K)}$$

15kmol 甲烷气由 800℃降温到 200℃时放出的热量为

$$Q=n\overline{C}_{p,\mathrm{m}}(t_2-t_1)=15\times60.86\times(800-200)=547740\mathrm{kJ}$$

② 热容与压力的关系。压力对固体热容的影响一般可不予考虑。对液体来说，也仅在临界点附近才较明显，一般条件下也是可以忽略的。压力对理想气体的热容是没有影响的。压力仅仅对真实气体热容的影响比较明显。各种真实气体在温度 T 和压力 p 时的热容 C_p，与同样温度条件下的理想气体热容 C_p^0 之差（$C_p-C_p^0$），是与对比压力 p_r 和对比温度 T_r 有关的，也就是说（$C_p-C_p^0$）的数值符合对应状态原理。一般情况下压力对气体 C_p 的影响也不大，但在接近临界点时，C_p 就比 C_p^0 大得多了。

【例 9-19】100℃时丙烯的理想气体摩尔定压热容 $C_{p,\mathrm{m}}^0=72.38\ \mathrm{kJ/(kmol\cdot K)}$，求 100℃、3.04MPa 时丙烯的摩尔定压热容。

解：查得丙烯的 $p_\mathrm{r}=4.62\mathrm{MPa}$，$T_\mathrm{r}=365\mathrm{K}$。丙烯在 100℃、3.04MPa 时的对比温度 T_r、对比压力 p_r 为

$$T_\mathrm{r}=\frac{273+100}{365}=1.02$$

$$p_\mathrm{r}=\frac{3.04}{4.62}=0.658$$

由附录查得该条件下的 $(C_p-C_p^0)$ 为 5.5kcal/（kmol·K）=23kJ/（kmol·K），由此可计算 100℃、3.04MPa 时丙烯的摩尔定压热容为：

$$C_p=23+72.38=95.38\left[\mathrm{kJ/(kmol\cdot K)}\right]$$

③ 混合物的热容。生产上遇到混合物的机会比遇到纯物质的机会多得多。混合物种类、组成也千差万别。除极少数混合物有实验测定的热容数据外，一般都是根据混合物内各种物质的热容和组成进行推算的。

a. 理想气体混合物。理想气体分子间没有作用力，所以混合物热容按分子组成加和的规律来计算，用下式表示

$$C_p^0=\sum N_iC_{p_i}^0 \tag{9-36}$$

b. 真实气体混合物。求真实气体混合物热容时，先求该混合气体在同样温度下处于理想气体时的热容 C_p^0，再根据混合气体的假临界压力 p_c' 和假临界温度 T_c'，求得混合气体的对比压力和对比温度，由附录查出 $C_p-C_p^0$，最后求得 C_p。

例如求 100℃时，80%乙烯和 20%丙烯混合气在 4.05MPa 时的热容，可在 100℃，80%乙烯和 20%丙烯混合气的理想气体热容基础上做压力校正得到。

查得乙烯的临界压力为 5.039MPa，临界温度为 282.2K，丙烯的临界压力为 4.62MPa，临界温度为 365K，则混合物的假临界压力和假临界温度为

$$p_\mathrm{c}'=0.8\times5.039+0.2\times4.62=4.955(\mathrm{MPa})$$

$$T_\mathrm{c}'=0.8\times282.2+0.2\times365=298.6(\mathrm{K})$$

100℃、4.05MPa 混合气体的 p_r 和 T_r 为

$$p_\mathrm{r}=\frac{4.05}{4.955}=0.817，\ T_\mathrm{r}=\frac{273+100}{298.6}=1.25$$

由附录查得该条件下的 $C_p-C_p^0=2.6\mathrm{kcal/(kmol\cdot K)}=10.88\mathrm{kJ/(kmol\cdot K)}$，而该混合气体 100℃下的理想气体定压热容 $C_p^0=55.56\mathrm{kJ/(kmol\cdot K)}$，因此，100℃、4.05MPa 下混合气体定压热容为

$$C_p = 55.56 + 10.88 = 66.44\left[\text{kJ/(kmol·K)}\right]$$

c. 液体混合物。混合液体的热容还没有比较理想的计算方法，除极少数混合液体已由实验测得其热容外，一般工程计算常用加和法来估算混合液体的热容。估算用的公式与理想气体混合物热容的加和公式相同，即按组成加和。

这种估算方法对由分子结构相似的物质混合而成的混合液体（例如对二甲苯和间二甲苯、苯和甲苯的混合液体）还比较准确，对其他液体混合物有比较大的误差。

热容有摩尔热容和比热容两类。前者的单位是 J/(mol·K)或 kJ/(kmol·K)，后者的单位是 J/(g·K)或 kJ/（kg·K）。使用时要注意这两种单位的互相换算。

（2）焓

从式（9-31）可知，过程放出或吸收的热量就是过程的焓变，所以焓是热衡算中一个很重要的数据。任何物质的焓的绝对值是不知道的，只有相对于某一基准态的相对值，即与基准态的焓差。

① 焓数据的获取有以下途径：

a. 理想气体焓表。不同温度下理想气体焓 H_T^0 与 25℃理想气体焓 H_{298}^0 的差值用 $\left(H_T^0 - H_{298}^0\right)$ 表示。右上角的“0”指理想气体状态（在工程计算中可视为低压气体）。常用物质的 $\left(H_T^0 - H_{298}^0\right)$ 大都被计算出来了，这些数据在有关手册中可以查到。在使用时把两个不同温度 T_1 和 T_2 下的 $\left(H_T^0 - H_{298}^0\right)$ 相减，所得差值便是此物质在 T_1 和 T_2 的理想气体状态的焓差，并不需要也不可能知道 H_{298}^0 的绝对数值。例如，对低压下的气体苯来说，查得 $H_{500}^0 - H_{298}^0 = 5.36\text{kcal/mol}$ 和 $H_{800}^0 - H_{298}^0 = 17.22\text{kcal/mol}$，则 800K 和 500K 气体的焓差为 17.22–5.36 = 11.86(kcal/mol)，即 1mol 低压下的气态苯温度从 500K 上升到 800K 需要吸收 11.86kcal 即 49.62kJ 的热量。类似上面所说的表，称为理想气体焓表，在热量衡算中使用焓表求热量时，可以省去 $Q = n\int_{T_1}^{T_2} C_p \mathrm{d}T$ 计算 Q 时的积分手续，比较方便。

b. 某些理想气体焓的多项式。在有关手册中给出了一些常用物质的理想气体的焓、热容和熵的多项式的常数。据此可计算不同温度下理想气体的焓，使用它时应注意此表使用的是英制单位，要进行必要的单位换算，如 1cal = 4.1840J。

c. 热力学性质图表。在热量衡算中，可使用这些热力学图表查出不同温度、不同压力条件下气体或液体的焓值（实际上是与图中所用基准态的焓差）。

d. 饱和蒸汽物性参数表。从饱和蒸汽物性参数表中，可以查到不同温度（也就是不同压力，因为相平衡时温度和压力相对应）的饱和蒸汽焓值。饱和蒸汽物性参数表很容易从各类教材或手册中找到，使用时只需注意焓值的基准态就可以了。一般的饱和蒸汽物性参数表中给出的焓值是以液态水为基准的，亦即表中给出的焓值是与 0℃液态水的焓差。在热量衡算时，如果所取的基准态并非 0℃的液态水，应该对焓值做修正。例如，从表中查到 120℃饱和蒸汽的焓值为 2704.5kJ/kg，即 120℃饱和蒸汽与 0℃液态水的焓差是 2704.5kJ/kg，如果热量衡算时用 25℃液态水作为衡算基准的话，120℃饱和蒸汽的焓应为它与 25℃液态水的焓差，而 25℃液态水与 0℃液态水的焓差为 104.7kJ/kg，所以，若用 25℃液态水作衡算基准，则 120℃饱和蒸汽的焓值为(2704.5–104.7)kJ/kg,即 2600kJ/kg，同理，如果热量衡算时 120℃饱和蒸汽为基准态，那么，120℃饱和蒸汽的焓值为零。

在饱和蒸汽物理参数表中所查出的焓值，是饱和蒸汽焓。如果需要使用过热蒸汽焓值时，用蒸汽焓熵图十分方便。

② 普遍化焓差图。普遍化焓差图是根据对应状态原理得到的。普遍化焓差图的纵坐标是（H^0–H）/T_c，H^0 是理想气体焓，H 是真实气体焓，T_c 是气体的临界温度，横坐标是对比压力 p_r，图中有若干条等对比温度（T_r）线。只要知道了该物质的临界温度、临界压力，就可以求出各温度、压力下的对比压力 p_r 和对比温度 T_r，从纵坐标可读出（H^0–H）/T_c 的值，然后（H^0–H）便可计算出来。（H^0–H）是真实气体和理想气体的焓差，当理想气体的焓 H^0 计算出来后，根据

$$H = H^0 + (H - H^0) \tag{9-37}$$

的关系就可以求出真实气体的 H。前面已经提到，由常用物质的理想气体的焓多项式和理想气体焓表或利用理想气体热容数据可以得到理想气体的焓值，再利用普遍化焓差图求出 H–H^0，这样，就可以求出各种温度、压力下气体的焓。

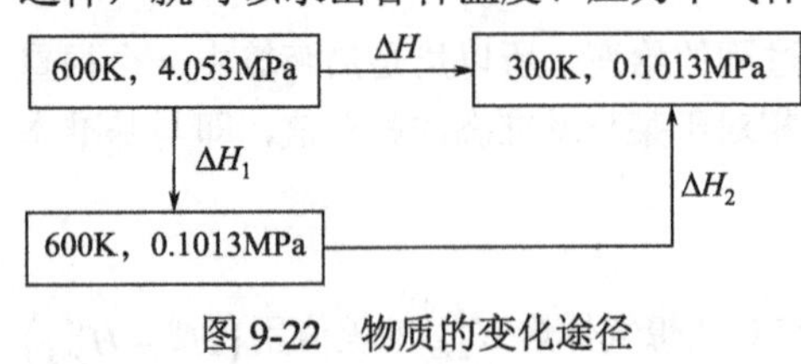

图 9-22 物质的变化途径

【例 9-20】求流量为 250kg/h 的气体苯从 600K、4.053MPa 降压冷却到 300K、0.1013MPa 的焓变。

解：假设如下热力学途径（见图 9-22）：第一步气体苯在 600K 等温下，压力由 4.053MPa 降至 0.1013MPa，焓变为 ΔH_1，第二步是在 0.1013MPa 压力下从 600K 降温至 300K，焓变为 ΔH_2，过程总焓变为 ΔH。

先求 ΔH_2，即理想气体从 600K 降温至 300K 的焓变，从附录中常用物质标准焓差数据表中查到：

$$600\text{K}，\quad H_T^0 - H_{298}^0 = 8.89\text{kcal/mol} = 37.20\text{kJ/mol}$$

$$300\text{K}，\quad H_T^0 - H_{298}^0 = 0.04\text{kcal/mol} = 0.1674\text{kJ/mol}$$

则

$$\Delta H_2 = \frac{250\times10^3}{78}\times(0.1674 - 37.20) = -118700(\text{kJ/h})$$

或利用苯的理想气体定压热容与温度的函数关系式计算 ΔH_2 如下：

苯的 C_p^0-T 关系式是

$$C_p^0 = -0.409 + 0.077621T - 0.26429\times10^{-4}T^2$$

式中，C_p^0 的单位是 cal/(mol·K)。

300K 的摩尔定压热容

$$C_p^0 = -0.409 + 0.077621\times300 - 0.26429\times10^{-4}\times300^2 = 20.5[\text{cal/(mol·K)}]$$
$$= 85.77[\text{J/(mol·K)}]$$

600K 的摩尔定压热容

$$C_p^0 = -0.409 + 0.077621\times600 - 0.26429\times10^{-4}\times600^2 = 36.65[\text{cal/(mol·K)}]$$
$$= 153.3[\text{J/(mol·K)}]$$

300K 至 600K 的平均摩尔热容

$$\overline{C}_{p,\text{m}} = \frac{85.77 + 153.3}{2} = 119.5[\text{kJ/(kmol·K)}]$$

$$\therefore \quad \Delta H_2 = n\overline{C}_{p,\text{m}}(T_2 - T_1) = \frac{250}{78}\times119.5\times(300 - 600) = -114900(\text{kJ/h})$$

用平均热容的方法计算得到的 ΔH_2 值与用理想气体焓差表计算的结果有 1.6%的相对误差。

第二步是计算气体苯在 600K 等温下从 4.053MPa 降压到 0.1013MPa 的焓变 ΔH_1，从附录

中查到苯的临界温度为288.95℃（562.1K），临界压力为4.898MPa（48.3atm），因而

$$T_r = \frac{600}{562.1} = 1.067 \text{，} \quad p_r = \frac{4.053}{4.898} = 0.8275$$

从附录中得 $(H^0 - H)/T_c = 2.1\text{cal}/(\text{mol} \cdot \text{K}) = 8.786\text{J}/(\text{mol} \cdot \text{K})$

∴ $H^0 - H = 8.786 \times 562.1 = 4939(\text{J/mol}) = 4939(\text{kJ/kmol})$

$$\Delta H_1 = \frac{250}{78} \times 4939 = 15830(\text{kJ/h})$$

因此 $\Delta H = \Delta H_1 + \Delta H_2 = 15830 - 114900 = -99070(\text{kJ/h})$

焓差ΔH是负值，说明苯从600K、4.053MPa冷却降压至300K、0.1013MPa，这一过程是放热的。

（3）汽化热

液体汽化所吸收的热量称为汽化热，也称为蒸发潜热。汽化热是物质的基本物性数据之一。在一些手册中常能查到各种物质在正常沸点（即常压下的沸点）的汽化热，有时也能找到一些物质在25℃的汽化热。

工程上遇到的许多情况，物质并不都是在常压下（即正常沸点下）汽化或冷凝的，而是在各自的操作压力下汽化或冷凝的。在进行热量衡算时，常需要使用汽化压力（对应某汽化温度）下的汽化热数据。因此，需要根据易于查到的正常沸点的汽化热或25℃的汽化热求算汽化温度下的汽化热。

由已知的某一温度的汽化热求另一温度的汽化热，在工程计算中可用Watson公式：

$$\frac{\Delta H_{V_2}}{\Delta H_{V_1}} = \left(\frac{1 - T_{r_2}}{1 - T_{r_1}}\right)^{0.38} \tag{9-38}$$

此公式比较简单又相当准确，在离临界温度10℃以外，平均误差仅为1.8%，因此被广泛采用。

汽化热是焓差，也可以根据状态函数增量不随途径而变的特性，假设一些便利的途径，从已知的T_1、p_1条件下的汽化热数据求T_2、p_2条件下的汽化热。可假设如图9-23的热力学途径：

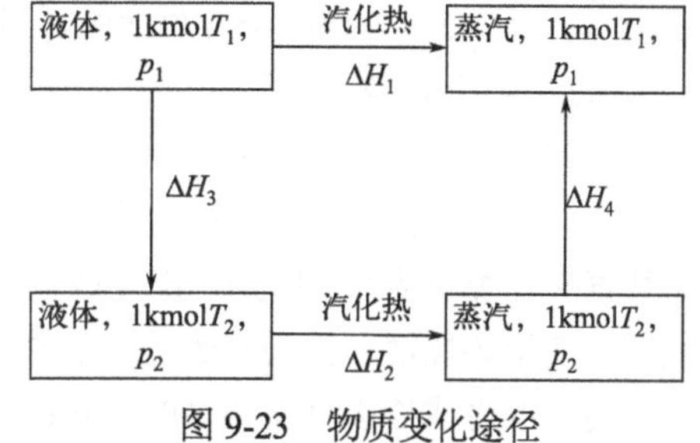

图9-23　物质变化途径

$$\Delta H_1 = \Delta H_3 + \Delta H_2 + \Delta H_4$$

ΔH_1是T_1、p_1条件下的汽化热；ΔH_2是T_2、p_2条件下的汽化热；ΔH_3是温度、压力变化时的液体的焓变化，考虑到压力对液体焓影响很小，故忽略压力对液体焓的影响，ΔH_3只计算温度对液体焓的影响。

$$\Delta H_3 = \int_{T_1}^{T_2} C_{p_1} \mathrm{d}T$$

ΔH_4为温度、压力变化时气体的焓变化。如果把蒸汽当作理想气体处理，即忽略压力对气体焓的影响，ΔH_4只计算温度对气体焓的影响，则

$$\Delta H_4 = \int_{T_2}^{T_1} C_{p_g} \mathrm{d}T$$

代入后，得

$$\Delta H_1 = \int_{T_1}^{T_2} C_{p_1} \mathrm{d}T + \Delta H_2 + \int_{T_2}^{T_1} C_{p_g} \mathrm{d}T$$

$$\therefore \qquad \Delta H_2 = \Delta H_1 - \int_{T_1}^{T_2} C_{p_1} \mathrm{d}T - \int_{T_2}^{T_1} C_{p_g} \mathrm{d}T = \Delta H_1 - \int_{T_1}^{T_2} C_{p_1} \mathrm{d}T + \int_{T_1}^{T_2} C_{p_g} \mathrm{d}T$$

即

$$\Delta H_2 = \Delta H_1 + \int_{T_1}^{T_2} (C_{p_g} - C_{p_1}) \mathrm{d}T \tag{9-39}$$

式（9-39）就是根据系统的状态函数的增量不随途径而变化的特性导出的，我们可以由已知的 T_1、p_1 条件下的汽化热 ΔH_1 来计算 T_2、p_2 条件下的汽化热 ΔH_2。

对于 H-T 图、T-S 图、p-H 图中的物质，可以从图中读出不同温度下的汽化热数值，很方便，这方面的内容将在 9.4.4 节中讨论。

当查不到汽化热数据，但已知该物质的蒸气压数据时，工程上可用克-克方程式（Clausius-Clapeyron 方程）估算 $T_1 \sim T_2$ 温度范围内的汽化热：

$$\Delta H_V = \frac{4.57 T_1 T_2}{M(T_1 - T_2)} \lg \frac{p_1}{p_2} \tag{9-40}$$

式中　ΔH_V——汽化热，kcal/kg；

T_1，T_2——温度，K；

p_1，p_2——物质在 T_1、T_2 时的蒸气压；

M——分子量。

混合物的汽化热用各组分汽化热按组成加权平均得到。若汽化热以 kJ/g、kJ/kg 作单位，混合物的汽化热按质量分数加权平均，若用 kJ/kmol、kJ/mol 为单位则按摩尔分数加权平均。

（4）反应热

与一般分离过程相比，化学反应过程的热量衡算独具特点。按照 Gess 定律，反应热（反应焓变）ΔH_R 为所有产物的生成焓与反应物生成焓的差值。

$$\Delta H_R = \sum \nu_i \Delta H_{f,prod} - \sum \nu_i \Delta H_{f,reac}$$

式中　ν——反应方程式中各物质的计量系数；

ΔH_f——生成焓。

有些化学反应，特别是大工业生产的主要反应，由于做过专门的研究，可以从有关资料中直接查到反应热数据。但在很多情况下查不到反应热数据时，可通过物质的标准生成焓和燃烧焓数据来计算反应热。因为标准生成焓和燃烧焓数据可在一般手册中查到，特别是对有机化学反应，使用燃烧焓求算反应热是一个普遍使用的方法。

用标准生成焓求算反应热的公式：

$$\Delta H_{298,reac}^{\ominus} = \sum (\nu_i \Delta H_{298,f}^{\ominus})_{prod} - \sum (\nu_i \Delta H_{298,f}^{\ominus})_{reac} \tag{9-41}$$

用标准燃烧焓求算反应热公式：

$$\Delta H_{298,reac}^{\ominus} = \sum (\nu_i \Delta H_{298,c}^{\ominus})_{reac} - \sum (\nu_i \Delta H_{298,c}^{\ominus})_{prod} \tag{9-42}$$

式中　$\Delta H_{298,reac}^{\ominus}$——25℃、0.1013MPa 的反应热；

$\Delta H_{298,f}^{\ominus}$——标准生成焓；

$\Delta H_{298,c}^{\ominus}$——25℃的标准燃烧焓。

【例 9-21】乙烯氧化为环氧乙烷的反应方程式如下：

$$C_2H_4(g) + \frac{1}{2}O_2(g) \longrightarrow C_2H_4O(g)$$

计算 0.10132MPa、25℃下的反应热。

解：乙烯（g）的标准生成热为　$(\Delta H_{298,f}^{\ominus})_{乙烯}=52.28kJ/mol$

环氧乙烷（g）的标准生成热为　$(\Delta H_{298,f}^{\ominus})_{环氧乙烷}=-51\ kJ/mol$

因此，0.1013MPa、25℃下的反应热计算如下：

$$\Delta H_{298,reac}^{\ominus}=\sum(\nu_i\Delta H_{298,f}^{\ominus})_{prod}-\sum(\nu_i\Delta H_{298,f}^{\ominus})_{reac}$$
$$=1\times(-51)-1\times52.88-\frac{1}{2}\times0$$
$$=-103.3(kJ/mol)$$

由于一般手册中的生成焓或燃烧焓大多是25℃下的，所以按式（9-38）和式（9-39）计算得到的是25℃的反应热，但是，在化工生产中，反应温度常常不是25℃，当需要计算反应温度下的反应热数据时，可以利用焓变只与始态、终态有关而与途径无关的特性，假设便利的热力学途径，从25℃的反应热求算其他温度的反应热。例如，可以假设如下热力学途径：反应物料在t℃下降（或升）温到25℃，在25℃下进行化学反应，反应后的物料再从25℃升（或降）温到t℃，用图9-24表示。

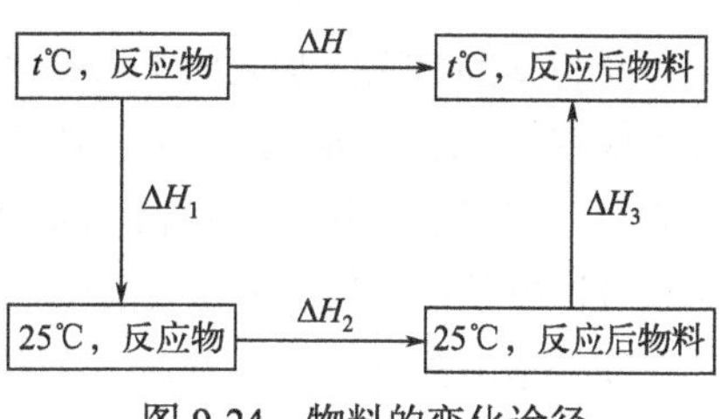

图9-24　物料的变化途径

ΔH_1和ΔH_3是物料温度变化的焓变，只要有热容数据就可以计算出来，ΔH_2是25℃下的反应焓变，可以从标准生成焓或25℃燃烧焓数据计算得到。这样，不同温度（t℃）下的反应热ΔH就可以根据$\Delta H=\Delta H_1+\Delta H_2+\Delta H_3$计算出来了。

在使用反应热数据时需注意以下几点：

① 反应物和生成物的聚集状态不同，反应热数值也不同，所以使用时要注意对应的物质聚集状态，例如反应$H_2(g)+\frac{1}{2}O_2(g)\longrightarrow H_2O(l)$的反应热是

$$\Delta H_{298}^{\ominus}=-285.8kJ/mol\ H_2$$

而反应$H_2(g)+\frac{1}{2}O_2(g)\longrightarrow H_2O(g)$的反应热是

$$\Delta H_{298}^{\ominus}=-241.8kJ/mol\ H_2$$

显然，这两个$\Delta H_{298}^{\ominus}$之差值就是25℃水的汽化热。

② 反应热与温度和压力有关，在压力不高时，可不考虑压力对反应热的影响，但必须注意反应热随温度改变的特性，例如甲醇脱氢生成甲醛的反应：

$$CH_3OH(g)\longrightarrow HCHO(g)+H_2(g)$$

常压下，25℃的反应热为$\Delta H_{298}^{\ominus}=85.27kJ/mol$，而500℃的反应热则为$\Delta H_{773}^{\ominus}=87.31kJ/mol$。

在高压下，反应热随压力的改变也不能忽略，例如反应

$$2H_2(g)+CO(g)\longrightarrow CH_3OH(g)$$

0.10132MPa，25℃下的反应热$\Delta H_{298}^{\ominus}=-90.64kJ/mol$，而30.40MPa（300atm），25℃下的反应热$\Delta H_{298}^{\ominus}=-136.8kJ/mol$，增大了将近50%，这样的改变是不能忽视的。

（5）溶解热

固体、液体或气体溶解于溶剂中吸收或放出的热量称为溶解热。手册给出的溶解热数据中，有积分溶解热与微分溶解热之分。

① 积分溶解热。以硫酸溶解于水形成硫酸水溶液说明积分溶解热的含义。在25℃下把1mol硫酸用水逐渐稀释，在此过程中不断取出所放出的热量，使溶液温度保持在25℃，这个过程所放出的热量如表9-24所示。

表9-24　硫酸稀释放出的热量

加水累计量/mol	0	1	2	3	4	5	6	8	10	15	20	∞
形成的溶液组成/($molH_2O/molH_2SO_4$)	0	1	2	3	4	5	6	8	10	15	20	∞
放热累计量/kJ	0	29.20	41.84	48.95	53.56	56.90	59.41	62.76	64.43	68.20	71.55	76.15

从表9-24可知，加入的水量愈多，累计放出的热量也愈多，显然累计放热量与所形成的溶液组成有关，1mol溶质溶解于一定量溶剂形成组成为x的溶液时的总热效应（即累计的热量）称为积分溶解热，其单位为kJ/mol溶质。若溶解时吸热则积分溶解热取正值，若溶解时放热，则积分溶解热取负值。上述硫酸溶于水的过程，其积分溶解热为负值。

积分溶解热不仅可以用来计算溶质溶于溶剂中形成某一含量溶液时的热效应，还可以用来计算溶液自某一含量冲淡（或浓缩）到另一含量的热效应。例如用表9-24中所列的数据可以算出，向含有1mol H_2SO_4的组成为$x_1 = 5$mol H_2O/mol H_2SO_4的硫酸溶液中加水，使溶液被冲淡到组成为$x_2 = 10$mol H_2O/mol H_2SO_4这个过程所放出的热量是64.43−56.90 = 7.53kJ，即硫酸溶液组成从x_1变到x_2的热效应等于$\Delta H = -7.53$kJ/mol H_2SO_4。

显然，积分溶解热是溶液浓度和温度的函数。

② 微分溶解热。微分溶解热系指1kmol（有时用1kg）溶质溶解于含量为x的无限多溶液中（即溶解后溶液的含量仍可视为x）时所放出的热量，以kJ/mol、kJ/kmol、kJ/kg等单位表示。显然，微分溶解热也是溶液浓度和温度的函数。

如果吸收时吸收剂的用量很大，在吸收时溶液含量变化很小，则吸收所放出的热量等于该含量的微分溶解热乘以被吸收的吸收质的数量。实际生产中经常遇到的情况是一定量溶质溶解于一定量含量为x_1的溶液中，使溶液含量变为x_2，这一过程的热效应随x变化的数据在x_1到x_2的范围内积分得到，但若溶液含量变化不大，微分溶解热的数值变化也不大，这种情况下，可取两个含量之下的微分溶解热的平均值乘以被吸收的吸收质的量而求得这一过程的热效应的近似值，见例9-22。

气体的溶解热数据可查阅有关手册或资料。气体的溶解热数据最常用于气体非等温吸收的热量衡算中。

【例9-22】在一填料吸收塔中用水从空气和NH_3的混合气中吸收NH_3，NH_3在混合气中的含量为5%，NH_3的回收率为95%，混合气流量为10000m^3(STP)/h，吸收剂水的流量为16000kg/h。求吸收放出的热量。

解：NH_3在塔内的吸收总量为

$$10000 \times 0.05 \times 0.95 = 475\text{m}^3\text{(STP)/h} = 21.21\text{kmol/h}$$

塔底得到的氨水溶液的质量含量为

$$\frac{21.21 \times 17}{16000 + 21.21 \times 17} = 0.022 = 2.2\%$$

查图 9-25 可知，塔顶、塔底处 NH_3 在水溶液中的微分溶解热相差极小，塔底处的微分溶解热为

$$\phi = 495\text{kcal/kg} = 2071.08\text{kJ/kg}$$
$$= 2071.08 \times 17 = 35208(\text{kJ/kmol})$$

此值可视作塔顶、塔底的微分溶解热的平均值，因此，吸收放出的热量为

$$Q = 21.21 \times 35208 = 746760(\text{kJ/h})$$

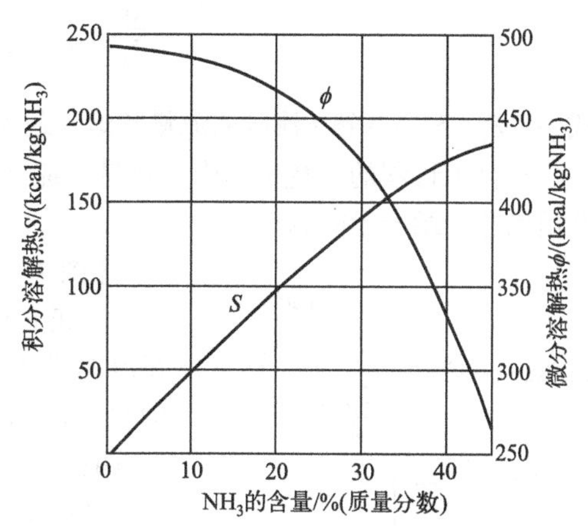

图 9-25 NH_3 在水溶液中的积分溶解热和微分溶解热

（1kcal = 4.1840kJ）

9.4.4 溶液的焓浓图

有些物料，如氢氧化钠、氯化钙等水溶液，在稀释时有明显的放热，因而这类物料在蒸发器内提浓时，除了水分汽化吸热外，还需要吸收与稀释时的热效应相当的浓缩热，当提浓液含量较大时，这个影响很显著，对于这类物料，在热量衡算时，需要考虑浓缩热这一项。这一类物料进行热量衡算时最方便的是使用它们的焓浓图，因为在焓浓图中查到的焓值已经包含浓缩热这项热量在内。例如，从氢氧化钠水溶液的焓浓图，可以直接查出浓缩过程的焓的变化，而不必单独计算浓缩热。

目前，已有一些工业物料的焓浓图，一般在专业手册中都可查到，例如，在合成尿素的专业资料中，可查到氨水溶液的焓浓图和尿素水溶液的焓浓图。

【例 9-23】 1kg 40℃、含量为 30%（质量分数）的 NaOH 水溶液进入提浓器提浓，若欲将其浓缩至 45%（质量分数），溶液的沸点为 104℃，分别求进料液和提浓液的 0℃为基准的焓值。

解： 查氢氧化钠水溶液的焓浓图，40℃、30%（质量分数）NaOH 水溶液的焓值为 155kJ/kg，104℃、45%（质量分数）NaOH 溶液的焓值为 500kJ/kg。

氨水溶液的焓浓图见附录二。从图中可以查出不同操作压力下，各种含量的氨水溶液的沸点和焓值，以及它的平衡气相组成。

【例 9-24】 某蒸馏塔的进料液为含 NH_3 10%（质量分数）的氨水溶液，塔的操作压力为 0.392MPa（4kgf/cm^2，绝压），若蒸馏塔为饱和液体进料，求进料液的温度以及焓值。

解： 因是饱和液体进料，所以进料液温度便是 10%（质量分数）氨水溶液的沸点。

在氨的焓浓图的横坐标上找到质量分数为 10%的点，过此点作横坐标轴的垂线，与 4kgf/cm^2 的等压线相交，交点对应的等沸点曲线是 110℃，所以进料温度为 110℃。

由此点在纵坐标上查出焓值为 108kcal/kg，即 451.9kJ/kg，在热量衡算中使用此焓值时要注意，此焓值的基准（即零点）是 0℃的水。

9.4.5 基本热量衡算

热量衡算类似于物料衡算，任何一个系统及其环境的能量是守恒的，也就是说都遵循热力学第一定律。对于连续稳态过程的系统，它的能量流也是守恒的，即系统内部没有能量的累积。

图 9-26 所示为通用流动系统，围绕该流动系统的能量衡算式为

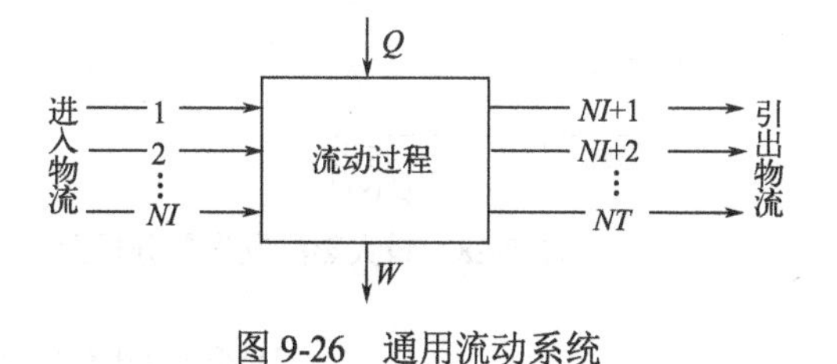

图 9-26 通用流动系统

$$\sum_{i=1}^{NI} F_i H_i + Q - W = \sum_{i=NI+1}^{NT} F_i H_i$$

式中　F_i、H_i——第 i 流股的流量和焓（包括动能的效应）。

在化工过程的能量传递中，热量传递是最主要的一种形式。所以本章着重讨论热量衡算，并用例题介绍一般的算法。

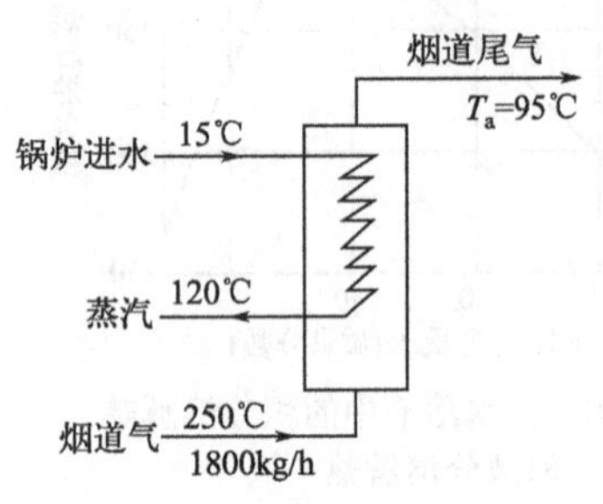

图 9-27　节能系统框架

【例 9-25】 一个节热器（废热回收器）的热量衡算。

在烟道中引入一个节热蛇管以回收烟道气的废热。烟道气温度 T_1 为 250℃，流量 F 为 1800kg/h。在蛇管内通入 $T_L = 15$℃的水，希望换热后产生 $T_s = 120$℃的饱和蒸汽，烟道尾气温度为 $T_a = 95$℃。流程如图 9-27 所示。给定数据如下。

焓计算的基准温度取为 0℃时，

15℃液态水的焓 $H_1 = 65$kJ/kg;

120℃液态水的焓 $H_L = 500$kJ/kg;

120℃气态水的焓 $H_V = 2700$kJ/kg;

在 100～250℃范围内气体的平均比定压热容为 $C_{p,\mathrm{J}} = 0.9$kJ/(kg·K)

试求节热器的最大蒸汽发生量以及相应的烟道尾气的温度。如果维持最小温差为 20℃，可发生多少蒸汽？（忽略热损失）

解： 计算基准为 1800kg/h 烟道气。

图 9-28 给出了该节热器最大蒸汽发生量时的传热速率-温度图。

① 最大蒸汽发生量出现在冷、热介质温度分布曲线的交点（最小温差为零）处，即

$$F\overline{C}_p(T_1 - T_s) = M(H_V - H_L)$$

$$1800 \times 0.9 \times (250-120) = M \times (2700-500)$$

解得蒸汽发生量 $M = 95.7$kg/h。

按热量衡算式即可求出 T_a 值

$$F\overline{C}_p(T_s - T_a) = M(H_L - H_1)$$

$$1800 \times 0.9 \times (120-T_a) = 95.7 \times (500-65)$$

解得烟道尾气的最低温度 $T_a = 94$℃

② 由热量衡算式求取最小温差为 20℃的蒸汽发生量 M 及 T_a。

$$F\overline{C}_p(T_1 - T_s - 20) = M(H_V - H_L)$$

图 9-29 给出了最小温差为 20℃时的换热速率-温度图。

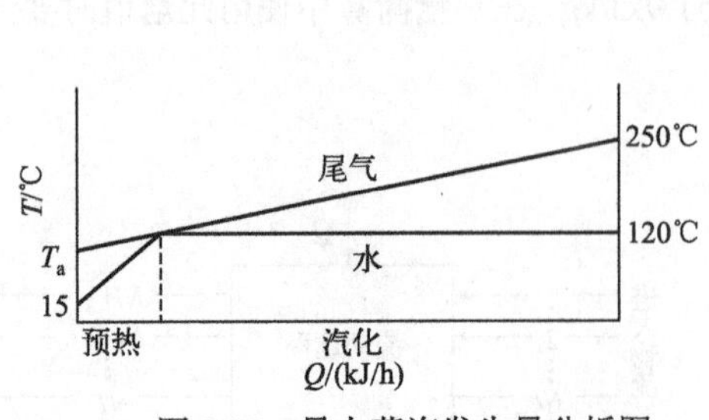

图 9-28　最大蒸汽发生量分析图

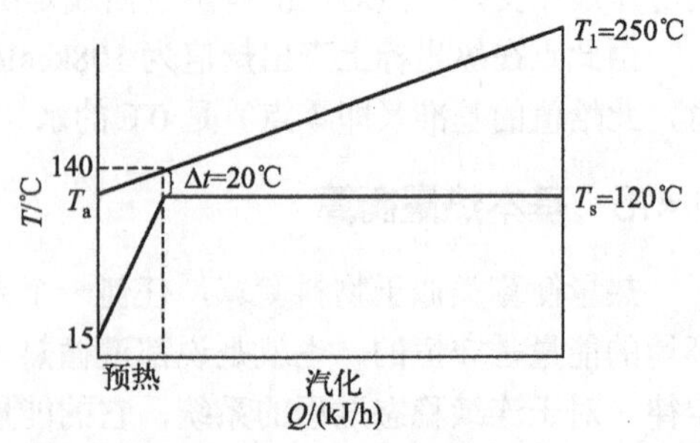

图 9-29　最小温差为 20℃时的换热速率-温度图

$$1800 \times 0.9 \times (250-T_a-20) = M \times (2700-500)$$

解得 $M=81\text{kg/h}$。

$$F\bar{C}_p(T_s-T_a)=M(H_L-H_1)$$

$$1800\times0.9\times(120-T_a)=95.7\times(500-65)$$

解得 $T_a=118℃$。

9.4.6　热量与物料衡算

目前尚无通用的简化物料与热量衡算的方法，对于一个系统的物料衡算与热量衡算，一般是先进行全系统（包括系统内循环流股）的衡算，然后将系统分解为几部分，再分别对每一部分进行物料衡算与热量衡算。

精馏单元包括回流物料，是一个典型的例子。

【例 9-26】一个精馏系统的衡算。

图 9-30 所示为所讨论的精馏系统。该塔进料量为12000kg/h，料液是由 A、B、C 三组分组成的混合物，其中 A 占 50%，B 占 36%，C 占 14%。进料为气-液混合状态，气-液比例为 1∶1。馏分的流量为 6050kg/h，组成为 98%的 A 及 2%的 B。料液及馏分的温度分别为 140℃及 95℃，过热蒸汽 100℃。所有组分的平均比定压热容皆为 $C=2\text{kJ/(kg·K)}$，所有组分的潜热皆为 400kJ/kg，回流比 $R=2.32$，忽略热损失。试求塔底组分流量、过热蒸汽速率、再沸器和冷凝器的热负荷。

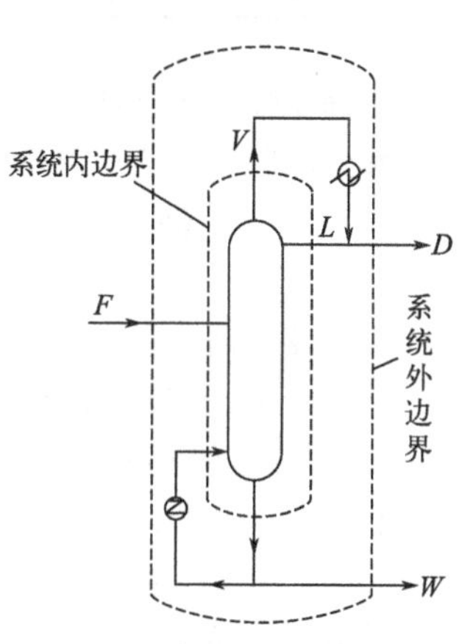

图 9-30　例 9-26 精馏系统

解：在图 9-30 中绘出系统外边界及内边界。表 9-25 列出了已知条件。

表 9-25　已知量

项目	流量/(kg/h)	T/℃	组分		
			A	B	C
F（进料）	12000	140	0.50	0.36	0.14
D（馏分）	6050	95	0.98	0.02	0.00
W（塔底引流）		160			
V（上升蒸汽）					
R（回流比）	L/D=2.32				

计算基准：1h。

① 物料衡算。按系统外边界做衡算。

全系统衡算 $W=12000-6050=5950(\text{kg})$

组分 C 的衡算 $W_C=12000\times0.14=1680(\text{kg})$

组分 B 的衡算 $D_B=6050\times0.02=120(\text{kg})$

$W_B=0.36\times12000-120=4200(\text{kg})$

组分 A 的衡算 $D_A=6050\times0.98=5930(\text{kg})$

$W_A=0.50\times12000-5930=70(\text{kg})$

塔顶馏分流量 $V=(R+1)D=(2.32+1)\times6050=20090(\text{kg/h})$

② 热量衡算。按系统内边界进行衡算。

由于系统最低温度为 95℃，故可选用 95℃为基准温度，进而可做出各流股的焓流表，见表 9-26，并可计算出热负荷。

表 9-26 热量衡算

流股	状态	T/℃	$(T-95)$/℃	流量/(kg/h)	显热	潜热	全部
					$M_{cp}(T-95)$		
					/(GJ/h)	/(GJ/h)	/(GJ/h)
F	液	140	45	12000	1.080	2.400	3.480
W	液	160	65	5950	0.774	0.000	0.774
V	气	100	5	20090	0.201	8.036	8.237

再沸器输入热量计算。

输入流股带进的总热量：

Q_1 = 再沸器输入热流量+进料输入热流量+回流带进热流量

= 再沸器输入热流量+3.480+0.000(GJ/h)

再沸器输出热量：

Q_2 = 再沸器带走热流量+塔底出料带走热流量+塔顶蒸气带走热流量

= 再沸器带走热流量+0.744 +8.237(GJ/h)

再沸器热负荷：

Q_3 = 再沸器输入热流量−再沸器带走热流量=5.53(GJ/h)

冷凝器热负荷：

Q_4 = 上升蒸气热流量−回流热流量−馏分热流量=8.237−0.000−0.000 = 8.237(GJ/h)

【例 9-27】化学反应过程热量衡算的特征，以甲烷的燃烧过程为例，甲烷和空气在 25℃进入燃烧炉。甲烷和 100%过剩的空气完全燃烧。甲烷进料量为 100kmol/h，离开燃烧炉的热气体温度为 600℃，试问燃烧炉散失的热量是多少。

已知数据如下：

生成热 $C+2H_2 = CH_4$ $\Delta H_{f,298K} = -74500$

$C+O_2 = CO_2$ $\Delta H_{f,298K} = -393500$

$H_2+0.5O_2 = H_2O$ $\Delta H_{f,298K} = -241800$

平均摩尔定压热容 C_p（25～600℃）分别为

CO_2 46.2，H_2O 36.2

O_2 31.7，N_2 30.2

焓的单位为 kJ/kmol，平均比定压热容为 kJ/(kmol · K)。

解：因为任一物质的焓变只取决于初始状态与最终状态，与路径无关，所以可分三步计算。

第一步设想将反应物由初始温度冷却至基准温度，其焓变用$-\Delta H_{in}$表示。

第二步设想反应在基准温度下进行，基准温度下的反应热记为ΔH_R。

第三步设想加热产物，使其由基准温度升温至出口温度，所需热量用ΔH_{out}表示。列出计算炉体散失热量 Q 的算式

$$Q = \Delta H_{in} - \Delta H_{out} - \Delta H_R(\text{基准})$$

计算基准：100kmol/h 甲烷。

反应 $CH_4+2O_2 \longrightarrow CO_2+2H_2O(g)$

题给数据见表9-27。

表9-27　例9-27数据

组成	入口流量/(kmol/h)	出口流量/(kmol/h)	出口流摩尔定压热容 C_p/[kJ/(kmol·K)]	出口流 F_jC_p/[MJ/(h·K)]
CO_2		100	46.2	4.62
H_2O		200	36.2	7.24
O_2	400	200	31.7	6.34
N_2	400（79/21）	1505	30.2	45.44
CH_4	100			
$\sum F_j\overline{C_p}$				63.64

基准温度：298K

$$\Delta H_{\text{in}} = 0\text{kJ/kmol}$$

$$\Delta H_{\text{out}} = \sum F_j \overline{C_p}(T-25) = 63.64\times(600-25) = 36590(\text{MJ/h})$$

$$\Delta H_{\text{R}}(298\text{K}) = \sum n_j \Delta H_f - \sum m_j \Delta H_f$$

$$= -39350+(-48360)-(-7450)$$

$$= -80260(\text{MJ/h})$$

炉体散失热量：$Q=\Delta H_{\text{in}}-\Delta H_{\text{out}}-\Delta H_{\text{R}}$=43670MJ/h

对于这一例题，如果需要计算的是出口温度而且又不能用平均摩尔定压热容代替实际摩尔定压热容时，则必须采用迭代法求解，在每一循环计算中估算出口温度，直至达到允许误差为止。

9.4.7　化工过程流程中的物料衡算与热量衡算

本节介绍求解过程流程的物料衡算与热量衡算的一般策略与方法。一类是计算，其内容包括适当地选择个别单元和全流程平衡方程组、物料和能量平衡式的类型以及应用完全和部分序贯模块法迭代求解的方法。另一类是计算机辅助计算方法，主要是扩展的序贯模块法及联立方程法。这类衡算的复杂性在于：

① 流股焓项的非线性方程；

② 为了进行流股焓的计算，需要查找大量的热力学性质和使用大量热力学性质模型进行计算；

③ 在进行流股焓、相分配、多种性质的换算中，计算是很复杂的。为了确定一个系统的状态性质，特别是有关相及相平衡的性质，并且完成各性质之间的转换常常是一个复杂的计算过程，常常需要进行迭代计算。

采用流程模型、热力学性质估算程序以及热力学性质库软件进行计算机辅助计算，可使设计工程师们从复杂的流程衡算中解放出来，同时达到节时和准确的目的。这也是近来计算机辅助计算受到广泛重视和快速发展的原因。

一般计算流程过程衡算的基本方法是将待求解过程分解为小方程组，如果可能，应分解为多个方程式逐个计算。对于任一衡算方程组只有在其自由度为零（自由度分析的结果）时才有定解。所以确定求解顺序时应同时考虑过程的自然的序贯顺序与总体及单元自由度分析的结果。如果按单元分解后，在序贯中没有自由度为零的单元，也就是该分解方法不成功时，则可考虑用整体衡算方程组替代一个单元衡算式组进行计算。如果该方案也无效，则应考虑使用单元衡算方程组的部分求解法。在同时求解物料衡算与能量衡算时，一般是同时做出物料衡算方程组与热量衡算方程组，二者既有区别也有联系，多数情况下，二者要联立求解，但在某些情况下，前者可不依赖后者求解，即物料衡算可在流程中的某一点独立求解，而能量衡算都是在其他后面的单元点先解出。自由度分析表对求解步骤的合理安排具有指导意义。

在使用整体衡算式求解时，要注意其中的一个单元的衡算方程组是不独立的，故整体衡算式中不应包括此方程组。在构造整体衡算方程组时，要着重注意下述问题。

① 将全部反应化简为最大程度的独立子集。

② 全部组分的衡算方程组应包括所有化学组分的衡算式，化学组分衡算式中应包括所有相对独立反应中的组分，虽然这些组分并未包括在过程的输入流及输出流中。

③ 全部的能量衡算式应包括过程的所有入口流股以及出口流股的能量衡算、所有独立反应的热流量和功率项。

【例 9-28】一个苯蒸气的冷却流程如图 9-31 所示。压强为 2×10^5Pa、温度为 500℃的苯蒸气在换热器（1）、（2）内进行恒压冷却，温度降至 200℃。压强为 50×10^5Pa、温度为 75℃的冷却水首先通入换热器（2），出口为饱和液体状态。进入换热器（1）的冷却水为饱和液体状态，出口为气液混合状态。将两换热器流出的冷介质在混合器内合流，经气液分离器分离出水汽，液体水进入换热器（1）。现已知冷却水在换热器（1）的流量 12 倍于换热器（2）中的流量。试求换热器（1）能产生的蒸汽量（kg/h）；换热器（1）产生的气液混合物中蒸汽的摩尔分数。

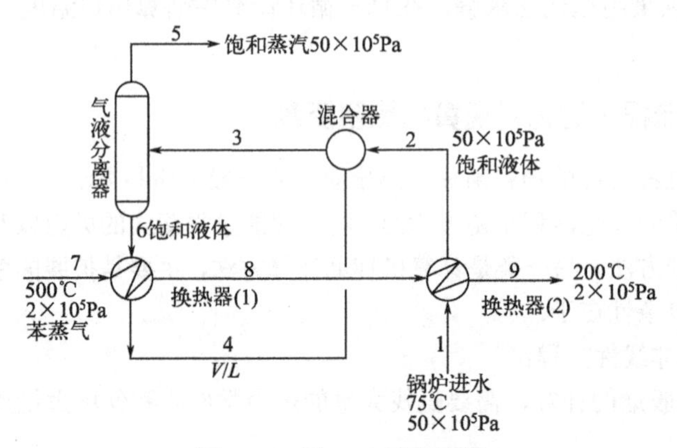

图 9-31　例 9-28 流程框图

解：由图 9-31 可知，这是一个多单元系统，假设每一单元都是绝热操作，即遵循 $dQ/dt=0$。全系统共 9 个股流，其中 1、2、6 是液相，5 是气相，3、4 是气液混合物。为了正确地确定求解顺序，首先需做全系统的自由度分析表，见表 9-28。

由表 9-28 可知，整体衡算自由度为零，应首先求解。求解该衡算式组后，可解出流股 1 和流股 9。从而使换热器（2）的自由度为零，于是可解换热器（2）的方程式，得到流股 8。因为循环比已给定，由流股 8 和流股 1 可算出流股 6。由此，又将换热器（1）的自由度化为零，满足了求解条件。最后气液分离器和混合器的自由度皆为零，可以联立求解，所以求解顺序如图 9-32 所示。

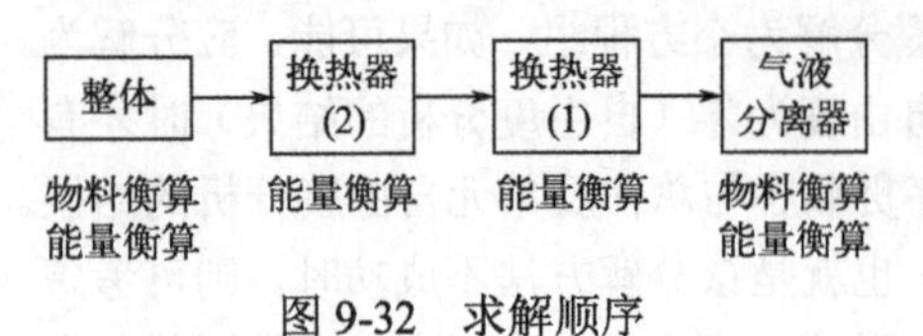

图 9-32　求解顺序

表 9-28 例 9-28 自由度分析

项目	换热器	换热器	气液分离器		混合器		过程	全部综合
	(1)	(2)	MB	CB	MB	CB		
变量数目								
流	2	2	3	3	3	3	5	2
蒸汽分率	1		1	1	2	2	2	
T	3	4		2		1	7	4
dQ/dt	1	1		1		1	4/18	
平衡式数目								
物料			1	1	1	1	1	
能量	1	1		1		1	4	1
条件数目								
dQ/dt = 0	1	1		1			4	1
温度								
流股 7	1						1	1
流股 9		1					1	1
流股 2		1					1	
流股 1		1					1	1
流股 5				1			1	1
流股 6	1			1			1	
循环比					1	1	1/17	
自由度	3	2	3	2	3	2	1	1
基准							−1/0	

注：MB 表示物料衡算；CB 表示物料及能量衡算的总体衡算。

整体衡算式：$F_1 = F_5$

气液分离器的物料衡算式：$F_3 = F_5 + F_6$

混合器的物料衡算式：$F_3 = F_4 + F_2 = F_6 + F_1$

计算基准：流股 7 为 100mol/h。

于是可列出整体能量衡算式，并简化为

$$\frac{\mathrm{d}Q}{\mathrm{d}t} = 0 = F_1\left[H_V(\text{饱和},50\times10^5\,\text{Pa}) - H_L(75℃,50\times10^5\,\text{Pa})\right] + F_7\left[H_V(200℃,2\times10^5\,\text{Pa}) - H_V(500℃,2\times10^5\,\text{Pa})\right]$$

$$F_1 = 100\int_{200}^{500}\frac{C_{pV}\mathrm{d}T}{2794.2-317.9} = \frac{100\times4.8266\times10^4}{2.4763\times10^6} = 1.949(\text{kg/h})$$

其中，水的焓和苯蒸气的摩尔定压热容由热力学数据表中查取。由类似的推导可得到换热器（2）的能量衡算式

$$\frac{\mathrm{d}Q}{\mathrm{d}t} = 0 = F_1\left[H_V(\text{饱和},50\times10^5\,\text{Pa}) - H_L(75℃,50\times10^5\,\text{Pa})\right] + F_7\left[H_V(200℃,2\times10^5\,\text{Pa}) - H_V(T,2\times10^5\,\text{Pa})\right]$$

上式可简化为

$$\int_{200}^{T} C_{pV}\mathrm{d}T = 1.949\times(1154.5-317.9) = 16.3(\mathrm{kJ/mol})$$

应用苯蒸气在总体衡算中 C_p 的平均值，可对中间过程流股的温度 T 做出第一个初值估计

$$\overline{C_p} = \int_{200}^{500}\frac{C_p\mathrm{d}T}{500-200} = \frac{4.8266\times10^4}{300} = 160.9[\mathrm{J/(mol\cdot K)}]$$

初值 T 可由下式求得

$$160.9\times(T-200) = 1.631\times10^4$$

$$T = 200+101.3 = 301.3(℃) = 547.5(\mathrm{K})$$

以此为初值用 C_p 表达式迭代求解 T，迭代方程为

$$\begin{aligned}T = {} & 473.15+\frac{1}{18.5868}\times1.6306\times10^4+\frac{0.117439}{2}\times10^{-1}\times((T/\mathrm{K})^2-473.15^2)\\ & +\frac{0.127514}{3}\times10^{-2}\times((T/\mathrm{K})^3-473.15^3)+\frac{0.207984}{4}\times10^{-5}\times((T/\mathrm{K})^4-473.15^4)\\ & -\frac{0.105329}{5}\times10^{-8}\times((T/\mathrm{K})^5-473.15^5)\end{aligned}$$

采用 Wegstein 方法迭代求解，其结果为 $T = 586.61\mathrm{K}$。

所以，中间过程流的温度 $T = 313.46℃$

继续对换热器（1）做能量衡算

$$\begin{aligned}\frac{\mathrm{d}Q}{\mathrm{d}t} = {} & F_7\left[H_V(313.46^\circ\mathrm{C},2\times10^5\mathrm{Pa})-H_V(500^\circ\mathrm{C},2\times10^5\mathrm{Pa})\right]+12F_1\\ & \left[H_{\mathrm{mix}}(\text{饱和},50\times10^5\mathrm{Pa})-H_L(\text{饱和},50\times10^5\mathrm{Pa})\right]=0\end{aligned}$$

所以有

$$\begin{aligned}H_{\mathrm{mix}}(\text{饱和},50\times10^5\mathrm{Pa}) &= H_L(\text{饱和},50\times10^5\mathrm{Pa})+100\int_{586.61}^{773.15}\frac{C_{pV}\mathrm{d}T}{12\times1.949}\\ &= 1154+\frac{100\times31.96}{12\times1.949}\\ &= 1291.15(\mathrm{kJ/kg})\end{aligned}$$

由下式可得到蒸汽质量，蒸汽分率 x

$$1291.15 = x\times2794.2+(1-x)\times1154.5$$

$$x = 0.0834$$

应用气液分离器的衡算式

$$F_3 = F_5+F_6 = 12F_1+F_1 = 13\times1.949$$

$$\frac{\mathrm{d}Q}{\mathrm{d}t} = 0 = F_5H_V(\text{饱和},50\times10^5\mathrm{Pa})+F_6H_L(50\times10^5\mathrm{Pa})-F_3H_{\mathrm{mix}}(\text{饱和},50\times10^5\mathrm{Pa})$$

$$\begin{aligned}13\times1.949H_{\mathrm{mix}} &= 1\times1.949H_V(\text{饱和})+12\times1.949H_L(\text{饱和}) = \frac{1}{13}H_V(\text{饱和})+\frac{12}{13}H_L(\text{饱和})\\ &= xH_V(\text{饱和})+(1-x)\ H_L(\text{饱和})\end{aligned}$$

$$x = \frac{1}{13} = 0.07692$$

由此得到流股的流量为 25.337kg/h，其蒸汽分率为 0.07692。

【例 9-29】有一个常压绝热淬冷过程（过程中无化学反应），所有组分含量均为摩尔分数，其流程示意图如图 9-33 所示。

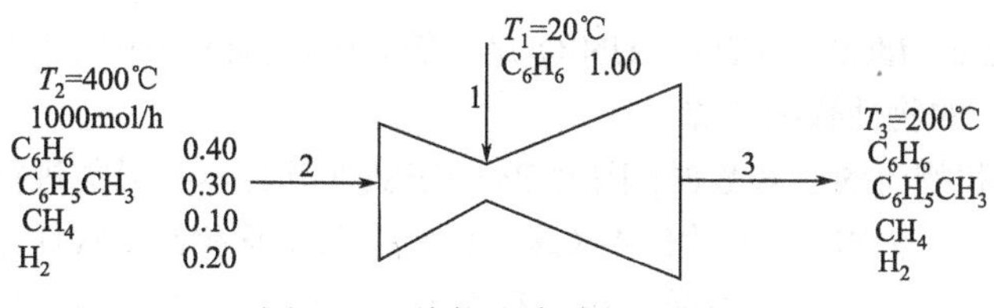

图 9-33 绝热淬冷过程示意图

试做该过程的物料衡算和热量衡算。

解：该过程的物料衡算方程如下：

$$F_3 = 1000 + F_1$$

$$x_{3,C_6H_5CH_3} F_3 = 300$$

$$x_{3,CH_4} F_3 = 100$$

$$x_{3,H_2} F_3 = 200$$

很明显，上述 4 个物料衡算方程中，含有 5 个未知变量，不能完全求解。为了说明问题所在，先做该过程的自由度分析。

由自由度分析表 9-29 可以看出，该过程的物料衡算确实不能单独求解，而必须将物料衡算与热量衡算联立计算。但不能因为其物料衡算的自由度不为零，就说明该过程设计条件数据不正确，对于需要物料衡算与热量衡算联立计算的化工流程，必须看其联立衡算时的自由度分析结果，以判断过程设计条件数据是否正确。

表 9-29 例 9-29 过程的自由度分析

项 目	衡算种类		项 目	衡算种类	
	物料衡算	物料衡算与热量衡算联立		物料衡算	物料衡算与热量衡算联立
总流股变量数	9	12	已知流股变量数	4	7
单元变量总数	0	1	已知单元变量数	0	1
物料衡算方程式数	4	4	已知附加关系式数	0	0
热量衡算方程式数	—	1	自由度	1	0

一般计算时，可以选 200℃为过程参考温度，同时因为该过程为绝热操作，其热量衡算方程可简化为

$$F_2\left[H_2(400℃) - H_2(200℃)\right] = F_1\left[H_1(200℃) - H_1(20℃)\right]$$

将以上这个热量衡算方程和过程的 4 个物料衡算方程联立求解，就可以同时完成该过程的物料衡算和热量衡算。在求解过程中，需要查出 1atm 下 C_6H_6、$C_6H_5CH_3$、CH_4、H_2 这 4 个组分在 200～400℃的气态热容，查出 1atm 下的 C_6H_6 沸点及汽化热，查出 C_6H_6 在 20℃至其沸点温度之间的液态热容等数据，然后进行计算。

下面，利用 PROCESS Ⅱ 计算机辅助化工过程设计软件求解上述过程的物料及热量衡算。

[建立流程图] 首先在 PROCESS Ⅱ 中建立过程的流程示意图，输入所有的流股，确定各流股的走向，并给所有流股编号。

[定义组分] 为了利用 PROCESS Ⅱ 软件附带的物性数据库，第二步必须将流程中牵涉到的所有组分种类输入 PROCESS Ⅱ 软件。

[定义一个热力学方法] 根据过程的压力、温度等情况在众多的热力学方程（Pen-Robinson、

Cubic equation of state、Ideal、NRTL、UNIQUAC 等）中，挑选一个适宜的热力学方法，软件本身能自行进行组分的物性数据计算。

[指定工艺装置和物流的已知数据] 因为 PROCESSⅡ软件本身只能进行正向模拟计算，必须先将输入流股的已知数据输入到软件中（这些已知输入流股参数在软件计算过程中始终保持不变），输入流股的一些未知参数也必须输入初值（该初值可以由软件计算改变），输入各单元装置已知的设备参数。在输入过程中可以改变参数的计量单位。

[输入设计约束条件] 将输出流股的已知参数、其他设计约束条件以模拟计算控制模块的形式输入 PROCESSⅡ软件中，并设定模拟计算收敛精度和最大迭代计算次数。

[模拟计算] 启动 PROCESSⅡ软件开始模拟计算，随着 PROCESSⅡ软件模拟计算的进行，流程中的单元和流股不断变化，如果输入的数据满足了软件模拟计算的自由度要求，PROCESSⅡ软件将给出计算结果。

[确定计算结果的输出格式] 按设计者爱好或设计计算要求，挑选确定计算结果的输出格式，确定数据的有效数据位数。

采用 PROCESSⅡ软件计算上述绝热淬冷过程，用一台 P4 2.6G 的台式计算机，瞬间即可完成计算，计算结果见表 9-30。

表 9-30　PROCESSⅡ软件对例 9-29 的计算结果

项目	单位	流股		
		1	2	3
压力	atm	1.000	1.000	1.000
温度	℃	20. 000	400.000	199.998
总摩尔流量	kg/(mol・h)	0.260	1.000	1.260
Molar Comp. Rate				
		0.0000	0.2000	0.2000
Metane	kg/(mol・h)	0.0000	0.1000	0.1000
苯	kg/(mol・h)	0.2600	0.4000	0.6600
甲苯	kg/(mol・h)	0.0000	0.3000	0.3000
Molar Comp. Percents				
H_2		0.0000	20.0000	15.8729
Metane		0.0000	10.0000	7.9364
苯		100.0000	40.0000	52.3813
甲苯		0.0000	30.0000	23.8093

9.4.8　带有循环流的物料衡算与热量衡算

在很多化工过程中存在内部循环流，它对衡算有哪些影响呢？在各种情况下，整体衡算式（物料与能量衡算）的总数总是等于相应各个单元衡算式的总和。假如各个单元衡算式是线性无关的，则总体衡算方程组也往往是线性无关的。一般情况下，各个单元的衡算方程式都是线性无关的，只有一种情况例外，这就是存在内部循环流的情况。分析图 9-34 所示的系统，假设在内部循环流股 3 及流股 4 中，包含一特殊组分 K，它与进入和离开系统的流股 1、2、5、6 无关。在单元 1 中，有 R 个反应涉及组分 K，其化学计量系数为$\sigma_{K,I}$，反应速率为γ_I。

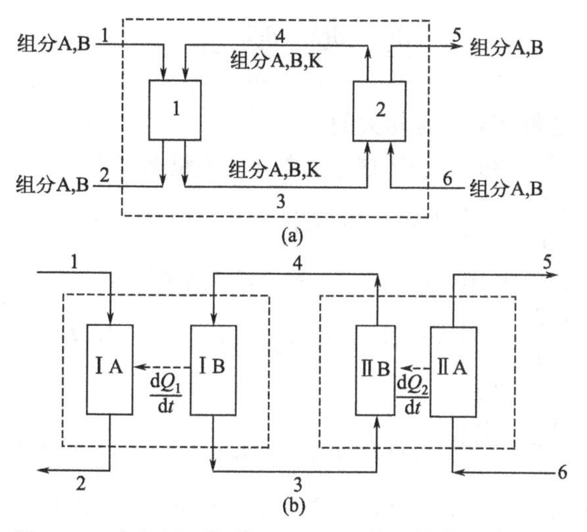

图 9-34　全部循环部分（a）及再循环热传递流（b）

单元 1 中组分 K 的物料衡算式为

$$F_{3,\mathrm{K}} = F_{4,\mathrm{K}} + \sum_{I=1}^{R} \sigma_{\mathrm{K},I} \gamma_I \tag{9-43}$$

与此类似，如果在单元 2 中，组分 K 涉及 R'个反应，其化学计量系数为$\sigma'_{\mathrm{K},J}$，反应速率为γ'_J,则在单元 2 中组分 K 的衡算式为

$$F_{4,\mathrm{K}} = F_{3,\mathrm{K}} + \sum_{J=1}^{R'} \sigma'_{\mathrm{K},J} \gamma'_J \tag{9-44}$$

又因为组分 K 只在系统内循环，不进入也不离开系统，所以对组分 K 的整体衡算式为

$$\sum \sigma'_{\mathrm{K},J} \gamma'_J + \sum \sigma_{\mathrm{K},I} \gamma_I = 0 \tag{9-45}$$

由组分 K 整体衡算式（9-42）看出，对于循环流的描述少用了一个方程。很明显，该整体衡算式可被一个单元衡算式所取代，而且维持线性无关的特性。

假如组分 K 不参与反应，则$\gamma_I = \gamma'_J = 0$，有

$$F_{4,\mathrm{K}} = F_{3,\mathrm{K}} \tag{9-46}$$

在整体物料衡算中，没有组分 K 项。对于任一反应的内部循环流，只与该组分存在的单元物料衡算相关。如果组分流经 M 个单元，则独立的单元衡算式总是 M–1 个。也就是说，在这种情况下做自由度分析时，独立的物料衡算式数目比一般情况少 1。

假如循环组分是一股再循环的热传递流股，则对这个热传递循环流的能量衡算也类似处理。

分析图 9-34 所示的系统，流股 1 被流股 4 传递的热量加热，流股 6 又将自身热量传递给流股 3 而被冷却。因为 $F_3 = F_4$，对环境的热损失可忽略，则围绕单元 IB 的能量衡算式可简化为

$$\frac{\mathrm{d}Q_1}{\mathrm{d}t} = F_3 \left[H(T_3) - H(T_4) \right] \tag{9-47}$$

围绕单元 IIB 的能量衡算为

$$\frac{\mathrm{d}Q_2}{\mathrm{d}t} = F_3 \left[H(T_4) - H(T_3) \right] \tag{9-48}$$

围绕单元 IB、IIB 封闭子系统的整体衡算可写出

$$\frac{dQ}{dt}=\frac{dQ_1}{dt}+\frac{dQ_2}{dt}=0 \tag{9-49}$$

显然这两个单元的能量衡算式是相关的。

另外，围绕包含单元 IA 和单元 IB 这个大单元的能量衡算为

$$\frac{dQ_{\rm I}}{dt}=F_1\left[H(T_2)-H(T_1)\right]+F_3\left[H(T_3)-H(T_4)\right] \tag{9-50}$$

同时围绕单元 IIA 和单元 IIB 这个热交换单元的能量衡算式为

$$\frac{dQ_{\rm II}}{dt}=F_5\left[H(T_5)-H(T_6)\right]+F_3\left[H(T_4)-H(T_3)\right] \tag{9-51}$$

所以全系统的能量衡算式为

$$\frac{dQ}{dt}=\frac{dQ_{\rm I}}{dt}+\frac{dQ_{\rm II}}{dt}=F_5\left[H(T_5)-H(T_6)\right]+F_1\left[H(T_2)-H(T_1)\right] \tag{9-52}$$

因为存在流股 1 及流股 5，所以单元Ⅰ及单元Ⅱ的衡算式是不相关的，而且存在整体衡算式。但是仅包含一般热交换流体的各个单元的能量衡算式是不独立的。所以独立能量衡算式的数目比有流体循环通过的单元少一个。

下面用一例题，具体说明循环流存在过程的物料衡算、热量衡算程序及有关细节。

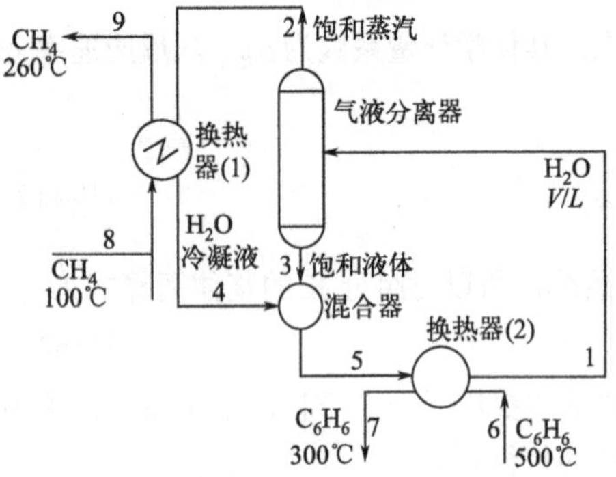

【例 9-30】图 9-35 所示为一个复杂的换热系统，在此系统中有一股压力为 60×10^5 Pa 的水与热的苯蒸气和冷的甲烷进行换热。热的苯蒸气流被水由 500℃冷却至 300℃，甲烷被水由 100℃加热至 260℃。假如离开换热器（1）的凝液为 60×10^5 Pa 的饱和水，而离开换热器（2）的流股为含 10%蒸汽的 60×10^5Pa 的气液混合物。苯蒸气进料量为 200mol/h，计算甲烷的流量和水的循环流量。假设全部操作是绝热操作。

图 9-35　例 9-30 的复杂换热系数

解：与例 9-28 相似，所有流股仅包括一个单一组分。流股 1 是唯一的两相流。水在系统内部做全循环。

下面对水做物料衡算

$$\text{换热器(1)}F_2=F_4 \tag{a}$$

$$\text{换热器(2)}F_1=F_5 \tag{b}$$

$$\text{混合器 }F_5=F_4+F_3 \tag{c}$$

$$\text{气液分离器 }F_1=F_2+F_3 \tag{d}$$

将式（a）、式（b）代入式（d），则式（d）变为 $F_5=F_4+F_3$，此式与式（c）相同，可见式（d）是不独立的，即对该系统的水流股做物料衡算时只有 3 个独立算式。但是，按上述范围对水做能量衡算时却可得到 4 个独立的衡算式。

对该系统做自由度分析，结果见表 9-31。

表 9-31　例 9-30 自由度分析

项目	换热器（1）	换热器（2）	气液分离器		混合器		过程	全部综合
			MB	CB	MB	CB		
变量数								
流	2	2	3	3	3	3	5	2

续表

项目	换热器（1）	换热器（2）	气液分离器		混合器		过程	全部综合
			MB	CB	MB	CB		
蒸汽分率		1	1	1			1	
T	4	3		2		3	8	4
dQ/dt	1	1		1		1	4/18	1
平衡式数目								
物料			1	1	1	1		
能量	1	1		1		1	4	1
条件数目								
dQ/dt = 0	1	1		1		1	4	1
蒸汽分率		1	1	1			1	
温度								
流股 6		1					1	1
流股 7		1					1	1
流股 8	1						1	1
流股 9	1						1	1
流股 2	1			1			1	
流股 3				1		1	1	
流股 4	1					1	1	
流股 6		1					1	
自由度	1	1	2	1	2	2	0	0

注：MB 表示物料衡算；CB 表示物料及能量衡算的总体衡算。

按照上述分析，其计算顺序如图 9-36 所示。

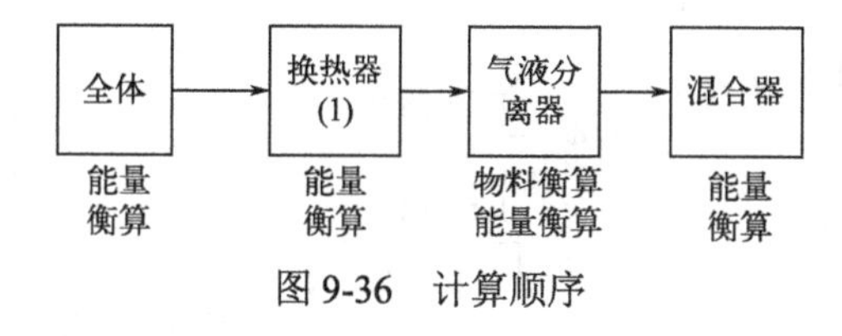

图 9-36　计算顺序

计算基准：200mol/h 苯蒸气。

整体的能量衡算式

$$\frac{\mathrm{d}Q}{\mathrm{d}t}=F_8\left[H_{CH_4}(260℃)-H_{CH_4}(100℃)\right]+200\times\left[H_{C_6H_6}(300℃)-H_{C_6H_6}(500℃)\right]=0$$

解得

$$F_8=200\frac{\int_{300}^{500}C_{p,C_6H_6}\mathrm{d}T}{\int_{100}^{260}C_{p,CH_4}\mathrm{d}T}=\frac{3.4034\times10^4\times200}{6.9838\times10^3}=974.66(\mathrm{mol/h})$$

其中，C_p 的积分是利用蒸汽热焓表查取数据得到的。

换热器（1）的能量衡算式：

$$\frac{dQ}{dt}=F_8\left[H_{CH_4}(260℃)-H_{CH_4}(100℃)\right]+F_2\left[H_L\left(饱和,60\times10^5Pa\right)-H_V\left(饱和,60\times10^5Pa\right)\right]=0$$

解得

$$F_2=\frac{974.66mol/h\times6.9838\times10^3J/mol}{(2785.0-1213.7)\times10^3J\cdot kg}=4.332kg/h$$

气液分离器的物料衡算式

$$F_1=F_2+F_3$$

参考流股 3 的状态，可以写出能量衡算式

$$\frac{dQ}{dt}=F_1\left[H_V(饱和,60\times10^5Pa)-H_L(饱和,60\times10^5Pa)\right]-$$
$$F_1\left[H_{mix}\left(饱和,60\times10^5Pa\right)-H_L\left(饱和,60\times10^5Pa\right)\right]$$

已知流股 1 的蒸汽分率，故可列出混合焓的算式

$$H_{mix}\left(饱和,60\times10^5Pa\right)=0.1H_V\left(饱和,60\times10^5Pa\right)+0.9H_L\left(饱和,60\times10^5Pa\right)$$

$$F_1=F_2\frac{2785.0-1213.7}{0.1\times\left(2785.0-1213.7\right)}=10F_2=43.32(kg/h)$$

$$F_3=F_1-F_2=9\times4.332=38.99(kg/h)$$

混合器的能量衡算式

$$\frac{dQ}{dt}=F_3\left[H_L(T_5,60\times10^5Pa)-F_3H_L(饱和,60\times10^5Pa)\right]-F_4\left[H_L\left(饱和,60\times10^5Pa\right)\right]=0$$

$$H_L\left(T_5,60\times10^5Pa\right)=\frac{9}{10}H_L\left(饱和,60\times10^5Pa\right)+\frac{1}{10}H_L\left(饱和\right)=H_L\left(饱和,60\times10^5Pa\right)$$

所以，T_5 将是在 60×10^5 Pa 压力下的饱和温度。

【例 9-31】 图 9-37 所示为经过三级绝热反应器生产合成氨的示意流程。氨合成反应为

$$N_2+3H_2=\!=\!=2NH_3$$

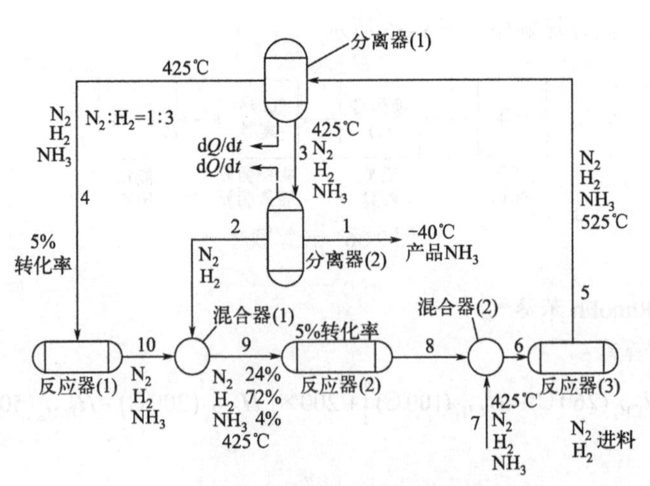

图 9-37 合成氨生产流程示意图

在反应器（1）（第一级反应）和反应器（2）（第二级反应）中的每级转化率都为 5%，进口温度维持在 425℃。在第二级和第三级中是混合一股冷的支流和前级反应的产品流完成的。第一级进口温度与分离器（1）的操作温度一样为 425℃。第三级出口温度限制在 525℃。液体产

品氨流股冷却至–40℃。假如流股 4 之中的 N_2 和 H_2 是按化学计量式给出的，流股 9 的组成为 24% N_2、72% H_2 和 4% NH_3（均为摩尔分数），而且按 1mol 流股 8 配 0.2mol 流股 7 的比例进料。计算在两个分离器中所有流股的条件和热负荷。假设是绝热混合且忽略压力效应。

解：除产品流以外，所有流股都是两组分或多组分的气相混合物，各个流股的温度和组分流量都是独立变量。假定压力是给定的，且在能量衡算时可忽略压力的影响，计算中不必考虑压力因素。

首先做自由度分析表，见表 9-32。由表 9-32 可知，计算基准有两种选择的可能性：一是按整体的物料衡算选择；二是按第二级需要选择。现选择后者为基准，这样可同时求解该单元的能量衡算。

表 9-32　例 9-31 自由度分析

项目	反应器（1）		反应器（2）		反应器（3）		混合器（1）		混合器（2）		分离器（1）		分离器（2）		过程	全部综合	
	MB	CB	MB	CB	MB	CB	MB	CB	MB	CB	MB	CB	MB	CB		MB	CB
变量数目																	
流股：流量																	
T	6	8	6	8	6	8	8	11	8	11	9	12	6	9	36	3	5
单元 d*Q*/d*t*，*r*	1	2	1	2	1	2		1		1		1		1	10	1	2
平衡式数目																	
物料	3	3	3	3	3	3	3	3	3	3	3	3	3	3	21	3	3
能量		1		1		1		1		1		1		1	7		1
条件数目																	
组成 9			2	2			2	2							2		
比例 4	1	1									1	1			1		
比例 7∶8									1	1					1		
转化率	1	1	1	1											2		
d*Q*/d*t*		1		1		1		1		1					5		
温度																	
流股 1															1		1
流股 3												1		1	1		
流股 4		1										1			1		
流股 5						1						1			1		
流股 6						1				1					1		
流股 9								1							1		
自由度	2	2	1	1	4	3	3	4	4	5	5	5	3	4	1	1	2

注：MB 表示物料衡算，CB 表示物料及能量衡算的总体衡算。

由解第二级反应器的物料衡算开始，再解第二级反应器的能量衡算，得到流股 8 的流量和温度以及流股 9 的全部流量。由表 9-32 可知，混合器（1）和混合器（2）的自由度下降至 3 和 1。由已知的流量比及流股 8 可确定流股 7。至此整体物料衡算式组的自由度为零，可以求解，解出流股 1 的流量和流股 7 的组成。然后可求解混合器（2）的物料衡算和能量衡算。按此方法，对照自由度分析表可推出合理的解题顺序，结果如图 9-38 所示。

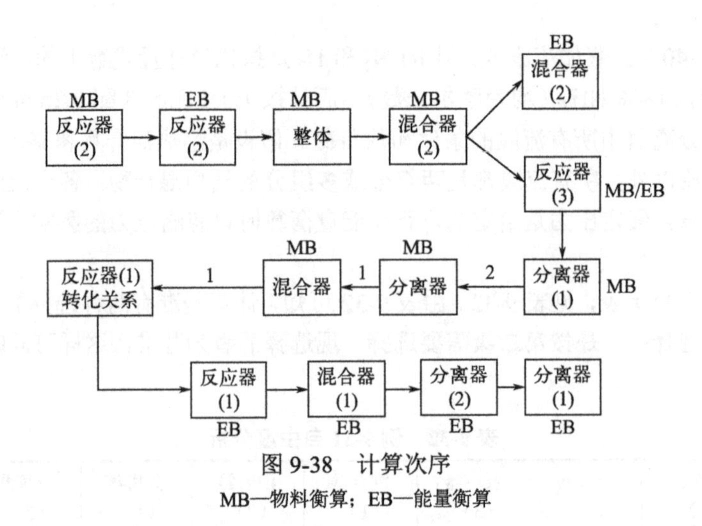

图 9-38　计算次序

MB—物料衡算；EB—能量衡算

计算基准：流股 9 的流量 100mol/h。

按照给定数据计算二级反应转化率

$$\gamma = \frac{24 \times 0.05}{1} = 1.2$$

按照物料衡算求得

$$F_8 = \left(F_{8,N_2}, F_{8,H_2}, F_{8,NH_3}\right) = (22.8, 68.4, 6.4)\ \text{mol/h}$$

做能量衡算需计算反应热，以进口流的状态为参考状态，在 425℃时反应热为 1.127×10^5J/mol，能量衡算表达式为

$$\frac{\mathrm{d}Q}{\mathrm{d}t} = \gamma \Delta H_R(425℃) + \sum F_8 \int_{425}^{T} C_p \mathrm{d}T$$

$$= 1.2 \times \left(-1.127 \times 10^5\right) + \int_{425}^{T} \left(22.8 C_{p,N_2} + 68.4 C_{p,H_2} + 6.4 C_{p,NH_3}\right) \mathrm{d}T = 0$$

为了估计初值，以 C_p 的平均值为估值的起点，可得到 8 号流股温度的估算初值

$$T^0 = \frac{1.127 \times 10^5}{22.8 \times 29.308 + 68.4 \times 29.308 + 6.4 \times 37.681} + 425 = 471.4℃$$

应用 C_p 函数，可建立迭代函数

$$T^0 = 698.15 + \frac{1.127 \times 10^5 \times 1.2}{2054.768} - \frac{2.3408 \times \left[(T/\mathrm{K})^2 - 698.15^2\right] - 2.937 \times 10^{-3} \times \left[(T/\mathrm{K})^3 - 698.15^3\right] + 1.830 \times 10^{-6} \times \left[(T/\mathrm{K})^4 - 698.15^4\right] - 4.187 \times 10^{-10} \times \left[(T/\mathrm{K})^5 - 698.15^5\right]}{2054.768}$$

应用 Wegstein 的方法迭代求解，得到 8 号流股温度为 $T^0 = 465.73℃$。

应用给定的流量比，由流股 8 计算流股 7

$$F_7 = 0.2 F_8 = 19.52\text{mol/h}$$

代入整体衡算式，得到

$$\gamma = 4.88\text{mol/h}$$

$$F_1 = 9.76\text{mol/h}$$

依次可得

$$F_{7,N_2} = 4.88\text{mol/h}$$

$$F_{7,H_2} = 14.64\text{mol/h}$$

做混合器（2）的物料衡算，得到流股 6

$$F_6=(27.68,83.04,6.4)\text{mol/h}$$

继续进行混合器（2）的能量衡算，得到温度 T_7，以它作为流股 6 的参考状态，则

$$\frac{\mathrm{d}Q}{\mathrm{d}t}=-\sum F_{8,s}\int_{425}^{465.73}C_p\mathrm{d}T-\sum F_{7,s}\int_{425}^{T}C_{p,s}\mathrm{d}T=0\text{。}$$

F_8 已由二级能量衡算式中计算出来，因而上式可简化为

$$\int_T^{425}\left(4.88C_{p,\mathrm{N_2}}+14.04C_{p,\mathrm{H_2}}\right)\mathrm{d}T=1.2\times1.127\times10^5=1.3524\times10^5$$

为了求取 T_7 仍需进行迭代计算，首先使用 C_p 平均值做出第一估值，T = 188.7℃，然后由估计的平均温度求取改善的 C_p 值，代入重复计算，求得 T = 192.2℃。

对第三级反应进行衡算，以进口状态为参考状态，得到能量衡算式

$$\frac{\mathrm{d}Q}{\mathrm{d}t}=\gamma\Delta H_\mathrm{R}\left(425℃\right)+\int_{425}^{525}\left(F_{5,\mathrm{N_2}}C_{p,\mathrm{NH_3}}+F_{5,\mathrm{N_2}}C_{p,\mathrm{NH_3}}\right)\mathrm{d}T=0$$

应用物料衡算法消去组分流量，可得到

$$\gamma\left(-1.127\times10^5\right)+\left(27.68-\lambda\right)\times3105.3+\left(83.04-3\gamma\right)\times2939.7+\left(6.4+2\gamma\right)\times4950.6=0$$

解出

$$\gamma=3.154\text{mol/h}$$

所以

$$F_5=\left(24.525,73.575,12.71\right)\text{mol/h}$$

再作分离器（1）的物料衡算，得到带有两个出口流股的表达式

$$F_4=\begin{cases}F_{4,\mathrm{N_2}} & F_{3,\mathrm{N_2}}=24.525-F_{4,\mathrm{N_2}}\\ 3F_{4,\mathrm{H_2}} & F_{3,\mathrm{H_2}}=73.575-3F_{4,\mathrm{N_2}}\\ F_{4,\mathrm{NH_3}} & F_{3,\mathrm{NH_3}}=12.71-F_{4,\mathrm{NH_3}}\end{cases}$$

由分离器（2）的物料衡算可得 $F_{\mathrm{NH_3}}$，做 NH_3 的平衡式

$$12.71-F_{4,\mathrm{NH_3}}=F_{4,\mathrm{NH_3}}=9.76$$

求得 $F_{4,\mathrm{NH_3}}=2.95$。

利用其他衡算式简化给出

$$F_{2,\mathrm{N_2}}=24.525-F_{4,\mathrm{N_2}}$$
$$F_{2,\mathrm{H_2}}=73.575-3F_{4,\mathrm{N_2}}$$

应用混合器（1）的物料衡算，对流股 10 可写出下述表达式

$$F_{10,\mathrm{N_2}}=F_{4,\mathrm{N_2}}-0.525$$
$$F_{10,\mathrm{H_2}}=3F_{4,\mathrm{N_2}}-1.575$$
$$F_{10,\mathrm{NH_3}}=4.0$$

应用反应器（1）的转化率算式可确定

$$0.05=\frac{F_{4,\mathrm{N_2}}-F_{10,\mathrm{N_2}}}{F_{4,\mathrm{N_2}}}=\frac{0.525}{F_{4,\mathrm{N_2}}}$$

可求得 $F_{4,\mathrm{N_2}}=10.5\text{mol/h}$。

反应器（1）的反应速率

$$\gamma=\frac{0.05\times10.5}{1}=0.525\text{mol/h}$$

以上详细讨论了所有的物料衡算式，下面着手讨论一系列的能量衡算。

首先应用反应器（1）的能量衡算去确定流股10的温度，选用进口流的状态为计算的参考状态，该衡算式为

$$\frac{dQ}{dt}=-1.127\times10^5\times\left[0.5257+\int_{425}^{T}\left(F_{10,H_2}C_{p,N_2}+F_{10,H_2}C_{p,H_2}+F_{10,NH_3}C_{p,NH_3}\right)dT\right]=0$$

使用29.31J/(mol・K)、29.31J/(mol・K)和46.05J/(mol・K)的平均值作为初始C_p估值代入得

$$T^0=\frac{1.127\times10^5\times0.525}{9.975\times29.31+29.925\times29.31+4\times46.05}+425=468.7(℃)$$

为了改善估计值的迭代公式为

$$T=698.15+\frac{1.127\times10^5\times0.525-0.341(T^2-698.15^2)+3.6896\times10^{-2}(T^3-698.15^3)-2.9595\times10^{-7}(T^4-698.15^4)+8.361\times10^{-11}(T^5-698.15^5)}{1165.4},\ ℃$$

进而采用Wegstein的方法迭代求解得

$$T=466.90℃$$

应用这一温度，可求解混合器（1）的能量衡算，应用流股9的状态为参考状态

$$\frac{dQ}{dt}=-\sum F_{2,s}\int_{425}^{T}C_p dT-\sum F_{10,s}\int_{425}^{466.90}C_p dT=0$$

流股10这项恰好等于反应器（1）的能量衡算式中的反应热一项，此式则化简为

$$1.127\times10^5\times0.525=\int_{T}^{425}\left(14.025C_{p,N_2}+42.075C_{p,H_2}\right)dT$$

使用平均C_p为29.31J/(mol・K)，求出初温的初始估值，$T=389.03℃$。

在平均温度407℃时C_p值分别为

$$C_{p,H_2}=29.48J/(mol\cdot K)$$

$$C_{p,N_2}=30.61J/(mol\cdot K)$$

根据修正初始估值，结果为：$T=389.03℃$。

至此，所有流股的流量和温度皆已确定。

应用分离器（1）和分离器（2）的能量衡算进一步计算热传递速率。以流股3的状态为参考状态进行分离器（2）的能量衡算

$$\frac{dQ}{dt}=F_2\left[H(T_2)-H(425℃)\right]+F_1\left[H_L(-40℃)-H_V(425℃)\right]$$

$$=0.525\times\left(-1.127\times10^5\right)-9.76\times\left[\int_{-33.42}^{425}C_{pV}dT+\Delta H_{VL}(-33.42℃)+\int_{-40}^{-33.42}C_{pL}dT\right]$$

其中，F_2项用混合器（1）的能量衡算结果估算。NH_3蒸气在425℃相对于−40℃液氨的计算、应用了在正常沸点−33.42℃的蒸发热和气相及液相的比热容方程式计算。因而

$$\frac{dQ}{dt}=0.525\times\left(-1.127\times10^5\right)-9.76\times\left(1.884\times10^4+2.336\times10^4+2.206\times10^3\right)$$

$$=-4.926\times10^2(kJ/h)$$

对于分离器（1）的能量衡算的参考状态定为流股3的参考状态。

9.4.9 计算机辅助化工过程的物料衡算与热量衡算

在例题9-29中利用PROCESSⅡ计算机辅助化工过程设计软件求解过程的物料及热量衡算。现在来讨论如何在计算机辅助下用序贯模块法解决能量衡算的问题。欲使用序贯模块法，首先必须建立与能量衡算方程相适应的单元物料衡算模型，对于再循环计算尚需给出切断流的

温度或焓流率的切断流变量。使用联立方程法，需要求解非线性方程组。导致非线性方程的因素是：其一温度-焓函数的非线性；其二，包含能量衡算方程的非线性的焓流率方程。对于非线性能量方程组的求解，迭代计算是不可避免的。下面将着重讨论序贯模块法求解过程的物料及热量衡算的策略。

序贯模块法计算的基本内容是：

① 将衡算方程式组合在操作流程的模型中；

② 在给定输入流和选定模型参数后按组成模型的衡算方程组计算输出流股；

③ 按流股流动的方向按顺序对各个模块进行运算，求解流程的衡算式；

④ 以选定的切断流股矢量作为初值，利用迭代法确定循环流股。

采用上述策略进行能量衡算时，与做物料衡算的区别在于扩展了流股矢量的定义，使其包括进入流股的温度和相（或焓）分率，进而修正了模型。由模块的物料和能量衡算式可以确定与给定模块相联系的扩展的输出流股矢量，能量衡算可以直接用于计算选定的输出流股的能量衡算变量。对于可以忽略势能与位能变化的多流股输入与多流股输出系统，它们的能量衡算方程式可以写成下述形式

$$\sum_{\substack{\text{出口流}\\ j}} F_j\hat{H}_j = \frac{\mathrm{d}Q}{\mathrm{d}t} - \frac{\mathrm{d}W}{\mathrm{d}t} + \sum_{\substack{\text{入口流}\\ i}} F_i\hat{H}_i \tag{9-53}$$

令 $H_K = F_K\hat{H}_K$，则有

$$\sum_{\substack{\text{出口流}\\ j}} \hat{H} = \frac{\mathrm{d}Q}{\mathrm{d}t} - \frac{\mathrm{d}W}{\mathrm{d}t} + \sum_{\substack{\text{入口流}\\ i}} H_i \tag{9-54}$$

假如将（$\mathrm{d}Q/\mathrm{d}t - \mathrm{d}W/\mathrm{d}t$）定义为固定的模块参数，则上述方程可以视为一特殊“组分 H”的一衡算式。于是可把每一流股的焓流率作为另外一个“组分”来研究。这种特殊“组分”的模块只包含简单的焓流率方程式，用这种模块仅能计算出输出流股的焓流率。

对于任一流程，皆可用四个基本单元——混合器、分离器、分割器、化学计量反应器模块来模拟并进行物料衡算。在做能量衡算时仅需在物料衡算的基础上增加一个热/功传递模块。下面研究几种基本模块及其方程组，讨论中假定在各种情况下流股的压力皆为已知数据。在 9.3.3 节中已经给出了 9 种基本单元物料衡算的一般模型［式（9-22）～式（9-30）］，现将其推广到包括焓流在内的广义情况中。

（1）混合器

物料衡算模型：

$$F_s^{\text{out}} = \sum_{\substack{\text{in}\\ \text{入口流 } i}} F_s \quad (s=1,\ 2,\ \cdots,\ S) \tag{9-55}$$

绝热无功过程的焓流衡算模型：

$$H^{\text{out}} = \sum_{\substack{\text{in}\\ \text{入口流 } i}} H_s^i \quad (s=1,\ 2,\ \cdots,\ S) \tag{9-56}$$

（2）分离器

设 t^j_s 为组分的分割系数，Q^j 为焓分离系数。模型为

$$F_s^j = t_s^j F_s^{\text{in}} \quad (s=1,\ 2,\ \cdots,\ S) \tag{9-57}$$

对于所有出口流 j，有

$$\sum t_s^j = 1 \tag{9-58}$$

$$H^j = Q^j H^{\text{in}} \tag{9-59}$$

$$\sum Q^j = 1 \tag{9-60}$$

式中 i——入口流数目；

j——出口流数目。

（3）分割器

区别于分离器，一个流股进入分割器后被分割为相同组分的几个流股。以 t^j 表示流股的分割系数，则入口流股和出口流股的流量关系可表示为

$$F_s^j = t_s^j F_s^{\text{in}} \quad (s=1,\ 2,\ \ldots,\ S) \tag{9-61}$$

$$\sum t^j = 1 \tag{9-62}$$

式中 j——出口流数目；

t^j——分割系数。

则

$$\hat{H}^j = F^j \hat{H}^j(T_1) = F^j \sum x_s^j \hat{H}_s(T_1) \tag{9-63}$$

$$\hat{H}^j = F^j \hat{H}^{\text{in}}(T_1) = t^j F^{\text{in}} \hat{H}^{\text{in}}(T_1) \tag{9-64}$$

假定为绝热操作，且 $\mathrm{d}W/\mathrm{d}t = 0$，则焓流衡算为

$$H^{\text{in}} = \sum_j \hat{H}^j \tag{9-65}$$

置换 H^j 有

$$H^{\text{in}} = F^{\text{in}} \hat{H}^{\text{in}}(T_1) \sum t^j = F^{\text{in}} \hat{H}^{\text{in}}(T_1) \tag{9-66}$$

所以

$$H^j = t^j H^{\text{in}}$$

对于所有流股都符合

$$x_s^j = x_s^{\text{in}} \quad (s=1,\ 2,\ \cdots,\ S) \tag{9-67}$$

$$T^j = T^{\text{in}} \tag{9-68}$$

（4）反应器

基本反应器为单入/单出设备，单一反应按照给定的化学计量式和关键组分 k 的转化率 x_k 进行计算，其物料衡算模型为

$$F_s^{\text{out}} = F_s^{\text{in}} + \frac{\sigma_s}{-\sigma_k} x_k F_k^{\text{in}} \ (s \neq k;\ s=1,\ 2,\ \cdots,\ S) \tag{9-69}$$

$$F_k^{\text{out}} = (1-x) F_k^{\text{in}} \ (s=k) \tag{9-70}$$

假设为绝热操作，且 $\mathrm{d}W/\mathrm{d}t = 0$,则以反应热形式表达的焓流衡算式为

$$H^{\text{out}} = \hat{H}^{\text{in}} + \Delta H_{\text{R}}^{\gamma} x_k F_k^{\text{in}} \tag{9-71}$$

式中 $\Delta H_{\text{R}}^{\gamma}$——反应热。

（5）热/功模块

该模块代表简单进入/简单引出设备，在该设备中将给定的热或功传递给流股。

焓流衡算式简化为

$$H^{\text{out}} = \hat{H}^{\text{in}} + \frac{\mathrm{d}Q}{\mathrm{d}t} - \frac{\mathrm{d}W}{\mathrm{d}t} \tag{9-72}$$

物料衡算为

$$F_s^{\text{out}} = F_s^{\text{in}} \tag{9-73}$$

在基本模块的基础上补充的基本模块是着重进行 $\mathrm{d}Q/\mathrm{d}t$ 运算的模块，如非绝热分离器、非绝热反应器、多流股换热器、单组分相分离器、等温闪蒸器、一般闪蒸器等的焓流计算。

【例 9-32】用序贯模块法求解例 9-31。

解：分析题意可知，三个反应器和两个混合器是绝热的。而两个分离器是非绝热设备。已给出反应器（1）、（2）的转化率，这两个反应器可用基本反应器模块描述。反应器（3）已给出出口温度，但是不知道反应转化率，所以需用非绝热反应器来模拟。混合器可用基本混合器模块来计算。两个分离器用给定组分分割系数和出口状态的非绝热分离器模块来计算可计算出 $\mathrm{d}Q/\mathrm{d}t$。在此例中缺少的 6 个条件是：

① 对于分离器（1）的三个组分的分割系数；

② 分离器（2）的流股 2 的出口温度；

③ 进料温度和组成。

可被利用的约束条件为：

① 流股 9 的温度和两个组成；

② 流股 6 的温度；

③ 流股 4 的 N_2 与 H_2 的比例；

④ 流股 8 的流量。

另外，已给定的条件还有作为基准的流股 7 的流量及流股 7 对流股 8 的流量比例。所以这个问题是包括 6 个约束条件的有约束的问题。选流股 9 为切断流开始求解，首先做出 6 个缺少条件的初始估计以及切断流的初始猜测。然后依次执行反应器（2）模块，应用对进料温度和组成的初始估计执行混合器模块，调节进料温度直至混合器出口温度达到 425℃。进而执行反应器（3）模块、分离器（1）和反应器（1）模块，然后进行分离器（2）和混合器（1）的计算。重复调整流股 2 的温度，重复进行分离器（2）和混合器（1）的计算直至达到指定的混合器出口温度为 425℃。以上是通过全流程的一个完整的迭代过程。反复迭代直到切断流收敛为止。达到收敛点后，计算 4 个约束条件：流股 4 中 N_2 对 H_2 的比例、流股 7 的流量、流股 9 的两个组成。再由此估计进料组成和分离器（1）的三个组分的分割系数，重新开始切断流股循环计算。图 9-39 所示为上述全部计算的框图。

仔细分析此计算顺序可知，迭代求解要多次反复地进行热力学计算。为简化主程序并加速运算，有必要提供自动进行焓计算及热力学参数与函数相互转变等供热力学计算的多种子程序。这些必备的基本子程序的功能主要有四方面：

① 计算给定流股状态的流股焓；

② 计算反应热；

③ 计算给定流股组成及焓时的流股温度和相间分配；

④ 储存及随时调用进行①～③项计算所需的信息。

这些子程序如下：

① 流股焓计算子程序；

② 反应热计算子程序；

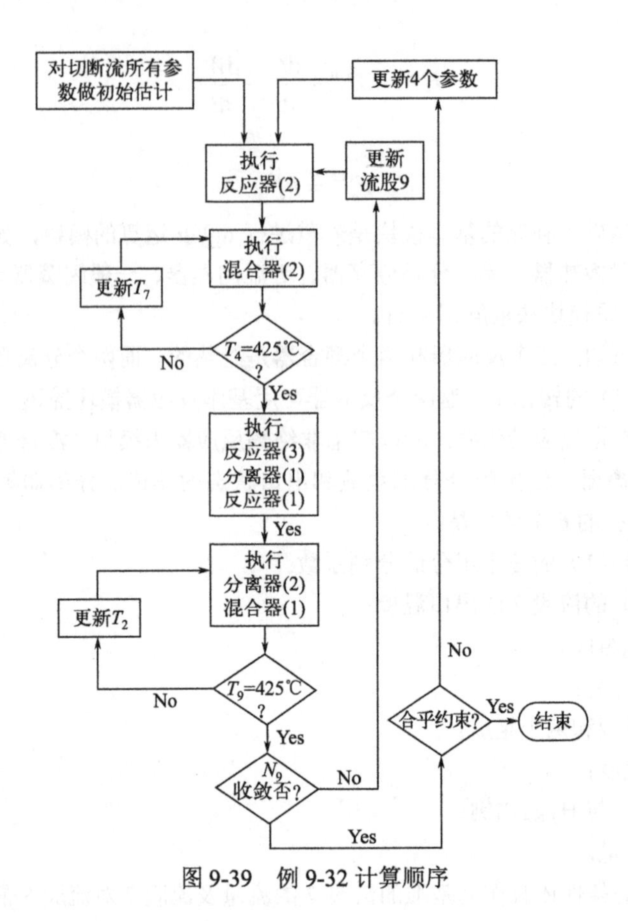

图 9-39　例 9-32 计算顺序

③ 流股温度计算子程序；

④ 性质数据库，这是进行物系热力学性质计算所必须具备的支撑部分，它可提供组分的基本性质，诸如：

a. 标准生成热；

b. 确定标准状态下的相态（气、液或固）；

c. 临界温度；

d. 沸点；

e. 沸点下的汽化热；

f. Watson 的关联因子；

g. 蒸气热容方程的 5 个系数；

h. 液体热容方程的 4 个系数；

i. 蒸气压力方程的 3 个（或更多）系数，其他尚需给出摩尔质量、熔点、熔融热、固体热焓方程系数及真实气体状态方程的系数等。

⑤ 性质估算系统子程序：其中除包含一个性质数据库以外，尚具备评估各种热力学数据，如反应热、泡点、为执行绝热或闪蒸计算所需热力学数据等的计算模型库。

目前，过程模拟应用软件中（如 ASPEN、PROCESS 等应用软件）都包含这部分应用软件，而且在不断地补充与完善。

以上全面地介绍了过程设计中所必需的物料衡算与热量衡算的算法，其中包括手工计算与计算机辅助计算的基本方法。由例题可知，随着过程中单元模块及循环流股的增加，物料衡算与热量衡算的复杂性也随之增加，计算工作量急速上升。换言之，对于实际的复杂的大化工系统不依靠计算机辅助计算，将难以完成精确的衡算。

回顾化工软件开发的历史，首先开发的就是物料衡算、热量衡算应用软件，其原因就在于此。任何一个化工过程模拟软件都必须以物料衡算和热量衡算为基础。目前，大多数实用的全流程模拟软件是以序贯模块法为基础的，随着高速大容量计算机的出现，近年来已把注意力集中到与稀疏技术相结合的联立方程法的开发工作上。例如美国 Carnegie-mellon 大学的 ASCEND Ⅱ模拟系统、Connecticut 大学的 FLOWSIM、Illionois 大学的 SEQUEL、英国剑桥（Cambridge）大学的 QUASILIN、帝国大学的 SPEEDUP、德国 BASF 公司的 CHEMASIM 均是首批用于工业实践的这类软件。这种方法的优点是对设计变量的选择有弹性，适用于过程设计和优化，在动态模拟中将更有吸引力。

参考文献

[1] 王静康. 普通高等教育 “十五” 国家级规划教材: 化工过程设计 (第 2 版) [M].北京：化学工业出版社 (高等教育教材出版中心), 2006.

[2] 王璐, 王保国. 高等学校教材: 化工设计[M]. 北京: 化学工业出版社 (教材出版中心)，2001.

[3] 于遵宏, 朱炳辰, 沈才大, 等. 大型合成氨厂工艺过程分析[M]. 北京: 中国石化出版社，1993.

[4] Mcketta and Cunningham: Encyclopidia of Chemical Processing and Design, 1977-1999.

[5] 《化工百科全书》编辑部. 化工百科全书[M]. 北京：化学工业出版社, 1990-1998.

[6] 国家医药管理局上海医药设计院. 化工工艺设计手册[M]. 第 2 版. 北京: 化学工业出版社, 1996.

[7] 中国寰球化学工程公司, 中国石油化工总公司, 兰州石油化工设计院. 氮肥工艺设计手册[M]. 北京: 化学工业出版社, 1989.

习题

9-1　丙烷充分燃烧时要使空气过量 25%，燃烧反应方程式为：$C_3H_8+5O_2 \longrightarrow 3CO_2+4H_2O$。试分别以 1mol 入口丙烷和 1mol 入口空气为计算基准，计算要得到 100mol 燃烧产物（又称为烟道气）需要加入的空气的物质的量。

9-2　求常压、100℃下苯和甲苯的液体混合物中，苯和甲苯的气液平衡常数。

9-3　连续常压蒸馏塔进料为苯 38%（质量分数，下同）和甲苯 62%的混合物，要求馏出液中能回收原料中 97%的苯，釜残液中含苯不高于 2%，进料流量为 20000kg/h。求馏出液和釜残液的流量和组成。

9-4　做天然气一段转化炉的物料衡算。天然气组成如表 9-33 所示。

表 9-33　天然气组成

组分	CH_4	C_2H_6	C_3H_8	C_4H_{10}	N_2	合计
摩尔分数/%	97.8	0.5	0.2	0.1	1.4	100

原料混合气中，H_2O/天然气=3.0，气体转化率为 67%（以 C_1 计），甲烷同系物完全分解，转化气中 CO 和 CO_2 的比例在转化炉出口温度（700℃）下符合式 $CO+H_2O=CO_2+H_2$ 的平衡关系。

9-5　乙烯氧化为环氧乙烷的反应方程式如下：$C_2H_4(g) + 0.5O_2(g) \longrightarrow C_2H_4O(g)$。计算0.1013MPa、25℃下的反应热。

9-6　0.182MPa（1.8atm）压力下液氨的饱和温度为22℃，在0.182MPa、22℃下把1kg的液氨汽化并使气氨在加热器中进一步过热成为120℃的过热氨蒸气。试分别利用氨的*T-S*图和氨的汽化热及气体热容数据求这一过程吸收的热量。

9-7　一个甲烷生产流程初步设计如图9-40所示，试作流程的自由度分析，并指出物料和热量衡算计算顺序。设计已知和要求为：

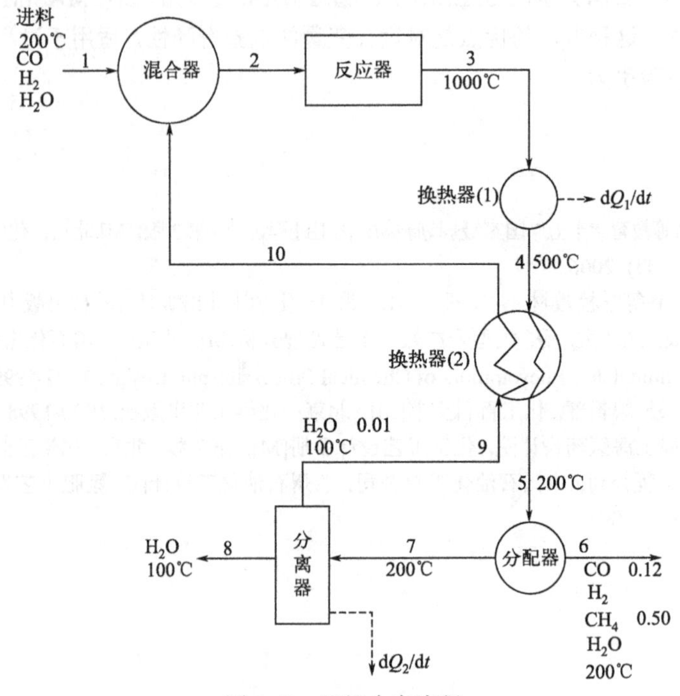

图9-40　甲烷生产流程

① 除换热器（1）和分离器外，其他单元均为绝热操作；

② 8号流股为纯水液相流股，其余流股均为气相流股；

③ 整个流程处于10MPa压力状态，压力对焓计算的影响可忽略；

④ 产品流中甲烷的分摩尔流量为1000kmol/h，图中组成均为摩尔分数；

⑤ 反应器中只有一个化学反应：$CO + 3H_2 \longrightarrow CH_4 + H_2O$；

⑥ 1号流股中只含有3个组分，且CO和H_2的摩尔比为1∶2.9。

附录

一、单位换算表

1.单位制

单位制是由一定数量的基本单位和导出单位组成。选用不同的一组基本单位为基础就构成不同的单位制。目前国际上采用的有米制和英制两大类。

国际单位制(SI)是在米制的基础上逐步统一和简化而来的绝对单位制，适用于各个学科领域，我国采用国际单位制。国际单位制是由七个基本单位和两个辅助单位组成，见表 1。十进倍数和分数的词冠，见表 2。化学工程中常用的有专门名称国际单位制的导出单位见表 3。

表 1 国际单位制的基本单位和辅助单位

类别	物理量	单位名称	单位代号
基本单位	长度	米（meter）	m
	质量	千克（kilogram）（公斤）	kg
	时间	秒（second）	s
	电流强度	安培（Ampere）	A
	热力学温度	开尔文（Kelven）	K
	物质的量	摩尔（mole）	mol
	发光强度	坎德拉（candela）	cd
辅助单位	平面角	弧度（radian）	rad
	立体角	球面度（steradian）	sr

表 2 国际单位制用的十进词冠

倍数	冠词名称	代号	分数	冠词名称	代号
10^{12}	tera(太)	T	10^{-1}	deci（分）	d
10^{9}	giga(吉)	G	10^{-2}	centi（厘）	c
10^{6}	mega(兆)	M	10^{-3}	milli（毫）	m
10^{3}	kilo(千)	k	10^{-6}	micro（微）	μ
10^{2}	hecto(百)	h	10^{-9}	nano（纳）	n
10^{1}	deca(十)	da	10^{-12}	pico（皮）	p
			10^{-15}	femto（飞）	f
			10^{-18}	atto（阿）	a

表 3　化工常用国际单位制专门名称的导出单位

物理量	专门名称	专门符号	专门符号单位	物理量	专门名称	专门符号	专门符号单位
力	牛顿（Newton）	N		功率	瓦（Watt）	W	J/s
压力	帕斯卡（Pascal）	Pa	N/m^2	动力黏度	泊稷叶（Poiseuille）	Pl	Pa•s 或 $N•s/m^2$
功、能、热	焦耳（Joule）	J	N•m				

至于英制体系也有绝对单位制和重力制之分，其各单位与米制和国际单位制的换算关系，见 2 单位换算表。

2.单位换算表

表 4　长度单位换算

米（m）	厘米（cm）	英尺（ft）	英寸（in）	米（m）	厘米（cm）	英尺（ft）	英寸（in）
1	100	3.2808	39.37	0.3048	30.48	1	12
0.01	1	0.0328	0.3937	0.0254	2.54	0.0833	1

1 微米（μm）$=10^{-6}$米；1 丝=0.1 毫米；1 密耳（mil）$=10^{-3}$英寸；1 公里=2 市里；1 市里=150 市丈=1500 市尺；1 码=3 英尺=0.9144 米；1 米=3 市尺；1 浬（国际）（n.mile）=1852 米

表 5　面积单位换算

米 ²（m^2）	厘米 ²（cm^2）	英尺 ²（ft^2）	英寸 ²（in^2）	米 ²（m^2）	厘米 ²（cm^2）	英尺 ²（ft^2）	英寸 ²（in^2）
1	10^4	10.764	1550	0.0929	929	1	144
10^{-4}	1	1.0764×10^{-3}	0.155	6.4516×10^{-4}	64516	6.944×10^{-3}	1

1 公里 ²（km^2）=100 公顷（ha）$=10^4$公亩（a）$=10^6$米 ²；1 公顷（ha）=15 市亩=10 亩（东北）；1 英亩（acre）=4047 米 ²=43560 英尺 ²

表 6　体积和容积单位换算

米 ³（m^3）	升（L）或分米 ³（dm^3）	英加仑（Imp.gal）	美加仑（U.S.gal）	英尺 ³(ft^3)	英寸 ³(in^3)
1	10^3	220	264.2	35.315	61024
10^{-3}	1	0.22	0.2642	0.0353	61.02
0.0045	4.546	1	1.201	0.1605	277.4
3.785×10^{-3}	3.785	0.8327	1	0.1337	231
0.0283	28.317	6.2288	7.4805	1	1728
1.64×10^{-5}	0.0164	3.605×10^{-3}	4.329×10^{-3}	5.787×10^{-4}	1

1 石油桶（bbl）=35 英加仑=42 美加仑=158.99 升；1 品脱（pint）=8 英加仑=36.368 升；1 美蒲式耳（U.S.bushel）=9.309 美加仑；1 英蒲式耳（Imp.bushel）=8 英加仑

表 7　重量和质量单位换算一

吨（t）	千克（公斤）（kg）	克（g）	英吨①（tn）	美吨①（shtn）	磅（lb）
1	10^3	10^6	0.9842	1.1023	2204.6
10^{-3}	1	10^3	9.842×10^{-4}	1.1023×10^{-3}	2.2046
10^{-6}	10^{-3}	1	9.842×10^{-7}	1.1023×10^{-6}	2.2046×10^{-3}
1.0161	1016.1	1.0161×10^6	1	1.12	2240

续表

吨（t）	千克（公斤）（kg）	克（g）	英吨①（tn）	美吨①（shtn）	磅（lb）
0.9072	901.2	6.072×10^5	0.8929	1	2000
0.4536×10^{-3}	0.4536	453.6	4.464×10^{-4}	5×10^{-4}	1

1 斯勒格（slug）=32.174 磅；1 盎司（oz）=1/12 磅=28.35 克；1 克拉（carat）=200 毫克；1 格令（grain）=64.8 毫克；1 市担=100 市斤；1 公斤=2 市斤=20 市两；1 吨=10 公担=20 市担=2000 市斤

① 英吨又名长吨（long ton）；美吨又名短吨（short ton）。

表 8　重量和质量单位换算二

牛顿（N）	千克（kg）	达因（dyn）	磅（lb）	磅达（pdl）
1	0.102	10^5	0.2248	7.233
9.807	1	9.807×10^5	0.2046	70.93
10^{-5}	1.02×10^{-6}	1	0.248×10^{-6}	7.233×10^{-5}
4.448	0.4536	4.448×10^5	1	32.174
0.1383	1.41×10^{-2}	1.383×10^4	3.108×10^{-2}	1

1 斯坦（sthene）（sn）=1000 牛顿=102 公斤

注：有些国家用 kp（kilopond）作为力的一种单位，1kp=1 公斤。

表 9　密度和重度单位换算

克/厘米³（g/cm^3）或吨/米³（t/m^3）	千克/米³（kg/m^3）或克/升（g/L）	磅/英寸³（lb/in^3）	磅/英尺³（lb/ft^3）	磅/英加仑（lb/Brit.gal）	磅/美加仑（lb/U.S.gal）
1	10^3	3.613×10^{-2}	62.43	10.02	8.345
10^{-3}	1	3.613×10^{-5}	6.243×10^{-2}	1.002×10^{-2}	8.345×10^{-3}
27.68	2.768×10^4	1	1728	277.42	231
1.602×10^{-2}	16.02	5.787×10^{-4}	1	0.1605	0.1337
9.98×10^{-2}	99.8	3.6×10^{-3}	6.229	1	0.8327
0.1198	119.8	4.329×10^{-3}	7.48	1.201	1

表 10　压力单位换算

牛顿/米²（N/m^2）或帕斯卡（Pa）	巴（bar）	工程大气压（at），（kg/cm^2）	磅/英寸²（lb/in^2）	标准大气压（atm）	毫米汞柱（0℃）（mmHg）	毫米水柱（15℃）（mmH_2O）
1	10^{-5}	1.02×10^{-5}	1.45×10^{-4}	9.869×10^{-6}	7.501×10^{-3}	0.1021
10^5	1	1.020	14.5	0.9869	750.1	10210
9.807×10^4	0.9807	1	14.22	0.9678	735.6	10010
6.985×10^3	6.895×10^{-2}	7.031×10^{-2}	1	6.805×10^{-2}	51.71	703.7
1.013×10^5	1.013	1.033	14.7	1	760	10340
1.333×10^2	1.333×10^{-3}	1.36×10^{-3}	1.934×10^{-2}	1.316×10^{-3}	1	13.61
9.798	9.798×10^{-5}	9.991×10^{-5}	1.421×10^{-3}	9.67×10^{-5}	7.349×10^{-2}	1

1 达因/厘米²（dyn/cm^2）=1 巴利（barye）=1 微巴（μbar）=10^{-6} 巴（bar）

1 毫米水柱（mmH_2O）（4℃）=1 千克/米²（kg/m^2）

1 毫米汞柱（mmHg）（0℃）=1 毛（Torr）

1 磅达/英尺²（pdl/ft^2）=1.488 牛顿/米²（N/m^2）

表 11 体积流量单位换算

米^3/时 (m^3/h)	米^3/分 (m^3/min)	米^3/秒 (m^3/s)	英尺^3/时 (ft^3/h)	英尺^3/秒 (ft^3/s)	英加仑/分 (Imp.gal/min)	美加仑/分 (U.S.gal/min)
1	1.667×10^{-2}	2.778×10^{-4}	35.51	9.81×10^{-3}	3.666	4.403
60	1	1.667×10^{-2}	2.119×10^{3}	0.5886	2.1998×10^{2}	2.642×10^{2}
3.6×10^{3}	60	1	1.271×10^{5}	35.31	1.32×10^{4}	1.585×10^{4}
2.832×10^{-2}	4.72×10^{-4}	7.866×10^{-6}	1	2.778×10^{-4}	0.1038	0.1247
1.019×10^{2}	1.699	2.832×10^{-2}	3.6×10^{3}	1	3.737×10^{2}	4.488×10^{2}
0.2728	4.546×10^{-3}	7.577×10^{-5}	9.632	2.676×10^{-3}	1	1.201
0.2271	3.785×10^{-3}	6.309×10^{-5}	8.021	2.228×10^{-3}	0.8327	1

表 12 重量和质量流量单位换算

千克/秒 (kg/s)	千克/时 (kg/h)	磅/秒 (lb/s)	磅/时 (lb/h)	吨/日 (t/d)	吨/年（8000 小时）(t/a)
1	10^{3}	3.613×10^{-2}	62.43	10.02	8.345
10^{-3}	1	3.613×10^{-5}	6.243×10^{-2}	1.002×10^{-2}	8.345×10^{-3}
27.68	2.768×10^{4}	1	1728	277.42	231
1.602×10^{-2}	16.02	5.787×10^{-4}	1	0.1605	0.1337
9.98×10^{-2}	99.8	3.6×10^{-3}	6.229	1	0.8327
0.1198	119.8	4.329×10^{-3}	7.48	1.201	1

表 13 动力黏度（黏度）单位换算

千克•秒/米^2 ($kg\cdot s/m^2$)	牛顿•秒/米^2（$N\cdot s/m^2$）或帕•秒（Pa•s）	泊（P）或克/（厘米•秒）[g/（cm•s）]	厘泊（cP）	磅•秒/英尺^2 ($lb\cdot s/ft^2$)
1	9.81	98.1	9.81×10^{3}	0.205
0.102	1	10	103	20.9×10^{-3}
1.02×10^{-2}	0.1	1	102	20.9×10^{-4}
1.02×10^{-4}	10^{-3}	10^{-2}	1	20.9×10^{-5}
4.88	47.88	478.8	4.788	1

1 达因•秒/厘米^2（$dyn\cdot s/cm^2$）=1 泊（P）；1 牛顿•秒/米^2（$N\cdot s/m^2$）=1 千克（质量）/米•秒[kg/(m•s)]=3600 千克（质量）/米•时[kg/(m•h)]

表 14 运动黏度单位换算

厘米^2/秒（cm^2/s）或沲①（St）	米^2/秒（m^2/s）	米^2/时（m^2/h）	英尺^2/秒（ft^2/s）	英尺^2/时（ft^2/h）
1	10^{-4}	0.36	1.076×10^{-3}	3.875
10^{4}	1	3.6×10^{3}	10.76	3.875×10^{4}
2.778	2.778×10^{-4}	1	2.99×10^{-3}	10.76
929	9.29×10^{-2}	3.346×10^{2}	1	3.6×10^{3}
0.258	2.58×10^{-5}	9.29×10^{-2}	2.78×10^{-4}	1

1 厘沲（cSt）=10^{-2} 沲（St）

① 沲是斯托克斯（Stokes）的习惯称呼。

表 15 功、能和热量单位换算

焦耳（J）	千克•米（kg•m）	公制马力•时（PS•h）	英制马力•时（HP•h）	千瓦•时（kW•h）	千卡（kcal）	英热单位（Btu）
1	0.102	3.777×10^{-7}	3.725×10^{-7}	2.778×10^{-7}	2.39×10^{-4}	9.478×10^{-4}
9.807	1	3.704×10^{-6}	3.653×10^{-6}	2.724×10^{-6}	2.342×10^{-3}	9.295×10^{-3}
2.648×10^{6}	2.7×10^{5}	1	0.9863	0.7355	632.5	2510
2.685×10^{6}	2.738×10^{5}	1.014	1	0.7457	641.2	2544.4
3.6×10^{6}	3.671×10^{5}	1.36	1.341	1	859.8	3412
4187	426.9	1.581×10^{-3}	1.559×10^{-3}	0.163×10^{-3}	1	3.968
1055	107.6	3.985×10^{-4}	3.93×10^{-4}	2.93×10^{-4}	0.252	1

1 焦耳（J）=1 牛顿•米（N•m）=1 瓦•秒（W•s）=10^{7} 尔格（erg）；

1 尔格（erg）=1 达因•厘米（dyn•cm）=10^{-7} 焦耳；

1 英尺•磅达（ft•pdl）=4.214×10^{-2} 焦耳=4.297×10^{-3} 千克•米；

1 摄氏热单位（Chu）=1.8 英热单位（Btu）

表 16 功率单位换算

瓦（W）	千瓦（kW）	公制马力（PS）	英制马力（HP）	千克•米/秒（kg•m/s）	千卡/秒（kcal/s）	英热单位/秒（Btu/s）
1	10^{-3}	1.36×10^{-3}	1.341×10^{-3}	0.102	2.39×10^{-4}	9.478×10^{-4}
10^{3}	1	1.36	1.341	102	0.239	0.9478
735.5	0.7355	1	0.9863	75	0.1757	0.6972
745.7	0.7457	1.014	1	76.04	0.1781	0.7068
9.807	9.807×10^{-3}	1.333×10^{-2}	1.315×10^{-2}	1	2.342×10^{-3}	9.295×10^{-3}
4187	4.187	5.692	5.614	426.9	1	3.968
1055	1.055	1.434	1.415	107.6	0.252	1

1 瓦（W）=1 焦耳/秒（J/s）=1 牛顿•米/秒（N•m/s）；1 尔格/秒（erg/s）=10^{-7} 瓦（W）；

1 英尺•磅达/秒（ft•pdl/s）=0.04214 牛顿•米/秒（N•m/s）

表 17 热容（比热）单位换算

焦耳/(千克•K) [J/(kg•k)]	焦耳/(克•℃) [J/(g•℃)]	千卡/(千克•℃) [kcal/(kg•℃)]	英热单位/(磅•℉) [Btu/(lb•℉)]	摄氏热单位/(磅•℃) [Chu/(lb•℃)]	千克•米/(千克•℃) [kg•m/(kg•℃)]
1	10^{3}	2.389×10^{2}	2.389×10^{2}	2.389×10^{2}	1.02×10^{5}
10^{-3}	1	0.2389	0.2389	0.2389	1.02×10^{2}
4.187×10^{-3}	4.187	1	1	1	4.269×10^{2}
9.807×10^{-6}	9.807×10^{-3}	2.342×10^{-3}	2.342×10^{-3}	2.342×10^{-3}	1

表 18 热导率单位换算

千卡/(米•时•℃) [kcal/(m•h•℃)]	卡/(厘米•秒•℃) [cal/(cm•s•℃)]	瓦/(米•K) [W/(m•K)]	焦耳/(厘米•秒•℃) [J/(cm•s•℃)]	英热单位/(英尺•时•℉) [Btu/(ft•h•℉)]
1	2.78×10^{-3}	1.16	1.16×10^{-2}	0.672
360	1	418.7	4.187	242

续表

千卡/(米•时•℃) [kcal/(m•h•℃)]	卡/(厘米•秒•℃) [cal/(cm•s•℃)]	瓦/(米•K) [W/(m•K)]	焦耳/(厘米•秒•℃) [J/(cm•s•℃)]	英热单位/(英尺•时•℉) [Btu/(ft•h•℉)]
0.8598	2.39×10^{-3}	1	10^{-2}	0.578
85.98	0.239	100	1	57.8
1.49	4.13×10^{-3}	1.73	1.73×10^{-2}	1

表 19　传热系数单位换算

焦耳/(米^2•秒•K) [J/(m^2•s•K)]或 瓦/米^2•K [W/(m^2•K)]	千卡/(米^2•时•℃) [kcal/(m^2•h•℃)]	卡/(厘米^2•秒•℃) [cal/(cm^2•s•℃)]	英热单位/(英尺^2•时•℉) [Btu/(ft^2•h•℉)]
1	0.8598	2.388×10^{-5}	0.1761
1.162	1	2.778×10^{-5}	0.2048
4.187×10^{4}	3.6×10^{4}	1	7373
5.678	4.882	1.356×10^{-4}	1

表 20　扩散系数单位换算

厘米^2/秒（cm^2/s）	米^2/时（m^2/h）	英尺^2/时（ft^2/h）	英寸^2/秒（in^2/s）
1	0.36	3.875	0.155
2.778	1	10.76	0.4306
0.2581	0.0929	1	0.04
6.452	2.323	25	1

表 21　表面张力系数单位换算

达因/厘米（dyn/cm）	克/厘米（g/cm）	千克/米（kg/m）	磅/英尺（lb/ft）
1	1.02×10^{-3}	1.02×10^{-4}	6.854×10^{-5}
980.7	1	0.1	6.72×10^{-2}
9807	10	1	0.672
14592	14.88	1.488	1

表 22　温度换算公式

摄氏度（℃）	华氏度（℉）	兰金①度（°R）	开尔文（K）
℃	9/5℃+32	9/5℃+491.67	℃+273.15②
5/9（℉−32）	℉	℉+459.67	5/9（℉+459.67）
5/9（°R−32）	°R−459.67	°R	5/9 °R
K−273.15②	9/5K−459.67	9/5K	K

① 原文是 Rankine。

② 摄氏温度的标定是以水的冰点为一个参照点作为 0℃，相对于开尔文温度上的 273.15K。开尔文温度的标定是以水的三相点为一个参照点作为273.16K，相对于 0.01℃，即水的三相点高于水的冰点 0.01℃。

二、某些气体的临界参数

某些气体临界参数 t_c、p_c、V_c；范德华方程常数 a 和 b；常压下熔点 $t_{固}$和沸点 $t_{沸}$等数据表

物质	t_c/℃	p_c/atm	V_c/cm^3	$RT_c/(p_cV_c)$	a/(atm·cm^6/mol)	b/(cm^3/mol)	$t_{固}$/℃	$t_{沸}$/℃
H_2	−267.9	2.3	60.6	3.05	0.033×10^6	23.2		−268.94
H_2	−239.9	12.8	64.3	3.27	0.245×10^6	26.6	−259.20	−252.78
Ne	−228.7	25.9	41.2	3.37	0.216×10^6	17.6	−248.59	−246.0
N_2	−147.1	33.5	56.2	3.42	1.348×10^6	38.6	−210.02	−195.81
CO	−138.7	34.6	89.9	3.55	1.48×10^6	39.9	−205	−191.5
Ar	−122.4	48	75.5	3.41	1.34×10^6	32.3	−189.33	−186.0
O_2	−118.8	49.7	74.3	3.42	1.361×10^6	31.8	−218.74	−182.97
CH_4	−82.0	45.8	99.3	3.46	2.06×10^6	42.80	−182.5	−116.7
C_2H_4	9.7	50.7	133.6	3.03	4.48×10^6	57.22	−169.4	−103.5
CO_2	31.0	72.9	96.1	3.57	3.60×10^6	42.8	−56	−78.48①
C_2C_6	32.1	48.8	137.3	3.58	5.42×10^6	64.2	−186.3	−88.6
C_2C_2	36.0	61.7	113.0	3.630	4.40×10^6	51.39	−81	−83.6①
C_3C_6	91.7	45.0	181.7	3.66	8.40×10^6	83.2	−185.2	−47
C_3C_8	96.8	42.01	194.8	3.71	9.249×10^6	90.3	−189.9	−42.6
CCl_2F_2	111.5	39.56	221.6	3.62	10.60×10^6	99.6	−155	−29.8
NH_3	132.4	111.5	72.4	4.124	4.192×10^6	37.3	−77.7	−33.4
Cl_2	144	76	124.2	3.64	6.50×10^6	56	−100.5	−33.95
CH_3OH	240.0	78.7	118	5.75				
正-C_4H_{10}	152.9	36.0	250.3	3.88	14.32×10^6	121.4	−135	0.5
SO_2	157.2	77.7	123.0	3.69	6.77×10^6	56.8	−75.3	−10.0
正-C_5H_{12}	199.2	33.0	310.9	3.76	19.04×10^6	146.2	−135.5	36.1
SO_3	218.3	83.8	126.1	3.82	8.20×10^6	60.2	−16.8	46
正-C_4H_{10}	234.8	29.5	367.1	3.85	24.8×10^6	176.6	−95.3	68.73
正-$C_{16}H_{14}$	266.9	26.8	427.0	3.87	30.9×10^6	206.7	−90.6	98.4
环-C_6H_{12}	281.0	40.6	309.0	3.62	21.48×10^6	140.0	6.4	80.8
C_5H_6	288.5	47.7	256.6	3.77	18.78×10^6	120.8	5.49	80.12
正-C_8H_{18}	296.2	24.6	490.1	3.87	3.74×10^6	237.4	−56.5	125.8
H_2O	374.2	218.5	56	4.31	5.454×10^6	30.5	6.000	100.0
空气	−140.7	37.2			11.33×10^6	36.6	213	−192

① 760 毫米水银柱时的升华温度。

三、Temkin 动力学方程推导

1. 经典捷姆金-佩热夫动力学方程（Temkin-Pyeve kinetic equation）

1918 年朗格缪尔（Langmuir）提出了著名的单分子层吸附理论。朗格缪尔吸附理论是多相催化中支撑表面催化动力学的一根台柱。其他吸附理论都是对朗格缪尔吸附理论的修正和补充。

Langmuir 单分子层吸附模型的基本要点：

① 吸附表面是均匀的，即整个催化剂表面有着均匀的吸附能力。每个活性中心都有相同

的吸附热和吸附活化能。

② 吸附分子之间没有相互作用。

③ 吸附是单分子层的。

④ 在一定的条件下，吸附和脱附可以建立动态平衡。

理想吸附层模型的核心是表面具有均匀的吸附能力，具有相同的吸附热和吸附活化能，因此又称为均匀表面朗格缪尔吸附模型，其参数 q、E_a、E_d 与覆盖度 θ 无关。根据表面覆盖度 θ 的定义，在一定的条件下，吸附和脱附速率分别为

$$r_a = k_a p^*(1-\theta) \tag{1}$$

$$r_\alpha = k_\alpha \theta \tag{2}$$

平衡时，$r_a = r_\alpha$，式（1）、式（2）联解，得到

$$\theta = \frac{ap^*}{1+ap^*} \tag{3}$$

式中，$a = a_0 e^{\frac{\varepsilon}{RT}}$；$\varepsilon$ 为 吸附热。

真实催化剂表面是不均匀的。捷姆金和佩热夫根据 Emmett 的研究结果，提出以下假设：

① 催化剂表面活性不均匀；

② 氮的离解吸附是反应速率的控制步骤；

③ 氮在活性表面上的离解吸附覆盖度是中等的；

④ 气体为理想气体，且反应距离平衡不很远。

根据以上假设，其反应机理（两步机理）为：

$$N_2 + 2^* \rightleftharpoons 2N^*$$

$$N^* + \frac{3}{2}H_2 \rightleftharpoons NH_3 + ^*$$

式中，*表示表面吸附位。

在真实的催化剂表面，虽然朗格缪尔吸附等温式（3）是不适用的，但对于不均匀表面中的一个微区 ds，则仍可使用式（3），故在总表面上，则应该有：

$$\theta = \int_0^1 \frac{ap^*}{1+ap^*} ds \tag{4}$$

式中，s 为吸附平衡常数为 a 的区域所占表面积分率。

设 $\varepsilon = \varepsilon^0 - cs$，$f = \frac{c}{RT}$，则 $a = a_0 e^{\frac{\varepsilon}{RT}} = a_0 e^{-fs}$，并代入式（4）：

$$\theta = \int_0^1 \frac{a_0 e^{-fs} p^*}{1+a_0 e^{-fs} p^*} ds = \frac{1}{f} \ln \frac{1+a_0 p^*}{1+a_1 p^*} \tag{5}$$

式中，$a_1 = a_0 e^{-f}$，即 $s=1$ 时的 a 值；$f = \ln \frac{a_0}{a_1} = \frac{c}{RT} = \frac{\varepsilon^0 - \varepsilon}{RT}$。

当 $\varepsilon^0 - s = 0$ 时，吸附热即最大吸附热；$\varepsilon - s = 1$ 时，吸附热即最小吸附热。所以 f 是表征表面不均匀程度的函数。

在中等覆盖度的情况下，当表面极不均匀时，f 很大，即 $a_0 >> a_1$。在一定压力下，$a_0 p^* >>1$，$a_1 p^* <<1$，即最活泼的吸附区域几乎完全充满，最不活泼的吸附区域几乎完全空白，此时 $1+a_0 p^* \approx a_0 p^*$，$1+a_1 p^* \approx 1$，则式（5）为：

$$\theta = \frac{1}{f}\ln a_0 p^* \tag{6}$$

该式为Temkin吸附等温式，但只适用于“中等覆盖度”即p^*适中的情况。

式（6）代入吸附速率式（1），得到：

$$r_a = k_a' p(1-\theta) = k_a' p \frac{1}{1+ap^*} \tag{7}$$

式中，$k_a' = k_{a_0}' e^{\frac{\xi}{RT}}$；$\xi$为吸附活化能。

在不均匀表面上，ε、a、ξ、k_a'（吸附速率系数）都是s的函数。将$\xi = \xi^0 + \alpha cs$，$\Delta\xi = \alpha\Delta\varepsilon$，$\varepsilon^0 - \varepsilon = cs$，$k_a' = k_{a_0}' e^{-\xi^0 - \alpha cs} = k_a' = k_{a_0}' e^{-gs}$，$g = \frac{\alpha c}{RT}$分别代入式（7），得到

$$r_a = p\int_0^1 \frac{k_{a_0} e^{-gs} ds}{1 + a_0 e^{-fs} p^*} = \frac{k_{a_0} p}{f(a_0 p^*)^{\varepsilon}} \int_{a_1 p^*}^{a_0 p^*} \frac{y^{\alpha-1}}{1+y} dy$$

式中，$y = a_0 p^* e^{-fs}$。

在“中等覆盖度”的情况下，$a_0 p^* \approx \infty$，$a_1 p^* \to 0$，并由$\theta = \frac{1}{f}\ln a_0 p^*$得$a_0 p^* = e^{f\theta}$代入并积分

$$\int_0^{\infty} \frac{y^{\alpha-1}}{1+y} dy = \frac{\pi}{\sin\alpha\pi}$$

$$r_a = \frac{k_{a_0} p}{f(a_0 p^*)^{\varepsilon}} \cdot \frac{\pi}{\sin\alpha\pi} = \frac{k_{a_0}}{f}\frac{\pi}{\sin\alpha\pi} p e^{-\alpha f\theta}$$

即

$$r_a = k_a p e^{-\alpha f\theta} \tag{8}$$

同理可得

$$r_d = k_d e^{\beta f\theta} = k_d e^{(1-\alpha) f\theta} \tag{9}$$

式（6）、式（8）、式（9）三式为处于“中等覆盖度”的不均匀表面，当吸附分子不相互作用时，合成氨反应速度：

$$r_{NH_3} = r_a - r_d = k_a p e^{-\alpha f\theta} - k_d e^{(1-\alpha) f\theta} \tag{10}$$

其中θ_{N_2}为吸附氮的覆盖率。若化学反应平衡常数以组分分压表示，则有反应平衡常数：

$$K_p = \frac{p_{NH_3}}{\left(p_{N_2}^*\right)^{0.5} p_{H_2}^{1.5}} \quad 或 \quad p_{N_2}^* = \frac{p_{NH_3}^{\ 2}}{K_p^{\ 2} p_{H_2}^{\ 3}} \tag{11}$$

式（11）中，$p_{N_2}^*$是与覆盖率θ_{N_2}平衡的氮吸附分压，它应满足Temkin吸附等温方程式(6)，即

$$\theta_{N_2} = \frac{1}{f}\ln\left(\frac{k_a^0}{k_d^0} p_{N_2}^*\right) = \frac{1}{f}\ln\left(\frac{k_a^0}{k_d^0}\frac{p_{NH_3}^{\ 2}}{K_p^{\ 2} p_{H_2}^3}\right) \tag{12}$$

将式（12）代入式（10），并化简得：

$$r_{NH_3} = k_a^0 p_{N_2}\left(\frac{k_a^{\ 0}}{k_d^0}\frac{p_{NH_3}^{\ 2}}{K_p^2 p_{H_2}^{\ 3}}\right)^{-\alpha} - k_d^0\left(\frac{k_a^{\ 0}}{k_d^0}\frac{p_{NH_3}^{\ 2}}{K_p^2 p_{H_2}^{\ 3}}\right)^{1-\alpha}$$

$$r_{NH_3}=k_1p_{N_2}\left(\frac{p_{H_2}{}^3}{p_{NH_3}{}^2}\right)^{\alpha}-k_2\left(\frac{p_{NH_3}{}^2}{p_{H_2}{}^3}\right)^{1-\alpha} \tag{13}$$

式中，$k_1=k_a{}^0\left(K_p^2k_d^0/k_a^0\right)^{\alpha}$；$k_2=k_d^0\left[\left(k_a^0/k_d^0\right)/K_p^0\right]^{1-\alpha}$。

式（13）即为经典捷姆金-佩热夫动力学方程。

2.捷姆金普遍化动力学方程（Temkin extended kinetic equation）

20 世纪 60 年代，捷姆金等人假设反应速率分为两步：

第一步为氮的活化吸附： $N_2+{}^*\rightleftharpoons N_2^*$ （14）

第二步为氮的加氢： $N_2^*+H_2^*\rightleftharpoons N_2H_2^*$ （15a）

$N_2H_2^*+2H_2^*=\!=\!=2NH_3$ （15b）

同时认为式（15b）阶段速率处于平衡状态，整个反应速率取决于式（14）和式（15a)阶段的速率。

根据以上两步反应，得出机理：

$$N_2+{}^*\underset{W_{-1}}{\overset{W_1}{\rightleftharpoons}}N_2^* \tag{16}$$

$$N_2^*+H_2\underset{W_{-2a}}{\overset{W_{2a}}{\rightleftharpoons}}N_2H_2^* \tag{17}$$

$$N_2H_2^*+H_2=\!=\!=N_2H_4^* \tag{18}$$

$$N_2H_4^*+H_2=\!=\!=2NH_3+{}^* \tag{19}$$

式(16)与式（17）为速率决定步骤，且设表面重要吸附态为（N_2），其他吸附态远少于此态。

根据吸附和脱附速率方程：

$$W_1=n_1p_{N_2}\left(1-\theta_{N_2}\right) \tag{20}$$

$$W_{-1}=n_{-1}\theta_{N_2} \tag{21}$$

$$W_{2a}=n_{2a}P_{H_2}\theta_{N_2} \tag{22}$$

$$W_{-2a}=n_{-2a}\theta_{N_2H_2} \tag{23}$$

根据平衡稳态浓度法：生成中间过渡态的速率等于中间过渡态分解的速率，即对吸附态（N_2）

$$W_1+W_{-2a}=W_{-1}+W_{2a} \tag{24}$$

为了消去式（23）中的$\theta_{N_2H_2}$项，把式（18）和式（19）合并：

$$N_2H_2^*+2H_2=\!=\!=2NH_3+{}^*$$

它的吸附速率：$R_{吸}=Kp_{H_2}^2\theta_{N_2H_2}$

它的脱附速率：$R_{脱}=K'p_{NH_3}^2\left(1-\theta_{N_2}\right)$

当达到平衡时：$R_{吸}=R_{脱}$

移项得：

$$\frac{p_{NH_3}^2\left(1-\theta_{N_2}\right)}{p_{H_2}^2\theta_{N_2H_2}}=K_2\delta \tag{25}$$

代入式（23）消去$\theta_{N_2H_2}$，得：

$$W_{-2a}=\frac{n_{-2a}\left(1-\theta_{N_2}\right)}{K_2\delta}\times\frac{p_{NH_3}^2}{p_{H_2}^2} \tag{26}$$

将式（20）、式（21）、式（22）、式（26）代入式（24）得：

$$n_1 p_{N_2}\left(1-\theta_{N_2}\right)+\frac{n_{-2a}\left(1-\theta_{N_2}\right)}{K_2\delta}\frac{p_{NH_3}^2}{p_{H_2}^2}=n_{-1}\theta_{N_2}+n_{2a}p_{H_2}\theta_{N_2}$$

移项：

$$\frac{\theta_{N_2}}{\left(1-\theta_{N_2}\right)}=\frac{n_1 p_{N_2}+n_{-2a}\left(\frac{p_{NH_3}^2}{p_{H_2}^2}\right)\frac{1}{K_2\delta}}{n_{-1}+n_{2a}p_{H_2}} \tag{27}$$

从而

$$\theta_{N_2}=\frac{n_1 p_{N_2}+n_{-2a}p_{NH_3}^2/\left(K_2\delta p_{H_2}^2\right)}{n_1 p_{N_2}+n_{-1}+n_2 p_{H_2}+n_{-2a}p_{NH_3}^2/\left(K_2\delta p_{H_2}^2\right)} \tag{28}$$

$$1-\theta_{N_2}=\frac{n_{-1}+n_2 p_{H_2}}{n_1 p_{N_2}+n_{-1}+n_2 p_{H_2}+n_{-2a}p_{NH_3}^2/\left(K_2\delta p_{H_2}^2\right)} \tag{29}$$

氨合成的总反应速率 R 为：

$$R=W_1-W_{-1}=n_1 p_{N_2}\left(1-\theta_{N_2}\right)-n_{-1}\theta_{N_2} \tag{30}$$

将式（28）、式（29）代入式（30）得：

$$R=\frac{n_1 p_{N_2}\left(n_{-1}+n_2 p_{H_2}\right)-n_{-1}\left[n_1 p_{N_2}+n_{-2a}p_{NH_3}^2/\left(K_2\delta p_{H_2}^2\right)\right]}{n_1 p_{N_2}+n_{-1}+n_2 p_{H_2}+n_{-2a}p_{NH_3}^2/\left(K_2\delta p_{H_2}^2\right)}$$

$$=\frac{n_1 p_{N_2}n_2 p_{H_2}-n_{-1}n_{-2a}p_{NH_3}^2/\left(K_2\delta p_{H_2}^2\right)}{n_1 p_{N_2}+n_{-1}+n_2 p_{H_2}+n_{-2a}p_{NH_3}^2/\left(K_2\delta p_{H_2}^2\right)}=W_+-W_- \tag{31}$$

式中

$$W_+=\frac{n_1 p_{N_2}n_2 p_{H_2}}{n_1 p_{N_2}+n_{-2a}p_{NH_3}^2/\left(K_2\delta p_{H_2}^2\right)+n_{-1}+n_2 p_{H_2}} \tag{32'}$$

$$=\frac{n_1 p_{N_2}n_2 p_{H_2}/\left[n_1 p_{N_2}+n_{-2a}p_{NH_3}^2/\left(K_2\delta p_{H_2}^2\right)\right]}{1+\dfrac{n_{-1}+n_2 p_{H_2}}{n_1 p_{N_2}+n_{-2a}p_{NH_3}^2/\left(K_2\delta p_{H_2}^2\right)}} \tag{32''}$$

$$=\int_0^1\frac{n_1 p_{N_2}n_2 p_{H_2}/\left[n_1 p_{N_2}+n_{-2a}p_{NH_3}^2/\left(K_2\delta p_{H_2}^2\right)\right]}{1+\dfrac{n_{-1}+n_2 p_{H_2}}{n_1 p_{N_2}+n_{-2a}p_{NH_3}^2/\left(K_2\delta p_{H_2}^2\right)}}ds$$

$$=\int_0^1\frac{\dfrac{n_1 p_{N_2}n_2 p_{H_2}}{n_1 p_{N_2}+n_{-2a}p_{NH_3}^2/\left(K_2\delta p_{H_2}^2\right)}}{1+u}ds \tag{32}$$

式中

$$u=\frac{1-\theta_{N_2}}{\theta_{N_2}}=\frac{n_{-1}+n_{2a}p_{H_2}}{n_1 p_{N_2}+n_{-2a}p_{NH_3}^2/\left(K_2\delta p_{H_2}^2\right)} \tag{33}$$

考虑到表面的不均匀性，因此吸附和脱附活化能会随着吸附度而线性变化，

$$E_{ads}=E_{ads}^0+r\theta=E_{ads}^0+g\theta \qquad g\theta=\alpha f \tag{34}$$

$$E_{dez}=E_{dez}^0-\beta\theta=E_{dez}^0-h\theta \qquad h=\beta f \tag{35}$$

则吸附热 q 为：

$$q=E_{\rm dez}-E_{\rm ads}=\left(E_{\rm dez}^0-E_{\rm ads}^0\right)-(\beta+\alpha)\theta=q^0-\alpha\theta \tag{36}$$

则吸附、脱附速率常数随吸附度的变化为：

$$n_1=n_1^0{\rm e}^{-\frac{r}{RT}\theta}=n_1^0{\rm e}^{-\alpha f\theta} \tag{37}$$

$$n_{-1}=n_{-1}^0{\rm e}^{+\frac{\beta}{RT}\theta}=n_{-1}^0{\rm e}^{(1-\alpha)f\theta} \tag{38}$$

$$n_2=n_2^0{\rm e}^{+\frac{\beta'}{RT}\theta}=n_2^0{\rm e}^{(1-\alpha)f\theta} \tag{39}$$

$$n_{-2}=n_{-2}^0{\rm e}^{-\frac{\alpha'}{RT}\theta}=n_{-2}^0{\rm e}^{-\alpha f\theta} \tag{40}$$

上述各式中，

$$\alpha+\beta=1 \tag{41}$$

$$\alpha=\beta+\gamma \tag{42}$$

$$g=\frac{r}{RT}=\alpha f \tag{43}$$

$$h=\frac{\beta}{RT}=\beta f \tag{44}$$

$$f=\frac{\alpha}{RT}=\frac{\beta+\gamma}{RT}=g+h \tag{45}$$

将式（37）～式（40）代入式（33）得：

$$u=\frac{n_{-1}^0{\rm e}^{(1-\alpha)f\theta}+n_2^0p_{\rm H_2}{\rm e}^{(1-\alpha)f\theta}}{n_1^0{\rm e}^{-\alpha f\theta}p_{\rm N_2}+n_{-2}^0{\rm e}^{-\alpha f\theta}p_{\rm NH_3}^2/K_2\delta p_{\rm H_2}^2}$$

$$=\frac{\left(n_{-1}^0+n_2^0p_{\rm H_2}\right){\rm e}^{(1-\alpha)f\theta}}{\left(n_1^0p_{\rm N_2}+n_{-2}^0p_{\rm NH_3}^2/K_2\delta p_{\rm H_2}^2\right){\rm e}^{-\alpha f\theta}}$$

$$=\frac{n_{-1}^0+n_2^0p_{\rm H_2}}{n_1^0p_{\rm N_2}+n_{-2}^0p_{\rm NH_3}^2/K_2\delta p_{\rm H_2}^2}{\rm e}^{f\theta}$$

u 对 θ 微分：

$${\rm d}u={\rm d}\left[\frac{n_{-1}^0+n_2^0p_{\rm H_2}}{n_1^0p_{\rm N_2}+n_{-2}^0p_{\rm NH_3}^2/K_2\delta p_{\rm H_2}^2}{\rm e}^{f\theta}\right]$$

$$=\frac{n_{-1}^0+n_2^0p_{\rm H_2}}{n_1^0p_{\rm N_2}+n_{-2}^0p_{\rm NH_3}^2/K_2\delta p_{\rm H_2}^2}{\rm e}^{f\theta}\cdot f\cdot{\rm d}\theta=u\cdot f\cdot{\rm d}\theta$$

∴

$${\rm d}\theta=\frac{1}{f}\frac{{\rm d}u}{u}$$

代入式（32）得：

$$W_+=\frac{1}{f}\int_{u_0}^{u_1}\frac{\left(\dfrac{n_1p_{\rm N_2}n_2p_{\rm H_2}}{n_1p_{\rm N_2}+n_{-2a}p_{\rm NH_3}^2/K_2\delta p_{\rm H_2}^2}\right)\left(\dfrac{n_1p_{\rm N_2}+n_{-2a}p_{\rm NH_3}^2/K_2\delta p_{\rm H_2}^2}{n_{-1}+n_2p_{\rm H_2}}\right)^{\beta}\left(\dfrac{n_{-1}+n_2p_{\rm H_2}}{n_1p_{\rm N_2}+n_{-2a}p_{\rm NH_3}^2/K_2\delta p_{\rm H_2}^2}\right)^{\beta}}{(1+u)u}{\rm d}u$$

$$=\frac{1}{f}\int_{u_0}^{u_1}\frac{n_1^0{\rm e}^{-\alpha f\theta}n_2^0{\rm e}^{\beta+\theta}p_{\rm H_2}p_{\rm N_2}}{\left[n_1p_{\rm N_2}+n_{-2}^0p_{\rm NH_3}^2/K_2\delta p_{\rm H_2}^2\right]{\rm e}^{-\alpha f\theta}}\left(\frac{\left(n_1^0p_{\rm N_2}+n_{-2}^0p_{\rm NH_3}^2/K_2\delta p_{\rm H_2}^2\right){\rm e}^{-\alpha f\theta}}{\left(n_{-1}^0+n_2{}^0p_{\rm H_2}\right){\rm e}^{\beta f\theta}}\right)^{\beta}\frac{u^{\beta}{\rm d}u}{(1+u)u}$$

$$=\frac{1}{f}\frac{\left(n_1^0 p_{N_2} n_2^0 p_{H_2}\right)\left(n_1^0 p_{N_2}+n_2^0 p_{NH_3}^2/K_2\delta p_{H_2}^2\right)^{\beta}}{\left(n_1^0 p_{N_2}+n_{-2}^0 p_{NH_3}^2/K_2\delta p_{H_2}^2\right)\left(n_{-1}^0+n_2{}^0 p_{H_2}\right)^{\beta}}\int_{u_0}^{u_1}e^{\beta+\theta-\beta\alpha f\theta-\beta\beta+\theta}\cdot\frac{u^{\beta-1}}{1+u}du$$

$$=\frac{1}{f}\frac{n_1^0 p_{N_2} n_2^0 p_{H_2}}{\left(n_1^0 p_{N_2}+n_{-2}^0 p_{NH_3}^2/K_2\delta p_{H_2}^2\right)^{1-\beta}\left(n_{-1}^0+n_2^0 p_{H_2}\right)^{\beta}}\int_{u_0}^{u_1}e^0\frac{u^{\beta-1}}{1+u}du$$

$$=\frac{1}{f}\frac{n_1^0 p_{N_2} n_2^0 p_{H_2}}{\left(n_1^0 p_{N_2}+n_{-2}^0 p_{NH_3}^2/K_2\delta p_{H_2}^2\right)^{\alpha}\left(n_{-1}^0+n_2^0 p_{H_2}\right)^{\beta}}\int_{u_0}^{u_1}\frac{u^{\beta-1}}{1+u}du \tag{46}$$

当θ=0，活性很高，表面最强的吸附点差不多都被N_2吸附时，

$$\theta_{N_2}\approx 1,\ u_0\approx 0$$

当θ=1，活性很低，表面最弱的吸附点差不多都被空着时，

$$\theta_{N_2}\approx 1,\ u_1\approx\infty$$

则：

$$\int_{u_0}^{u_1}\frac{u^{\beta-1}}{1+u}du=\int_0^{\infty}\frac{u^{\beta-1}}{1+u}du=\frac{\pi}{\sin\beta\pi},\quad 0<\beta<1 \tag{47}$$

代入式（46）：

$$W_+=\frac{1}{f}\bullet\frac{\pi}{\sin\beta\pi}\bullet\frac{n_1^0 p_{N_2} n_2^0 p_{H_2}}{\left(n_1^0 p_{N_2}+n_{-2}^0 p_{NH_3}^2/K_2\delta p_{H_2}^2\right)^{\alpha}\left(n_{-1}^0+n_2^0 p_{H_2}\right)^{1-\alpha}} \tag{48}$$

同理可得：

$$W_-=\frac{1}{f}\bullet\frac{\pi}{\sin\alpha\pi}\frac{n_{-1}^0 n_{-2}^0 p_{NH_3}^2/K_2\delta p_{H_2}^2}{\left(n_1^0 p_{N_2}+n_{-2}^0 p_{NH_3}^2/K_2\delta p_{H_2}^2\right)^{\alpha}\left(n_{-1}^0+n_2^0 p_{H_2}\right)^{1-\alpha}} \tag{49}$$

因为$\alpha=1-\beta$，所以：

$$\sin\alpha\pi=\sin(1-\beta)\pi=\sin\beta\pi$$

将式（48）、式（49）代入式（31）：

$$R=\frac{1}{f}\bullet\frac{\pi}{\sin\alpha\pi}\frac{n_1^0 p_{N_2} n_2^0 p_{H_2}-n_{-1}^0 n_{-2}^0 p_{NH_3}^2/K_2\delta p_{H_2}^2}{\left(n_1^0 p_{N_2}+n_{-2}^0 p_{NH_3}^2/K_2\delta p_{H_2}^2\right)^{\alpha}\left(n_{-1}^0+n_2^0 p_{H_2}\right)^{1-\alpha}} \tag{50}$$

又令：

$$K=K_1^0 K_{2a}^0 K_{2\delta}=\frac{n_1^0 n_{2a}^0}{n_{-1}^0 n_{-2a}^0}K_{2\delta}$$

其中，K为$N_2+3H_2 \Longleftarrow\Longrightarrow 2NH_3$的平衡常数；$K_1^0=n_1^0/n_{-1}^0$；$K_{2a}^0=n_{2a}^0/n_{-2a}^0$。

代入式（50）：

$$R=\frac{1}{f}\bullet\frac{\pi}{\sin\alpha\pi}\frac{\left(\dfrac{n_{-1}^0}{n_1^0 p_{N_2} n_2^0 p_{H_2}}\right)^{\alpha} n_1^0 p_{N_2} n_2^0 p_{H_2}\left(1-\dfrac{n_{-1}^0 n_{-2}^0 p_{NH_3}^2}{n_1^0 p_{N_2} n_2^0 p_{H_2} K_2\delta p_{H_2}^2}\right)}{\left(\dfrac{n_{-1}^0}{n_1^0 p_{N_2} n_2^0 p_{H_2}}\right)^{\alpha}\left(n_1^0 p_{N_2}+n_{-2}^0 p_{NH_3}^2/K_2\delta p_{H_2}^2\right)^{\alpha}\left(n_{-1}^0+n_2^0 p_{H_2}\right)^{1-\alpha}}$$

$$=\frac{1}{f}\cdot\frac{\pi}{\sin\alpha\pi}\frac{\left(n_{-1}^{0}\right)^{\alpha}\left(n_{1}^{0}p_{N_2}\right)^{1-\alpha}\left(n_{2}^{0}p_{H_2}\right)^{1-\alpha}\left(1-\frac{1}{K}\frac{p_{NH_3}^{2}}{p_{N_2}p_{H_2}^{3}}\right)}{\left(\frac{n_{-1}^{0}}{n_{2a}^{0}p_{H_2}}+\frac{n_{-2}^{0}n_{-1}^{0}}{n_{1}^{0}p_{N_2}n_{2}^{0}K_2\delta}\frac{p_{NH_3}^{2}}{p_{H_2}^{3}}\right)^{\alpha}\left(\frac{n_{-1}^{0}}{n_{2}^{0}p_{H_2}}+1\right)^{1-\alpha}\left(n_{2}^{0}p_{H_2}\right)^{1-\alpha}}$$

$$=\frac{1}{f}\cdot\frac{\pi}{\sin\alpha\pi}\frac{\left(n_{-1}^{0}\right)^{\alpha}\left(n_{1}^{0}p_{N_2}\right)^{1-\alpha}\left(1-\frac{1}{K}\frac{p_{NH_3}^{2}}{p_{N_2}p_{H_2}^{3}}\right)}{\left(\frac{n_{-1}^{0}}{n_{2a}^{0}p_{H_2}}+\frac{1}{K}\frac{p_{NH_3}^{2}}{p_{N_2}p_{H_2}^{3}}\right)^{\alpha}\left(\frac{n_{-1}^{0}}{n_{2}^{0}p_{H_2}}+1\right)^{1-\alpha}} \tag{51}$$

式（51）为捷姆金普遍化动力学方程（Temkin extended equation）（1963）。

3.动力学方程实验数据处理方法

用分压表示的反应速率常数与压力有关。在高压下宜用逸度代替 Temkin 方程中的分压，则式（13）和式（51）分别变为：

$$r_{NH_3}=k_1f_{N_2}\left(\frac{f_{H_2}^{3}}{f_{NH_3}^{2}}\right)^{\alpha}-k_2\left(\frac{f_{NH_3}^{2}}{f_{H_2}^{3}}\right)^{\beta}$$

$$r_{NH_3}=k_2\left[\frac{k_1}{k_2}f_{N_2}\left(\frac{f_{H_2}^{3}}{f_{NH_3}^{2}}\right)^{\alpha}-\left(\frac{f_{NH_3}^{2}}{f_{H_2}^{3}}\right)^{\beta}\right]$$

$$r_{NH_3}=k_2\left[K_f^{2}f_{N_2}\left(\frac{f_{H_2}^{3}}{f_{NH_3}^{2}}\right)^{\alpha}-\left(\frac{f_{NH_3}^{2}}{f_{H_2}^{3}}\right)^{\beta}\right] \tag{52}$$

$$r_{NH_3}=\frac{k^{*}f_{N_2}^{1-\alpha}\left(1-\frac{f_{NH_3}^{2}}{K_f^{2}f_{N_2}f_{H_2}^{3}}\right)}{\left(\frac{l}{f_{H_2}}+\frac{1}{K_f^{2}}\times\frac{f_{NH_3}^{2}}{f_{N_2}f_{H_2}^{3}}\right)^{\alpha}\left(\frac{l}{f_{H_2}}+1\right)^{1-\alpha}} \tag{53}$$

式（53）中，l 值为温度的函数，l/f_{H_2} 为吸附氮脱附速率与氢化速率之比，在任何情况下其值都远远小于 1，因而在用式（53）计算过程中，$\left(l/f_{H_2}+1\right)^{1-\alpha}$ 项舍去。

式（52）及（53）中的 r_{NH_3} 是瞬时速率，它可以定义为催化剂单位表面上瞬时合成氨的物质的量，单位为 kmol/(m² • h)。即

$$r_{NH_3}=\mathrm{d}n_{NH_3}/\mathrm{d}s \tag{54}$$

因 $n_{NH_3}=NZ_{NH_3}$，为了统一物料基准，单位时间气体流量 N (kmol/h) 采用氨分解基流量 N_0，则有：

$$n_{NH_3}=NZ_{NH_3}=\frac{N_0Z_{NH_3}}{1+Z_{NH_3}}=\frac{V_0Z_{NH_3}}{22.4\left(1+Z_{NH_3}\right)} \tag{55}$$

对式（55）进行微分，可得：

$$\mathrm{d}n_{NH_3}=\frac{V_0}{22.4\left(1+Z_{NH_3}\right)^2}\mathrm{d}Z_{NH_3} \tag{56}$$

又因催化剂内表面积 $S=\sigma V_K$（σ为比表面积，m^2/m^3；V_K为催化剂堆积体积，m^3），微分得：

$$\mathrm{d}S=\sigma \mathrm{d}V_K \tag{57}$$

将式（56）、式（57）代入式（54）：

$$r_{NH_3}=\frac{\mathrm{d}n_{NH_3}}{\mathrm{d}S}=\frac{V_0}{22.4\sigma}\frac{1}{\left(1+Z_{NH_3}\right)^2}\frac{\mathrm{d}Z_{NH_3}}{\mathrm{d}V_K} \tag{58}$$

式（52）、式（58）两式联立，并积分可得：

$$k_T=22.4\sigma k_2=V_{0S}\int\frac{1}{\left(1+Z_{NH_3}\right)^2F_A}\mathrm{d}Z_{NH_3} \tag{59}$$

式中　k_T——逆反应速率常数，$atm^{1-\alpha}/h$；

V_{0S}——空速（V_0/V_K），h^{-1}；

F_A——代表 $K_f{}^2 f_{N_2}\left(\dfrac{f_{H_2}{}^3}{f_{NH_3}{}^2}\right)^{\alpha}-\left(\dfrac{f_{NH_3}{}^2}{f_{H_2}{}^3}\right)^{\beta}$；

K_f——以逸度表示的反应平衡常数，$K_f^2=k_1/k_2$。

式（53）、式（58）两式联立也可得：

$$k_T'=22.4\sigma k^*=V_{0S}\int\frac{1}{\left(1+Z_{NH_3}\right)^2F_A'}\mathrm{d}Z_{NH_3} \tag{60}$$

式（60）中，F_A'即为式（53）去掉k^*后余下的项：$k^*=k_2\left(K_f^2\right)^{1-\alpha}$。为了能与式（59）算出的结果具有可比性，将用式（60）算出的结果除以$\left(K_f^2\right)^{1-\alpha}$，这样一来，两式算出的结果就具有同样的含义。

反应平衡常数采用下式计算：

$$\lg K_f=-2.69112\lg T-5.51926\times10^{-5}T+1.84886\times10^{-7}T^2+\frac{2001.6}{T}+2.6899 \tag{61}$$

由于任一组分的逸度为摩尔分数及总压乘以该组分的逸度系数：

$$f_{NH_3}=p\gamma_{NH_3}Z$$

$$f_{N_2}=p\gamma_{N_2}\left(\frac{a}{3}/\gamma\right)\left(1-b_2Z\right)$$

$$f_{H_2}=p\gamma_{H_2}a\left(1-b_1Z\right)$$

式中，p 代表混合气体的总压力；Z 代表混合气体中氨的百分数；$a=\dfrac{3\gamma}{3\gamma+1}\left(1-i_0\right)$；$b_1=\dfrac{i_0+0.5+\left(0.5/\gamma\right)}{1-i_0}$；$b_2=\dfrac{i_0-0.5+1.5\gamma}{1-i_0}$；$i_0$为合成气中惰性气体的摩尔分数；$3\gamma$为氨在完全分解情况下的氢与氮的比例。

在实验室条件下，用氨分解气作气源，且惰性气体可忽略不计，故$\gamma=1$，$i_0=0$，则有，$a=3/4$，$b_1=b_2=1$，即

$$f_{NH_3}=p\gamma_{NH_3}Z$$

$$f_{N_2}=0.25p\gamma_{N_2}(1-Z)$$
$$f_{H_2}=0.75p\gamma_{H_2}(1-Z)$$

各反应组分逸度系数γ_i可按贝蒂-布里奇曼（Bettie-Bridgeman)状态方程计算：

$$RT\ln\gamma_i=\left(B_{0i}-\frac{A_{0i}}{RT}-\frac{C_{0i}}{T^3}\right)p+\left(\frac{p}{RT}\right)\left(A_{0i}^{0.5}-Sum\right) \tag{62}$$

式（62）中，$Sum=\sum Z_i A_{0i}^{0.5}$；$R=0.08206\ \text{atm}\cdot\text{m}^3/(\text{kmol}\cdot\text{K})$；$p$为总压，atm；$A_{0i}$、$B_{0i}$、$C_{0i}$的值见下表：

组分	A_{0i}	B_{0i}	C_{0i}
H_2	0.1975	0.02096	504
N_2	1.3445	0.05046	42000
NH_3	2.3930	0.03415	4768700
CH_4	2.2769	0	0
Ar	1.2907	0	0

Sum中Z_i是平衡组成，故按式(62)计算各组分的γ_i值，应先知道其平衡组成，而平衡组成又取决于该条件下的平衡常数，因此要用迭代法求解：
首先

$$K_f=\frac{f_{NH_3}}{f_{H_2}^{1.5}f_{N_2}^{0.5}}=\frac{1}{p}\frac{Z_{NH_3}^*}{\left[0.25\left(1-Z_{NH_3}^*\right)\right]^{0.5}\left[0.75\left(1-Z_{NH_3}^*\right)\right]^{1.5}}\frac{\gamma_{NH_3}}{\gamma_{N_2}^{0.5}\gamma_{H_2}^{1.5}}$$

化简为：

$$K_f=\frac{1}{p}\frac{Z_{NH_3}^*}{0.3248(1-Z_{NH_3}^*)^2}K_\gamma \tag{63}$$

式（63）中，$K_\gamma=\dfrac{\gamma_{NH_3}}{\gamma_{N_2}^{0.5}\gamma_{H_2}^{1.5}}$。

利用式（61）、式（62）、式（63）通过迭代法求解下式：

$$F(Z_i)=K_f-\frac{1}{p}\frac{Z_{NH_3}^*}{0.3248(1-Z_{NH_3}^*)^2}K_\gamma=0$$

可求得$Z_{NH_3}^*$和相应的各组分逸度系数。

求出以上参数后，再用辛普生变步长积分法，求出式（59）或式（60）中的积分项和相应的反应速率常数K_T。

按 Arrhenius 方程：

$$K_T=K_0\exp\left(-\frac{E}{RT}\right) \tag{64}$$

通过线性回归程序，求得指前因子K_0和表观活化能E，再由K_0和E算出回归后的K_{cal}和Z_{cal}，最后通过相关系数、氨含量标准差等指标来衡量方程的实用性。

四、主要符号表

符号	物理意义	符号	物理意义
A	亥姆霍兹函数，J	F_{B-B}	纯物质 B 分子间作用力
A	传热面积，m^2；截面积，m^2	F，f	逸度，Pa
AN	炕，J/mol	G	吉布斯函数，J
AW	实际功，J/mol 或 W	G	冷冻剂循环量，kg
a	活度	G	质量流量，kg / h
a	给热系数，$W/(m^2 \cdot K)$	ΔG	自由能变化，J / mol
a	表面积，m^2	G	重力加速度，m / s
a, b, c, d	常数	H	焓函数，J
B	第二维里系数	H	溶解度系数，$mol/(m^3 \cdot kPa)$
b	质量摩尔浓度，mol/kg	H	设备的高度，m
C	组分数	HV	标准热值，J/mol
c_i	组分 i 的浓度，$kmol/m^3$	ΔH	焓变，J，J/kg 或 J/mol
C_m	摩尔热容，$J/(mol \cdot K)$	ΔH_R	反应热，J/g 或 J/mol
C_p	摩尔定压热容，$J/(mol \cdot K)$	ΔH_T	等温节流效应
C_V	摩尔定容热容，$J/(mol \cdot K)$	H	液体焓，J/g
C_p	比定压热容，$J/(g \cdot K)$	H	桨叶的高度，m
c_A	液相的摩尔浓度，$kmol/m^3$	IW	理想功，J/mol 或 W
D	蒸汽消耗量，kg/h	J	扩散通量，$mol/(m^2 \cdot s)$
D	设备的直径，m	K	绝热指数
D	物质扩散系数，s^{-1}	K	亨利系数，热力学温度
D	塔顶产品流量，mol/h	K	化学平衡常数
D_{AB}	A 在 B 中的扩散系数，m^2/s	K	传热系数，$W/(m \cdot K)$
d	圆周直径, m	K	物质传递系数
E	能量，J	K	扩散系数，$mol/(m \cdot h)$
E	亨利系数，kPa	K	反应速率常数，MPa^{1-m}/h
E	活化能，J/mol	LW	损耗功，J/mol 或 W
EX	烟，J/mol	M	分子量，g/mol
EX_{ch}	化学烟，J/mol	M	广度性质
EX_d	无形烟损耗，J/mol	M_S	溶剂的摩尔质量，g/mol
EX_{el}	有形烟损失，J/mol	m	多变指数
EX_p	压力烟，J/mol	m	相平衡常数，无量纲
EX_{ph}	物理烟，J/mol	m	进料的氢碳原子比
EX_Q	热量烟，J/mol	m	质量流量，g/h
EX_w	能流烟，J/mol	N	功率，W
F	自由度	N	摩尔分数
F	摩尔流量，mol/h	N，n	摩尔流量，mol/s 或 mol/h
F_{A-A}	纯物质 A 分子间作用力	Nu	努塞尔数
F_{A-B}	混合物中分子 A 与 B 间作用力	n	物质的量，mol

续表

符号	物理意义	符号		物理意义
P	相数	x		摩尔分数
p	压力，Pa 或 MPa	x		质量分数
Pr	普朗特数	x		转化率
Q	热量，J 或 J/kmol	Y^*		液相与气相平衡摩尔比
Q	气体的体积流量，m^3/s 等	y		气相摩尔分数
Q	传热速率，W/h	y		收率
Q_a	活度商	Z		压缩因子或质量分数
q_0	冷冻量，J/g	*		表面活性位
R	气体常数，8.314J/(mol・K)	希腊字母	α, β, γ	常数
R	水碳摩尔比（亦即氧碳原子比）		α_H	微分节流效应系数
			α_s	微分等熵膨胀效应系数
R_s	污垢热阻，$m^2 \cdot K/W$		γ	活度系数
r	最佳压缩比		γ	介质的重度，kg/m^3
r	半径，m		Δ	温度差，℃
r	汽化潜热，J/g		ΔZ	单位质量流体位能变化
r	反应速率，$mol/(m^2 \cdot h)$		$\Delta\mu$	反应系统的化学位变化
r	活度系数		δ	曲折因子或迷宫因子
S	熵函数，J/(mol・K)		δ_L	液膜的有效厚度，m
S	介质阻力，kg		δ_G	气膜的有效厚度，m
S	表面积，m^2		ε	冷冻系数
S	选择性		ε	过程的热力学完善度
S_V	空间速度，h^{-1} 或 s^{-1}		ε	固定床的空隙率
ΔS	熵变，J/mol・K		ζ	阻力系数，能级系数
s	溶液的过饱和度		ζ	内表面利用率，热容差，J/K
s	硫碳原子比		η_c	传动效率
T	温度，K 或℃		η_E	膨胀效率
TOF	转换频率，s^{-1}		η_{ex}	“㶲”的效率
t	溶液沸点，℃		η_m	机械效率
ΔT_H	积分节流效应		η_S	等熵效率，膨胀机效率
U	热力学能，J/mol		θ	表面覆盖度
u	线速度，m/s		λ_j	拉格朗日因子
Δu	单位质量流体动能变化		μ	化学势，液体的黏度
V	体积，m^3		μ_M	偏摩尔自由能，J/mol
V	摩尔体积，$m^3/kmol$		ρ	密度，kg/m^3 或 g/cm^3
W	功，J 或 W		σ	表面张力，$\times 10^{-5}$N/cm;
W	水分蒸发量，g/h		τ	接触时间，s 或者 h
W	质量流量，g/h		υ	化学反应计量系数
W_F	体积功，J		Φ，φ	逸度系数
W_S	表面功，J		φ_S	颗粒的形状系数
W_f	非体积功		ψ_s	Thiele 模数
W_s	轴功，J		Ω	气体的偏心因子
X	液相中溶质的摩尔比		ω	物体在介质中的运动速度，m/s
x	干度，液化分率		ω	偏心因子

续表

符号		物理意义	符号		物理意义
上标	$\ominus$	标准态	下标	dil	稀释
	*	纯物质		g	气体
	ig	理想气体		i, j, k, B	混合物中组分
	id	理想液态混合物或理想稀溶液		int	积分
	∞	无限稀释		l	液体
	G	气相		m	质量
	L	液相		r	对比态性质
	R	剩余性质		s	固体，表面积
	s	饱和状态		sol	溶解
下标	c	临界状态		V	体积
	dif	微分		dil	稀释